土木技術者のための

Revit入門

一般社団法人Civilユーザ会［著］

日経BP社

はじめに

Autodesk Revit（以下Revit）は、BIM（Building Information Modeling）/CIM(Construction Information Modeling)のためのソフトウェアです。建築・土木設計、設備（機械、電気、配管）、構造、施工に役立つ機能を搭載しており、各分野をまたいだコラボレーション設計を行うことをサポートしています。また、Revitで作成されたモデルは、数量算出や解析、シミュレーションにもそのまま利用することができます。Autodesk Civil 3Dなどで作成した現況地形モデルとRevitで作成した構造物モデルをAutodesk InfraWorksを用いて重ね合わせると、国土交通省「CIM導入ガイドライン（案）」に示される統合モデルを作成することができます。

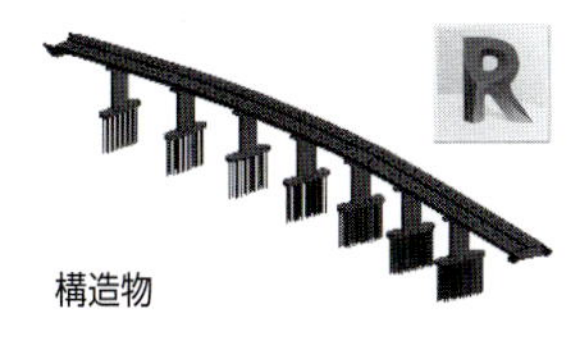

構造物

地形

総合モデル

現在では、土木分野の業務・工事などでカルバート、樋門、樋管、トンネル、橋梁、ダムなど、さまざまな土木構造物のモデリングに活用されており、国内外の構造物のモデルは、Revitで作成され始めています。

本書は、BIM/CIMをこれから使い始めようとされる土木関係者向けのRevitの入門書です。本書では、Revitの機能を説明するための例として、橋梁を対象にモデル作成方法を解説しています。土木分野にRevitを取り入れようとしたとき、はじめの一歩となる道標になることができれば幸いです。この本がBIM/CIMの発展に少しでも役立つことを願っております。

Civil User Group CIM認定インストラクター　田中　和恵
Civil User Group CIM認定インストラクター　雫石　和利
Civil User Group　幹事　長谷川　充
Civil User Group　幹事　井上　修

本書の表記

本書では、アイコンでメモ、ヒント、注意などを示しています。

メモでは、補足情報や知っておきたい予備知識を説明しています。

ヒントでは、Revitを土木的に使うにはどう使うと効果的かなど、知っていると便利なポイントを紹介しています。

注意では、Revitの操作時に注意すべき事項について説明しています。

サンプルデータのダウンロード

本書で使用しているサンプルデータは、下記サイトよりダウンロードすることができます。

下記サイトにアクセスしたら、[96735.zipをダウンロード] アイコンをクリックして、サンプルデータをダウンロードします。

http://ec.nikkeibp.co.jp/nsp/dl/09673/

DataSet ―― 2019

ダウンロードしたzip形式の圧縮ファイルを解凍すると、[DataSet] フォルダの中に [2019] のフォルダがあります。この中は章ごとにフォルダを分け、サンプルデータを用意しています。各章共通で使うファミリは [Family] フォルダにまとめて配置しています。

2章基本モデル

3章線形モデル

4章連携

5章便利な機能

Family

なお、本書で作成するモデルは、Revitの操作説明用のサンプルで、設計で使用する形状などは実際のモデルとは異なります。

Revit 2019 製品情報

Revit 2019をインストールして実行するには、次のような動作環境が推奨されています。最小環境では、これより低いスペックでも起動しますが、実務で利用するには、下記以上の動作環境をお薦めします。(2018年4月現在)

OS	**Microsoft Windows 7 SP1 64 ビット版:** Enterprise、Ultimate、Professional、Home Premium **Microsoft Windows 8.1 64 ビット版:** Enterprise、Pro **Microsoft Windows 10 Anniversary Update 64 ビット版(Version 1607以降):** Enterprise、Pro
CPU	SSE2 テクノロジ対応のマルチコア Intel Xeon、または i-Series のプロセッサ、またはこれらに相当する AMD プロセッサ。 入手可能な最高速度のCPU推奨。Autodesk Revit ソフトウェア製品は、さまざまなタスクで複数のコアを使用します。たとえばフォトリアリスティックに近いレンダリング操作では最大16コアを使用します。
メモリ	推奨 16 GB以上の RAM
ビデオディスプレイ	最小: 1920 x 1200、True Color 対応 最大: 4K UHD モニタ
ビデオアダプタ	推奨 Shader Model 3 対応、DirectX 11 対応のグラフィックスカード
ポスティングデバイス	マイクロソフト互換マウス、または3Dconnexion互換デバイス
ディスク	5 GB のディスク空き容量 推奨 10,000 rpm 以上またはソリッドステートドライブ(SSD)
ブラウザ	Microsoft Internet Explorer 7.0 以降

※最新の動作環境は、AutodekのHPをご参照ください。

本書で使用しているソフトと拡張機能

本書で使用しているソフトは、Revit 2019です。このほかに、Revitの拡張機能や連携機能を説明するために、以下のソフトを利用しています。これらの機能を必要としない方は、これらのソフトは必要ありあません。

使用している章	ソフト名・拡張機能
4章	● Autodesk Civil 3D 2019 ● <拡張機能>Autodesk Civil 3D 2019 日本仕様プログラム(Jツール)
5章	● Autodesk InfraWorks 2019 (!) InfraWorksとRevitのバージョンは同じである必要があります。
6章	● <拡張機能>Revit Site Designer Extension 2019 ● Autodesk Navisworks Manage 2019 ● Autodesk BIM360 Docs

<拡張機能>

AEC CollectionやAEC Collectionに含まれる各ソフトウェアのサブスクリプションの特典として提供されているアドインソフトです。Autodeskアカウント管理からダウンロードすることができます。

拡張機能のダウンロードとインストール

STEP1

Autodeskアカウント管理(http://manage.autodesk.com)に、Autodesk IDでログインします。[すべての製品とサービス] が表示されます。ソフト本体のダウンロードは、ここから行います。

[拡張機能] をダウンロードする場合は、先にソフトを選択するので、SiteDesignerであれば、[Revit] を選択します。

STEP2

Revitのダウンロード画面が表示されます。拡張機能をダウンロードするには、右下の [更新プログラムとアドオン] をクリックします。

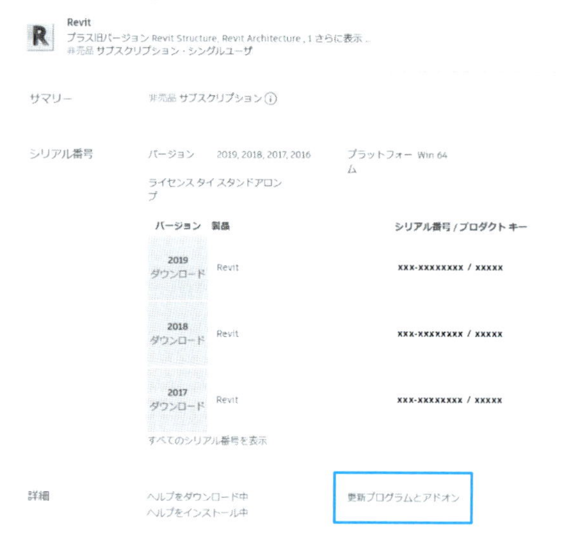

STEP3

拡張機能が表示されます。ここでは、Revit Site Designer Extention2019をダウンロードし、インストールを実行します。

インストール実行時、Autodesk製品は閉じてからダウンロードしてください。

Autodesk Civil 3D 2019日本仕様プログラム（Jツール）

Jツール（日本仕様プログラム）は、日本国内の基準に準拠するために用意された拡張プログラムなので、ダウンロード元が異なります。

Autodesk App StoreにAutodesk IDでログインしダウンロードします。インストールは、Autodesk Civil 3D 2019本体のインストール後に行います。

Autodesk Revit 2019.1追加情報

2018年8月にRevit 2019のUpdate1が公開され、初期起動時の画面が改良されました。本書ではRevit 2019の起動画面で説明していますが、2019.1では下記のようになっています。

ホームビューをクリックすることにより本書で説明しているメニューを表示できます。

第1章

第2章

第3章

第7章

第1章 はじめてのRevit

01 Revitモデルの構成

Revitでは、さまざまな要素を組み合わせて、複雑でより大きな構造物のモデルを作ります。Revitでは、要素のことをファミリと呼び、ファミリを組み合わせて作成された構造物全体をプロジェクトと呼びます。プロジェクトにファミリを読み込むとコンポーネントとなり、部品のようにプロジェクト内に配置できます。実際にプロジェクトに配置されたコンポーネントは、インスタンス（配置場所固有のファミリ）になります。ファミリファイルの拡張子はrfa、プロジェクトファイルの拡張子はrvtとなります。

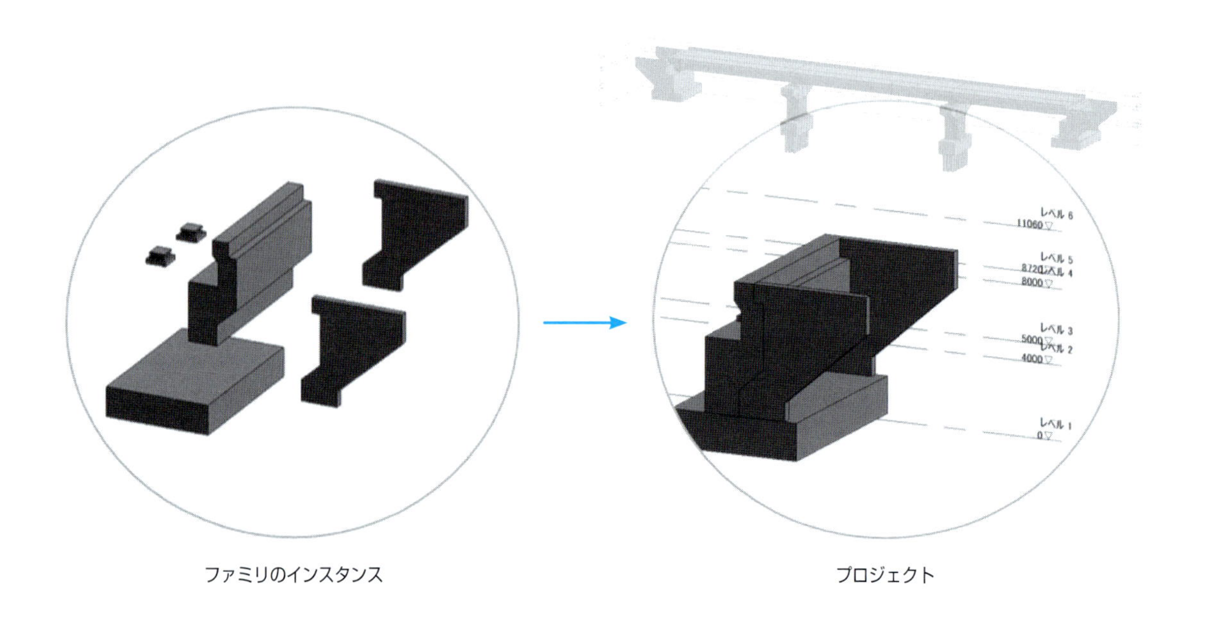

ファミリのインスタンス　　プロジェクト

ファミリは、レベルと通芯を基準に配置します。レベルは、建物や構造物の高さを示したもので、AutoCADで言えばZ値（標高）設定にあたります。通芯は、モデル作成時に中心線などの位置を割り出すために用いる図面上の基準線で、平面上の位置決定時に使用します。

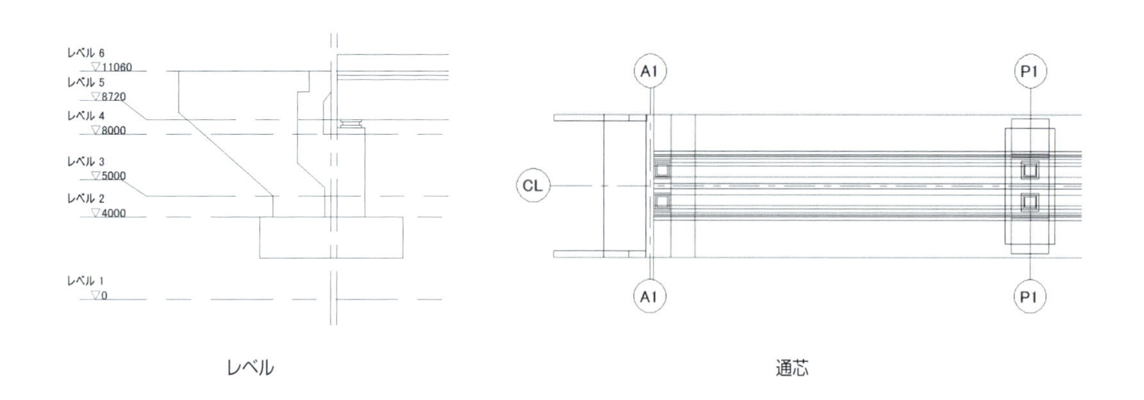

レベル　　通芯

ファイルの種類と保存方法

Revitには、4つのファイルがあります。

①プロジェクトファイル

新規に保存する時は、［ファイル］タブ -［名前を付けて保存］-［プロジェクト］を選択します。拡張子はrvtです。

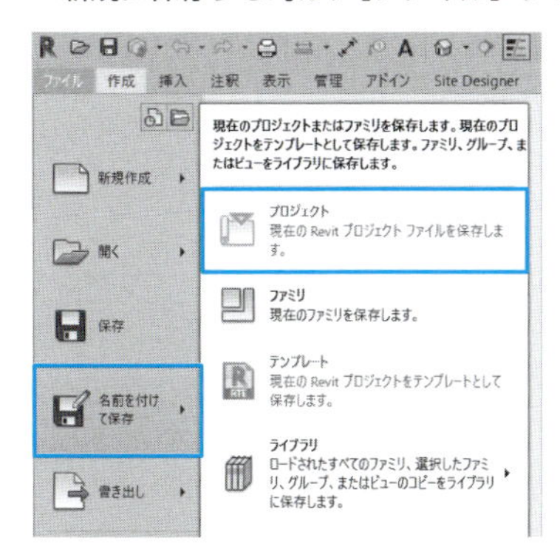

②ファミリファイル

新規に保存する時は、アプリケーションメニューの［名前を付けて保存］-［ファミリ］を選択します。拡張子はrfaです。

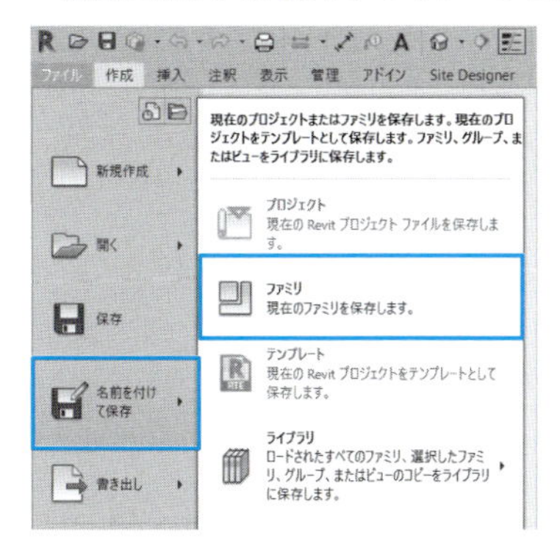

③プロジェクトテンプレートファイル

プロジェクトデータを新規作成するためのテンプレートファイルです。新規に保存する時は、アプリケーションメニューの［名前を付けて保存］-［テンプレート］を選択します。拡張子はrteです。

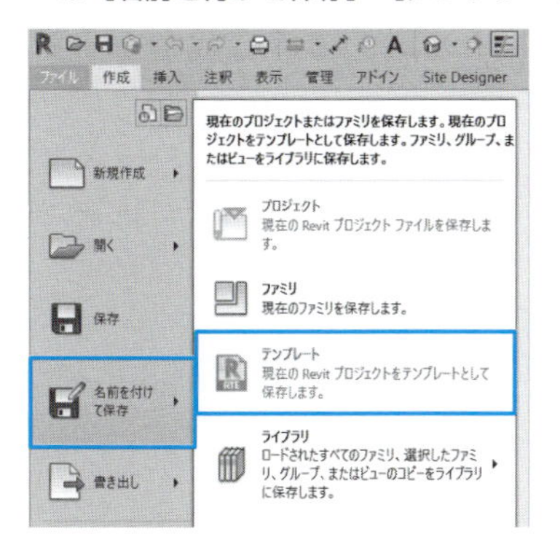

④ファミリテンプレートファイル

ファミリを新規作成する時に選択するテンプレートです。ファミリテンプレートは、ユーザがオリジナルを作成・保存することはできません。拡張子はrftです。

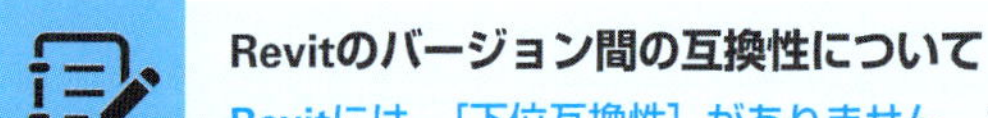

Revitのバージョン間の互換性について

Revitには、［下位互換性］がありません。たとえば、Revit 2019で作成したファイルをRevit 2018で開こうとしても、開くことはできません。中間ファイルとしてIFCデータ形式を利用しても、全てのデータを完全に交換できるわけではないので注意してください。

モデルのアップレード

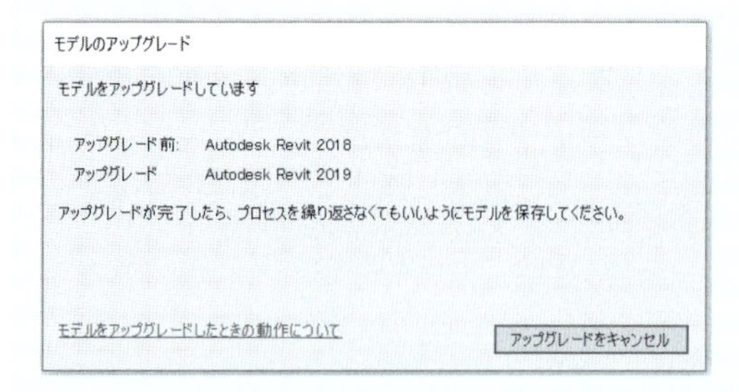

下位バージョンで作成されたファイルを開こうとすると、［モデルアップグレード］のダイアログが開きます。モデルをアップグレードして上書き保存した場合、以前のバージョンでは開くことはできなくなります。また、データの内容と容量によっては、アップグレードに時間がかかる場合があります。

モデルアップグレードが必要になるのは次の3つのファイル形式です。

- プロジェクト（rvtファイル）
- ファミリ（rfaファイル）
- プロジェクトテンプレート（rteファイル）

ファイルのバージョン

ファイルを開く時には、プレビュー表示の下にファイルのバージョン情報が表示されます。

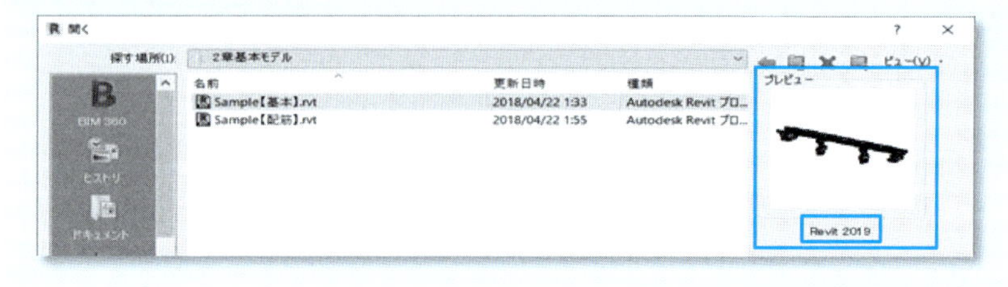

ファミリ

ファミリとは

Revitは、ファミリと呼ばれる要素の組合せから、モデルを作成します。プロジェクトに配置される要素は全てファミリのインスタンスです。壁やドア、窓、ドキュメントで使用する吹き出しなど全ての要素がファミリで定義されています。モデル要素、基準面要素、ビュー固有の要素の3つのタイプの要素を使用します。

Revitの中でファミリがどのように位置付けられるのか、それぞれの概念とともに説明します。

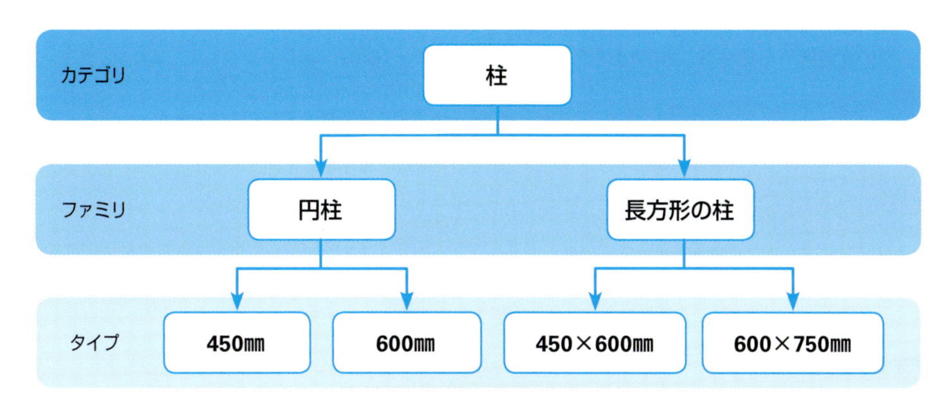

柱の概念の例

カテゴリ

カテゴリは、設計をモデル化、ドキュメント化するためのオブジェクトグループです。モデルオブジェクトのカテゴリには、壁、柱、梁などがあり、注釈オブジェクトのカテゴリには、寸法やタグ、文字注記などが含まれます。

ファミリ

ファミリは、カテゴリ内のオブジェクトのクラスに相当し、共有パラメータを持つことができます。共有パラメータには形状や寸法、マテリアルなどを設定することができ、このパラメータごとに要素をグループ化することができます。ファミリはネストすることができます。ファミリAにファミリBをロードした場合、ファミリAはホストファミリ、ファミリBはネストされたファミリになります。

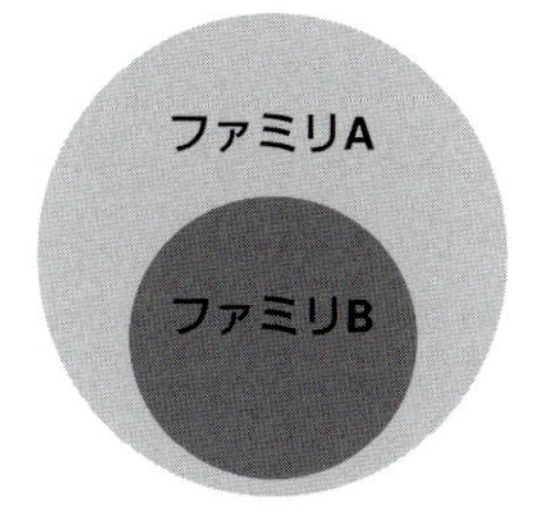

タイプ

タイプはファミリに設定できるパラメータのことで、タイプを設定することでさまざまなバリエーションを持つことができます。柱というファミリのさまざまな形状やサイズ、たとえば円柱Φ400、円柱Φ600、角柱450×600は、タイプに相当します。

ファミリの種類

Revitには3種類のファミリがあります。

システムファミリ

Revitにあらかじめ定義されているファミリで、ユーザが作成することはできないファミリです。壁、カーテンウォール、床、天井、階段、てすり、文字、寸法などがシステムファミリに含まれます。

システムファミリのパラメータ変更

タイププロパティを確認すると、[ファミリ] 欄にはシステムファミリと表示されます。

パラメータの変更を行う場合は、既存のパラメータを変更せず、[複製] をクリックして、新たにタイプを作成してから変更します。

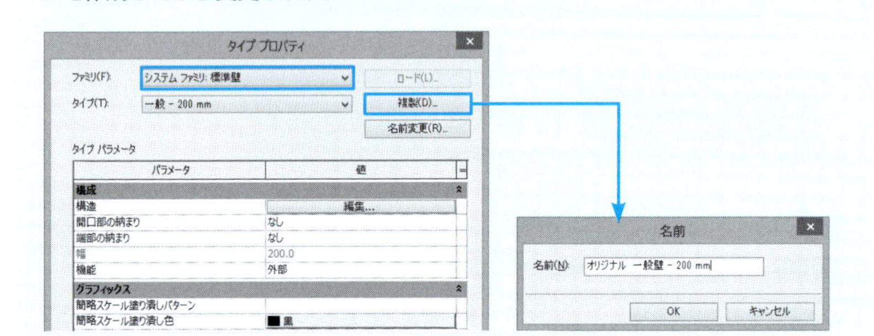

複製せずにパラメータを変更した場合は、既存のシステムファミリのパラメータが変更されるので注意してください。

インプレイスファミリ

プロジェクト固有のコンポーネントを作成するファミリです。プロジェクト内で自由に作成することができますが、他のプロジェクトにロードすることはできません。

ロード可能なファミリ

もっとも一般的に作成されているカスタマイズ可能なファミリです。プロジェクトから独立したファミリで、任意のプロジェクトにロードすることができます。タイプカタログを持つことができるので、ファミリに含まれるタイプから必要なタイプのみを選択してロードすることができます。

ファミリのロード

ロード可能なファミリをプロジェクトにロードするには、[挿入] タブ- [ライブラリからロード] - [ファミリをロード] から読み込みます。

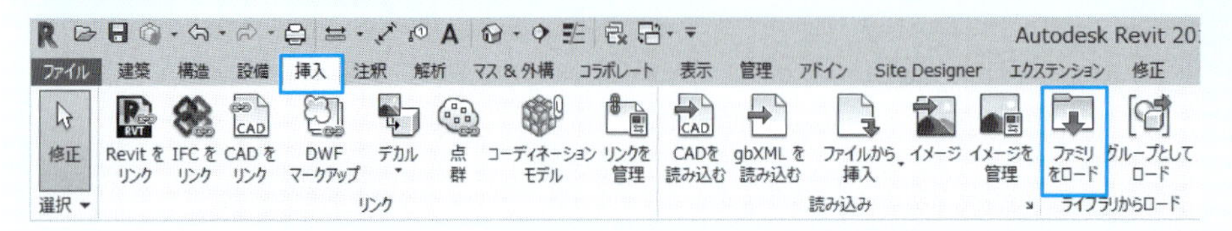

ファミリカテゴリとパラメータ

ファミリのカテゴリごとの動作は、[ファミリカテゴリとパラメータ] ダイアログで設定します。

下の図は構造基礎ファミリテンプレートを使用した場合の [ファミリカテゴリとパラメータ] ダイアログ設定画面です。[常に垂直] にチェックが設定されていますが、これによってプロジェクト側では、勾配を持った床や作業面を指定しても垂直にしか配置することができなくなります。このように、[ファミリカテゴリとパラメータ] の設定は、プロジェクト内のファミリ動作を決定付けます。

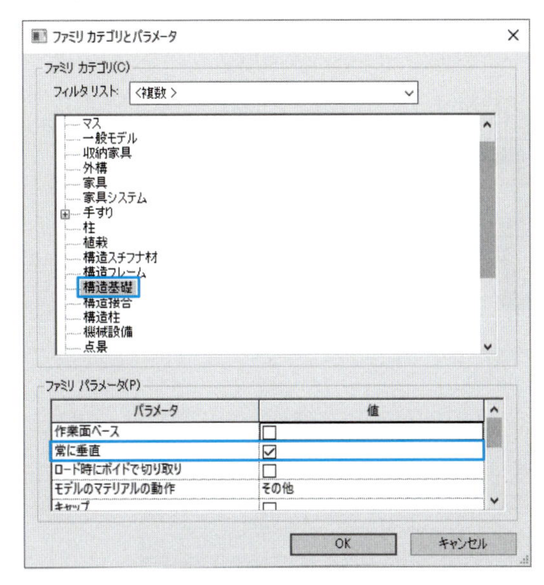

[ファミリカテゴリとパラメータ] の設定は、ファミリ作成時に使うファミリエディタで行います。

[作成] タブ - [プロパティ] パネル - [ファミリカテゴリとパラメータ] をクリックすると、[ファミリカテゴリとパラメータ] ダイアログが開くので、[ファミリパラメータ] で設定を行います。

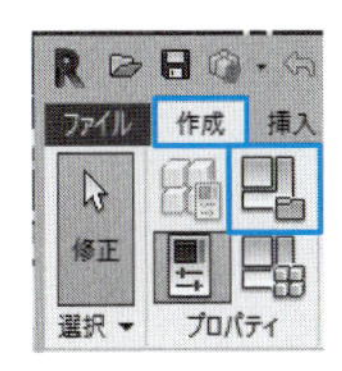

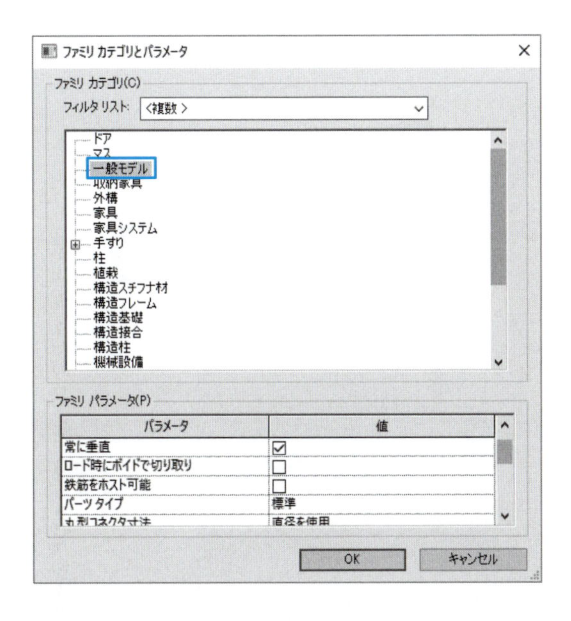

サンプルは [一般モデル (メートル単位)] のファミリテンプレートを使用した [ファミリカテゴリとパラメータ] ダイアログです。[ファミリパラメータ] の項目を確認すると、[構造基礎] ファミリテンプレートを使用した [ファミリカテゴリとパラメータ] ダイアログと内容が異なることがわかります。このように [ファミリカテゴリとパラメータ] は選択したファミリテンプレートによって内容が異なります。

タイププロパティとインスタンスプロパティ

システムファミリとロード可能なファミリには、タイプごとのタイププロパティと配置したオブジェクトごとのインスタンスプロパティがあります。下のボックスカルバートをサンプルに説明します。

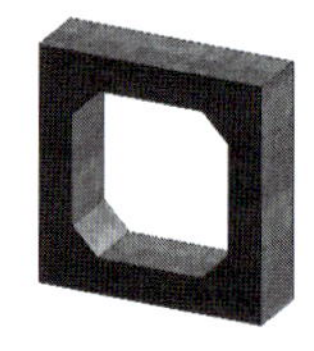

タイププロパティ

タイププロパティを変更すると、変更はプロジェクト内の同じタイプのオブジェクトすべてが変更されます。

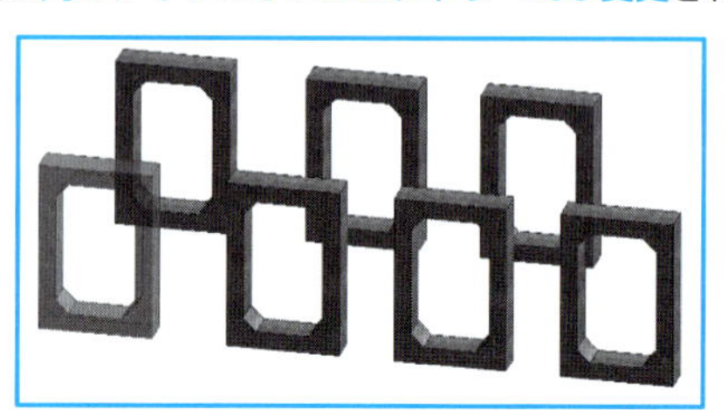

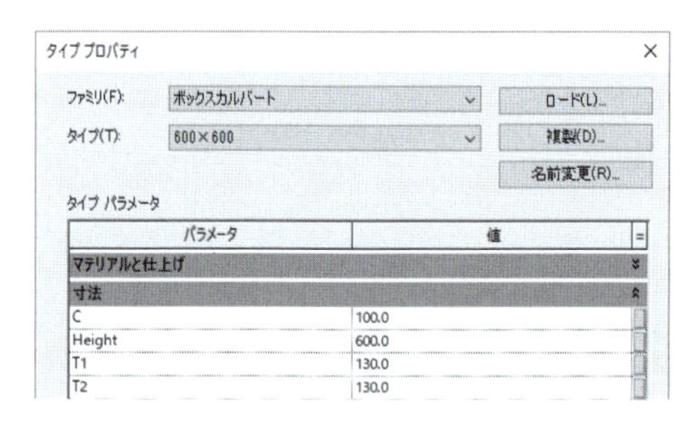

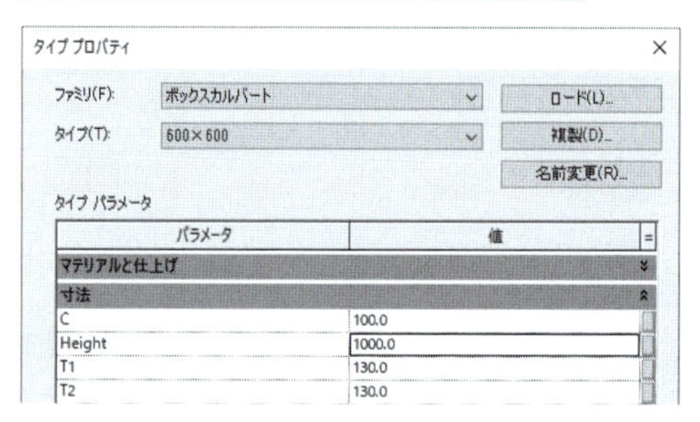

インスタンスプロパティ

インスタンスプロパティはオブジェクトごとのプロパティのため、選択したオブジェクトのみが変更されます。変更は選択した要素の［プロパティ］で行います。

パラメータ

プロジェクトパラメータ

プロジェクトパラメータは単一のプロジェクトファイルに固有のパラメータです。パラメータの追加は、要素やシート、ビューの複数カテゴリを要素に指定することにより行われます。プロジェクト内の集計、並べ替え、フィルタリングに使用することができます。プロジェクト パラメータに保存されている情報を他のプロジェクトと共有することはできません。

ファミリパラメータ

ファミリパラメータは、ファミリに固有のパラメータです。ファミリの寸法やマテリアルなどファミリの変数値をコントロールします。ファミリパラメータは、ホストファミリのパラメータをネストされたファミリのパラメータに関連付けることで、ネストされたファミリのパラメータをコントロールすることもできます。

共有パラメータ

共有パラメータは複数のファミリやプロジェクトで使用することができ、タグ付けや集計に利用することができます。テキスト（拡張子.txt）形式の個別ファイルで定義します。

グローバルパラメータ

グローバルパラメータは 1つのプロジェクトファイルに固有のパラメータです。プロジェクトパラメータとは異なり、カテゴリには割り当てることはできません。グローバルパラメータは、単純な値、計算式から算出される値、その他のグローバルパラメータを使用するモデルから取得される値を使用します。たとえば複数の寸法に同じ値を割り当てたいときに使用します。

フォーム

さまざまな形状からソリッドやボイドフォームを作成するには、フォームを使用します。フォームは、ファミリ作成時に表示されます。

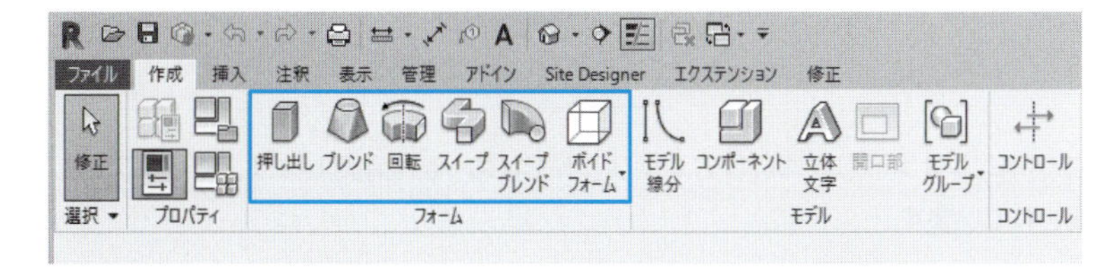

押し出し

2Dプロファイルを押し出して、3Dソリッドを作成します。平面図でプロファイル（断面形状）を作成し、立面で押し出す高さを入力します。

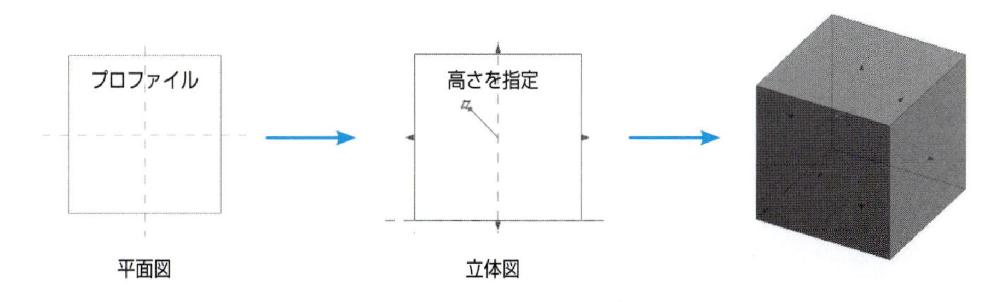

ブレンド

最初の形状から最後の形状へ、長さに沿って変化する3Dソリッドを作成します。

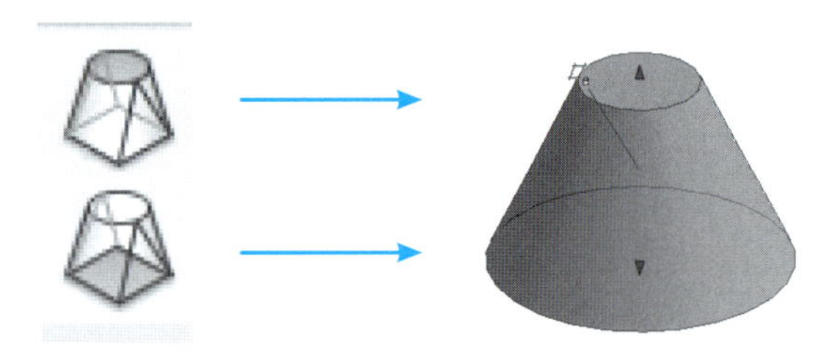

回転

軸を中心に2Dプロファイルを回転させて3Dソリッドを作成させます。

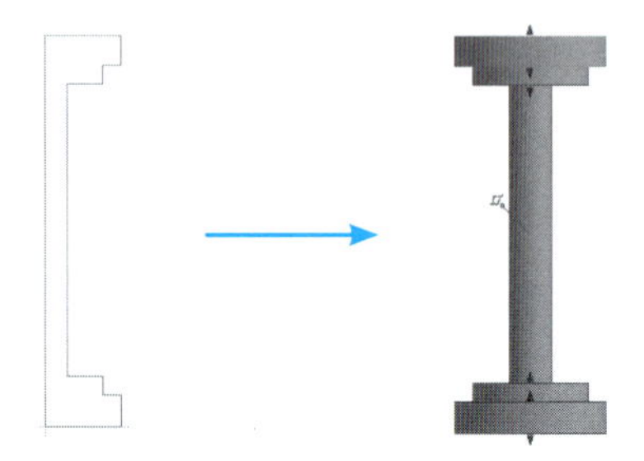

スイープブレンド

パスに沿って2Dプロファイルをスイープして3Dソリッドを作成します。

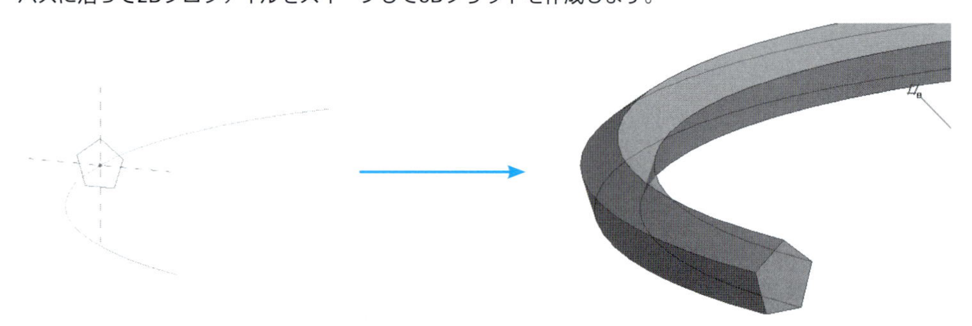

ボイドフォーム

Revitでは、ボイドフォームと呼ばれる透明なジオメトリを作成して、ソリッド形状の一部を削除します。ボックスカルバートの空洞部もボイドフォームで作成されています。

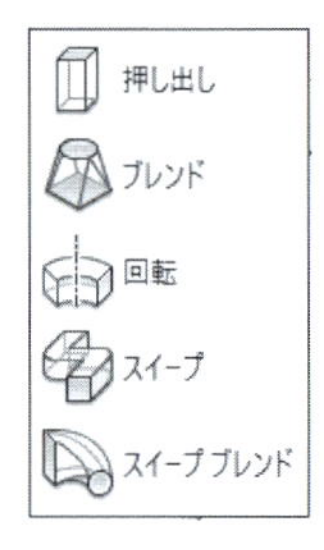

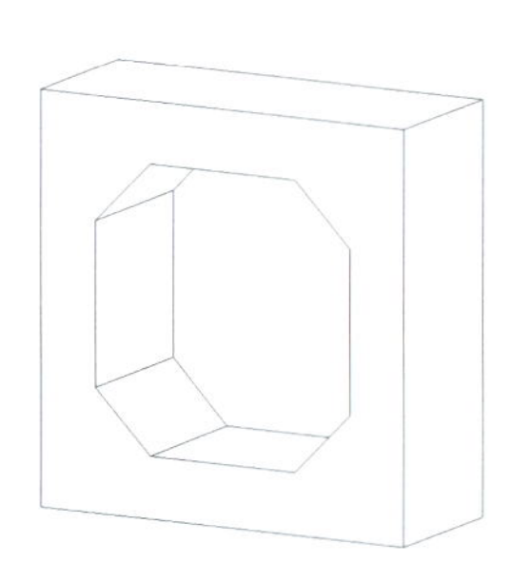

マス

パラメトリックに自由な形状をモデリングする場合にマスを使用することができます。土木分野における線形構造物もマスを上手に使うことによって、Revitでは苦手な平面上の曲線も表現することができるようになります。

構造テンプレートの既定では、マスは非表示に設定されていますので、事前に［表示/グラフィックス］の設定を変更する必要があります。設定変更手順は次のように行います。
［表示］タブ -［グラフィックス］-［表示/グラフィックス］をクリックします。

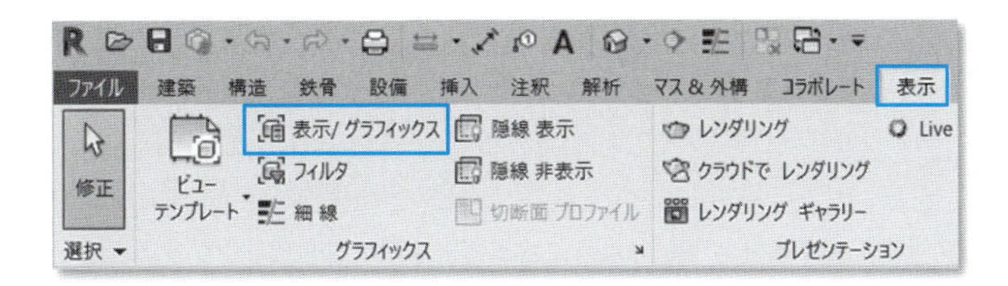

［表示/グラフィックス］ダイアログが開くので、［モデルカテゴリ］タブをクリックします。［マス］にチェックを付け、［OK］ボタンを押します。

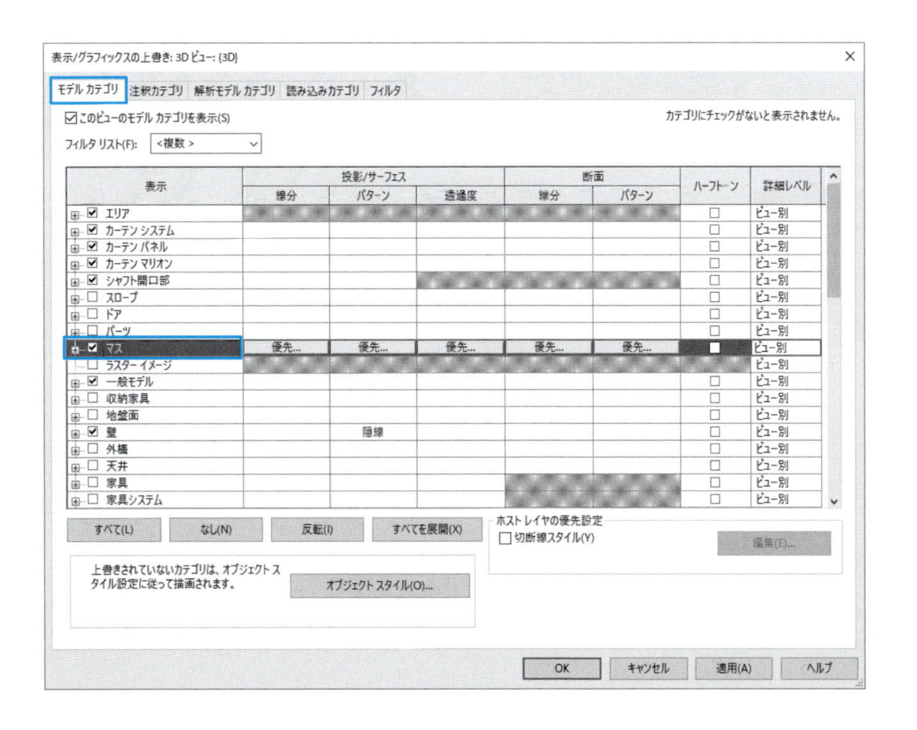

形状をパラメータでコントロール

断面の円にパラメータを割り当てると、円のサイズを数値で変化させることができるようになります。

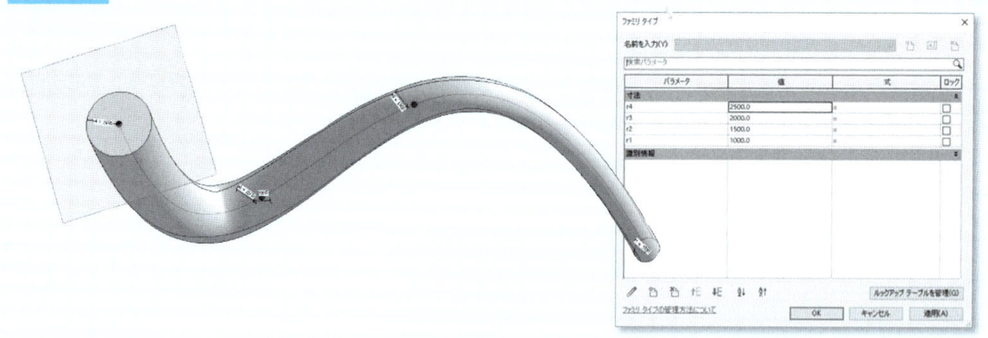

ファミリとパス

さまざまな断面をファミリとして定義し、パス上に配置すると、下記のようにさまざまな形状をモデリングすることができます。

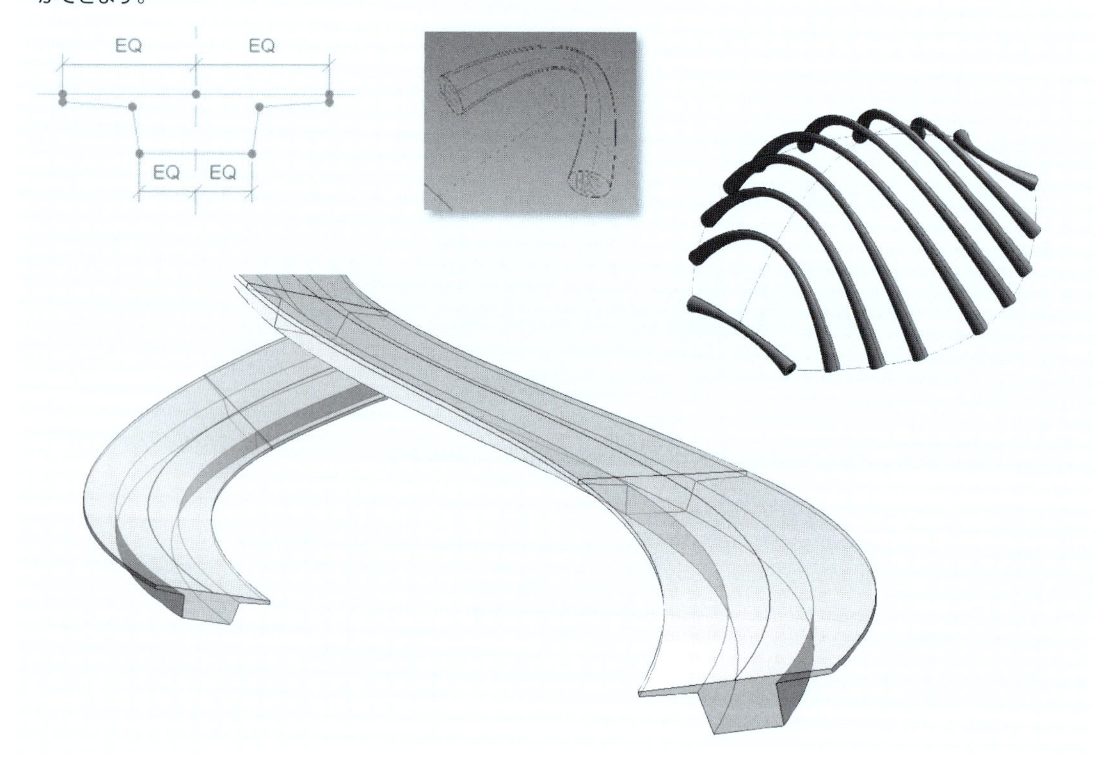

ファミリテンプレート

ファミリテンプレートには、ファミリ作成時に必要な情報やプロジェクトに配置するために必要な情報も含まれているので、その要素タイプに対応したファミリテンプレートを選択します。たとえば、照明関連のファミリテンプレートには、あらかじめ光源設定が含まれていますし、構造関連のファミリテンプレートには、配筋や解析関連の設定が含まれています。一般モデルファミリテンプレートで作成したファミリには、構造関連の設定が含まれていません。たとえばマテリアル設定で、構造を選択することはできません。

ホストベーステンプレート

扉や窓といった壁に配置するファミリは、あらかじめ壁がホストタイプとして定義されています。ホストタイプの要素が存在する場合のみ、プロジェクトに配置することができるファミリテンプレートをホストベーステンプレートと言います。ホストタイプには以下の5つがあります。

- 天井ベース
- 床ベース
- 屋根ベース
- 線分ベース
- 面ベース

タイプごとのファミリテンプレートの違い

テンプレート	説明
壁ベース	壁ベースのテンプレートを使用して、壁に挿入するファミリを作成します。ドアや窓を壁に配置すると、壁には開口部が設定されます。 壁ベースのファミリ：ドア、窓、照明器具など
天井ベース	天井ベースのテンプレートを使用して、天井に挿入するコンポーネントを作成します。ファミリを天井に配置すると、天井には開口部が設定されます。 天井ベースのファミリ：スプリンクラ、埋め込み照明器具など
床ベース	床ベースのテンプレートを使用して、床に挿入するコンポーネントを作成します。床コンポーネントを配置すると、床には開口部が設定されます。
屋根ベース	屋根ベースのテンプレートを使用して、屋根に挿入するコンポーネントを作成します。天窓を配置すると、屋根には開口部が設定されます。 屋根ベースのファミリ：天窓、屋上換気扇など
スタンドアロン	ホストに依存しないファミリで、モデル内のどこにでも配置することができます。 スタンドアロン ファミリ：家具、電気器具、ダクト、継手など
アダプティブ	マスファミリ作成時に使用するファミリです。
線分ベース	線分ベースのテンプレートです。
面ベース	面ベースのテンプレートです。
特殊	１つのファミリタイプに固有な特殊なテンプレートです。構造フレームテンプレートは、構造フレーム コンテンツの作成にのみ使用できます

テンプレートを選択する時に必要なホストのスタイルや動作を選択してから、ファミリタイプのカテゴリを選択します。

作成対象	次のテンプレートタイプから選択します
2Dファミリ	●詳細項目●プロファイル●注釈●タイトルブロック
特定機能が必要な3Dファミリ	●手すり子●構造フレーム●構造トラス●鉄筋●パターンベース
ホストされている3Dファミリ	●壁ベース●天井ベース●屋根ベース●面ベース
ホストされていない３Ｄファミリ	●線分ベース●スタンドアロン（レベル周り）●アダプティブ ●2Dレベルベース（柱）

02 Revitのインタフェース

Revitのインタフェースを説明します。

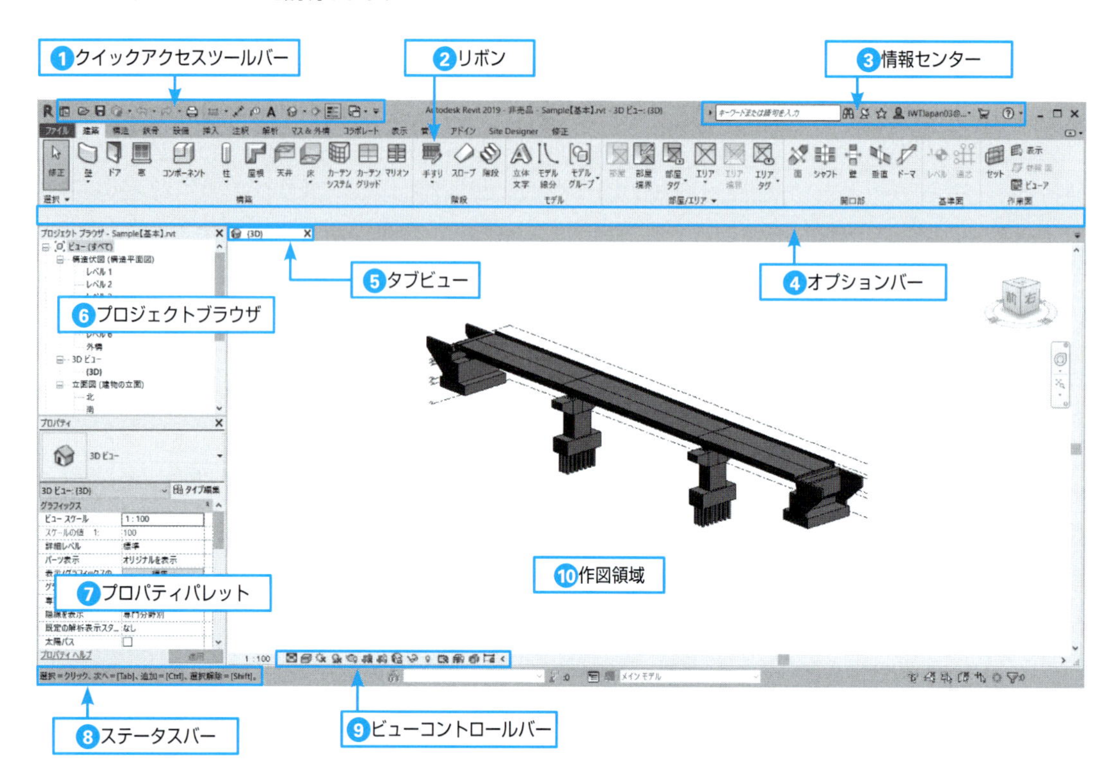

1 クイックアクセスツールバー

頻繁に利用するツールを登録することができます。

ホームビュー	ファイルを開く	保存	同期と設定変更
Undo	Redo	印刷	2点間を計測
寸法作成	カテゴリ別にタグを付ける		文字作成
3Dビュー表示	断面作成	細線	ウィンドウを切り替え

2 リボン

リボンメニューは、リボンタブによって表示されるツールが変化します。

③情報センター

情報センターにはさまざまな機能があります。

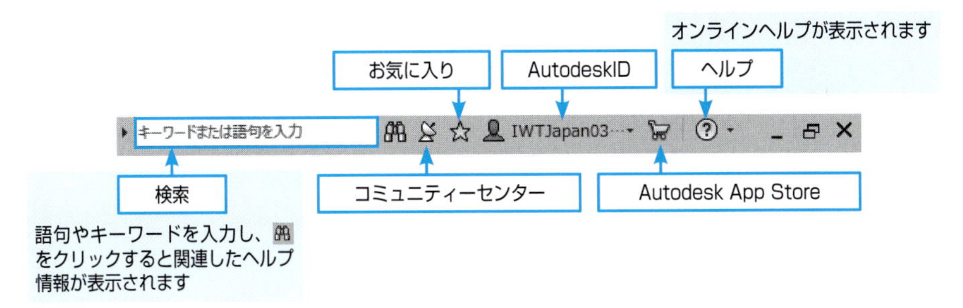

④オプションバー

実行したツールや選択したオブジェクトに対するオプションが表示されます。サンプルは、壁作成時の状態です。

⑤タブビュー

Revitでは、ビューを複数開くと、作図領域にタイプごとのアイコンとビューの名前が表示されます。

［表示］-［ウィンドウ］-［タイルビュー］をクリックすると、このように表示することができます。

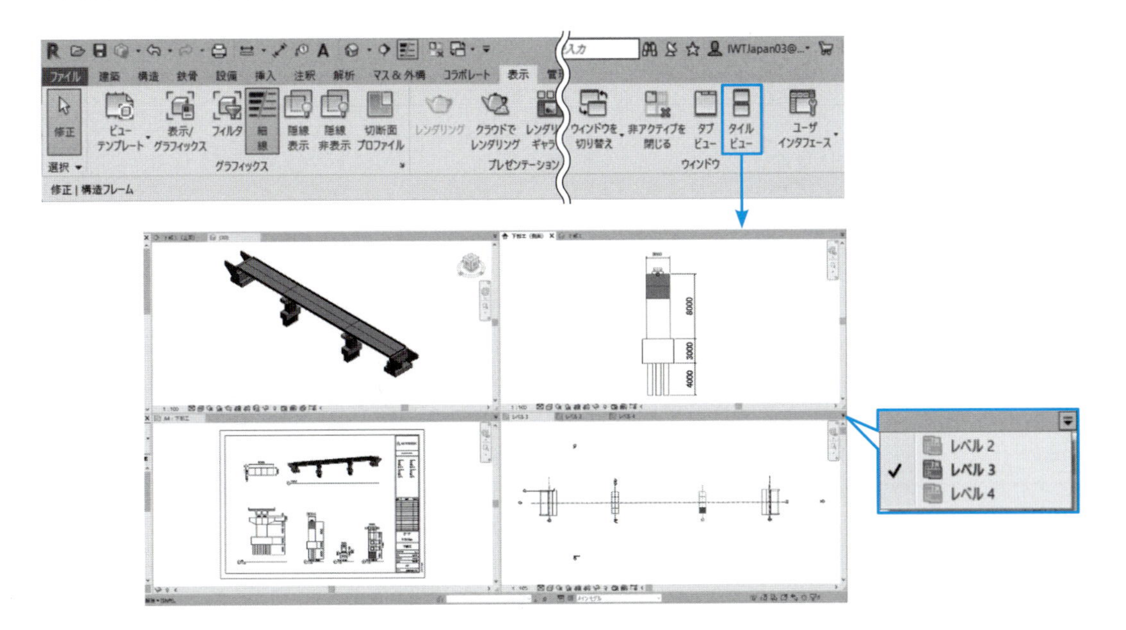

❻プロジェクトブラウザ

現在のプロジェクト内のビュー、集計表、シート、ロードされたファミリなどが階層で表示されます。⊞ をクリックして展開すると内容が確認できるようになります。現在のビューは、太字で表示されます。

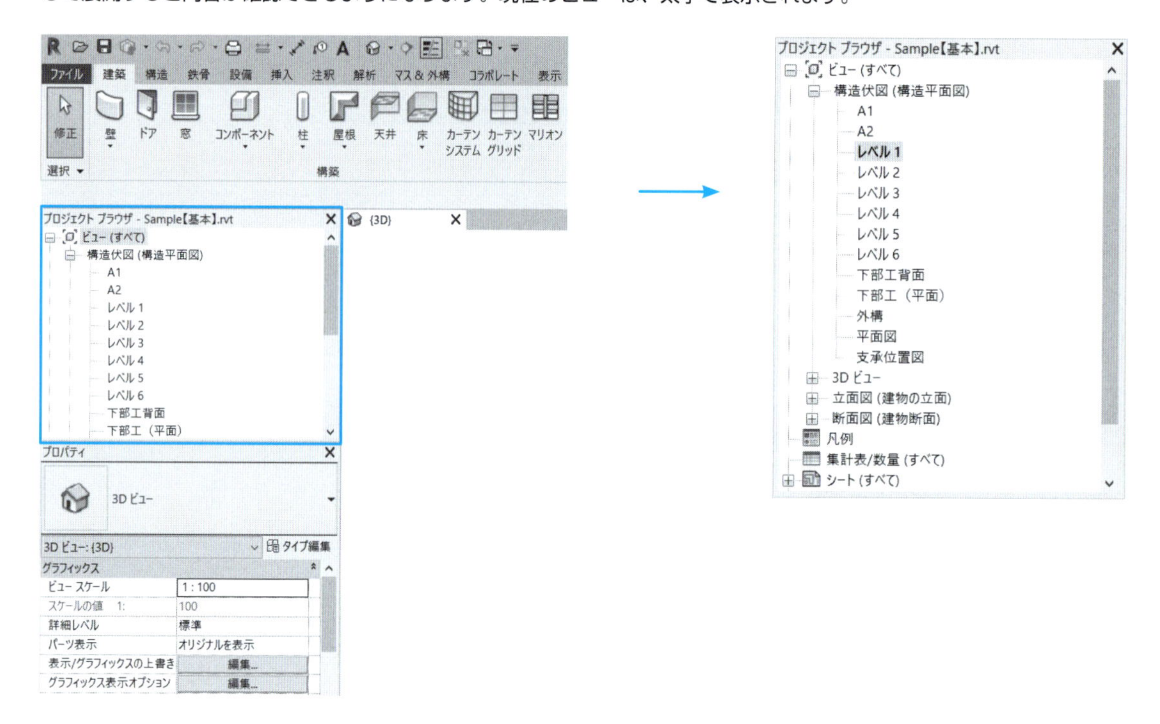

❼プロパティパレット／タイプセレクタ

Revitの要素を定義するパラメータの設定や修正を行います。

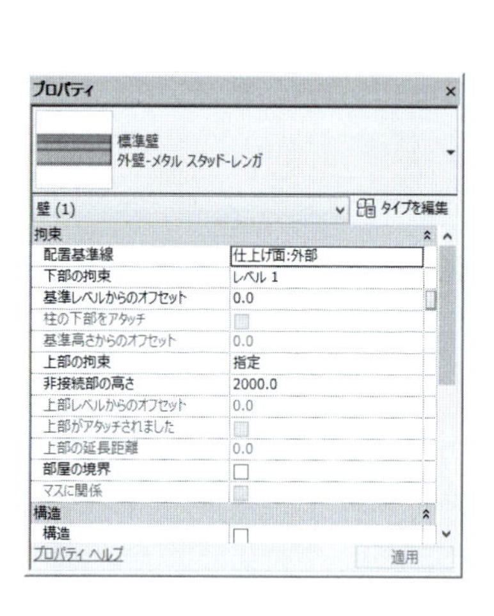

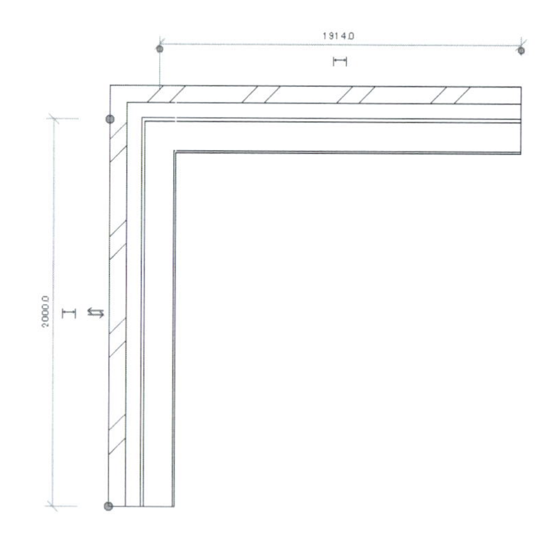

タイプセレクタ

要素が選択されている場合や配置するツールを使用している場合にタイプセレクタが表示されます。▼をクリックしてタイプを変更することができます。

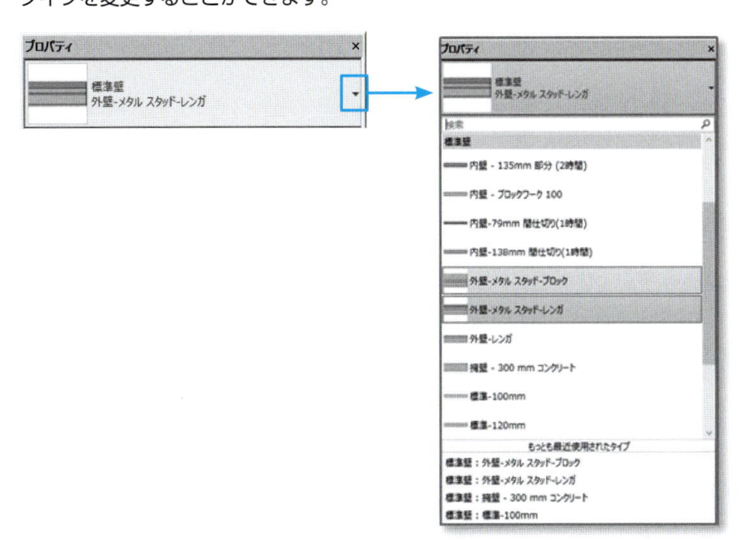

[プロジェクトブラウザ]、[プロパティ] の表示方法

[表示] タブ - [ユーザインタフェース] をクリックし、[プロジェクトブラウザ]、[プロパティ] にチェックを入れます。

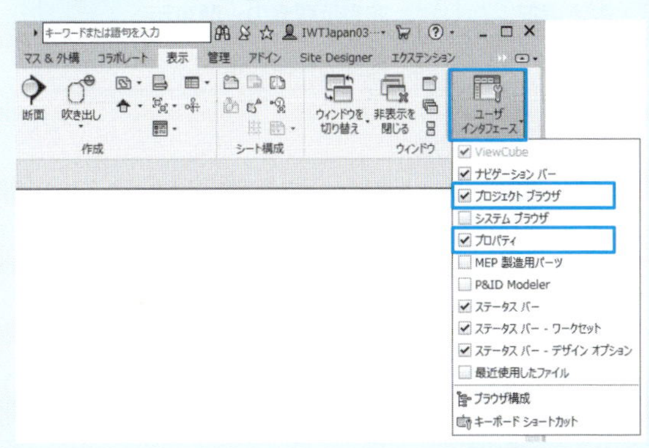

[プロジェクトブラウザ]、[プロパティ] のドッキング

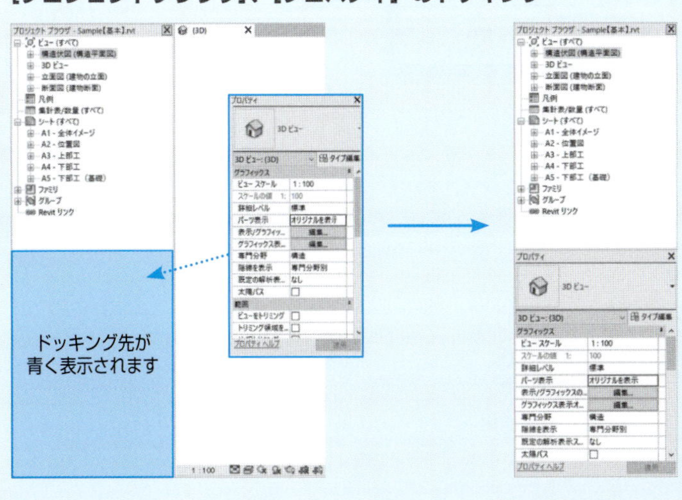

❽ステータスバー

操作時のメッセージがステータスバーに表示されます。窓ツールを実行すると、ステータスバーには、このようなメッセージが表示されます。

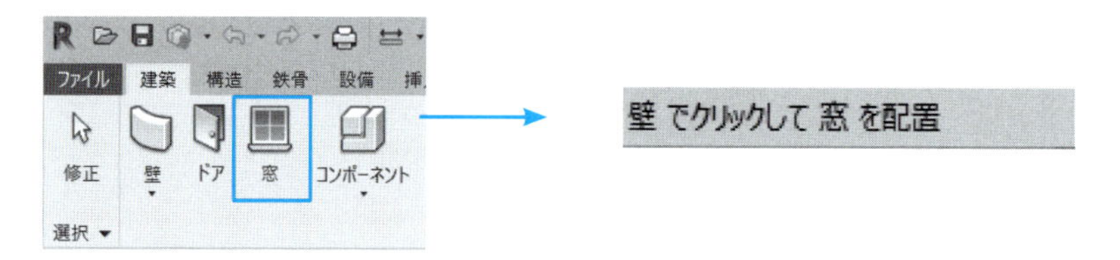

❾ビューコントロールバー

2Dと3Dでは、下記のように表示される内容が若干異なります。

2D

3D

1 : 100

1 : 100　スケール	詳細レベル	表示スタイル
太陽のパス　オン／オフ	影　オン／オフ	ビューをトリミング
トリミング領域を表示	一時的に非表示／表示選択	非表示要素の一時表示
一時的なビュープロパティ	解析モデルを非表示	拘束の一時表示

スケール　1 : 100

1 : 100　をクリックします。プルダウンメニューから縮尺を選択します。シートにビューを配置する場合は、この縮尺で表示されます。

任意の縮尺を設定する場合は［カスタム］を選択します。［カスタム］をクリックし、［スケールを追加］ダイアログで設定します。

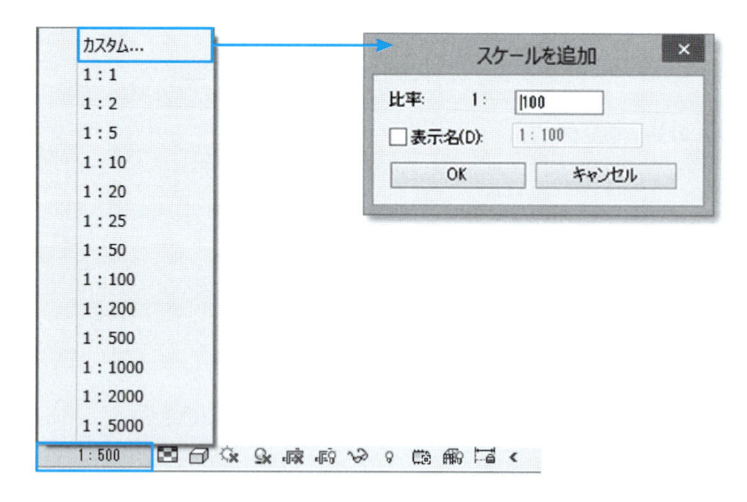

詳細レベル

ビューの尺度に基づいて、オブジェクトの詳細レベルを設定することができます。

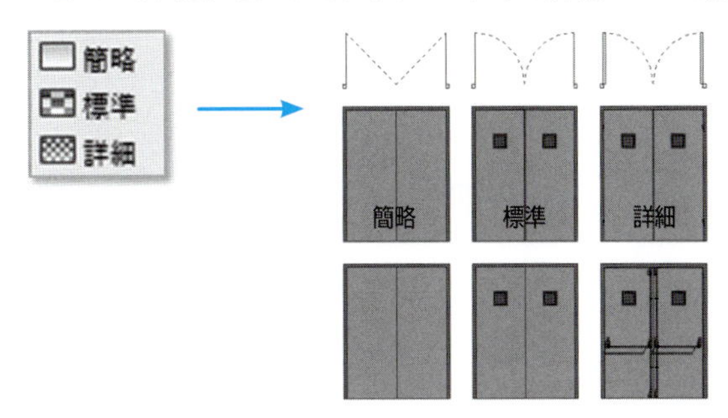

詳細レベルの設定は、ファミリ作成時に行います。

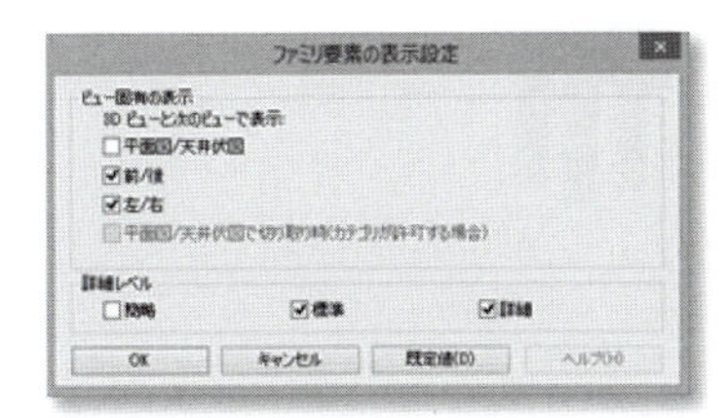

表示スタイル

モデルの表示スタイルを変更することができます。各表示スタイルは次の通りです。

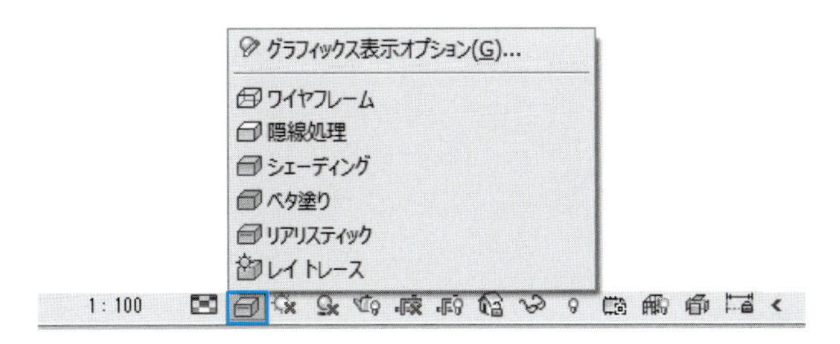

ビューをトリミング ／トリミング領域を表示

ビューのトリミングとそのトリミング領域表示／非表示を変更することができます。サンプルを用いて手順を説明します。

①トリミング領域が表示（　）されています。

②　をクリックし、ビューのトリミング領域内だけを表示します。

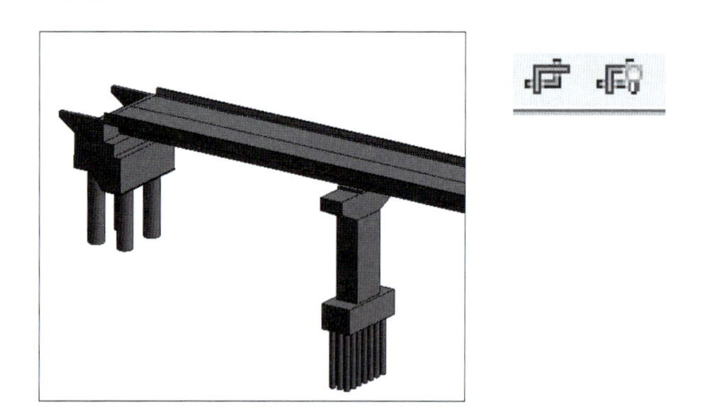

③　をクリックし、トリミング領域枠を非表示にします。

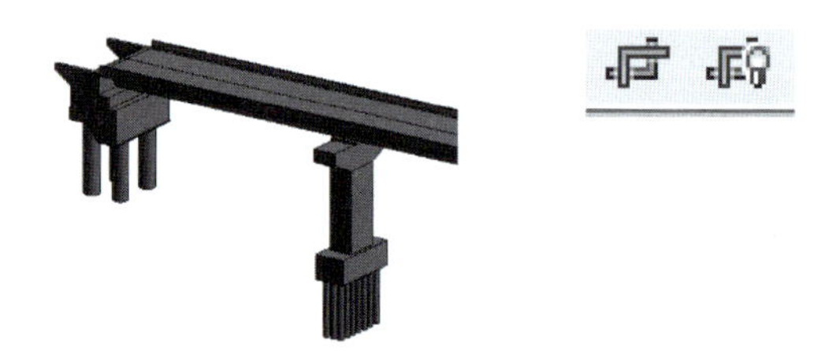

一時的に非表示／表示選択

ビューごとに作成した部品・要素は、すべて表示されていますが、この機能を使うと、特定のカテゴリや要素を一時的に非表示にすることができます。この機能を使うと、編集が簡単にできるようになるので、とても便利です。以下に橋梁の表示例を示します。

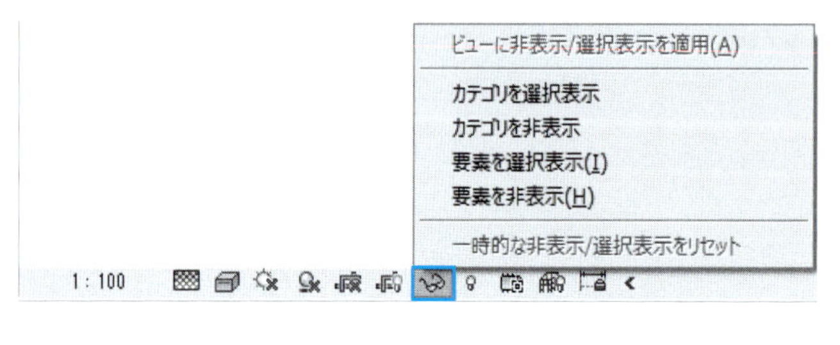

カテゴリを選択表示	カテゴリを非表示
［上部工］と同じ［構造フレーム］カテゴリで作成されている構造だけが表示されるようになります。	［上部工］と同じ［構造フレーム］カテゴリで作成されている構造だけが非表示になります。
要素を選択表示	**要素を選択非表示**
選択した要素のみが表示されるようになります。	選択した要素のみが非表示になります。

一時的な非表示／表示をリセット

一時的な表示状態はリセットされます。

ビューに非表示／表示を適用

水色の枠が消え、表示状態はビューに適用されます。

非表示要素の一時表示

非表示にした要素を一時的に表示することができます。［一時的に非表示／表示選択］で非表示の要素は、 をクリックすると 水色で表示されます。

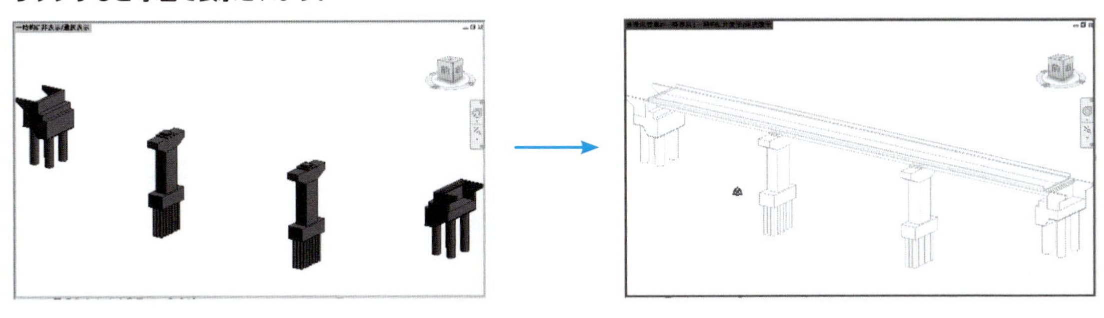

［ビューで非表示］要素は、 をクリックすると赤色で表示されます。

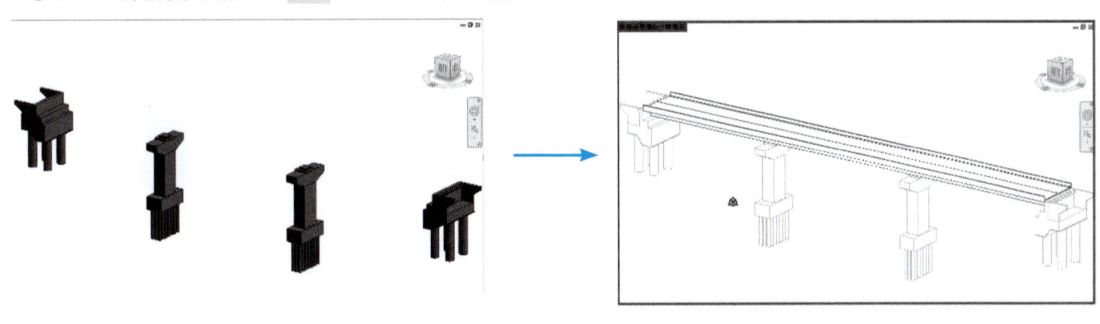

非表示解除は、オブジェクトを選択し、右クリックでコンテキストメニュー［ビューで非表示解除］で行えます。解除する対象は、要素、カテゴリ、フィルタ別に指定できます。サンプルは［要素］で非表示にしているので、解除時も［要素］を選択しています。

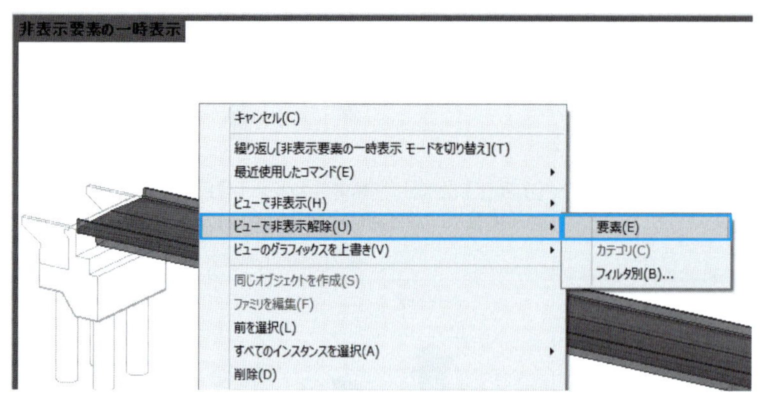

非表示の設定は、オブジェクトを選択し、右クリックでコンテキストメニュー［ビューのグラフィックスを上書き］-［要素］で、［ビュー固有の要素グラフィックス］から設定することもできます。

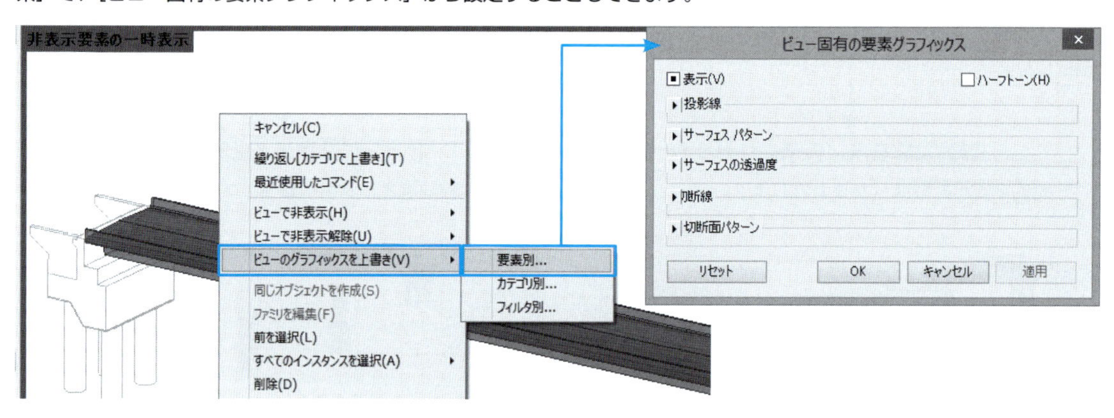

要素の表示／非表示

Revitには［レイヤ］の概念は存在しません。このため、Revitでは要素［オブジェクト］の表示／非表示は、カテゴリまたは要素でコントロールします。

要素を非表示にするには、非表示にしたい要素を選択して右クリック、コンテキストメニュー［ビューで非表示］からも設定することができます。

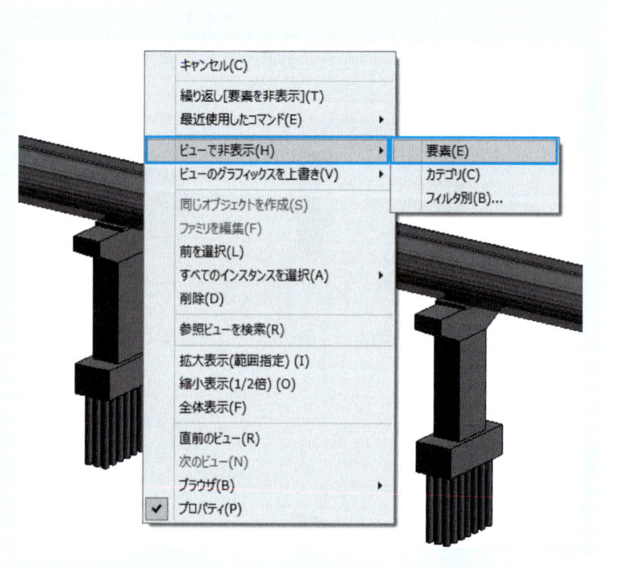

03 基本操作

マウス操作

マウス操作

左ボタン	ツール、オブジェクトの選択、位置の指定
右ボタン	メニュー表示
ホイール	画面の拡大／縮小：前後にスクロール 画面の移動：ボタンを押してドラッグ 全体表示：ダブルクリック

3Dビューでは、Shiftキーを押しながらホイールボタンをドラッグして回転させます 。

選択

要素選択

［選択］パネルの▼をクリックすると選択オプションが表示されるので、必要に合わせて設定します。

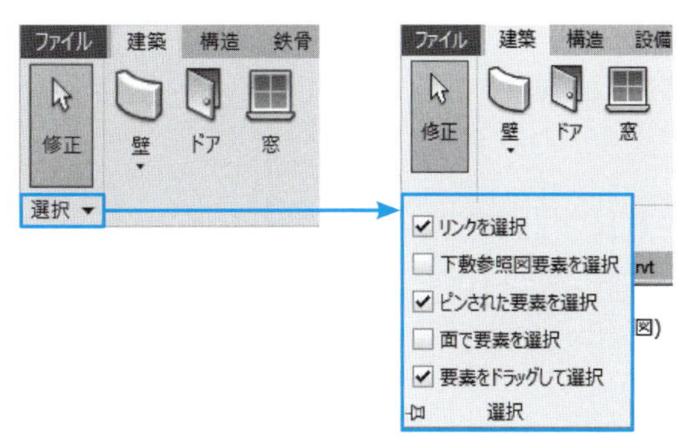

単一選択

要素を単一で選択します。

❶仮寸法が表示されます。数値を変更すると、選択した要素が移動します。❷仮寸法の補助線を移動することができます。

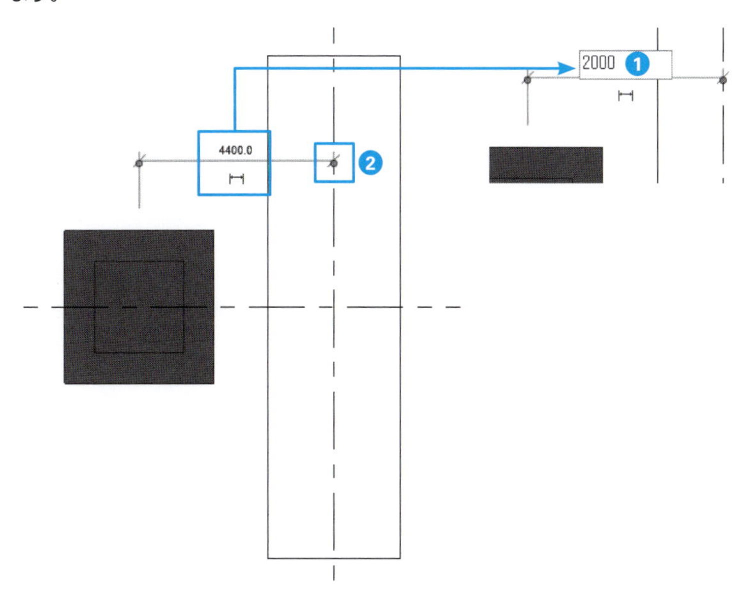

領域選択 - 窓

左から右へ対角線上に選択します。領域内にすべて含まれる要素だけが選択されます。

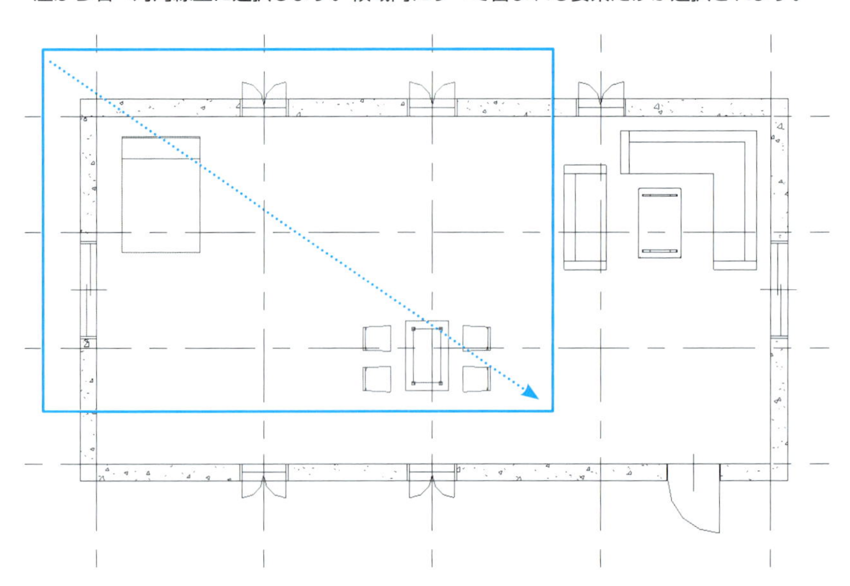

領域選択—交差

右から左へ対角線上に選択します。領域と交差する要素がすべて選択されます。

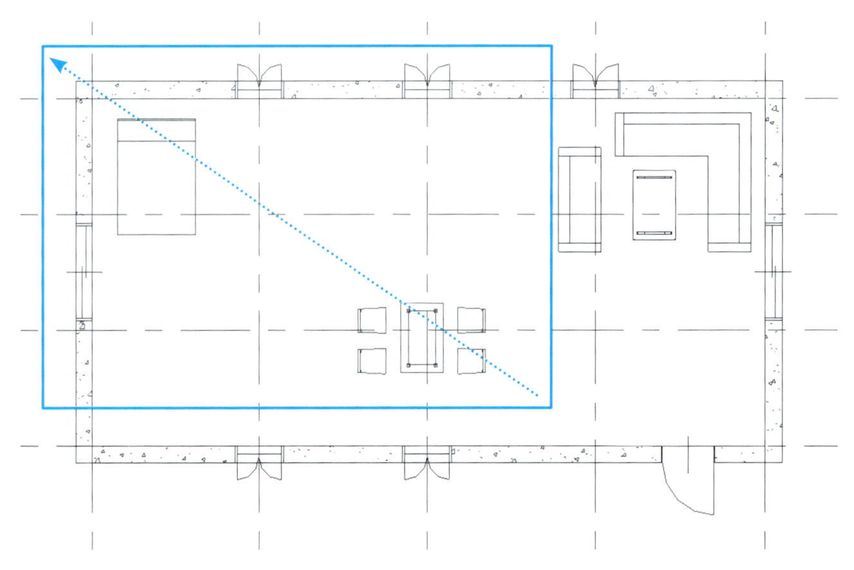

追加選択

Ctrlキーを押しながらクリックか領域選択をします。矢印には［+］が表示されます。

除外選択

Shiftキーを押しながらクリックか領域選択をします。矢印には［—］が表示されます。

フィルタ選択

指定するカテゴリのオブジェクトだけを選択することができます。

①複数要素を選択します。

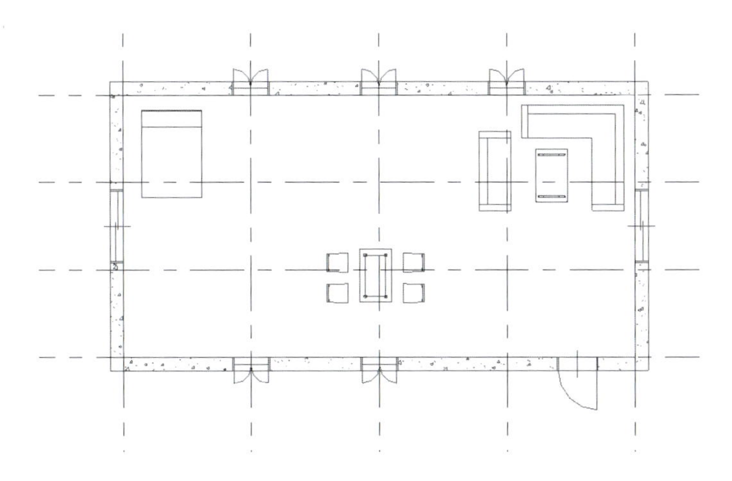

②コンテキストタブが表示されるので、［修正｜複数選択］タブ -［選択］-［フィルタ］をクリックします。

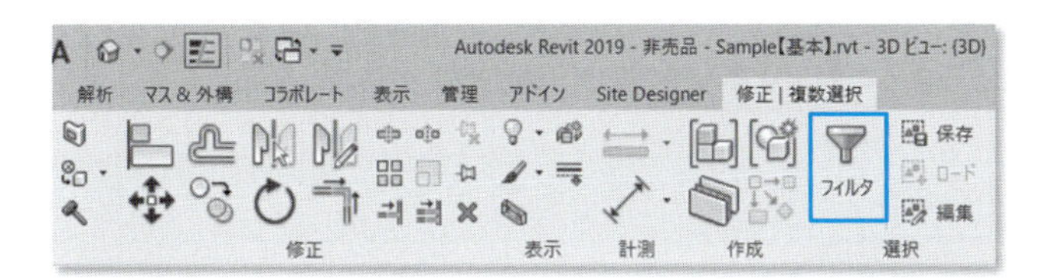

③複数要素にチェックがついているので、選択したい要素以外のチェックを外し、［OK］を押します。ここでは、［窓］のみを選択しています。

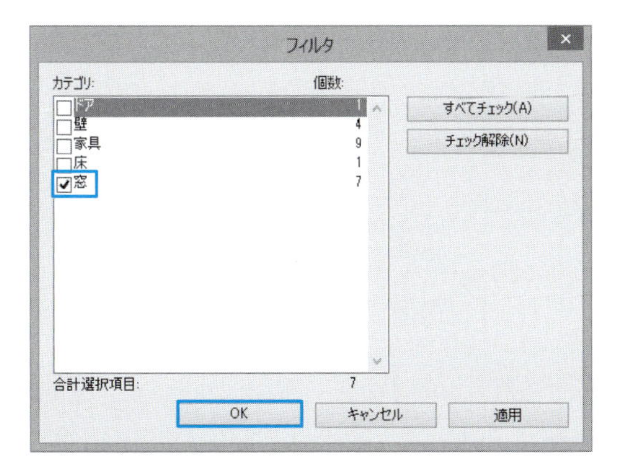

④窓のみが選択されます。

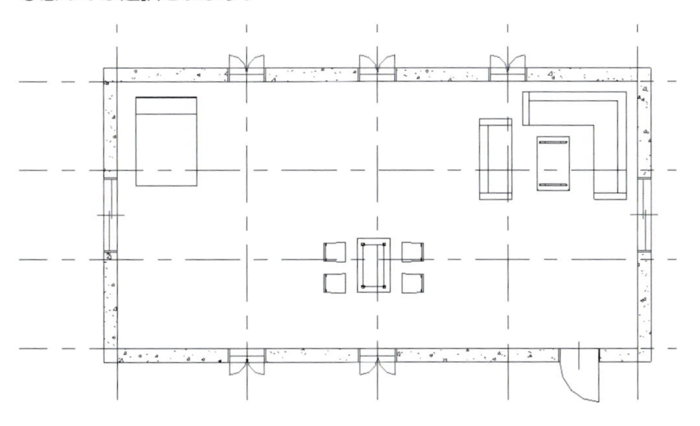

重なっているオブジェクトの選択（循環）

オブジェクトが重なっている場合は、Tabキーで循環させて選択します

04 モデル作成の基礎

Revitはいろいろな3次元モデルの作成を対話的に行いますが、作成したモデルはパラメータによりあとから形状を変更できるなど柔軟なモデルを作成できます。作成されたモデルは属性も持っているため、すぐに集計ができます。モデリングの途中でも作成後であっても、形状変更や材質の変更など一から作り直すことなく、パラメータを変えるだけで簡単に修正できます。修正されたときも集計は自動的に再計算されます。

モデル作成の一般的な手順

Revitでモデルを作成する一般的な手順は、作成するモデルにどのようなファミリを配置していくかを検討します。該当するファミリがなければ、新たにファミリを作成することを検討します。ファミリの作成にはできる限り他のプロジェクトでも再利用が可能になるように、パラメータなどを検討して作成しておくとよいでしょう。必要なファミリがそろったらそれらをプロジェクトに配置し、ファミリのパラメータを変更していくことで、最終的なモデルを作成していきます。

ここではRevitでモデリングするメリットを理解できるように簡単な高架橋のモデルを作成してみましょう。

高架橋モデル作成の手順

ここでは、以下の3つの部品を利用して右下の高架橋を作成し、あわせて数量の確認も行います。

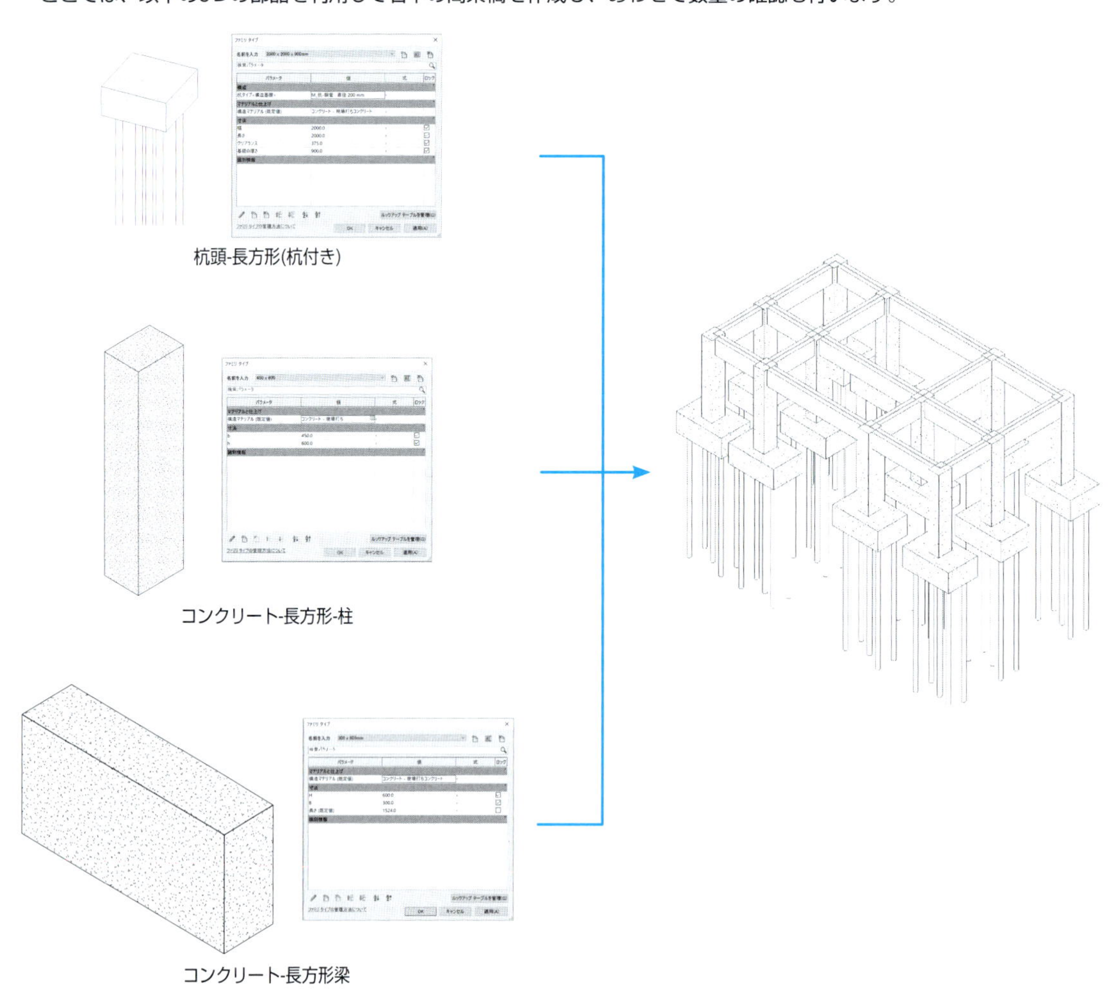

杭頭-長方形(杭付き)

コンクリート-長方形-柱

コンクリート-長方形梁

［操作1］モデルの作成

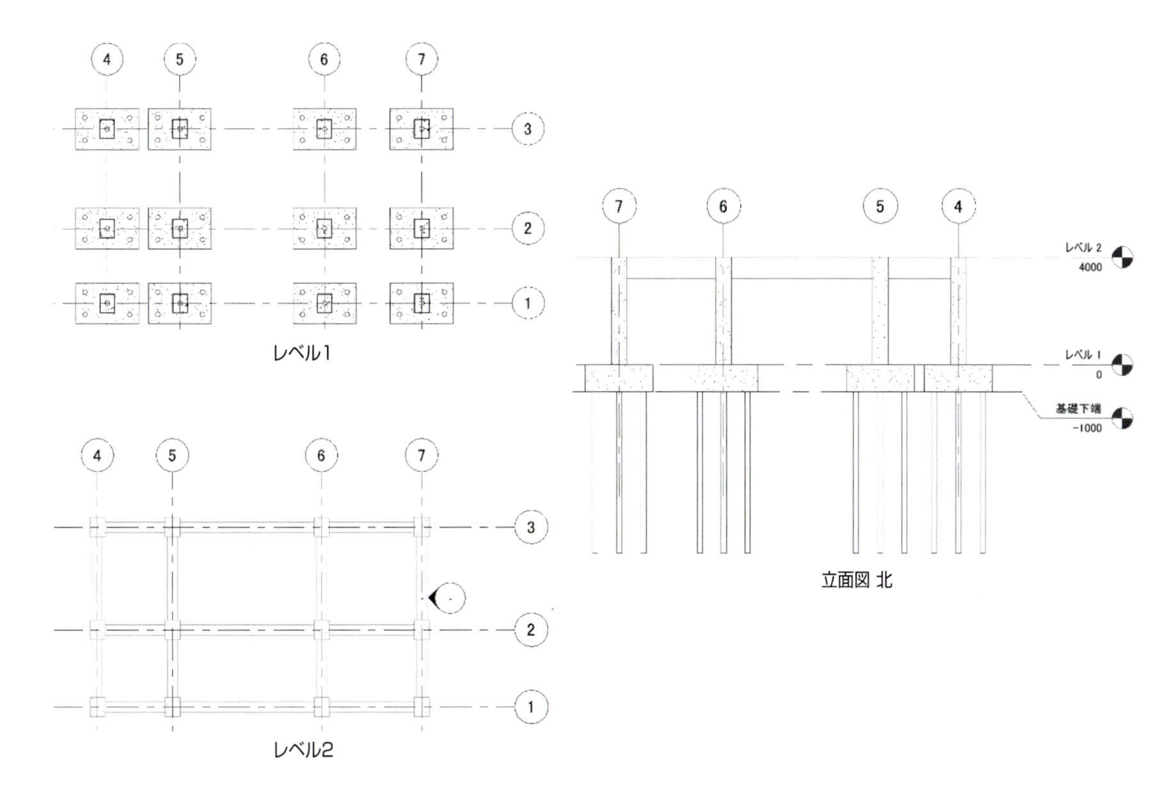

［操作2］数量の確認

<数量表>

A	B	C	D	E	F	G	H	I
カテゴリ	コメント	タイプ	ファミリ	マテリアル：体積	マテリアル：単位重量	マテリアル：名前	マテリアル：面積	個数
構造基礎	1-4	2600 x 1650 x 1000	杭頭 - 長方形(杭付き)	4.29 m³	23.6 kN/m³	コンクリート - 現場打ちコンクリート	17 m²	1
構造基礎	1-5	2600 x 1650 x 1000	杭頭 - 長方形(杭付き)	4.29 m³	23.6 kN/m³	コンクリート - 現場打ちコンクリート	17 m²	1
構造基礎	1-6	2600 x 1650 x 1000	杭頭 - 長方形(杭付き)	4.29 m³	23.6 kN/m³	コンクリート - 現場打ちコンクリート	17 m²	1
構造基礎	1-7	2600 x 1650 x 1000	杭頭 - 長方形(杭付き)	4.29 m³	23.6 kN/m³	コンクリート - 現場打ちコンクリート	17 m²	1
構造基礎	2-4	2600 x 1650 x 1000	杭頭 - 長方形(杭付き)	4.29 m³	23.6 kN/m³	コンクリート - 現場打ちコンクリート	17 m²	1
構造基礎	2-5	2600 x 1650 x 1000	杭頭 - 長方形(杭付き)	4.29 m³	23.6 kN/m³	コンクリート - 現場打ちコンクリート	17 m²	1
構造基礎	2-6	2600 x 1650 x 1000	杭頭 - 長方形(杭付き)	4.29 m³	23.6 kN/m³	コンクリート - 現場打ちコンクリート	17 m²	1
構造基礎	2-7	2600 x 1650 x 1000	杭頭 - 長方形(杭付き)	4.29 m³	23.6 kN/m³	コンクリート - 現場打ちコンクリート	17 m²	1
構造基礎	3-4	2600 x 1650 x 1000	杭頭 - 長方形(杭付き)	4.29 m³	23.6 kN/m³	コンクリート - 現場打ちコンクリート	17 m²	1
構造基礎	3-5	2600 x 1650 x 1000	杭頭 - 長方形(杭付き)	4.29 m³	23.6 kN/m³	コンクリート - 現場打ちコンクリート	17 m²	1
構造基礎	3-6	2600 x 1650 x 1000	杭頭 - 長方形(杭付き)	4.29 m³	23.6 kN/m³	コンクリート - 現場打ちコンクリート	17 m²	1
構造基礎	3-7	2600 x 1650 x 1000	杭頭 - 長方形(杭付き)	4.29 m³	23.6 kN/m³	コンクリート - 現場打ちコンクリート	17 m²	1
構造基礎		直径 200 mm	M_杭-鋼管	0.19 m³	77.0 kN/m³	メタル - 鉄鋼 - 345 MPa	4 m²	1
構造基礎		直径 200 mm	M_杭-鋼管	0.19 m³	77.0 kN/m³	メタル - 鉄鋼 - 345 MPa	4 m²	1
構造基礎		直径 200 mm	M_杭-鋼管	0.19 m³	77.0 kN/m³	メタル - 鉄鋼 - 345 MPa	4 m²	1
構造基礎		直径 200 mm	M_杭-鋼管	0.19 m³	77.0 kN/m³	メタル - 鉄鋼 - 345 MPa	4 m²	1
構造基礎		直径 200 mm	M_杭-鋼管	0.19 m³	77.0 kN/m³	メタル - 鉄鋼 - 345 MPa	4 m²	1
構造基礎		直径 200 mm	M_杭-鋼管	0.19 m³	77.0 kN/m³	メタル - 鉄鋼 - 345 MPa	4 m²	1
構造基礎		直径 200 mm	M_杭-鋼管	0.19 m³	77.0 kN/m³	メタル - 鉄鋼 - 345 MPa	4 m²	1
構造基礎		直径 200 mm	M_杭-鋼管	0.19 m³	77.0 kN/m³	メタル - 鉄鋼 - 345 MPa	4 m²	1
構造基礎		直径 200 mm	M_杭-鋼管	0.19 m³	77.0 kN/m³	メタル - 鉄鋼 - 345 MPa	4 m²	1
構造基礎		直径 200 mm	M_杭-鋼管	0.19 m³	77.0 kN/m³	メタル - 鉄鋼 - 345 MPa	4 m²	1
構造基礎		直径 200 mm	M_杭-鋼管	0.19 m³	77.0 kN/m³	メタル - 鉄鋼 - 345 MPa	4 m²	1
構造基礎		直径 200 mm	M_杭-鋼管	0.19 m³	77.0 kN/m³	メタル - 鉄鋼 - 345 MPa	4 m²	1
構造基礎		直径 200 mm	M_杭-鋼管	0.19 m³	77.0 kN/m³	メタル - 鉄鋼 - 345 MPa	4 m²	1
構造基礎		直径 200 mm	M_杭-鋼管	0.19 m³	77.0 kN/m³	メタル - 鉄鋼 - 345 MPa	4 m²	1
構造基礎		直径 200 mm	M_杭-鋼管	0.19 m³	77.0 kN/m³	メタル - 鉄鋼 - 345 MPa	4 m²	1
構造基礎		直径 200 mm	M_杭-鋼管	0.19 m³	77.0 kN/m³	メタル - 鉄鋼 - 345 MPa	4 m²	1
構造基礎		直径 200 mm	M_杭-鋼管	0.19 m³	77.0 kN/m³	メタル - 鉄鋼 - 345 MPa	4 m²	1
構造基礎		直径 200 mm	M_杭-鋼管	0.19 m³	77.0 kN/m³	メタル - 鉄鋼 - 345 MPa	4 m²	1
構造基礎		直径 200 mm	M_杭-鋼管	0.19 m³	77.0 kN/m³	メタル - 鉄鋼 - 345 MPa	4 m²	1
構造基礎		直径 200 mm	M_杭-鋼管	0.19 m³	77.0 kN/m³	メタル - 鉄鋼 - 345 MPa	4 m²	1
構造基礎		直径 200 mm	M_杭-鋼管	0.19 m³	77.0 kN/m³	メタル - 鉄鋼 - 345 MPa	4 m²	1
構造基礎		直径 200 mm	M_杭-鋼管	0.19 m³	77.0 kN/m³	メタル - 鉄鋼 - 345 MPa	4 m²	1
構造基礎		直径 200 mm	M_杭-鋼管	0.19 m³	77.0 kN/m³	メタル - 鉄鋼 - 345 MPa	4 m²	1
構造基礎		直径 200 mm	M_杭-鋼管	0.19 m³	77.0 kN/m³	メタル - 鉄鋼 - 345 MPa	4 m²	1
構造基礎		直径 200 mm	M_杭-鋼管	0.19 m³	77.0 kN/m³	メタル - 鉄鋼 - 345 MPa	4 m²	1
構造基礎		直径 200 mm	M_杭-鋼管	0.19 m³	77.0 kN/m³	メタル - 鉄鋼 - 345 MPa	4 m²	1
構造基礎		直径 200 mm	M_杭-鋼管	0.19 m³	77.0 kN/m³	メタル - 鉄鋼 - 345 MPa	4 m²	1
構造基礎		直径 200 mm	M_杭-鋼管	0.19 m³	77.0 kN/m³	メタル - 鉄鋼 - 345 MPa	4 m²	1
構造基礎		直径 200 mm	M_杭-鋼管	0.19 m³	77.0 kN/m³	メタル - 鉄鋼 - 345 MPa	4 m²	1
構造基礎		直径 200 mm	M_杭-鋼管	0.19 m³	77.0 kN/m³	メタル - 鉄鋼 - 345 MPa	4 m²	1

Revitの操作は難しいとよく言われます。Windowsプログラムなので、操作方法が特別というわけではありません。AutoCADの場合は、1つの空間（図面であったり3D空間）の中で、形を作り合成していきます。一方、Revitは、①高さ（レベル）ごとの平面図、②対応する断面図に、ファミリと呼ばれる部品を配置することで、構造物を組み立てていきます。部品同士を接続する場合は、自動的に形状を修正してくれます。

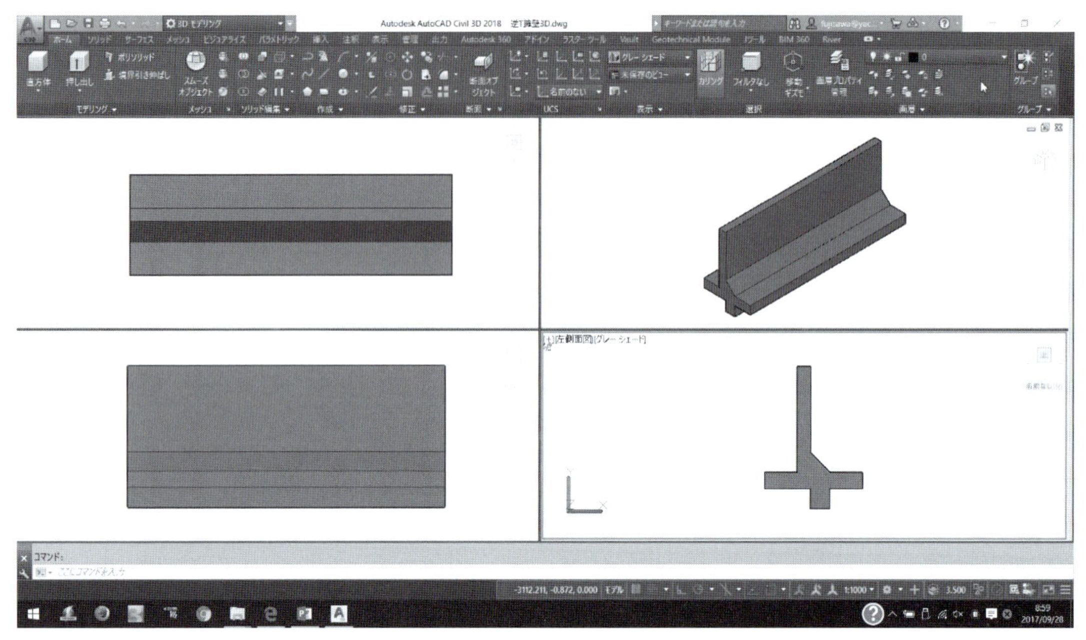

AutoCADでの操作：1つの空間で形を作り合成

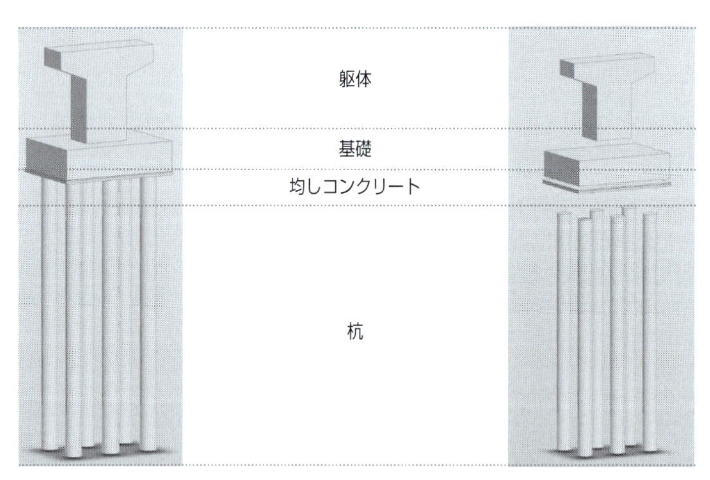

Revitでの操作：ファミリという部品を組み合わせて配置

Revitの操作手順を確認しながらファミリをプロジェクトに配置します。

起動

Autodesk Revit 2019を起動します。

02 作成元ファイルの読み込み

高架橋を作成するための、配置位置を設定した［高架橋_配置.rvt］を読み込みます。

03 杭頭の配置

レベル 1 に杭頭を配置します。

04 柱の配置

レベル 2 に柱を配置します。

05 梁の配置

レベル 2 に梁を配置します。

06 3Dモデルの確認

でき上がったモデルを確認します。

07 数量の確認

モデルに含まれる属性から数量を確認します。

08 プロジェクト保存

名前を付けてプロジェクトを保存します。

高架橋モデル作成

STEP1

下記のアイコンをダブルクリックしてRevit 2019を起動します。右の画面が立ち上がります。

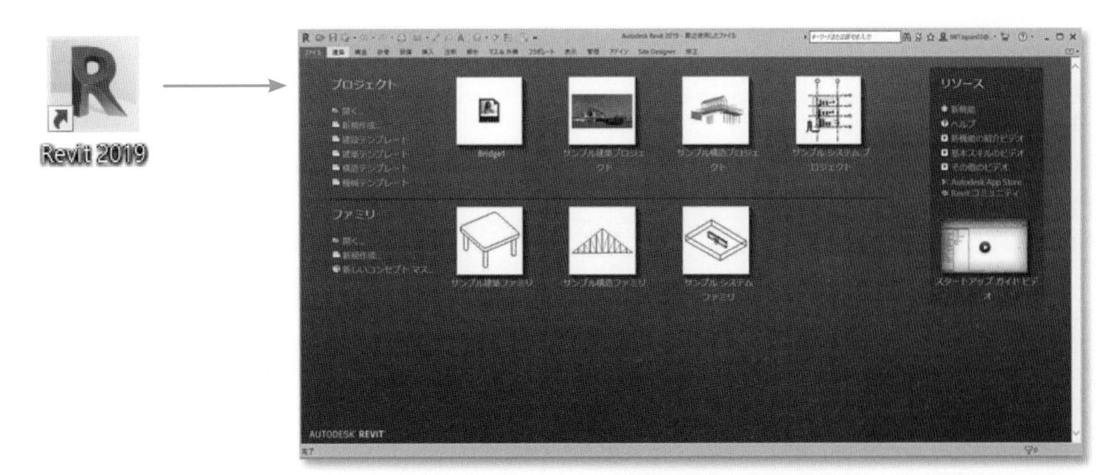

STEP2

高架橋を作成するための、配置位置を設定した高架橋_配置.rvtを読み込みます。[プロジェクト] の下の [開く…] をクリックし、[開く] ダイアログで、[1章 高架橋モデル] フォルダを開き、高架橋_配置.rvtファイルを選択して、[開く] をクリックします。

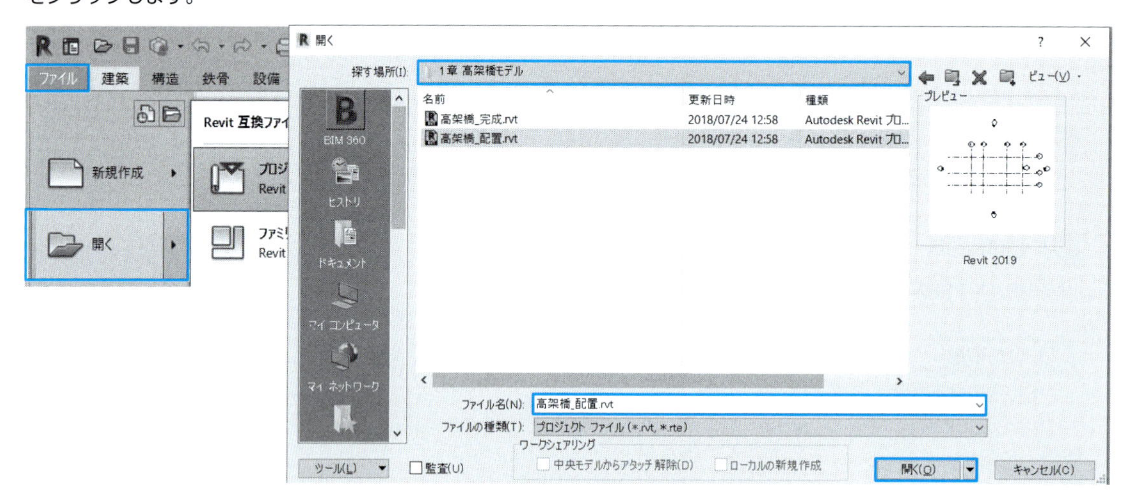

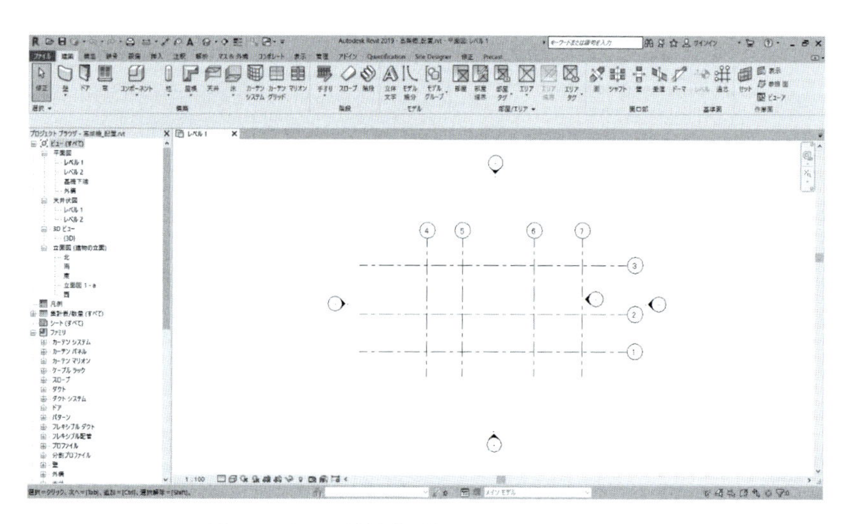

このファイルには以下のように、杭基礎、柱、梁を配置するための平面、レベルが設定してあります。

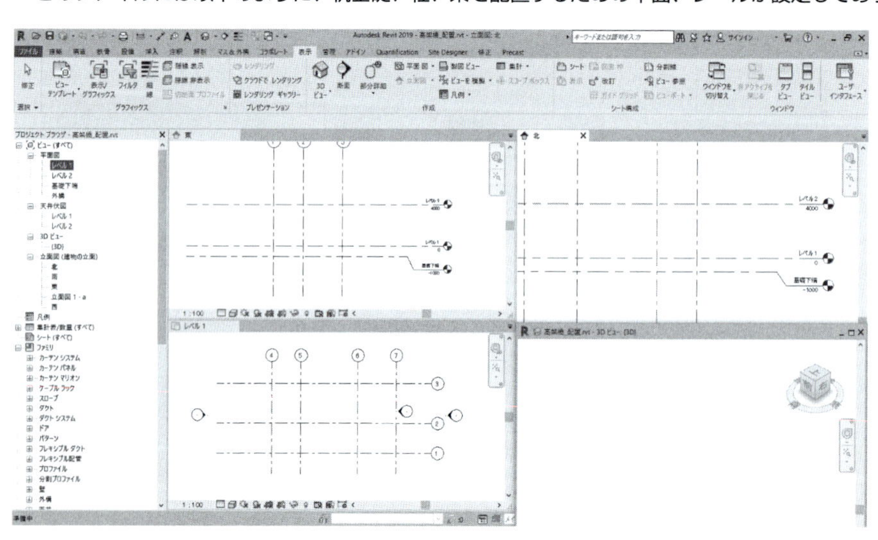

これから利用する［杭頭-長方形(杭付き)］、［コンクリート-長方形-柱］、［コンクリート-長方形梁］を確認します。［プロジェクトブラウザ］をスクロールすると図のように表示されます。

配置対象を選択するには、［プロジェクトブラウザ］の、

平面図－レベル１

平面図－レベル２

をダブルクリックすることで切り替えます。

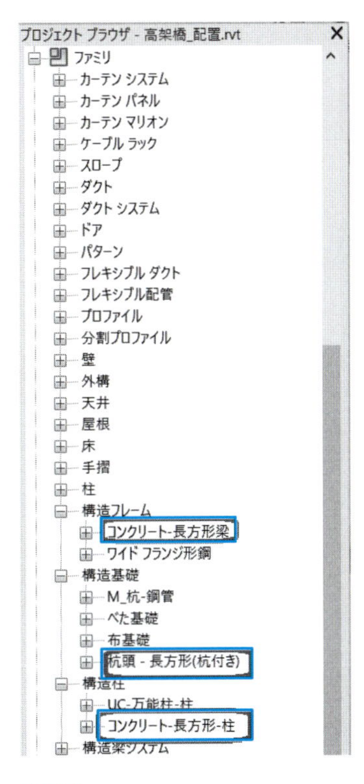

STEP3

まずレベル１に杭頭（杭付き）を配置します。［プロジェクトブラウザ］の［ビュー（すべて)］をクリックして展開し、［平面図］をクリックして展開します。［レベル1］をダブルクリックします。下記のようにタブに「レベル１」と表示されていることを確認します。

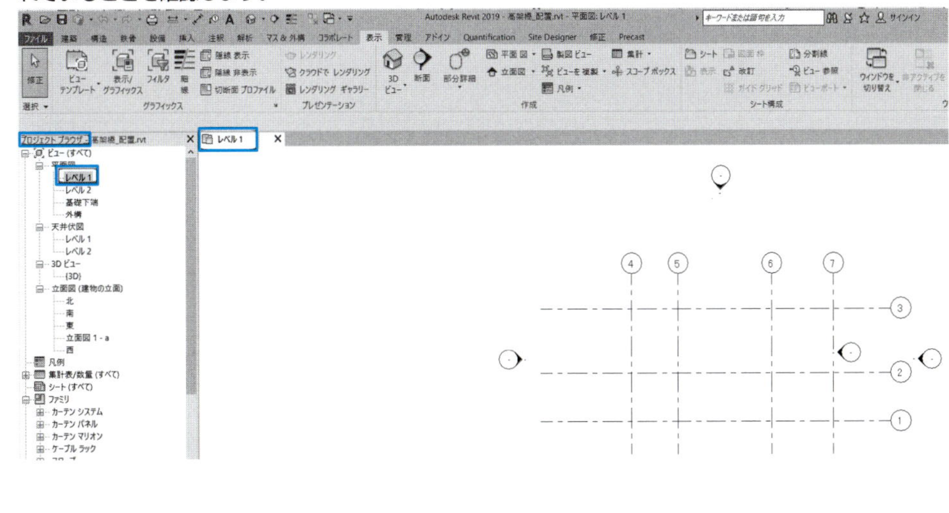

［杭頭-長方形(杭付き)］を配置するために、［構造］タブの［基礎］にある［独立］をクリックします。

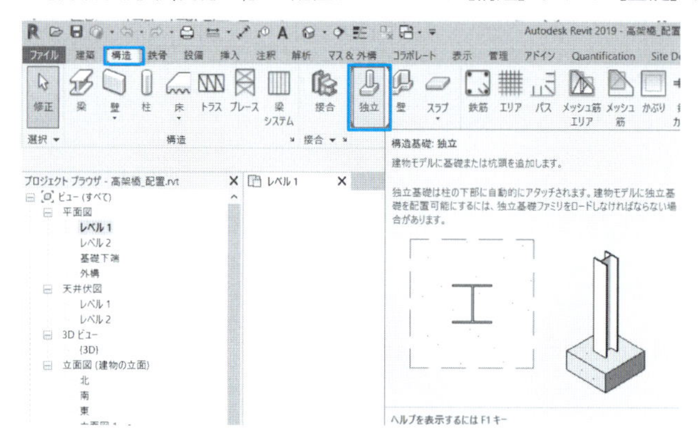

［修正｜配置 独立基礎］タブにある［プロパティ］をクリックして［プロパティ］パレットを表示します。

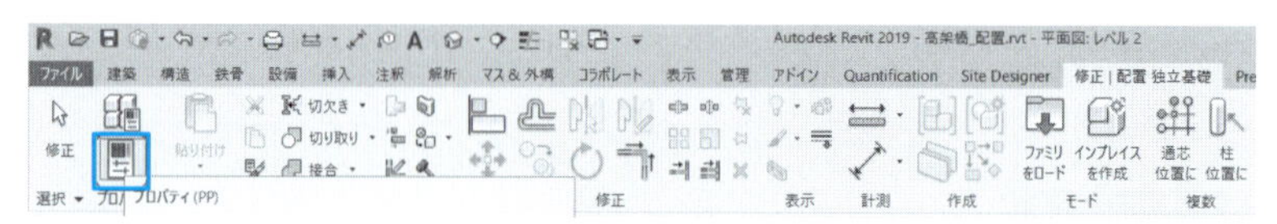

［プロパティ］パレットから、［杭頭 - 長方形(杭付き)］の［2600x1650x1000mm ］を選択します。

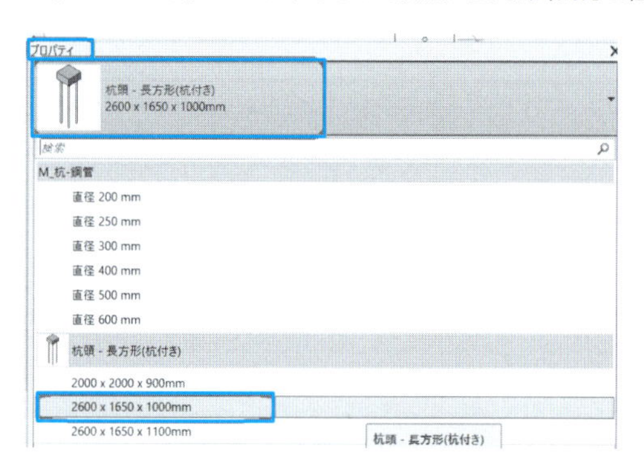

平面図－レベル１にカーソルを移動すると、［杭頭］の形状が表示されます。マウスを移動すると任意の場所に配置することができます。また通芯の交点付近にクリックすると、その位置にスナップして配置することもできます。ここでは通芯の交点にまとめて配置します。

［修正｜配置 独立基礎］タブから［モード］パネル［通芯位置に］をクリックします。

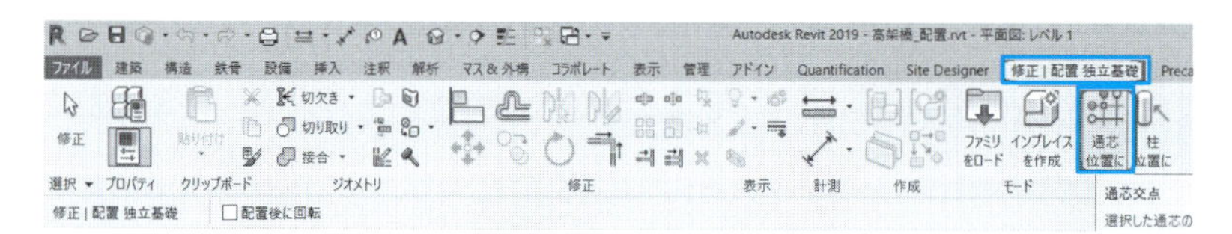

通芯がすべて含まれるように左上でマウスの左ボタンを押しながら右下に窓を作るように移動して、すべての通芯が囲われてハイライト表示されたら左ボタンを離します。

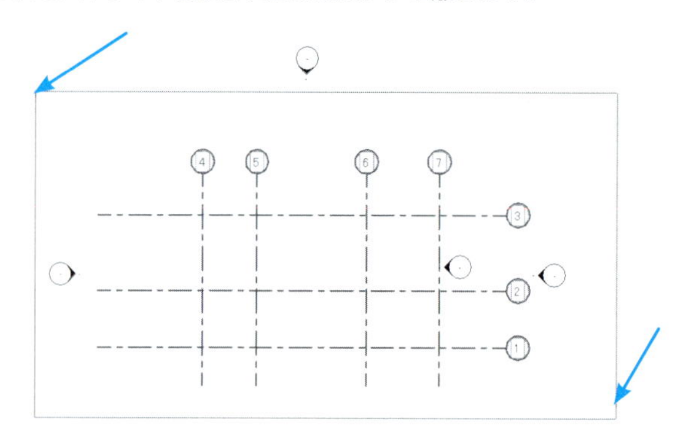

下図のようにすべての通芯に杭頭が表示されたことを確認したら、［修正｜配置独立基礎＞通芯交点］タブから［終了］をクリックします。

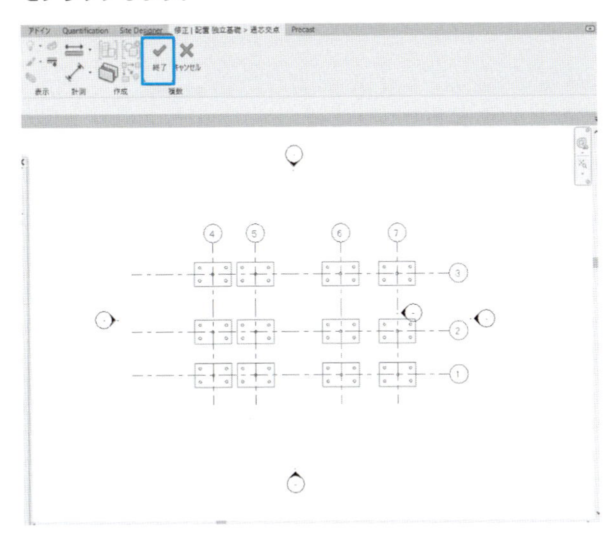

キーボードからEscキーを押して、処理を終了します。

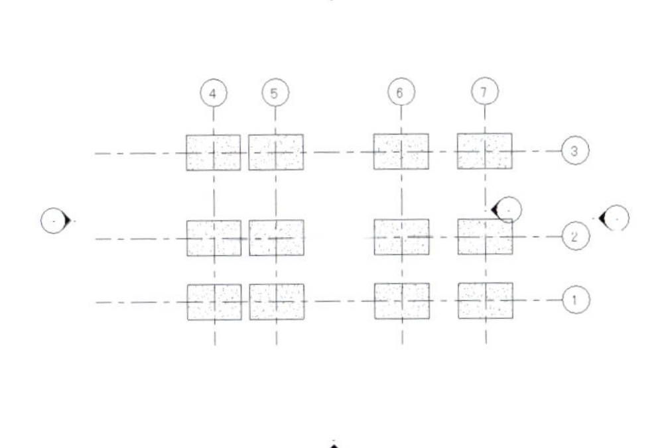

STEP4

次にレベル2に柱を配置します。［プロジェクトブラウザ］の［ビュー（すべて）］をクリックして展開し、［平面図］をクリックして展開します。［レベル2］をダブルクリックします。下記のようにタブに「レベル2」と表示されていることを確認します。

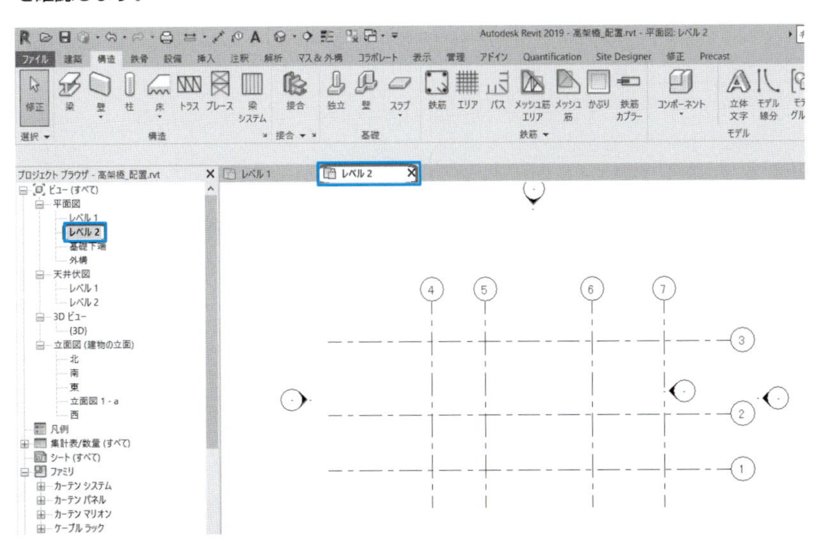

［構造］タブから［柱］をクリックします。

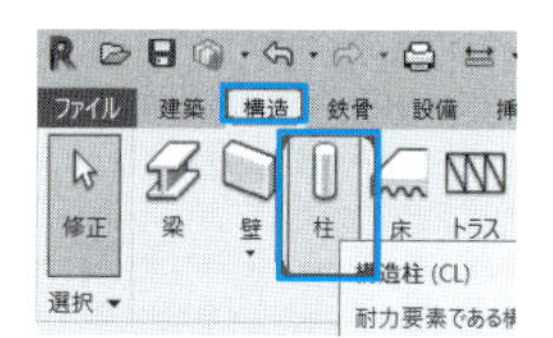

［プロパティ］パレットから［コンクリート - 長方形 - 柱］の［600x750］を選択します。

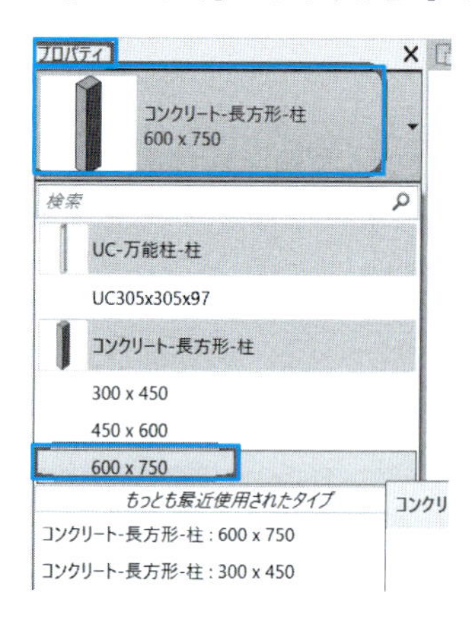

［修正｜配置　構造柱］タブから［通芯位置に］をクリックします。

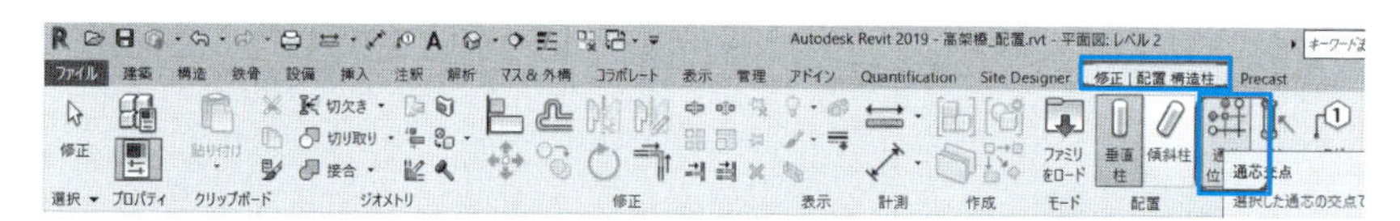

通芯全体が入るように、左上でマウスの左ボタンを押し、押しながら右下にマウスを移動して離します。

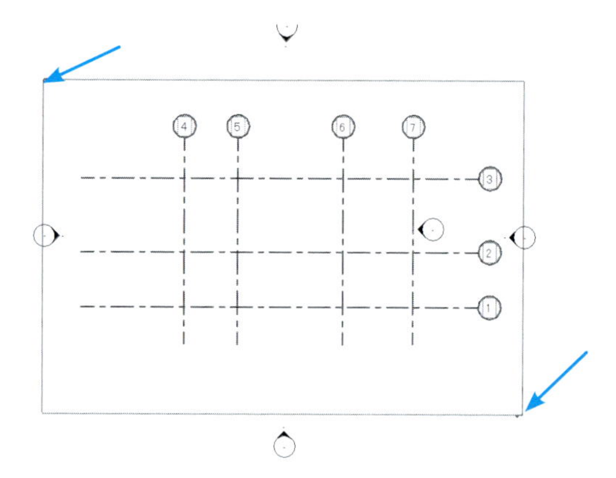

下図のように柱が配置されたことを確認し、[修正｜配置 構造柱>通芯交点] タブの [終了] をクリックします。

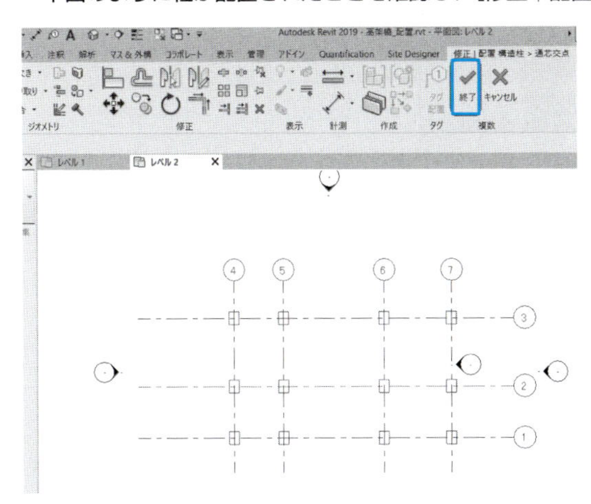

キーボードからEscキーを押して、処理を終了します。

STEP5

次に柱を配置したレベル2と同じレベルに梁を配置します。下記のようにタブに「レベル2」と表示されていることを確認します。

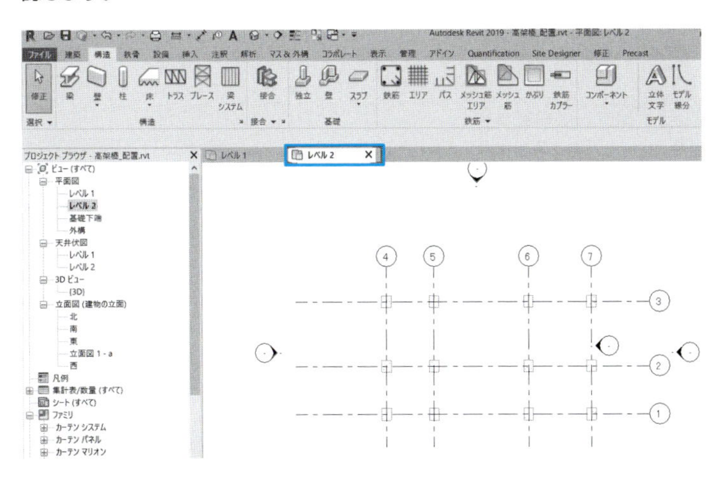

[構造] タブから [梁] をクリックします。

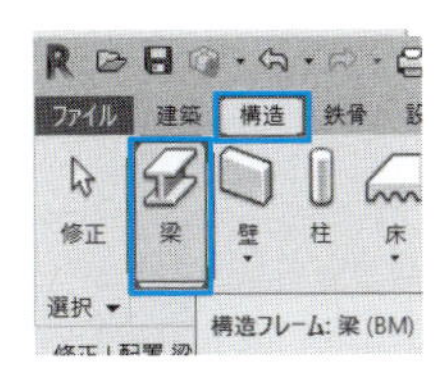

[プロパティ] パレットから [コンクリート-長方形梁] の [400x800mm] を選択します。

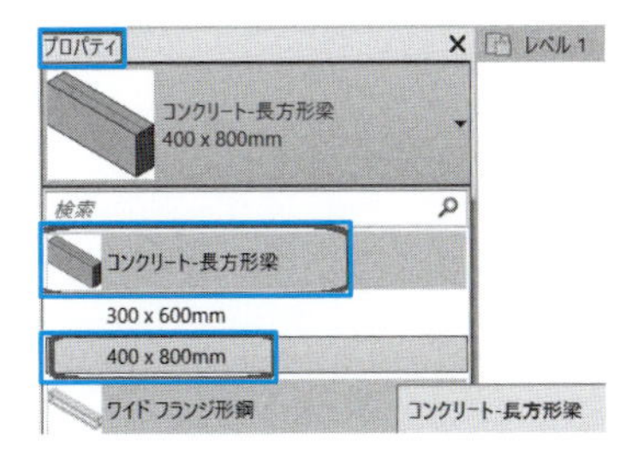

［修正｜配置　梁］タブから［通芯上］をクリックします。

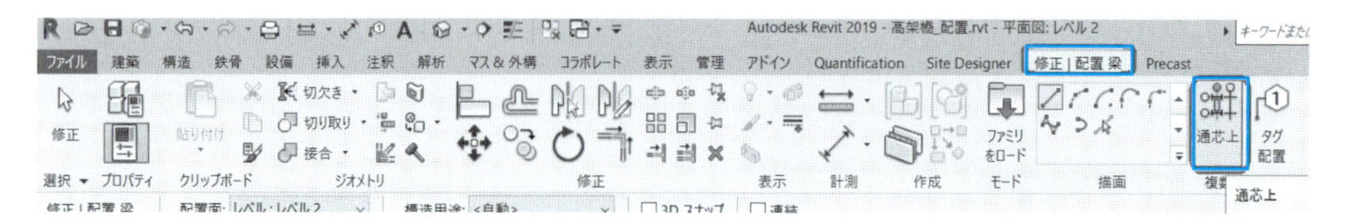

通芯全体が入るように、左上でマウスの左ボタンを押し、押しながら右下にマウスを移動して離します。

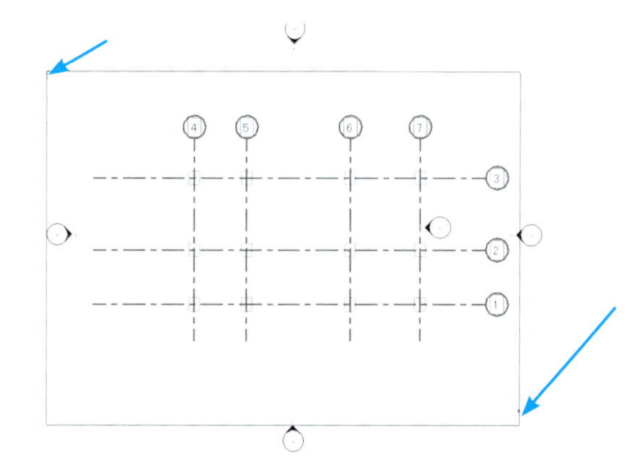

下図のように梁が配置されたことを確認し、［修正｜配置 梁>通芯上］タブの［終了］をクリックします。

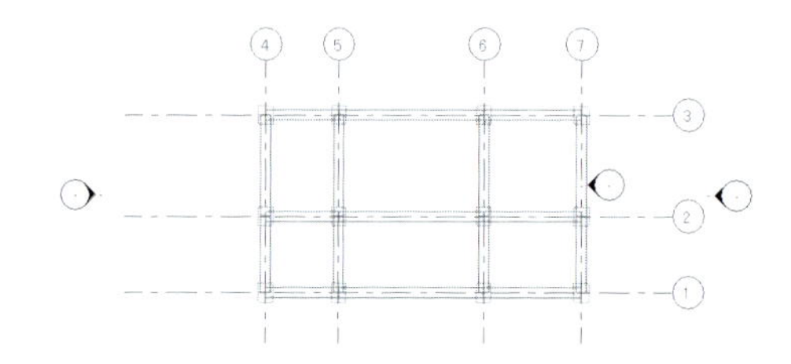

キーボードからEscキーを押して、処理を終了します。下記のように表示されます。

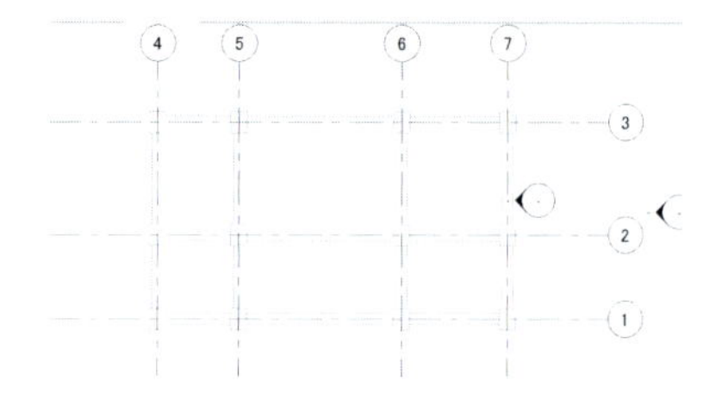

STEP6

ここまでの操作で高架橋のモデルが完成しています。確認するために３Dモデルを表示します。［プロジェクトブラウザ］から［ビュー（すべて）］-［３Dビュー］-［{3D}］をダブルクリックします。

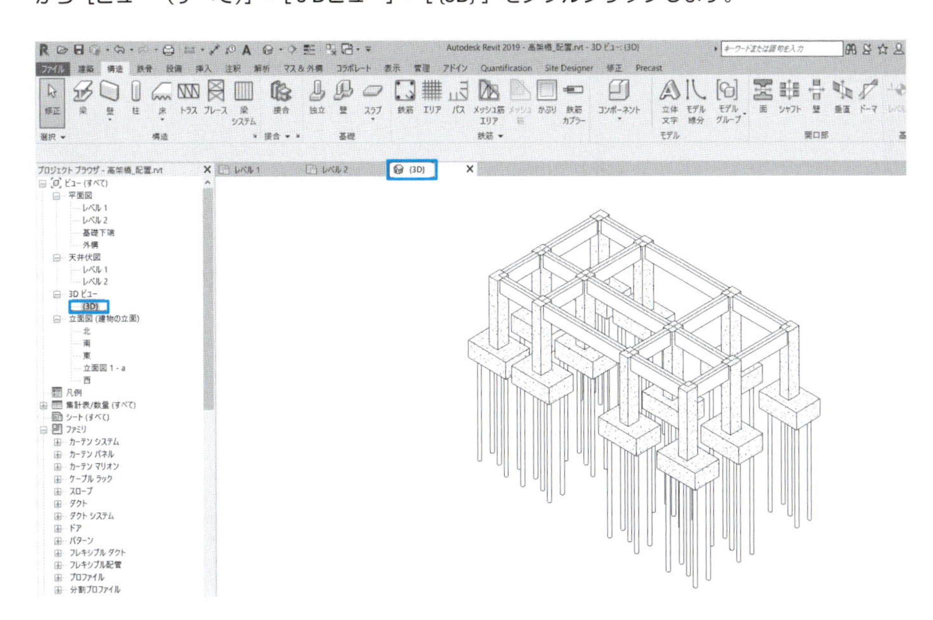

STEP7

Revitで作成したモデルは多くの属性が含まれています。ここまでの操作で作成した高架橋モデルの属性を数量表として表示します。

［表示］タブの［集計］をクリックして展開し、［部材拾い出し］を選択します。

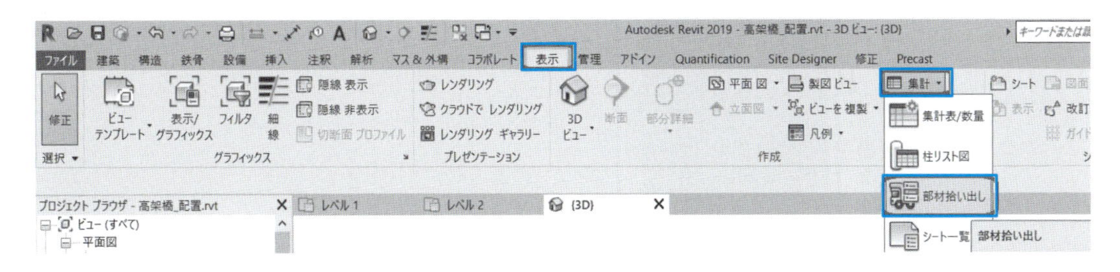

［新しい数量積算］ダイアログで［名前］に「数量表」と入力し、［OK］をクリックします。

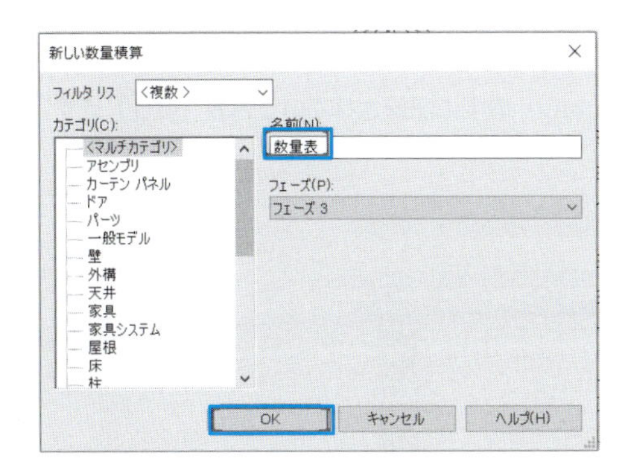

［数量積算のプロパティ］ダイアログで、使用可能なフィールドをすべて選択します。フィールドの選択には、キーボードのShiftキーやCtrlキーを押しながらマウスの左ボタンをクリックすることで、まとめて選択することができます。すべて選択したら右矢印ボタンをクリックします。

[使用予定のフィールド（順に）]にすべてのフィールドが入ったことを確認し、[OK] をクリックします。

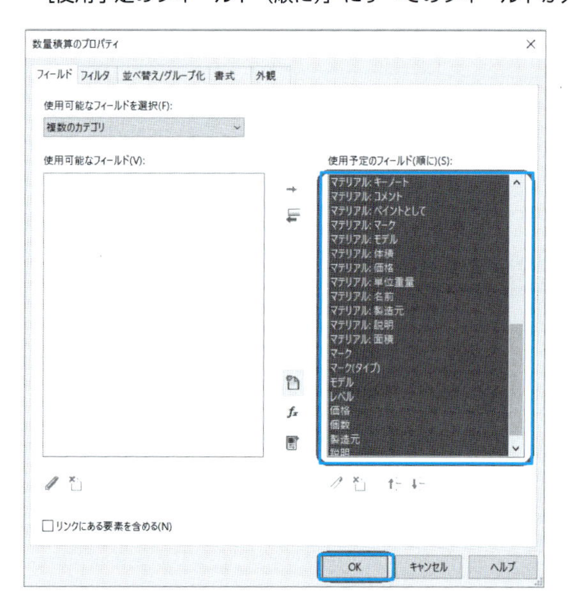

[数量表] が表示されます。ここに表示されている情報が、各部品（Family）の中に記録されている情報（属性）です。たくさんの属性が含まれていることを確認してみてください。

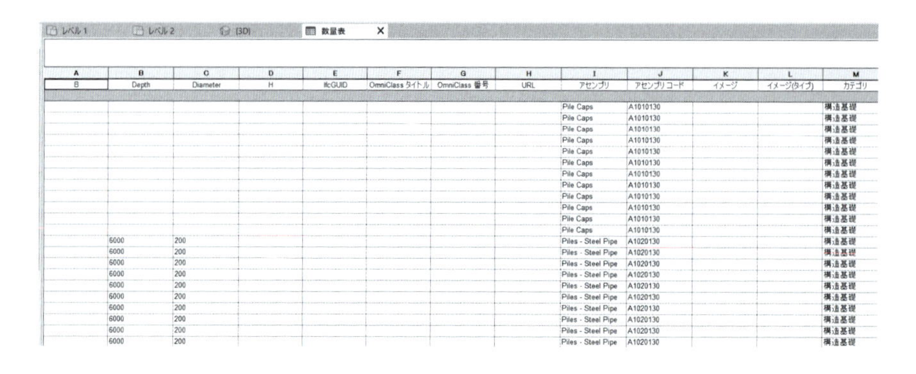

STEP8

［ファイル］タブ -［名前を付けて保存］-［プロジェクト］をクリックします。

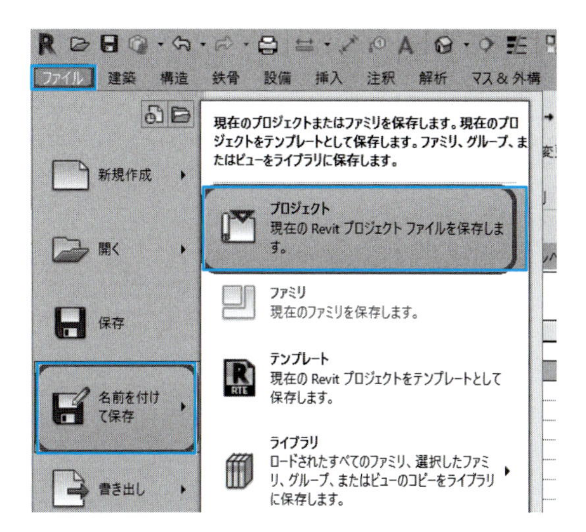

［名前を付けて保存］ダイアログが開くので、［ファイル名］を付け［保存］ボタンを押します。

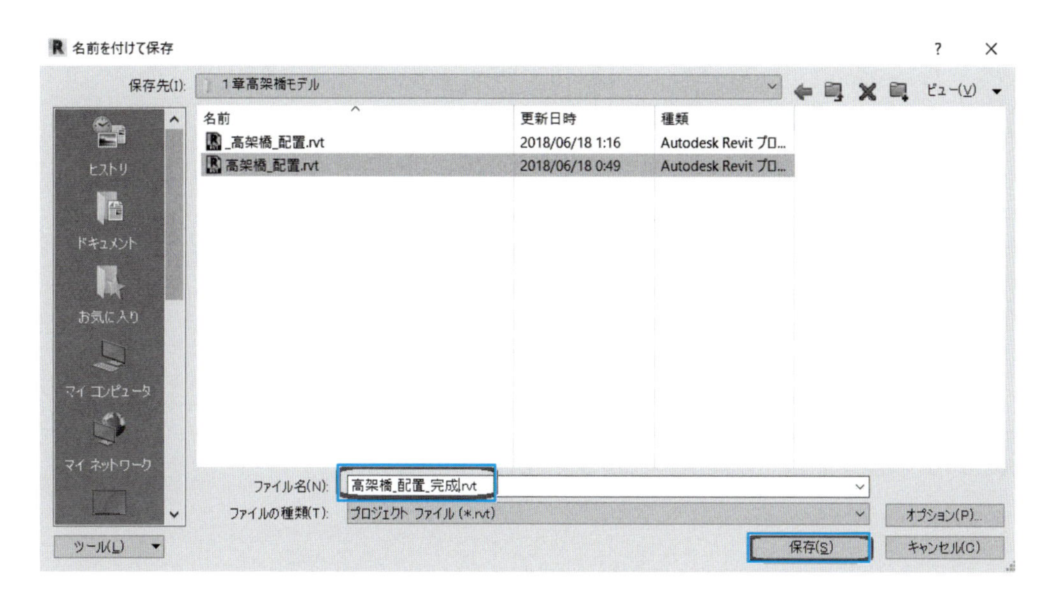

バックアップとサムネイル

[名前を付けて保存] ダイアログの [オプション] ボタンをクリックすると、[ファイルの保存オプション] ダイアログが開きます。上書き保存時の最大バックアップ数と、サムネイルプレビューを設定することができます。

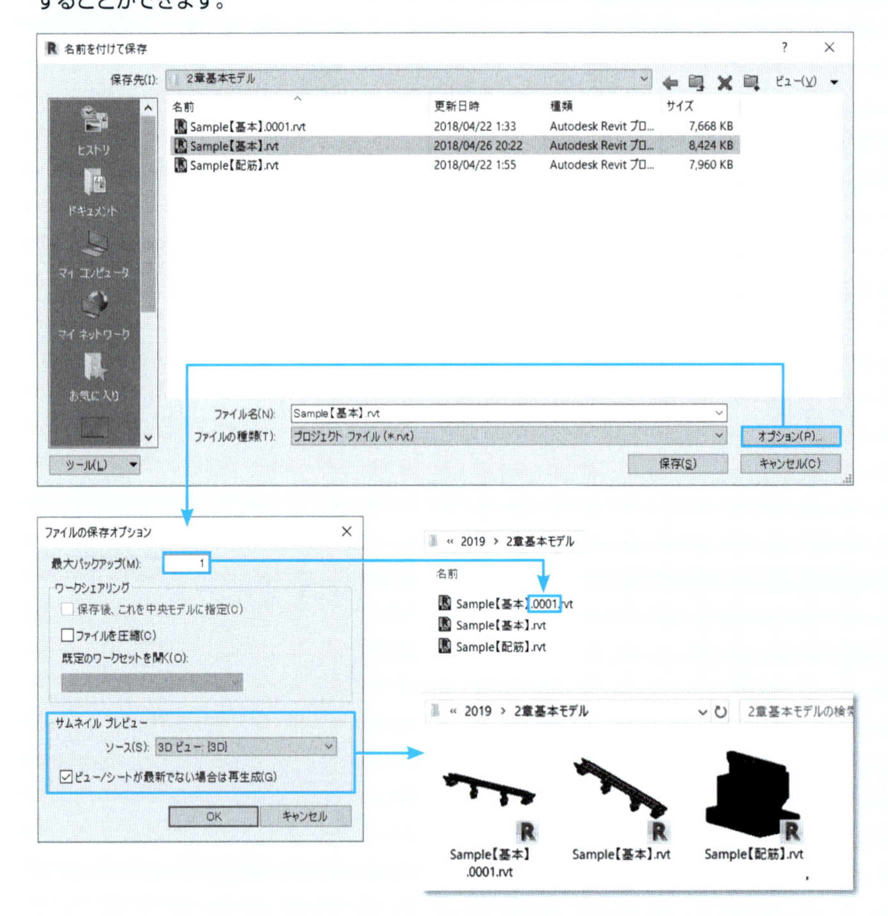

ファイル名の後に4ケタの数字が表示されるファイル名がバックアップファイルです。
[サムネイルビュー] を設定すると、このようにアイコン表示することができます。

第2章

構造物（橋梁）モデルの作成

この章では、土木構造物のサンプルとして橋梁のプロジェクトモデルを作成します。右のような桁橋を作成します。ここでは、単にモデル形状を作成するのではなく、作成したモデルに鉄筋を追加することができ、さらには解析モデルとしてもデータを使用することができるタイプのモデルを作成します。完成データは、[DataSet] - [2019] - [2章 構造物（橋梁）モデルの作成] フォルダのSample【基本】.rvtです。

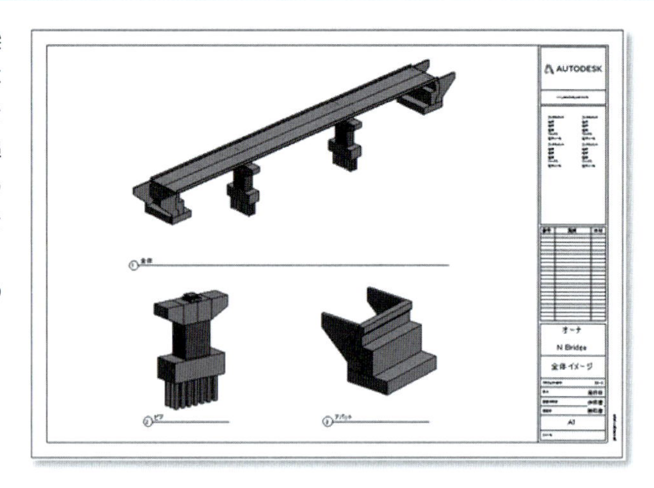

01 橋梁を構成するファミリ作成

ファミリ作成手順

この章では、右のような桁橋のファミリを作成します。作成手順が同様のものについては、説明を割愛していますが、順を追って作成していくと手順も理解できるようになっています。それぞれのファミリは、[DataSet] - [2019] - [Family] フォルダの中にあります。

ファミリは、下記のような手順で作成します。

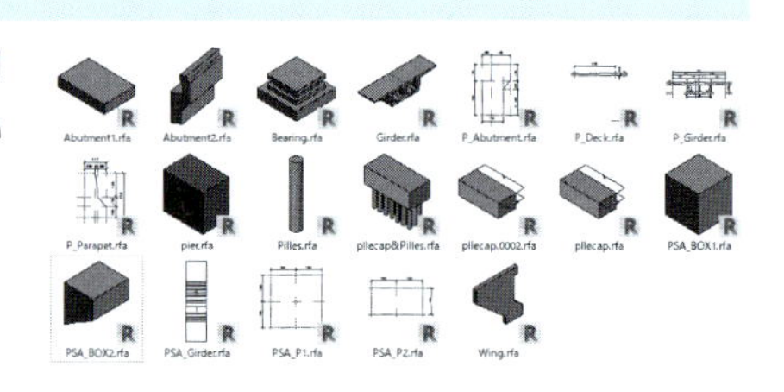

01 ファミリテンプレート選択

作成するパーツ要素にあったファミリテンプレートを選択します。サンプルで使用する橋梁では、構造ファミリテンプレートを使用します。構造ファミリテンプレートは、構造フレーム、構造基礎、構造柱などで始まるファミリテンプレートの総称です。構造ファミリテンプレートを選択して作成したファミリは、配筋や解析にもデータを活用することができ、構造独特の動作などにも対応できるよう作成されています。また、スイープやスイープブレンドなどの断面を押し出してファミリを作る場合、元となる断面を定義するためにプロファイルテンプレートという特別なファミリテンプレートを使います。

RPC ファミリ(メートル単位).rft
スポット ライト器具(メートル単位)、壁周り.rft
ダクト クロス(メートル単位).rft
データ パネル(メートル単位).rft
ドア - カーテンウォール(メートル単位).rft
トリム付き窓(メートル単位).rft
プロファイル - リビール(メートル単位).rft
プロファイル(メートル単位).rft
メートル単位カーテン パネル パターン ベース.rft
一般モデル(メートル単位)、アダプティブ.rft
一般モデル(メートル単位)、床基準面.rft
一般モデル(メートル単位)、壁基準面.rft
衛生器具(メートル単位)、壁周り.rft
家具システム(メートル単位).rft
外構(メートル単位).rft
機械設備(メートル単位).rft
構造基礎(メートル単位).rft
手すりの終端(メートル単位).rft
手すり子(メートル単位).rft
周囲(メートル単位).rft
照明器具(メートル単位).rft
植栽(メートル単位).rft
窓_RUG.rft
鉄筋形状テンプレート(メートル単位).rft
鉄筋接続具タグ テンプレート-JPN.rft
電気器具(メートル単位)、天井周り.rft
電気設備(メートル単位).rft
特殊設備(メートル単位)、壁周り.rft
片側照明器具(メートル単位)、天井周り.rft
カーテンウォール パネル(メートル単位).rft
スポット ライト器具(メートル単位).rft
ダクト ティー(メートル単位).rft
データ装置(メートル単位).rft
ドア(メートル単位).rft
プロファイル - ホスト(メートル単位).rft
プロファイル - 手すり(メートル単位).rft
メートル単位 構造スチフナ.rft
メトリック構造トラス.rft
一般モデル(メートル単位)、パターン ベース.rft
一般モデル(メートル単位)、線基準面.rft
一般モデル(メートル単位)、面付き.rft
衛生器具(メートル単位).rft
火災報知器装置(メートル単位).rft
機械設備(メートル単位)、天井周り.rft
構造フレーム - 複雑な三角構造(メートル単位).rft
構造柱(メートル単位).rft
手すり子 - パネル.rft
収納設備 壁掛(メートル単位).rft
照明器具(メートル単位)、天井周り.rft
詳細項目(メートル単位)、線周り.rft
窓 - カーテンウォール(メートル単位).rft
柱(メートル単位).rft
鉄筋形状テンプレート-JPN.rft
鉄筋接続具テンプレート(メートル単位).rft
電気器具(メートル単位)、壁掛.rft
電話装置(メートル単位).rft
特殊設備(メートル単位).rft
片側照明器具(メートル単位)、壁周り.rft
スポット ライト器具(メートル単位)、天井周り.rft
ダクト エルボ(メートル単位).rft
ダクト置換(メートル単位).rft
データ装置ホスト(メートル単位).rft
ドア_RUG.rft
プロファイル - マリオン(メートル単位).rft
プロファイル - 段鼻(メートル単位).rft
メートル単位 構造スチフナ線状ベース.rft
一般モデル(メートル単位)、2 レベル周り.rft
一般モデル(メートル単位)、屋根基準面.rft
一般モデル(メートル単位)、天井基準面.rft
一般モデル(メートル単位).rft
家具(メートル単位).rft
火災報知器装置ホスト(メートル単位).rft
機械設備(メートル単位)、壁周り.rft
構造フレーム - 梁とブレース(メートル単位).rft
手すりの支持(メートル単位).rft
手すり子 - ポスト.rft
収納設備(メートル単位).rft
照明器具(メートル単位)、壁周り.rft
詳細項目(メートル単位).rft
窓(メートル単位).rft
駐車場(メートル単位).rft
鉄筋接続具タグ テンプレート(メートル単位).rft
鉄筋接続具テンプレート-JPN.rft
電気器具(メートル単位).rft
電話装置ホスト(メートル単位).rft
分割プロファイル(メートル単位).rft
片側照明器具(メートル単位).rft

02 参照面作成

参照面は、モデル作成を行う際に参照する断面です。ファミリを作成する際には、特定の断面で線分として参照面を指定します。参照面に寸法をつけパラメータを設定することによって、位置関係を保ちパラメトリックな形状変化に対応できるモデルを作成できます。

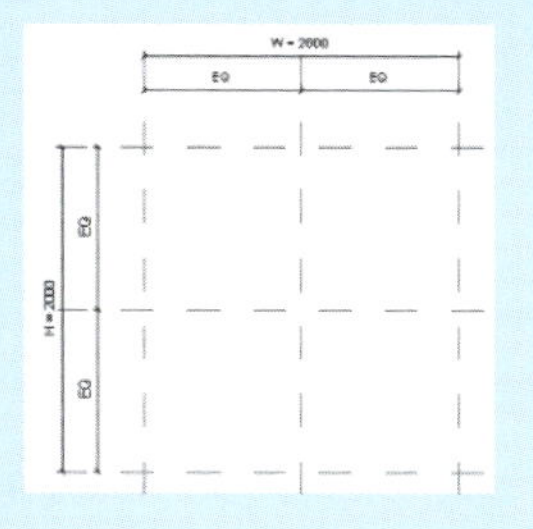

03 モデル作成

モデル形状を作成します。作成したモデル形状を［参照面］にロックすると［参照面］に追従した動きをするようになります。マテリアル（材質）などの属性情報も定義します。

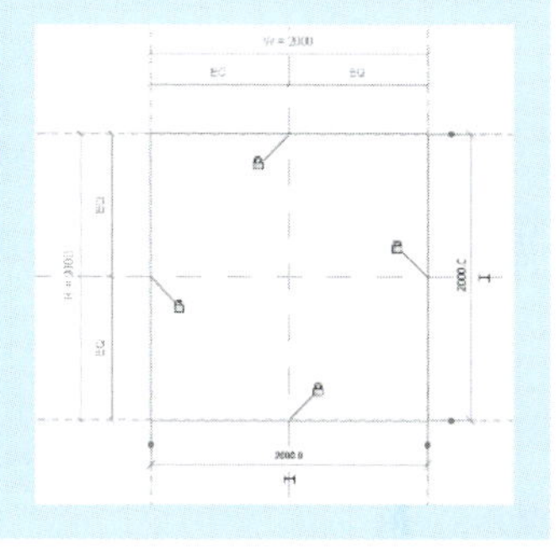

下部工

梁

下記図面を参考に下部工（梁）を作成します。作成部位は、青で示しています。完成形データは、［DataSet］-［2019］-［Family］フォルダのPSA_BOX1.rfaとPSA_BOX2.rfaです。

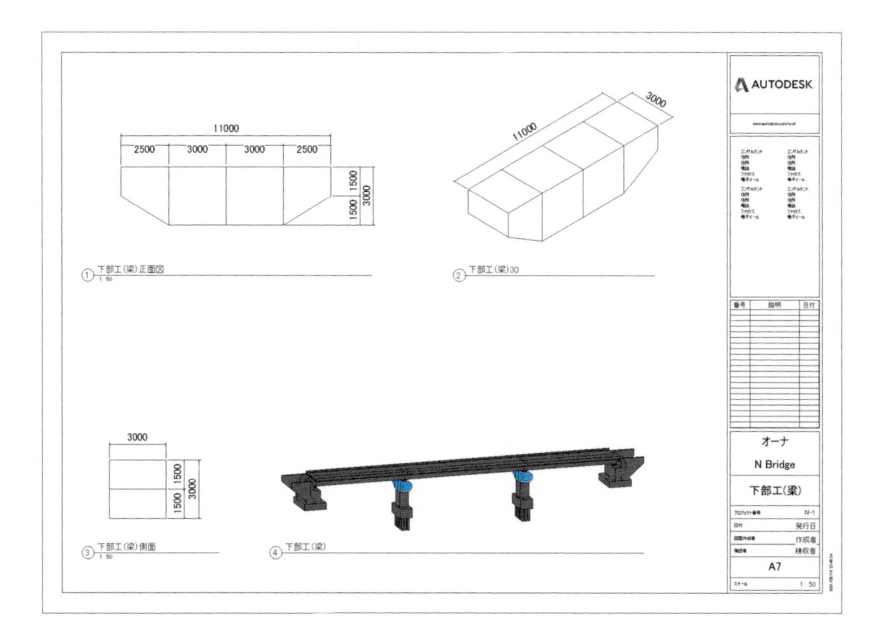

梁は、簡単な形状の4つの要素に分けて作成します。

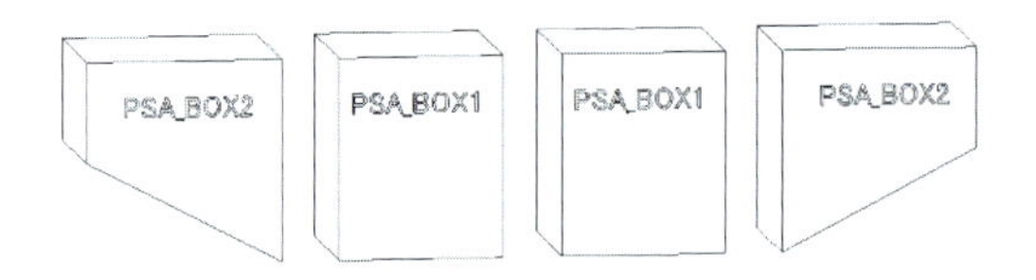

はじめにPSA_BOX1.rfaを作成します。

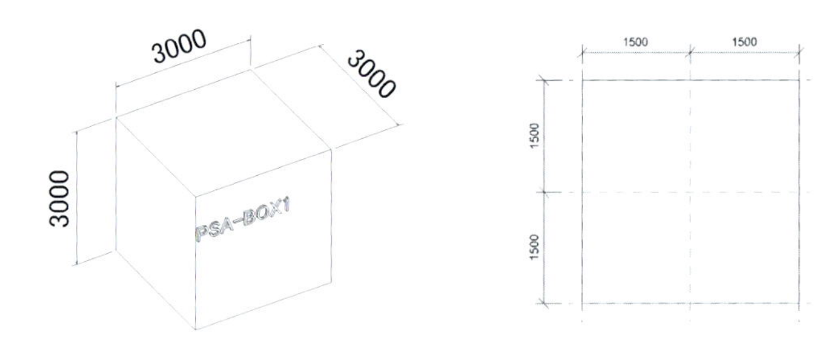

梁01-STEP1

［ファイル］タブ -［新規作成］-［ファミリ］を選択します。

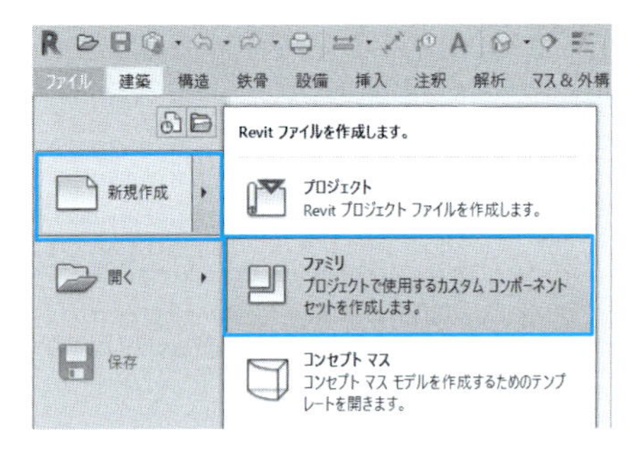

梁01-STEP 2

［新しいファミリ］ダイアログが開くので、［構造フレーム - 梁とブレース（メートル単位）.rtf］を選択し、［開く］ボタンを押します。

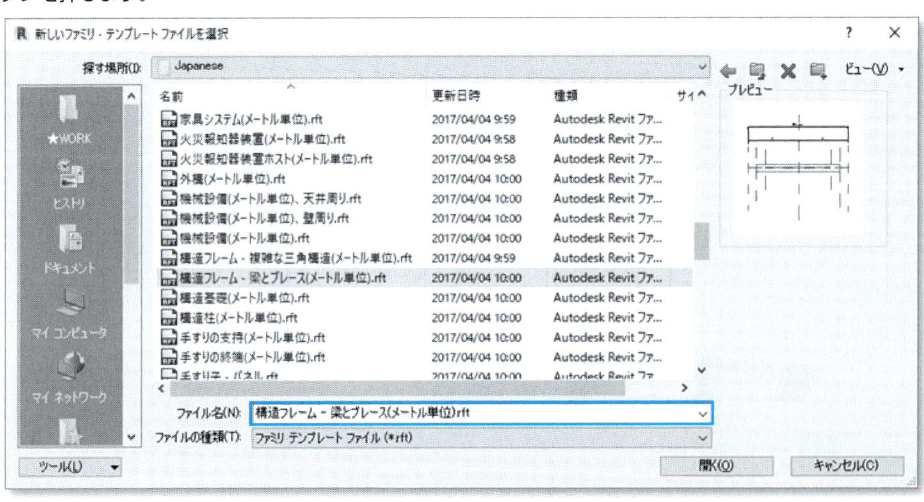

このように表示されます。

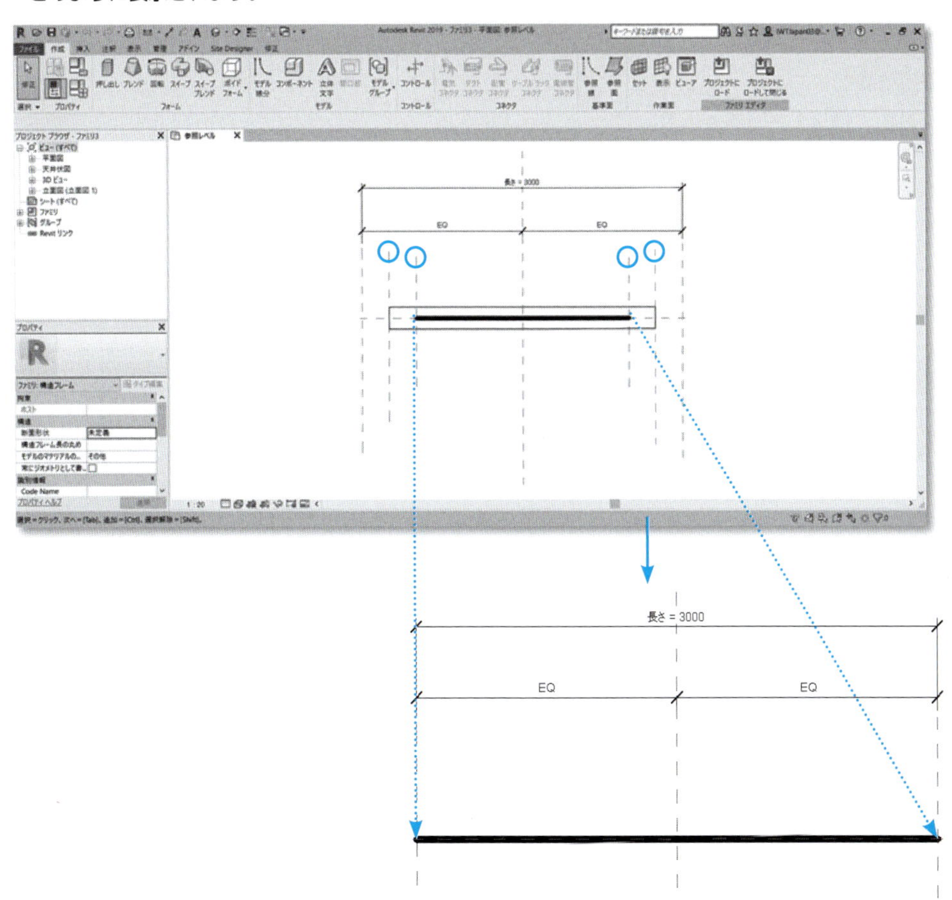

梁01-STEP3

不要な参照面［○］と四角の図形をそれぞれ選択して、右クリックメニューから［削除］を選んで削除します。中央のモデル線分を選択し、マウスをドラッグしながら左右の参照面まで延長します（モデル線分は梁の中心線として参照用に利用します）。

修正の終了

ツールを終了するには、Escキーを押します。

プロジェクトの基準点

既定で設定されている緑色の参照面の交点がファミリの基準点です。参照面を選択してプロパティで確認すると、［基準点を設定］に定義されています。

プロジェクトに配置するときは、この基準点が配置基準点になります。

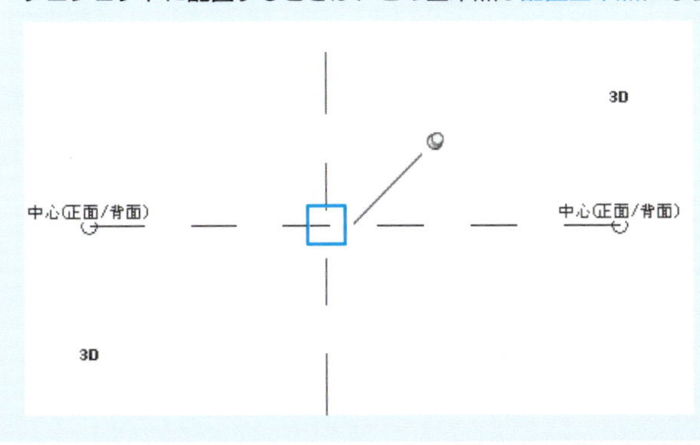

梁01-STEP 4

［プロジェクトブラウザ］より［立面図］-［右］をダブルクリックします。

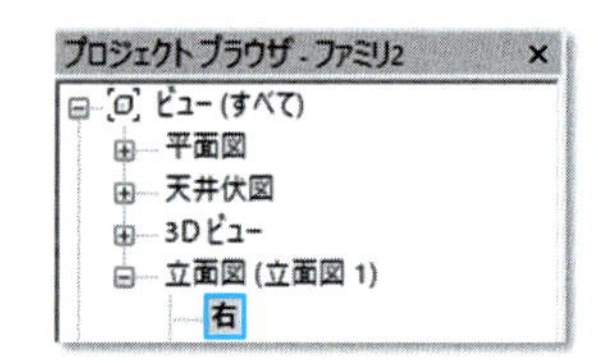

梁01-STEP5

参照面を設定します。［作成］タブ -［基準面］-［参照面］をクリックします。

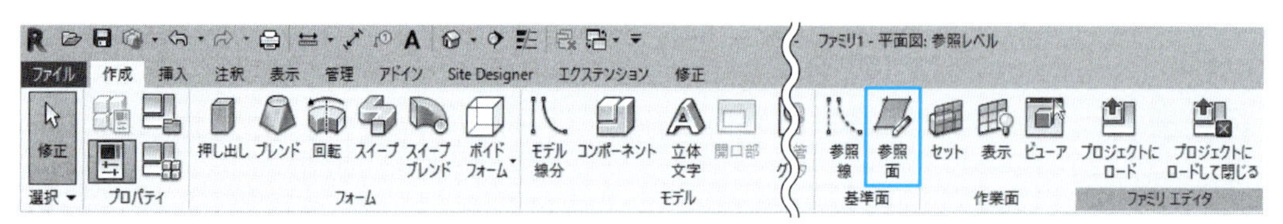

梁01-STEP6

［修正｜配置　参照面］タブ -［描画］-［選択］をクリックします。オプションバーのオフセットは［1500］に設定します。

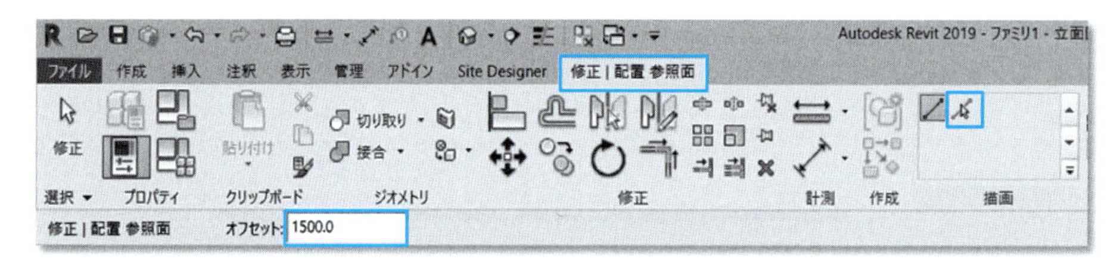

梁01-STEP7

マウスの真ん中のホイールを前後にスクロールさせ縮小します。次に、中央の［参照面］の上側にカーソルを合わせ、水色の破線が表示されたらクリックします。

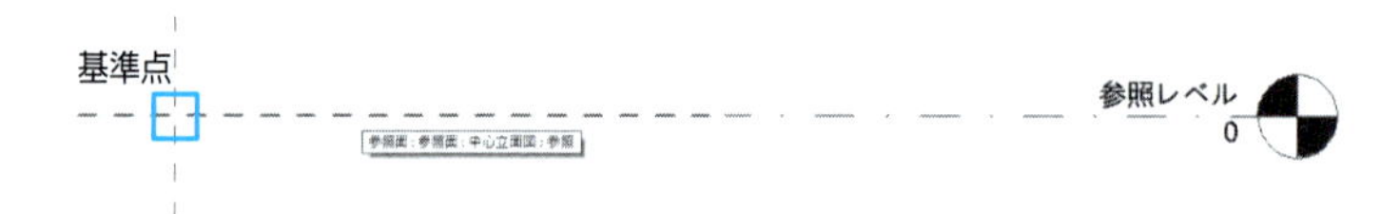

梁01-STEP8

中央の参照面の下側にカーソルを合わせて表示されたらクリックします。

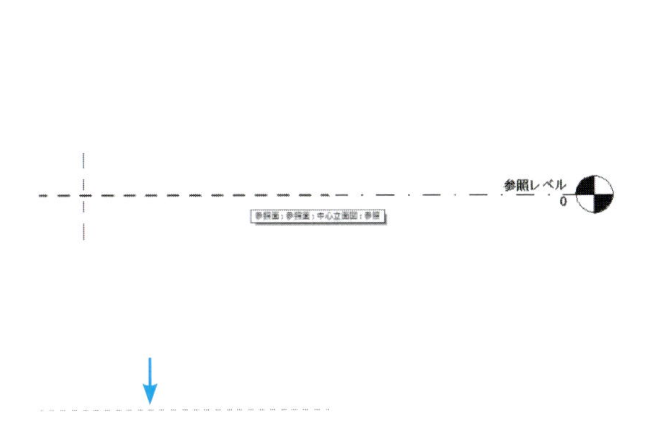

梁01-STEP9

同様に左右にも参照面を作成します。

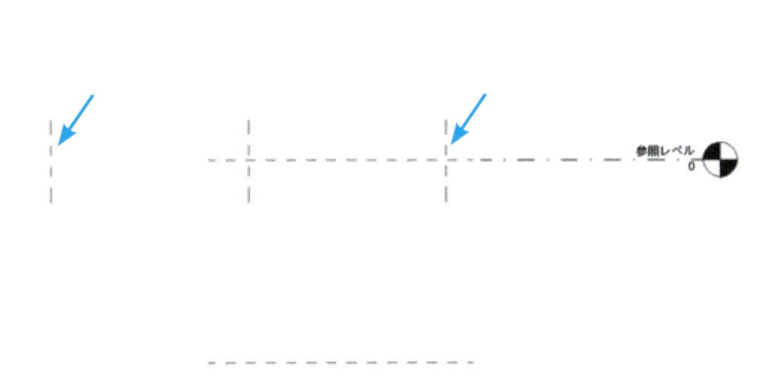

ツールを終了するにはEscキーを押します。

テキストでは、この後にわかりやすいように参照面を延長しています。参照面を延長する手順は、必須ではありませんが、参照面を延長した場合としなかった場合とで、操作が若干異なります。

操作性の違いと参照面の延長手順を、以下のMemoで説明します。参照面を延長する／しないについては、以降の説明では割愛していますので、ご自身で使いやすい方を選択してください。

参照面を延長する手順

参照面をクリックすると両端に○が表示されるので、○をドラッグして参照面の長さを変更します。

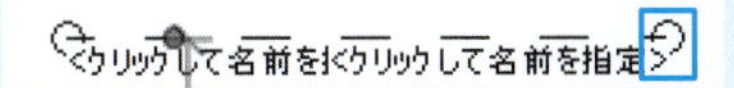

基準点を構成している参照面は、以下の図のようにピンで固定されています。参照面を選択すると鍵がロックされていることがわかります。マウスでピンをクリックしてロックを解除し、参照面端の○をドラッグして参照面の長さを変更します。変更後は、ピンをクリックしてロックを戻します

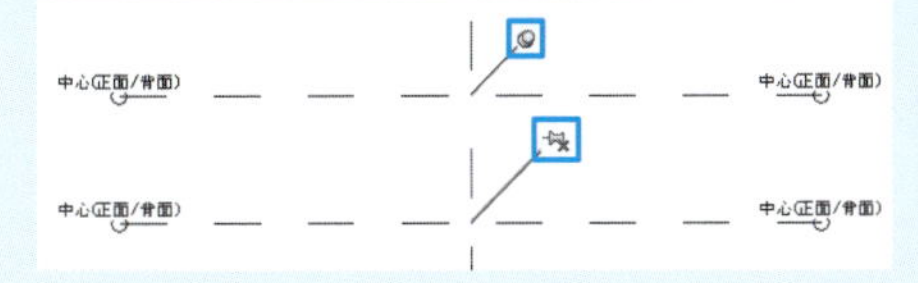

テキストでは［立面図］-［右］ビューの参照面をこのように延長しています。

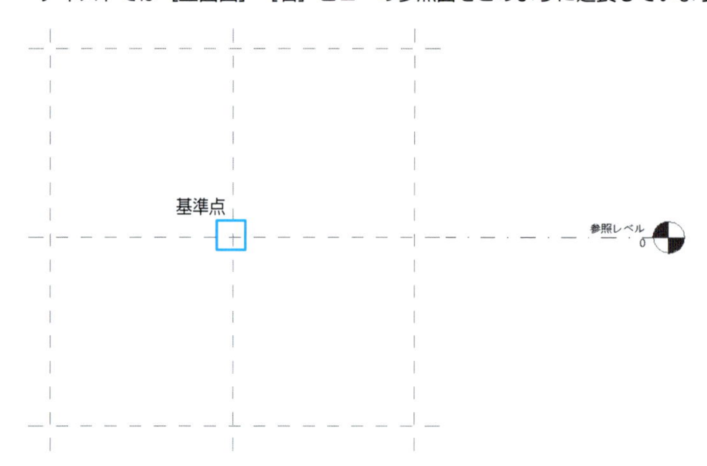

参照面を延長した場合としなかった場合で異なる操作

交点の取り方

参照面を延長していない場合、参照面の延長線上にマウスを移動させると交点が表示されます。

位置合わせ

参照面を延長していないと、要素と参照面が重なってしまい、はじめのうちは操作が少し難しく感じるかもしれません。その場合は要素が重なっているところにマウスをあわせてクリックすると、選択要素が切り替わります。
最初のクリックで要素を選択、2回目のクリックでは参照面を選択となります。

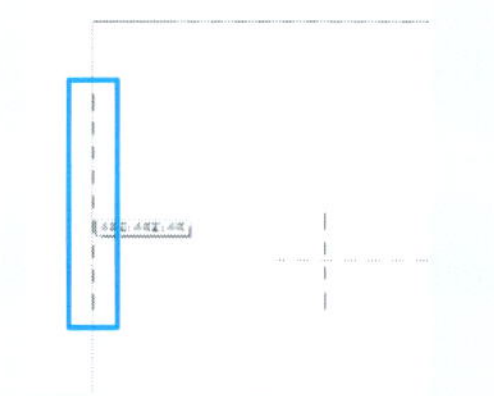

梁01-STEP10

押し出しツールで箱型の形状を作成します。［作成］-［フォーム］-［押し出し］をクリックします。

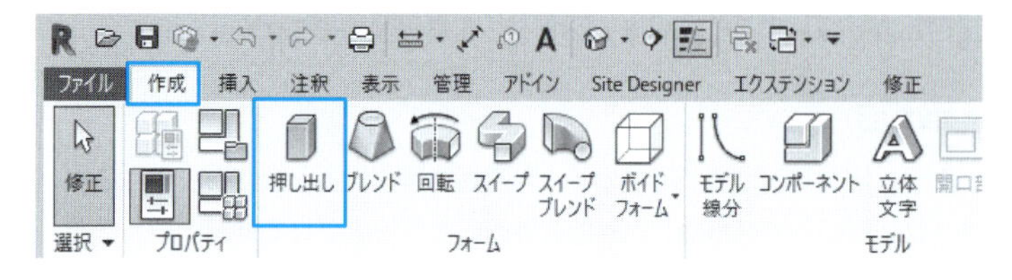

梁01-STEP11

［作業面］ダイアログが表示されるので、名前を選択し、［参照面：中心（左／右）］を選択し、［OK］ボタンを押します。

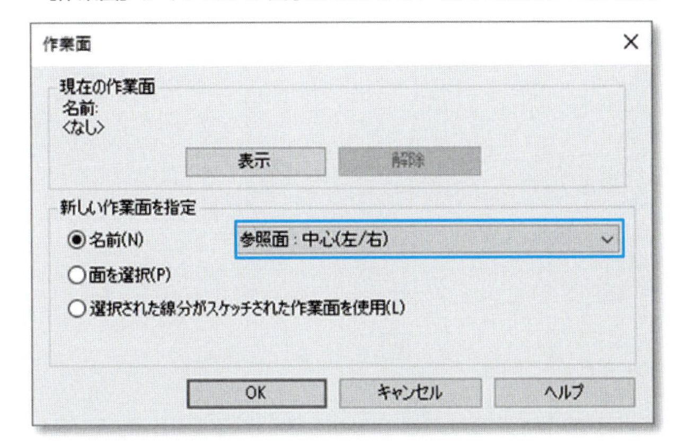

梁01-STEP12

［修正｜作成押し出し］タブ -［描画］パネル -［長方形］を選択します。オプションバーの奥行を［2500］に設定します。

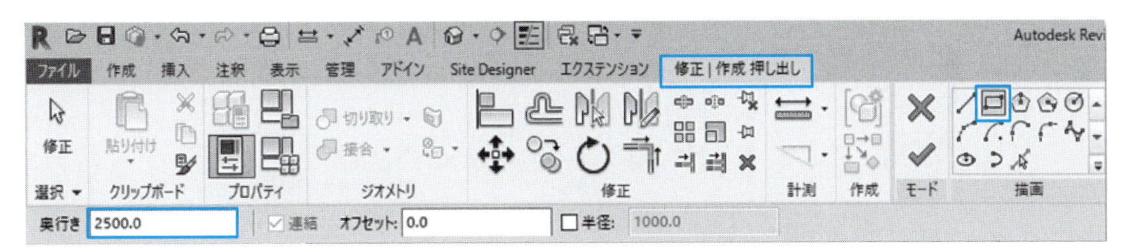

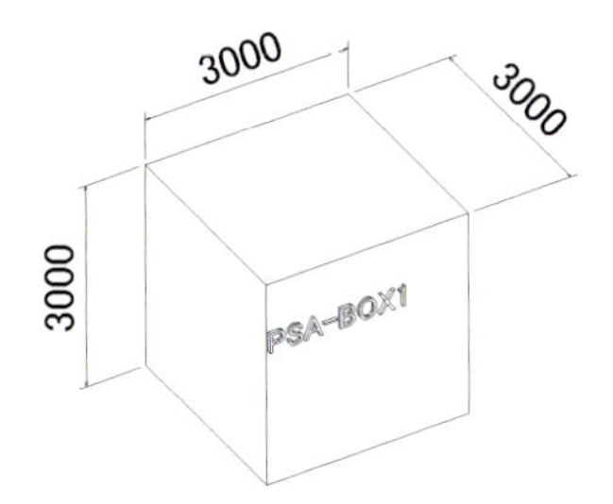

梁01-STEP13

対角線上に❶→❷の順に参照面の交点をクリックします。

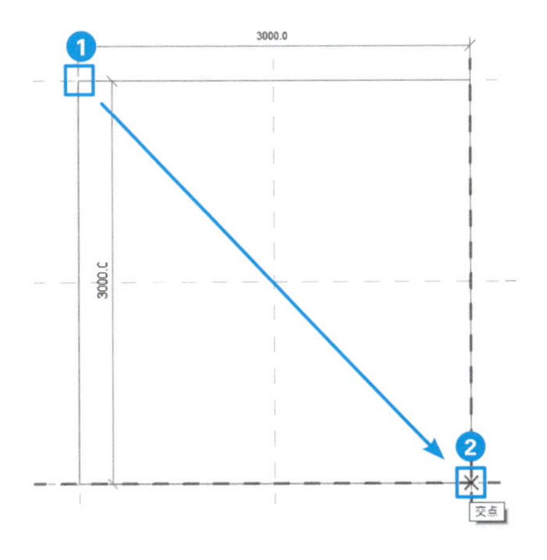

梁01-STEP14

鍵をクリックしてロックします。こうすることで参照面の動きに追従します。

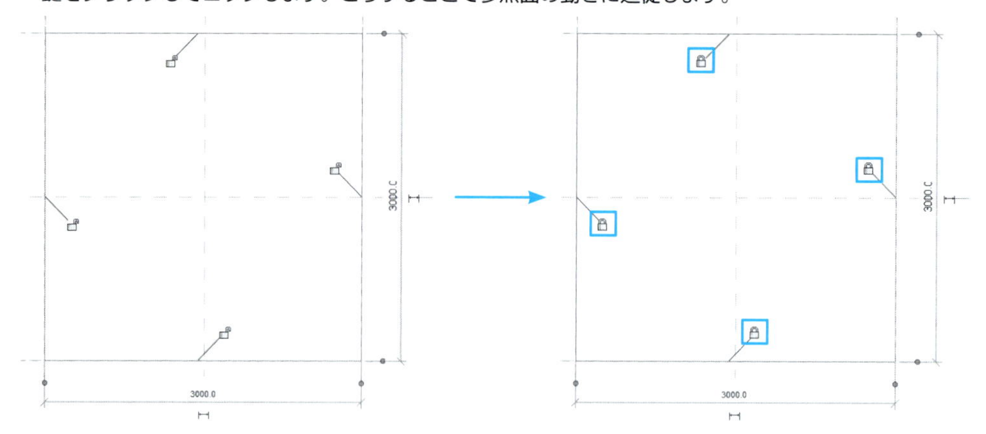

梁01-STEP15

［修正｜作成押し出し］タブ -［モード］-［編集モードを終了］をクリックします。

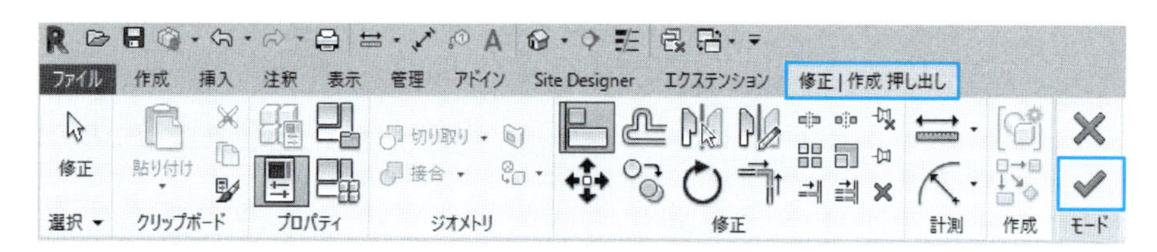

最後に、Escキーを押してツールを終了します。

梁01-STEP16

［プロジェクトブラウザ］より［平面図］-［参照レベル］をダブルクリックします。

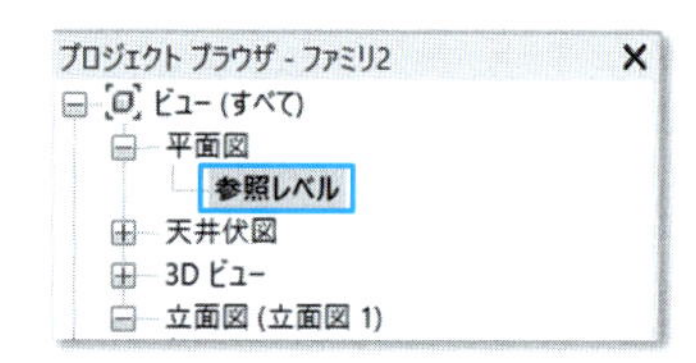

梁01-STEP17

このように表示されるので、STEP15で作成した押し出しをクリックします。

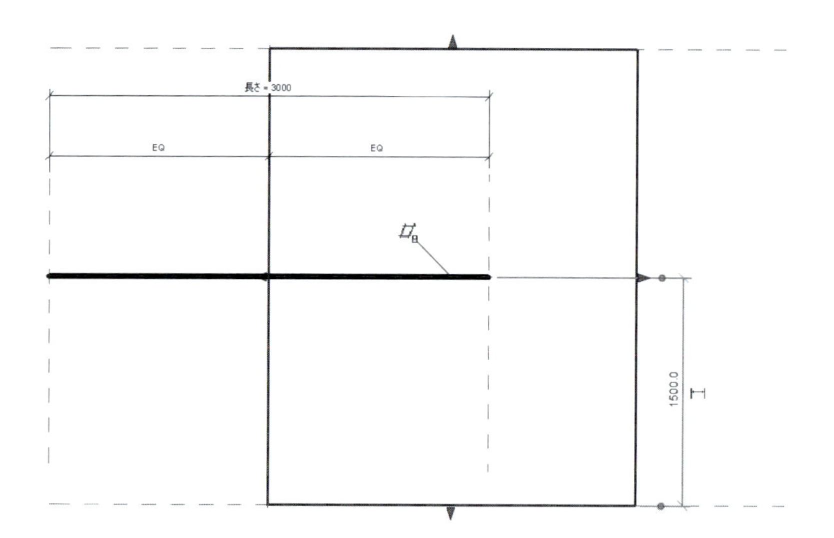

梁01-STEP18

左右の［参照面］までドラッグします。左右それぞれ参照面まで移動すると、鍵が表示されるので、鍵をクリックしてロックをかけます。

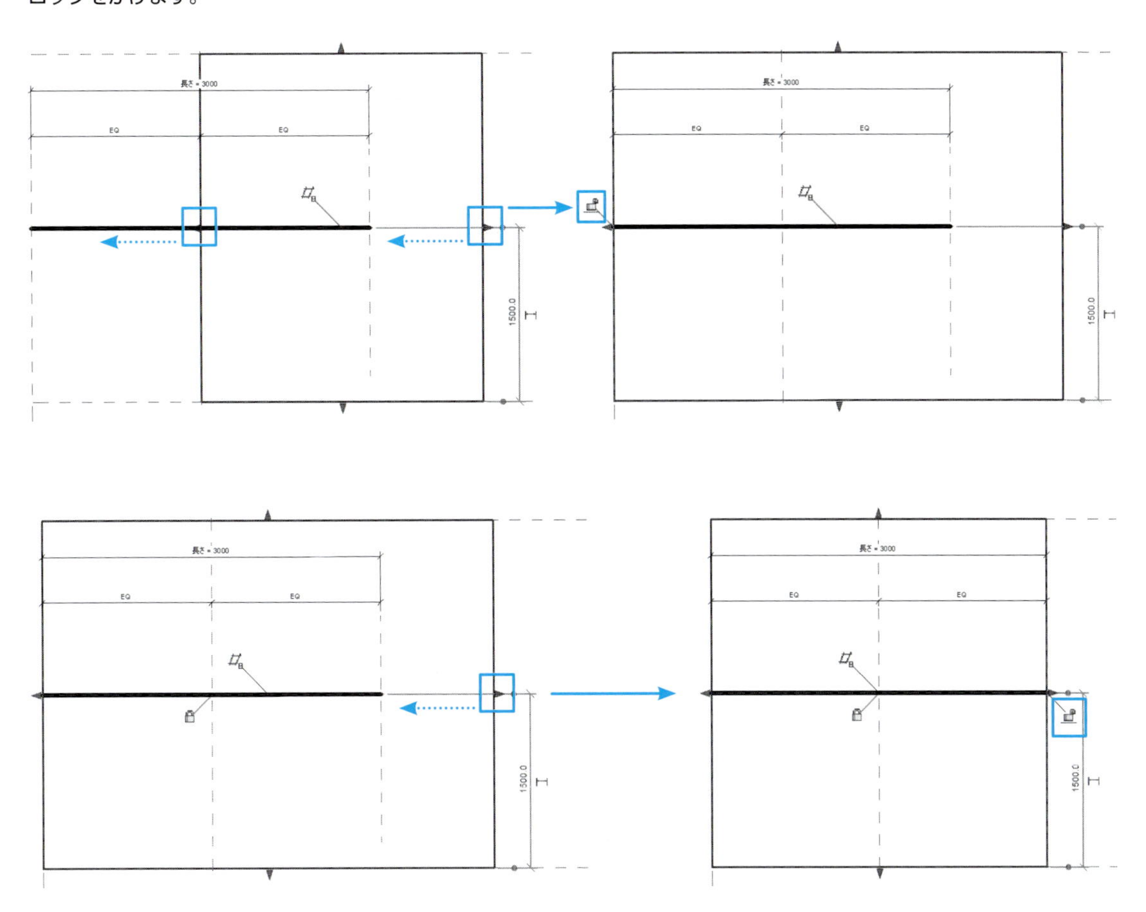

梁01-STEP19

形状を確認するので、［クイックアクセスツールバー］-［既存の3Dビュー］をクリックします。

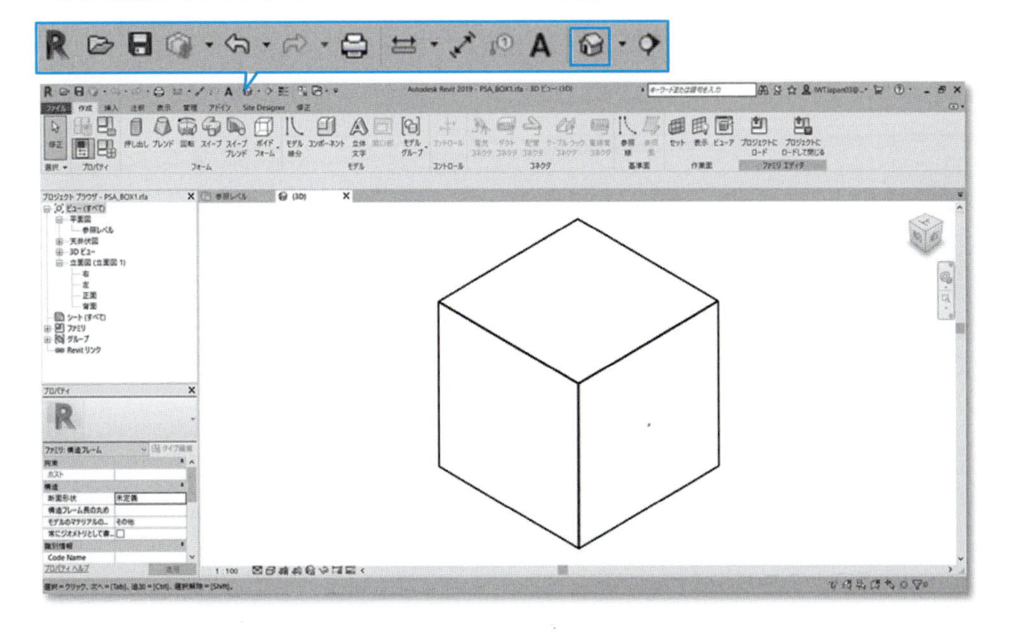

梁01-STEP20

ステータスバーの表示スタイルを［リアリスティック］に変更します。表示が図のように変わります。以降の手順でもこのようにスタイルを変更して形状を確認してください。このビューがサムネイルとして登録され、ファイル選択時に形状を確認できるようになります。

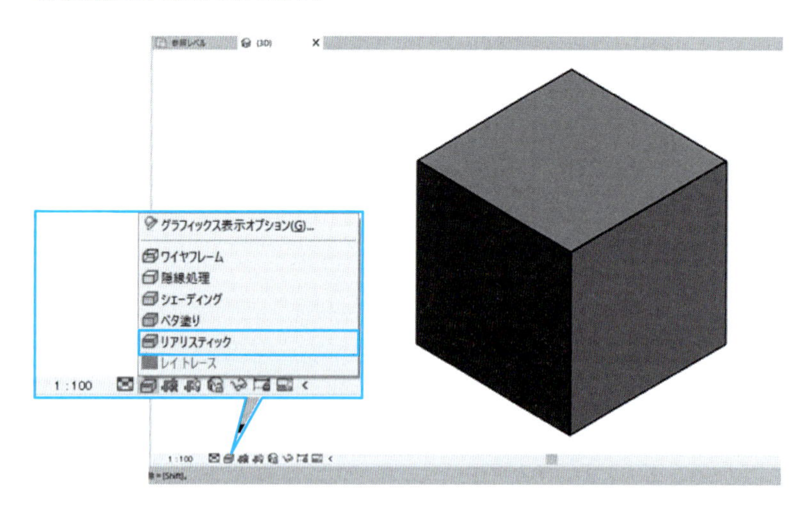

梁01-STEP21

ファミリを保存します。［ファイル］タブ -［名前を付けて保存］-［ファミリ］をクリックします。

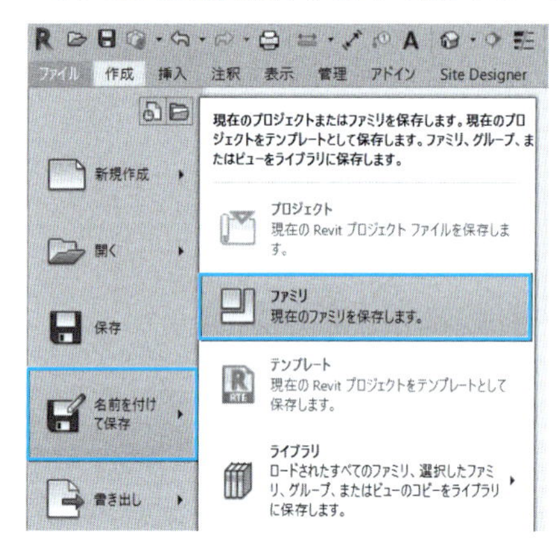

梁01-STEP22

ファミリファイル名を付けて、［保存］ボタンを押します。ここでは、PSA_BOX1.rfaとしています。

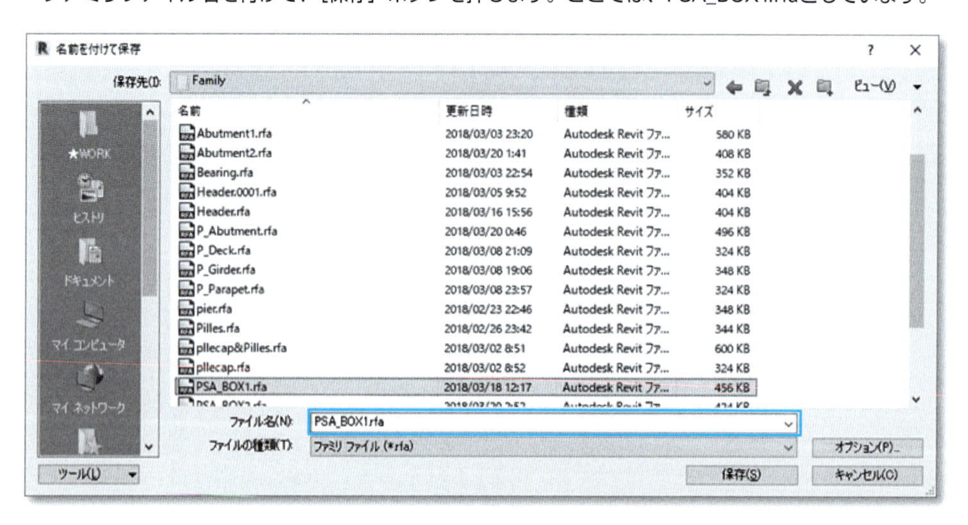

次に青で示した梁両端のPSA_BOX2を作成します。PSA_BOX2は、両端の四角形を断面（プロファイル）作成後、スイープブレンドで3D形状にします。

はじめに両端の断面形状を作成します。断面形状の作成には、プロファイルテンプレートを使って特別なファミリを作成します。

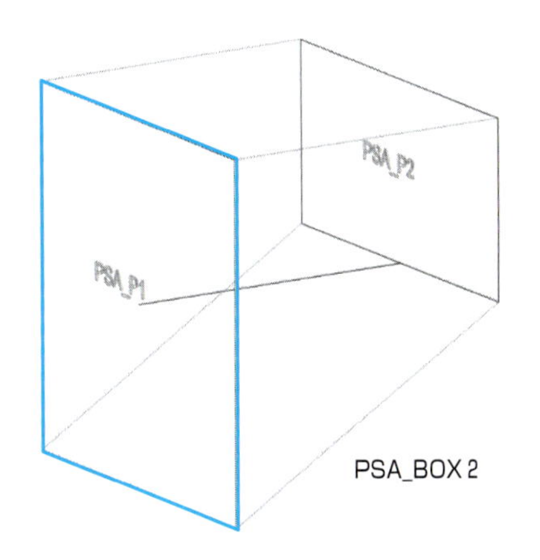

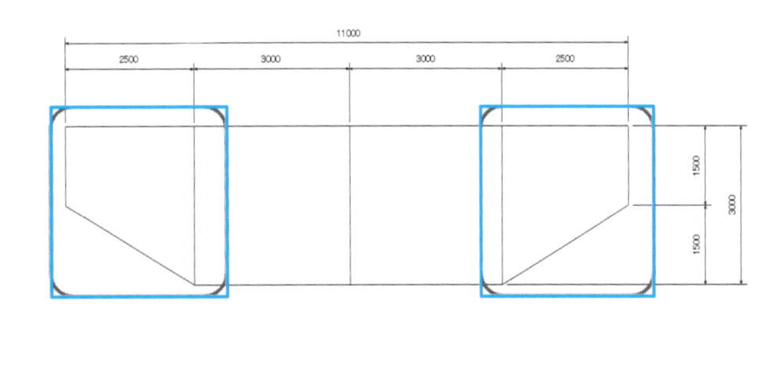

梁02-STEP1

［ファイル］タブ -［新規作成］-［ファミリ］を選択します。

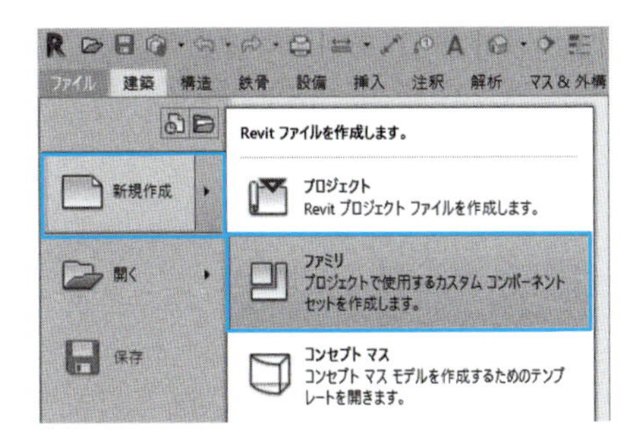

梁02-STEP2

［新しいファミリ］ダイアログが開くので、［プロファイル（メートル単位）.rtf］を選択し、［開く］ボタンを押します。

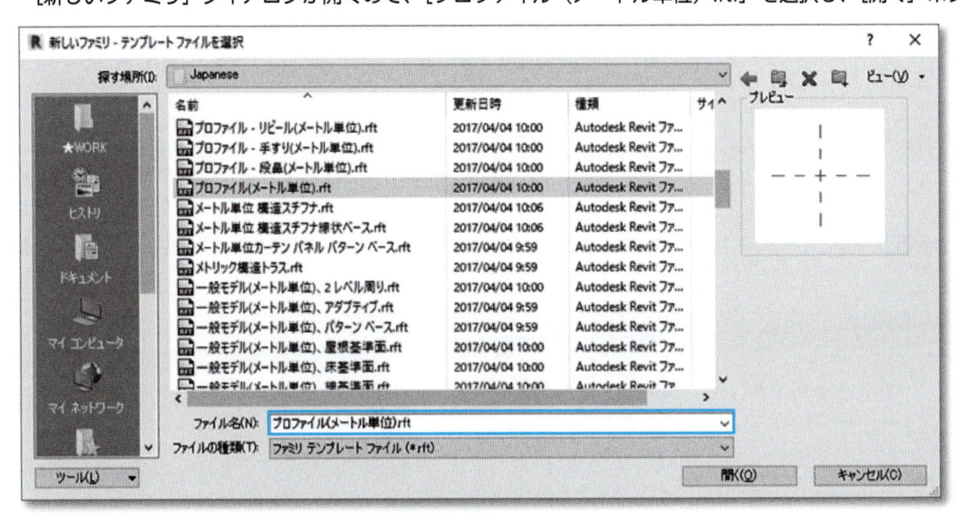

梁02-STEP3

［プロジェクトブラウザ］より［平面図］-［参照レベル］をダブルクリックします。

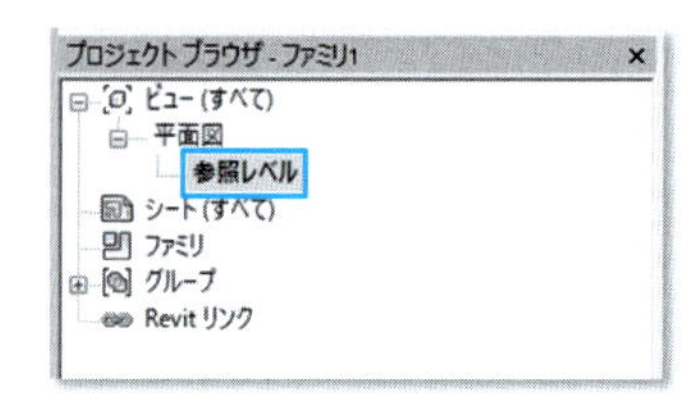

ビューが表示されます。［プロファイル（メートル単位）.rtf］テンプレートは、2Dの断面を作成するテンプレートのため、リボンメニューがほかのテンプレートとは異なります。

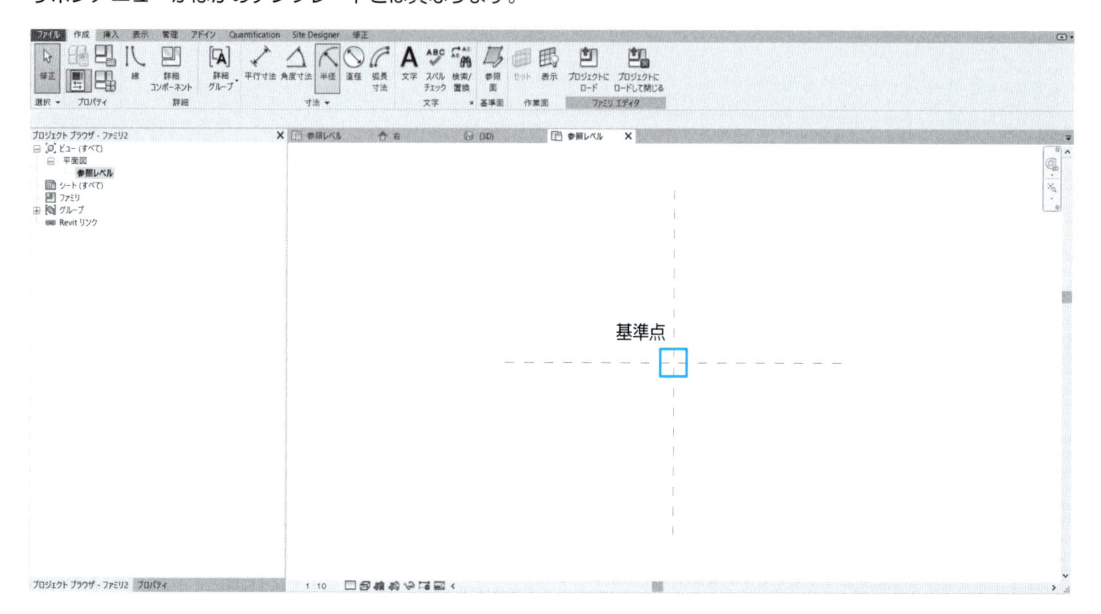

梁02-STEP4

参照面を作成します。［作成］タブ -［基準面］-［参照面］をクリックします。

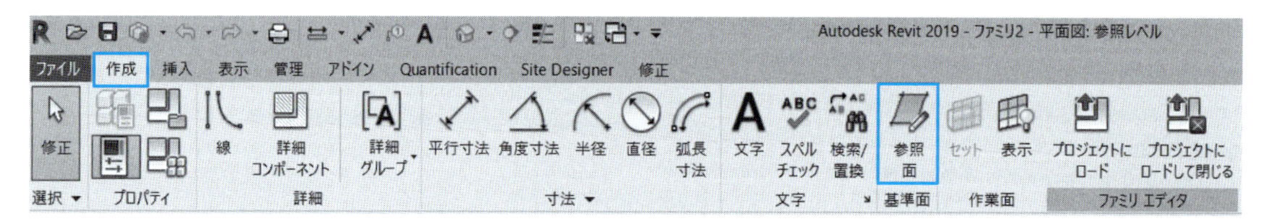

梁02-STEP5

［修正｜配置　参照面］タブ -［描画］-［選択］をクリックします。オプションバーのオフセットは［1500］に設定します。

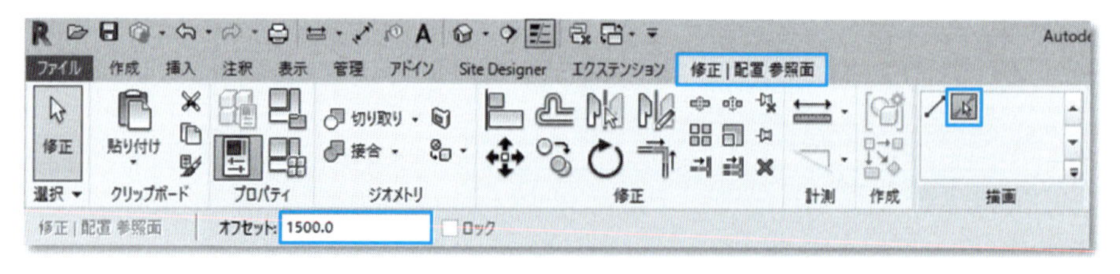

梁02-STEP6

マウスの真ん中のホイールを前後にスクロールさせ縮小します。次に、中央の参照面の上側にカーソルを合わせ、表示されたらクリックします。

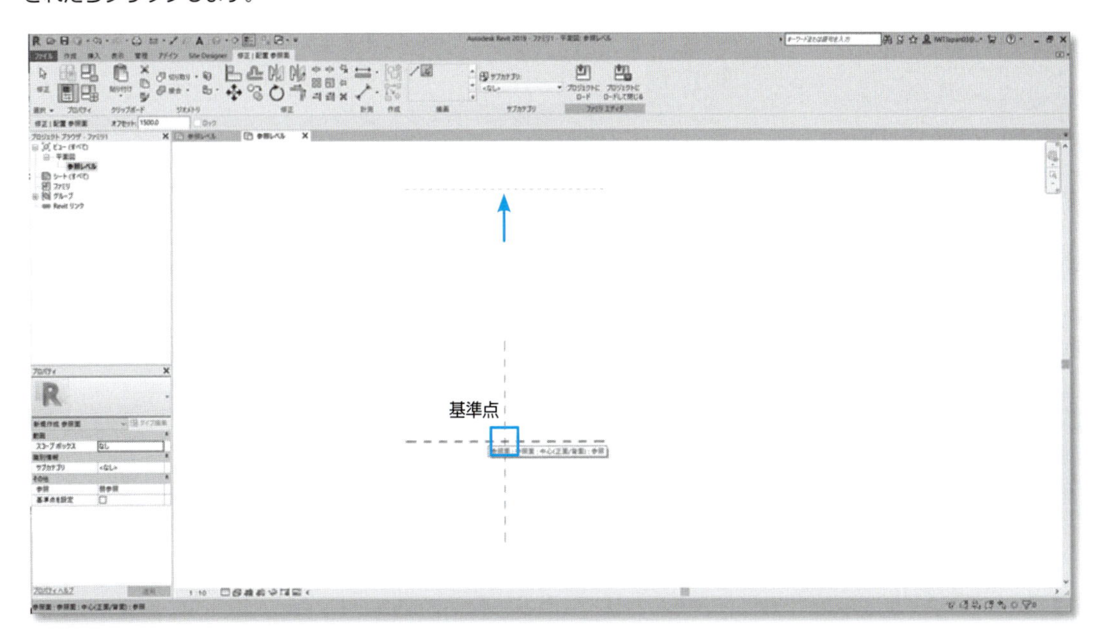

梁02-STEP7

同様の手順で、下記のように参照面を作成します。

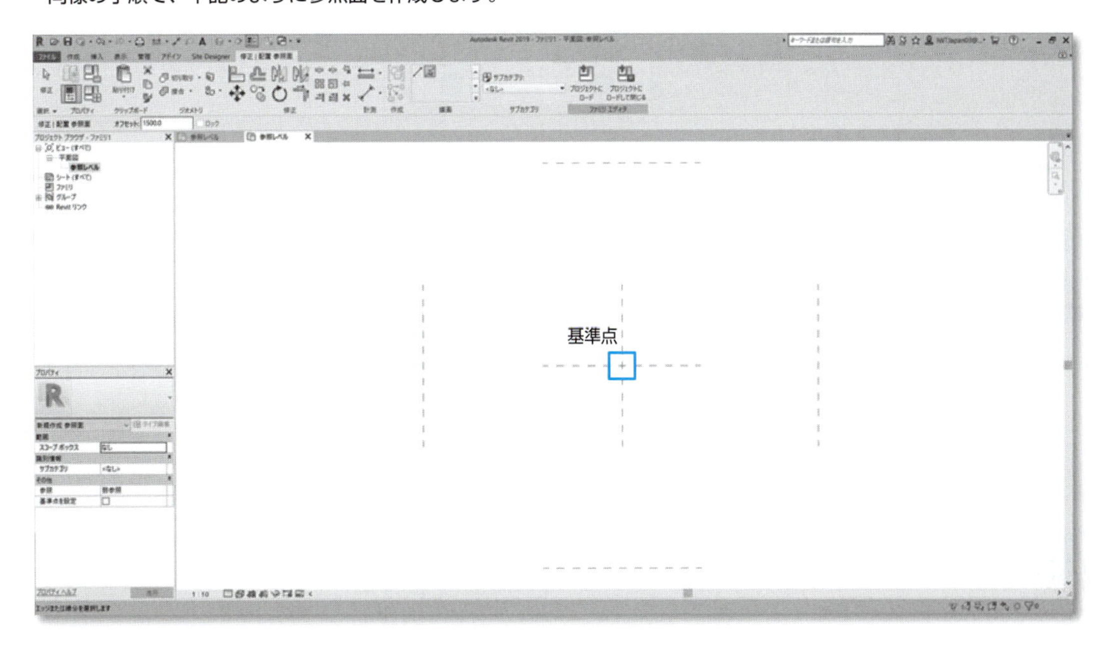

サンプルデータでは、このあと参照面を右のように延長しています。

梁02-STEP8

この後作成する寸法の文字の大きさを見やすくするため、縮尺を［1：50］に変更します。

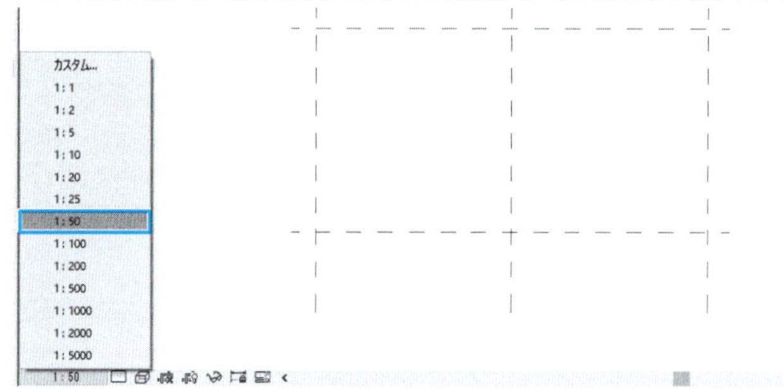

梁02-STEP9

［作成］タブ -［寸法］-［平行寸法］をクリックします。

梁02-STEP10

❶→❷→❸の順にクリックし、寸法を表示させたい位置でクリック［❹］します。

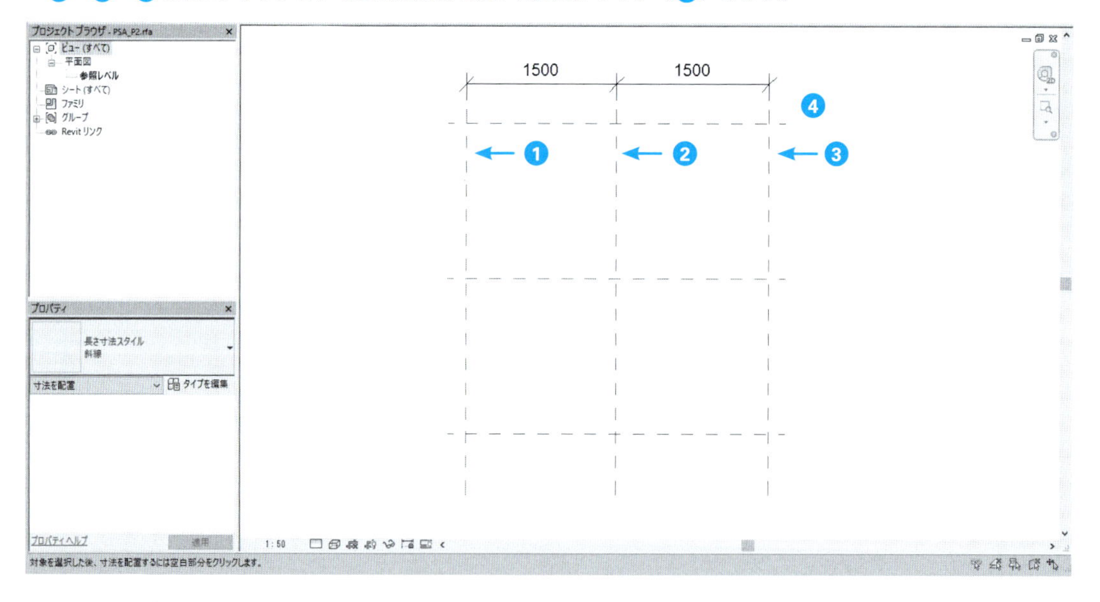

梁02-STEP11

同様の手順で縦方向にも寸法を作成します。

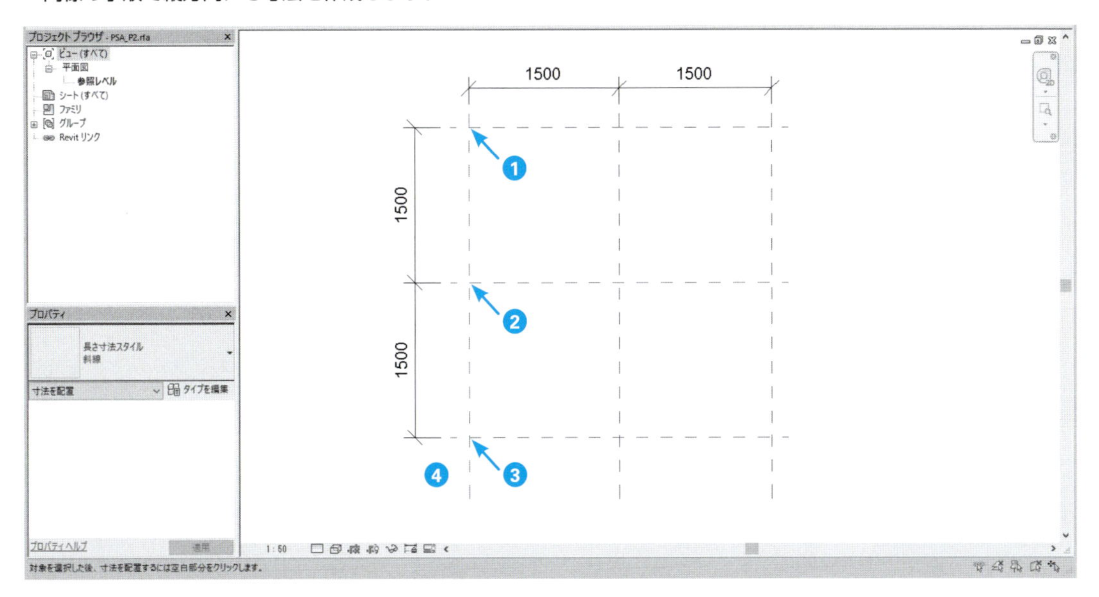

梁02-STEP12

このように寸法線が作成されます。

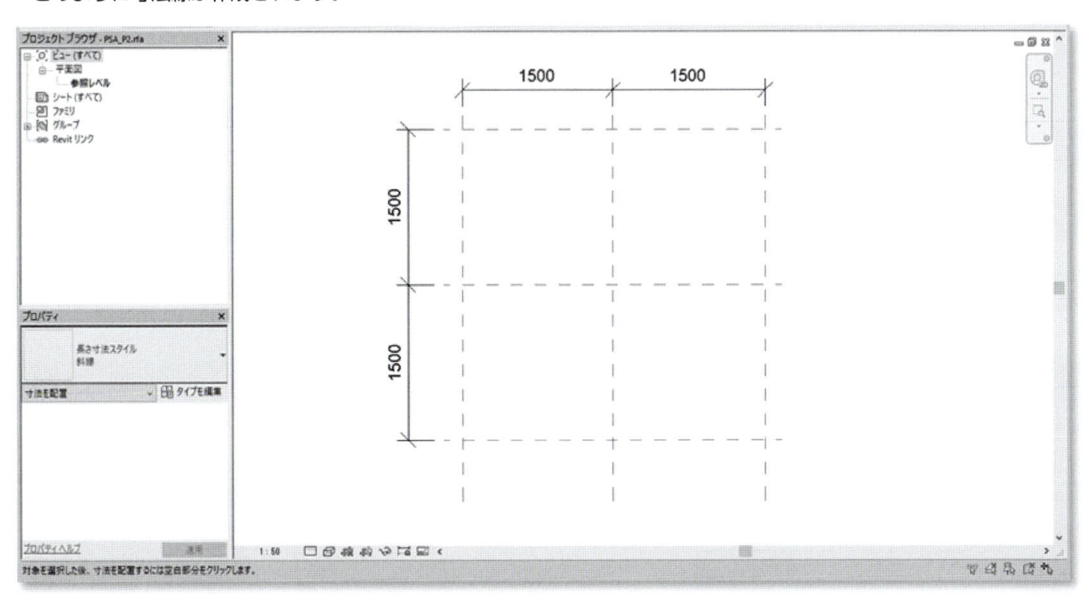

梁02-STEP13

断面形状を作成するので、［作成］タブ -［詳細］-［線］をクリックします。

梁02-STEP14

［修正｜配置　線分］-［描画］-［長方形］をクリックします。

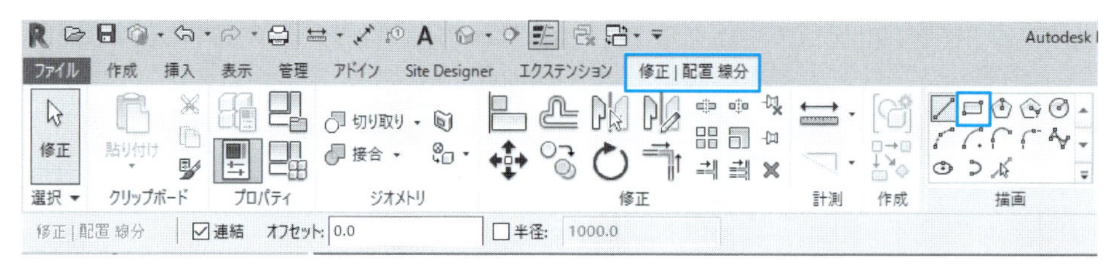

梁02-STEP15

対角線上に❶→❷の順で、参照面の交点をクリックして長方形を作成します。鍵が表示されるので、クリックしてロックをかけます。

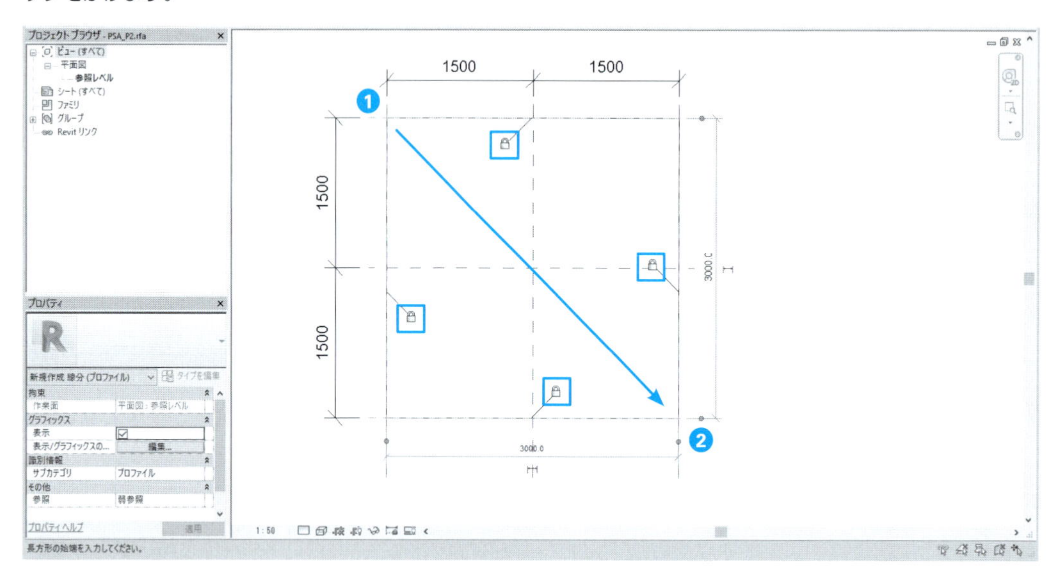

梁02-STEP16

ファミリを保存します。［ファイル］タブ-［名前を付けて保存］-［ファミリ］をクリックします。

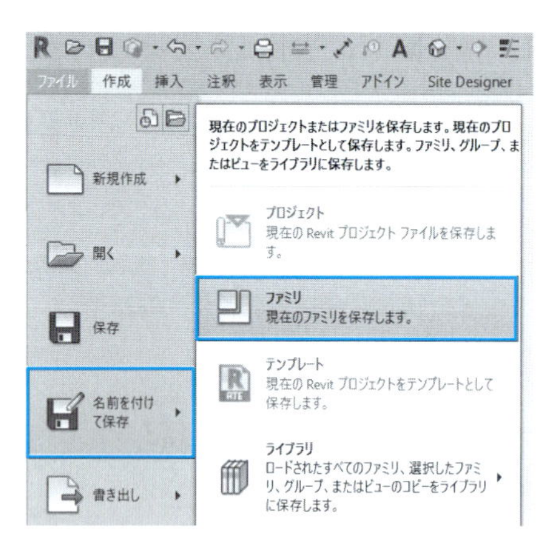

梁02-STEP17

ファミリファイル名を付けて、［保存］ボタンを押します。

ここでは、PSA_P1.rfaとしています。

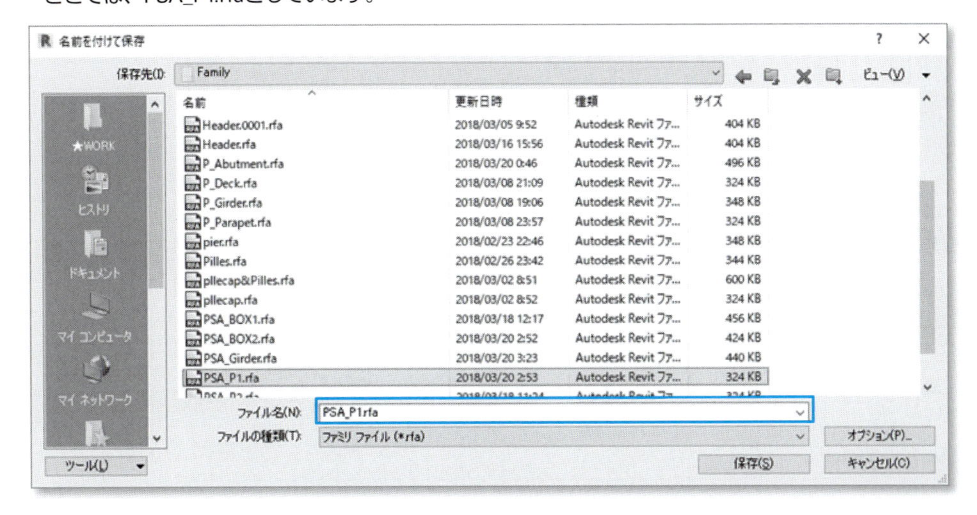

梁02-STEP18

サイズ違いの四角形を作成します。PSA_P1.rfaと同様の手順で梁02-STEP1 - STEP6まで作成します。

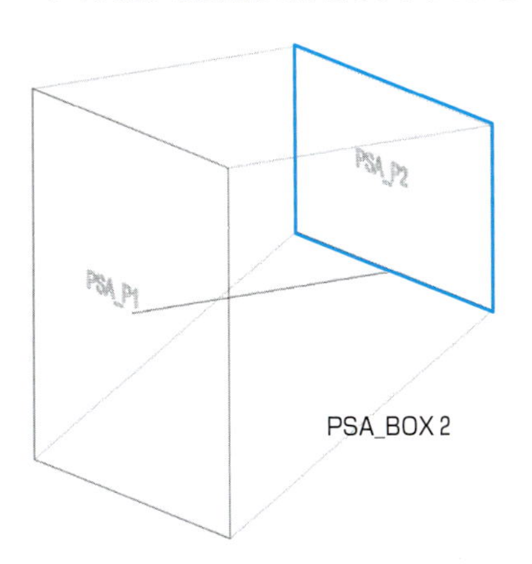

梁02-STEP19

SPA_P1では、基準点を中心に上下左右に［1500］オフセットをしましたが、PSA_P2では、SPA_P1の上側半分のみを作成するので、参照面はこのように作成します。

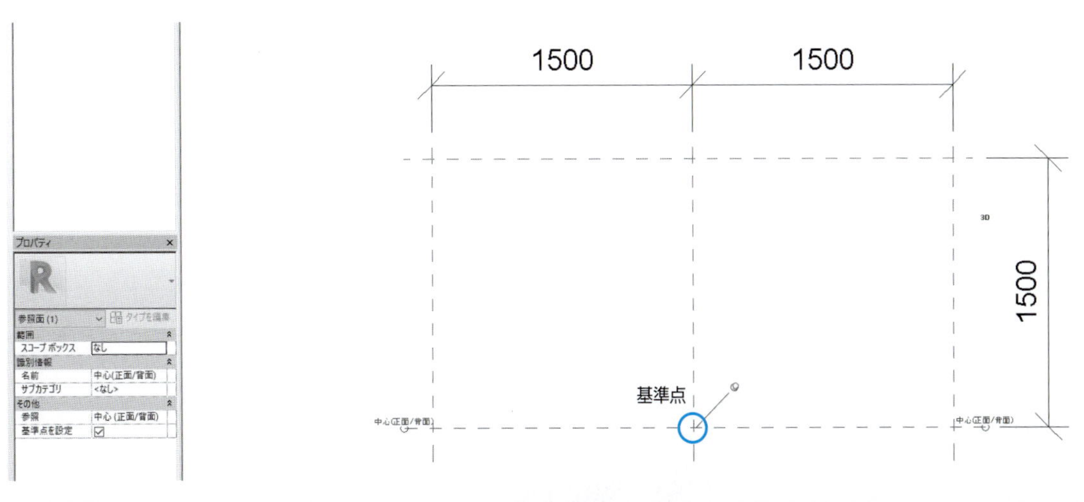

梁02-STEP20

断面形状を作成するので、［作成］タブ -［詳細］-［線］をクリックします。

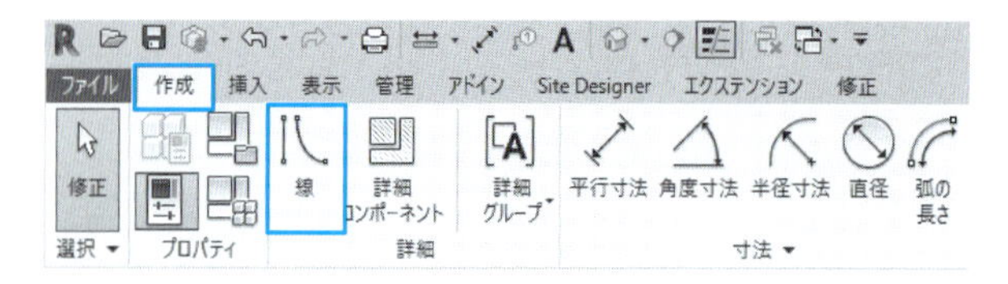

梁02-STEP21

［修正｜配置　線分］-［描画］-［長方形］をクリックします。

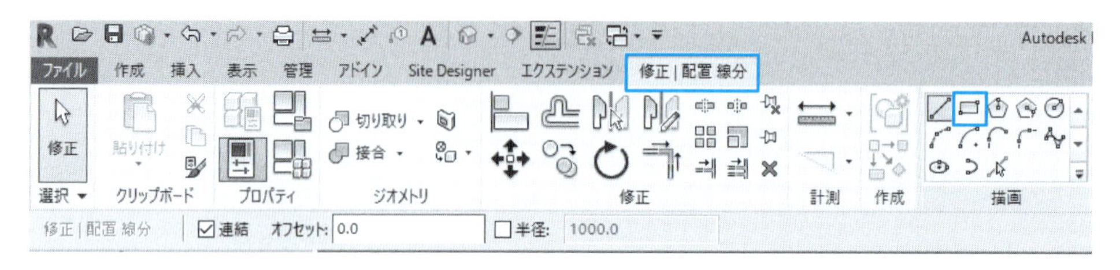

梁02-STEP22

対角線上に❶→❷の順で、参照面の交点をクリックして長方形を作成します。鍵が表示されるので、クリックしてロックをかけます。

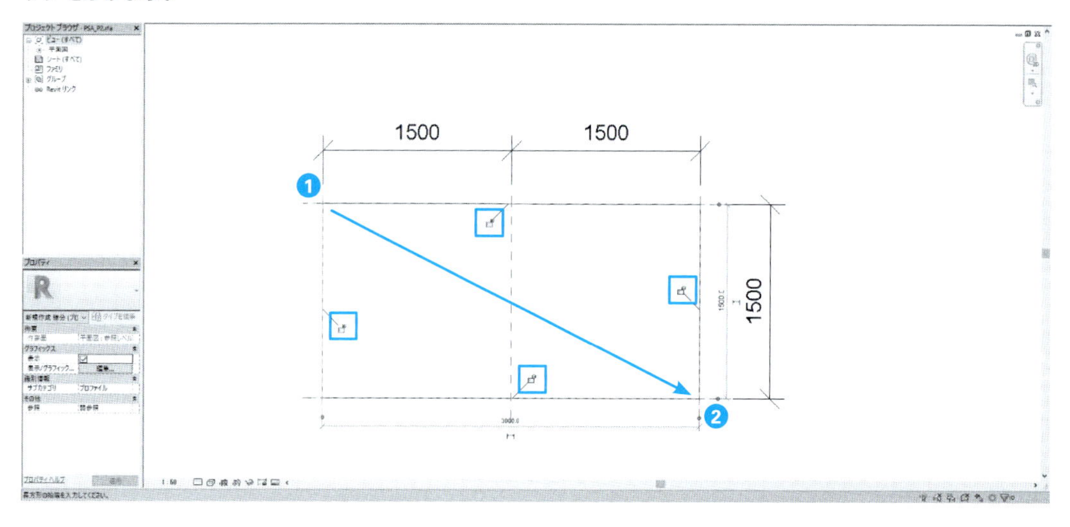

梁02-STEP23

ファミリを保存します。［ファイル］タブ -［名前を付けて保存］-［ファミリ］をクリックします。

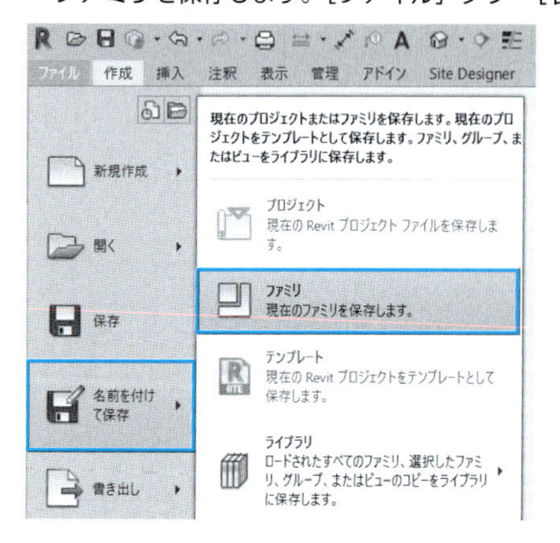

梁02-STEP24

ファミリファイル名を付けて、［保存］ボタンを押します。
ここでは、PSA_P2.rfaとしています。

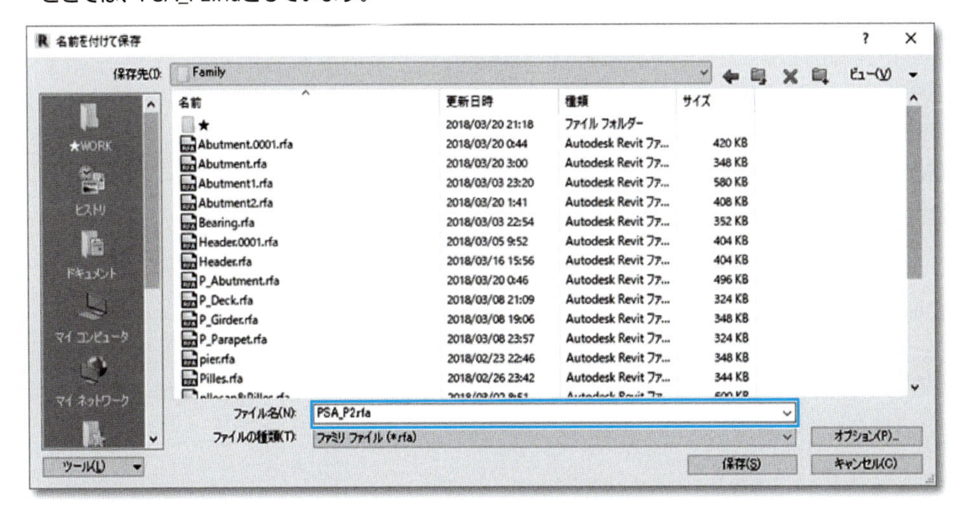

両端の断面形状を作成したので、次にスイープブレンドで3D形状を作成します。

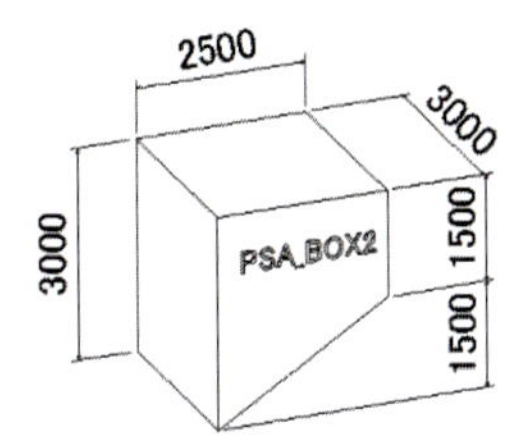

梁03-STEP1 - STEP3

はじめの手順は、PSA_BOX1.rfaの作成手順と同じなので、梁01-STEP1 - STEP3を参考に作成します。

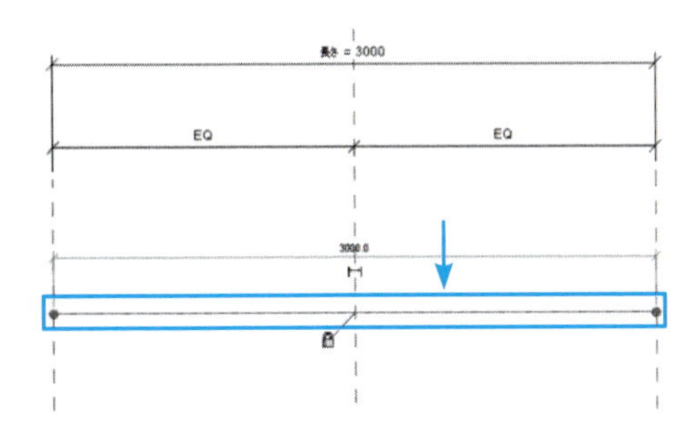

梁03-STEP4

スイープブレンド作成時のパスを設定するために、中央の太い線分［モデル線分］を選択して、［作成］タブ - ［プロパティ］ - ［ファミリタイプ］をクリックします。

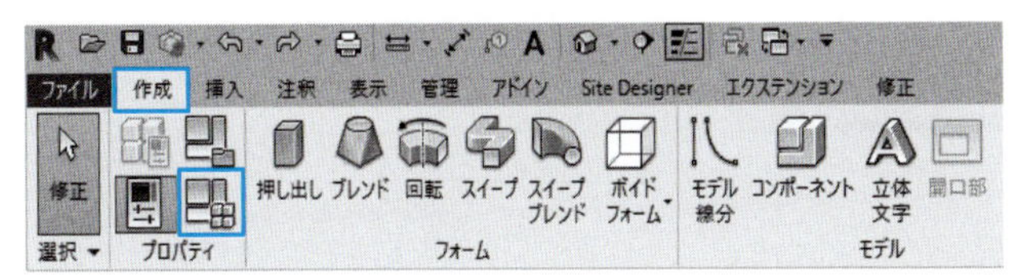

梁03-STEP5

［ファミリタイプ］ダイアログの［長さ］を［2500］に変更して、［OK］ボタンで閉じます。

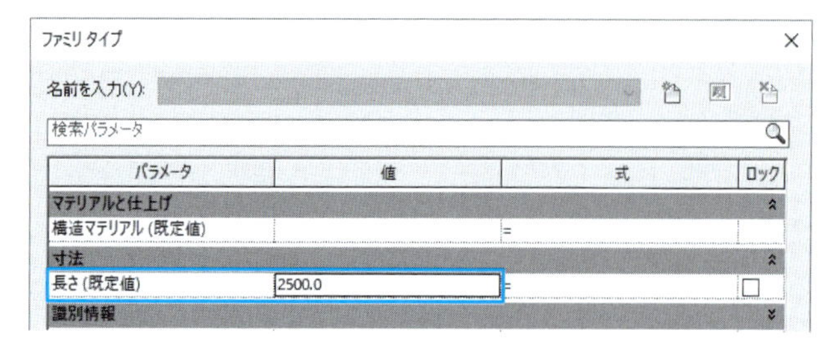

梁03-STEP6

［作成］タブ -［フォーム］-［スイープブレンド］をクリックします。

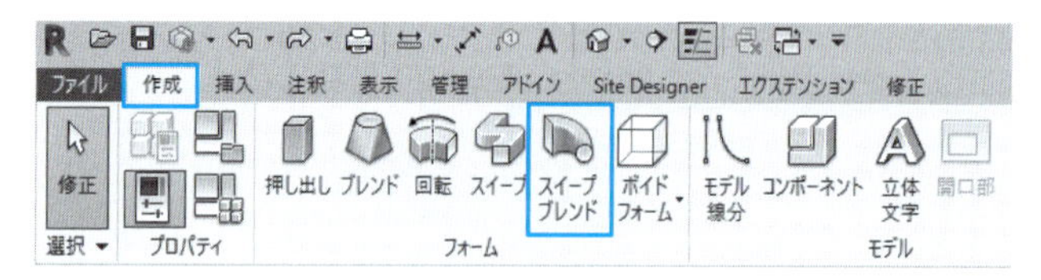

梁03-STEP7

［修正|スイープブレンド］タブ -［スイープブレンド］-［パスを選択］をクリックします。

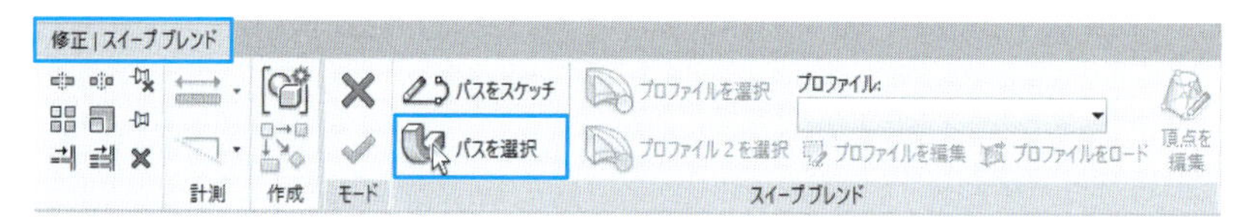

梁03-STEP8

［修正|スイープブレンド＞パスを選択］タブ -［クリック］-［3Dエッジを選択］が選択されているので、［モデル線分］をクリックします。

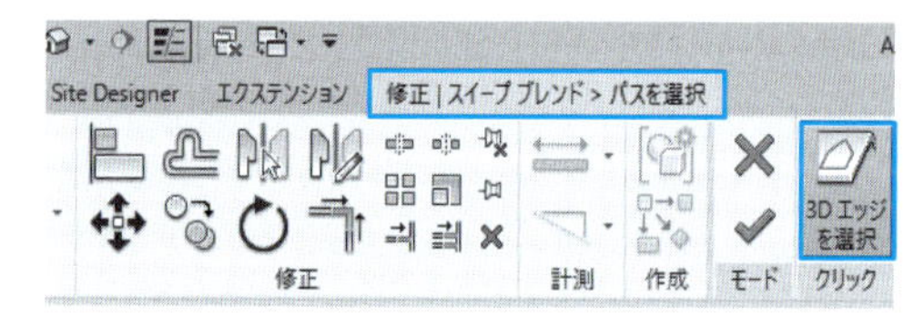

図のようになります。

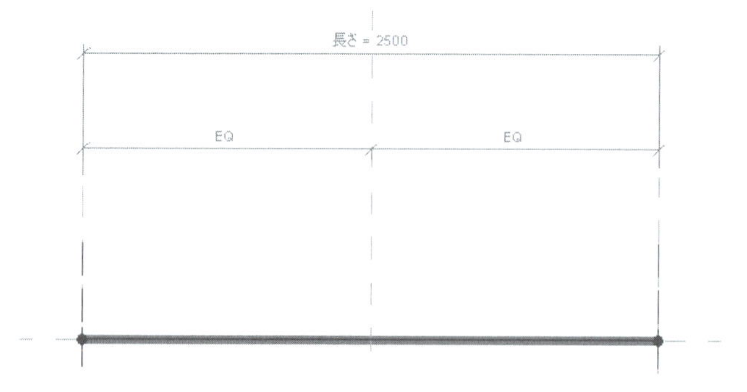

梁03-STEP9

[修正|スイープブレンド>パスを選択] タブ - [モード] - [✔] をクリックします。

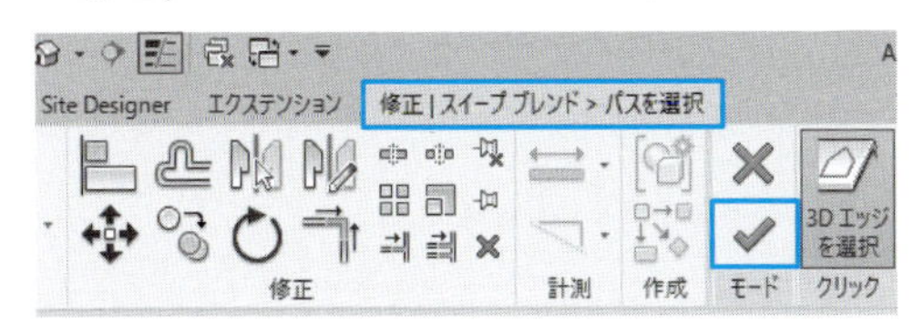

梁03-STEP10

[修正|スイープブレンド] タブ - [スイープブレンド] - [プロファイルをロード] をクリックします。

梁03-STEP11

作成したプロファイルファミリPSA_P1.rfaを選択し、[開く] ボタンをクリックします。

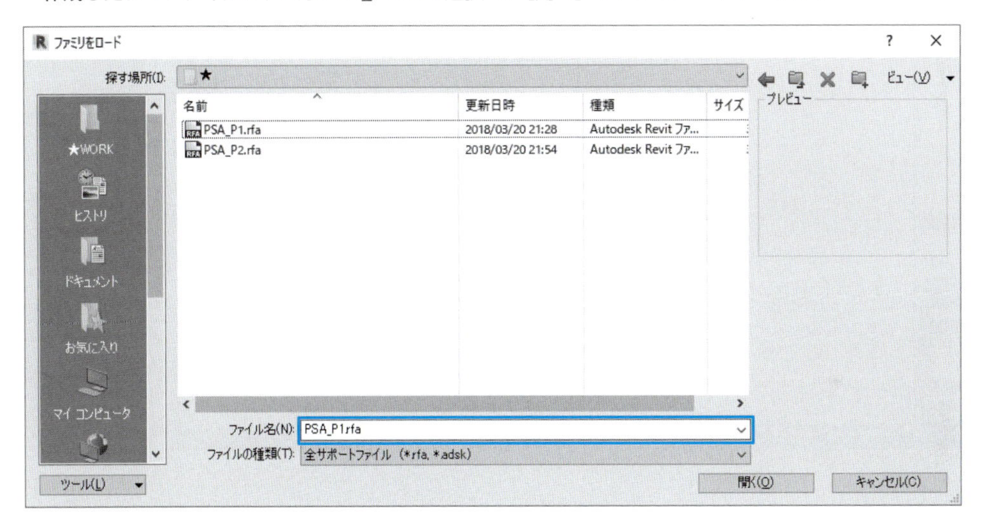

続けてPSA_P2.rfaもロードします。

梁03-STEP12

[プロファイルを選択] を選択し、[プロファイル] には、[PSA_P1] を選択します。自動的にPSA_P1が挿入されます。

梁03-STEP13

[プロファイル2を選択] を選択し、[プロファイル] には [PSA_P2] を選択します。自動的にPSA_P2が挿入されます。

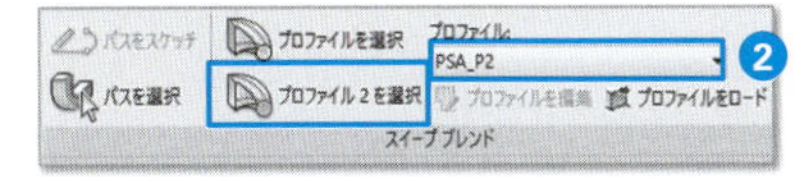

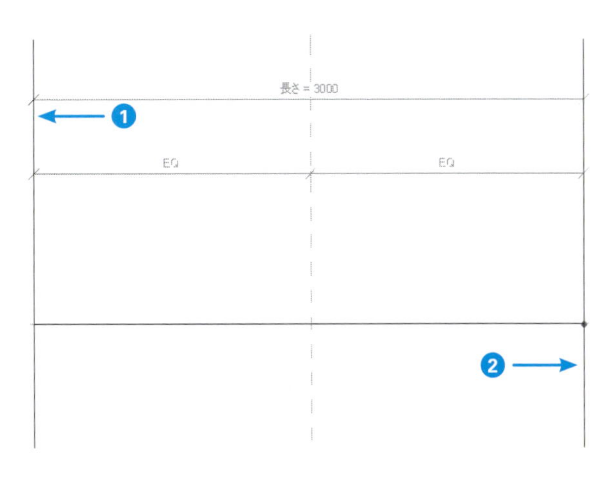

梁03-STEP14

［修正|スイープブレンド］タブ -［モード］-［ ✔ ］をクリックします。

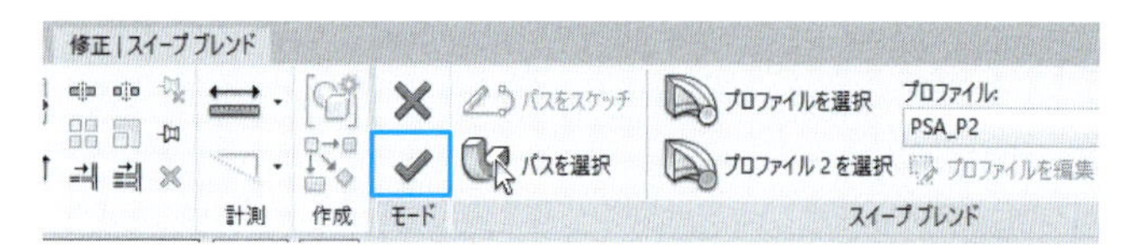

梁03-STEP15

形状を確認するために、［クイックアクセスツールバー］-［既存の3Dビュー］をクリックします。

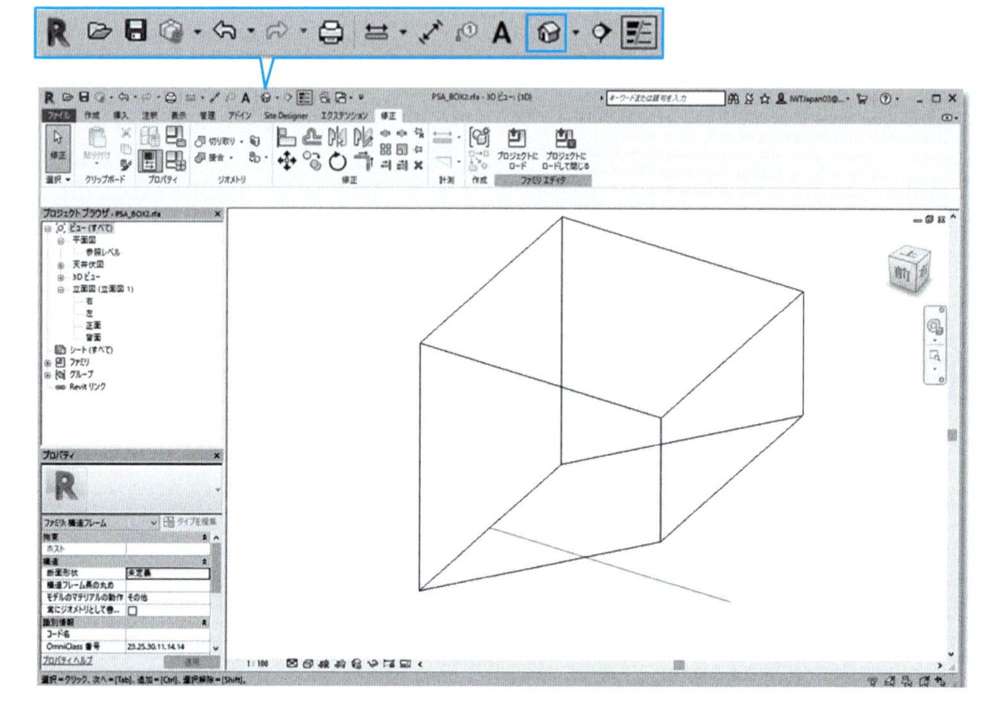

梁03-STEP16

［表示スタイル］をクリックし、［リアリスティック］に変更します。

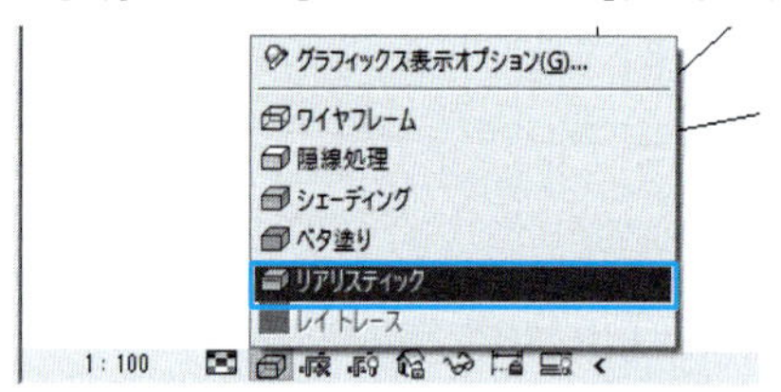

このように表示されます。

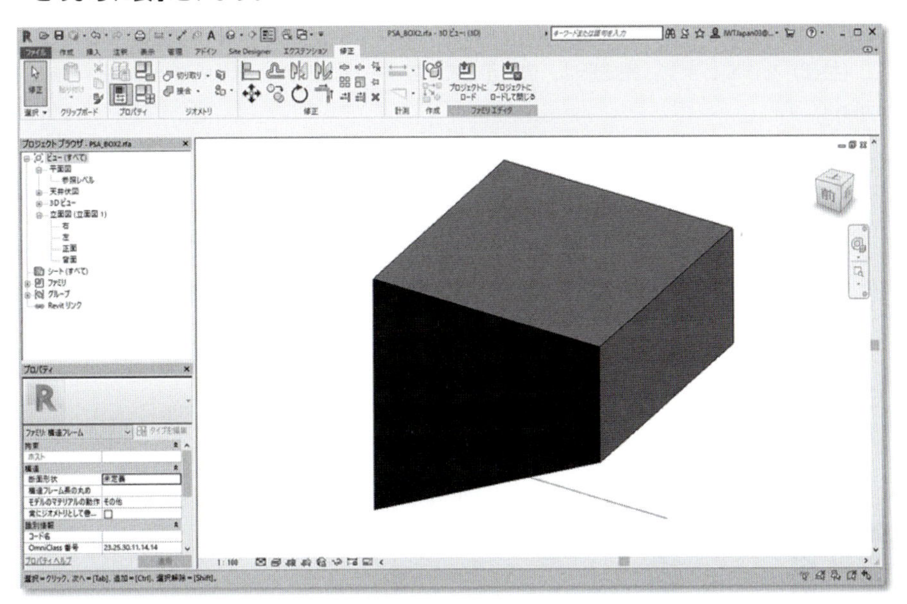

梁03-STEP17

ファミリを保存します。［ファイル］タブ -［名前を付けて保存］-［ファミリ］をクリックします。

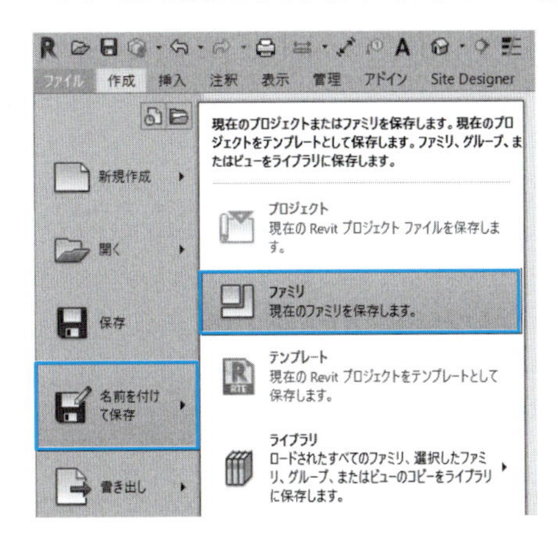

梁03-STEP18

ファミリファイル名を付けて、［保存］ボタンを押します。ここでは、PSA_BOX2.rfaとしています。

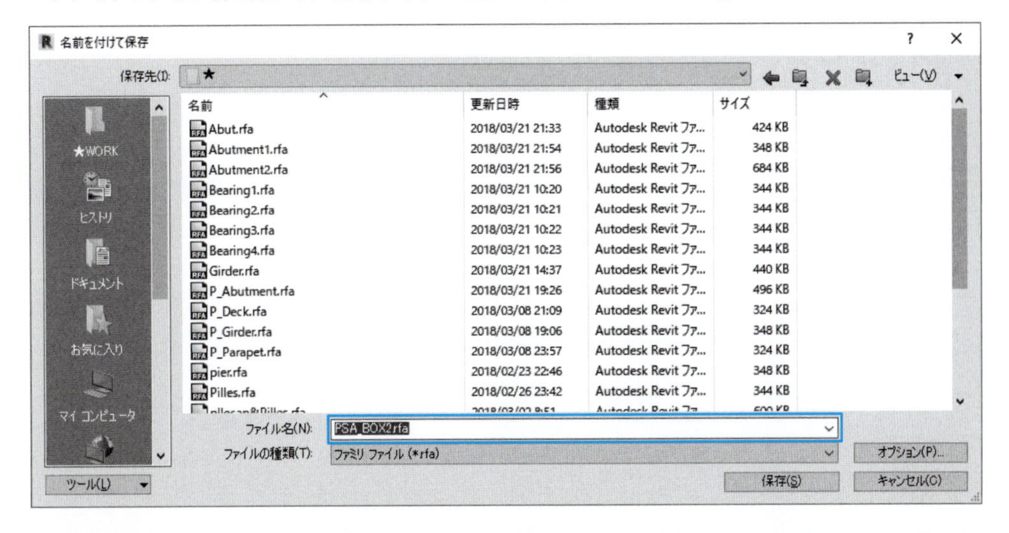

柱部

下記図面を参考に下部工（柱部）を作成します。完成形は、青で示しています。完成形データは、[DataSet] - [2019] - [Family] フォルダのpier.rfaです。

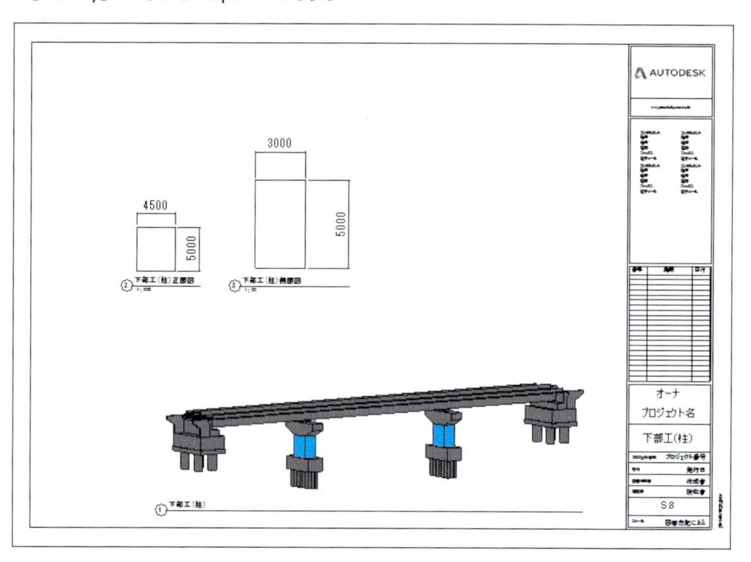

柱部-STEP1

アプリケーションメニューより [新規作成] - [ファミリ] を選択します。

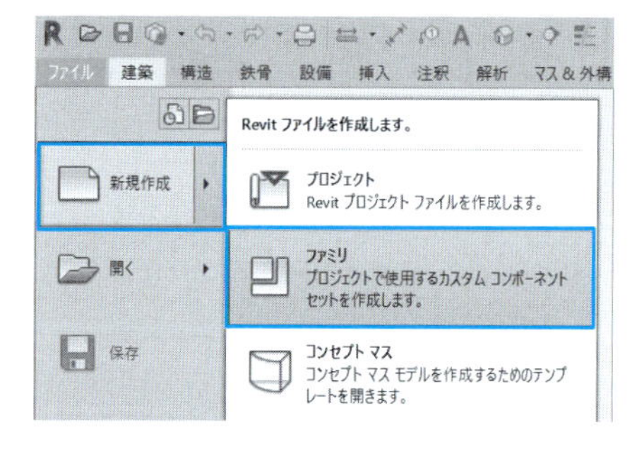

柱部-STEP2

[新しいファミリ] ダイアログが開くので、[構造柱（メートル単位）.rft] を選択し、[開く] ボタンを押します。

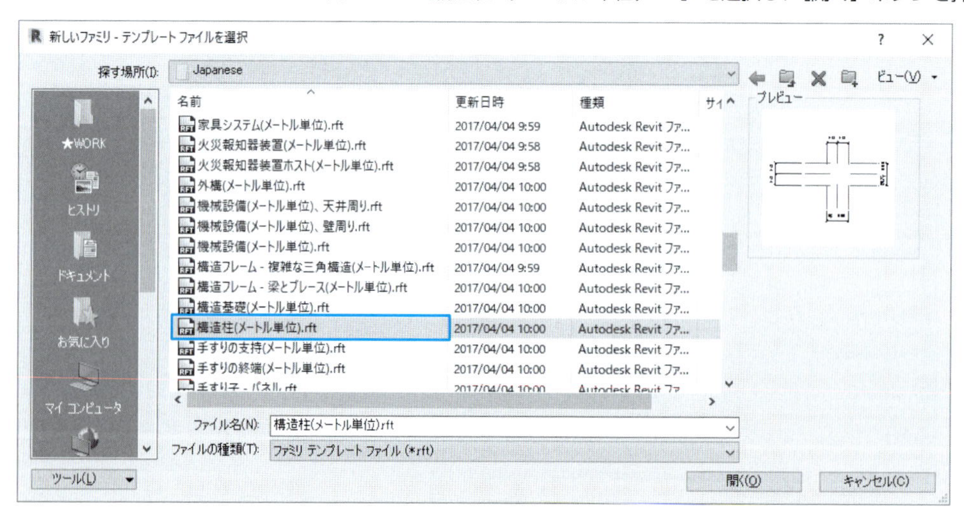

柱部-STEP3

［プロジェクトブラウザ］より［平面図］-［下参照レベル］をダブルクリックします。

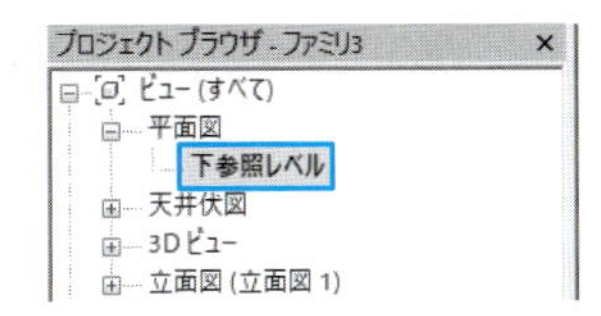

既にパラメータが設定されているテンプレートが表示されます。

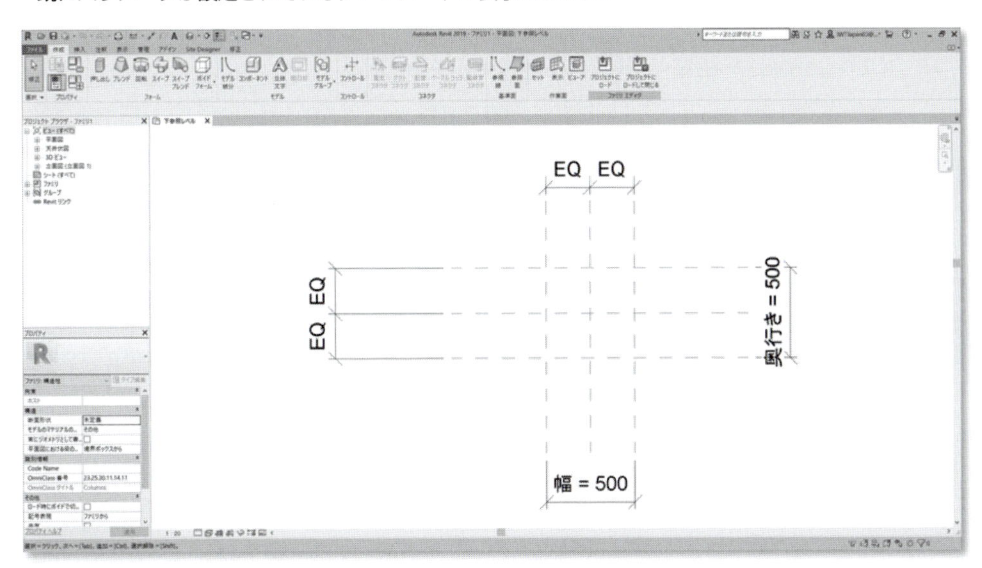

柱部-STEP4

［作成］タブ -［プロパティ］-［ファミリタイプ］をクリックします。

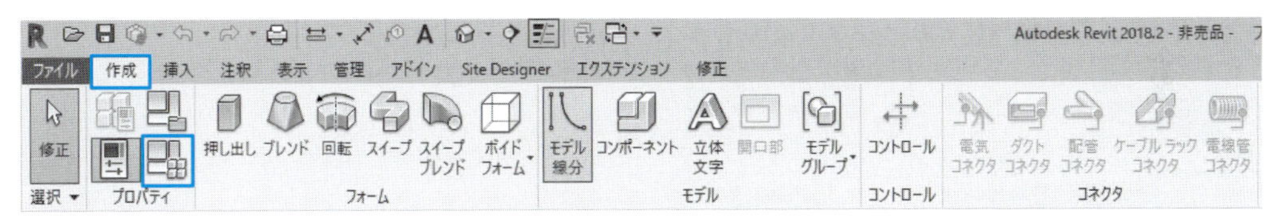

柱部-STEP5

［ファミリタイプ］ダイアログが開きます。下記のように［奥行］を［3000］と［幅］を［4500］に変更し、［OK］ボタンを押します。

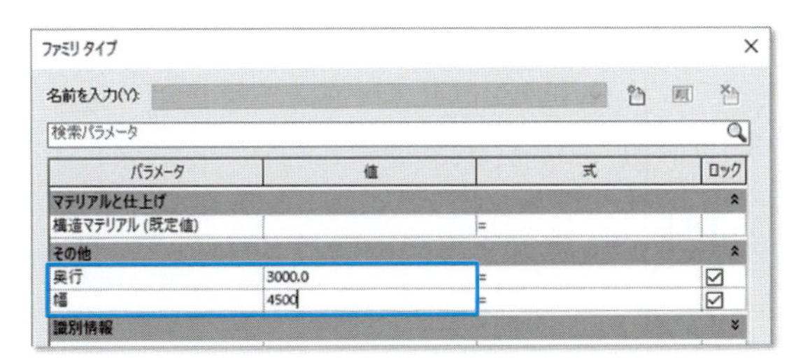

このようになります。

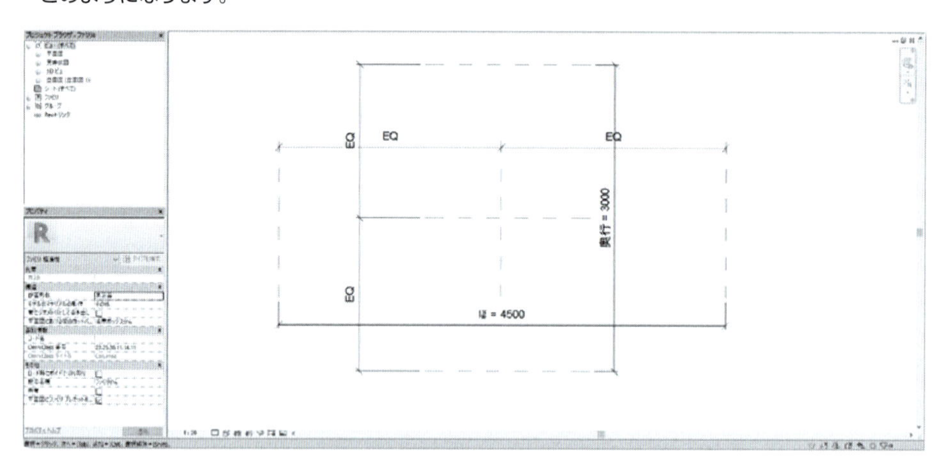

柱部-STEP6

押し出しツールで下部工（柱部）を作成します。［作成］-［フォーム］-［押し出し］をクリックします。

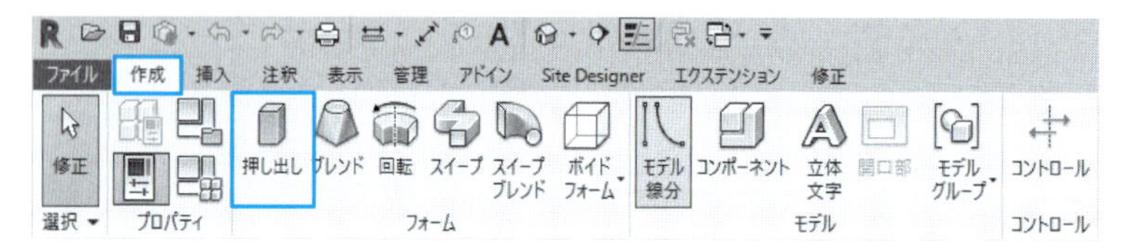

柱部-STEP7

［修正｜作成押し出し］タブ -［描画］パネル -［長方形］を選択します。オプションバーの［奥行］は［4000］に設定します（ファミリ配置時に柱の高さ5000に自動配置されます）。

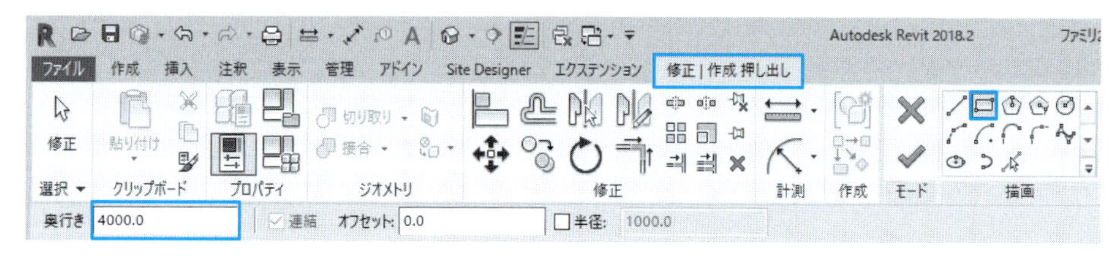

対角線上に❶→❷の順で、［参照面］の交点をクリックして長方形を作成します。鍵が表示されるので、クリックしてロックをかけます［❸］。

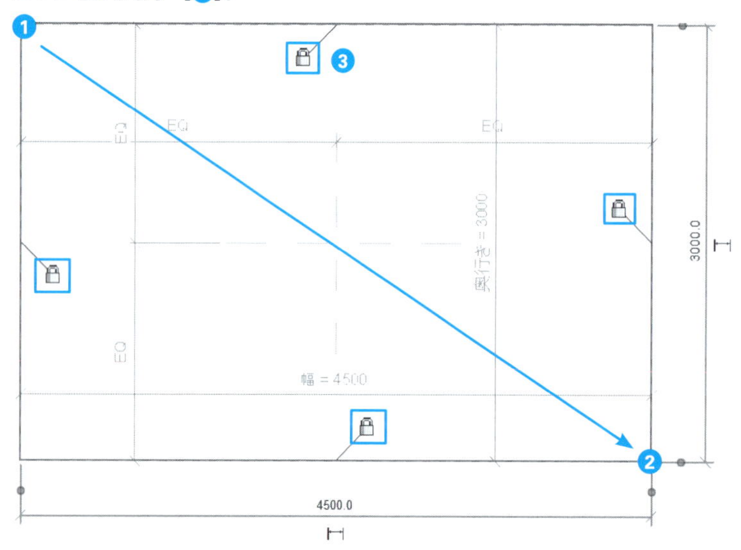

柱部-STEP8

［修正｜作成押し出し］タブ -［モード］-［編集モードを終了］をクリックします。最後に、Escキーを押してツールを終了します。

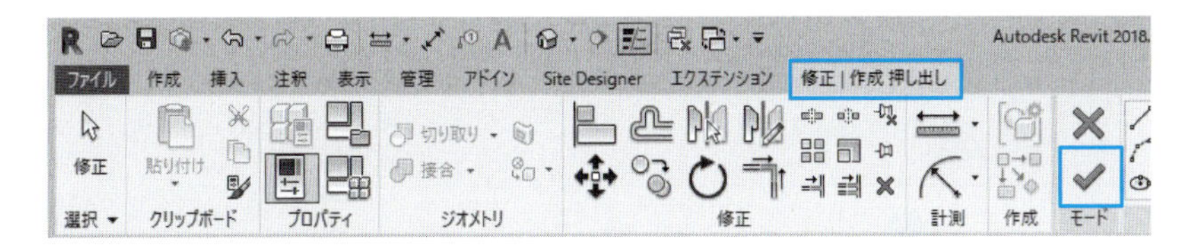

柱部-STEP9

ビューを立面に切り替えます。［プロジェクトブラウザ］-［立面図］-［正面］をダブルクリックします。

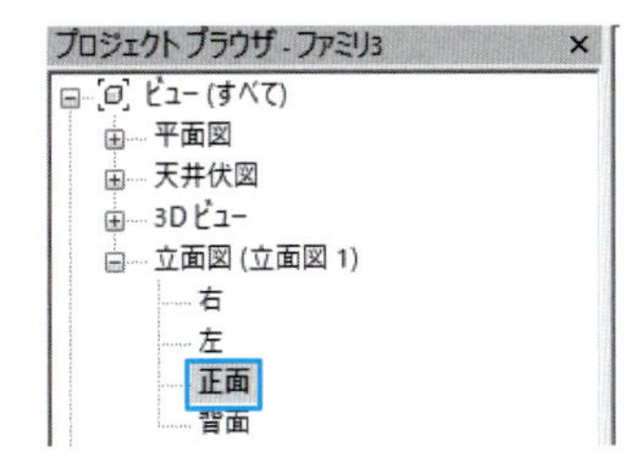

このように表示されます。

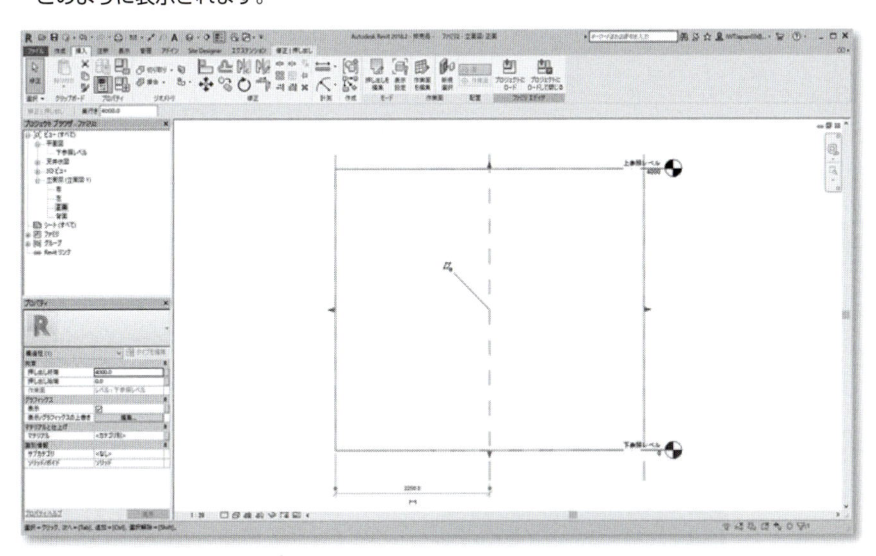

柱部-STEP10

参照レベルに位置を合わせます。［修正］タブ -［修正］-［位置合わせ］をクリックします。

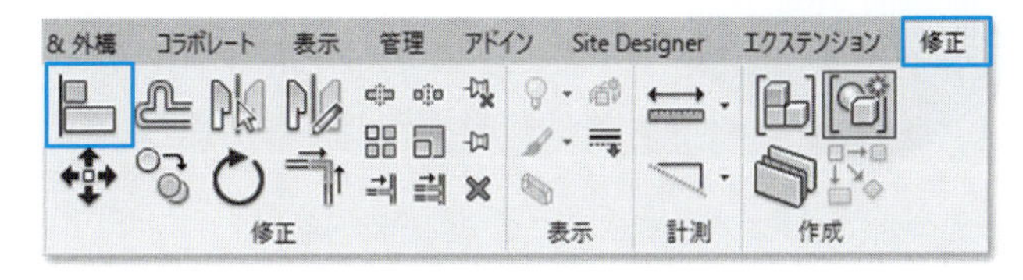

柱部-STEP11

上参照レベル［❶］→下部工（柱）上端［❷］の順にクリックします。鍵が表示されるので、クリックでロック［❸］します。下部工（柱）下端も同様の手順で位置合わせをします。位置合わせが完了したら、Escキーを2回押して終了します。

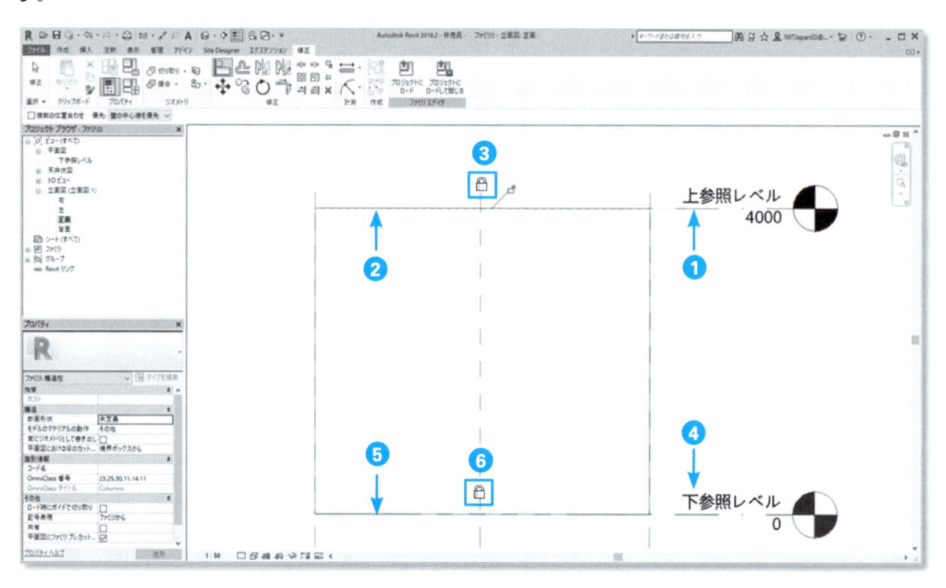

柱部-STEP12

形状を確認します。［クイックアクセスツールバー］-［既存の３Dビュー］をクリックします。ステータスバーの表示スタイルを［リアリスティック］に変更します。

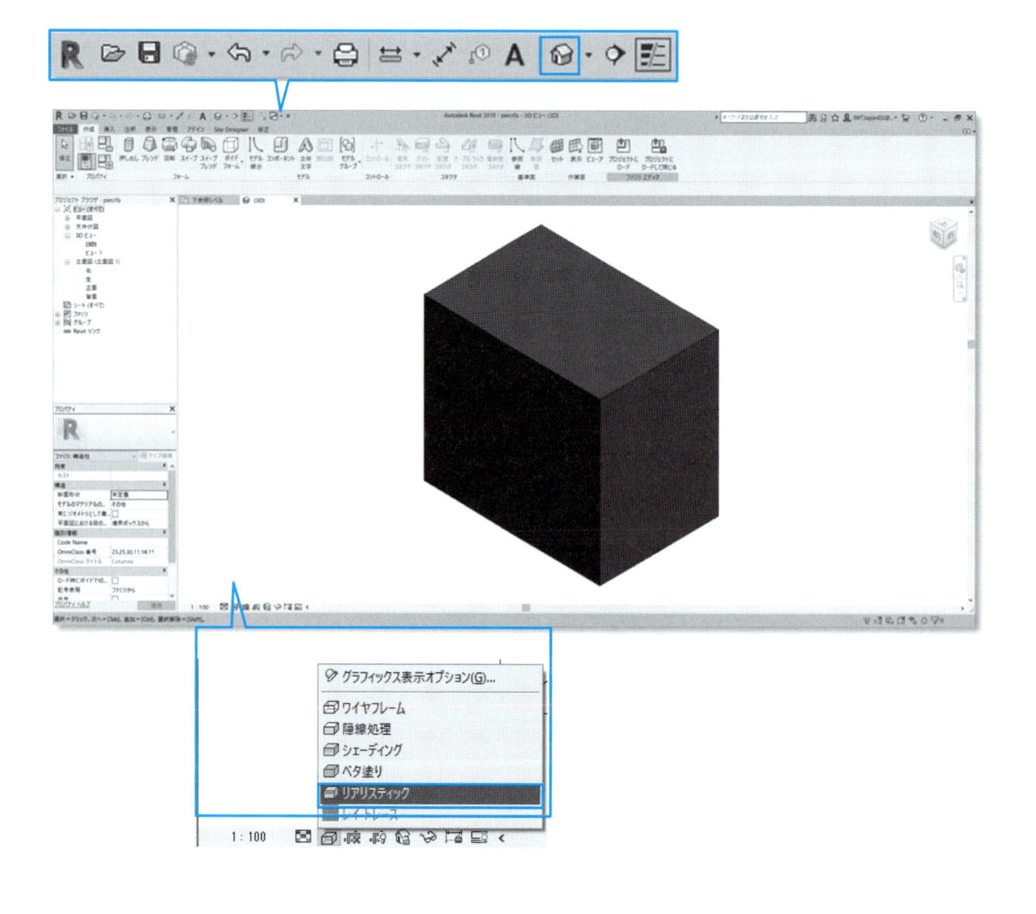

柱部-STEP13

　ファミリを保存します。［ファイル］タブ -［名前を付けて保存］-［ファミリ］をクリックします。ファミリファイル名を付けて、［保存］ボタンを押します。ここでは、Pier.rfaとしています。

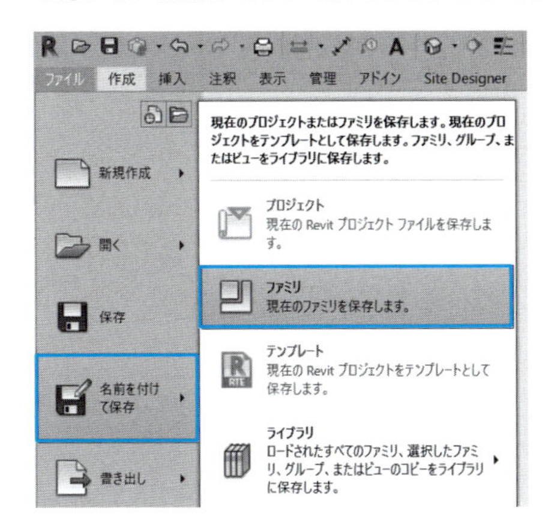

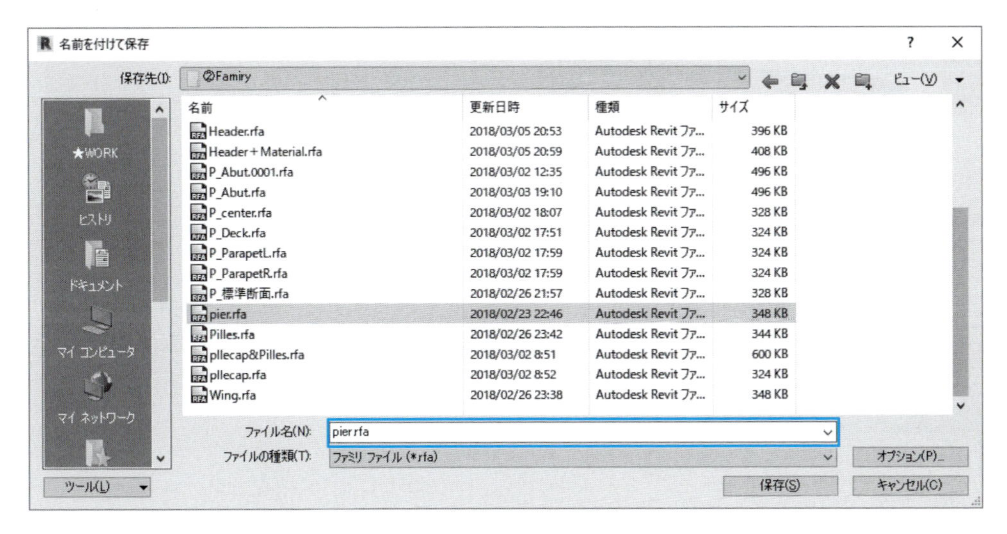

基礎

下記図面を参考に下部工（基礎）と杭を作成します。完成形は、青で示しています。完成形データは、［DataSet］-［2019］-［Family］フォルダのpilecap.rfaとpile.rfaです。

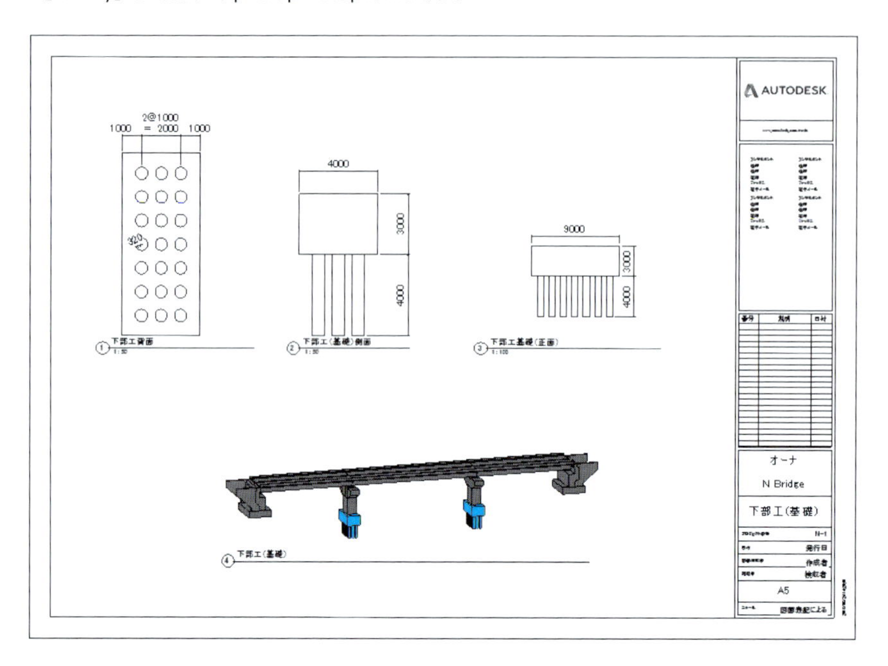

基礎-STEP1

アプリケーションメニューより［新規作成］-［ファミリ］を選択します。

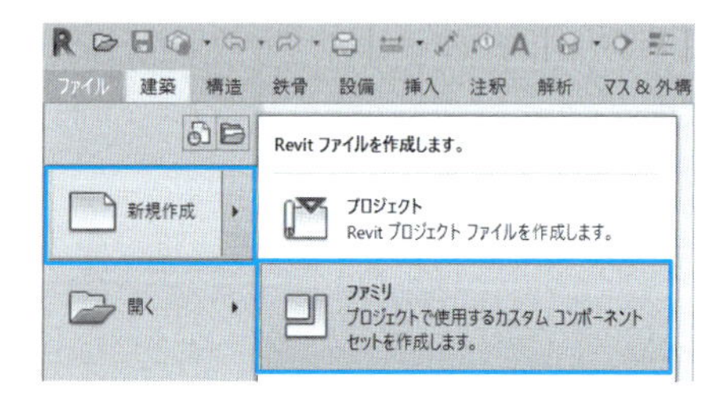

基礎-STEP 2

［新しいファミリ］ダイアログが開くので、［構造基礎（メートル単位）.rtf］を選択し、［開く］ボタンを押します。

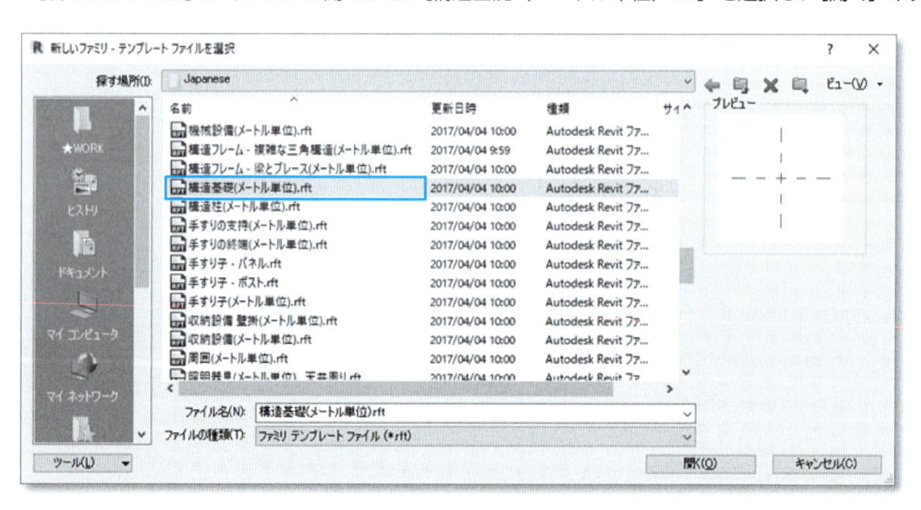

基礎-STEP3

ビューを切り替えます。［プロジェクトブラウザ］から［平面図］-［参照レベル］をダブルクリックします。

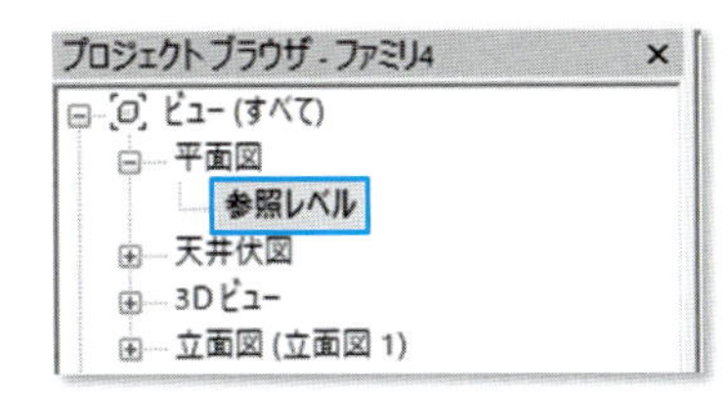

このようなテンプレートが開きます。

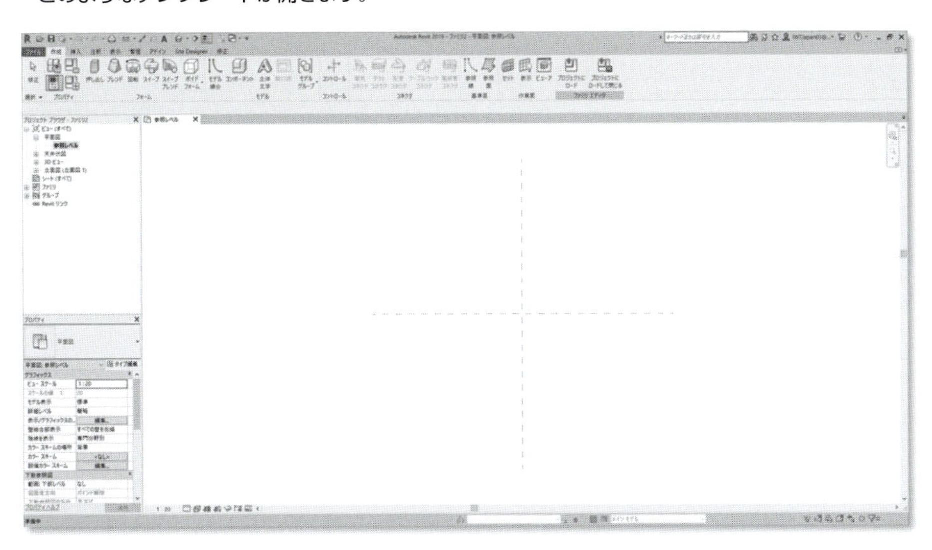

基礎-STEP4

［参照面］を設定します。［作成］タブ -［基準面］-［参照面］をクリックします。

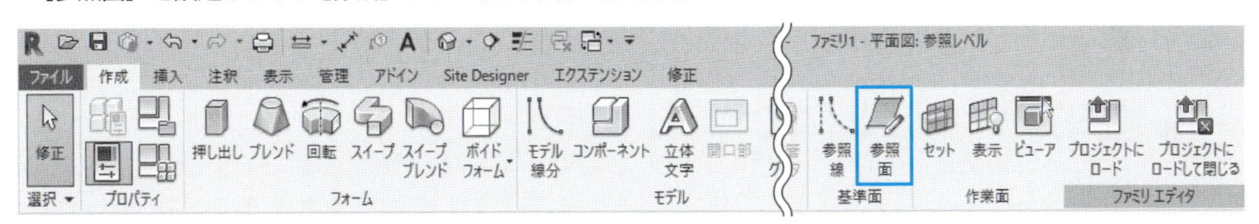

基礎-STEP5

［修正｜配置　参照面］タブ -［描画］-［選択］をクリックします。オプションバーの［オフセット］は［4500］に設定します。

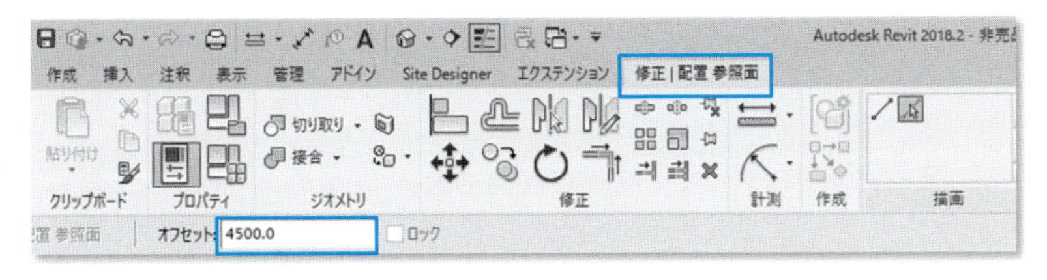

基礎-STEP6

［参照面：参照面：中心（左/右）：参照］の左側にカーソルを合わせて、青い破線が表示されたらクリックします。

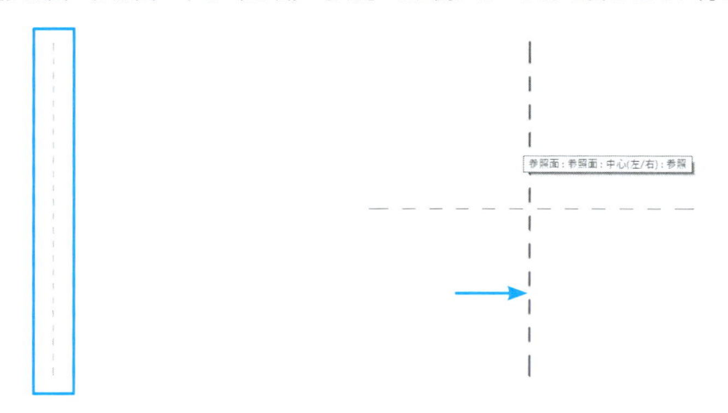

基礎-STEP7

STEP6の手順で、右側にも参照面を作成します。

基礎-STEP8

水平方向にも［参照面］を作成します。オプションバーの［オフセット］を［2000］に変更し、同様の手順で作成します。

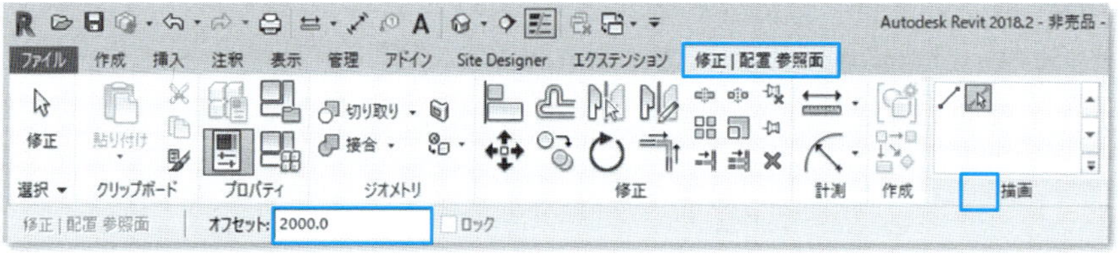

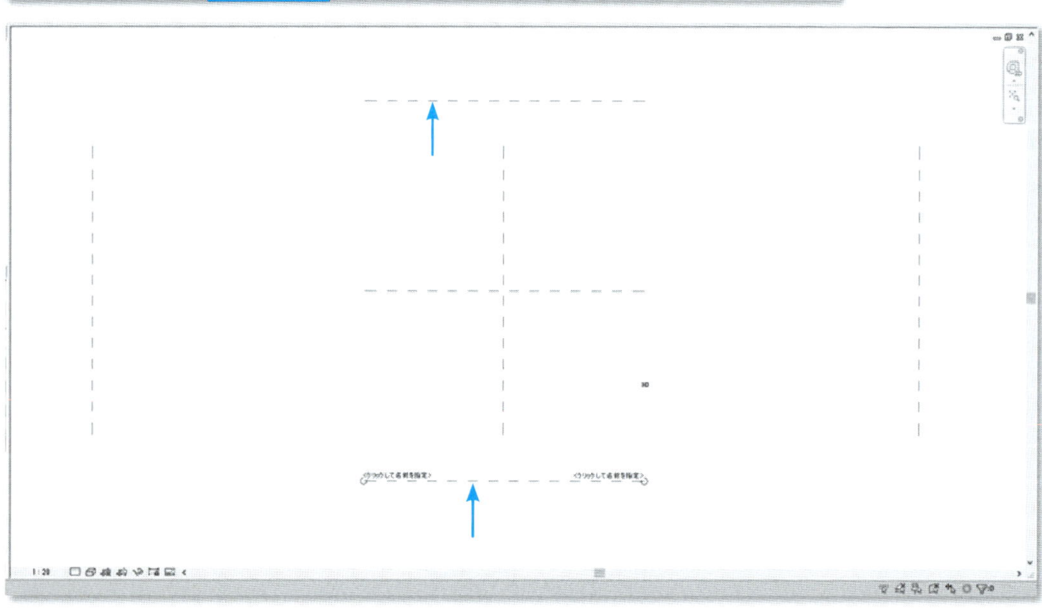

基礎-STEP9

次に寸法を作成します。

ステータスバーの［ビュースケール］を［1：100］に変更し、［注釈］タブ -［寸法］-［平行寸法］をクリックします。

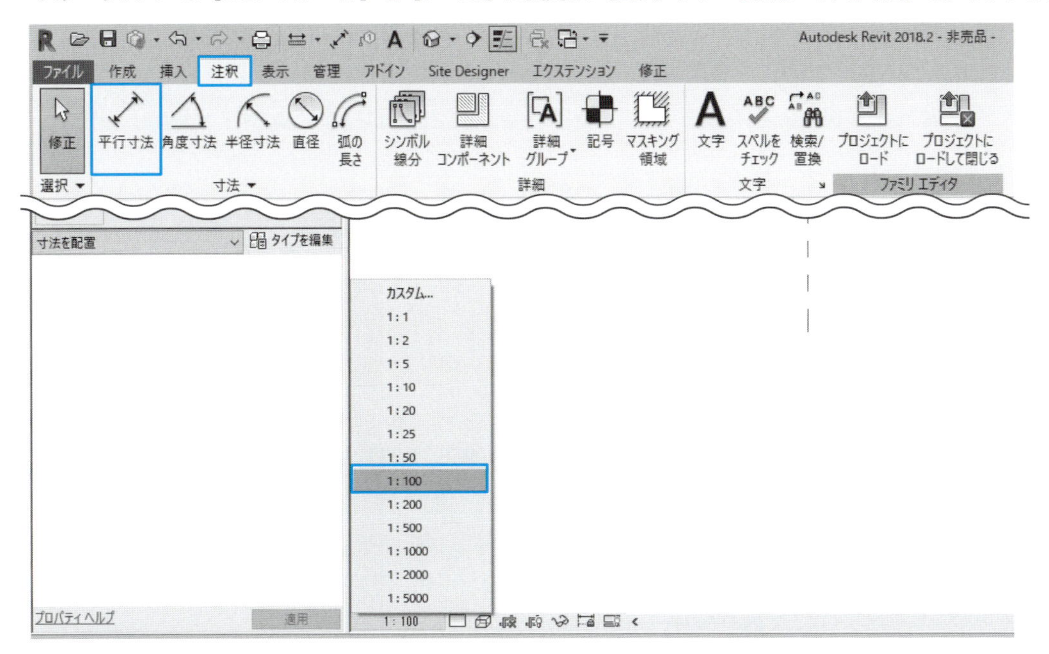

基礎-STEP10

❶→❷→❸の順にクリックし、❹で寸法線の表示位置をクリックします。

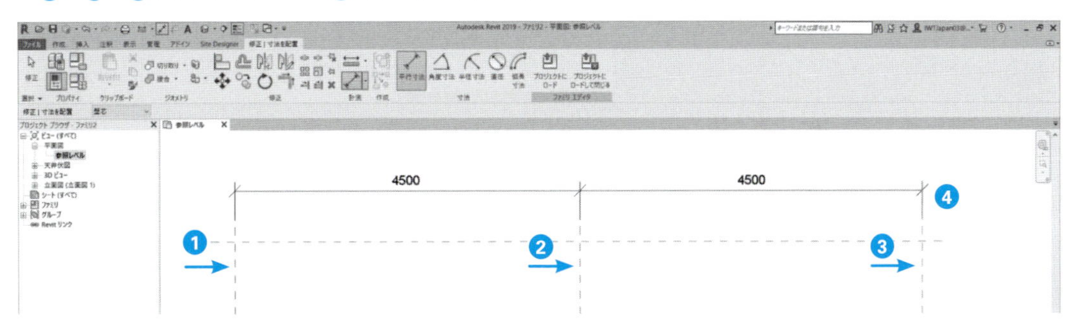

基礎-STEP11

寸法値の上に［ EQ ］が表示されているので、［ EQ ］をクリックし、［均等拘束］を設定します。

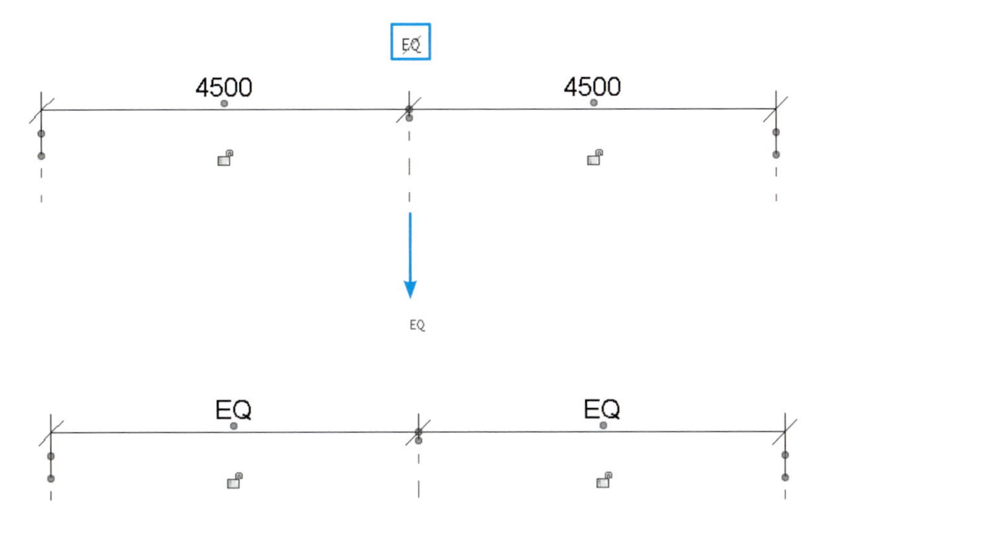

基礎-STEP12

全体の寸法を作成します。❶→❷の順にクリックし、❸で寸法線の表示位置をクリックします。Escキーを押して終了します。

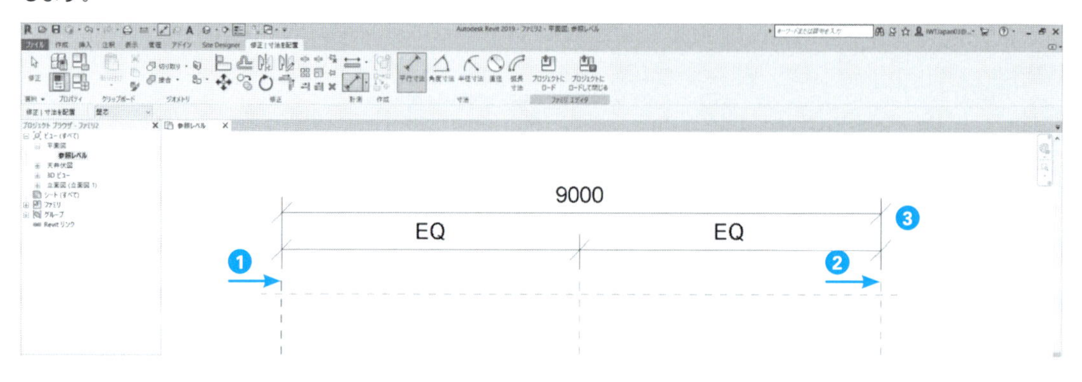

基礎-STEP13

パラメータを設定します。寸法値［9000］をクリック❶します。［修正｜寸法］タブ -［寸法にラベルを付ける］-［ラベル］をクリックし、［幅］をクリック❷します。

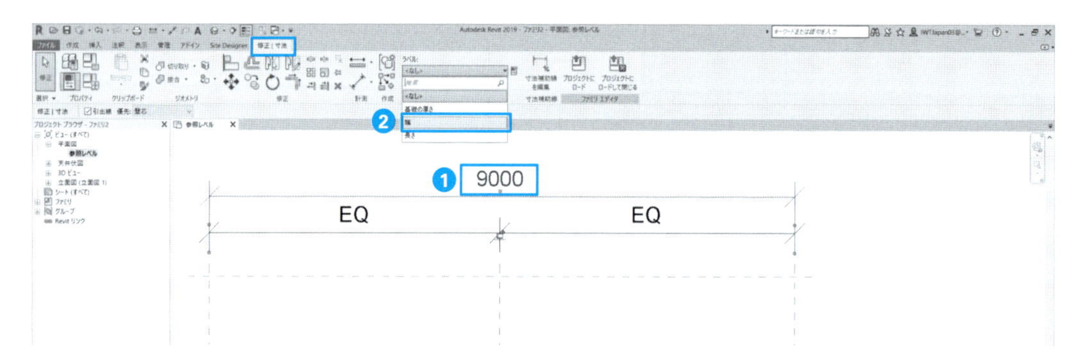

このようにパラメータが設定されます。

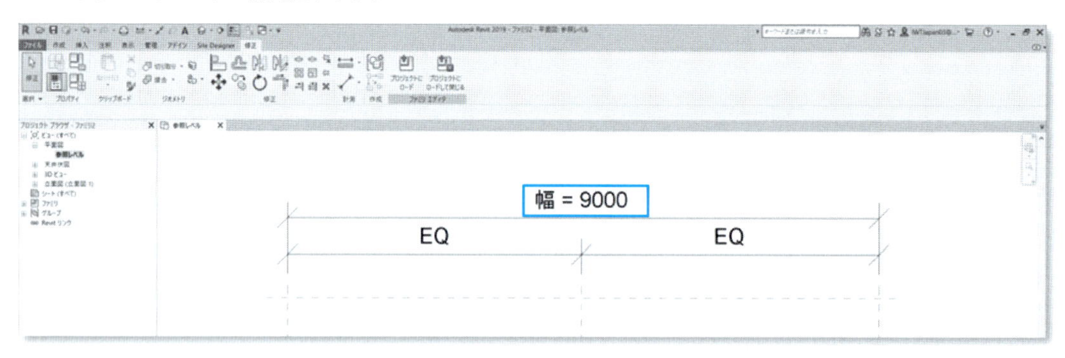

基礎-STEP14

同様に垂直方向にも寸法を作成するので、［注釈］タブ -［寸法］-［平行寸法］をクリックします。

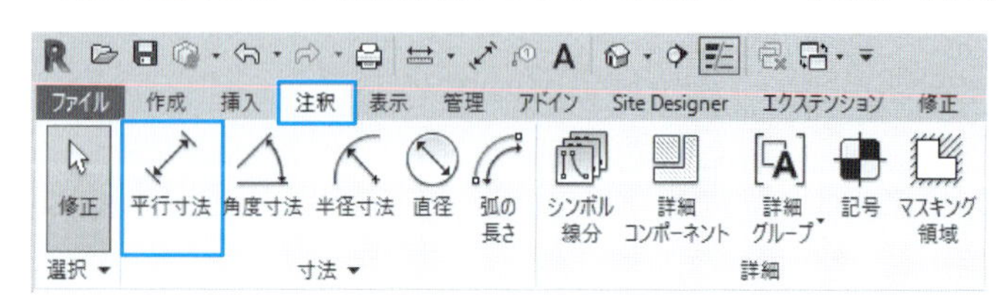

基礎-STEP15

❶→❷→❸の順にクリックし、❹で寸法線の表示位置をクリックします。寸法値の上に［EQ］が表示されるので、［EQ］をクリックし、［均等拘束］を設定します。

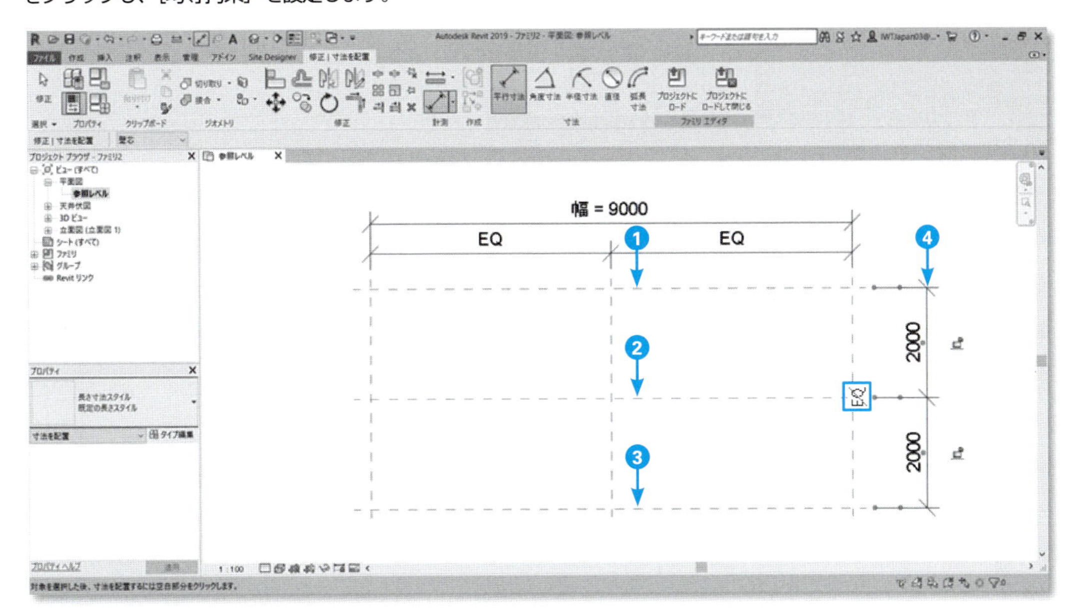

基礎-STEP16

寸法はこのように表示されます。

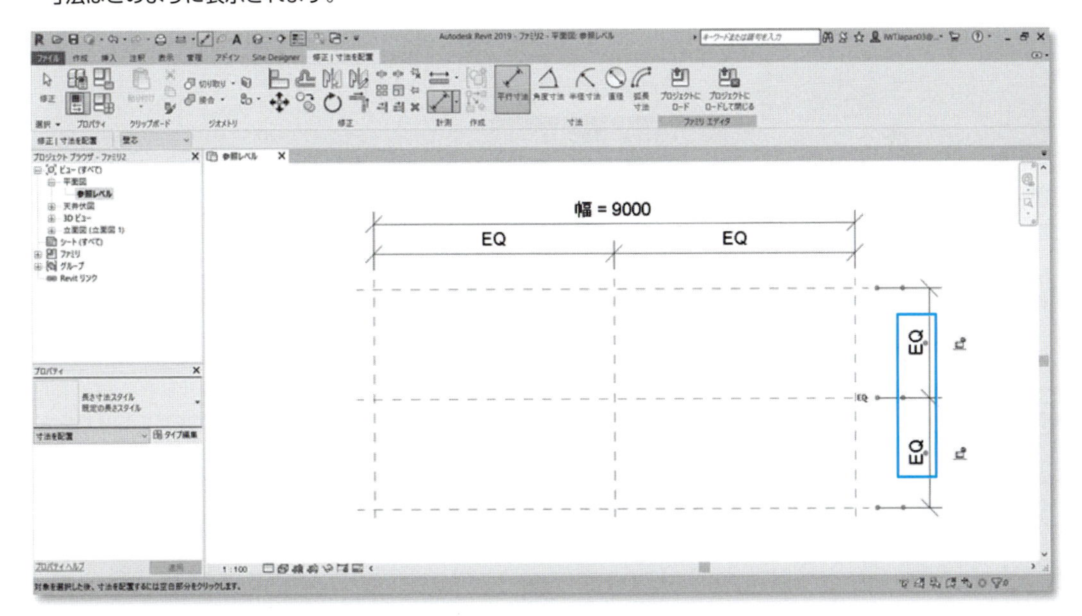

基礎-STEP17

全体の寸法を作成します。❶→❷の順にクリックし、❸で寸法線の表示位置をクリックします。

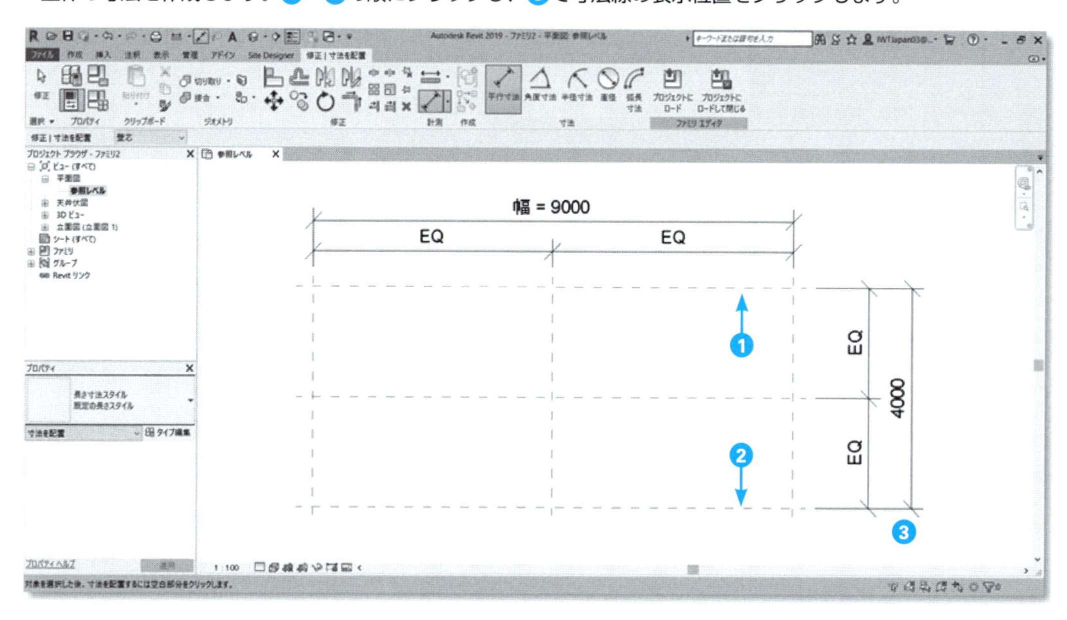

基礎-STEP18

パラメータを設定します。寸法値［4000］をクリック❶します。［修正｜寸法］タブ -［寸法にラベルを付ける］-［ラベル］をクリックし、［長さ］をクリック❷します。

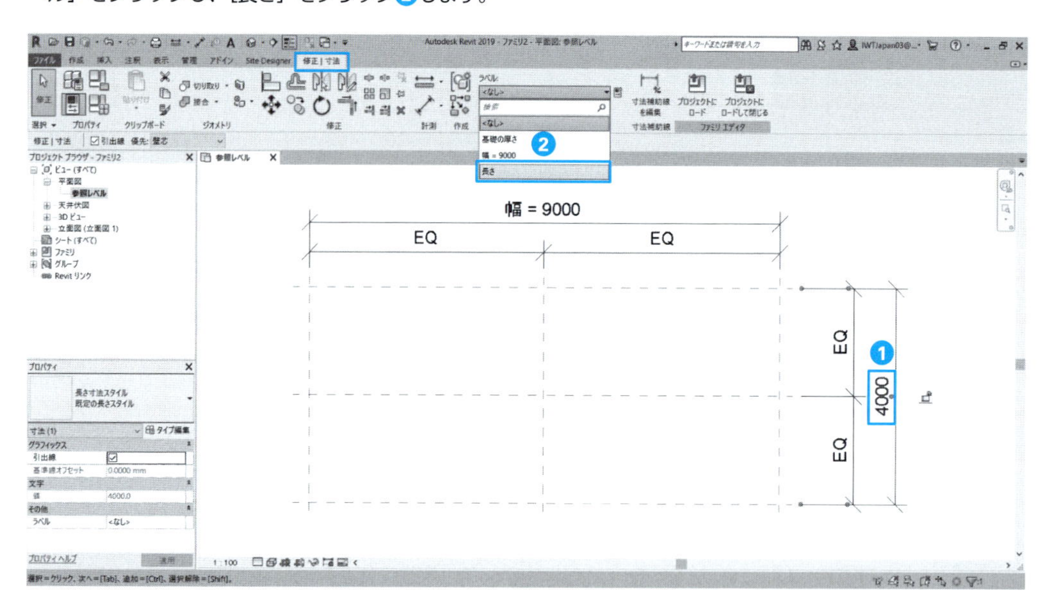

基礎-STEP19

このようにパラメータが設定されます。

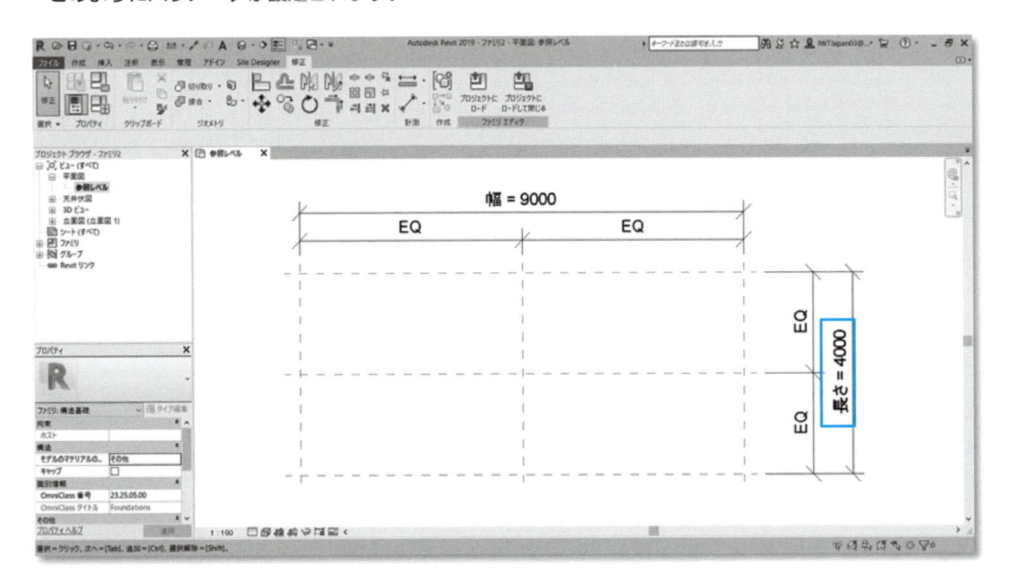

基礎-STEP20

［押し出し］で基礎を作成します。［作成］タブ -［フォーム］-［押し出し］をクリックします。

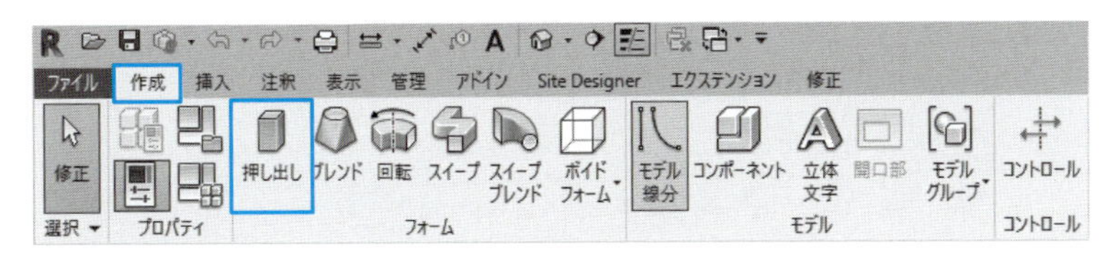

基礎-STEP21

［修正 | 押し出し］タブ -［描画］-［長方形］をクリックします。オプションバーは、［奥行］を［-3000］に設定します。

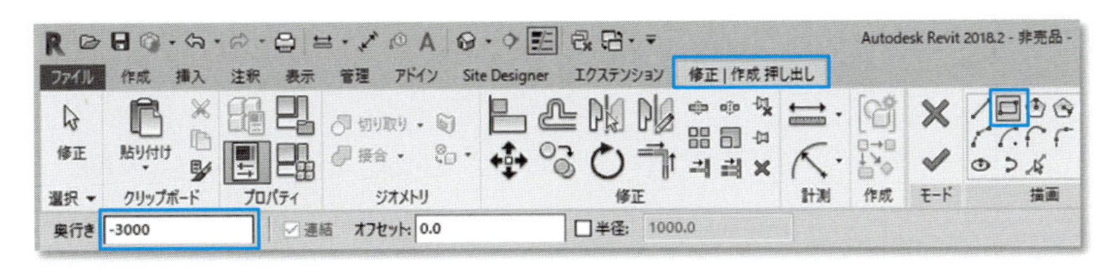

基礎-STEP22

対角線上に❶→❷の順で［参照面］の交点をクリックして、長方形を作成します。鍵が表示されるので、クリックしてロックをかけます。

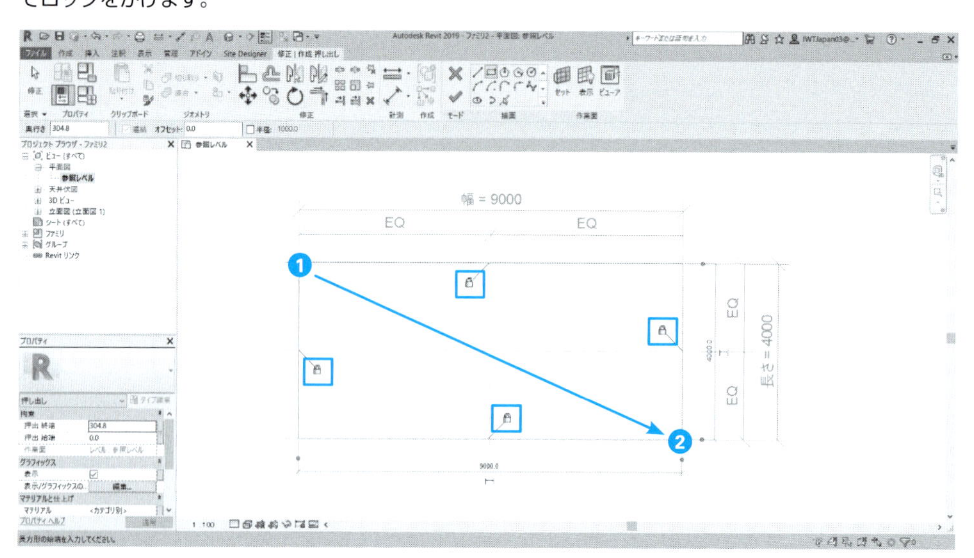

基礎-STEP23

［修正｜作成押し出し］タブ -［モード］-［編集モードを終了］をクリックします。Escキーをクリックします。

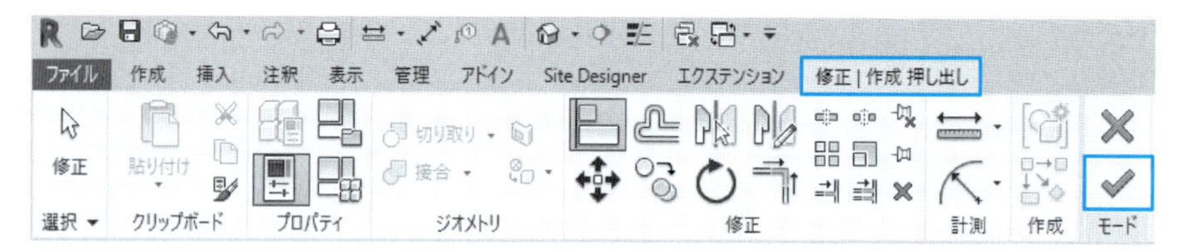

基礎-STEP24

ビューを立面に切り替えます。［プロジェクトブラウザ］-［立面図］-［正面］をダブルクリックします。

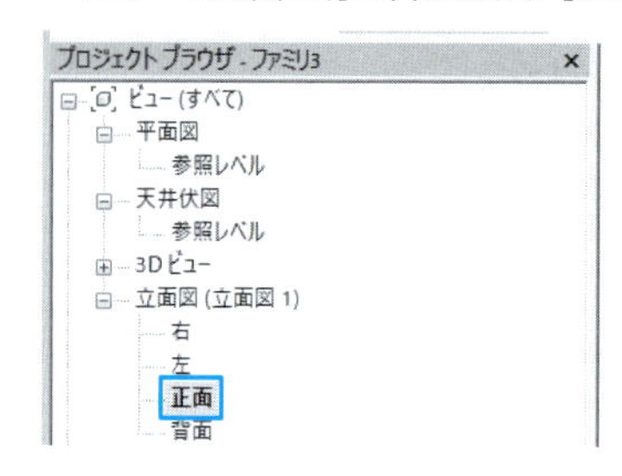

拡大して下記のように表示します。

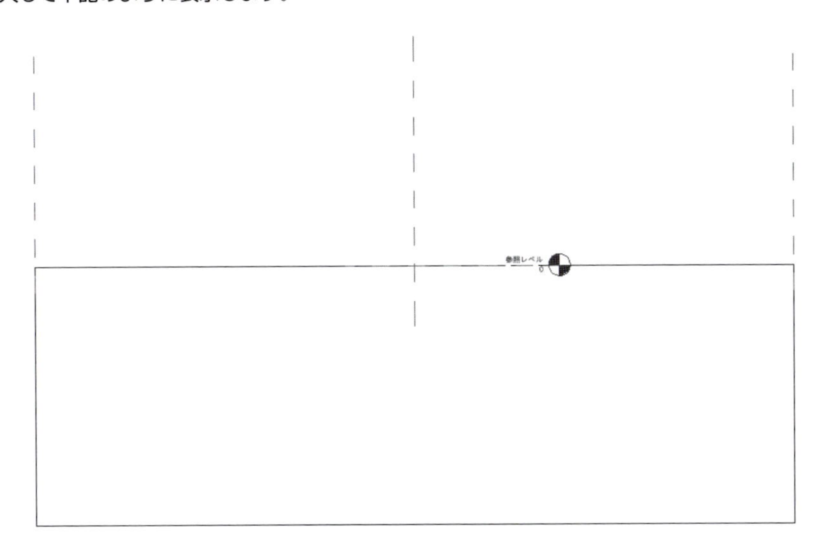

基礎-STEP25

参照レベルに位置を合わせます。[修正] タブ - [修正] - [位置合わせ] をクリックします。

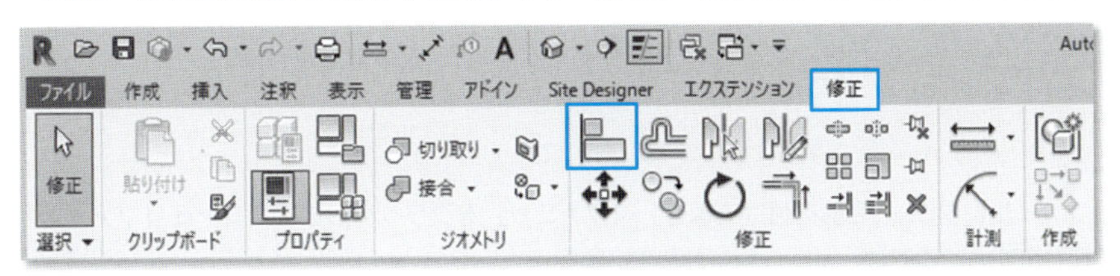

基礎-STEP26

参照照レベル [1] →基礎上端 [2] の順にクリックします。鍵が表示されるので、クリックでロック [3] します。

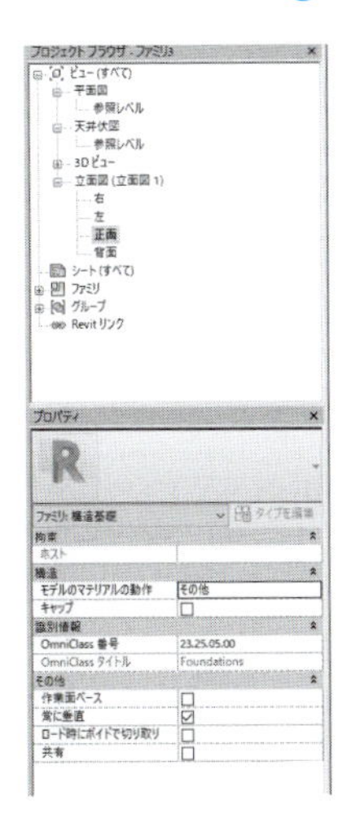

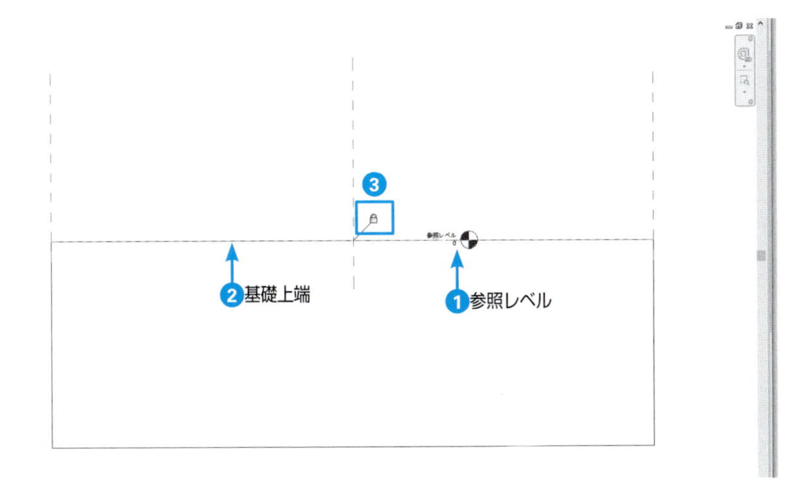

基礎-STEP27

形状を確認します。[クイックアクセスツールバー] - [既存の３Dビュー] をクリックします。ステータスバーの表示スタイルを［リアリスティック］に変更します。

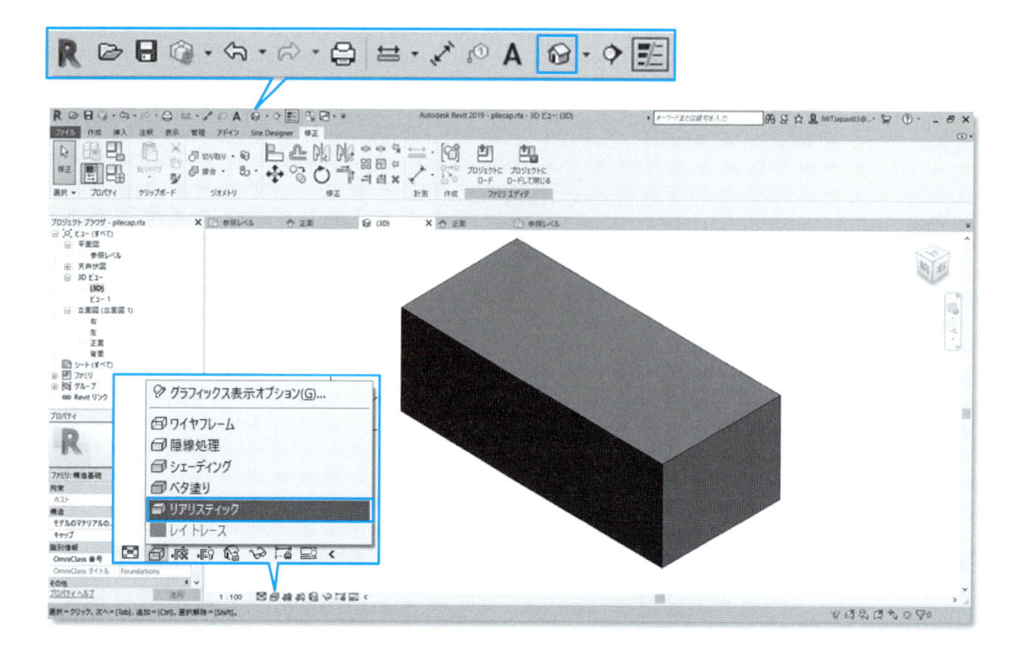

基礎-STEP28

ファミリを保存します。[ファイル] タブ - [名前を付けて保存] - [ファミリ] をクリックします。ファミリファイル名を付けて、[保存] ボタンを押します。ここでは、pilecap.rfaとしています。

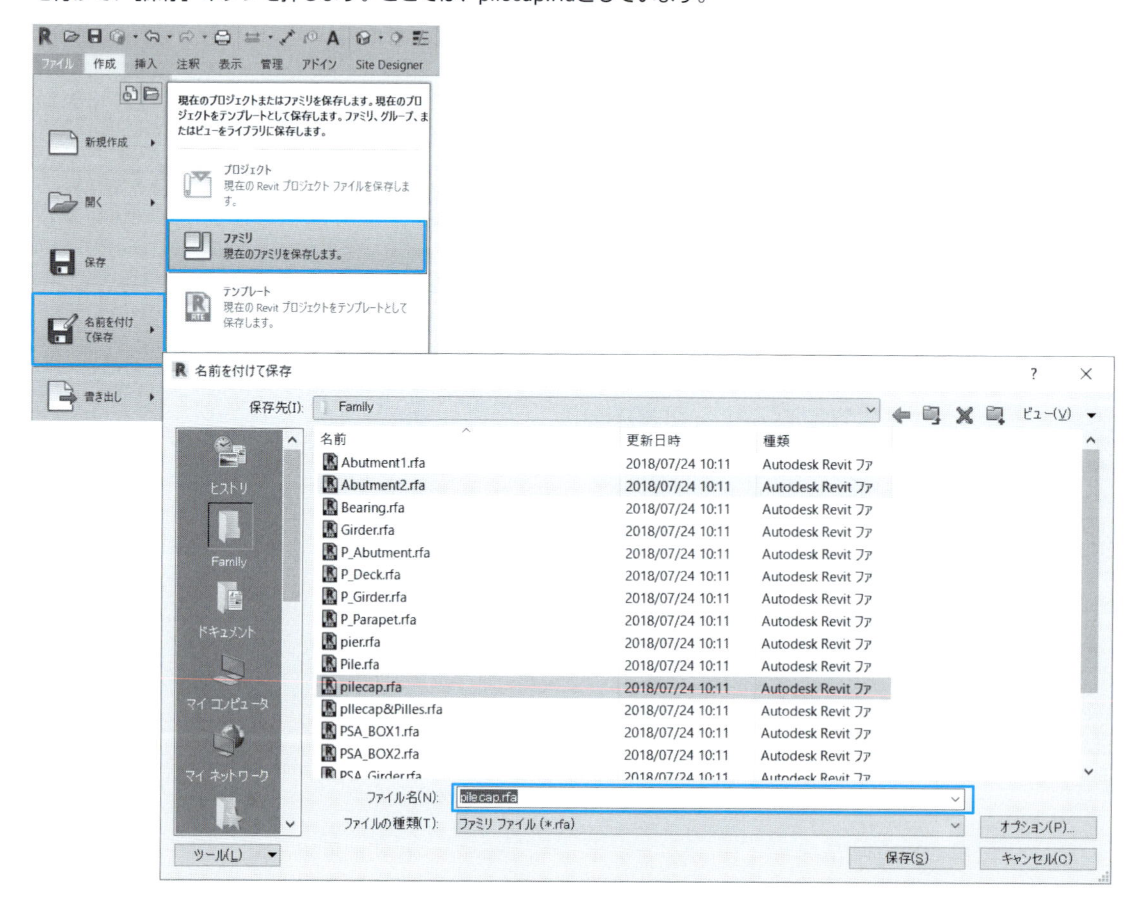

杭

直径640、長さ4000の杭を作成します。

完成形データは、[DataSet] - [2019] - [Family] フォルダのPile.rfaです。

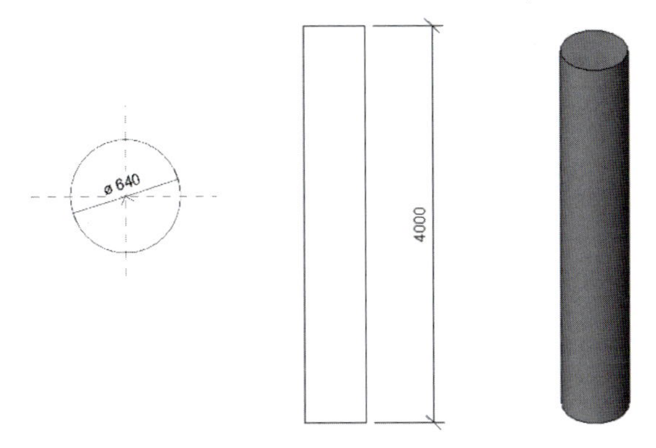

杭-STEP1

アプリケーションメニューより [新規作成] - [ファミリ] を選択します。

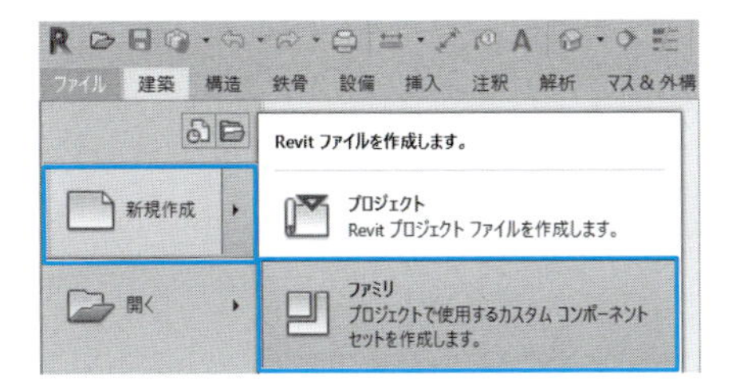

杭-STEP 2

[新しいファミリ] ダイアログが開くので、[構造基礎（メートル単位）.rtf] を選択し、[開く] ボタンを押します。

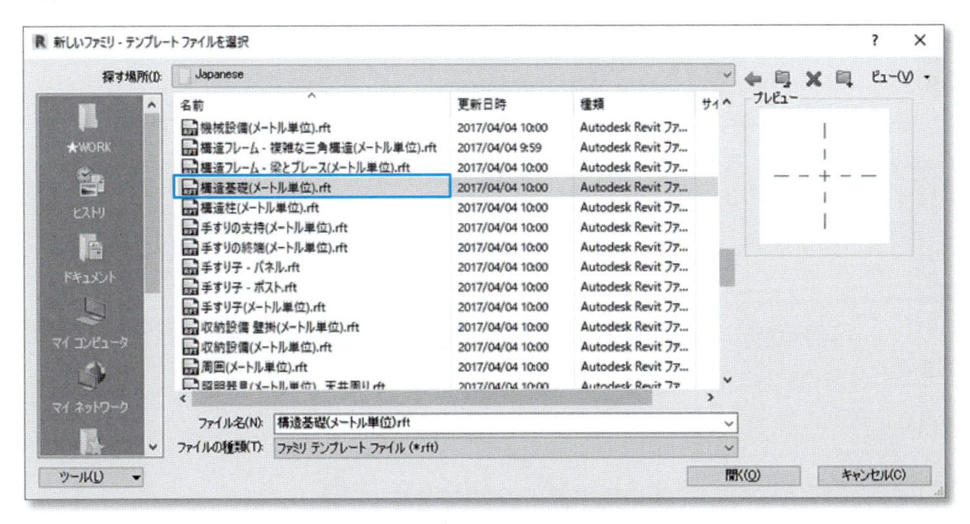

杭-STEP3

ビューを切り替えます。[プロジェクトブラウザ] より [平面図] - [参照レベル] をダブルクリックします。

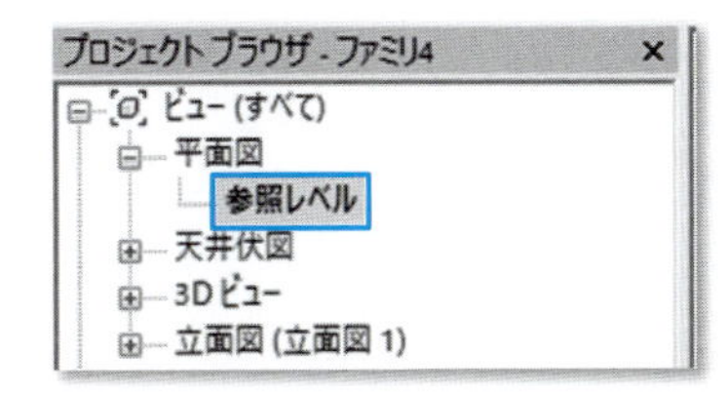

このように表示されます。

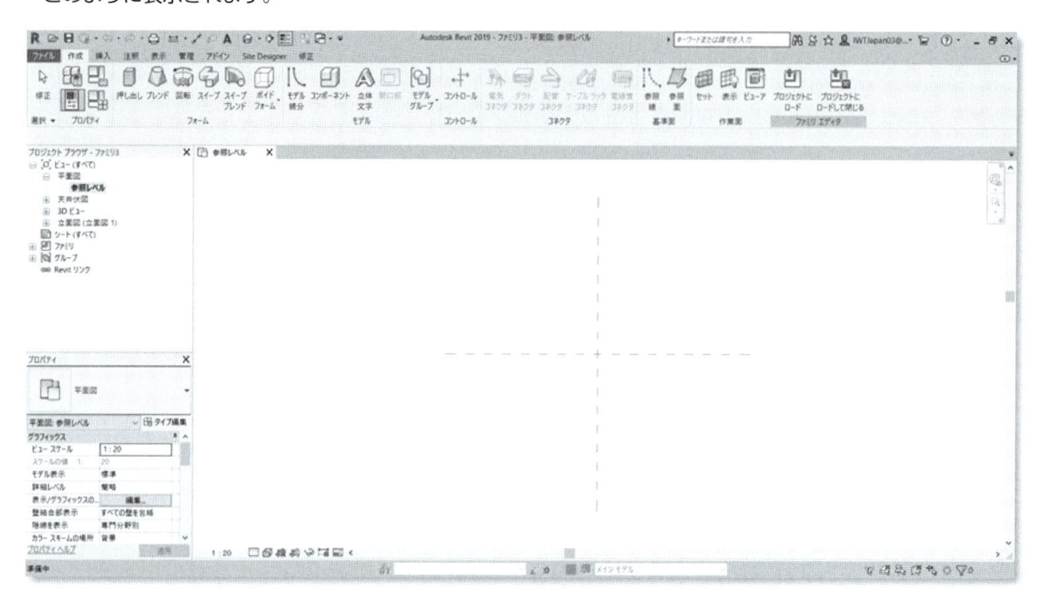

杭-STEP4

押し出しツールで杭を作成します。［作成］-［フォーム］-［押し出し］をクリックします。

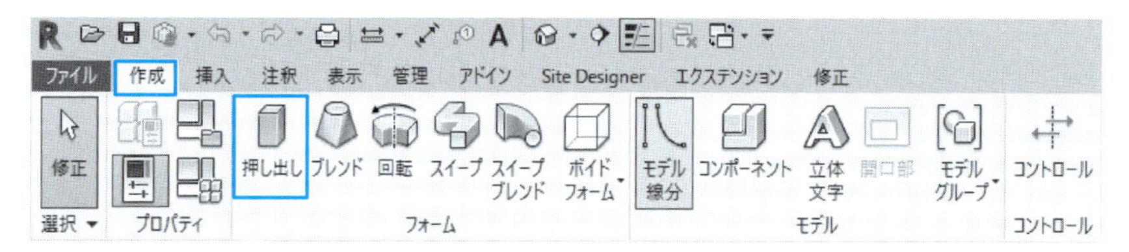

杭-STEP5

［修正｜作成押し出し］タブ -［描画］パネル -［円］を選択します。オプションバーの［奥行き］を［-4000］に設定します。

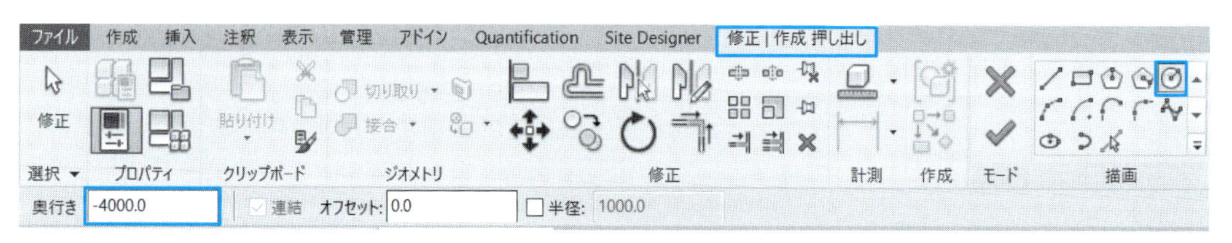

参照面の交点をクリックして円を作成します。半径をクリックすると数値入力できるようになるので、［320］と入力してEnterキーを押します。

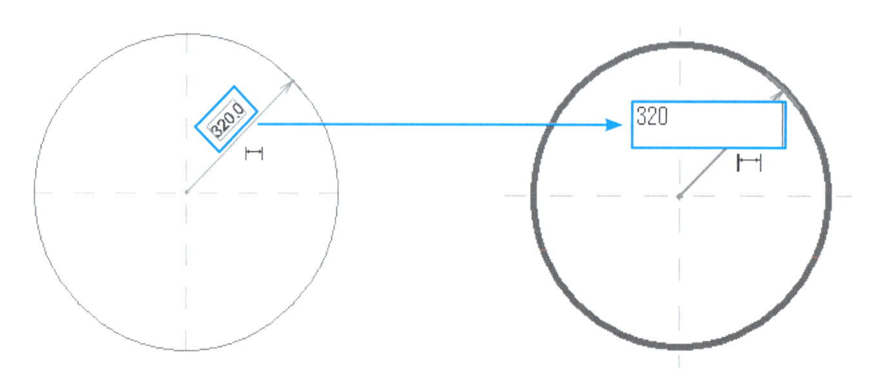

杭-STEP6

［修正｜作成押し出し］タブ -［モード］-［編集モードを終了］をクリックします。最後に、Escキーを押してツールを終了します。

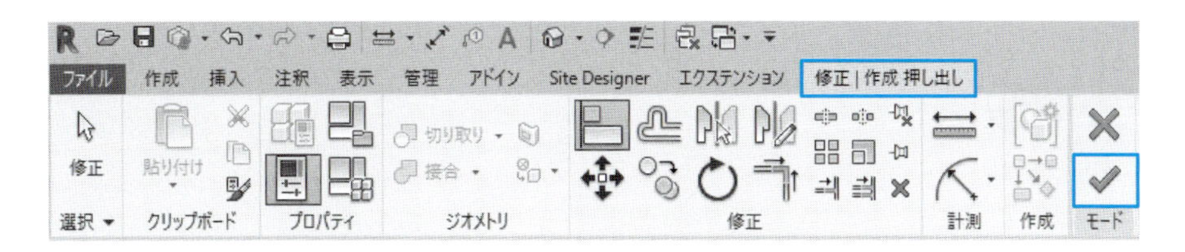

杭-STEP7

ビューを立面に切り替えて、形状を確認します。［プロジェクトブラウザ］から［立面図］-［正面］をダブルクリックします。

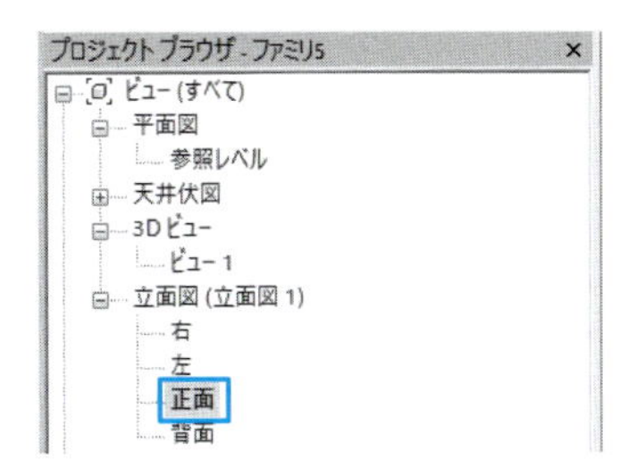

ビューを変更すると、奥行を［ - 4000］で設定しているので、下方に押し出しが作成されていることが確認できます。

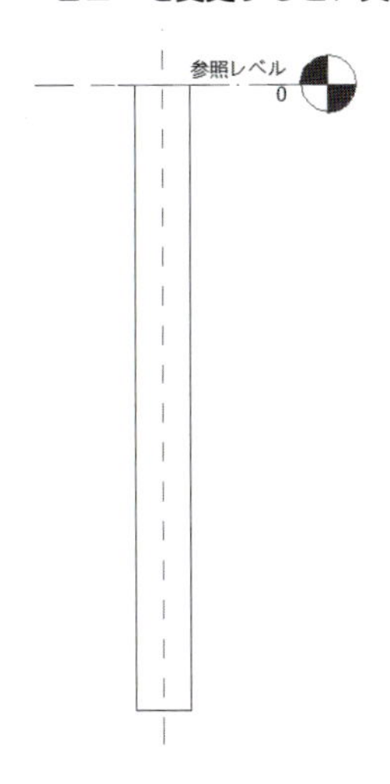

杭-STEP8

参照レベルに位置を合わせます。［修正］タブ -［修正］-［位置合わせ］をクリックします。

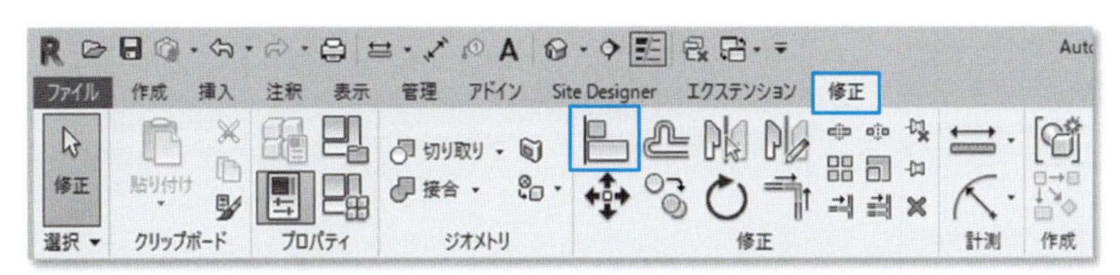

杭-STEP9

参照レベル［❶］→杭上端［❷］の順にクリックします。鍵が表示されるので、クリックでロック［❸］し、Escキーでツールを終了します。

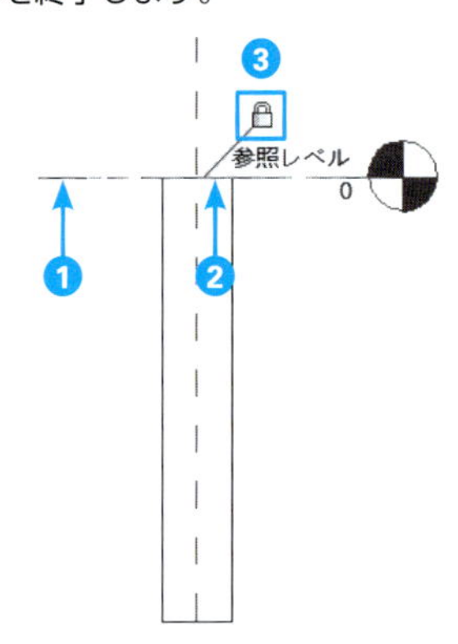

杭-STEP10

次の［下部工（基礎）＋杭］で杭のファミリを下部工（基礎）ファミリにネストするので、パラメータを共有します。共有することで、ホスト ファミリから個別にネストされたファミリを集計できるようになります。［作成］タブ -［プロパティ］-［ファミリカテゴリとパラメータ］をクリックします。［ファミリカテゴリとパラメータ］ダイアログが開くので、［ファミリパラメータ］の［共有］にチェックを入れ、［OK］ボタンを押します。

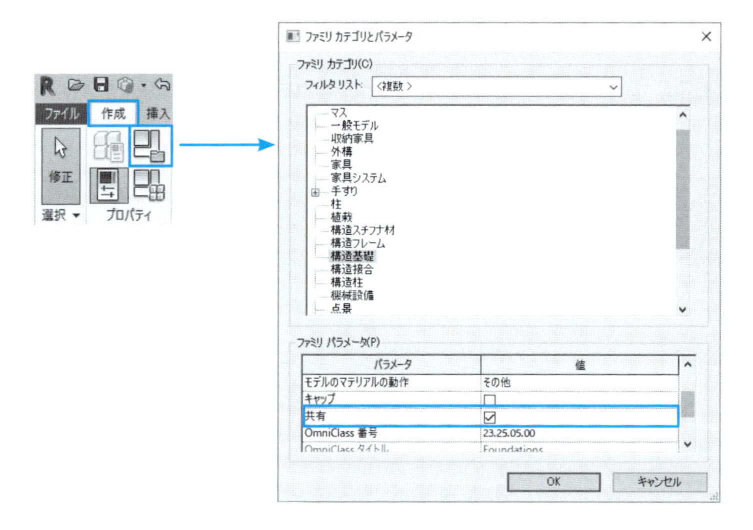

杭-STEP11

［クイックアクセスツールバー］-［既存の３Ｄビュー］をクリックし、［表示スタイル］をクリックし、［リアリスティック］に変更して形状を確認します。［ファイル］タブ -［名前を付けて保存］-［ファミリ］をクリックします。ファミリファイル名を付けて、［保存］ボタンを押します。ここでは、Pile.rfaとしています。

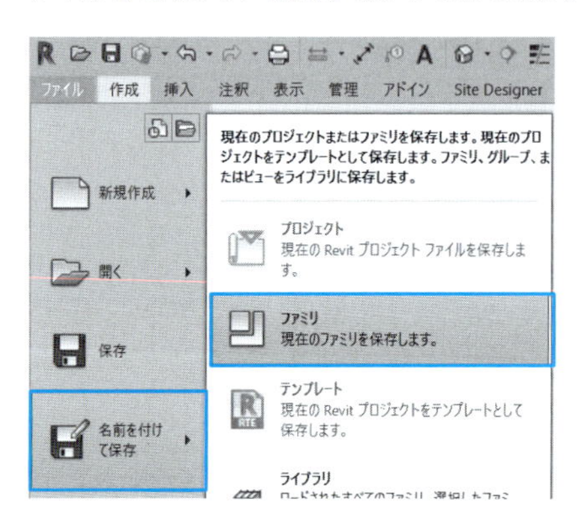

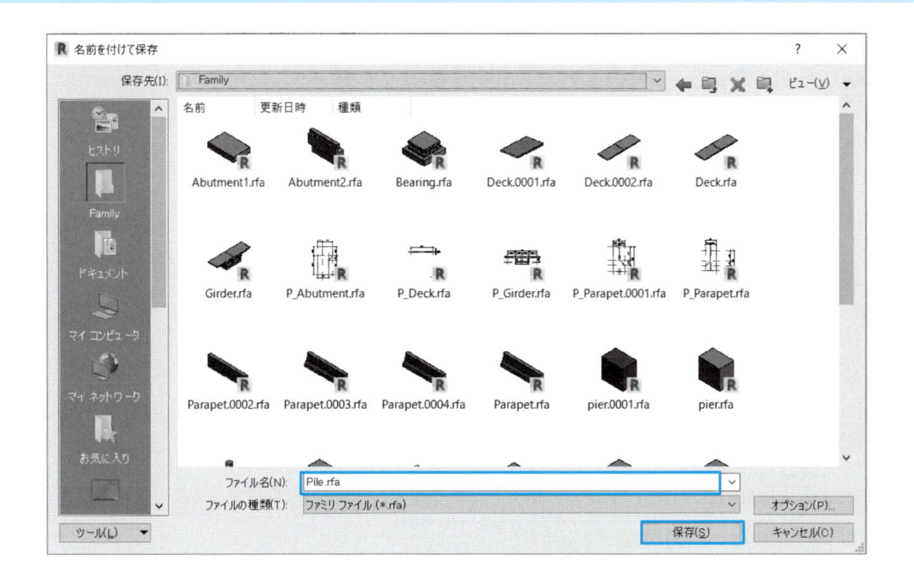

下部工（基礎）+杭

ここでは、下部工（基礎）ファミリに杭をネストする手順を説明します。完成すると、下記図面の青で示したようになります。完成形データは、[DataSet] - [2019] - [Family] フォルダのpilecap&pile.rfaです。

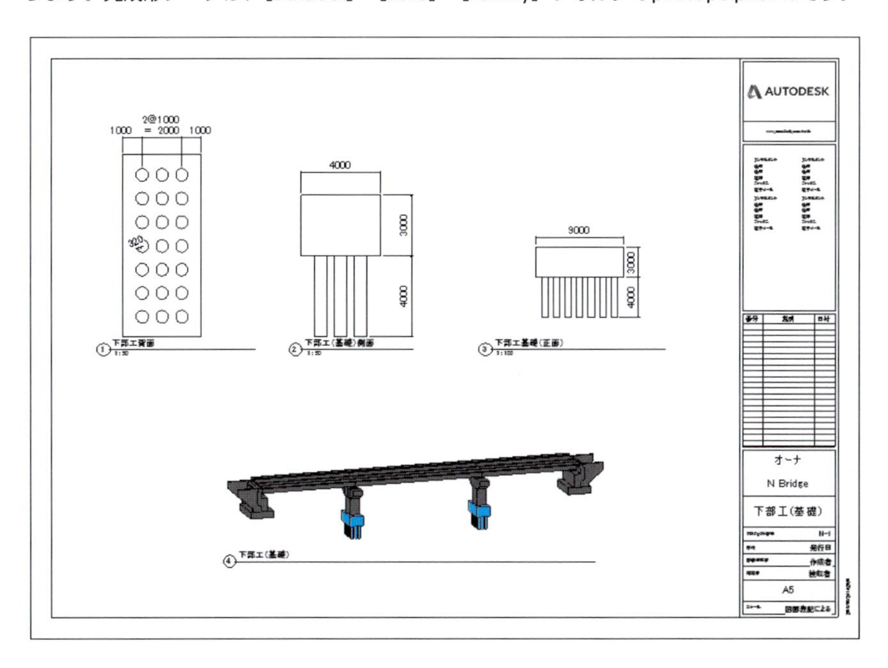

下部工（基礎）+杭-STEP 1

下部工（基礎）ファミリファイルを開きます。[ファイル] タブ - [開く] - [ファミリ] をクリックします。

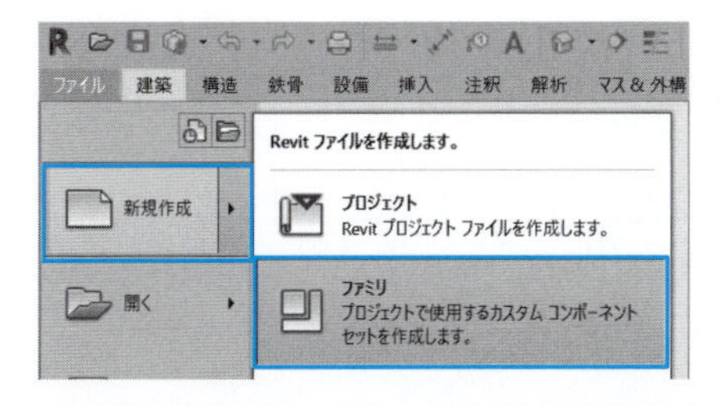

下部工（基礎）＋杭-STEP2

［DataSet］-［2019］-［Family］フォルダのpilecap.rfaを選択して、［開く］ボタンを押します。

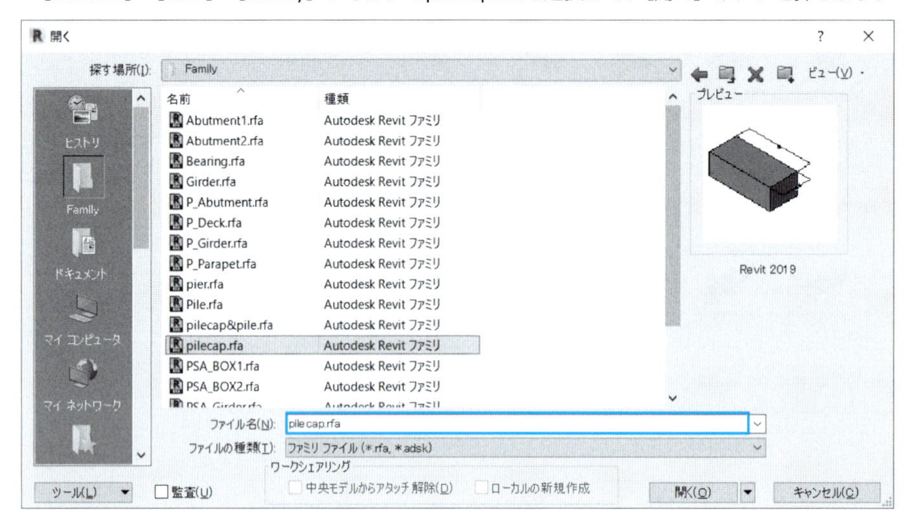

下部工（基礎）＋杭-STEP3

［プロジェクトブラウザ］-［平面図］-［参照レベル］をダブルクリックします。

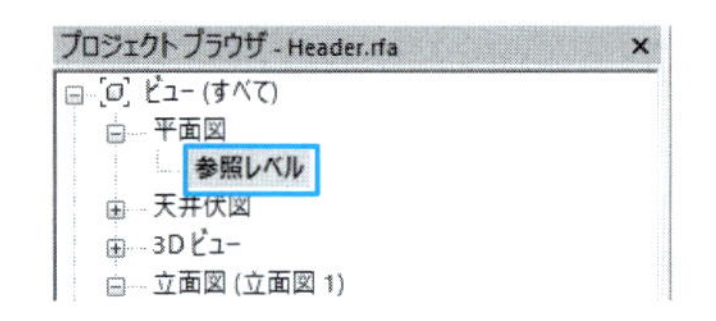

下部工（基礎）＋杭-STEP4

杭のファミリをロードします。［挿入］タブ-［ライブラリからロード］-［ファミリをロード］をクリックします。

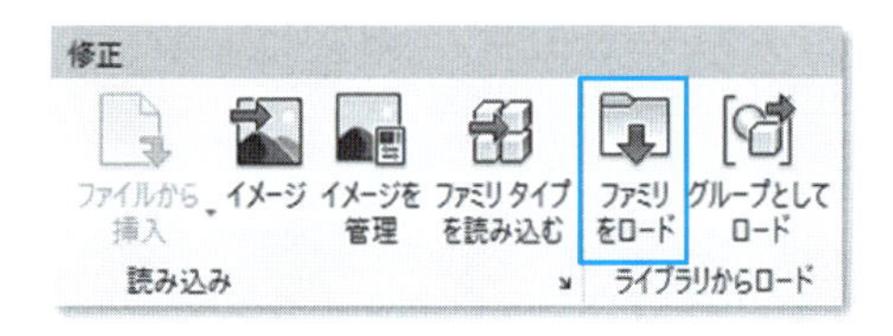

下部工（基礎）＋杭-STEP5

杭のファミリからpile.rfaを指定して、［開く］ボタンを押します。

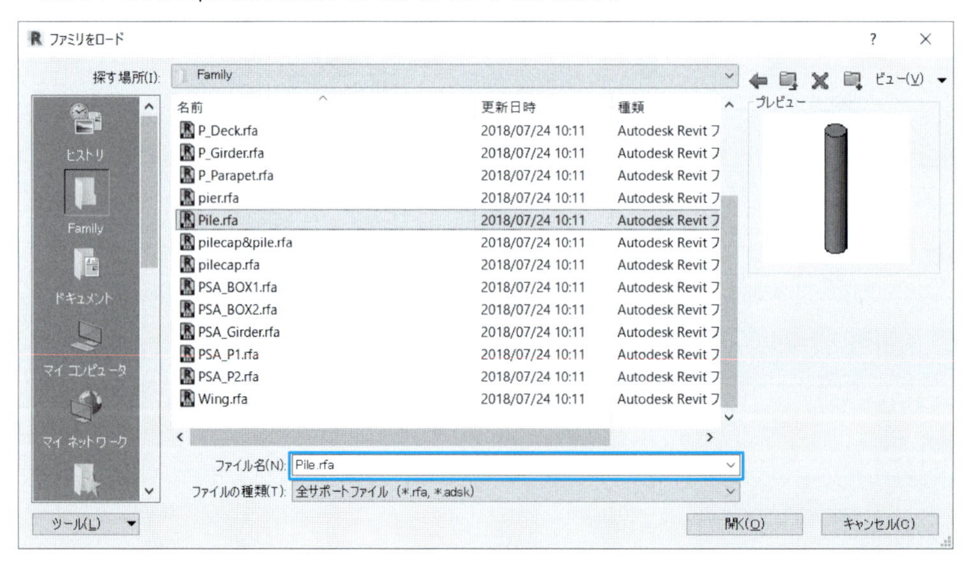

下部工（基礎）＋杭-STEP6

［作成］タブ -［モデル］-［コンポーネント］をクリックします。

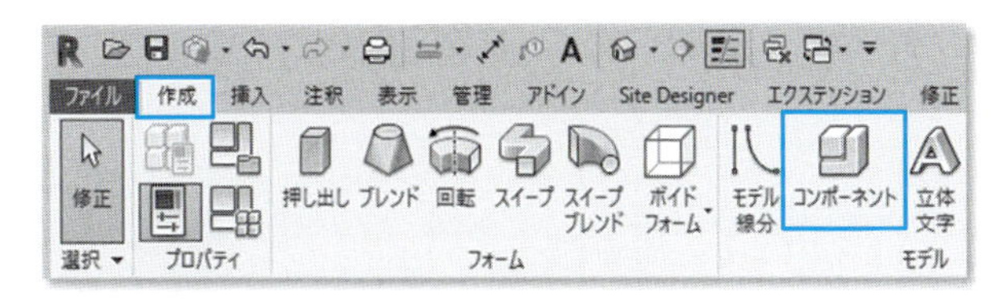

下部工（基礎）＋杭-STEP7

X方向に3500、Y方向に1000、それぞれ参照面からの距離を寸法補助線で確認しながら杭を配置し、Escキーでツールを終了します。

寸法補助線

配置後にオブジェクトをクリックすると寸法補助線が再度表示されるので、配置後に位置を変更することも可能です。

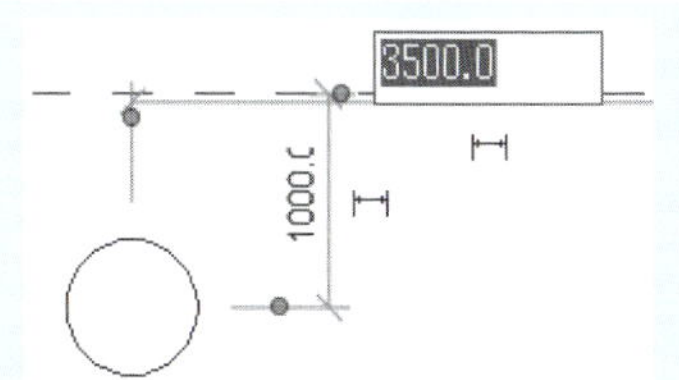

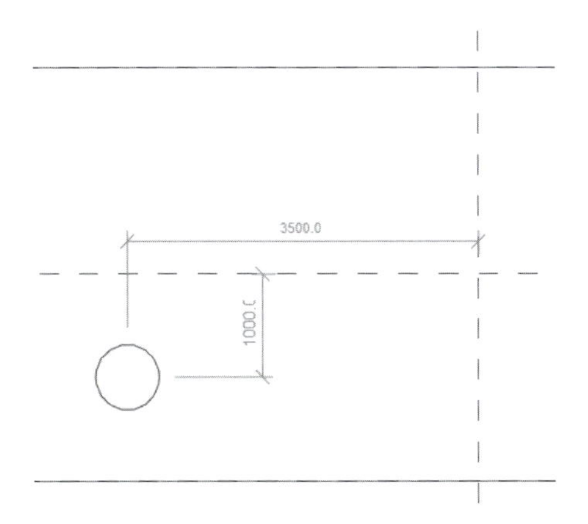

下部工（基礎）＋杭-STEP8

ビューを変更します。［プロジェクトブラウザ］より［立面図］-［正面］をダブルクリックします。

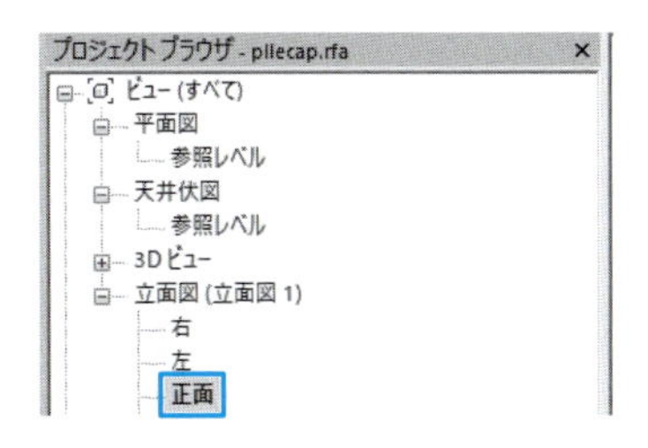

下部工（基礎）＋杭-STEP9

杭の位置を基礎の厚さ分、下方へ移動させます。

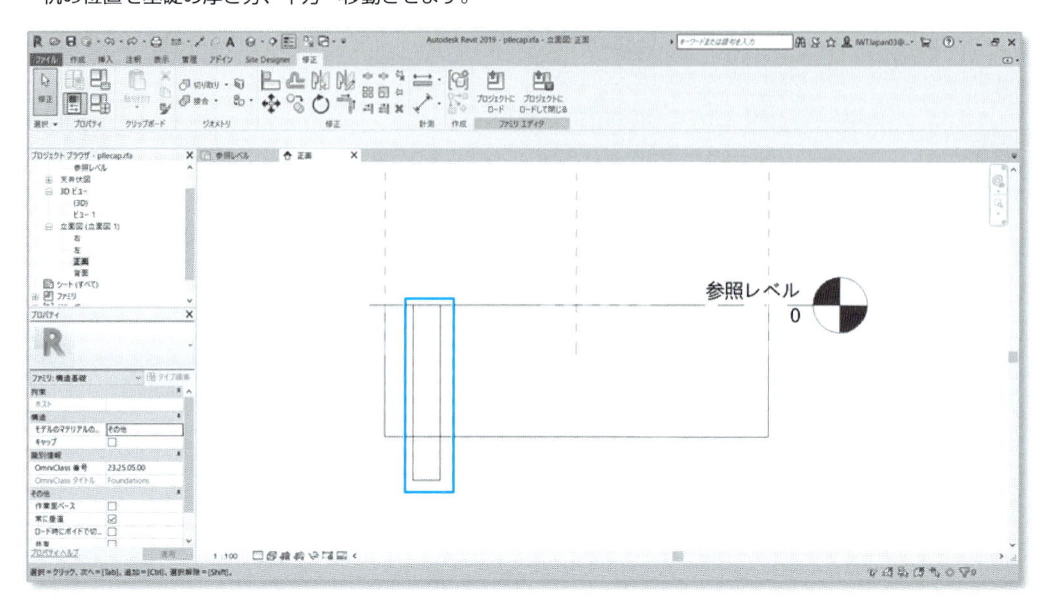

杭を選択します。プロパティの［拘束］-［基準レベルオフセット］を［-3000］に変更し、［適用］ボタンをクリックします。

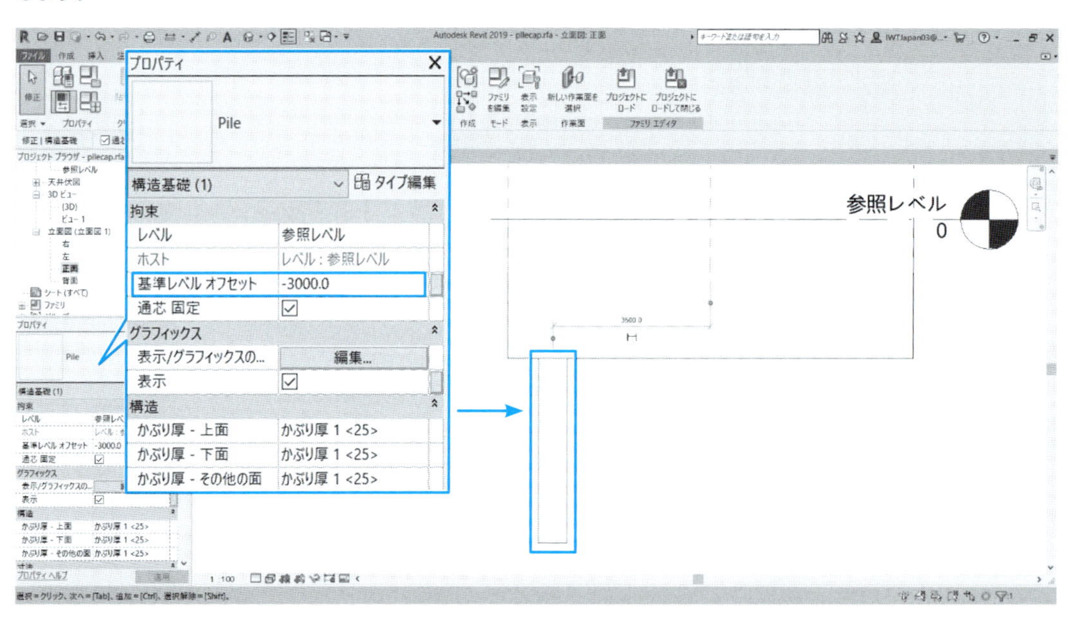

下部工（基礎）＋杭-STEP10

［プロジェクトブラウザ］-［平面図］-［参照レベル］をダブルクリックし、ビューを［参照レベル］に戻します。

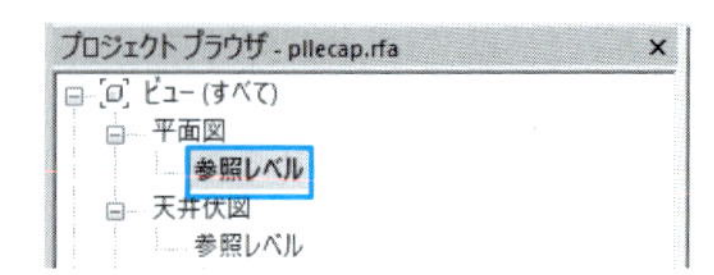

下部工（基礎）＋杭-STEP11

残りの杭を配列で作成します。はじめに横に7本の杭を配置します。杭を選択して、[修正｜構造基礎] タブ - [修正] - [配列] をクリックします。

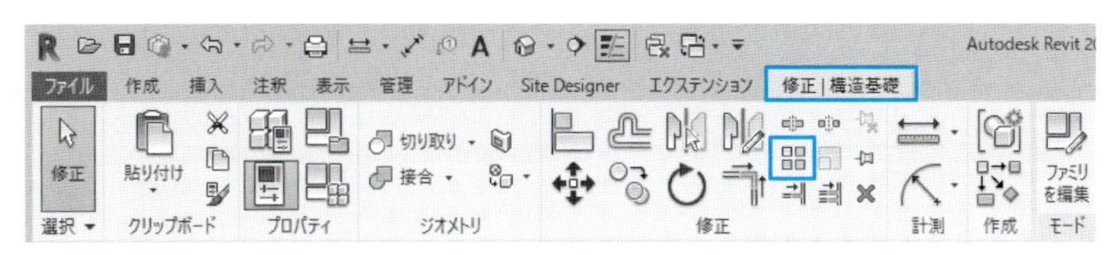

下部工（基礎）＋杭-STEP12

オプションの指定は、[項目数:7]、[指定：終端間] に設定します。

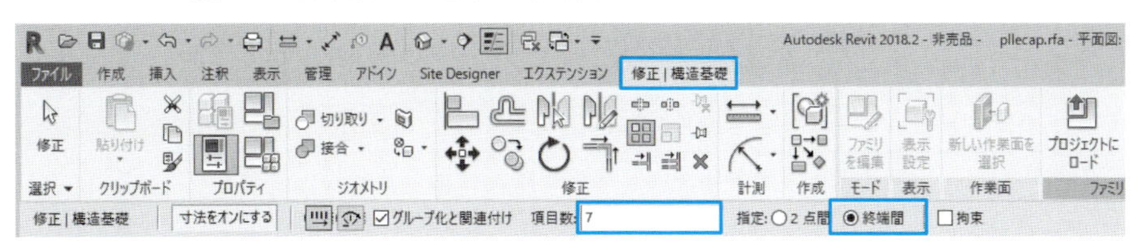

下部工（基礎）＋杭-STEP13

配列の始点をクリックします。

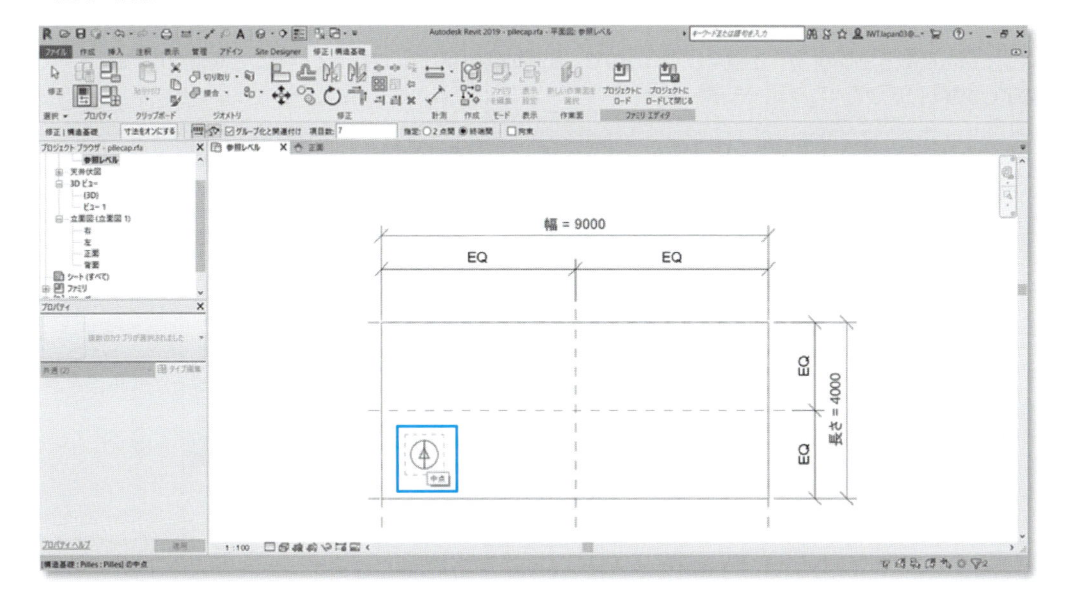

下部工（基礎）＋杭-STEP14

配列の終点をクリックします（距離は7000）。

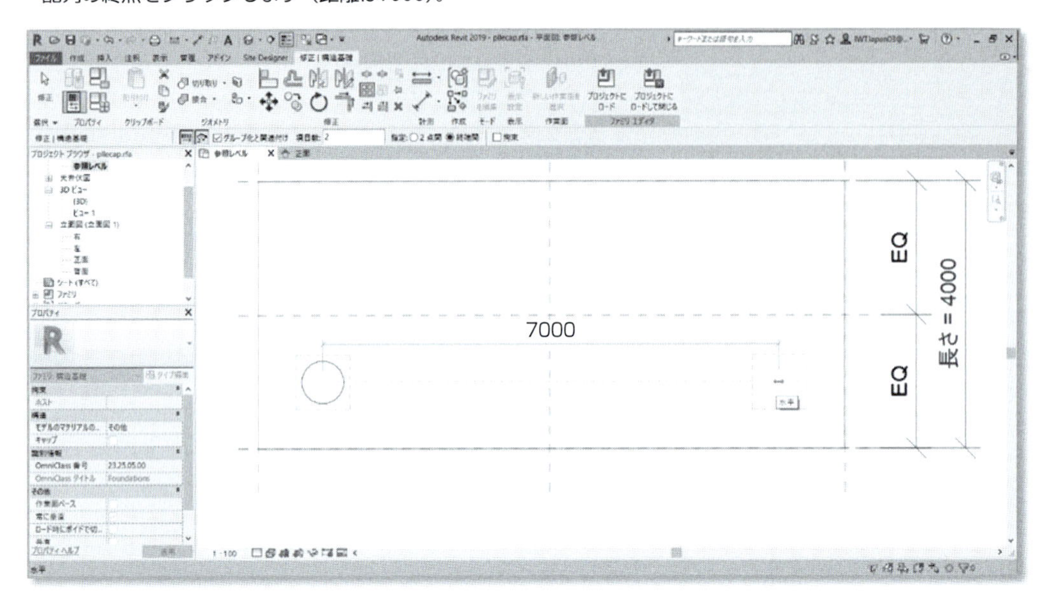

下部工（基礎）＋杭-STEP15

オプションで個数はあらかじめ［7］と指定しているので、配列の個数が［7］になっていることを確認し、Escキーでツールを終了します。

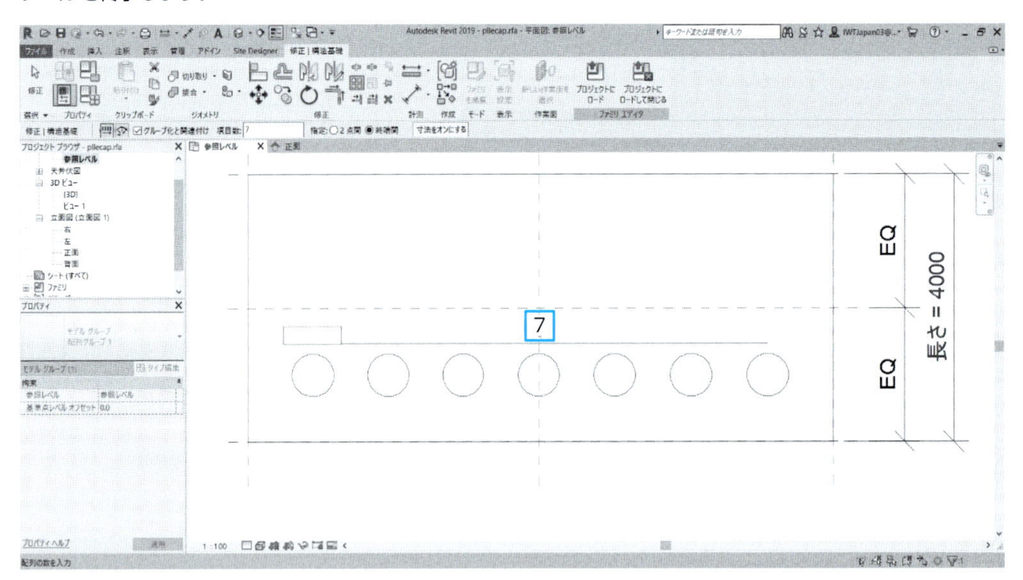

下部工（基礎）＋杭-STEP16

配列数［7］の下の線をクリックし、作成したグループを選択します（配列数［7］が表示されていない場合は、〇をクリックすると表示されます）。

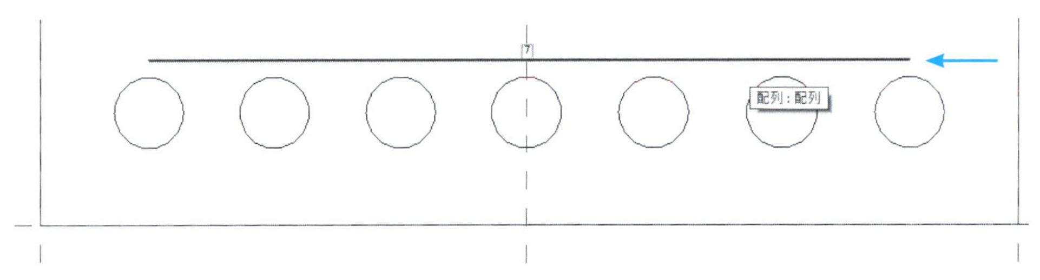

下部工（基礎）＋杭-STEP17

［修正］-［配列］をクリックし、オプションの［項目数］を［3］、［指定］を［終端間］に設定します。

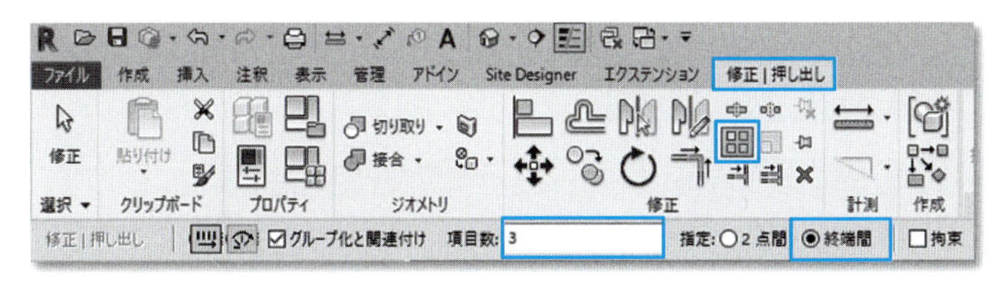

下部工（基礎）＋杭-STEP18

配列の始点をクリックします。

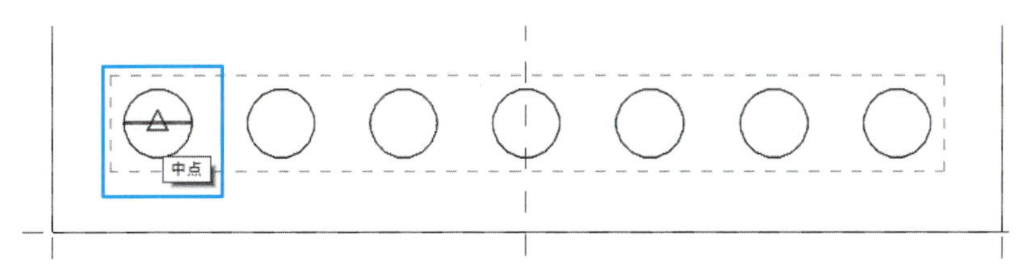

下部工（基礎）＋杭-STEP19

配列の終点（距離2000）をクリックします。

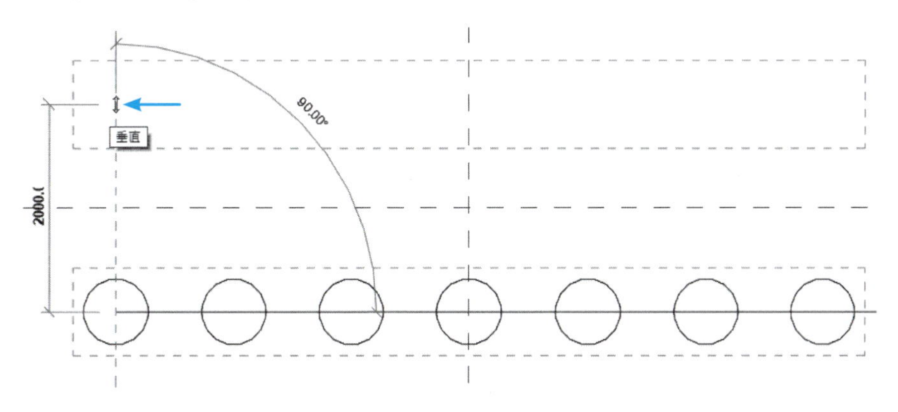

数値が3であることを確認し、Escキーでツールを終了します。

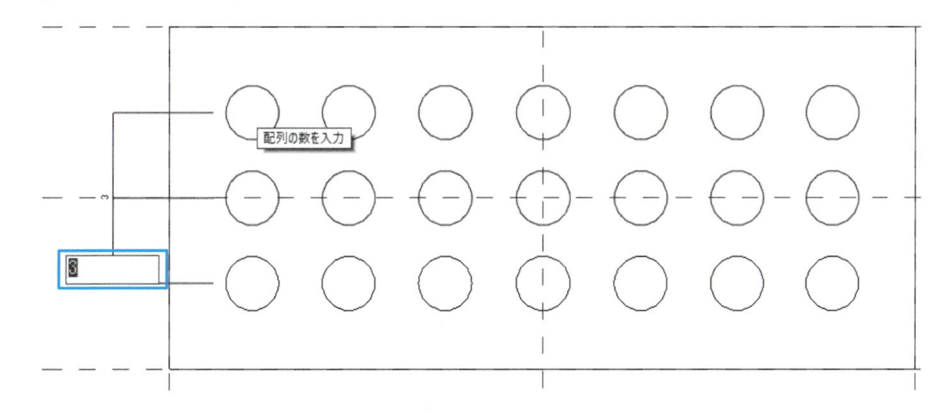

下部工（基礎）＋杭-STEP20

形状を確認します。［クイックアクセスツールバー］-［既存の3Dビュー］をクリックし、［リアリスティック］をクリックします。

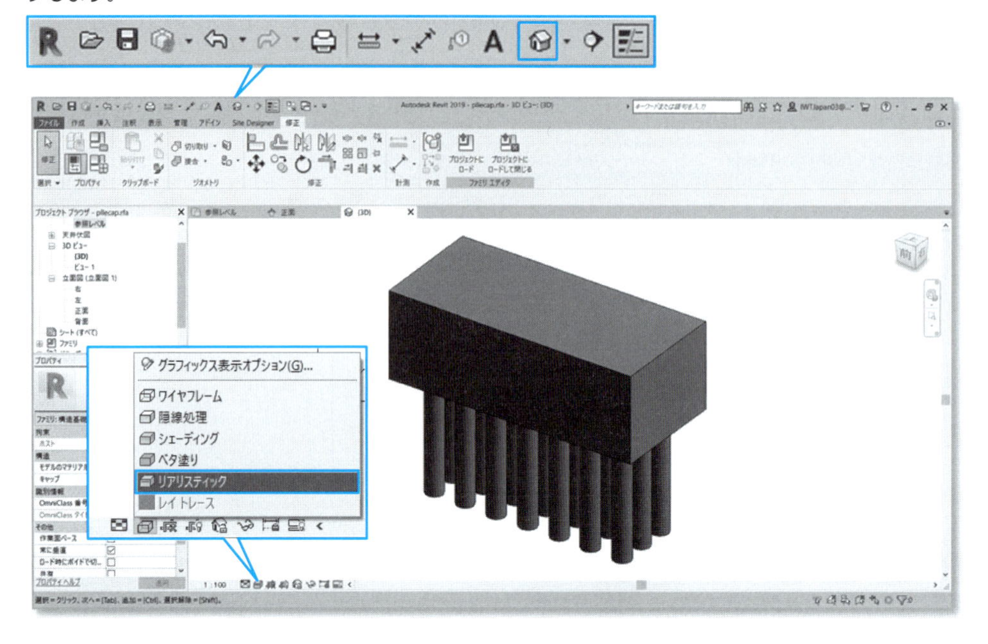

下部工（基礎）＋杭-STEP21

ファミリを保存します。［ファイル］タブ -［名前を付けて保存］-［ファミリ］をクリックします。ファミリファイル名を付けて、［保存］ボタンを押します。ここでは、pilecap&pile.rfaとしています。

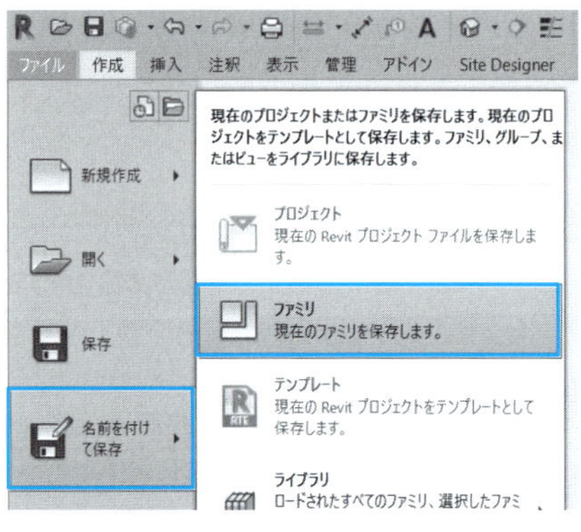

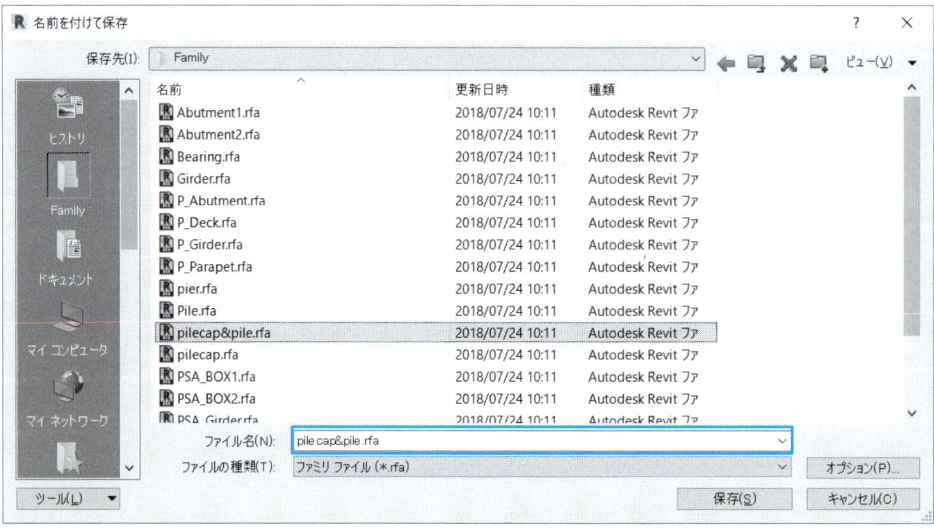

支承

下記図面を参考に支承を作成します。完成形は、青で示しています。完成形データは、[DataSet] - [2019] - [Family] フォルダのBearing.rfaです。

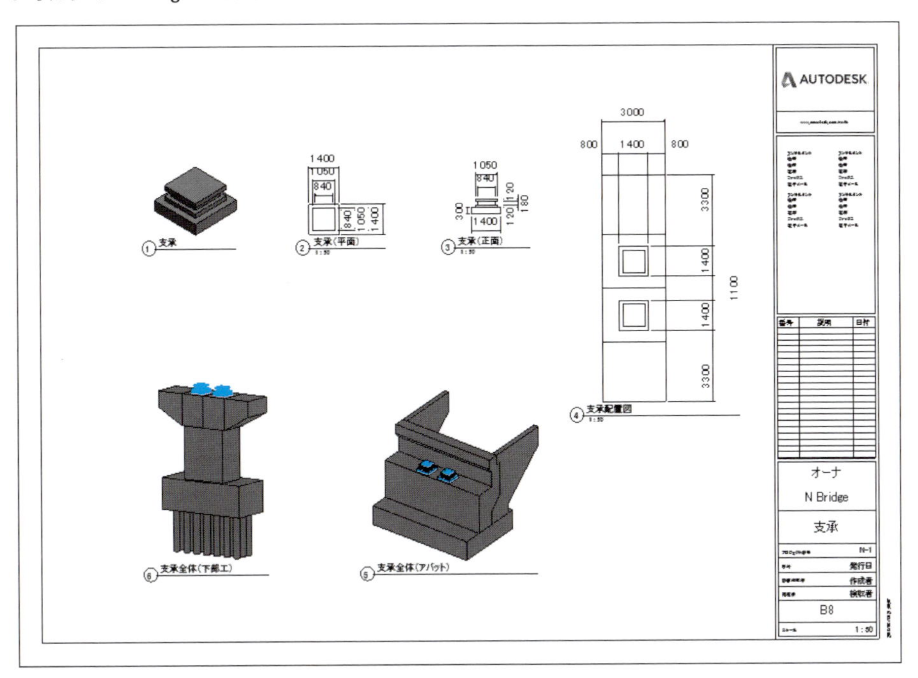

支承-STEP1

[ファイル] タブ - [新規作成] - [ファミリ] を選択します。

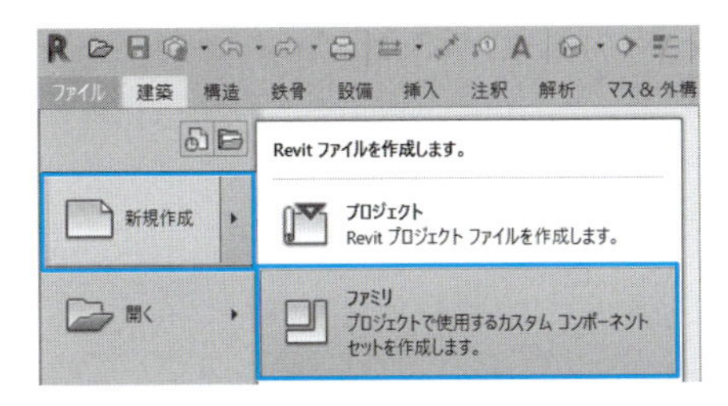

支承-STEP2

[新しいファミリ] ダイアログが開くので、[構造基礎（メートル単位）.rft] を選択し、[開く] ボタンを押します。

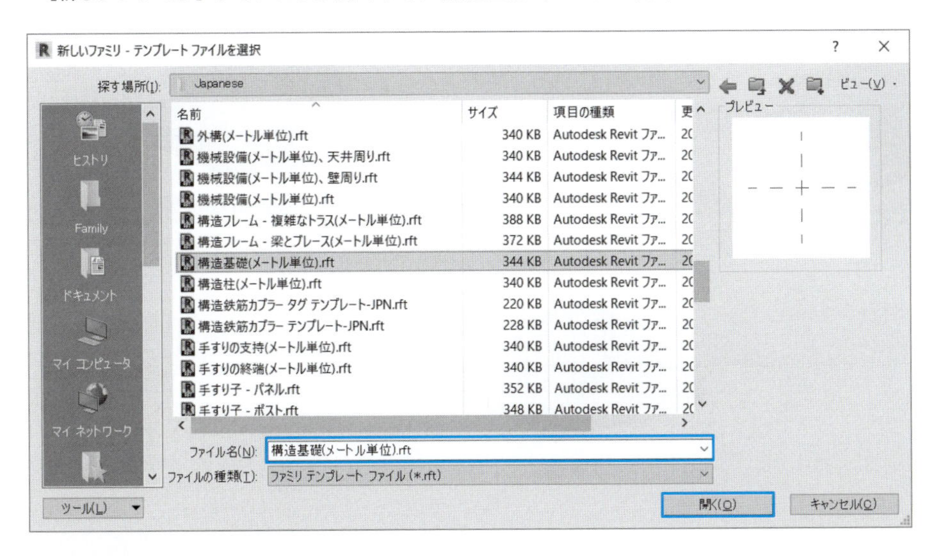

支承-STEP3

ビューを切り替えます。［プロジェクトブラウザ］から［立面図］-［正面］をダブルクリックします。

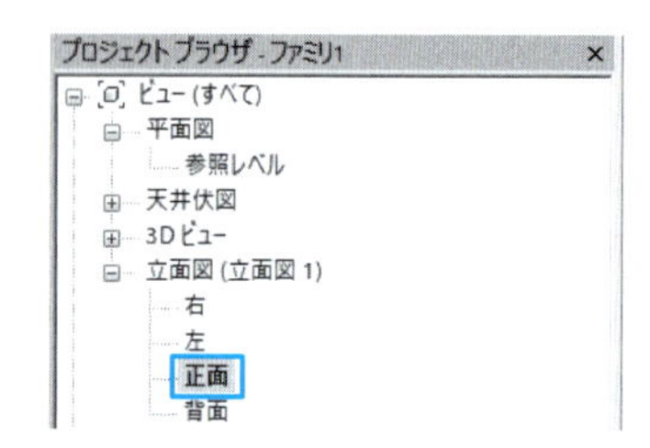

支承-STEP4

今までの手順を参考に、オフセット［300］の位置に参照面を作成します。

作成した参照面の端には、［<クリックして名前を指定>］と表示されるので、参照面に［A］と名前を付けます。

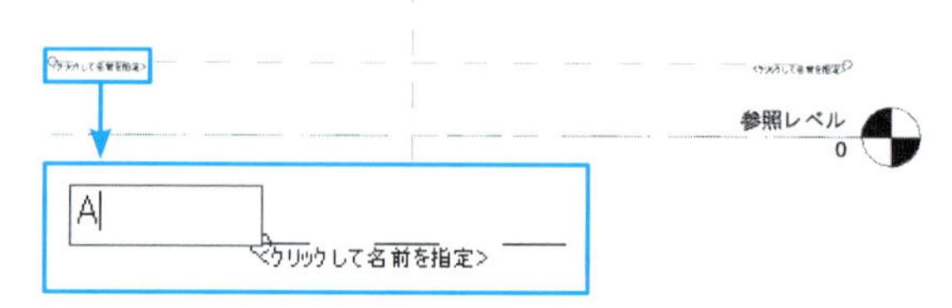

支承-STEP5

同様に、以下のように参照面を作成し、各参照面に名前を付けます。

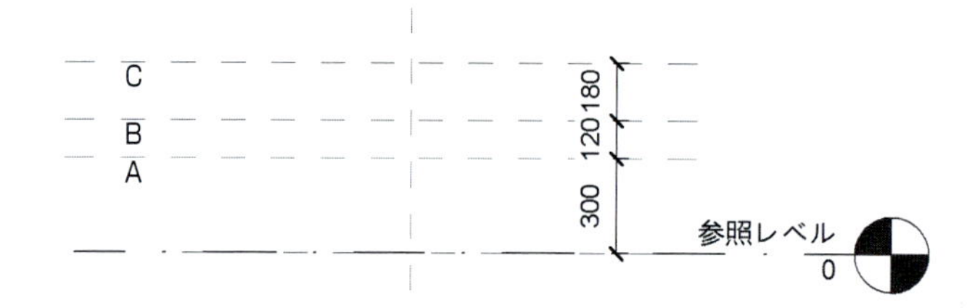

参照面は作図する平面の高さを指定

ファミリでは、レベルの代わりに参照面を利用します。参照面をセットすることによって、作図する平面の高さを指定します。

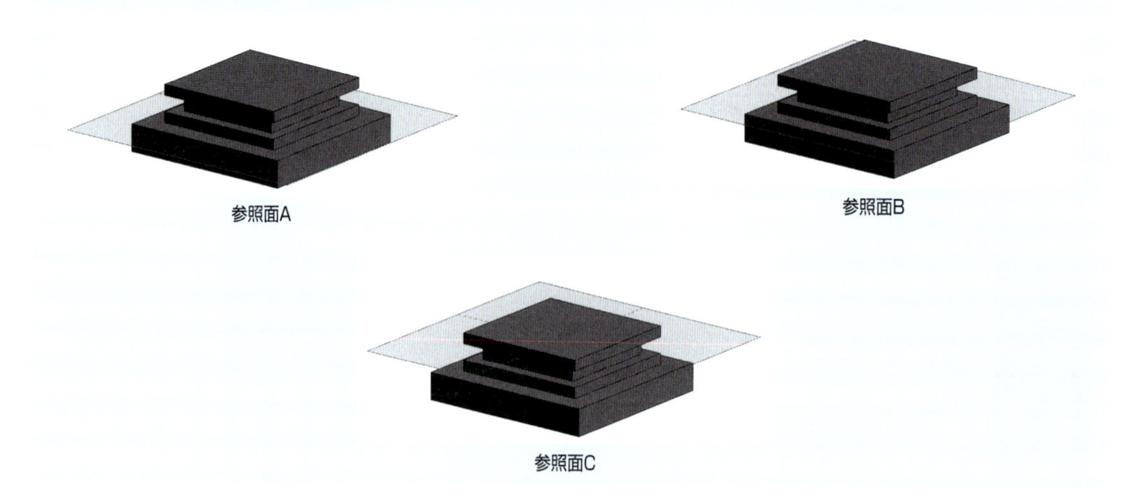

支承-STEP6

ビューを平面に切り替えます。［プロジェクトブラウザ］から［平面図］-［参照レベル］をダブルクリックします。

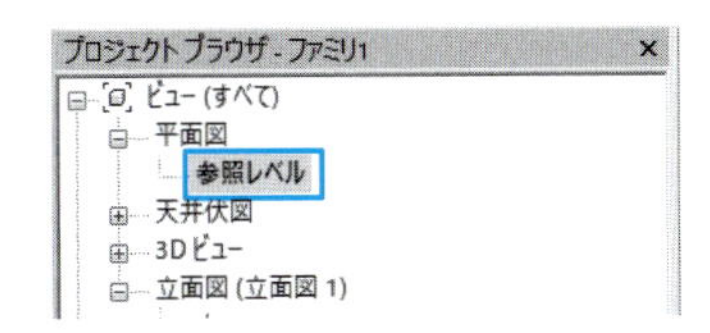

支承-STEP7

今までの手順を参考に、参照面を作成して寸法線を作成します。

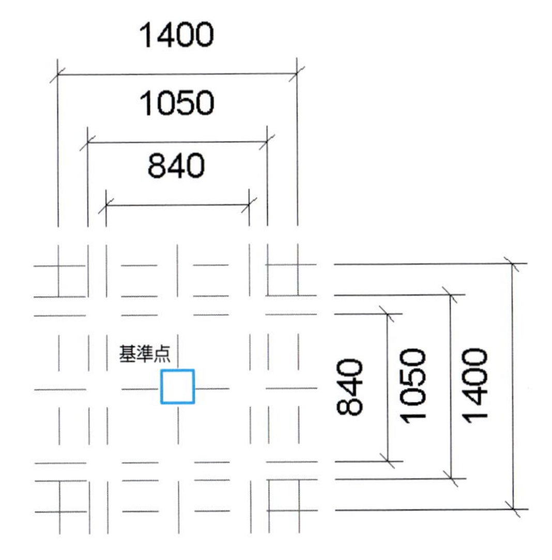

1段目を作成します。1段目の形状は下記の通りです。

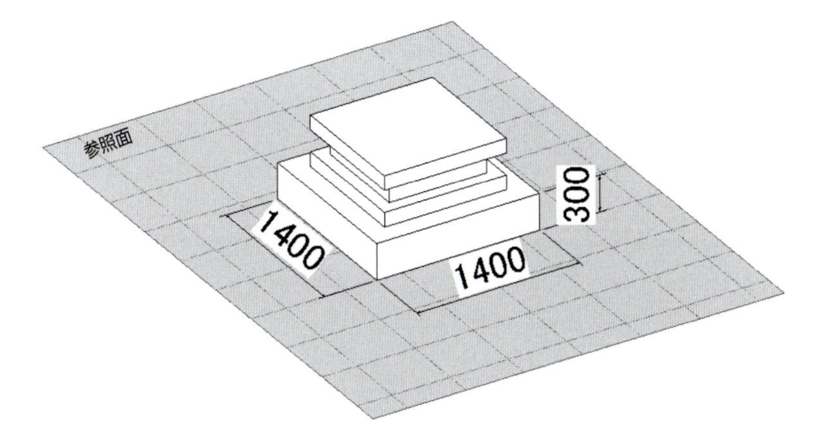

支承-STEP8

押し出しで基礎を作成します。［作成］タブ -［フォーム］-［押し出し］をクリックします。

支承-STEP9

［修正｜作成押し出し］タブ -［描画］-［長方形］をクリックし、オプションバーの［奥行き］は［300］に設定します。対角線上に❶→❷の順で長方形を作成し、鍵をロックします。

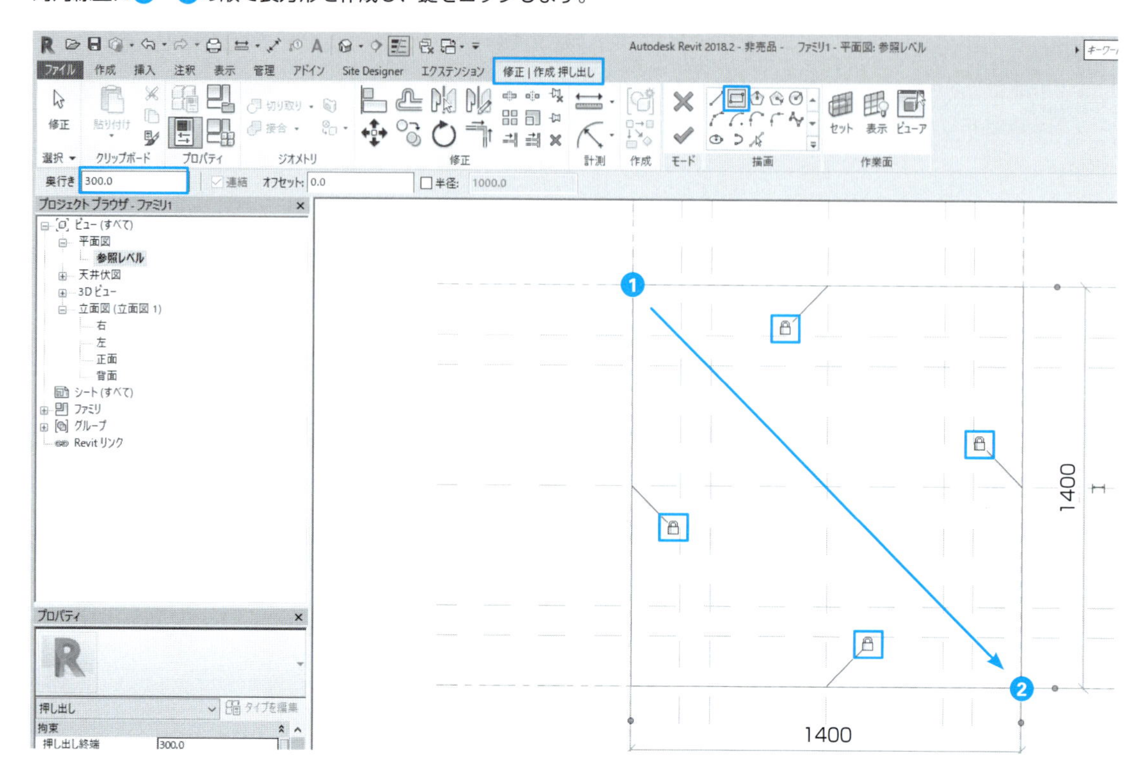

支承-STEP10

［修正｜作成押し出し］タブ -［モード］-［編集モードを終了］をクリックします。Escキーをクリックします。

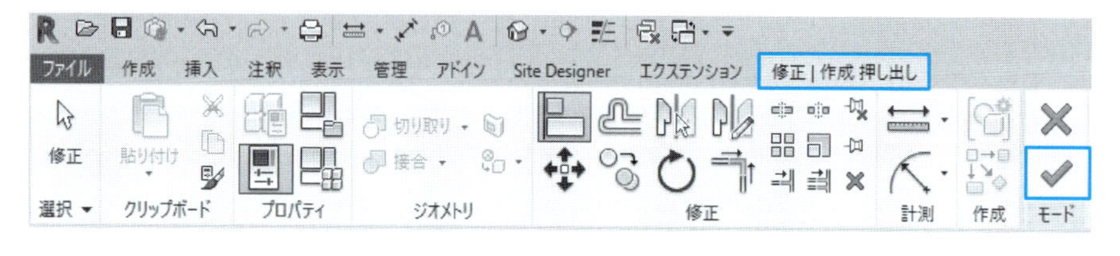

2段目を作成します。2段目の形状は下記の通りです。

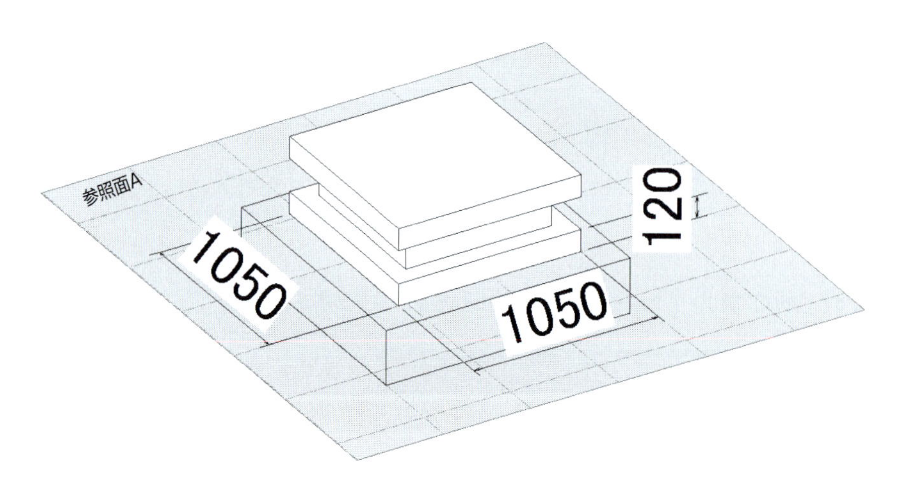

支承-STEP11

[作業面A] に変更するので、[作成] タブ - [作業面] - [セット] をクリックします。

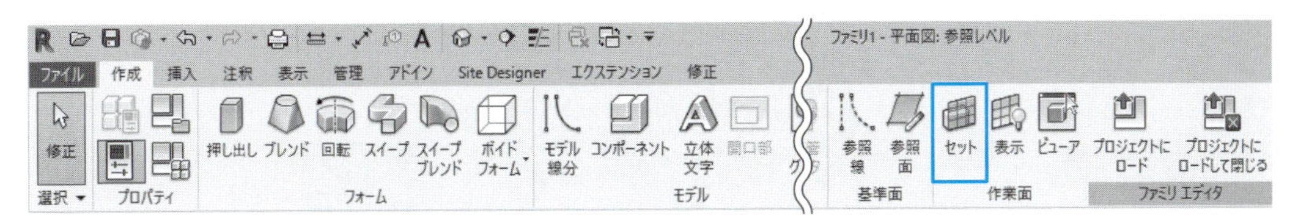

支承-STEP12

[作業面] ダイアログが表示されます。[参照面:A] を選択し、[OK] ボタンを押します。

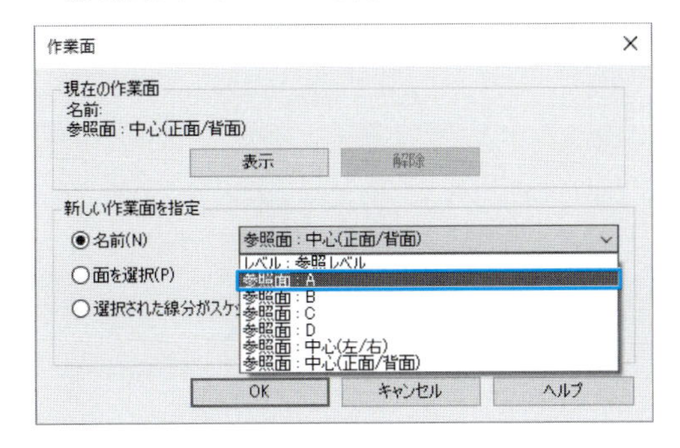

支承-STEP13

[作成] タブ - [フォーム] - [押し出し] をクリックします。

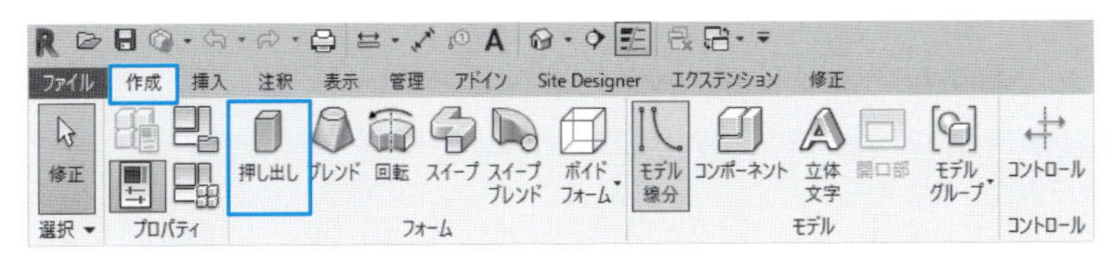

支承-STEP14

[修正 | 作成 押し出し] タブ - [描画] - [長方形] をクリックし、オプションバーの [奥行き] は [120] に設定します。対角線上に❶→❷の順で長方形を作成し、鍵をロックします。

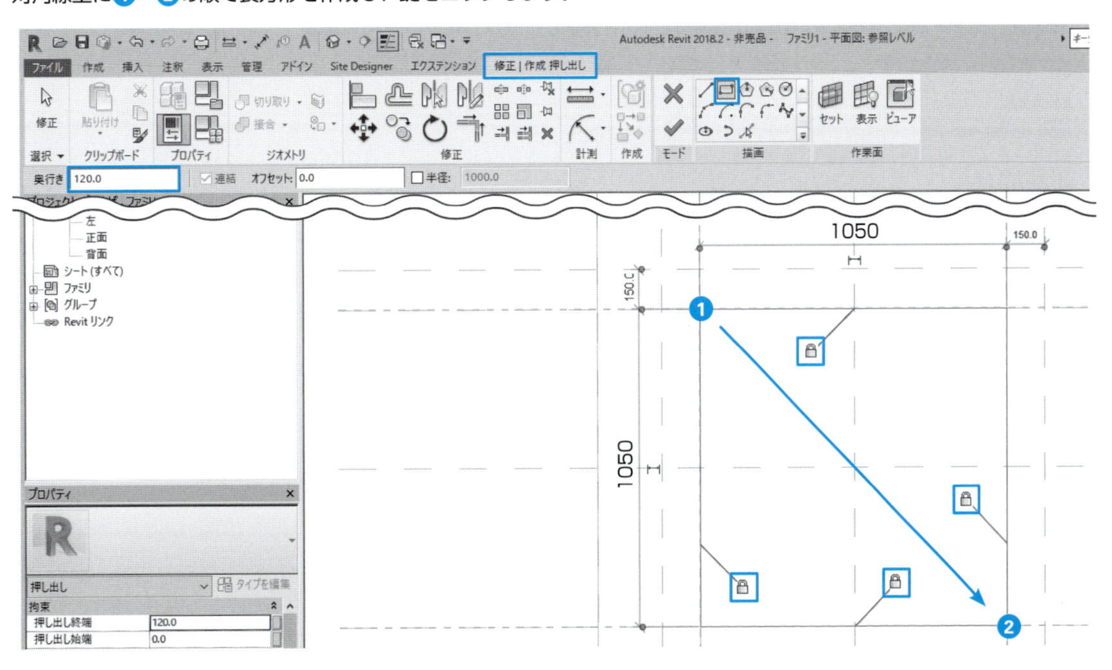

支承-STEP15

［修正｜作成押し出し］タブ -［モード］-［編集モードを終了］をクリックします。

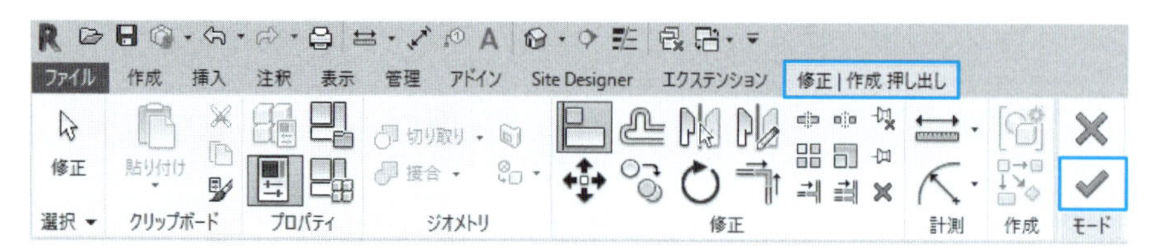

3段目を作成します。3段目の形状は下記の通りです。

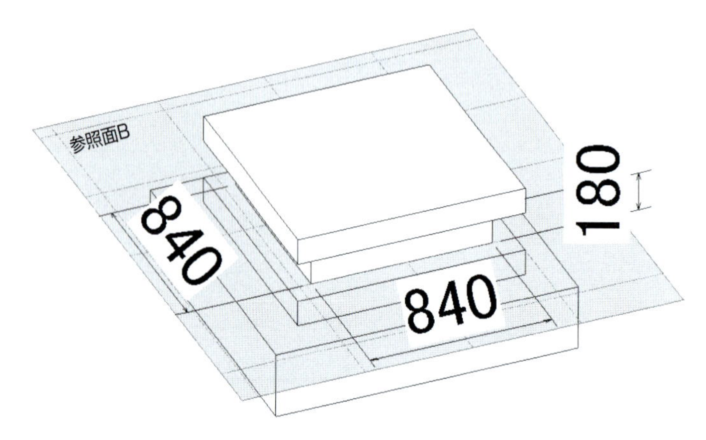

支承-STEP16

［作業面B］に変更するので、［作成］タブ -［作業面］-［セット］をクリックします。

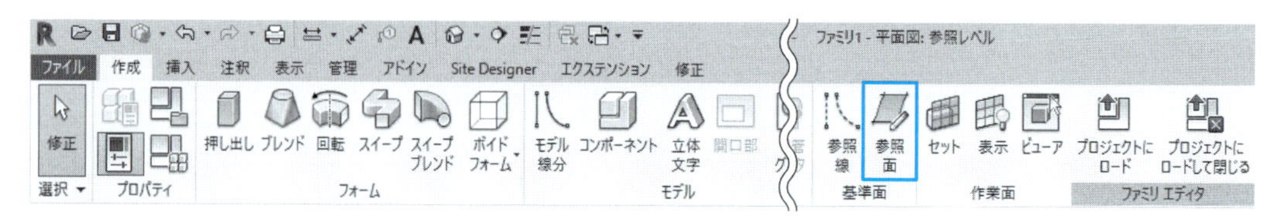

支承-STEP17

［作業面］ダイアログが表示されます。［参照面:B］を選択し、［OK］ボタンを押します。

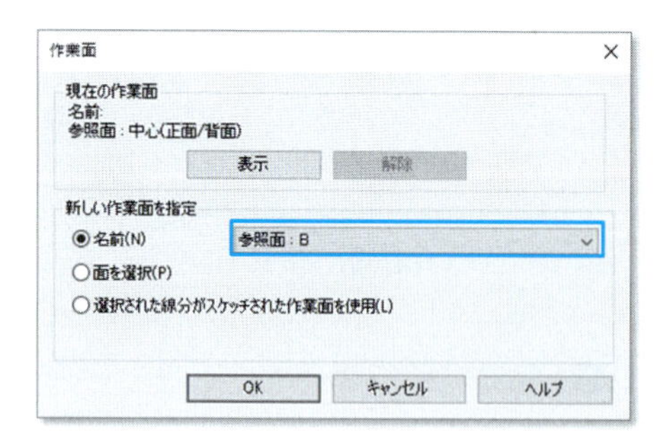

支承-STEP18

［作成］タブ -［フォーム］-［押し出し］をクリックします。

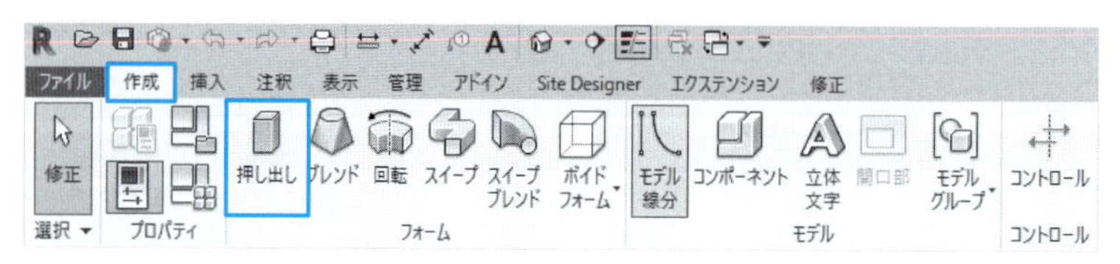

支承-STEP19

［修正｜作成　押し出し］タブ -［描画］-［長方形］をクリックし、オプションバーの［奥行き］は［180］に設定します。対角線上に❶→❷の順で長方形を作成し、鍵をロックします。

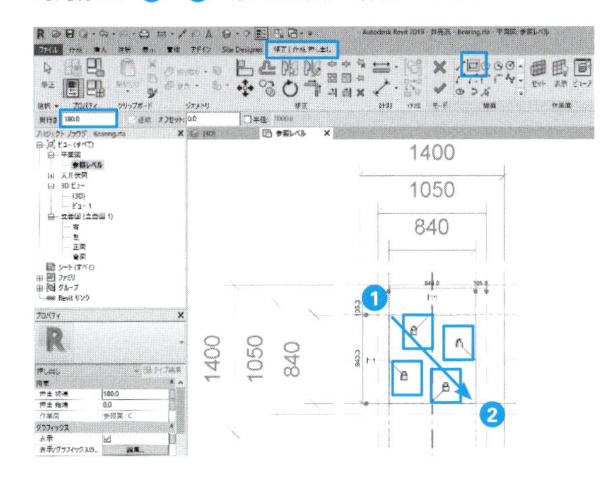

支承-STEP20

［修正｜作成押し出し］タブ -［モード］-［編集モードを終了］をクリックします。

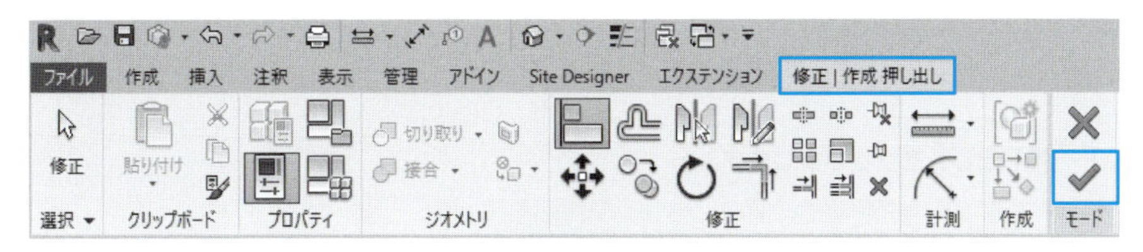

4段目を作成します。4段目の形状は、下記の通りです。

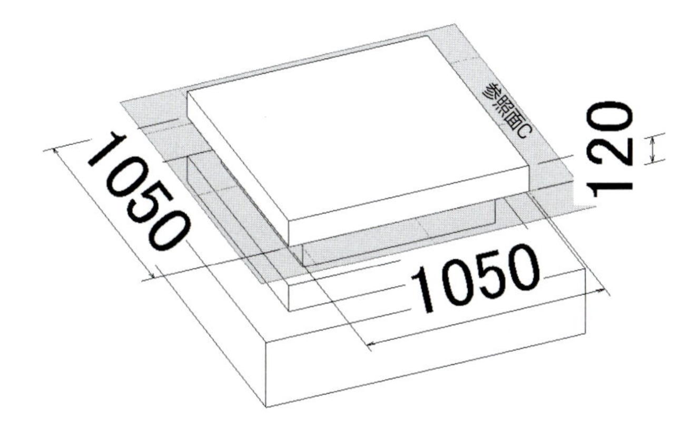

支承-STEP21

［作業面C］に変更するので、［作成］タブ -［作業面］-［セット］をクリックします。

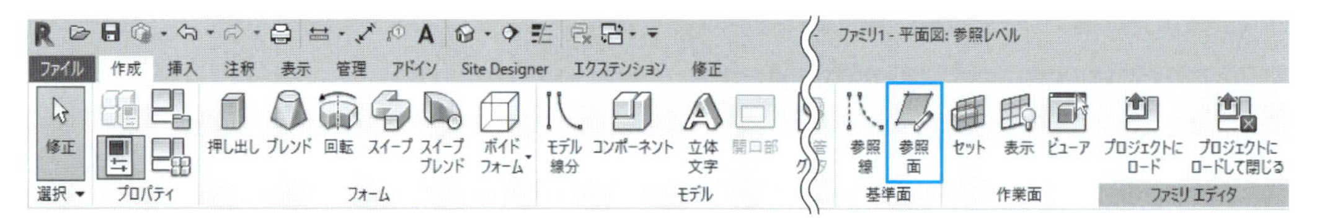

支承-STEP22

［作業面］ダイアログが表示されます。［参照面:C］を選択し、［OK］ボタンを押します。

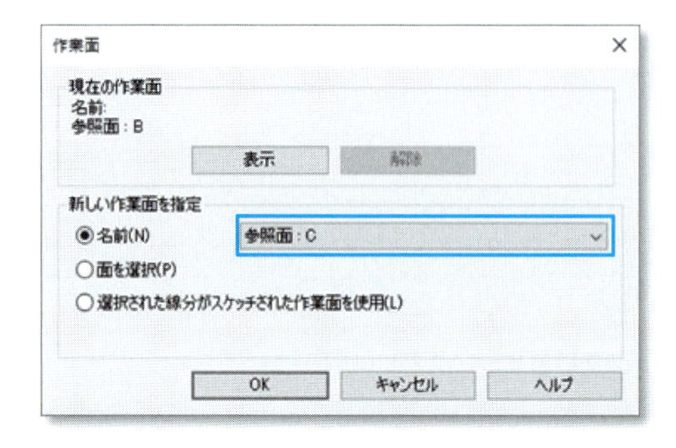

支承-STEP23

［作成］タブ -［フォーム］-［押し出し］をクリックします。

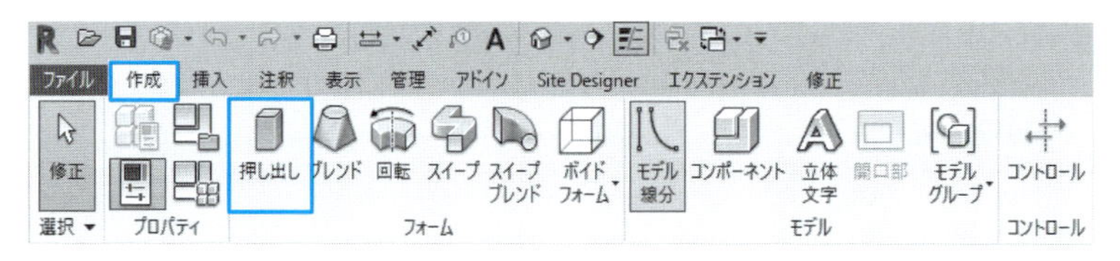

支承-STEP24

［修正｜作成　押し出し］タブ -［描画］-［長方形］をクリックし、オプションバーの［奥行き］は［120］に設定します。対角線上に❶→❷の順で長方形を作成し、鍵をロックします。

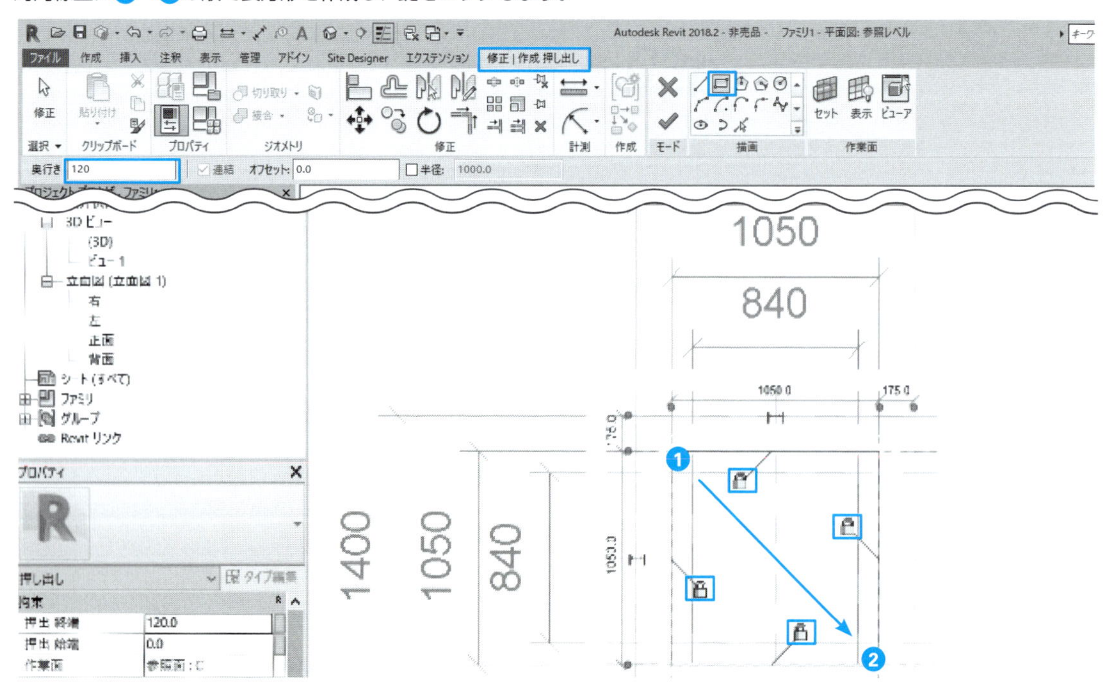

支承-STEP25

［修正｜作成押し出し］タブ -［モード］-［編集モードを終了］をクリックします。

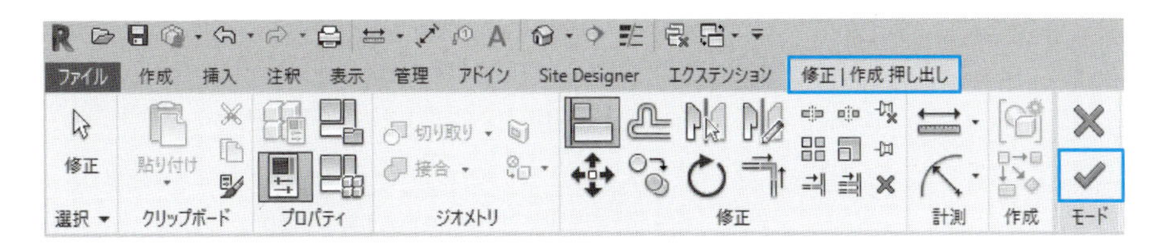

支承-STEP26

［クイックアクセスツールバー］-［既存の３Ｄビュー］をクリックします。［リアリスティック］をクリックします。

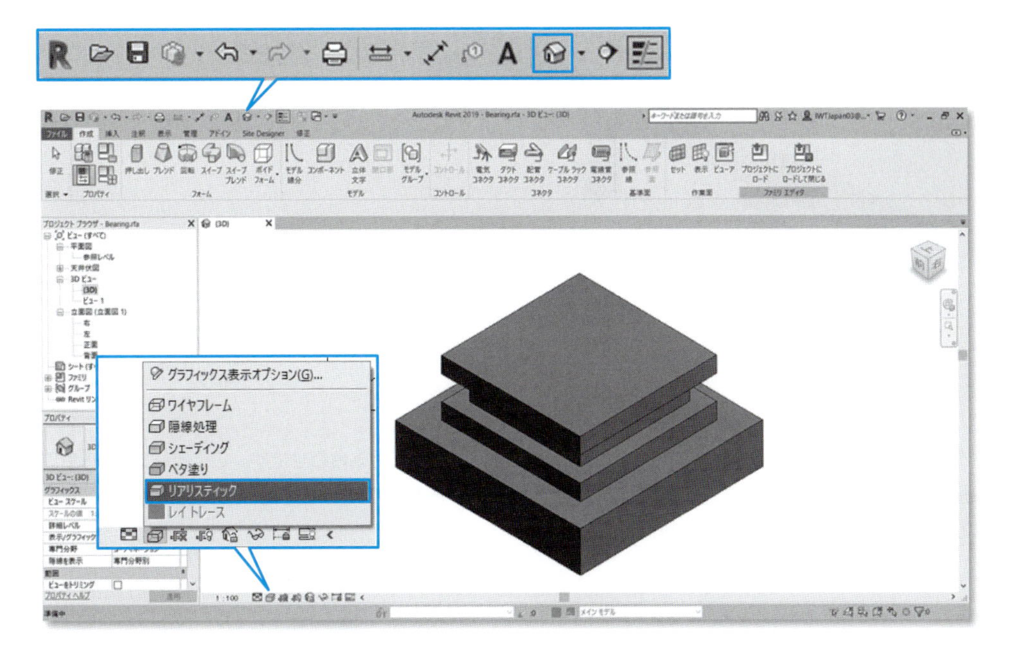

支承-STEP27

ファミリを保存します。［ファイル］タブ -［名前を付けて保存］-［ファミリ］をクリックします。ファミリファイル名を付けて、［保存］ボタンを押します。ここでは、Bearing.rfaとしています。

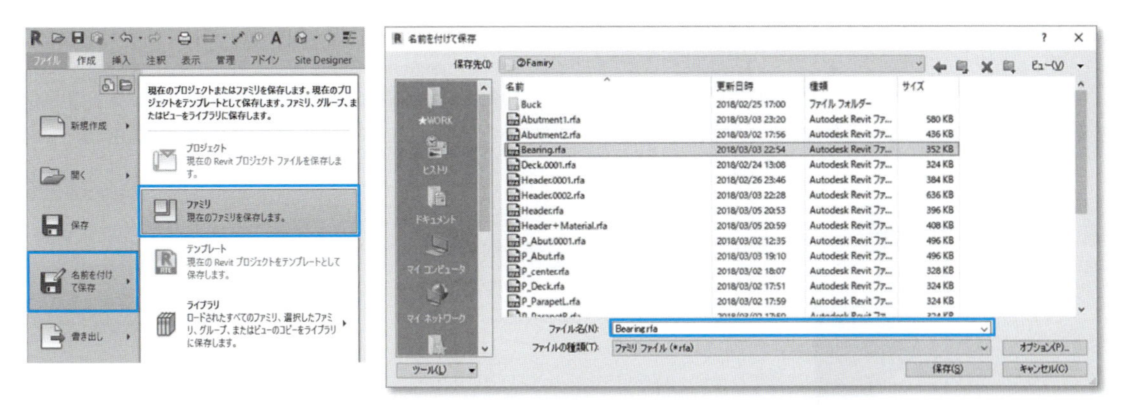

橋台

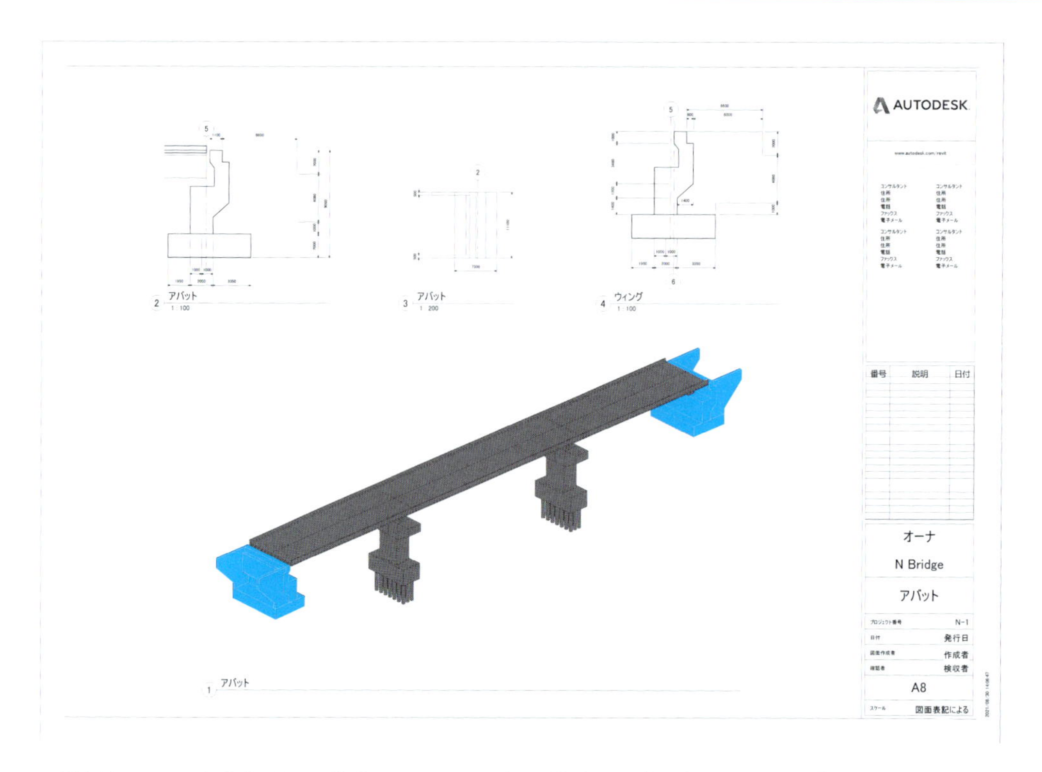

橋台は、3つのオブジェクトで構成されており、別々に作成してプロジェクトで組み合わせます。ここでは、[A.橋台の柱部] の作成手順を説明します。B、Cについては、下部工の作成手順を参考に作成してください。完成形データは、[DataSet] - [2019] - [Family] フォルダのAbutment2.rfaです。

A　Abutment2.rfa　テンプレート：構造柱

B　Abutment1.rfa　テンプレート：構造基礎

C　Wing.rfa　テンプレート：一般モデル（メートル単位）

Abutment2.rfaは2つの要素で構成されています。これは橋台の支承の高さと基礎の高さを構造柱を使ってコントロールするためです。はじめに、[橋台の柱部：A1] の押し出しを作成するための [プロファイルファミリ] を作成します。

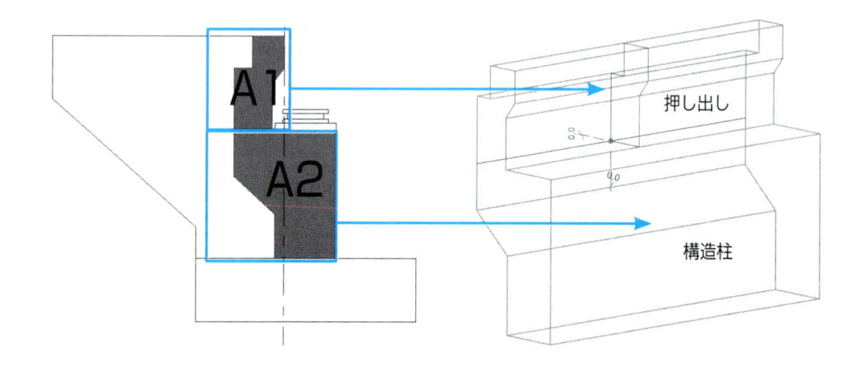

橋台01-STEP1

［ファイル］タブ -［新規作成］-［ファミリ］を選択します。

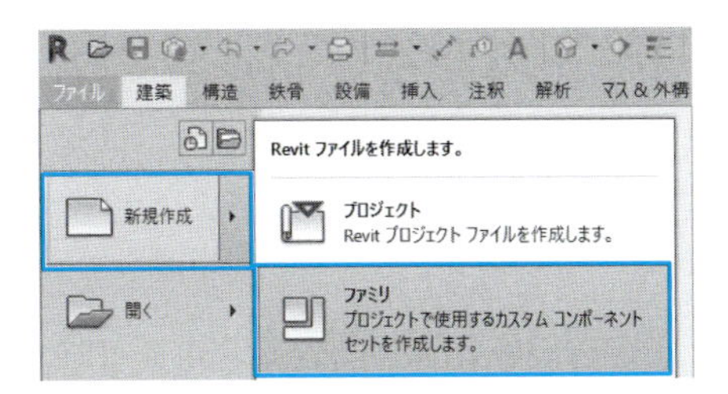

橋台01-STEP2

［新しいファミリ］ダイアログが開くので、［プロファイル（メートル単位）.rft］を選択し、［開く］ボタンを押します。

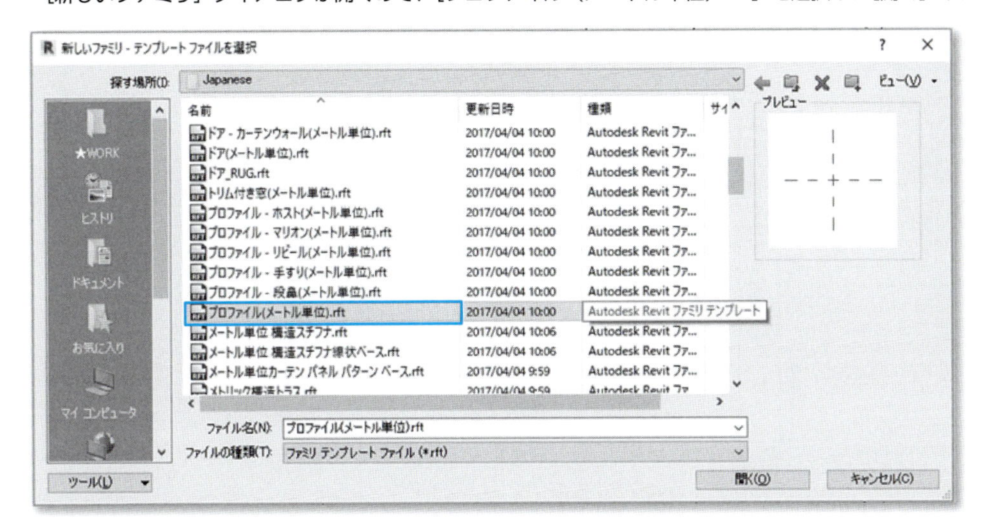

橋台01-STEP3

ビューを切り替えます。［プロジェクトブラウザ］から［平面図］-［参照レベル］をダブルクリックします。

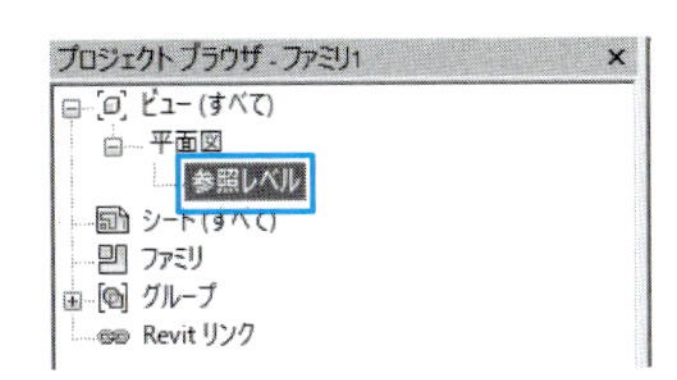

このようなテンプレートが開きます。

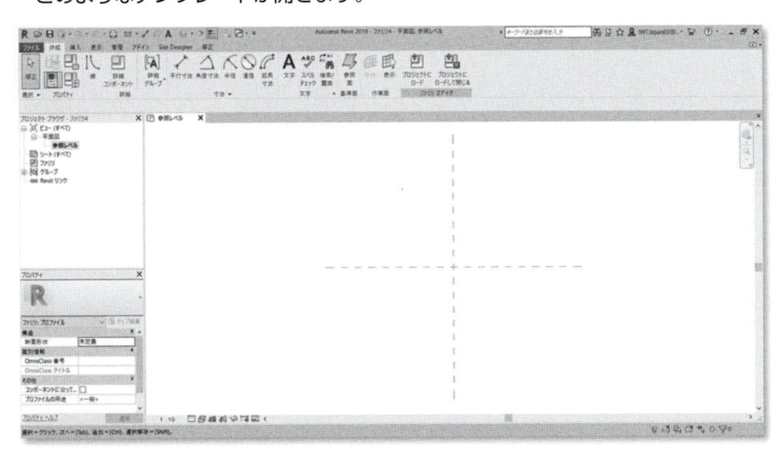

橋台01-STEP4

［作成］タブ -［基準面］-［参照面］をクリックします。

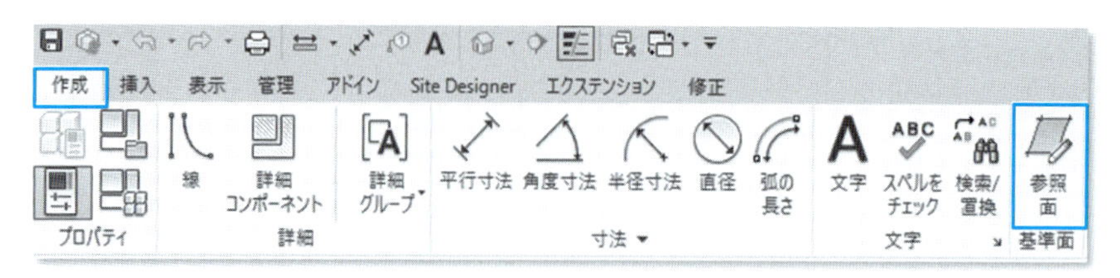

橋台01-STEP5

ここまでの手順を参考に、このように［参照面］を作成し、［平行寸法］を入力します。

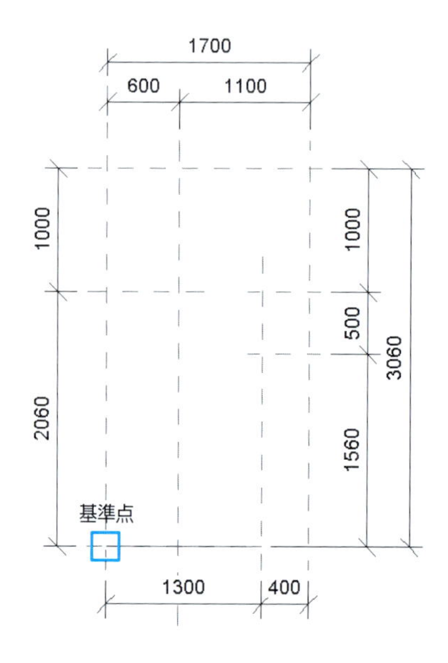

橋台01-STEP6

［作成］タブ -［詳細］-［線］をクリックします。

橋台01-STEP7

［修正｜配置　線分］タブ -［描画］パネル -［線］をクリックします。オプションバーは、［連結］にチェックを入れます。

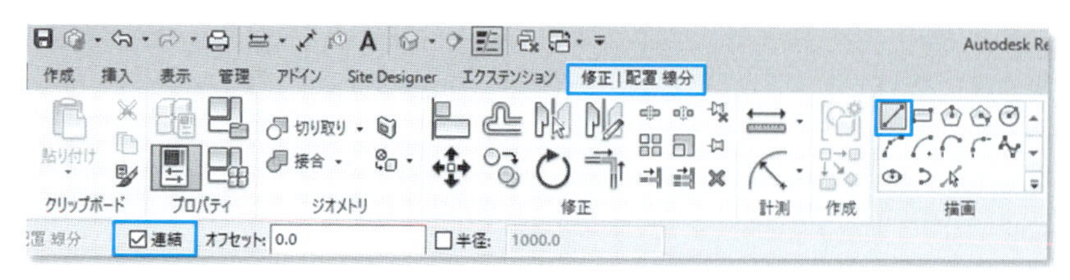

橋台01-STEP8

このように作成します。

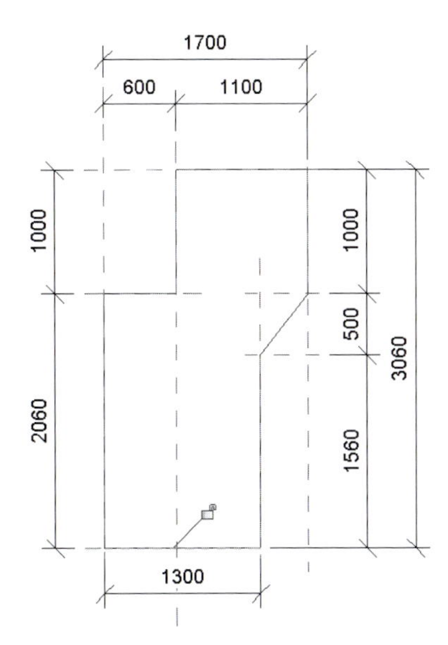

橋台01-STEP9

［修正］タブ -［修正］-［位置合わせ］をクリックします。

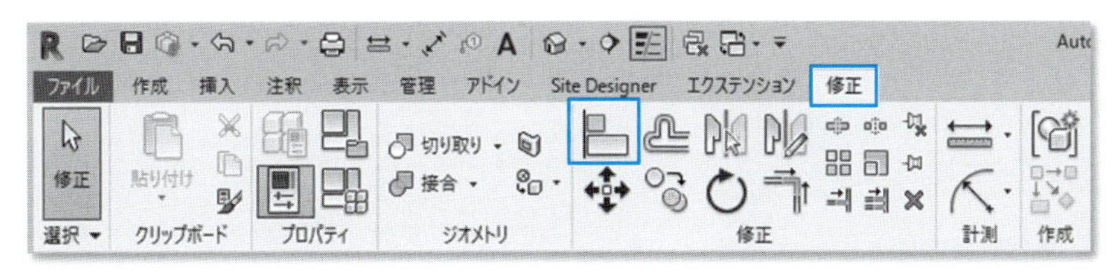

橋台01-STEP10

❶［参照面］→❷［線分］の順にクリックし、鍵をロックします。

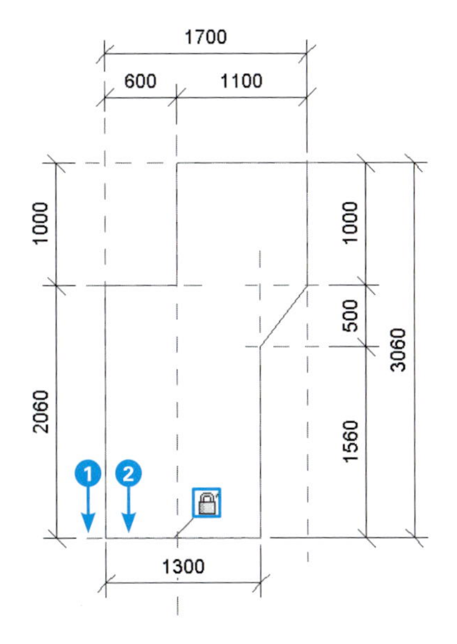

橋台01-STEP11

1560の平行寸法を入力します。入力した寸法にパラメータを設定します。入力した寸法値［1560］をクリック❶するとコンテキストメニューが表示されるので、［ パラメータを作成］をクリック❷します。［パラメータプロパティ］ダイアログが表示されるので、［パラメータ］項目 -［名前］に［H］と入力❸し、［OK］ボタンを押し❹ます。寸法値は、［H=1560］となり❺ます。

こうしておくことで、［H］の値を可変に設定することができます。

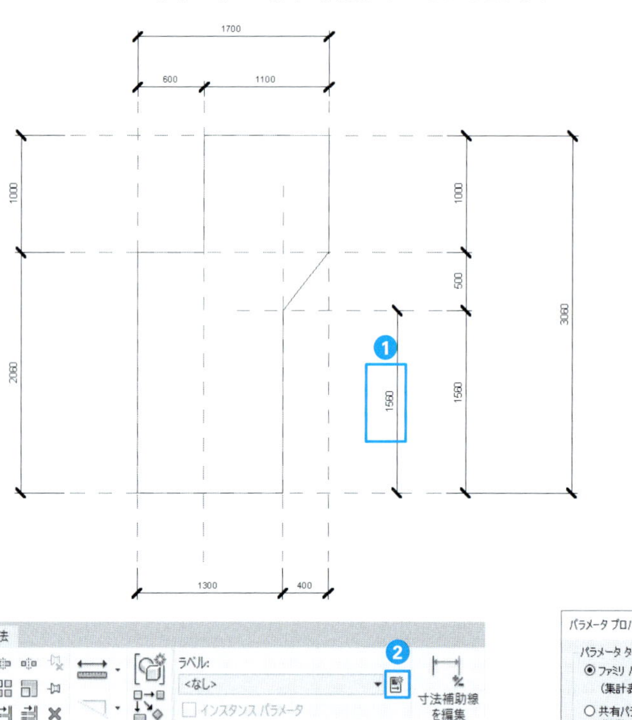

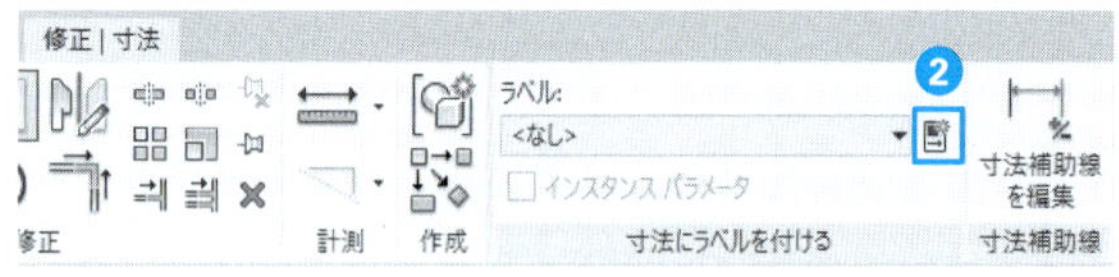

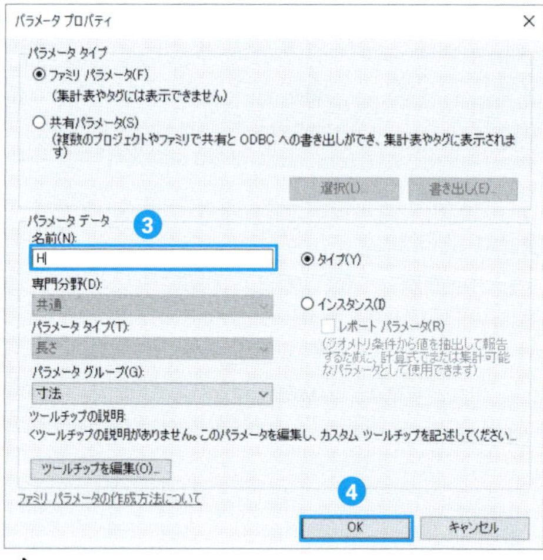

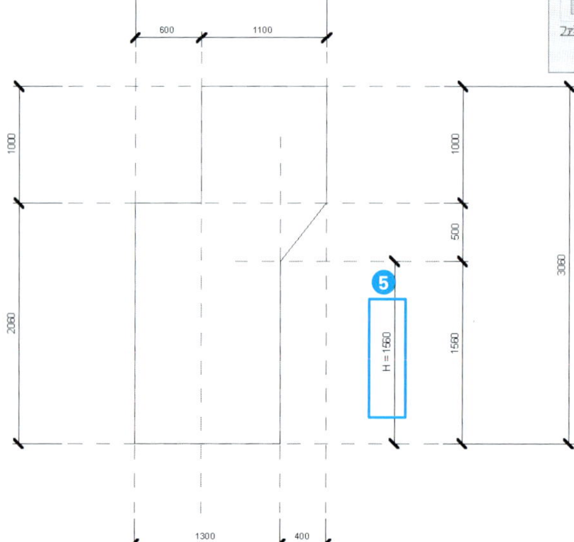

橋台01-STEP12

ファミリを保存します。［ファイル］タブ -［名前を付けて保存］-［ファミリ］をクリックします。ファミリファイル名を付けて、［保存］ボタンを押します。

ここでは、P_Abutment.rfaとしています。

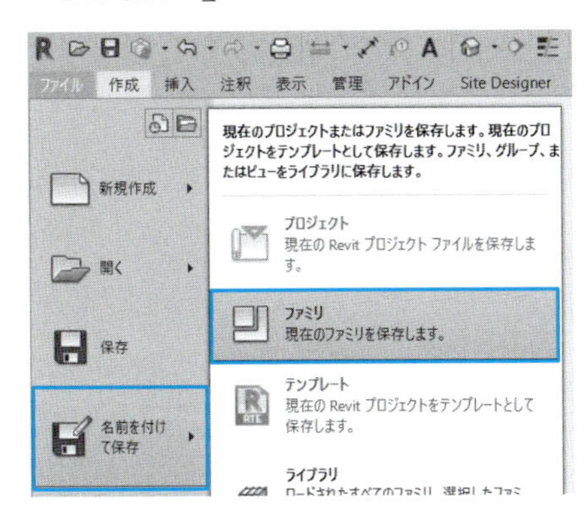

次に青枠で示した［A.橋台の柱部］の下側［A2］を作成します。

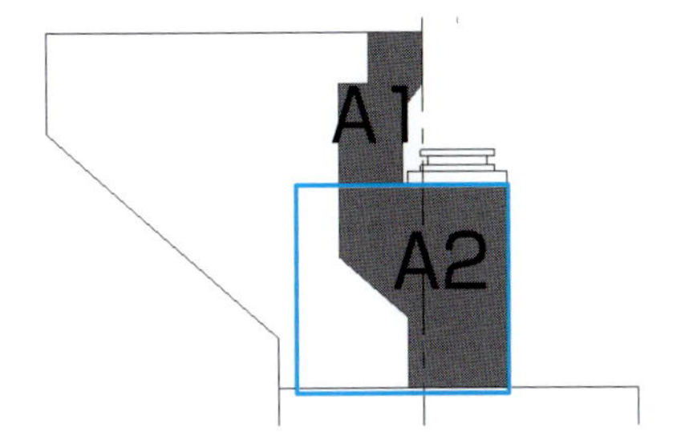

橋台02-STEP1

［ファイル］タブ -［新規作成］-［ファミリ］を選択します。

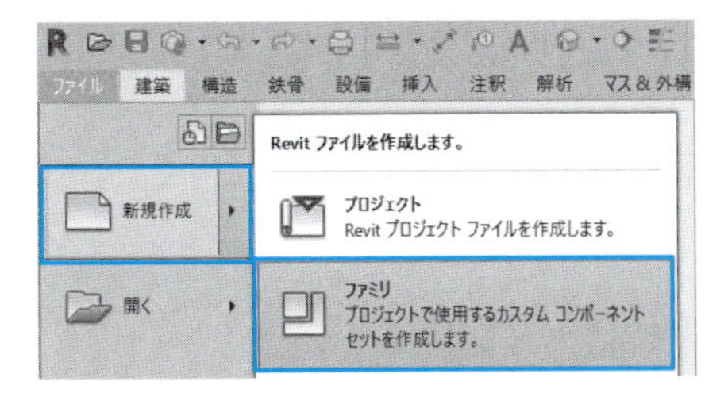

橋台02-STEP2

［新しいファミリ］ダイアログが開くので、［構造柱（メートル単位）.rtf］を選択し、［開く］ボタンを押します。

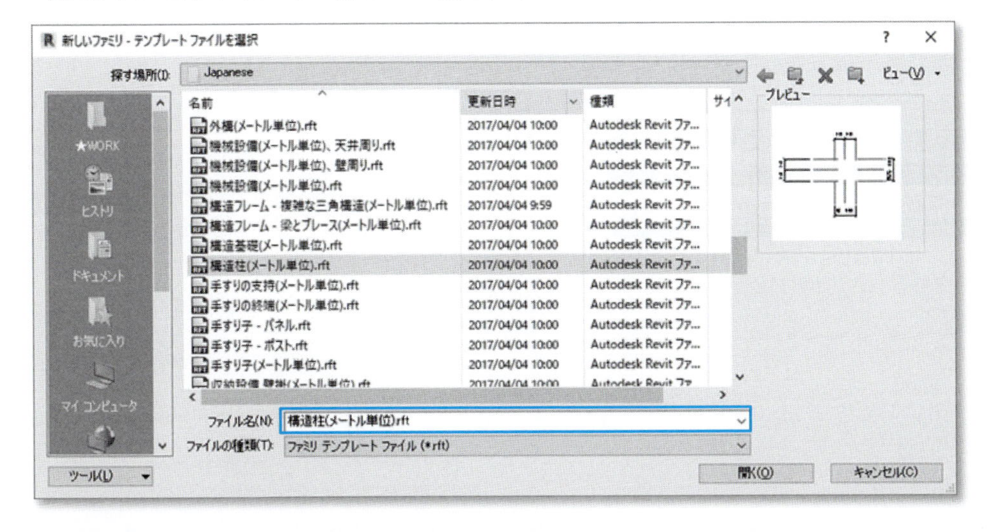

橋台02-STEP3

ビューを切り替えます。［プロジェクトブラウザ］から［平面図］-［下参照レベル］をダブルクリックします。

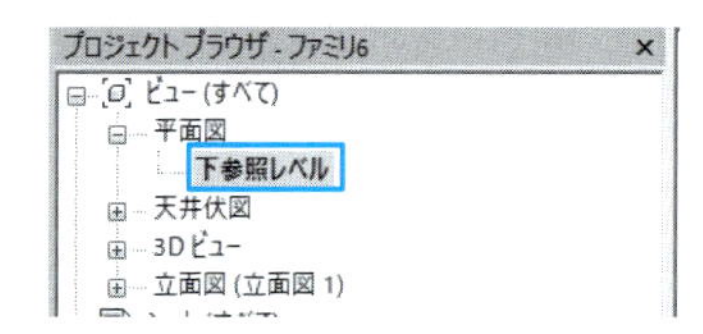

このようなテンプレートが開きます。［構造柱（メートル単位）.rtf］では、すでにパラメータが設定されています。

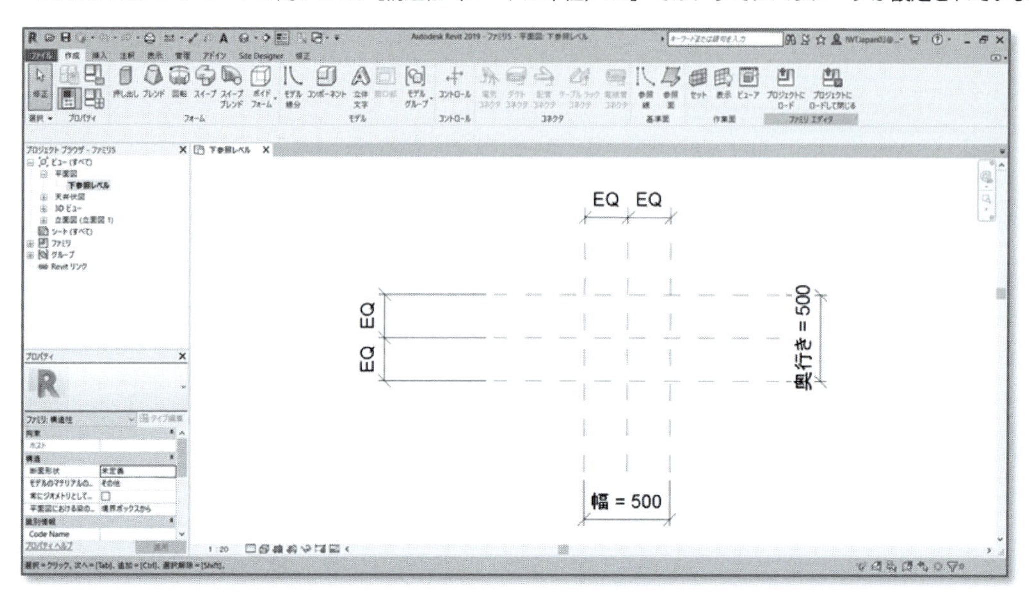

橋台02-STEP4

［作成］タブ -［プロパティ］-［ファミリタイプ］をクリックします。

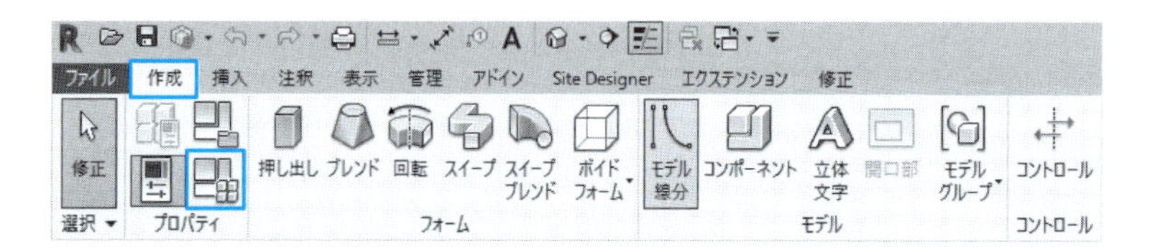

橋台02-STEP5

［ファミリタイプ］ダイアログが開きます。下記のように［奥行］（2000）と［幅］（11100）を設定します。

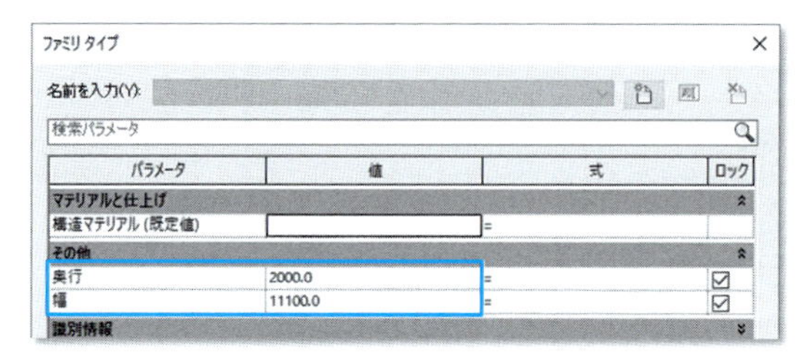

橋台02-STEP6

ビューを立面に変更します。［プロジェクトブラウザ］-［立面図］-［右］をダブルクリックします。

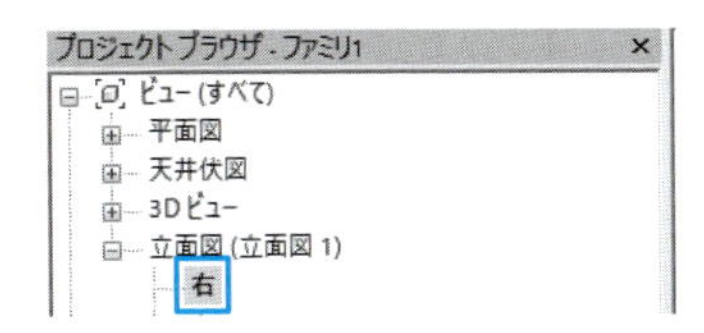

［右］ビューはこのように表示されます。

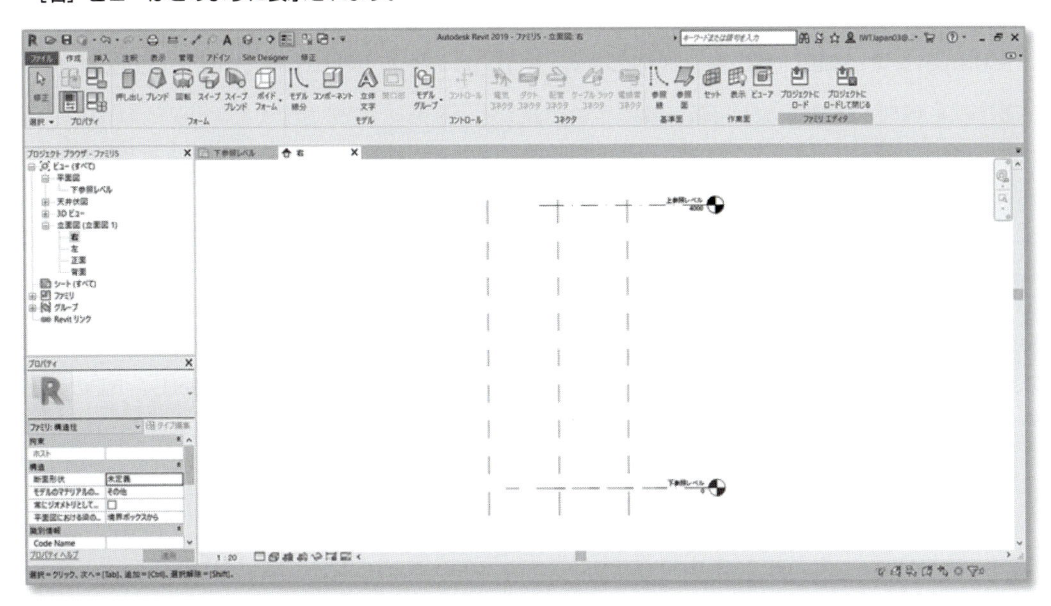

橋台02-STEP7

下記のように上参照レベルの値をダブルクリックして5000に変更します。またほかの参照面を下記のように作成します。

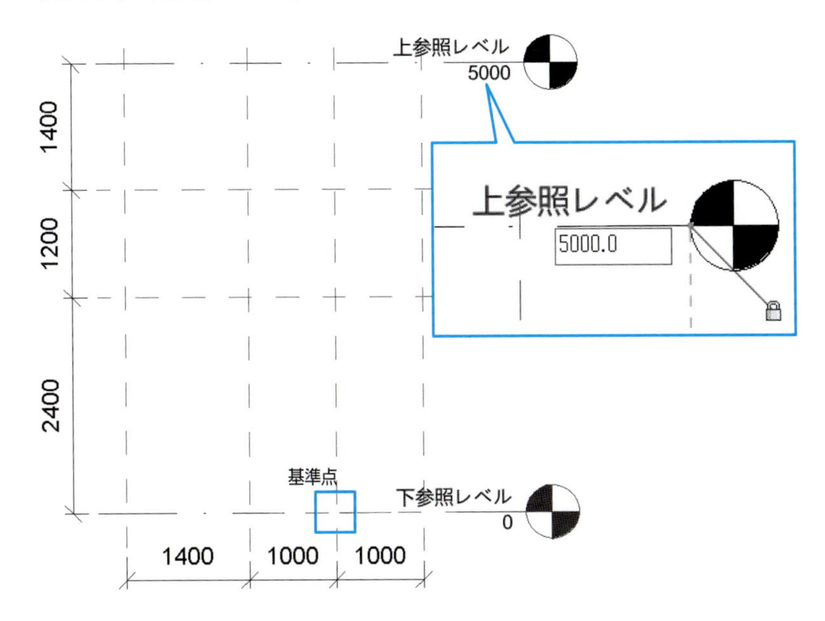

注：上限参照レベルをここでは5000としています。この値は配置時に変更できます。P104の完成形では上限参照レベルを4000として配置しています。

橋台02-STEP8

［押し出し］で基礎を作成します。［作成］タブ -［フォーム］-［押し出し］をクリックします。

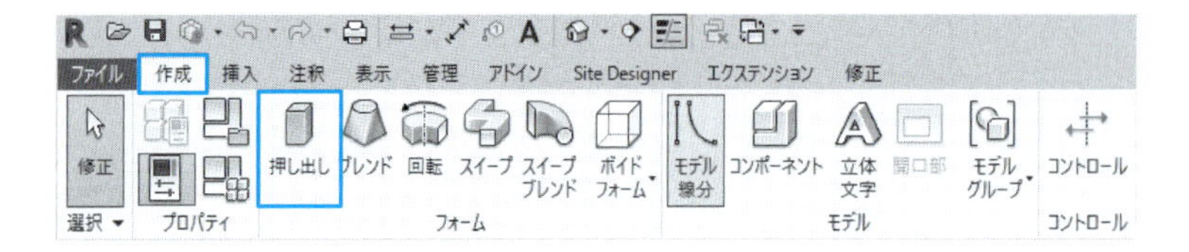

橋台02-STEP9

［修正｜押し出し］タブ -［描画］-［線］をクリックします。オプションバーの［奥行き］は［11100］に設定します。

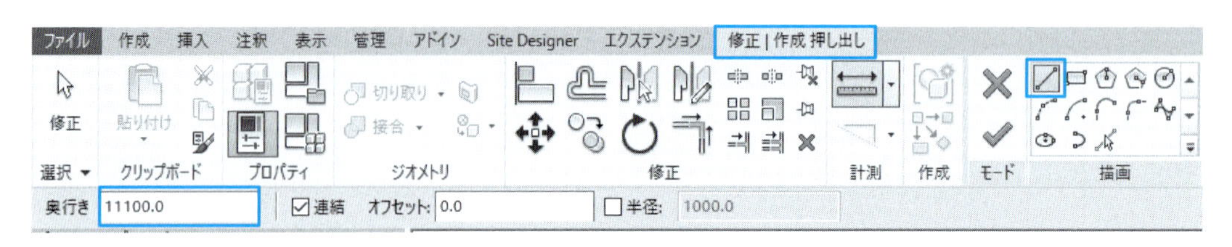

橋台02-STEP10

下記のように作成し、［ 位置合わせ］ツールをクリックします。［参照面］→［線分］の順に選択し、下記の4か所にロック［ ］します。

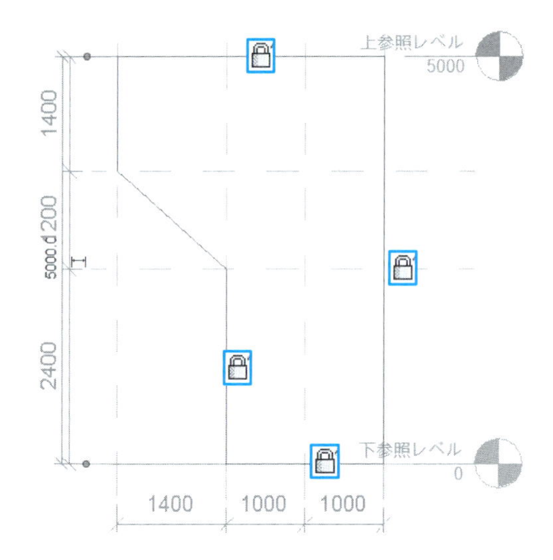

橋台02-STEP11

［修正｜押し出しを編集］タブ -［モード］-［編集を終了］をクリックします。

橋台02-STEP12

次に上側を作成します。断面を確認しやすいよう、［クイックアクセスツールバー］-［既存の３Dビュー］をクリックします。

橋台02-STEP13

［作成］タブ -［フォーム］-［スイープ］をクリックします。

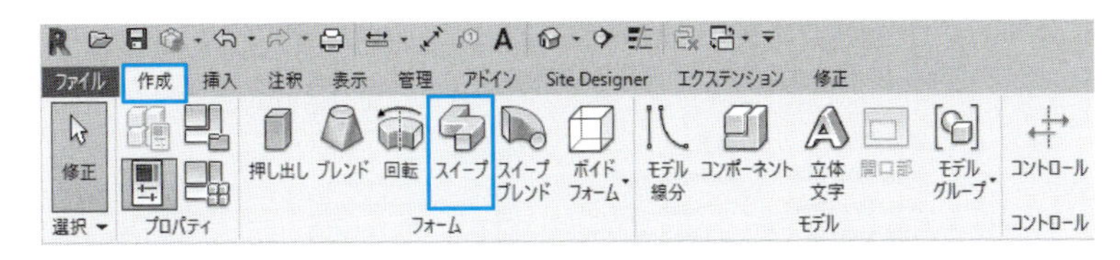

橋台02-STEP14

［編集｜スイープ］タブ -［スイープ］-［パスを選択］をクリックします。

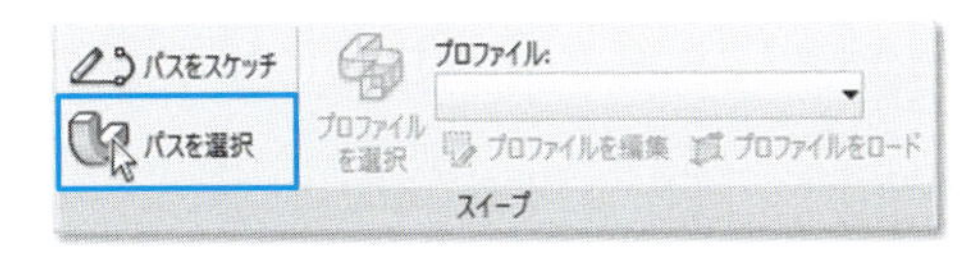

橋台02-STEP15

エッジを選択します。

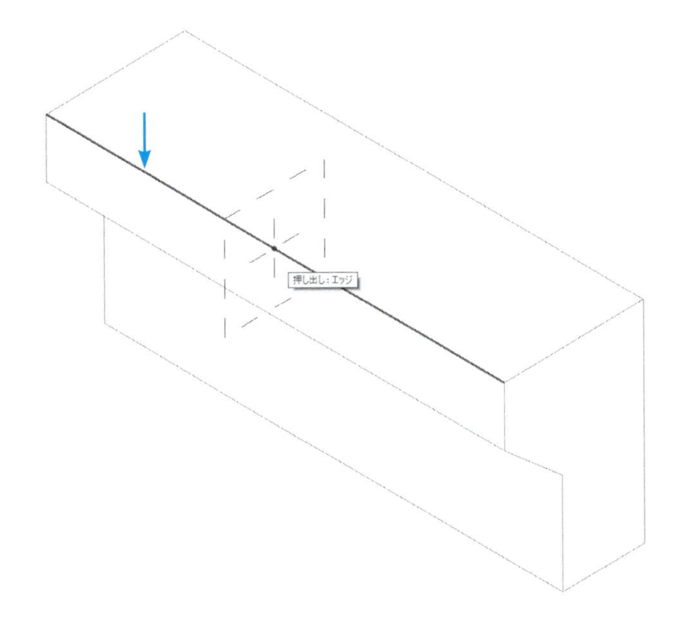

橋台02-STEP16

［修正｜スイープ>パスを選択］タブ -［モード］-［編集モードを終了］をクリックします。

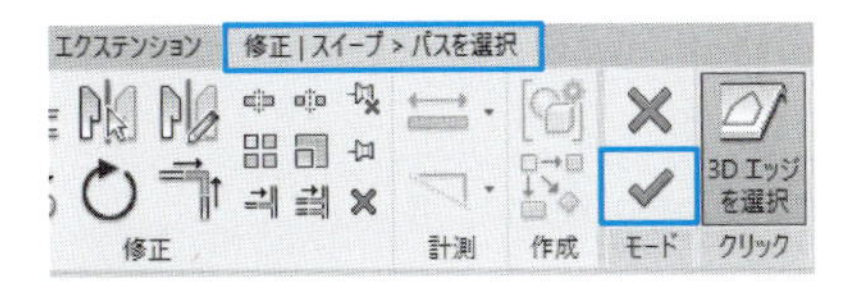

橋台02-STEP17

［修正｜スイープ］タブ -［スイープ］-［プロファイルをロード］をクリックします。

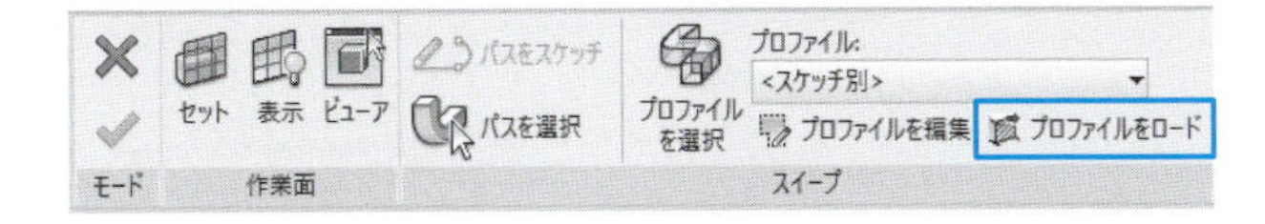

橋台02-STEP18

先ほど作成した［P_Abutment.rfa］を選択し、［開く］ボタンを押します。

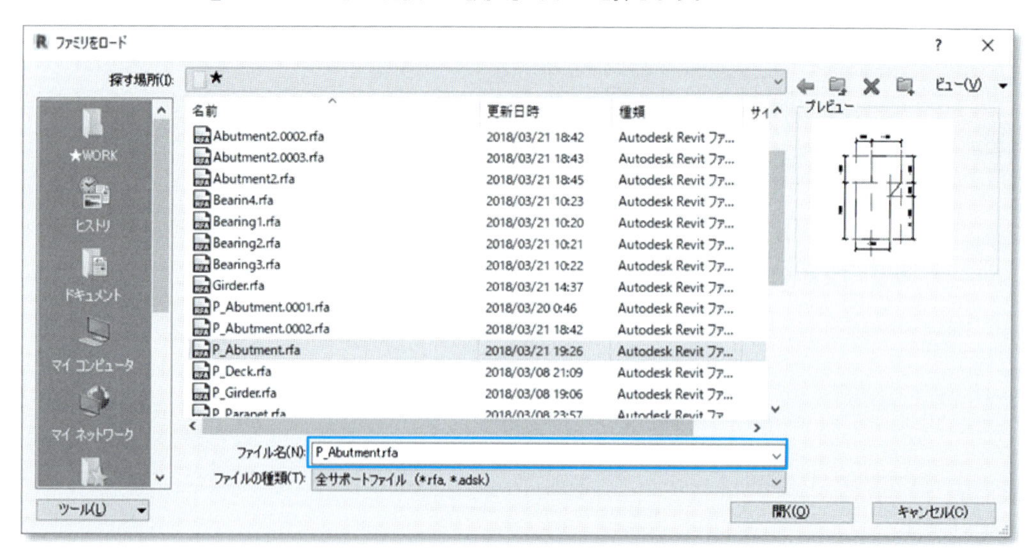

橋台02-STEP19

プロファイルに［P_Abutment］を選択します。

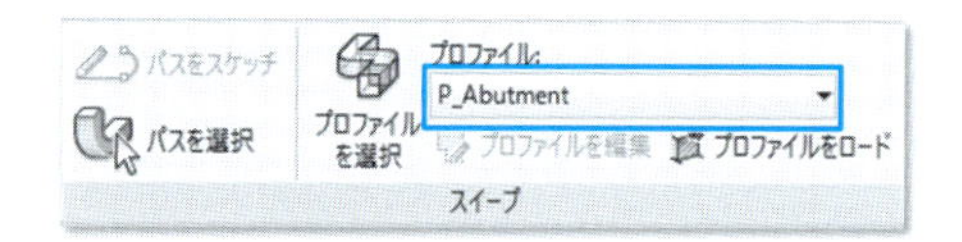

パス上にP_Abutmentが表示されます。

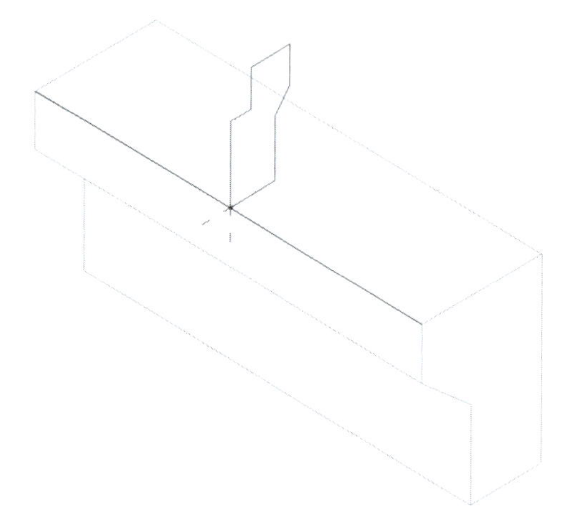

橋台02-STEP20

［修正｜スイープ］タブ -［モード］-［編集モードを終了］をクリックします。

このように作成されます。

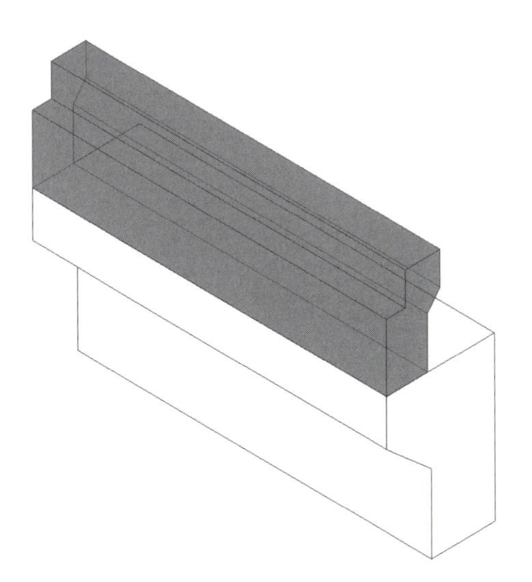

橋台02-STEP21

［修正］タブ -［ジオメトリ］-［接合］をクリックし、2つのオブジェクトを順に選択します。

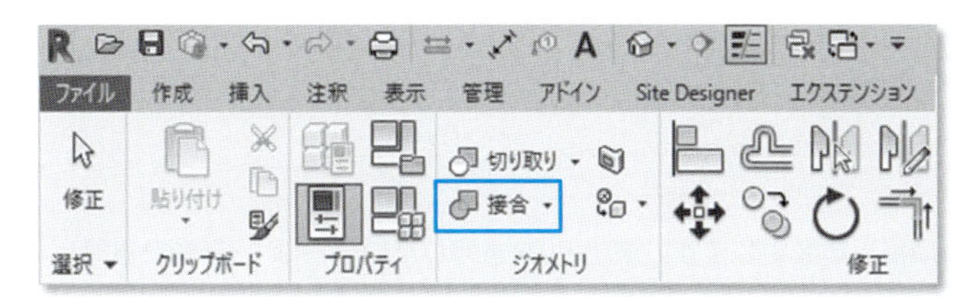

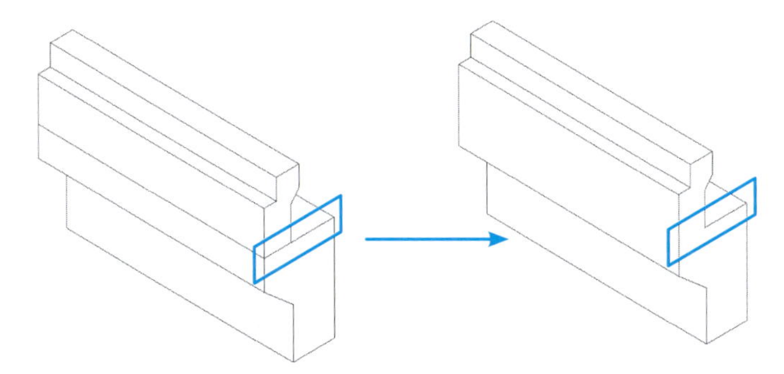

橋台02-STEP22

［クイックアクセスツールバー］-［既存の3Dビュー］をクリックし、［リアリスティック］をクリックします。［ファイル］タブ -［名前を付けて保存］-［ファミリ］をクリックします。ファミリファイル名を付けて、［保存］ボタンを押します。ここでは、Abutment2.rfaとしています。

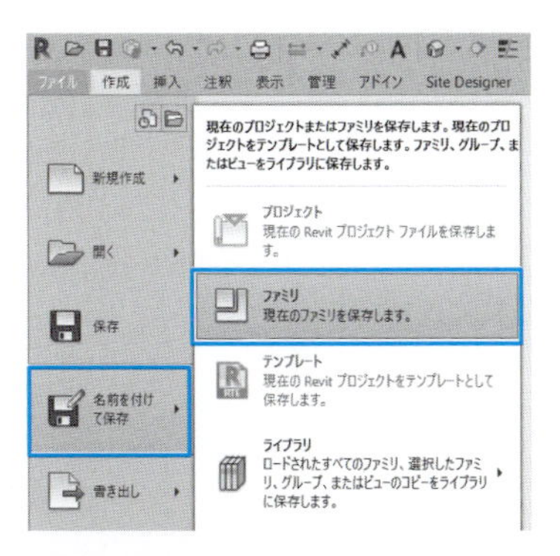

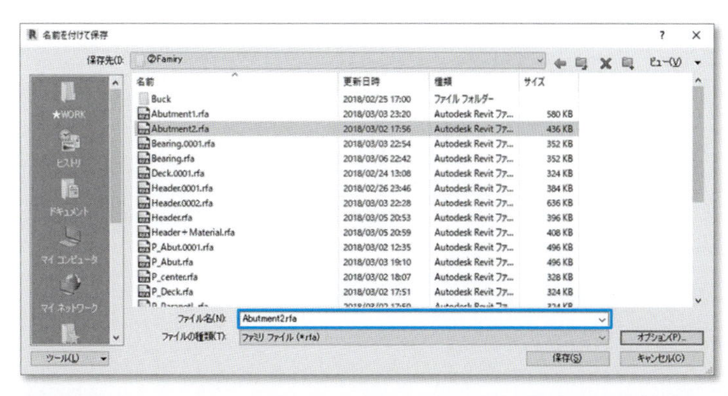

寸法で小数点以下の表示をするには

❶小数点以下の値を表示するには、［プロジェクトで使う単位］をクリックします。

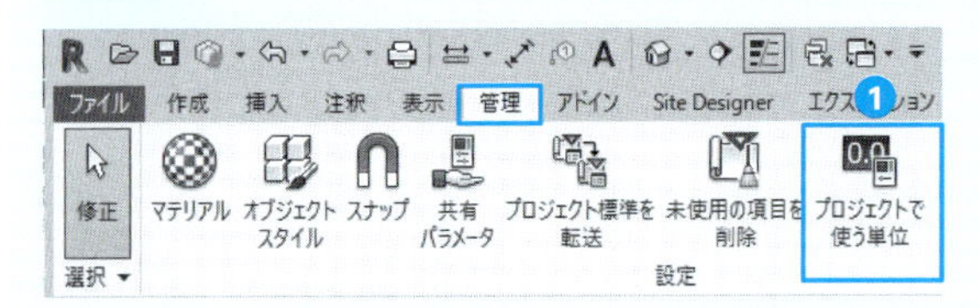

❷［プロジェクトで使う単位］ダイアログが表示されるので、［長さ］の［形式］欄をクリックします。

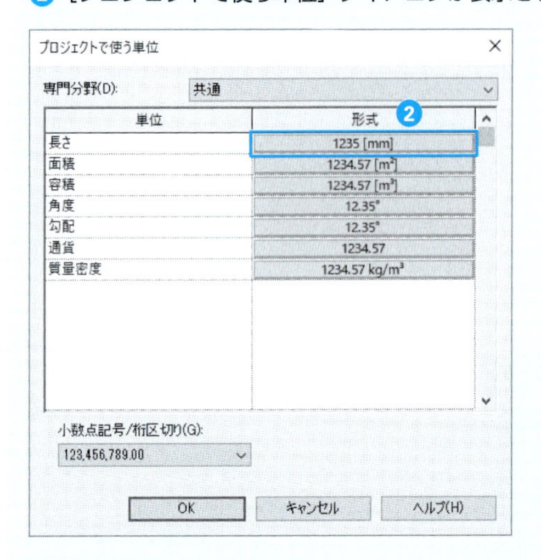

❸［形式］ダイアログが表示されるので［丸め項目］を変更します。末尾の0を省略したい場合は［末尾0を省略］に☑を付けます。

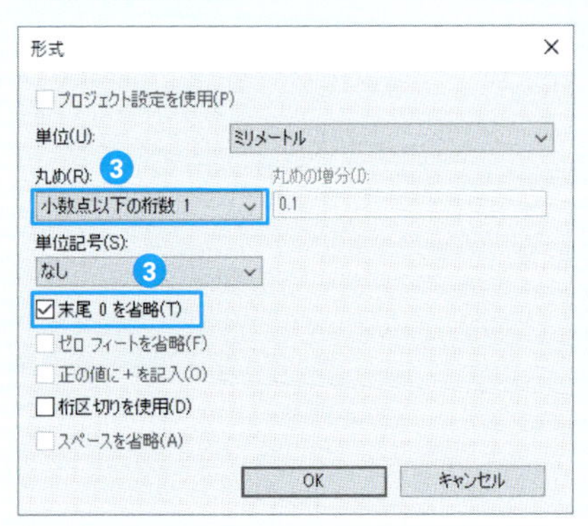

上部工

上部工ファミリ作成

次のような上部工標準断面を作成します。右図で青く示したように、舗装面、地覆は、プロファイルファミリ作成時には含めず、個別のファミリとして作成します。完成形データは、［DataSet］-［2019］-［Family］フォルダのP_Girder.rfaです。

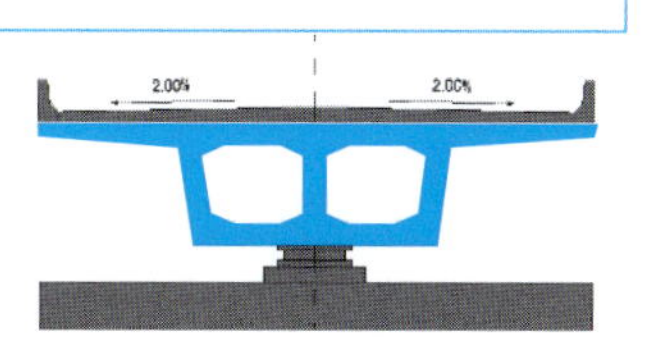

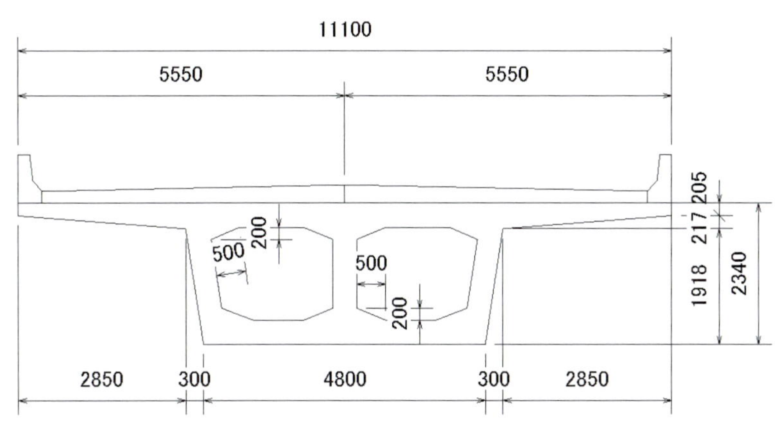

参照面を作らずに寸法補助線を使用して作図することも可能ですが、本書内ではわかりやすいように補助線となる参照面作成後にモデル線分を作成する手順で説明します。

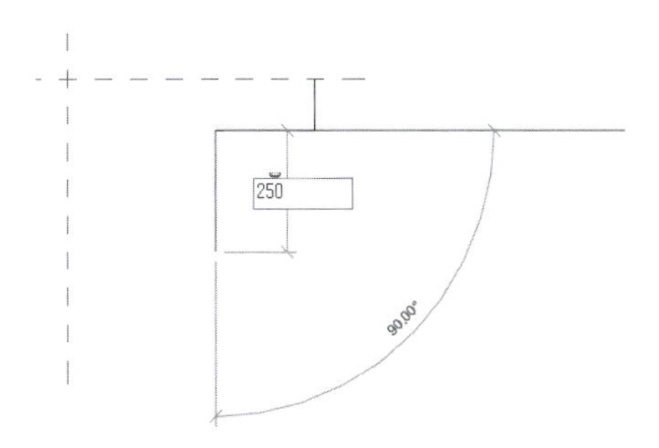

上部工ファミリ作成01-STEP1

［ファイル］タブ -［新規作成］-［ファミリ］を選択します。

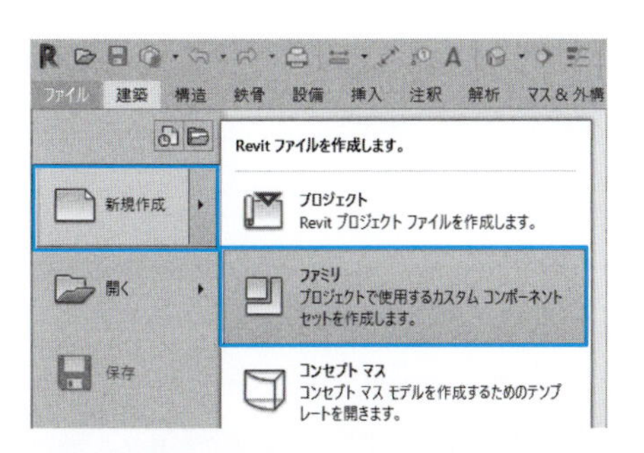

上部工ファミリ作成01-STEP2

［新しいファミリ］ダイアログが開きますので、［プロファイル（メートル単位）.rtf］を選択し、［開く］ボタンを押します。

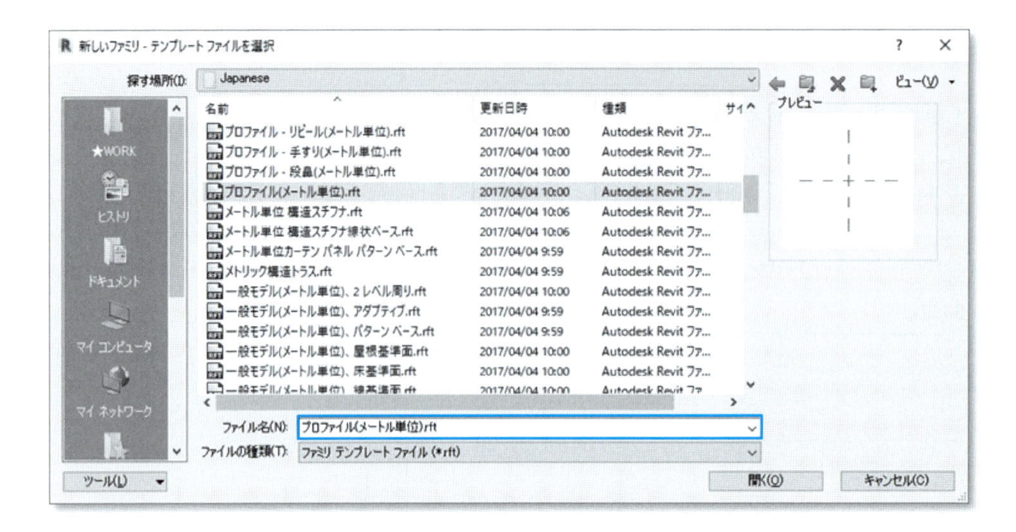

上部工ファミリ作成01-STEP3

［プロジェクトブラウザ］より［平面図］-［参照レベル］をダブルクリックします。

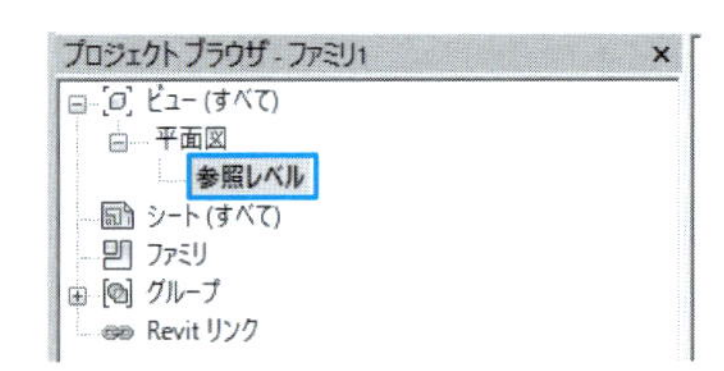

このようなビューが表示されます。

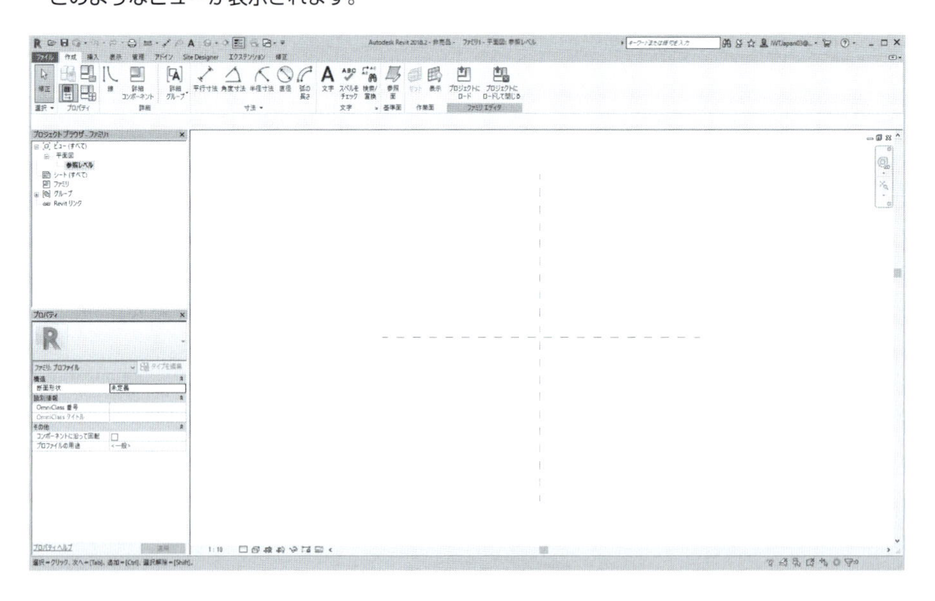

上部工ファミリ作成01-STEP4

参照面を設定します。[作成] タブ - [基準面] - [参照面] をクリックします。

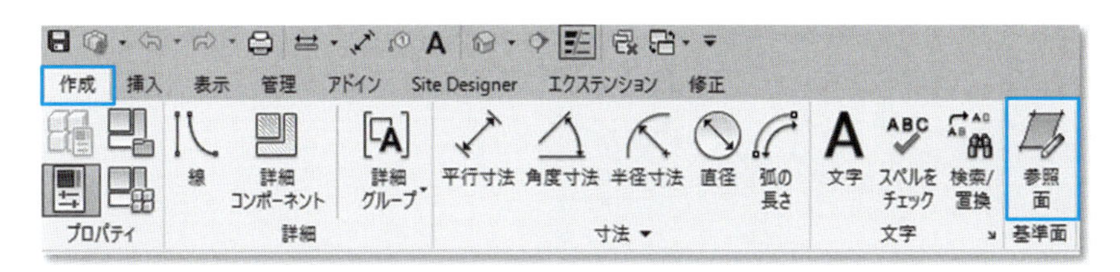

上部工ファミリ作成01-STEP5

[修正 | 配置　参照面] タブ - [描画] - [選択] をクリックします。オプションバーの [オフセット] を使用して、これまでの手順同様に参照面を作成します。

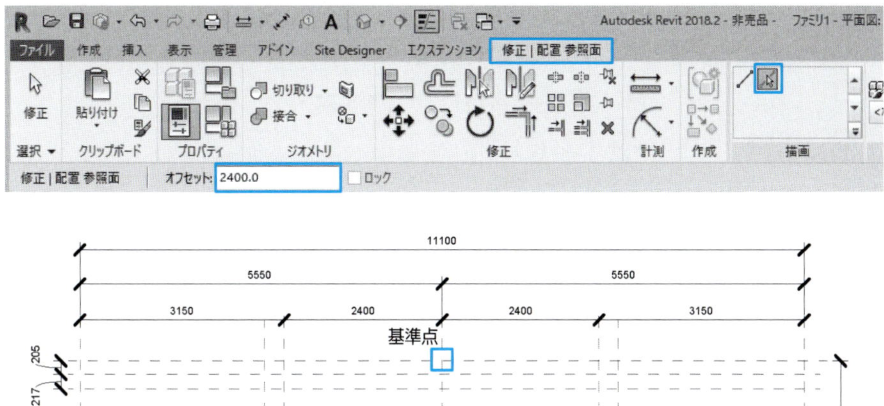

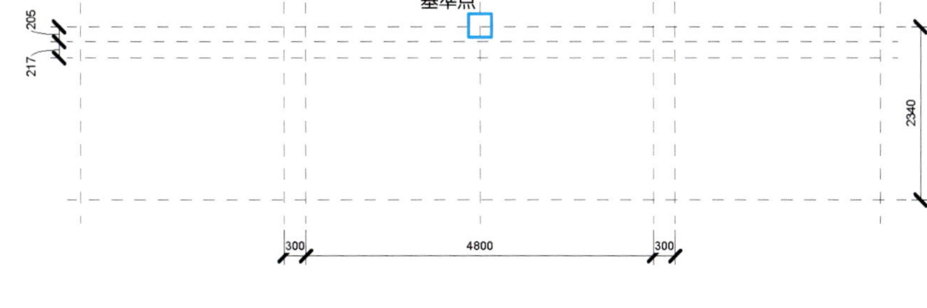

上部工ファミリ作成01-STEP6

次に寸法線を作成します。[作成] タブ - [寸法] - [平行寸法] をクリックします（尺度を1：50にすると、寸法値が見やすい大きさになります）。

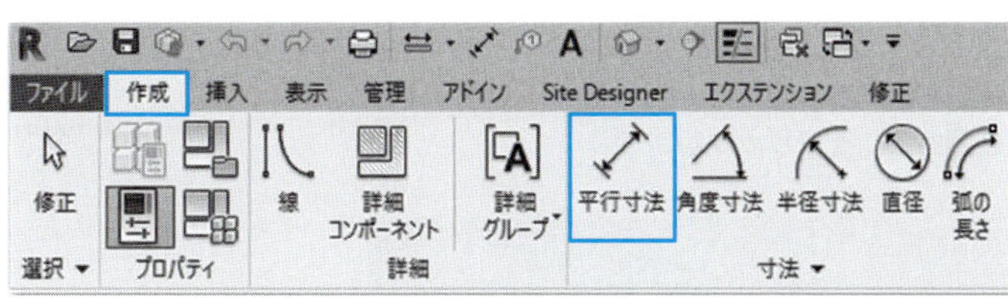

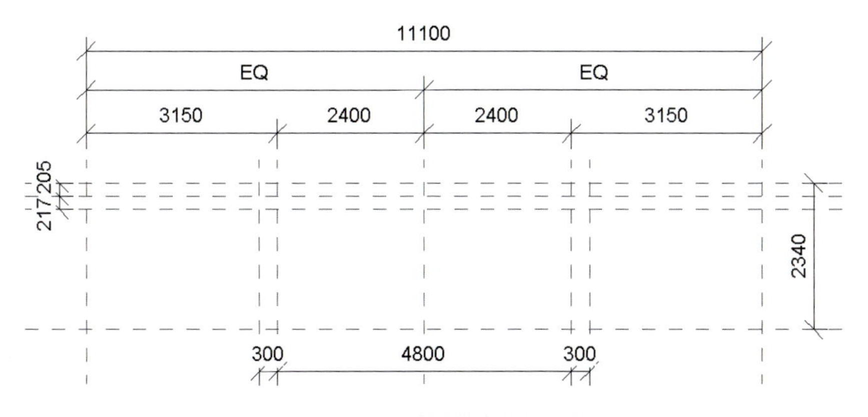

上部工ファミリ作成01-STEP7

上部工の形状を作成します。［作成］タブ -［詳細］-［線］をクリックします。

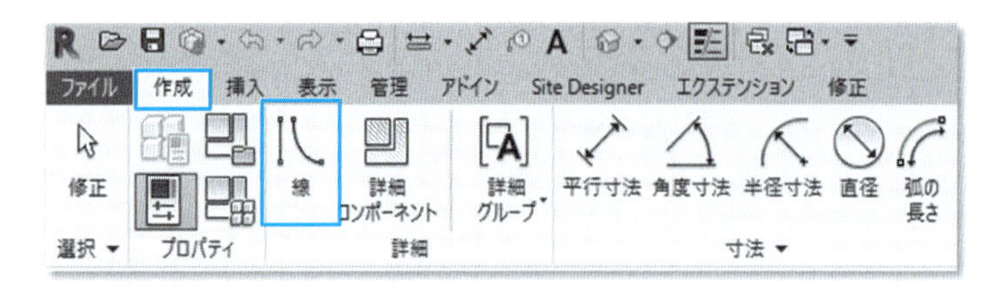

上部工ファミリ作成01-STEP8

［修正｜配置　線分］タブ -［描画］-［線］をクリックします。［参照面］の交点をクリックして、下記のように線を作成します。

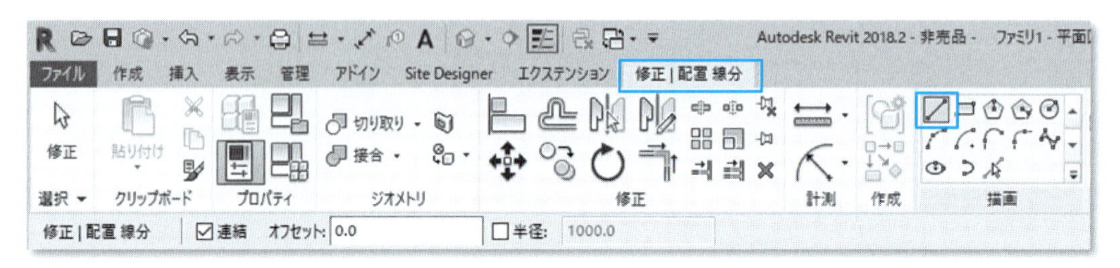

このように作成します。

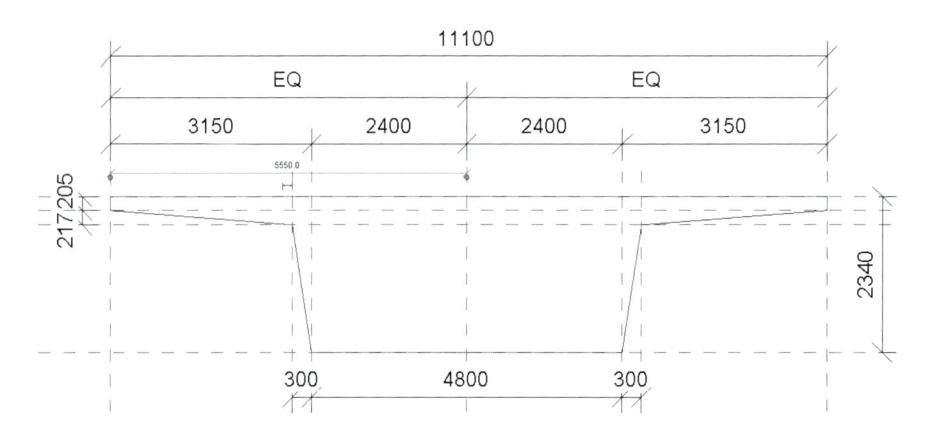

上部工ファミリ作成01-STEP9

位置合せをします。［修正］タブ -［修正］-［位置合せ］をクリックします。

上部工ファミリ作成01-STEP10

水平な参照面［1］→上部工の上辺［2］の順にクリックします。鍵が表示されるので、クリックでロック［3］をかけます。

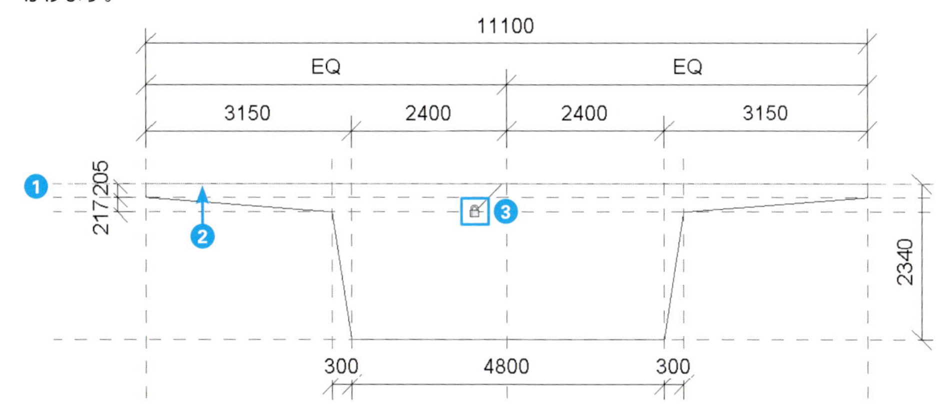

上部工ファミリ作成01-STEP11

内側の部分を作成します。［作成］タブ -［基準面］-［参照面］をクリックします。

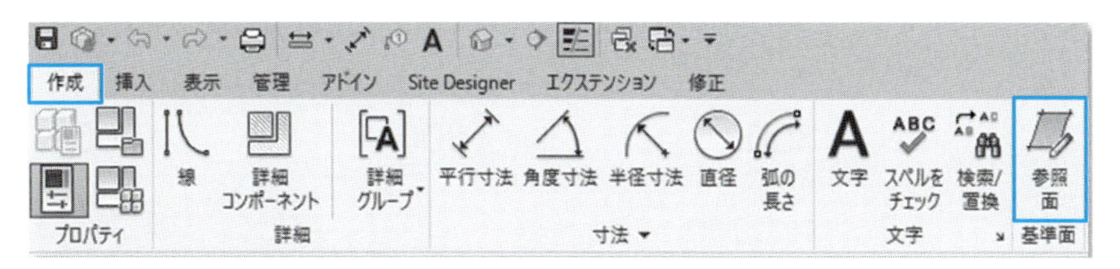

上部工ファミリ作成01-STEP12

［修正 | 配置　参照面］タブ -［描画］-［選択］をクリックします。オプションバーの［オフセット］を［400］に設定します。

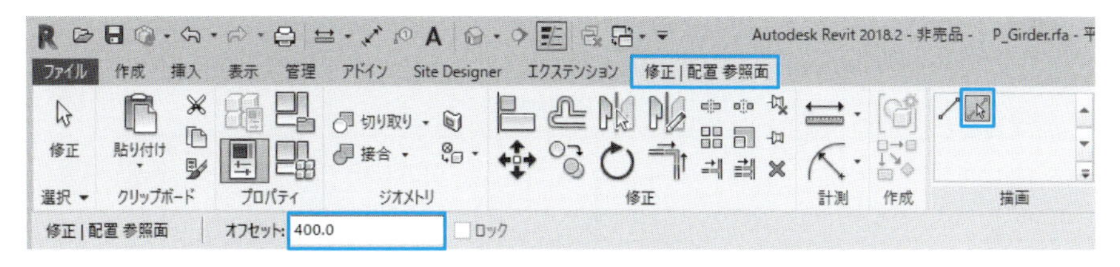

上部工ファミリ作成01-STEP13

下記のように参照面を作成します。

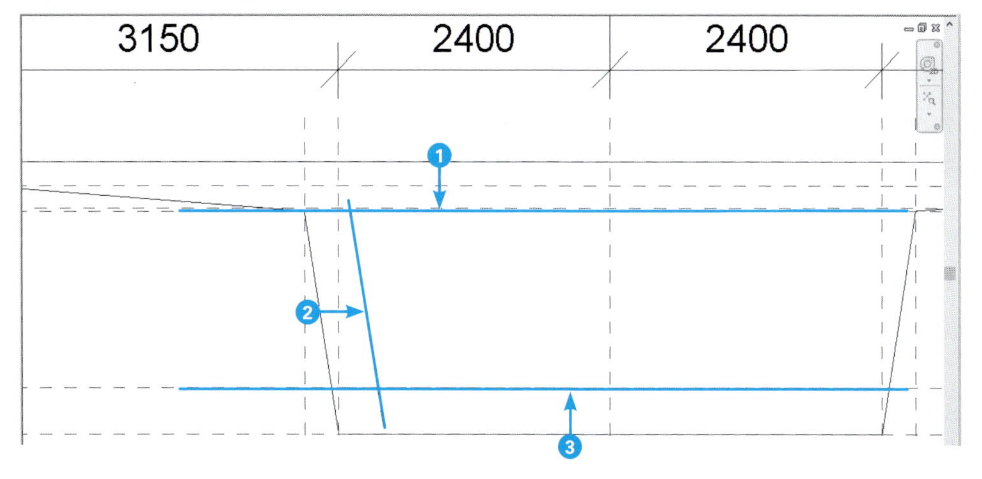

上部工ファミリ作成01-STEP14

オプションバーの［オフセット］を［200］に変更し、中央部にも［参照面］を作成します。

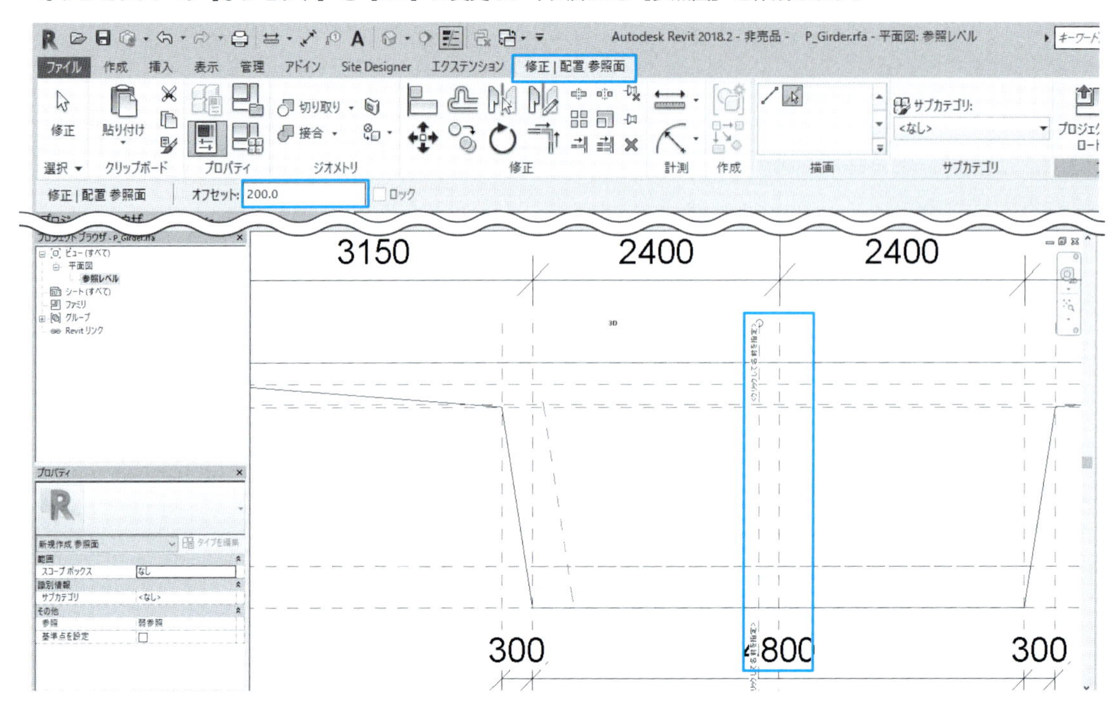

上部工ファミリ作成01-STEP15

同様の手順で、ハンチ用に参照面を4本作成します。上下方向のオフセットは［200］、左右のオフセットは［500］に設定します。

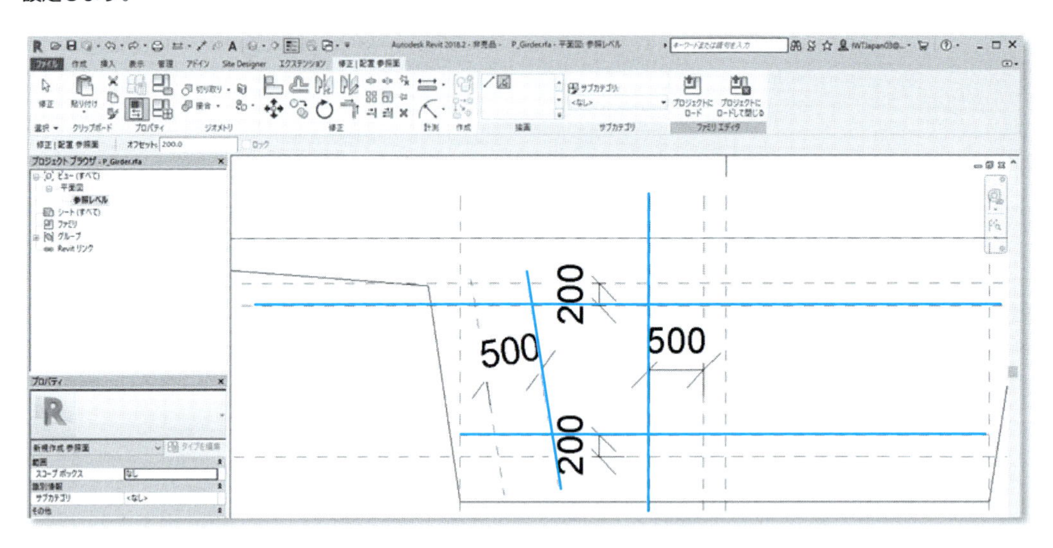

上部工ファミリ作成01-STEP16

［作成］タブ -［詳細］-［線］をクリックします。

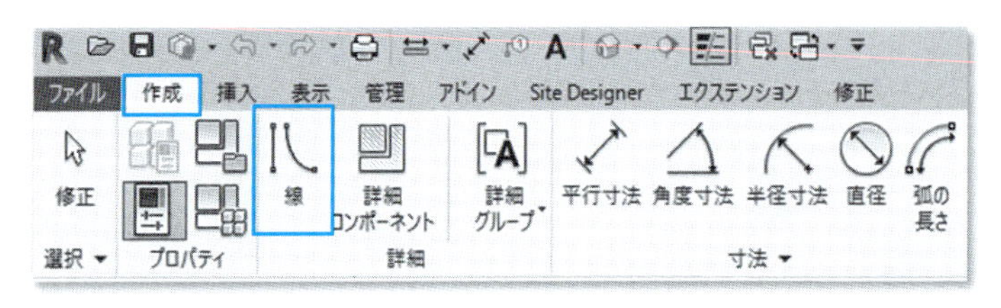

上部工ファミリ作成01-STEP17

各交点をクリックして、下記のように線を作成します。

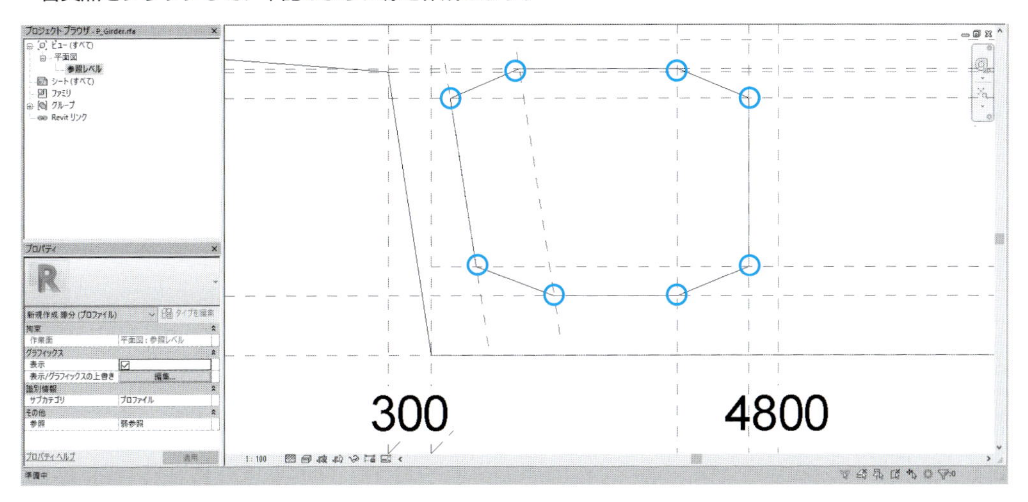

上部工ファミリ作成01-STEP18

反対側は［鏡像］ツールで作成します。STEP17で作成した線分を選択し、［修正｜線分］タブ-［修正］-［鏡像化 - 軸を選択］をクリックします（複数を選択するには、Ctrlキーを押しながら追加したい線分を選択していきます）。

上部工ファミリ作成01-STEP19

中央の［参照面］を選択すると、このように反対側にも作成されます。

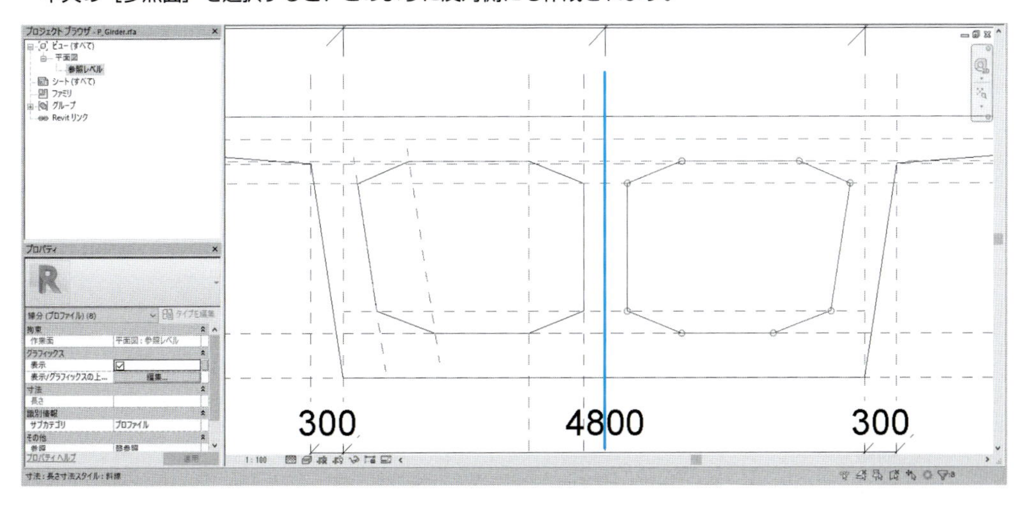

上部工ファミリ作成01-STEP20

ファミリを保存します。［ファイル］タブ -［名前を付けて保存］-［ファミリ］をクリックします。ファミリファイル名を付けて、［保存］ボタンを押します。ここでは、P_Girder.rfaとしています。

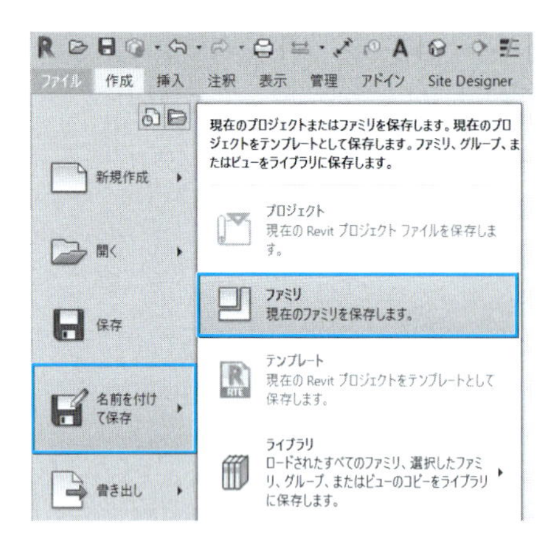

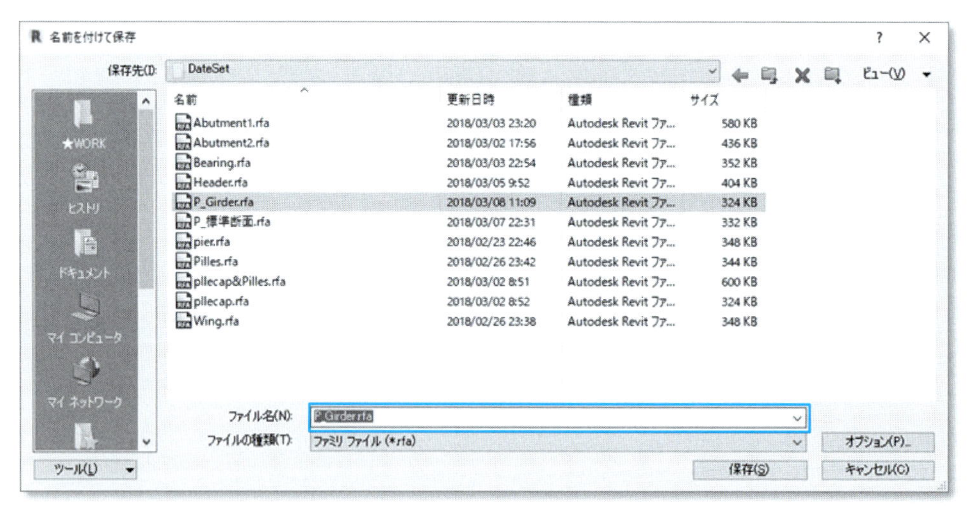

大梁として上部工のファミリを作成します。完成形データは、［DataSet］-［2019］-［Family］フォルダのGirder.rfaです。

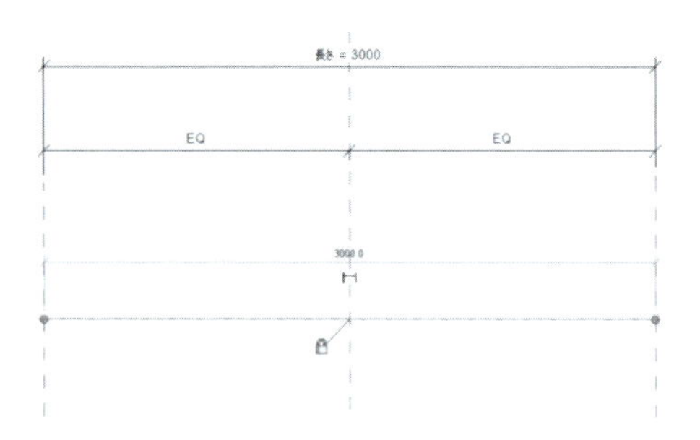

上部工ファミリ作成02-STEP１ - STEP3

はじめの手順は梁01のSTEP1 - STEP3を参考に作成してください。

上部工ファミリ作成02-STEP4

［作成］タブ -［フォーム］-［スイープ］をクリックします。

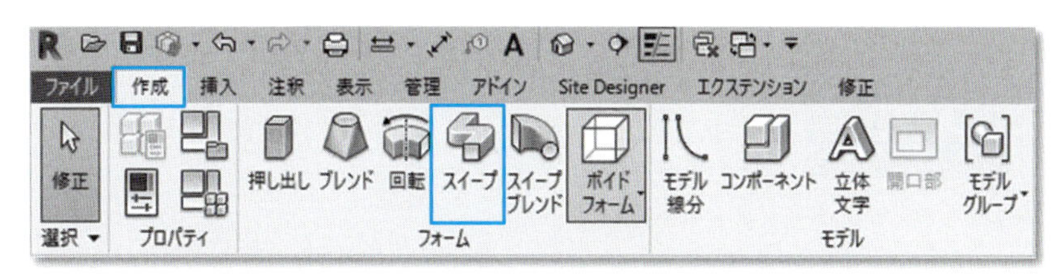

上部工ファミリ作成02-STEP5

［修正｜スイープ］タブ -［スイープ］-［パスを選択］をクリックします。

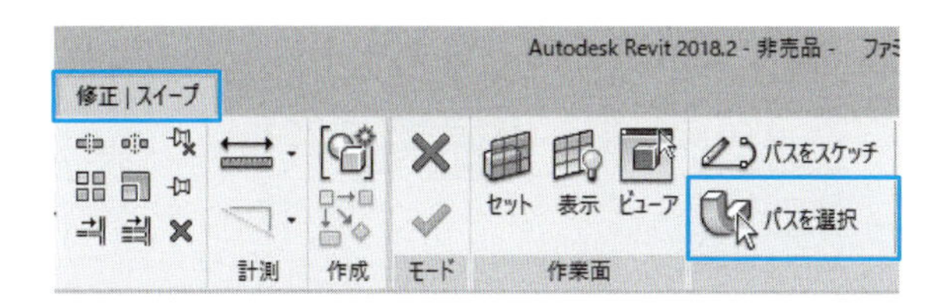

上部工ファミリ作成02-STEP6

［修正｜スイープ>パスを選択］タブ -［クリック］-［3Dエッジを選択］を選択し、［モデル線分］をクリックします。

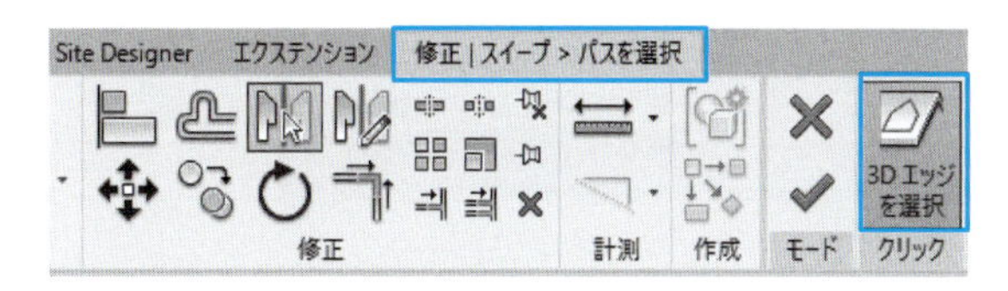

［モデル線分］を選択するとこのようになります。

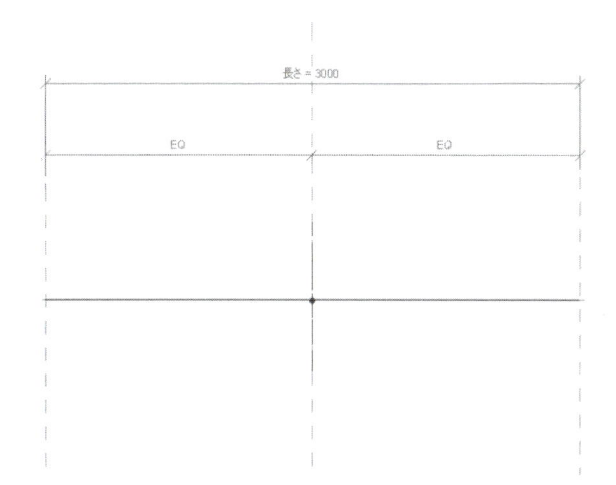

上部工ファミリ作成02-STEP 7

［修正｜スイープ>パスを選択］タブ -［クリック］-［ ✔ ］をクリックします。

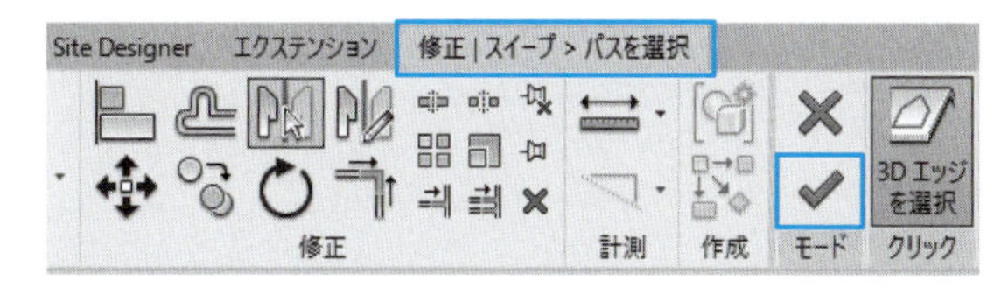

上部工ファミリ作成02-STEP8

［修正｜スイープ］タブ -［スイープ］-［プロファイルをロード］をクリックします。

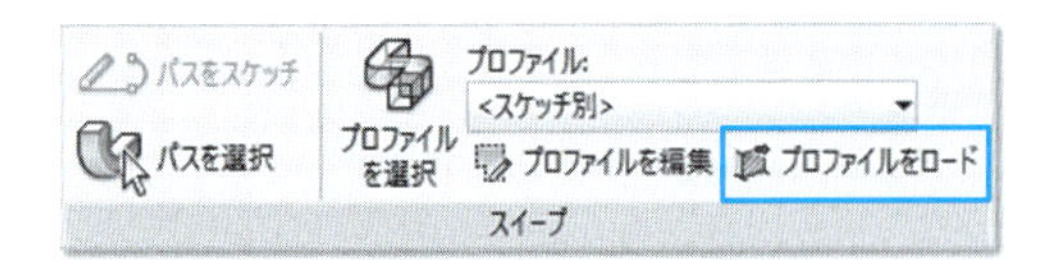

上部工ファミリ作成02-STEP9

事前に作成しておいたプロファイルファミリをロードします。ここではP_Girder.rfaを選択し、［開く］ボタンを押します。

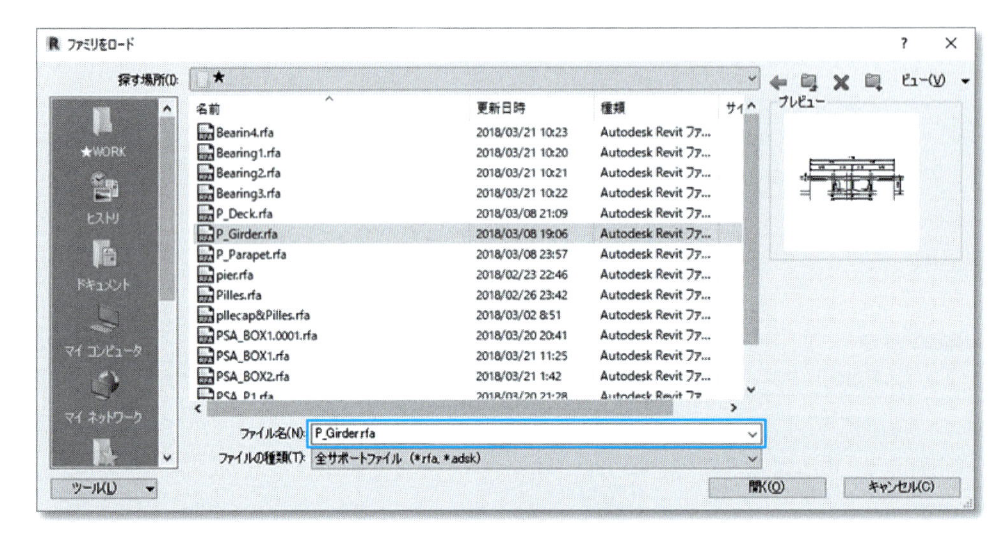

上部工ファミリ作成02-STEP10

［修正｜スイープ］タブ -［スイープ］-［プロファイル］で［P_Girder］を選択しクリックし、［ ✔ ］をクリックします。

上部工ファミリ作成02-STEP11

　形状を確認します。［クイックアクセスツールバー］-［既存の３Ｄビュー］をクリックします。ステータスバーの表示スタイルを［リアリスティック］に変更します。

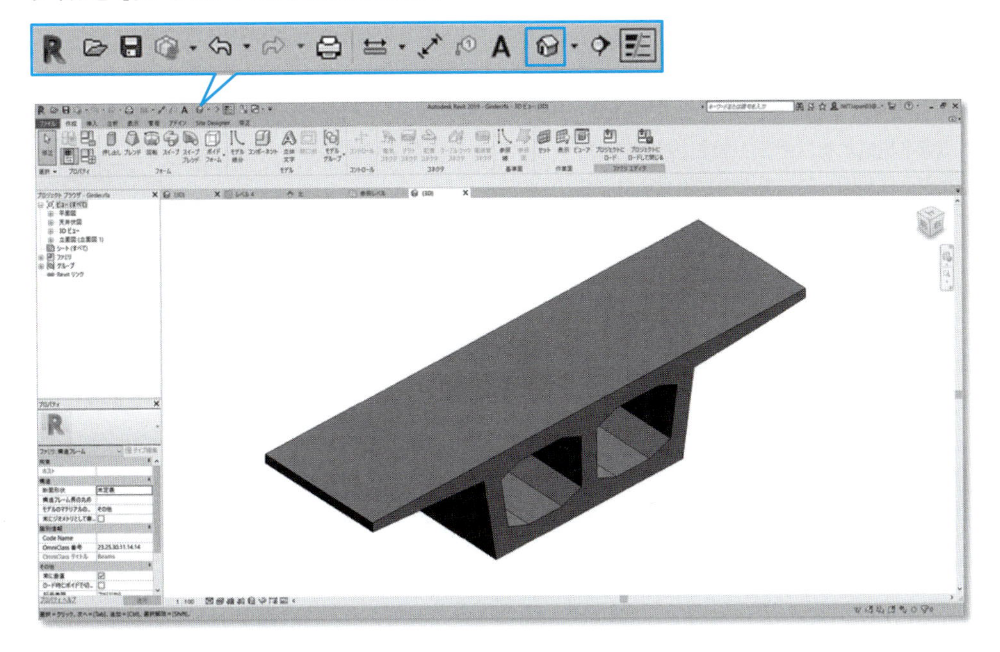

上部工ファミリ作成02-STEP12

　ファミリを保存します。［ファイル］タブ -［名前を付けて保存］-［ファミリ］をクリックします。ファミリファイル名を付けて、［保存］ボタンを押します。ここでは、Girder.rfaとしています。

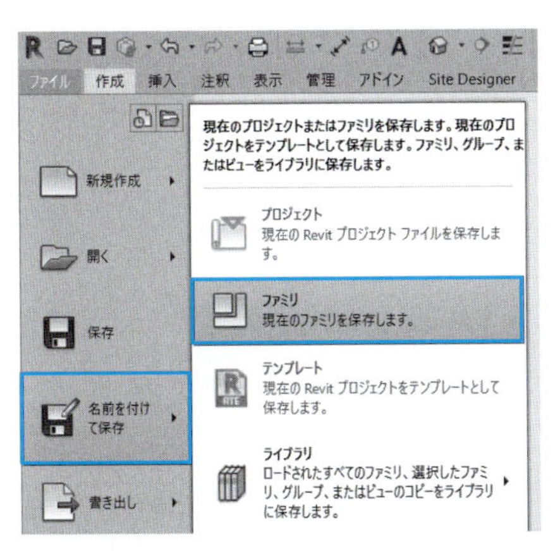

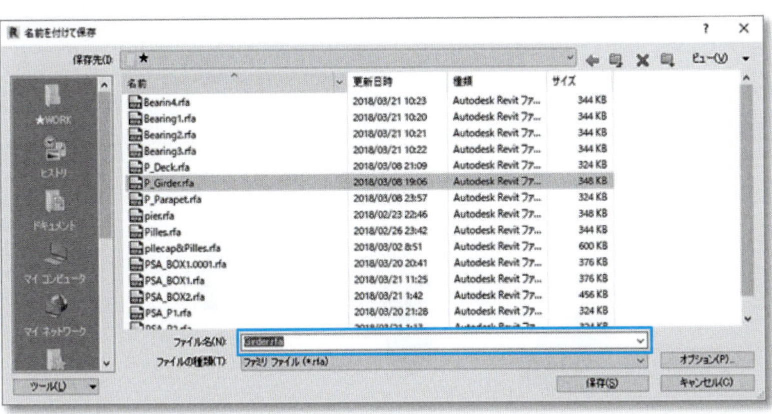

02 橋梁プロジェクトモデル作成

橋梁プロジェクトモデルの作成手順

ここでは、「01 橋梁を構成するファミリ作成」で作成したファミリをプロジェクトに配置して、橋梁のプロジェクトモデルを作成します。

完成データは、[DataSet] - [2019] - [2章 構造物（橋梁）モデルの作成] フォルダのSample【基本】.rvtです。

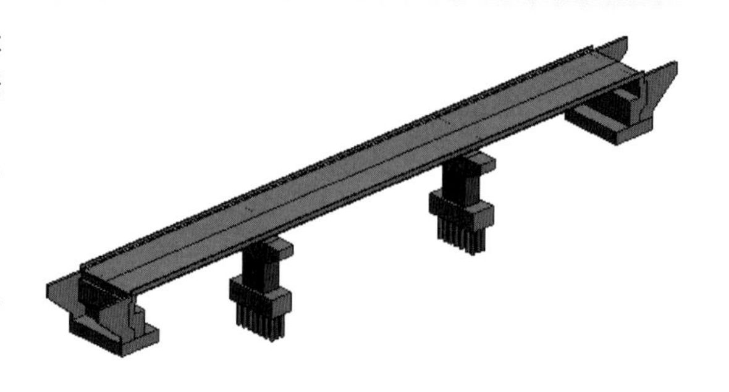

橋梁プロジェクトモデルは、下記のような手順で作成します。

01 構造テンプレート選択

ここでは土木構造物を作成するので、プロジェクトテンプレートは構造テンプレートを選択します。

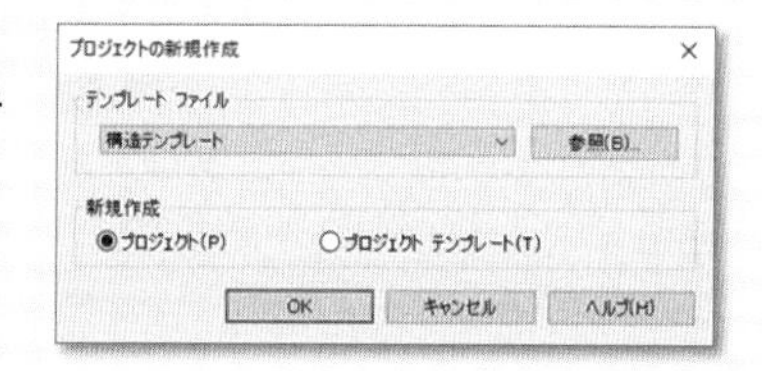

02 レベル／通芯作成

コンポーネント配置時の基準となるレベルと通芯を作成します。

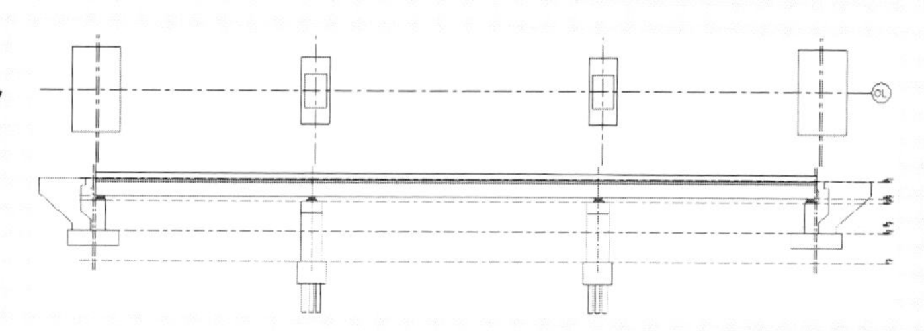

03 プロジェクトにファミリをロード

ファミリをプロジェクトにロードし、コンポーネントとして利用できるようにします。

04 コンポーネントの配置

コンポーネントをプロジェクトに配置します。

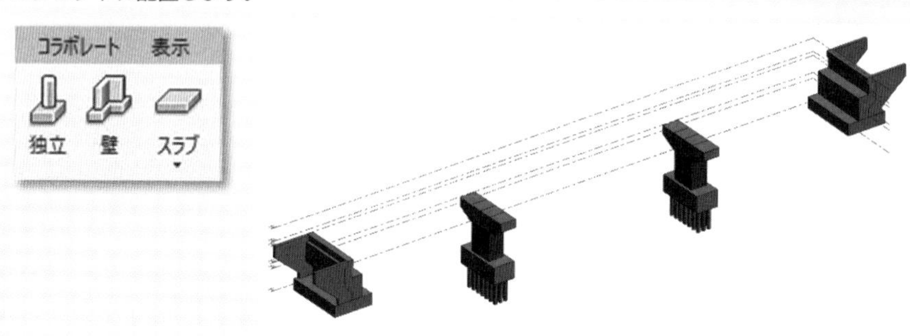

01 プロジェクトを新規作成

STEP1

アプリケーションメニューより［新規作成］-［プロジェクト］を選択します。

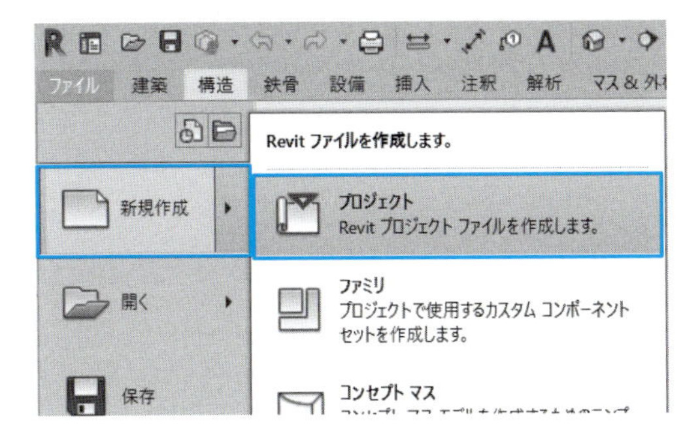

STEP 2

［プロジェクトの新規作成］ダイアログが開くので、［構造テンプレート］を選択し、［OK］ボタンを押します。

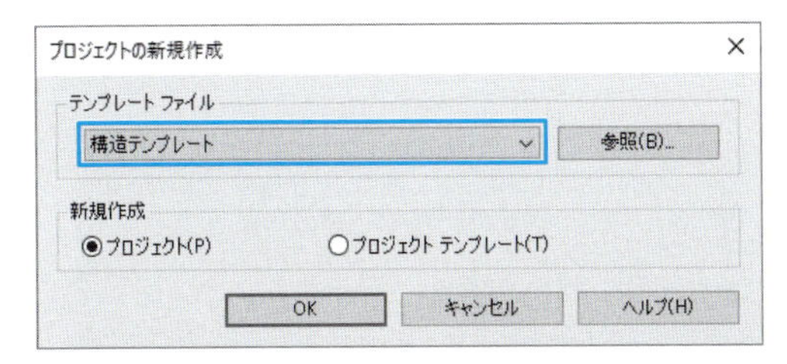

このようなテンプレートが開きます。

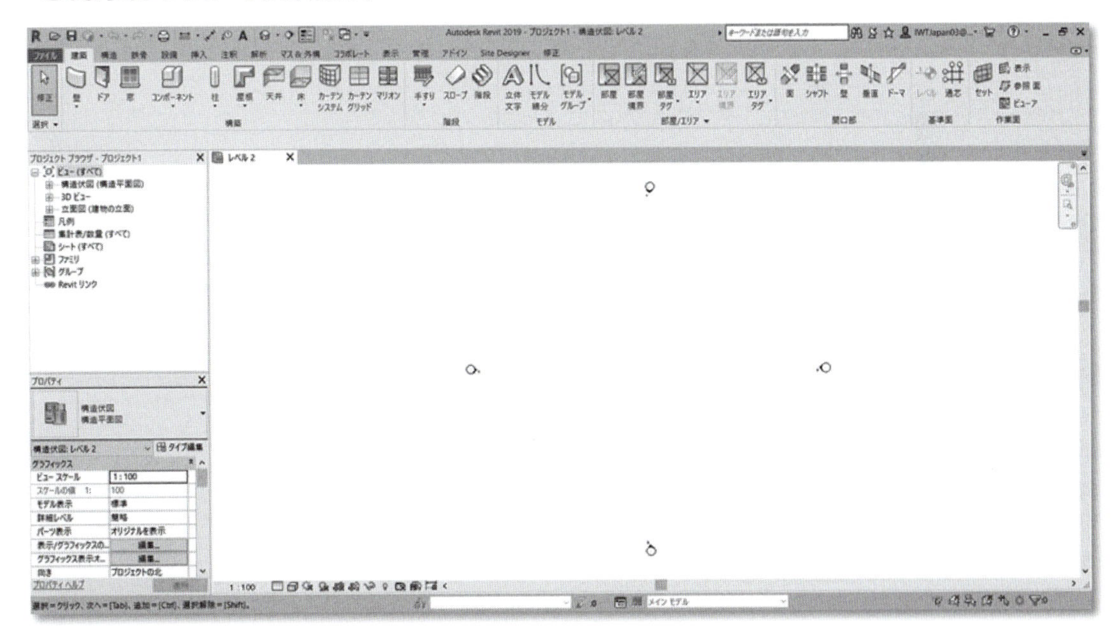

02 レベル／通芯を作成

作成順序は①レベル→②通芯

レベルと通芯ではレベルを先に作成します。通芯を先に作成した場合、後から作成するレベルには通芯が作成されない場合があります。その場合、通芯が表示されているビューにて通芯をすべて選択後、右クリックして表示されるメニューから［3D 範囲を最大化］を選択してください。

STEP1

［プロジェクトブラウザ］から［立面図］-［南］をダブルクリックします。

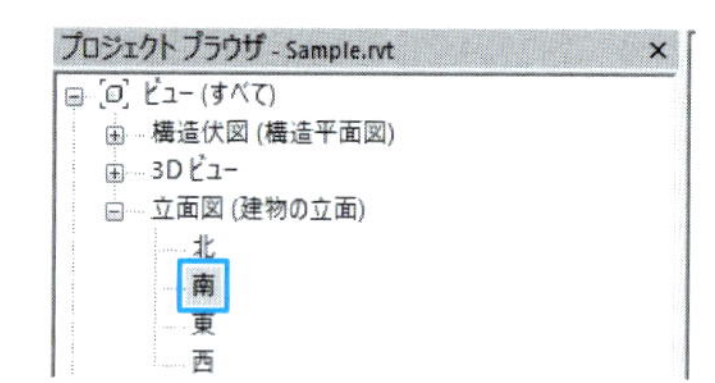

このように表示されます。

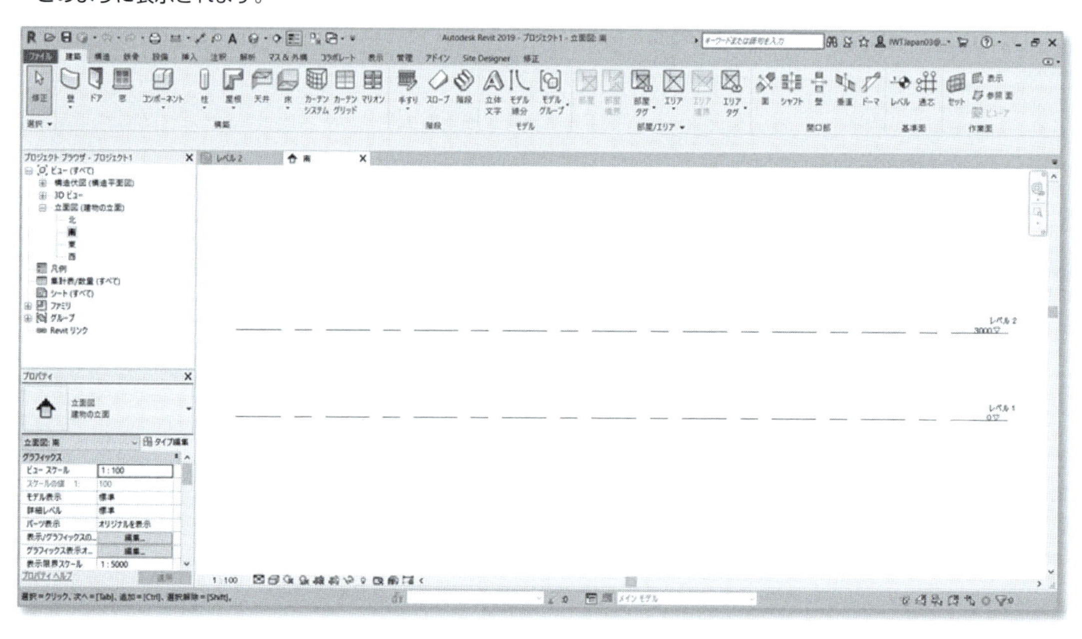

STEP2

既定で設定されている［レベル2］の値［3000］をダブルクリックし、値を［4000］に変更します。

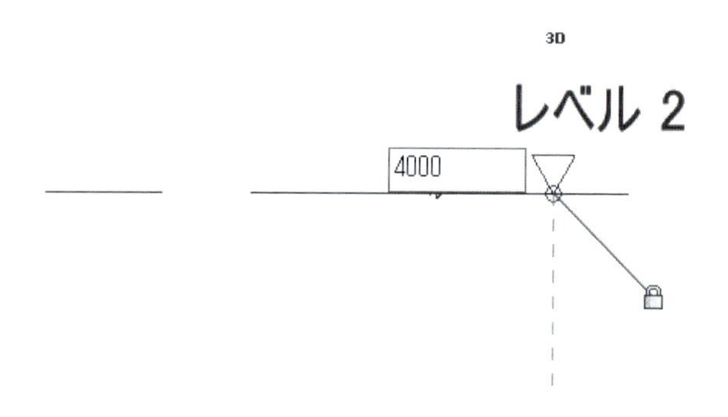

STEP3

既存のレベルをオフセットしてレベルを追加します。[レベル2 : 4000] を選択し、[修正｜レベル線] タブ - [作成] - [類似オブジェクトを作成] をクリックします。

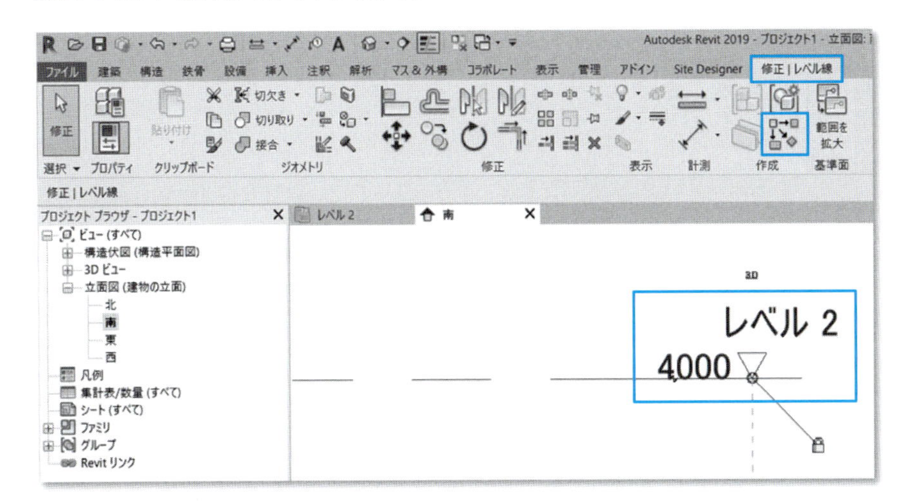

STEP4

[修正｜配置レベル] - [描画] - [選択] をクリックします。オプションバーの [オフセット] は [1000] に設定します。

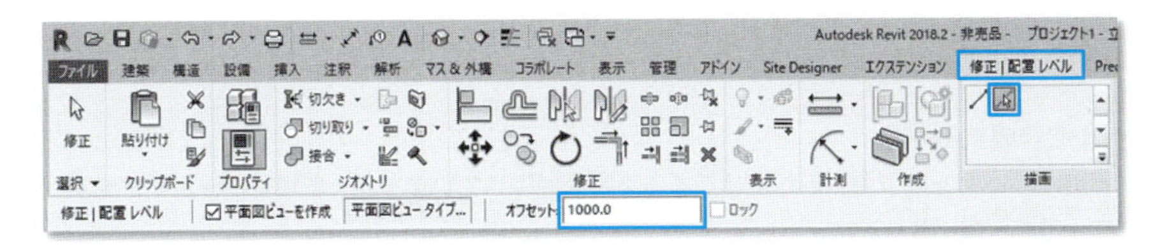

STEP5

[レベル2] のラインの少し上あたりをクリックします（クリックする位置によって、作成方向（上下）を指定します)。「5000」の「レベル3」が作成されます。

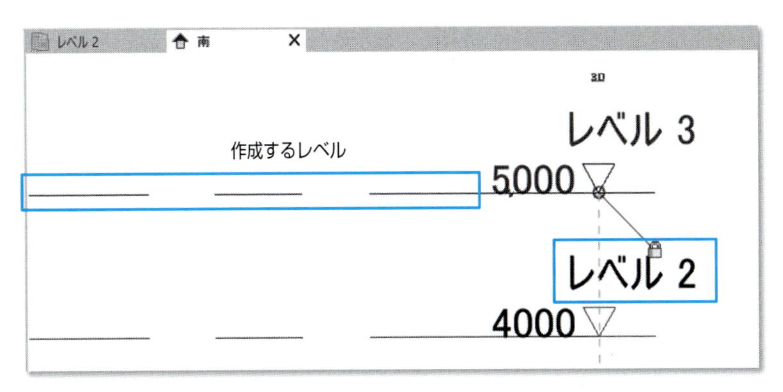

STEP6

同様の手順でオフセットの数値を変更して、8000の位置に「レベル4」、8720の位置に「レベル5」、11060の位置に「レベル6」を作成します。

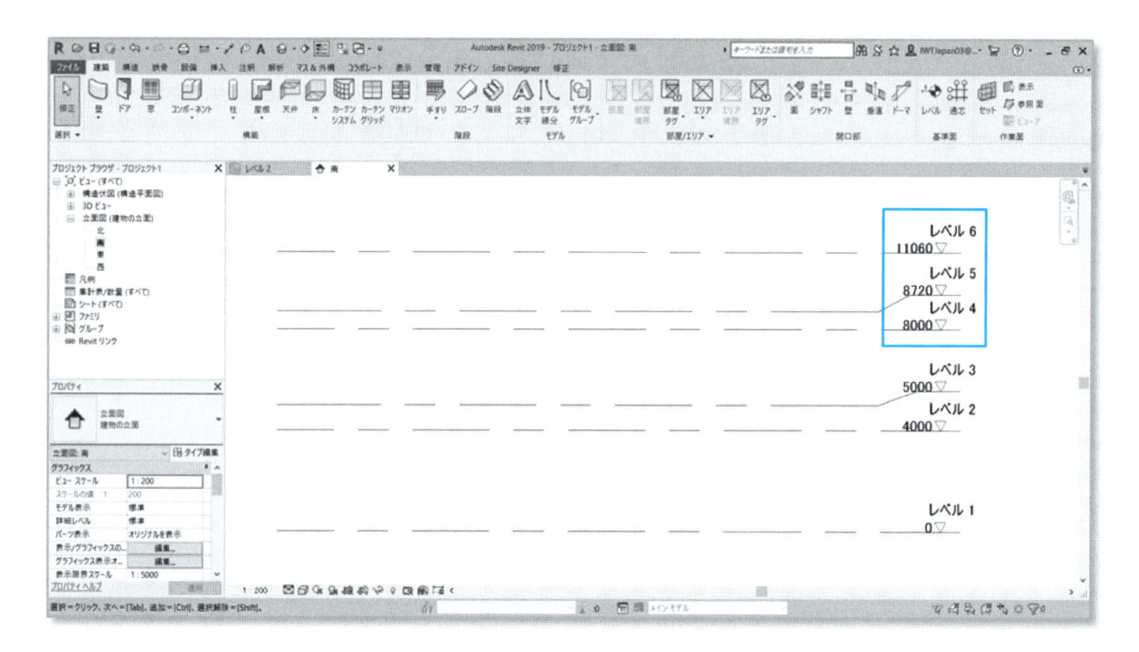

新規にレベルを作成する場合

本章では、既存のレベルをオフセットして追加する手順を説明していますが、新規でレベルを作成する場合はこのような手順になります。

STEP1

[建築] タブ - [基準面] - [レベル] をクリックします。

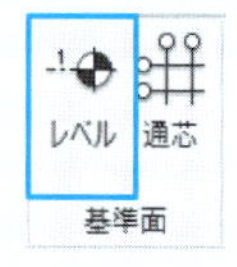

STEP2

[修正 | 配置レベル] - [描画] - [線] をクリックします。

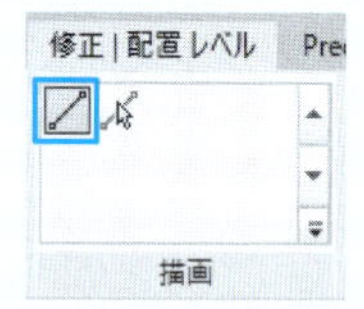

STEP3

レベルの始点と終点をクリックします。

STEP4

このようにレベルが作成されます。

STEP 7

通芯を作成します。

［構造］タブ -［基準面］-［通芯］をクリックします。

STEP8

［修正｜配置　通芯］タブ -［描画］-［線］をクリックします。

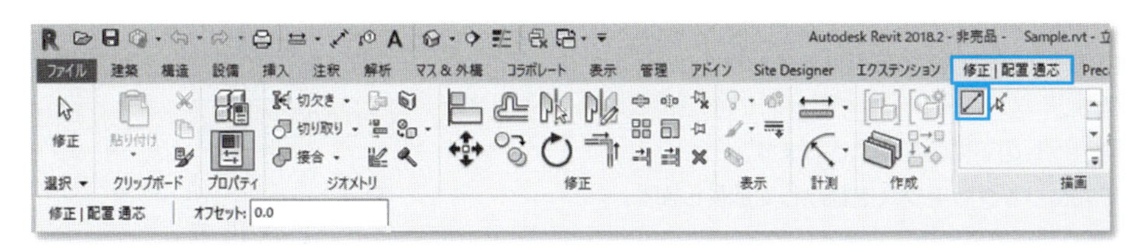

STEP9

❶→❷の順にクリックして通芯を作成します。

STEP10

水色の寸法補助線と延長線が表示されているので、次の通芯との距離を［300］と入力します。延長線を利用すると、長さが同じ通芯を作成することができます。

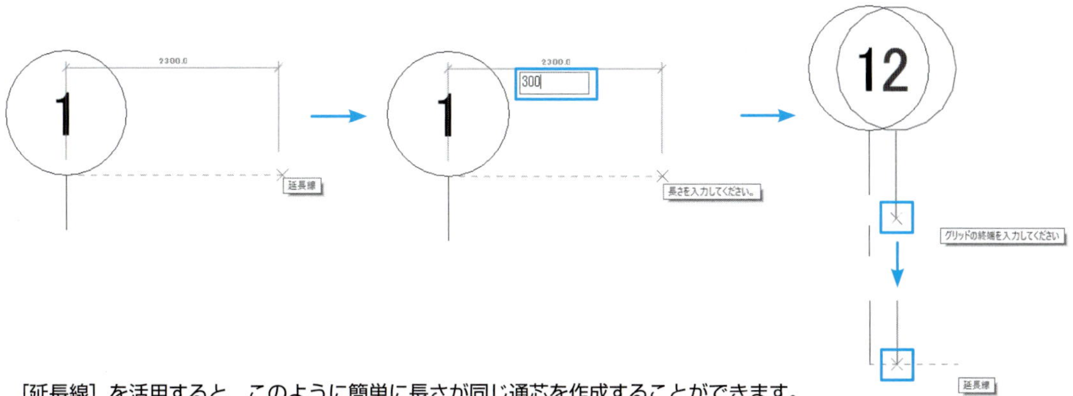

［延長線］を活用すると、このように簡単に長さが同じ通芯を作成することができます。

STEP11

このように残りの通芯も作成します。

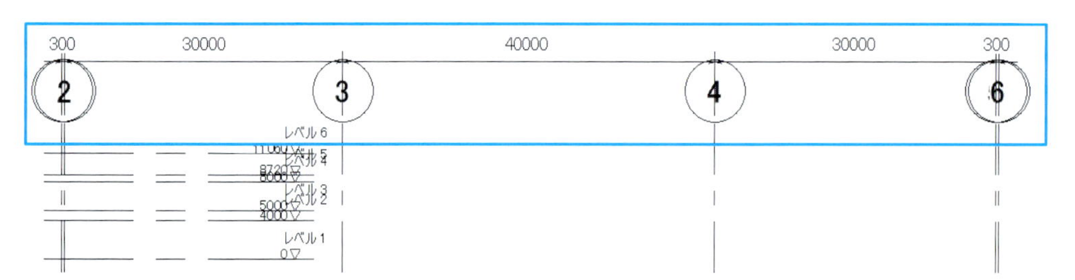

STEP12

通芯の範囲に対して、レベルが短いので範囲を変更します。

❶レベル6を選択します。

❷選択したレベル6の［▽］の下に○が表示されます。

❸❷の○をマウスで左クリックしマウスを動かして延長します。

❹すべてのレベルの長さが一気に変更されます。

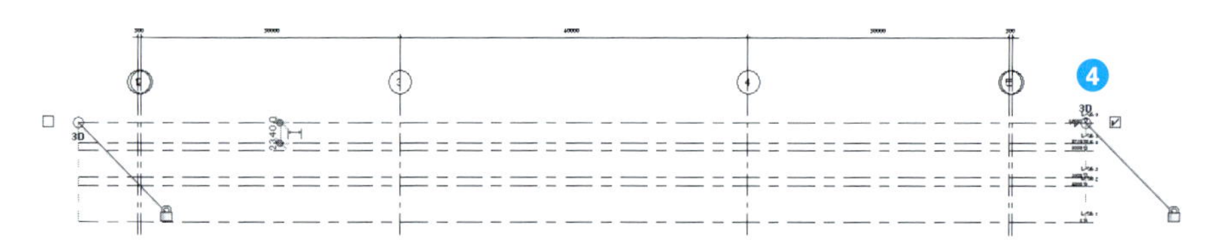

STEP13

橋梁の中心線となる通芯を作成します。［プロジェクトブラウザ］から［構造伏図（構造平面図）-［レベル1］をダブルクリックします。

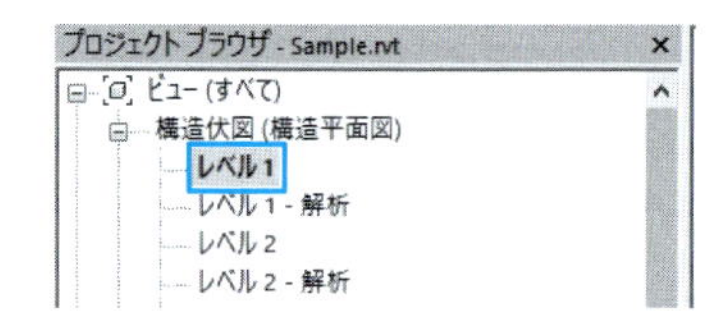

STEP14

［構造］タブ -［基準面］-［通芯］をクリックします。

STEP15

［修正｜配置　通芯］タブ -［描画］-［線］をクリックします。❶→❷の順にクリックします。

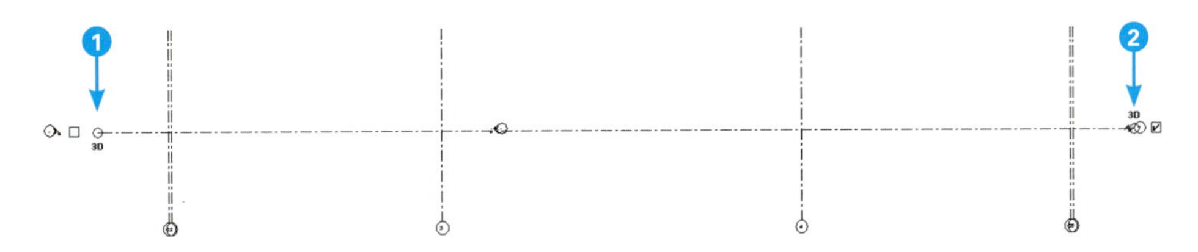

STEP16

通芯の名前を変更します（他の通芯名称は、最後に変更します）。

❶［通芯7］をダブルクリックします。

❷名前を［CL］に変更します。

❸このように変更されます。

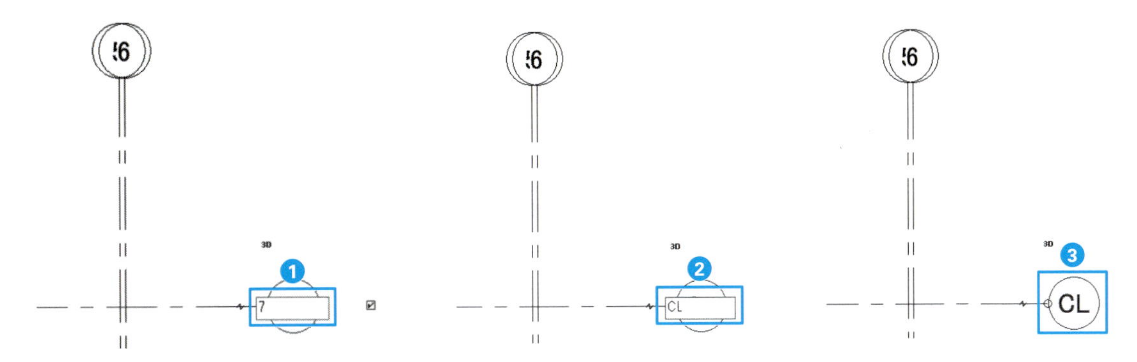

STEP17

［通芯1～6］は、下側でラベルが表示されているので、上側で表示されるように設定を変更します。

通芯のラベル表示は、通芯上下のチェックボックスで設定されています。下側のチェックボックスのチェックを外し、上側のチェックボックスのチェックを入れます（通芯1本ずつチェックボックスを設定する必要があります）。同様に「レベル６」の通芯のラベルも変更します。

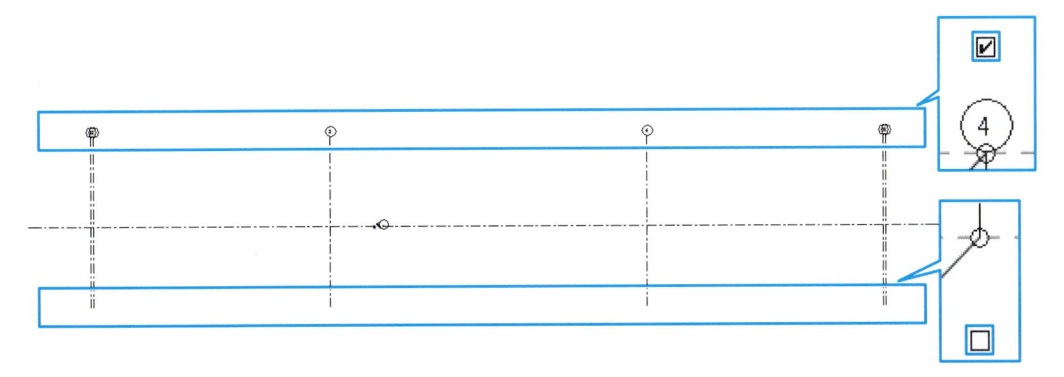

STEP18

［ビュー：立面図：東］のビューは下記の青枠範囲しか表示されません。［ビュー：立面図：東］のビューでも全体が表示されるように表示範囲を変更します。［ビュー：立面図：東］の記号をクリックします。

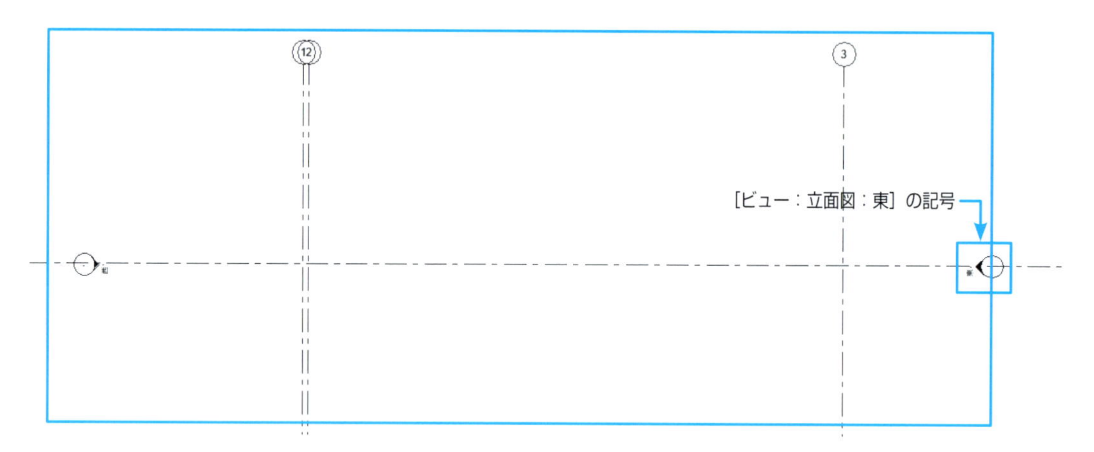

STEP19

青線をマウスでドラッグし、マウスを動かして位置を変更します。

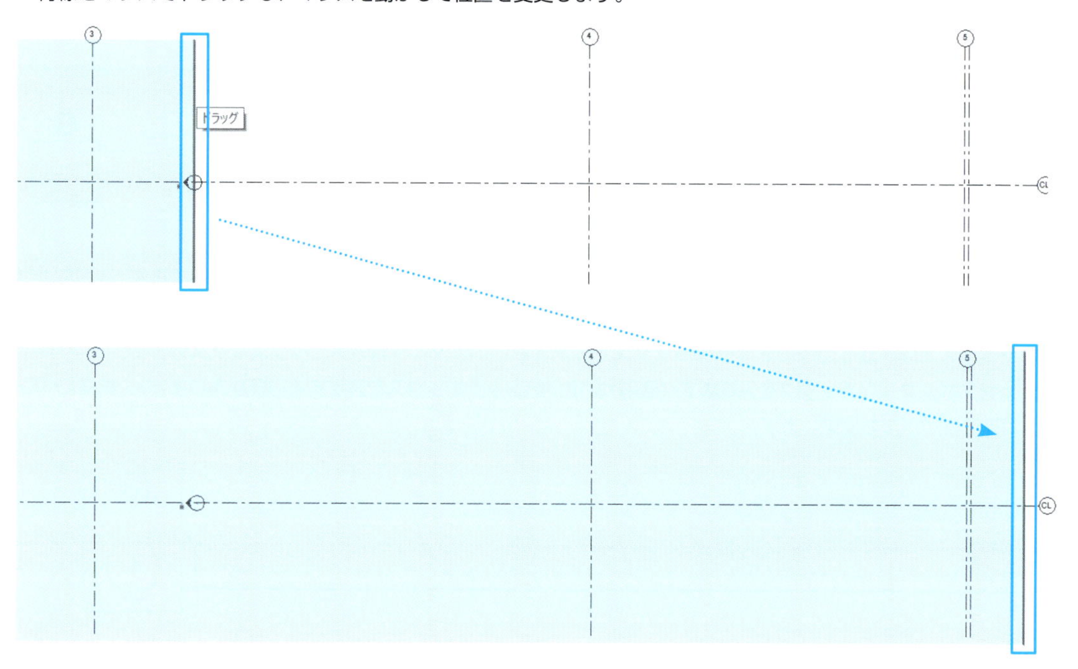

03 プロジェクトにファミリをロード

作成したファミリをプロジェクトファイルにロードし、プロジェクト内でコンポーネントとして利用できるようにします。

STEP1

［挿入］タブ -［ライブラリからロード］-［ファミリをロード］をクリックします。

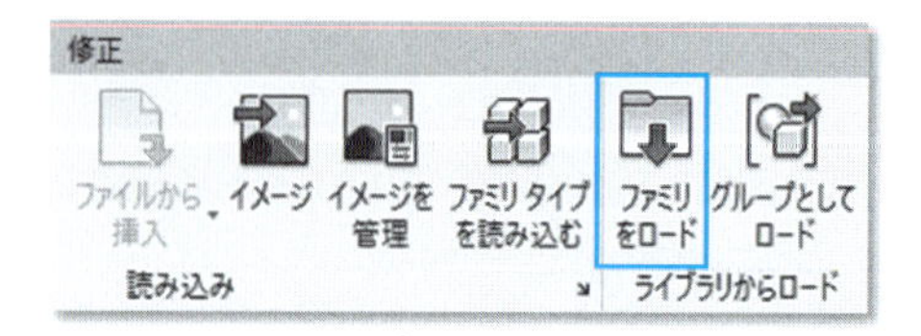

STEP2

［DataSet］-［2019］-［Family］フォルダにあるファミリファイル名をすべて選択して［開く］ボタンを押します。ファイル選択時、Shiftキーを押しながら選択すると複数のファミリが選択可能です。

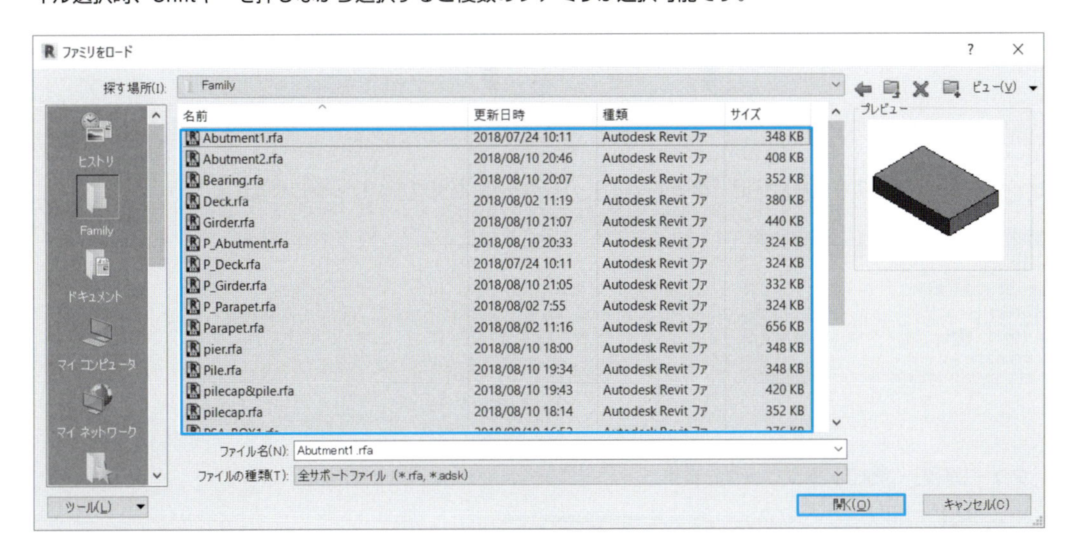

04 コンポーネントを配置

下部工を配置

下部工の各コンポーネントの配置レベルを以下に示します。平面配置は各STEPで説明します。

配置対象	コマンド	Family	配置位置
下部工(基礎)	基礎-独立基礎	PileCap&Pile.rfa	レベル 1
下部工(柱)	構造-柱	Pier.rfa	レベル 1
下部工(梁)	構造-梁	"PSA_BOX1.rfa,PSA_BOX2.rfa"	レベル 4
橋台(基礎)	基礎-独立基礎	Abutment1.rfa	レベル 2
橋台(柱)	構造-柱	Abutment2.rfa	レベル 2
橋台(ウィング)	構造-コンポーネント	Wing.rfa	レベル 6
支承	構造-コンポーネント	Bearing.rfa	レベル 4

下部工（基礎）[PileCap&Pile.rfa]

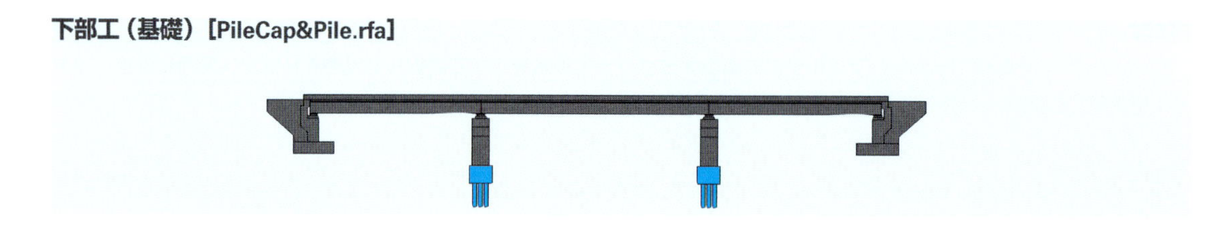

STEP1

［プロジェクトブラウザ］より［構造伏図（構造平面図)］-［レベル1］をダブルクリックします。

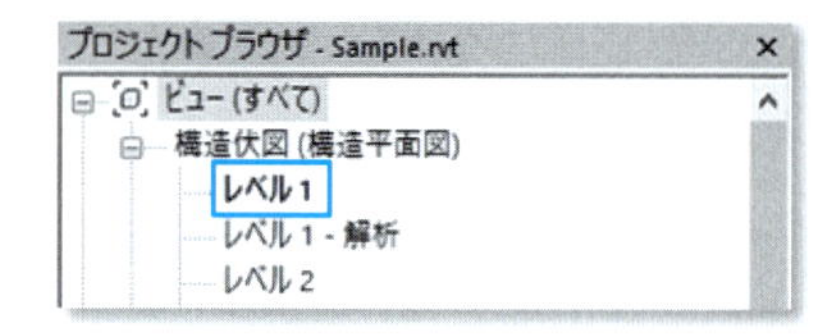

STEP2

［構造］タブ -［基礎］-［独立］をクリックします。

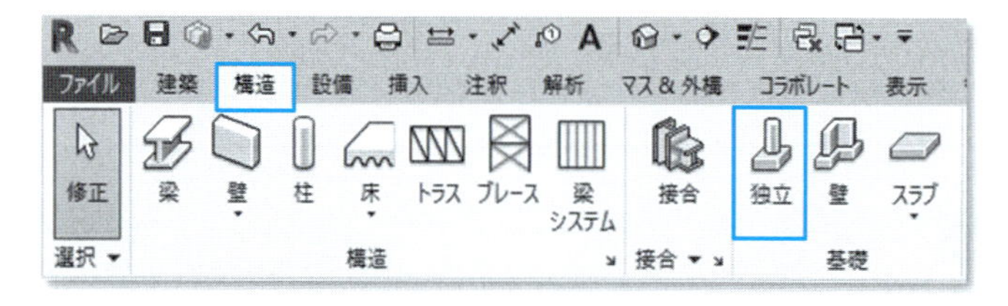

STEP3

ロードされた［構造基礎］カテゴリのファミリがプロパティに表示されます。［プロパティ］の下に表示されるファミリを確認し、異なる場合は▼をクリックしてプルダウンメニューから目的のファミリを選択します。ここでは、pilecap&pileを選択します。ファミリの配置については以降のページでも同様に行ってください。

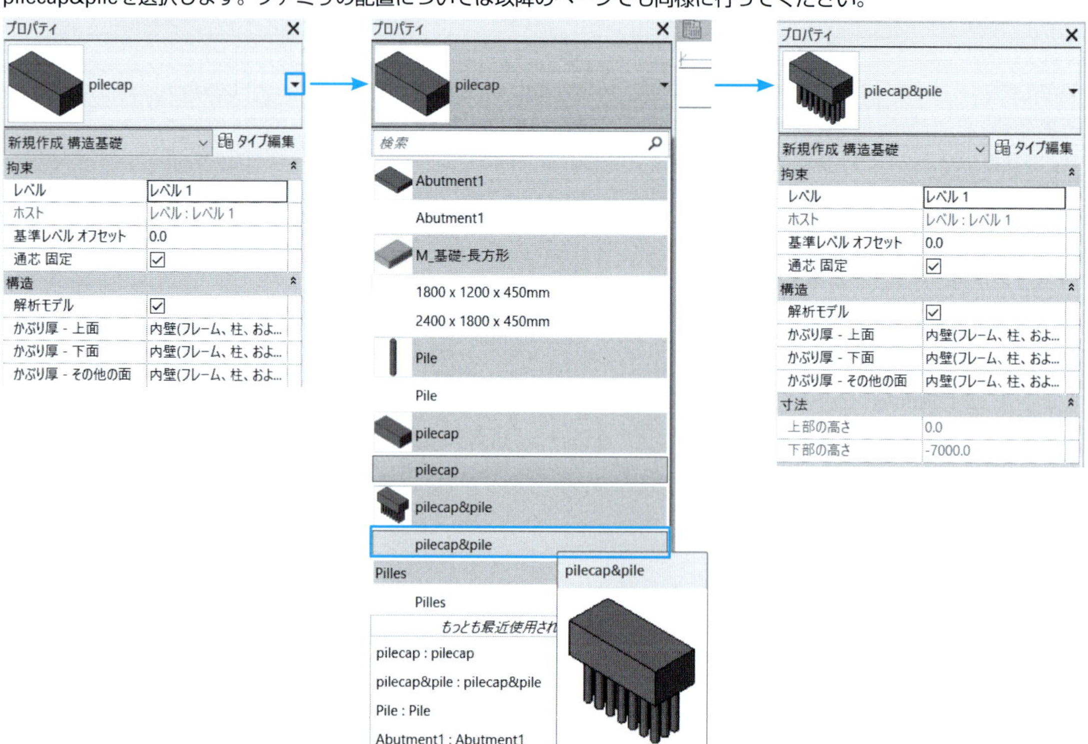

STEP4

コンテキストタブ［修正｜配置　独立基礎］が表示されていますので、オプションバーの［配置後に回転］にチェックを入れます。

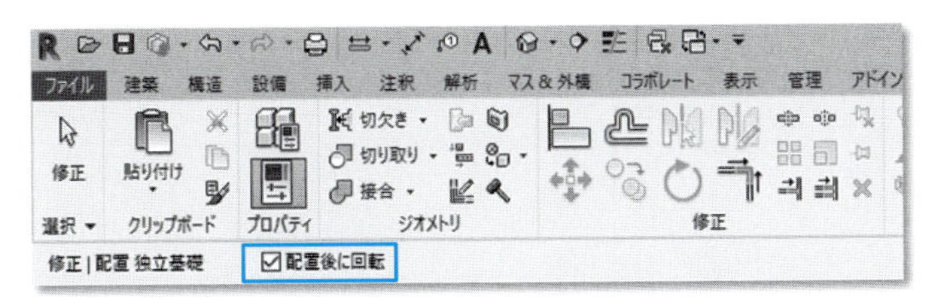

STEP5

［通芯3］と［通芯CL］の交点をクリックします。

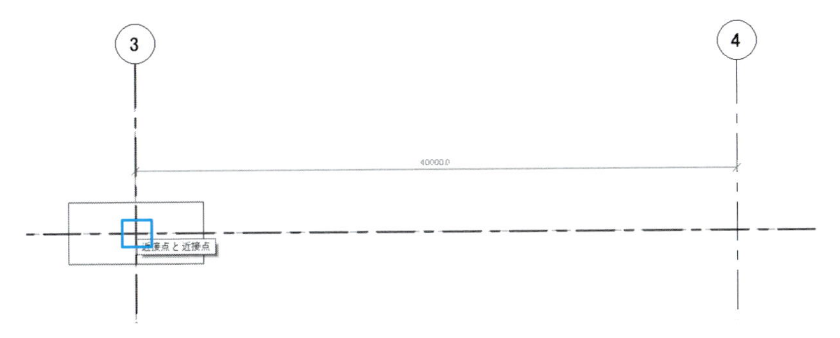

STEP6

マウスの動きで回転するので、［90度］回転させます。

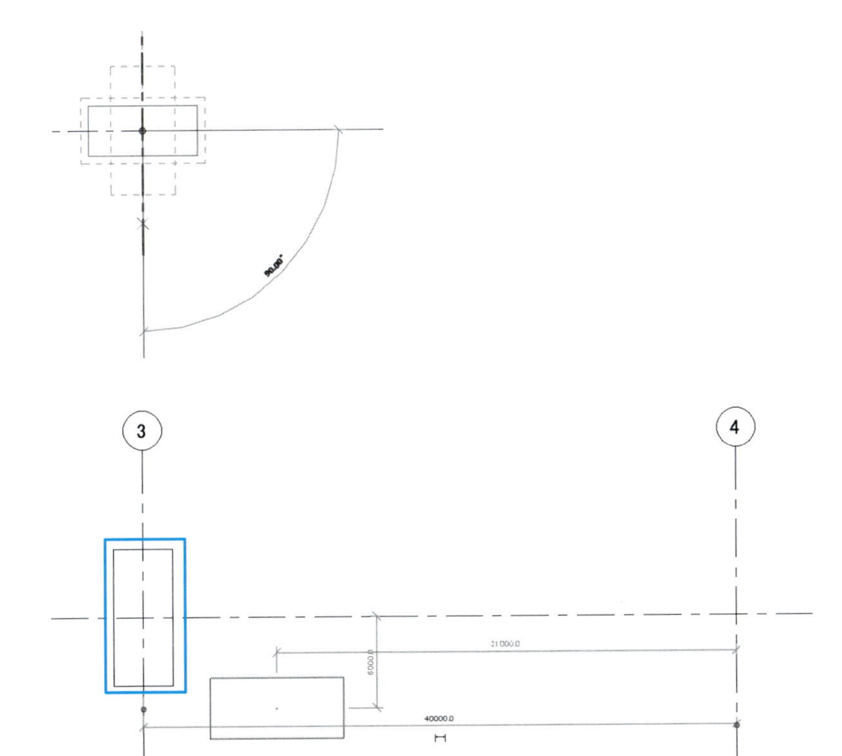

STEP7

同様の手順で［通芯4］にも配置し、Escキーでコマンドを終了します。

下部工（柱）［Pier.rfa］

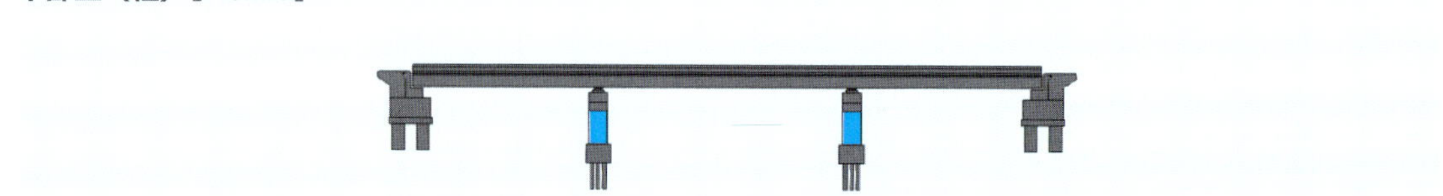

STEP1

［プロジェクトブラウザ］より［構造伏図（構造平面図）］-［レベル1］を表示します。

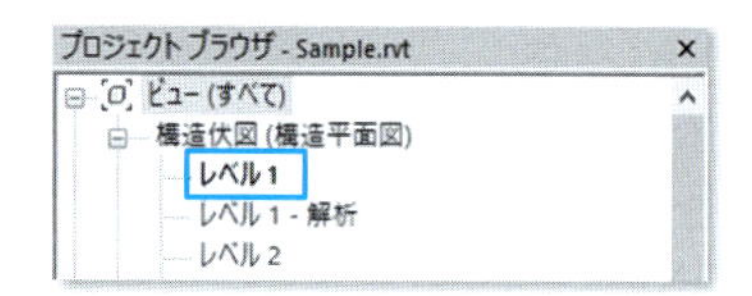

STEP 2

［構造］タブ -［構造］-［柱］をダブルクリックします。

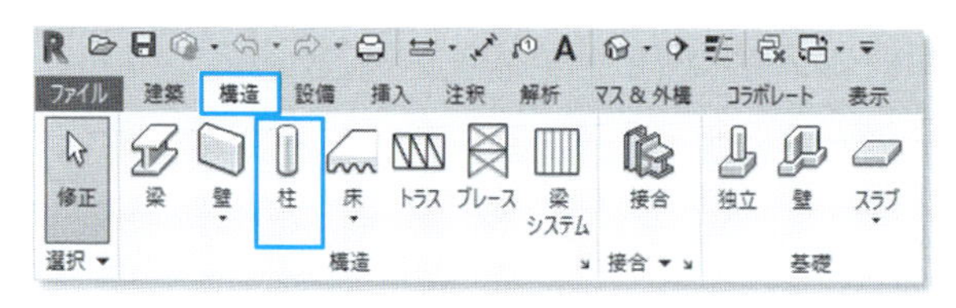

［プロパティ］にpierが表示されていることを確認します。異なる場合は、「下部工を配置」下部工（基礎）のSTEP3の手順を参考に、プロパティの▼を押して、pierを選択します。

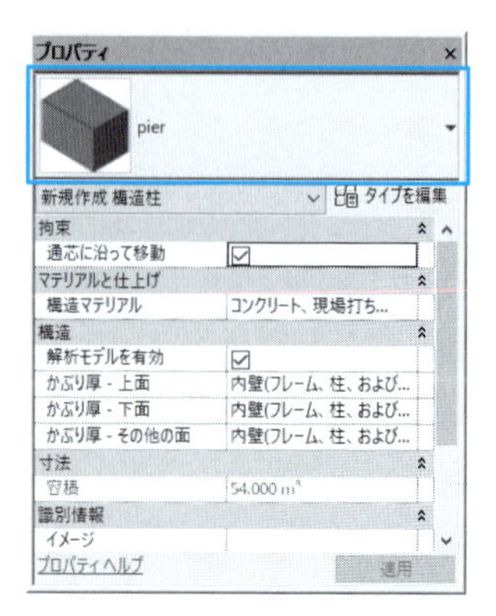

STEP 3

［修正｜配置　構造柱］タブ -［配置］-［垂直柱］をクリックします。オプションバーは、［配置後に回転］にチェックを入れ、［上方向］、［レベル3］と設定します。

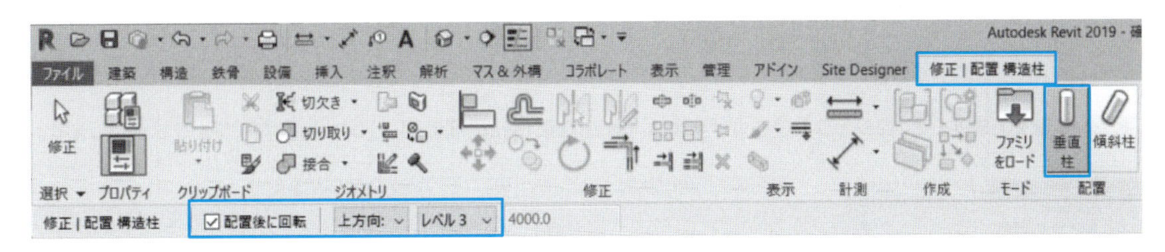

配置レベルの［レベル1］から［上方向］、［レベル3］にかけて柱が作成されます。

STEP4

［通芯3］と［通芯CL］の交点をクリック［❶］し、マウスを動かして90度回転［❷］させます。

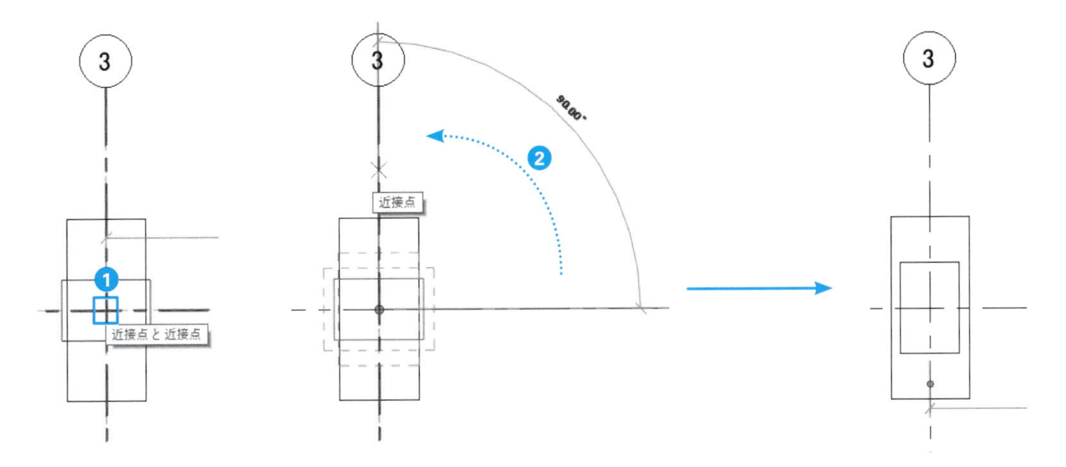

STEP5

同様の手順で［通芯4］にも配置し、Escキーでコマンドを終了します。

下部工（梁）[PSA_BOX1.rfa]

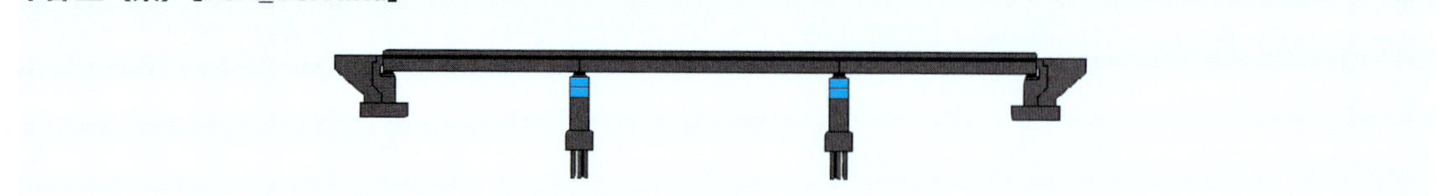

STEP1

ビューを変更します。[プロジェクトブラウザ] より [構造伏図（構造平面図)] - [レベル4] をダブルクリックします。

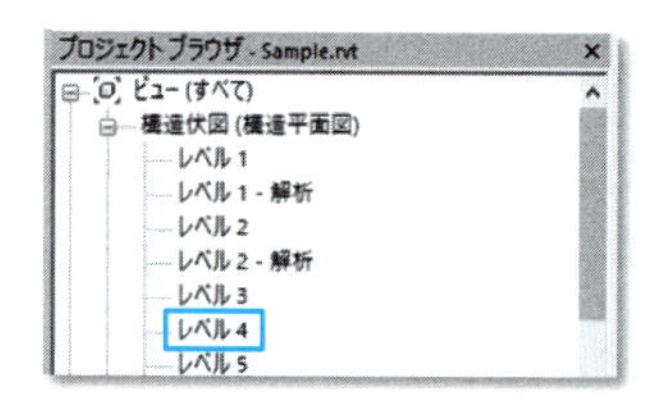

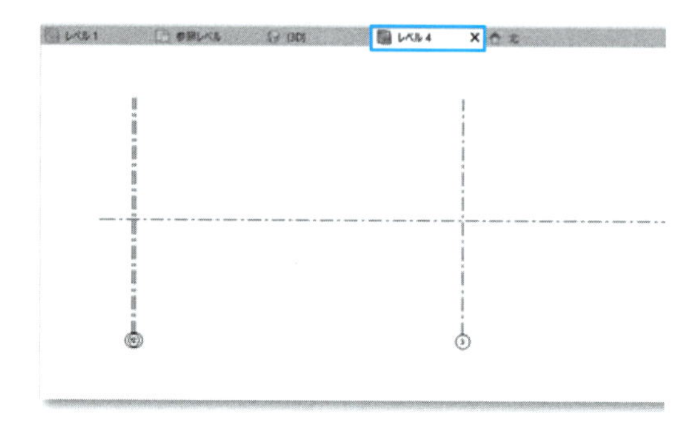

STEP2

[構造] タブ - [構造] - [梁] をクリックします。

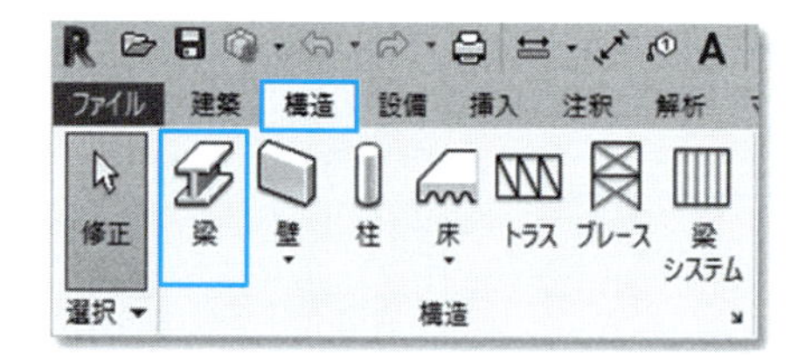

STEP3

プロパティに、PSA_BOX1が表示されていることを確認します。異なる場合は、「下部工を配置」下部工（基礎）のSTEP3の手順を参考に、プロパティの▼を押して、PSA_BOX1を選択します。

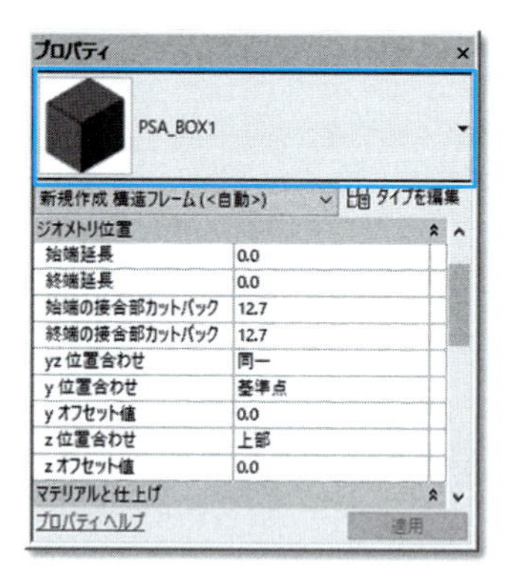

STEP4

梁を作成する開始位置（[通芯3] と [通芯CL] の交点）[❶] をクリックし、梁の長さ [2500] を入力 [❷]、Enterキーで確定します。

最後にEscキーでツールを終了します。

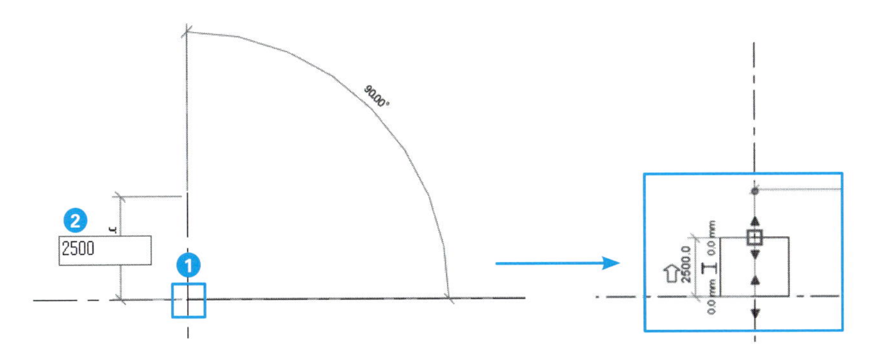

STEP5

プロパティをPSA_BOX2に変更します。「下部工を配置」下部工(基礎)のSTEP3の手順を参考に、プロパティの▼を押して、PSA_BOX2を選択します。

STEP6

STEP4で作成した梁の端をクリックします [❶]。距離を [3000] と入力 [❷] し、Enterキーで確定します [❸]。最後にEscキーでツールを終了します。

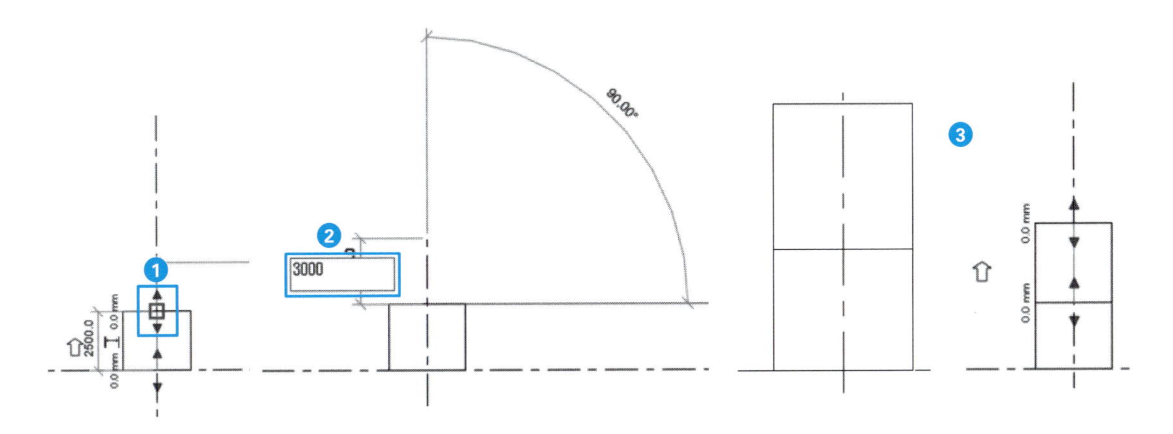

STEP7

反対側は［鏡像］ツールで作成します。作成した梁を選択し、［修正｜構造フレーム］タブ -［修正］-［鏡像化 - 軸を選択］をクリックします。

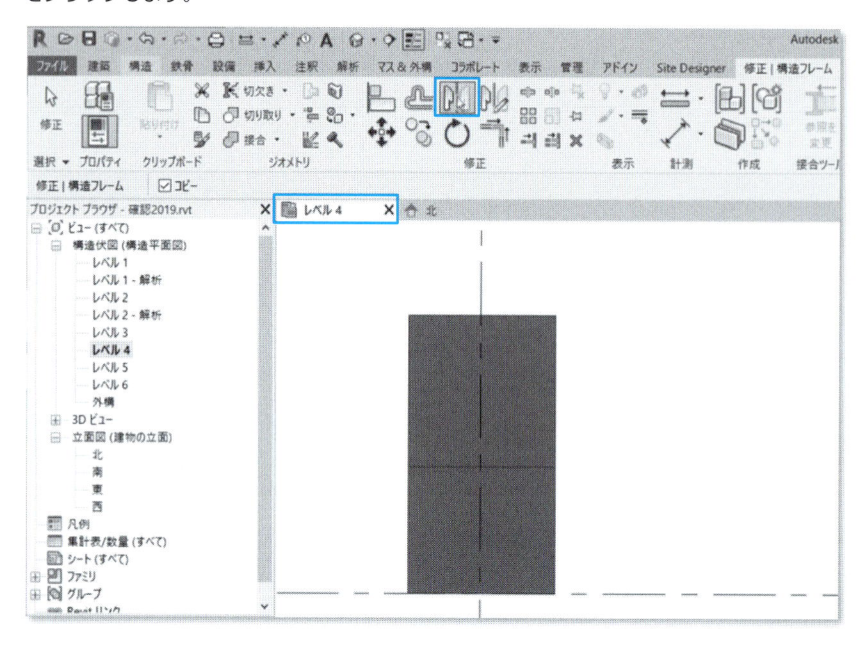

STEP8

［通芯CL］を軸として選択します。

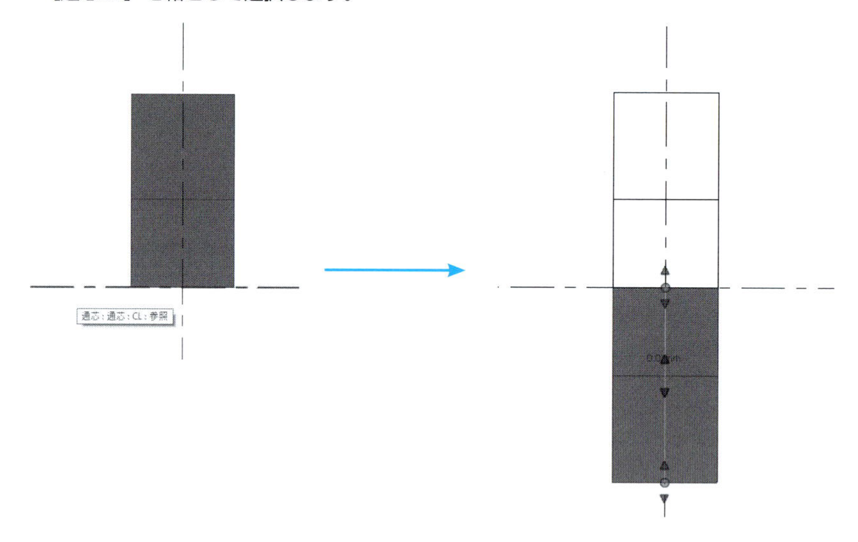

STEP9

［通芯4］にも同様の手順で梁を作成します。

橋台（基礎）［Abutment1.rfa］

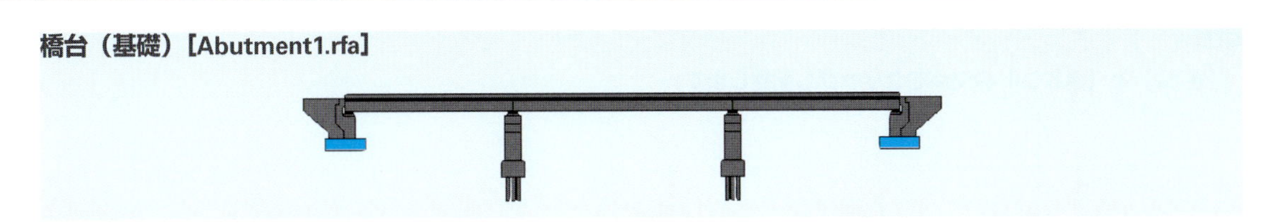

橋台の各ファミリは、基準点が構造の中心ではないため、［回転配置］のオプションは使用せず、配置後に［回転］ツールを使用して回転させます。

STEP1

ビューを変更します。［プロジェクトブラウザ］より［構造伏図（構造平面図）］-［レベル2］に変更します。

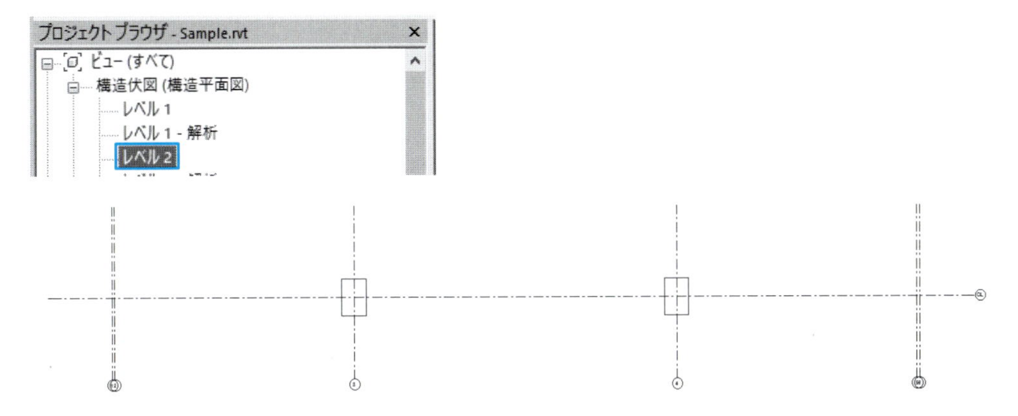

STEP2

［構造］タブ -［基礎］-［独立］をクリックします。

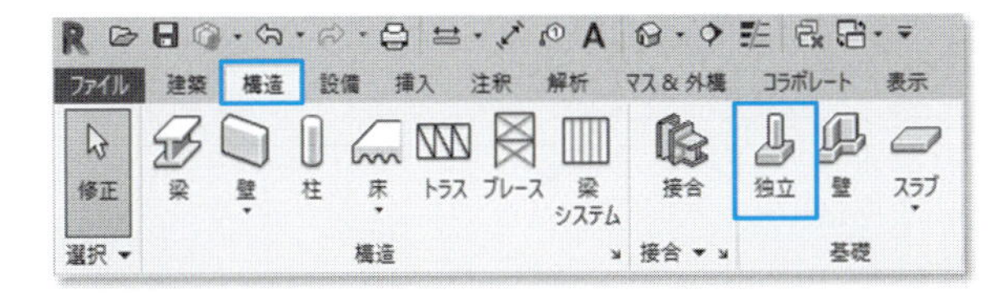

STEP3

プロパティに、Abutment1が表示されていることを確認します。異なる場合は、「下部工を配置」下部工（基礎）のSTEP3の手順を参考に、プロパティの▼を押して、Abutment1を選択します。

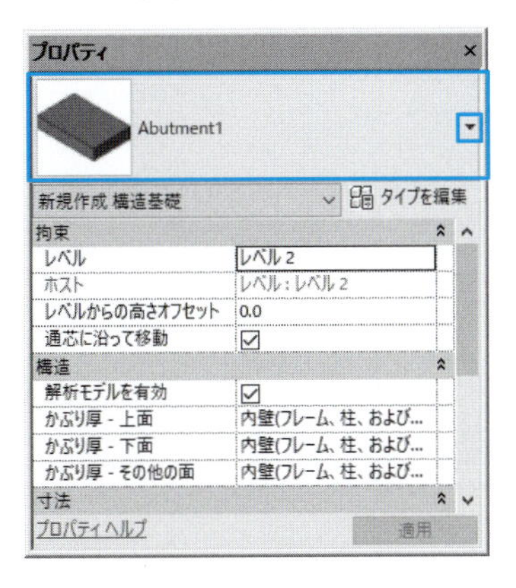

STEP4

［通芯2］と［通芯CL］の交点をクリックし配置します。

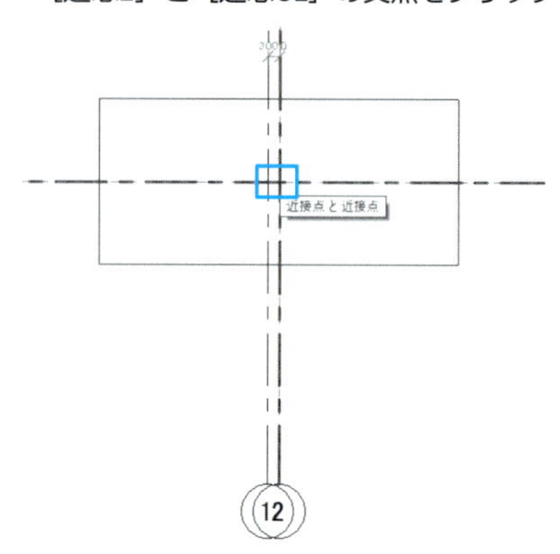

STEP5

［修正｜配置 独立基礎］タブ -［修正］-［回転］をクリックします。

回転の中心を［通芯2］と［通芯CL］の交点にドラッグで移動させクリックします。

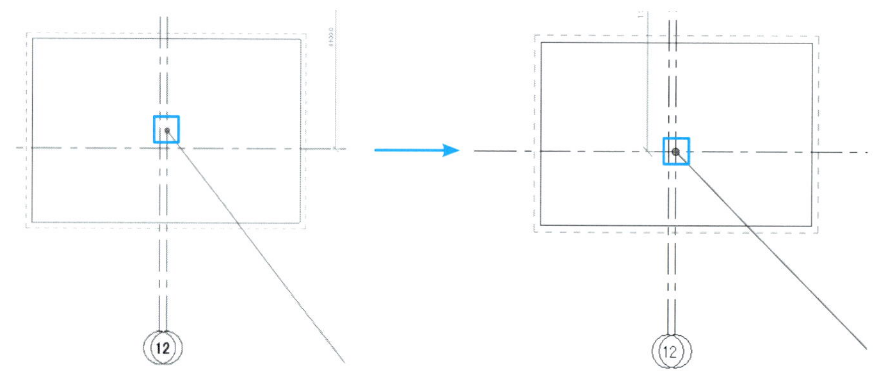

STEP6

90度回転させ、Escキーを2回押してでツールを終了します。

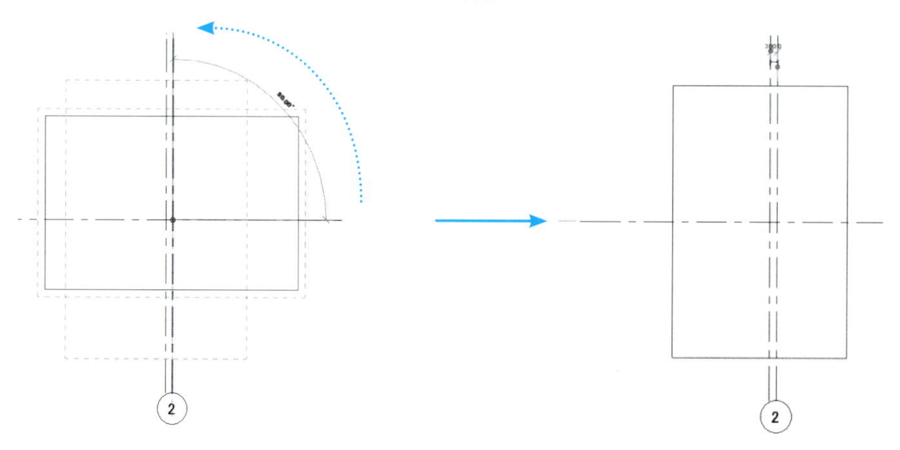

同様の手順で［通芯5］にも作成します。回転の向きは反対に90度回転させます。

橋台（柱）[Abutment2.rfa]

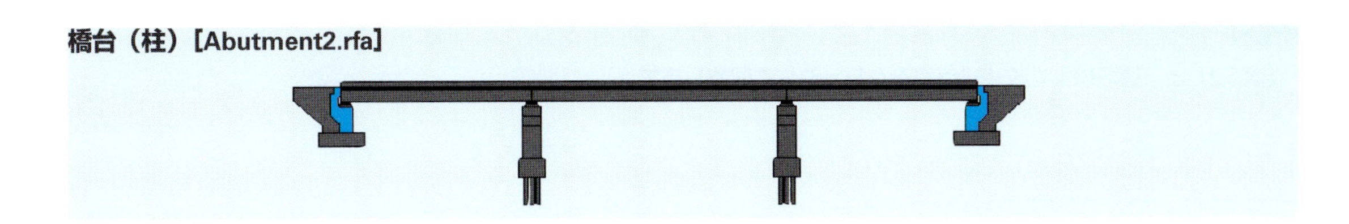

STEP1

［プロジェクトブラウザ］より［構造伏図（構造平面図）］-［レベル2］に設定されていることを確認します。

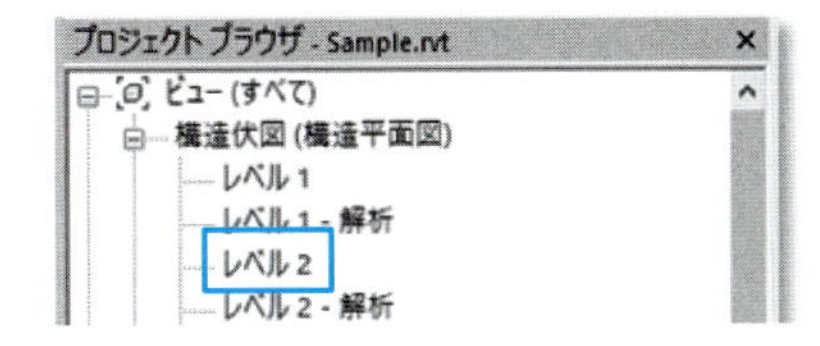

STEP 2

［構造］タブ -［構造］-［柱］をクリックします。

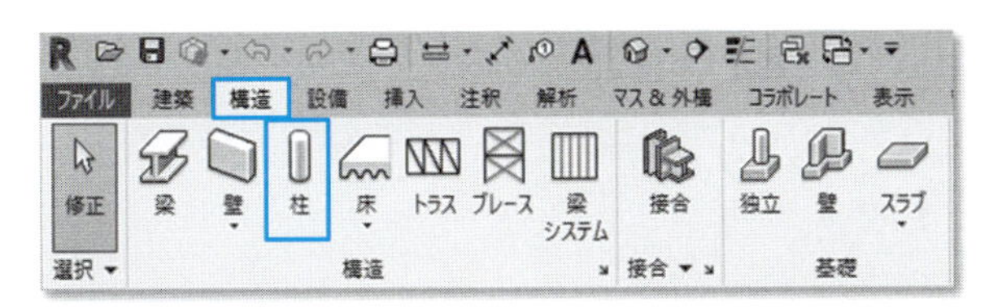

STEP3

プロパティに、Abutment2が表示されていることを確認します。異なる場合は、「下部工を配置」下部工（基礎）のSTEP3の手順を参考に、プロパティの▼を押して、Abutment2を選択します。

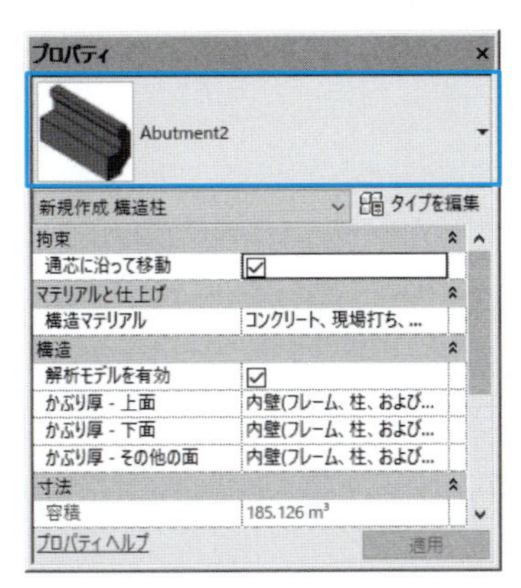

STEP4

［修正｜配置　構造柱］タブ -［配置］-［垂直柱］をクリックします。オプションバーは、［配置後に回転］のチェックを外し、［上方向］、［指定］、［4000］に設定します。

STEP5

［通芯2］と［通芯CL］の交点の交点をクリックして配置します。

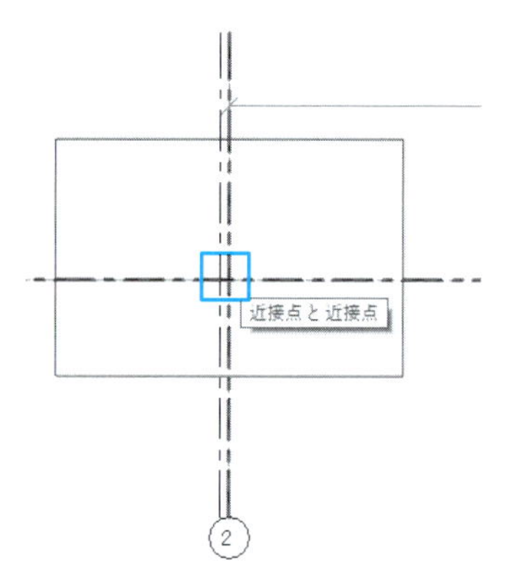

STEP6

［修正｜配置 独立基礎］タブ -［修正］-［回転］をクリックします。

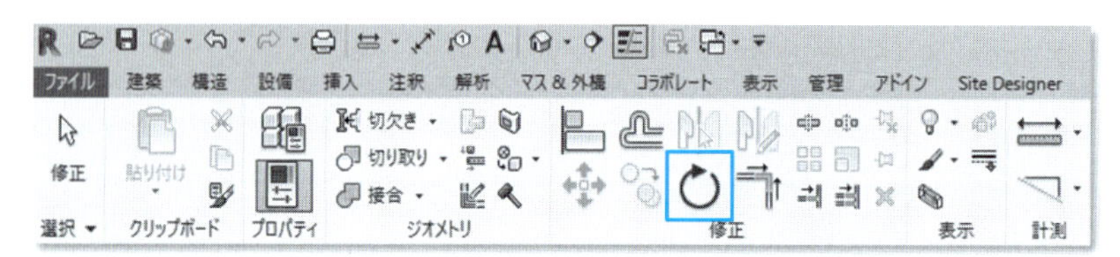

回転の中心を［通芯2］と［通芯CL］の交点にドラッグで移動させクリックします。

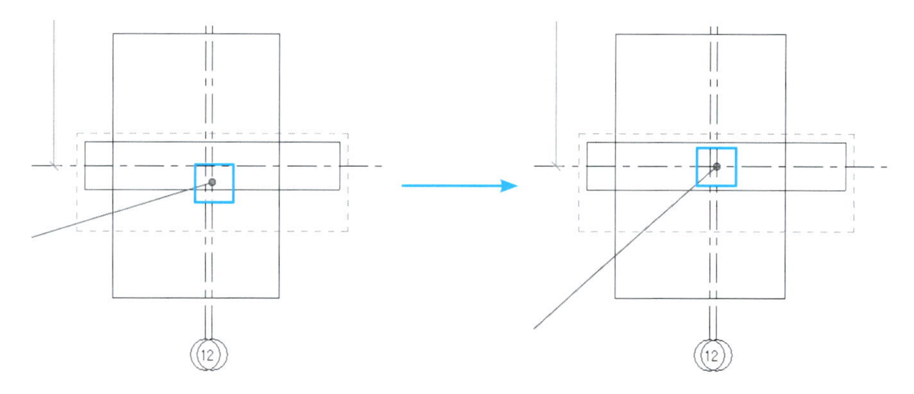

STEP7

下に90度回転させ、Escキーを2回押してツールを終了します。

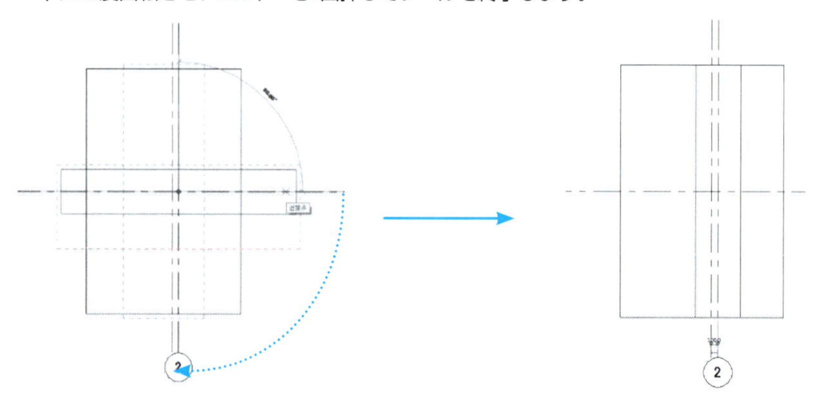

同様の手順で［通芯5］にも作成します。回転の向きは反対に90度回転させます。

橋台（ウィング）[Wing.rfa]

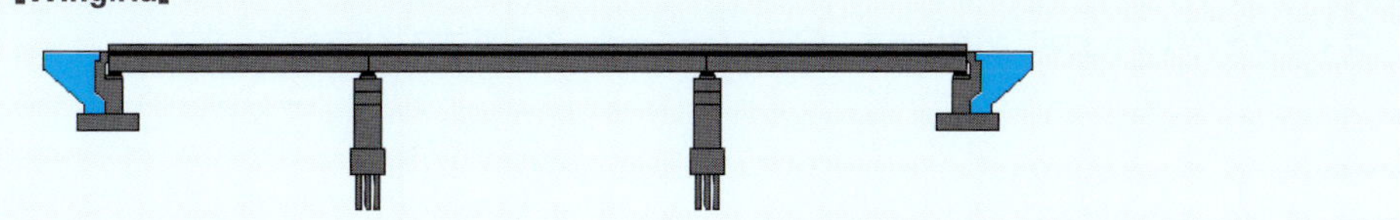

STEP1

ビューを変更します。[プロジェクトブラウザ] より、[構造伏図（構造平面図)] - [レベル6] をダブルクリックします。

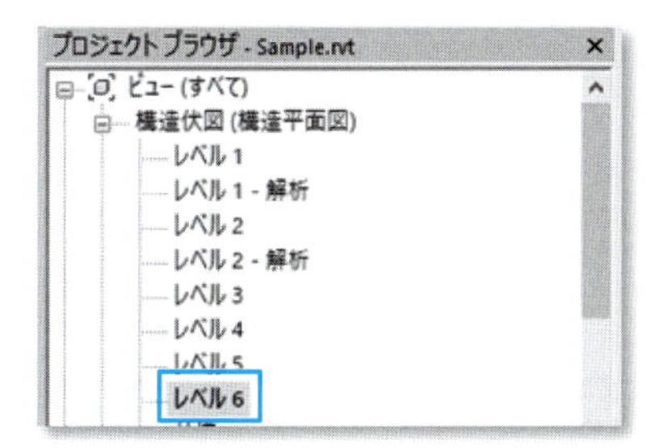

STEP2

[構造] タブ - [コンポーネント] をクリックします。

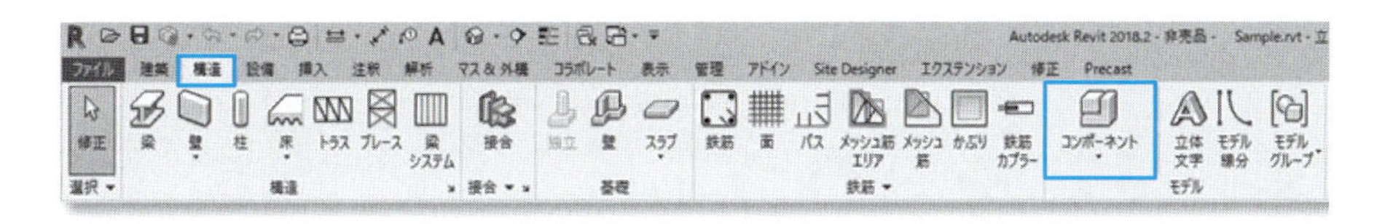

STEP3

プロパティにWingが選択されていることを確認します。異なる場合は、「下部工を配置」下部工（基礎）のSTEP3の手順を参考に、プロパティの▼を押して、Wingを選択します。

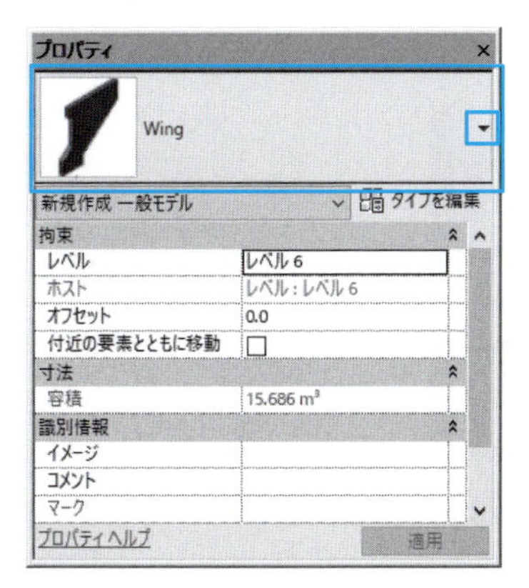

STEP4

ウィングをアバット上端に配置します。配置したらEscキーで配置コマンドを終了します。

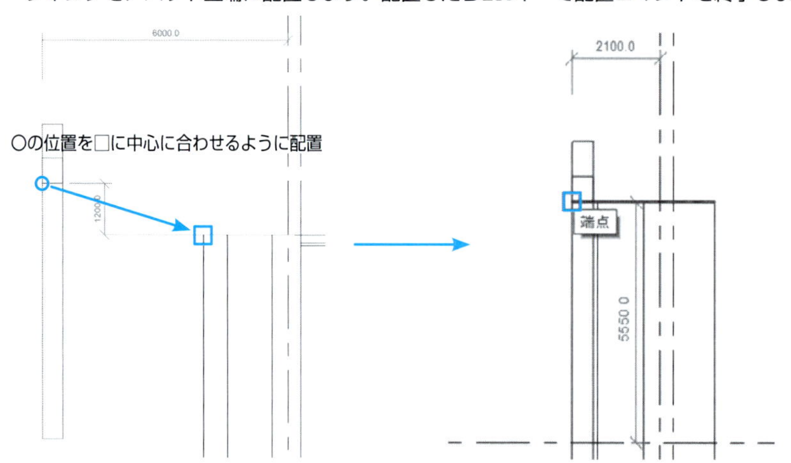

STEP5

配置したウィングを選択して、［修正｜配置　一般モデル］タブ -［修正］-［回転］をクリックし、回転中心を移動するために、回転中心:配置をクリックします。

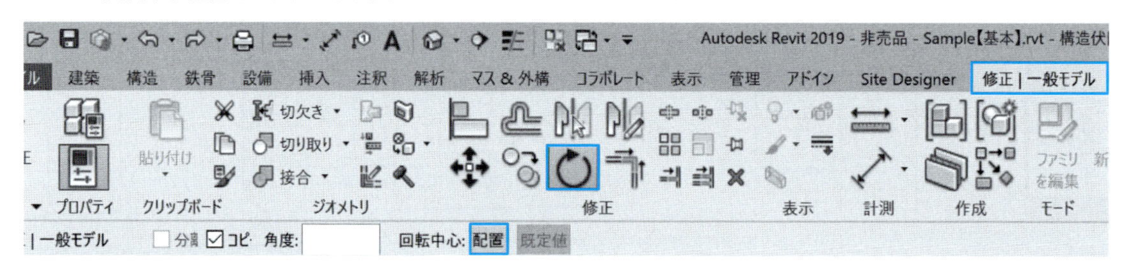

STEP6

先ほど配置した端点をクリックします。

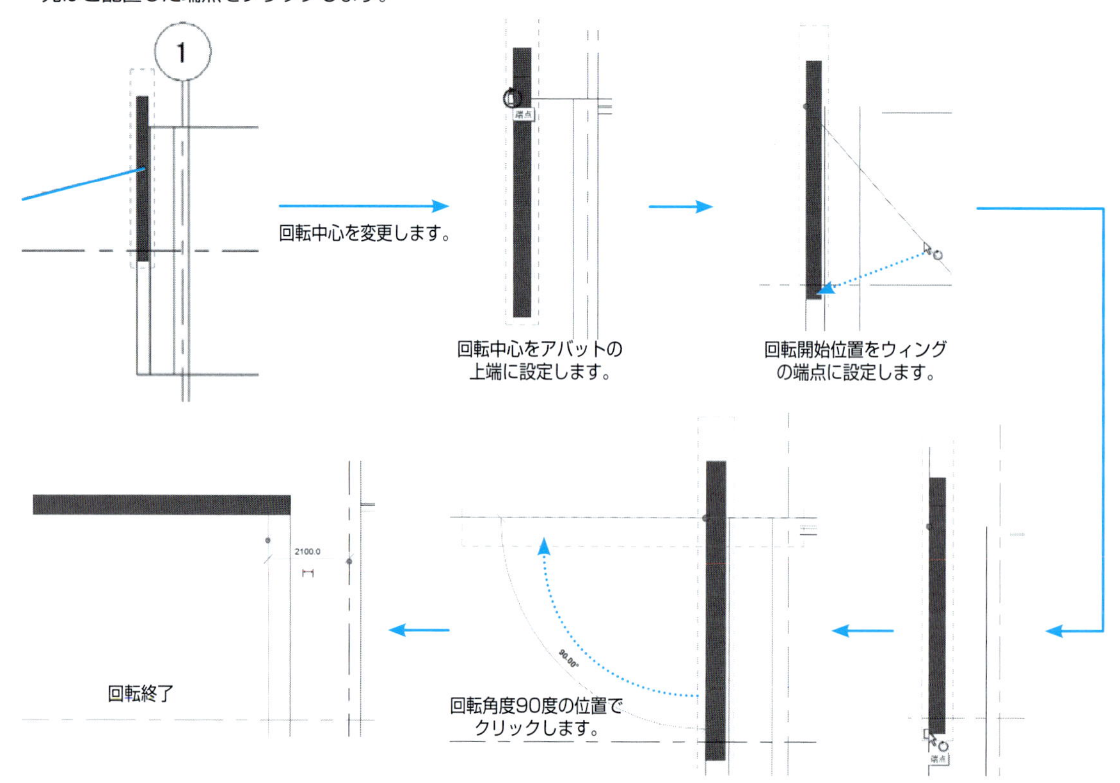

STEP7

断面を作成して位置や形状を確認します。クイックアクセスツールバーの［断面］をクリックします。

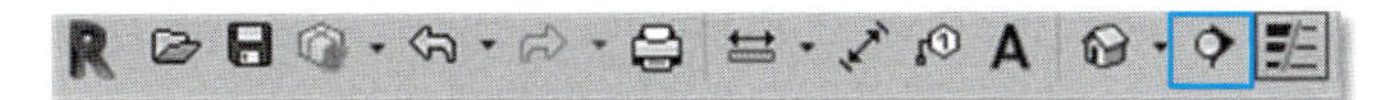

ウィングの真ん中を通るよう❶→❷とクリックします。

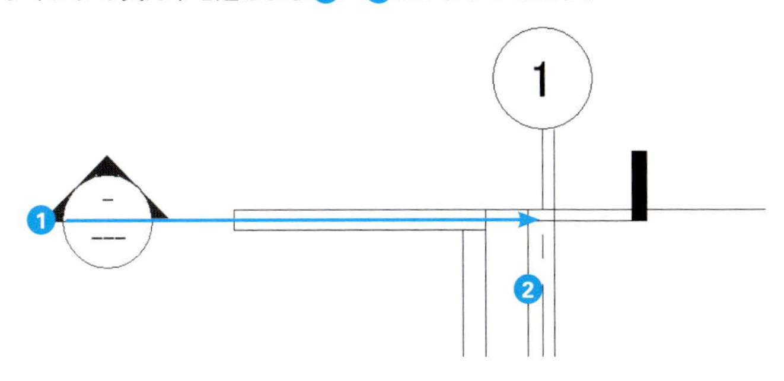

STEP8

作成した断面ビューに変更します。断面記号を選択して右クリック -［ビューに移動］をクリックします。図のように表示されます。ウイングの位置がずれている場合は、正しい位置に移動してください。

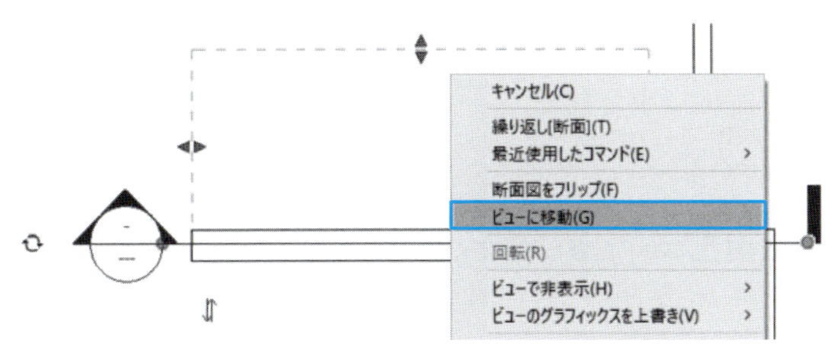

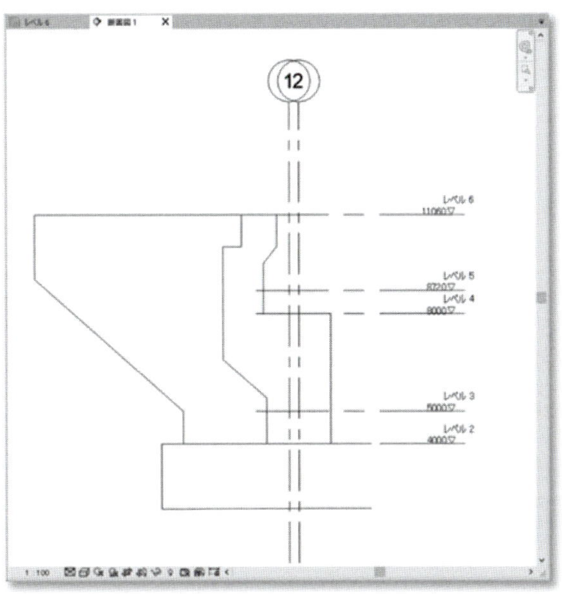

STEP9

反対側は鏡像で作成します。レベル 6 を表示し、作成したウィングを選択し、［修正｜一般モデル］-［修正］-［鏡像化 - 軸を選択］をクリックします。

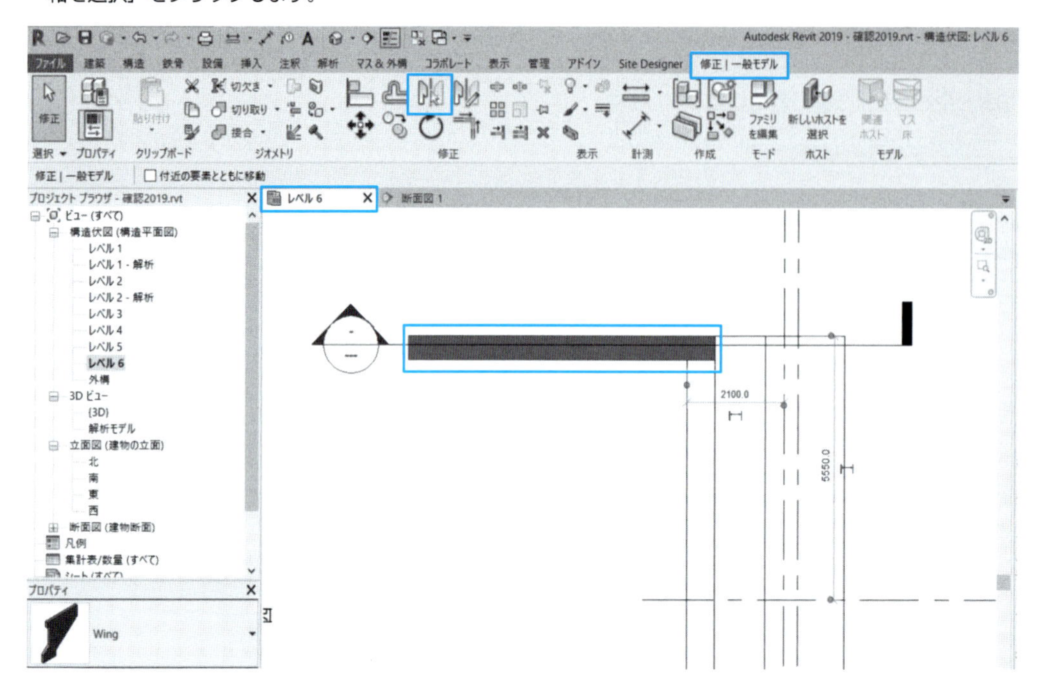

STEP10

［通芯CL］をクリックします。このようにウィングが作成されますので、ここまでの手順を参考にして、［通芯5］にもウィングを作成します。回転の基点や回転方向など検討しながら配置してみてください。

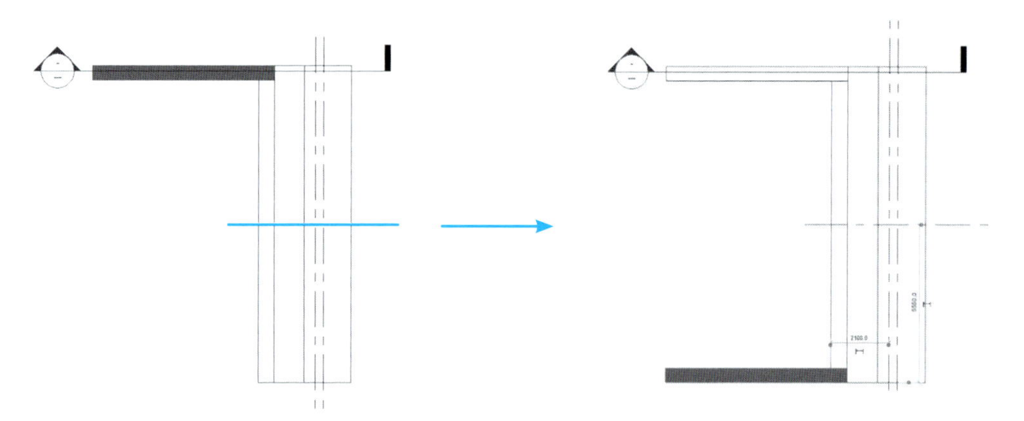

STEP11

ここまでを3Dビューで確認します。［クイックアクセスツールバー］-［既存の 3 Dビュー］をクリックします。表示スタイルは［リアリスティック］に設定します。

このように下部工が作成されています。

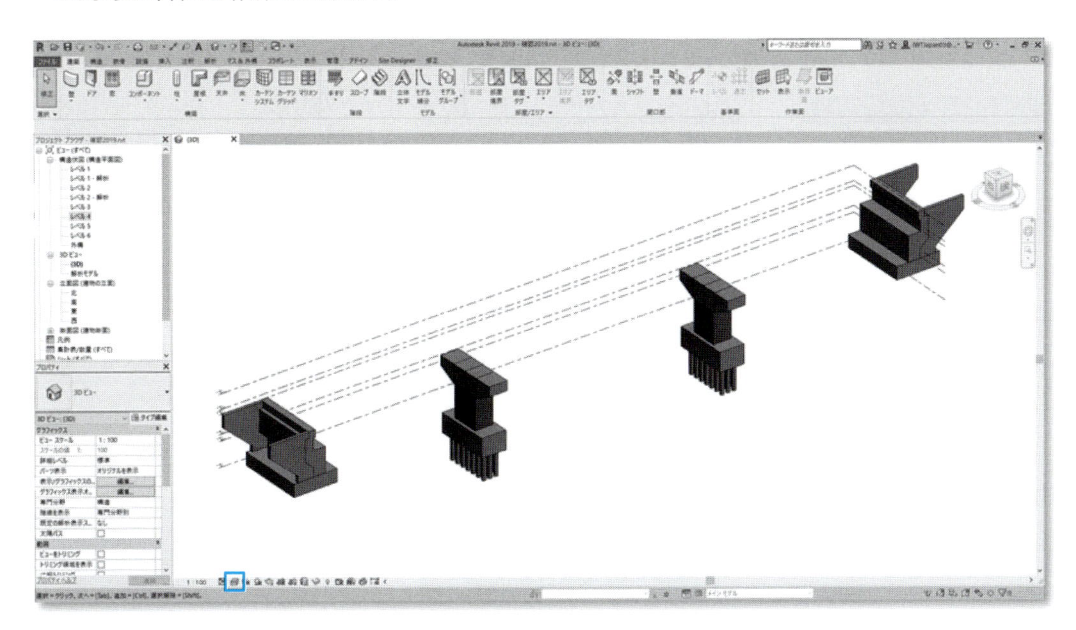

支承［Bearing.rfa］

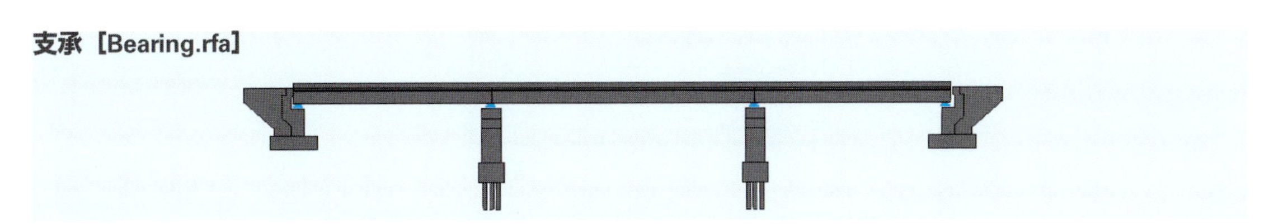

STEP1

ビューを変更します。［プロジェクトブラウザ］より、［構造伏図（構造平面図）］-［レベル4］をダブルクリックします。

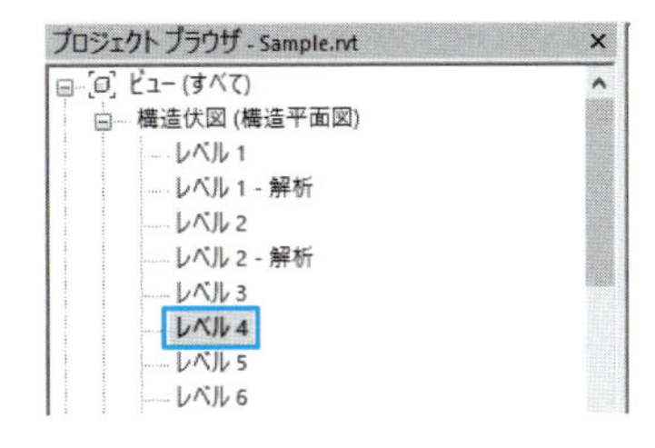

STEP2

［構造］タブ -［コンポーネント］をクリックします。

STEP3

プロパティにはロードしたファミリが表示されます。直前に使用した［Wing］ファミリが表示されるので、選択されているファミリを変更します。［Wing］横の▼をクリックし、プルダウンメニューから［Bearing］を選択します。

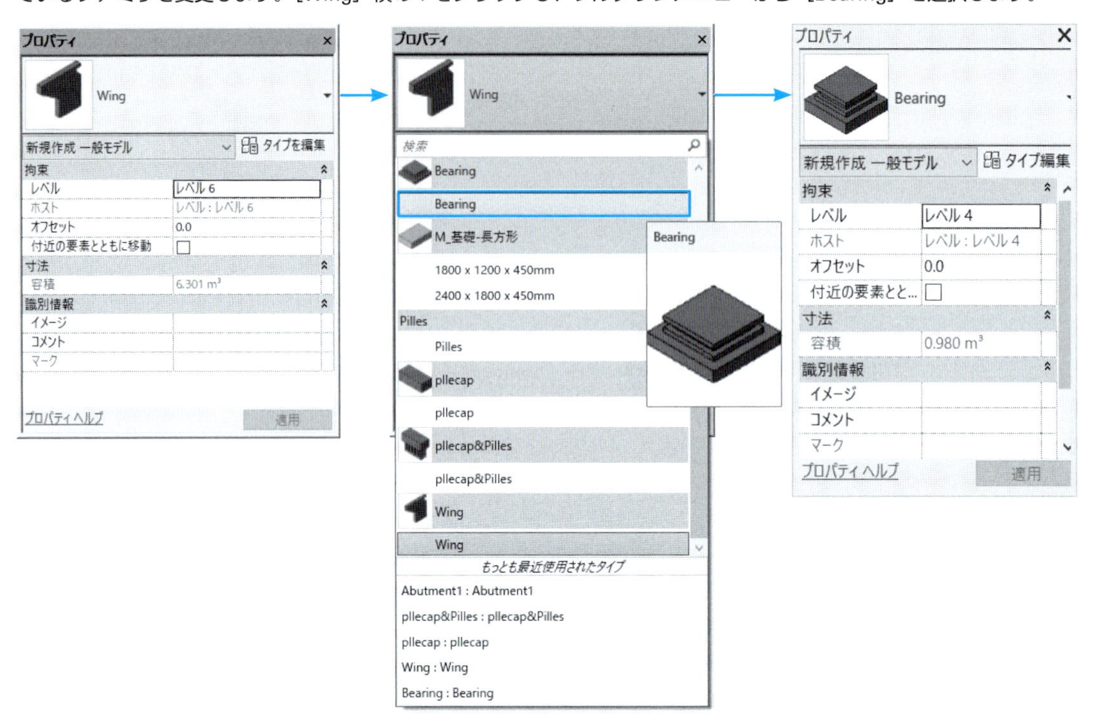

STEP4

配置する支承が見えるように、［表示スタイル］をワイヤフレームに設定します。支承を下記のように配置します。

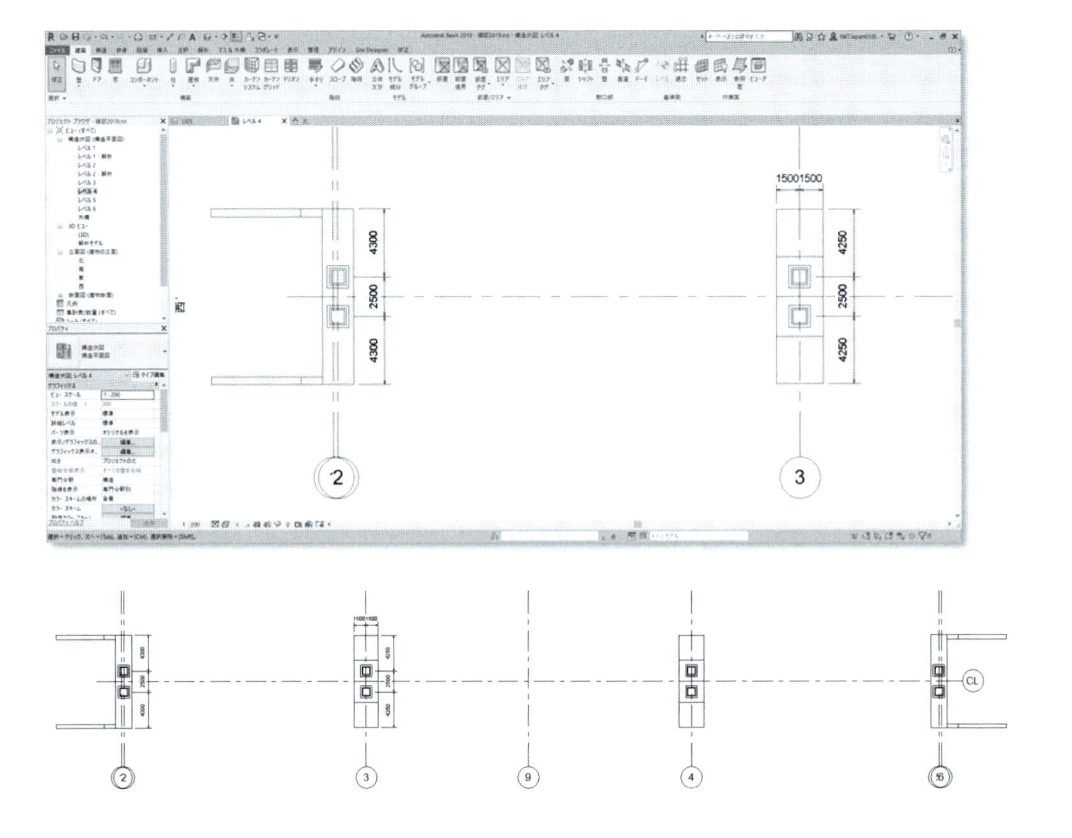

STEP5

3Dビューで確認します。［クイックアクセスツールバー］-［既存の3Dビュー］をクリックします。

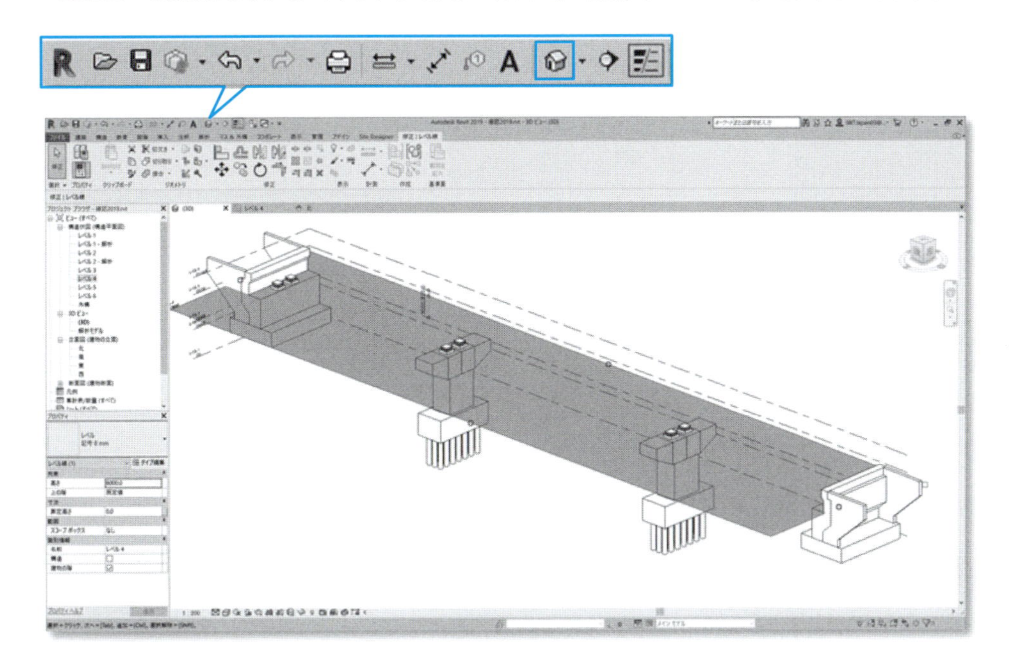

上部工を配置

STEP1

上部工の配置レベルはすべてレベル6です。［プロジェクトブラウザ］より、［構造伏図］タブ -［構造平面図］-［レベル6］を表示します。

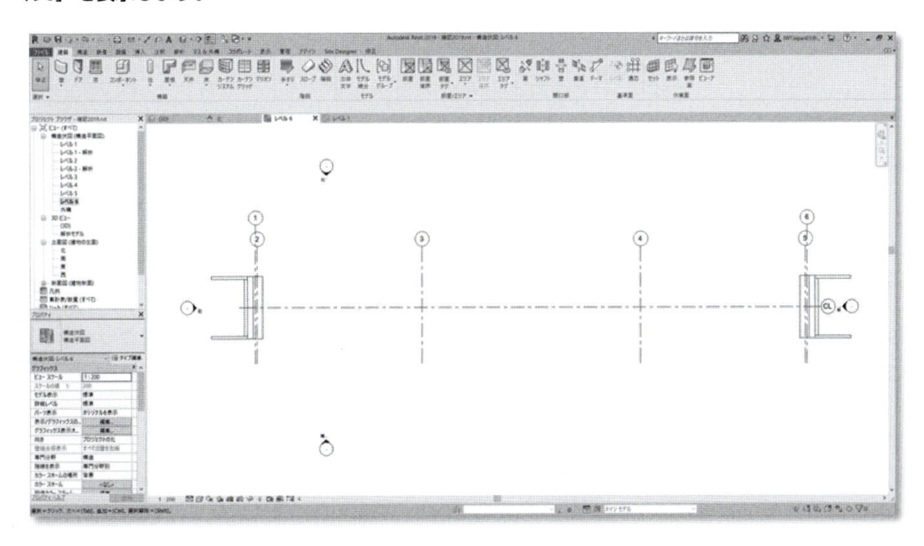

STEP2

［構造］タブ -［構造］-［梁］をクリックします。

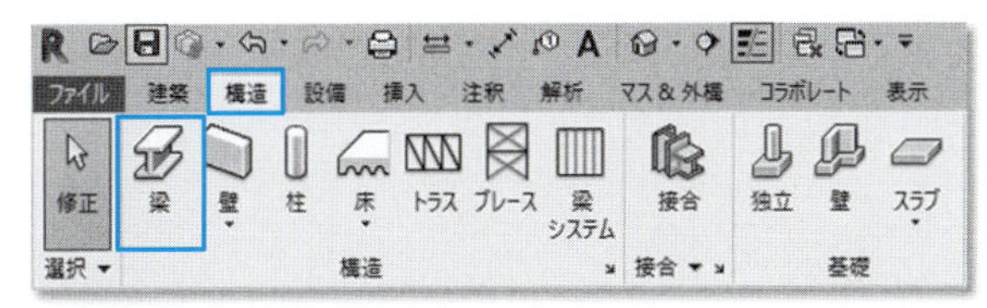

STEP3

プロパティに梁のファミリ［Girder］が表示されていることを確認します。

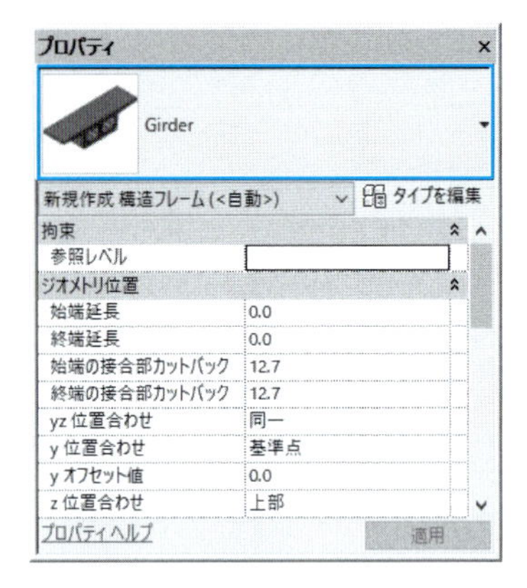

STEP4

［修正｜配置　梁］タブ - ［描画］ - ［線］をクリックします。オプションバーの［構造用途］は、［大梁］に設定します。

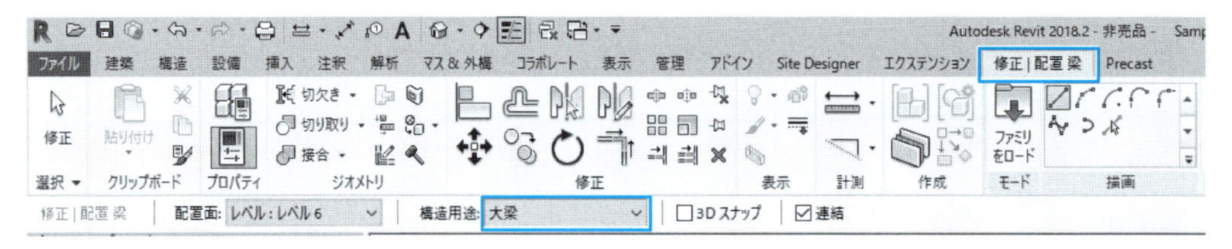

STEP5

梁の書き出し位置を指定として、［通芯2］と［通芯CL］の交点をクリックします。次に［通芯3］と［通芯CL］の交点をクリックします

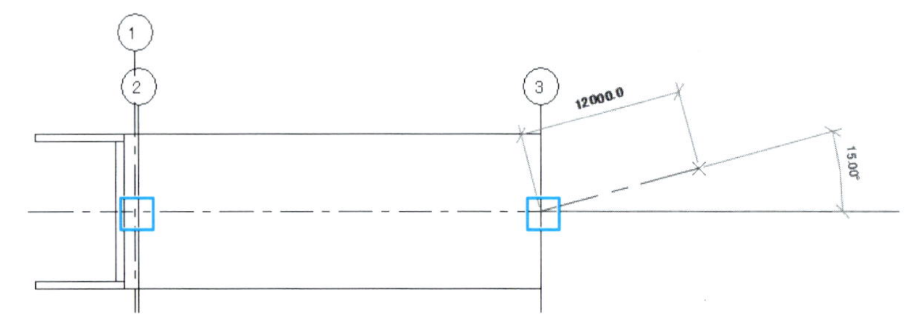

STEP6

ツールは続いているので、そのままに［通芯3］と［通芯CL］の交点→［通芯4］と［通芯CL］の交点をクリックし、最後に［通芯4］と［通芯CL］の交点→［通芯5］と［通芯CL］の交点をクリックしてEscキーでツールを終了します。

このようになります。

STEP7

形状を確認するので、[クイックアクセスツールバー] - [既存の3Dビュー] をクリックします。表示スタイルを [リアリスティック] に設定します。

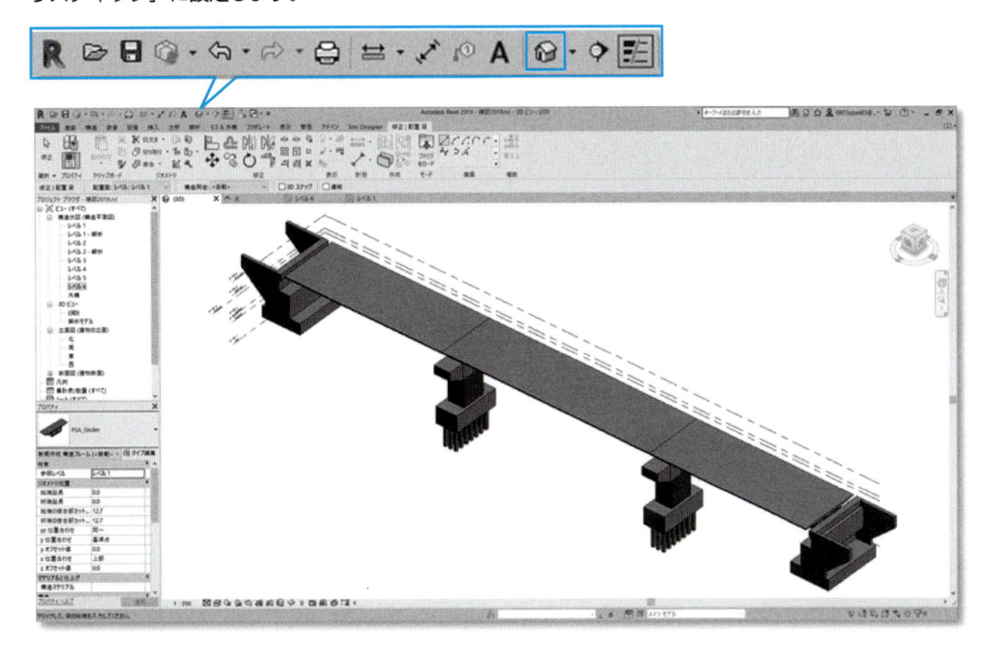

ここでは、支間ごとに分けて上部工を作成していますが、1つの要素として作成することも可能です。この後、フェーズ活用することを考慮して分けて作成しています。

舗装面と地覆については、上部工同様に [標準断面図] プロファイルファミリを作成し、上部工の外形をパスにスイープで作成します。作成したファミリサンプルファイルを下記に示すので、同様の手順で作成して下さい。

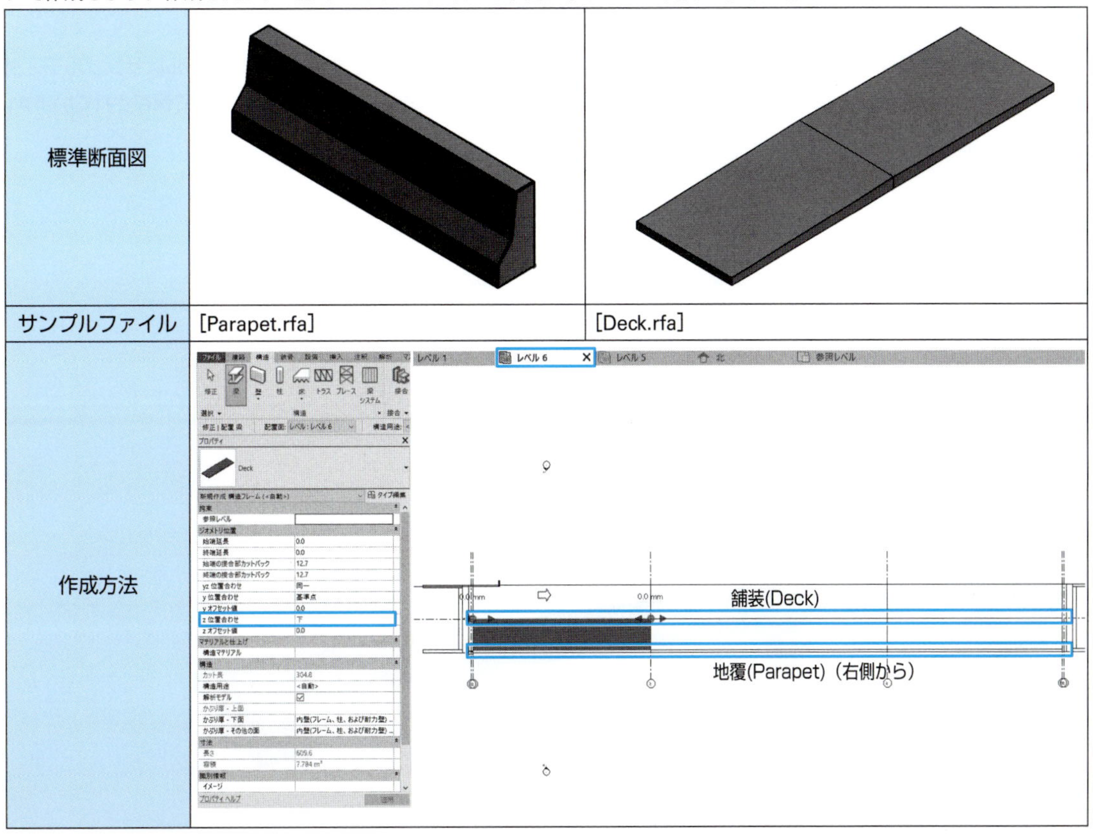

標準断面図		
サンプルファイル	[Parapet.rfa]	[Deck.rfa]
作成方法	舗装(Deck) 地覆(Parapet)（右側から）	

地覆を片側だけ作成し、［鏡像］ツールを利用して反転させると、効率的に作成することができます。

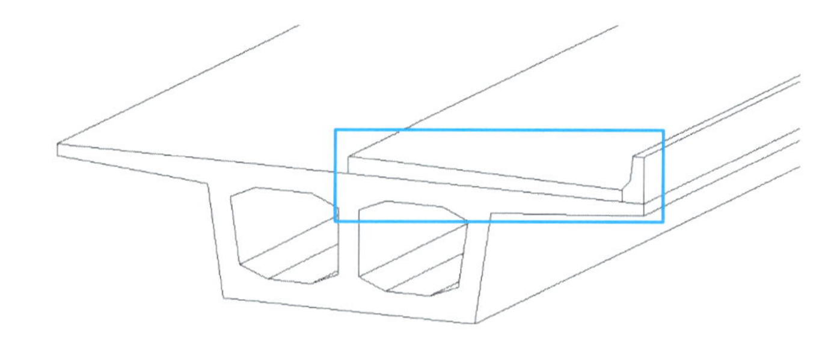

完成すると、このようになります。

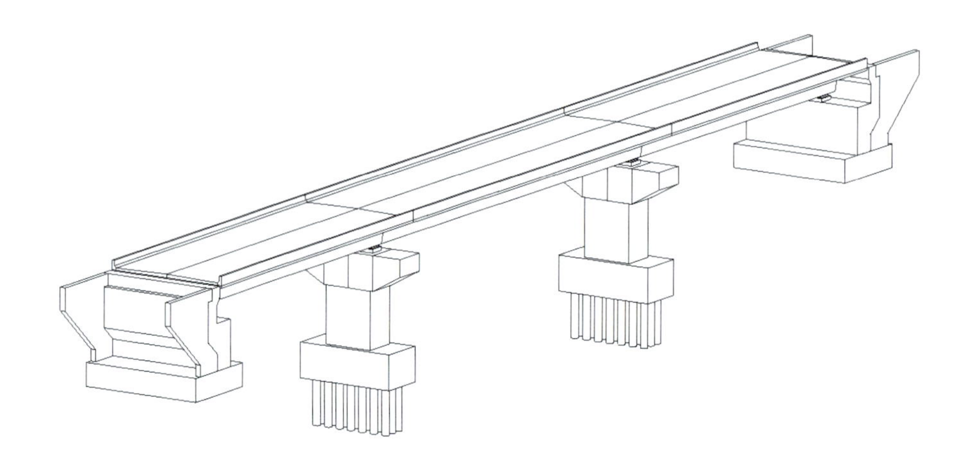

作成した橋梁基本モデルの確認

［プロジェクトブラウザ］より3Dビューに切り替えてモデルを確認します。ここまで作成したモデルはサンプルデータセット［DataSet］-［2019］-［2章 構造物（橋梁）モデルの作成］フォルダのSample【基本】.rvtとして保存されています。

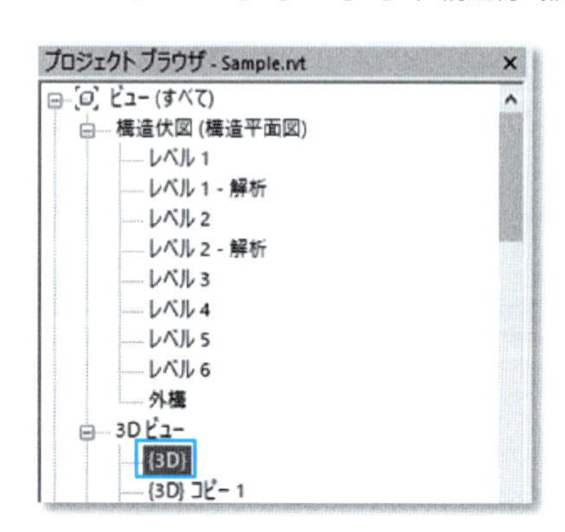

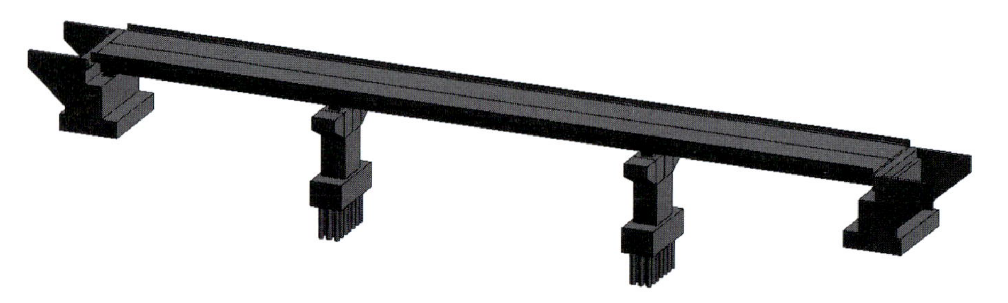

3Dビュー［表示スタイル：シェーディング］

03 モデルから図面の作成

ラベル変更

モデルが完成したので、続いて3次元モデルから断面を切って図面を作成していきます。図面作成時にどの断面かをわかりやすくするために、通芯のラベルを変更します。このように通芯のラベルが付けられているので、下記のように変更します。

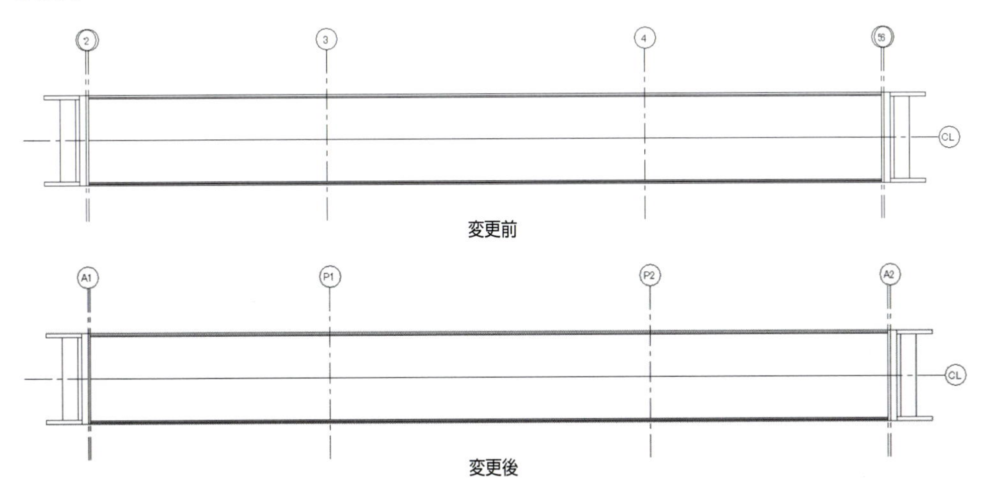

変更前

変更後

はじめに重なっている［通芯2］と［通芯5］を非表示にして、［通芯1］、［通芯6］のラベルをA1、A2に変更します。

STEP1

［プロジェクトブラウザ］より、［構造伏図（構造平面図）］-［レベル6］をダブルクリックします。

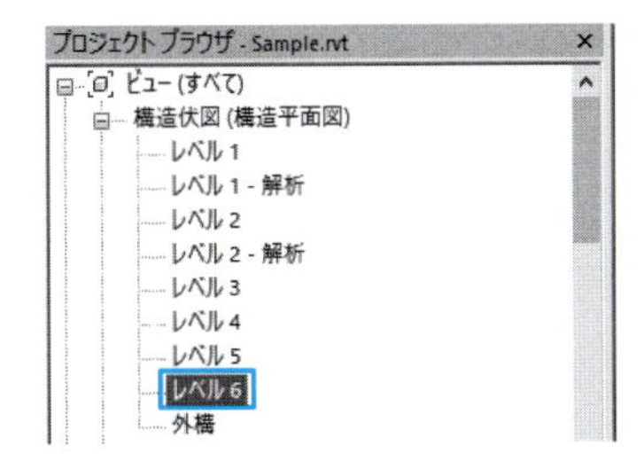

STEP2

［通芯2］を選択し、チェックボックスをクリックしラベルを非表示にします。

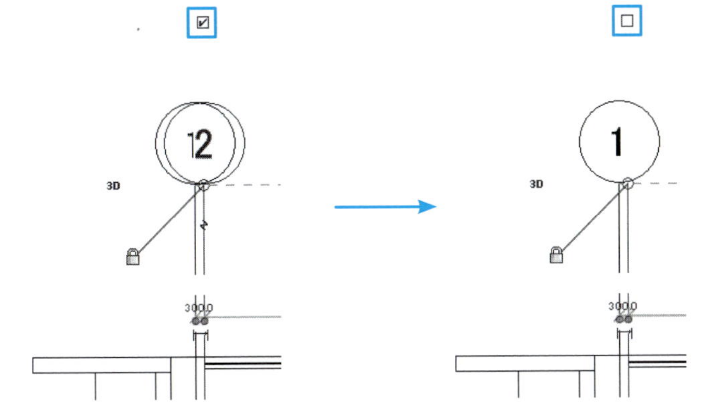

STEP3

数字を変更します。数字［1］をダブルクリッして数字を［A1］に変更後、Escキーで終了します。

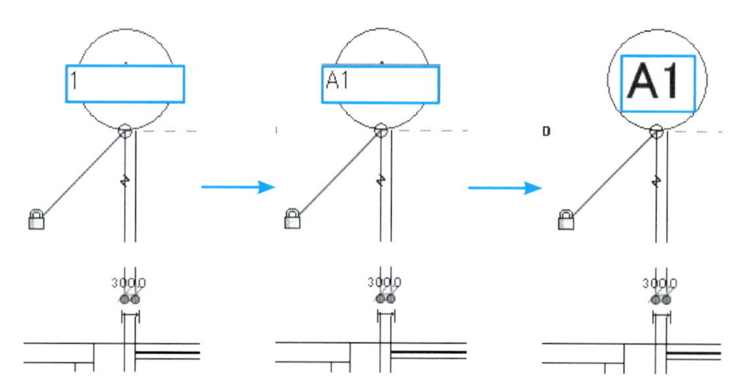

STEP4

［通芯5］は非表示にします。その他は下記のように、ラベルの内容を同様の手順で変更します。

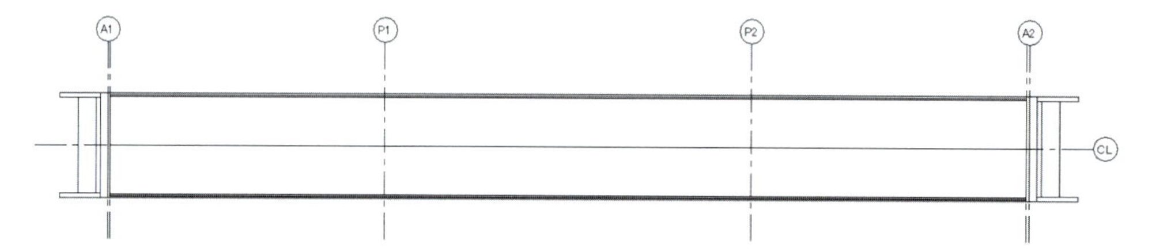

バルーンの位置を個別に変更する

バルーンの位置を変更しようとすると、全体が変更されてしまいます。個別に変更したい場合は、バルーンを選択し、ロックを解除（クリック）すると、個別に位置を変更することができます。変更は、バルーン付け根の〇をマウスでドラッグして移動します。

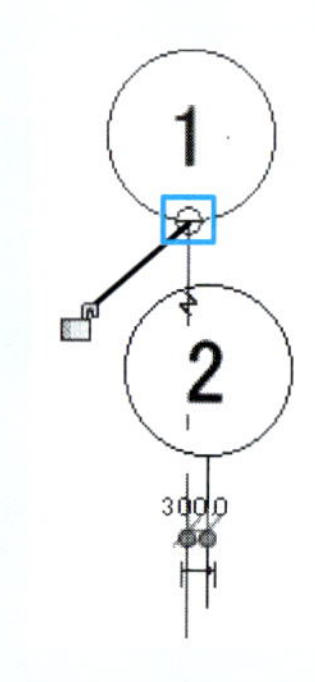

通芯が表示されない

後からレベルを作成すると、通芯が表示されない場合があります。その場合は、通芯が表示されているビューを開き、通芯を全て選択します。通芯上で右クリック、［3D範囲を最大化］を選択します。

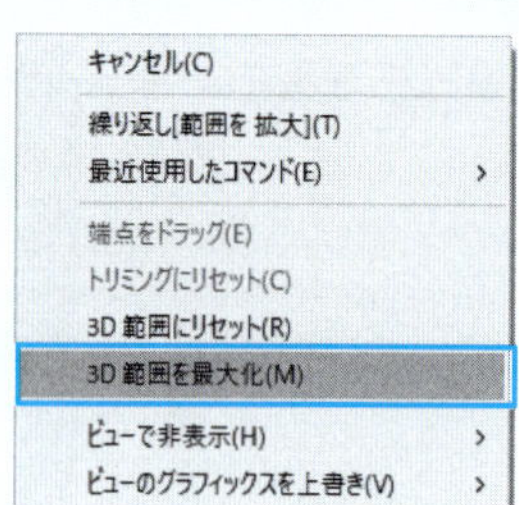

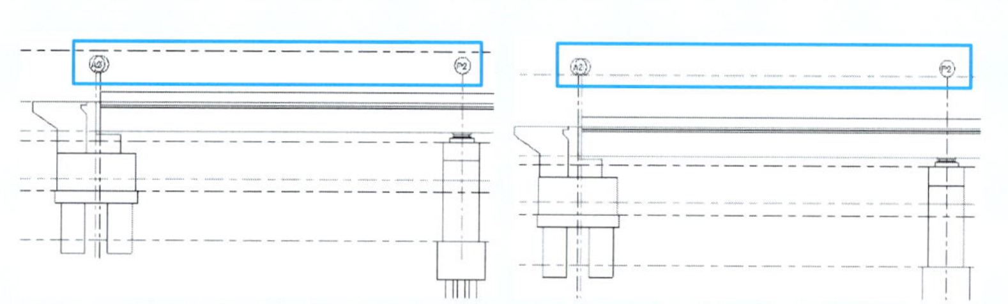

断面作成

［通芯P1］で断面を作成します。

STEP1

［プロジェクトブラウザ］より、［構造伏図（構造平面図）］-［レベル6］をダブルクリックします。

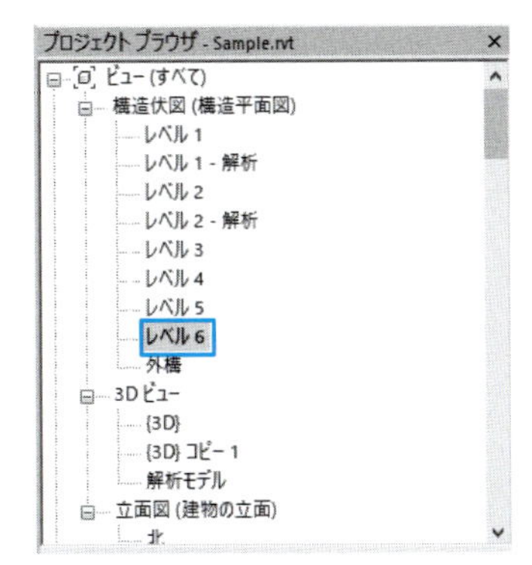

STEP2

［表示］タブ -［作成］-［断面］をクリックします。

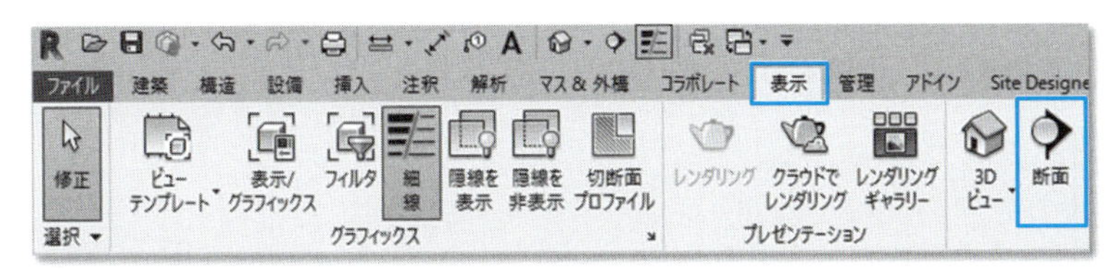

STEP3

［通芯P1］上で、❶→❷とクリックします。

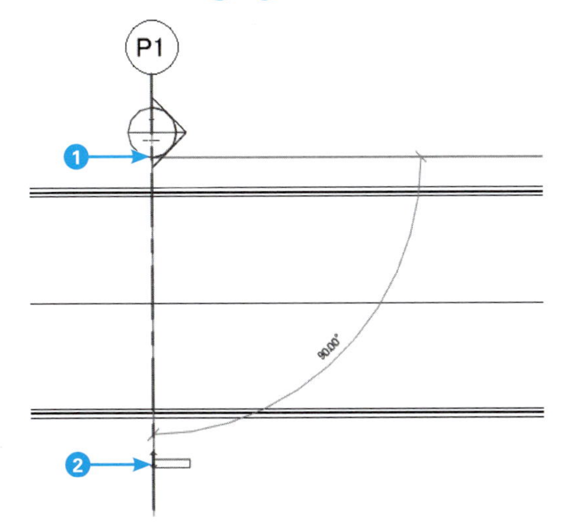

STEP4

断面が作成されました。画面水色の破線で囲まれた範囲が断面の表示範囲です。

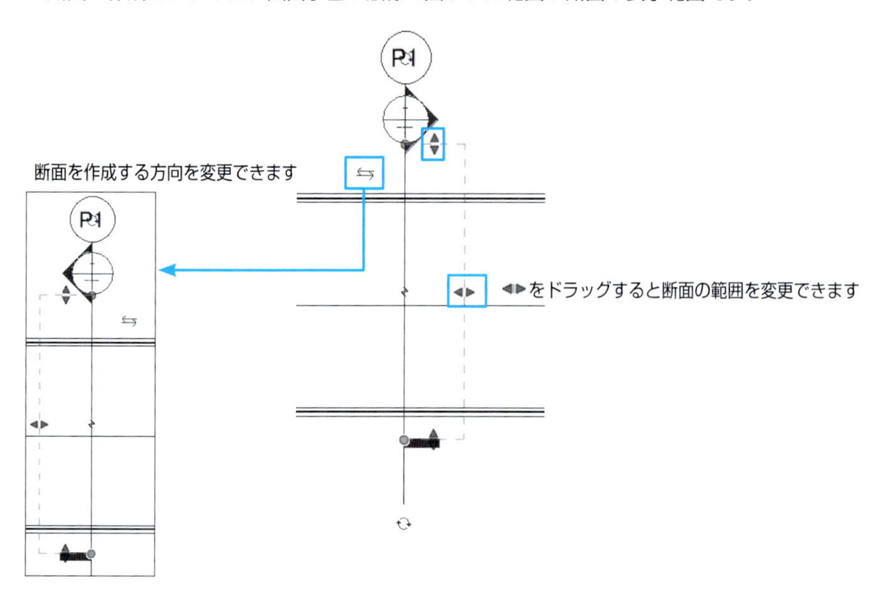

STEP5

［プロジェクトブラウザ］の［断面図（建物断面）］-［断面図1］をダブルクリックします。

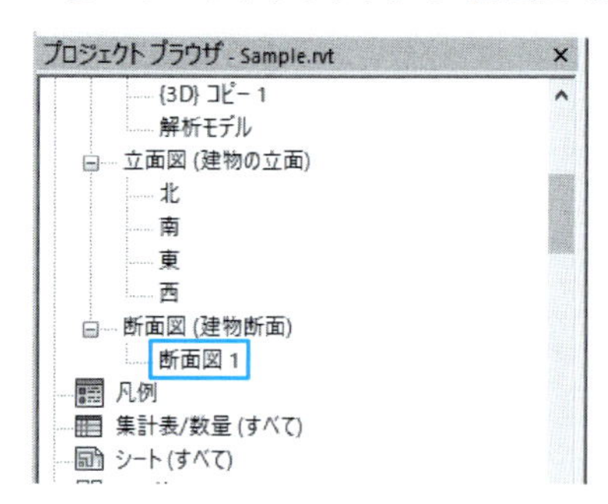

STEP6

このように断面が作成されます。

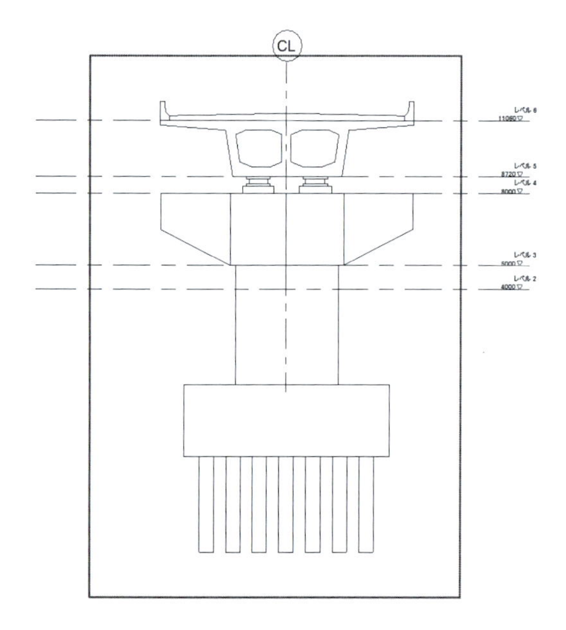

STEP7

識別しやすいように、断面図の名前を変更します。[プロジェクトブラウザ] より、[断面図(建物断面)] - [断面図1] を右クリックします。[名前変更] を選択し、[P1] に変更します。

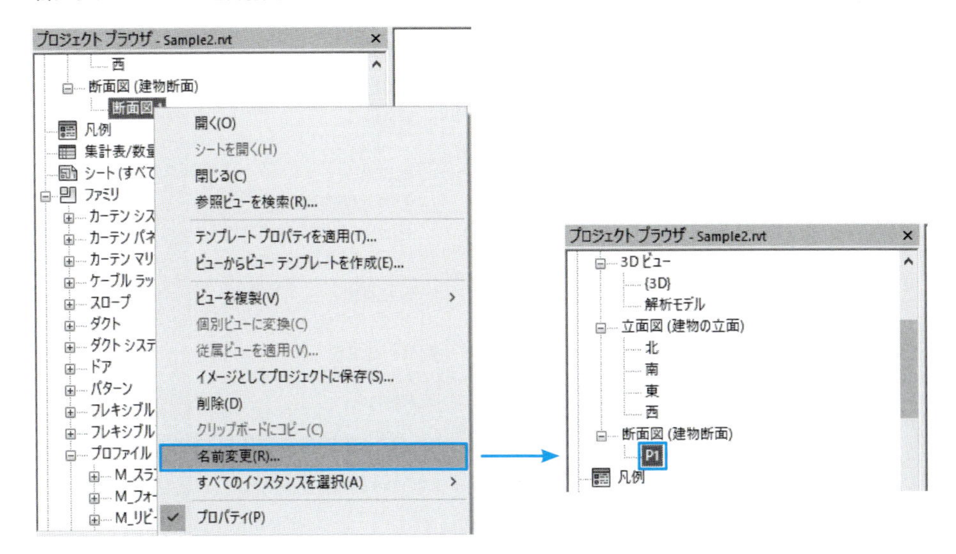

寸法作成

作成した断面から上部工のビューを作成します。印刷用のシートに挿入できるよう、ここではビューを複製後に寸法を記入します。

STEP1

ビューを複製します。[プロジェクトブラウザ] より、[立面図(建物断面)] - [P1] を右クリック-[ビューを複製] - [複製] をクリックします。

STEP2

ビューが複製されたので、前頁と同じ手順で、ビューの名前を［上部工］に変更します。

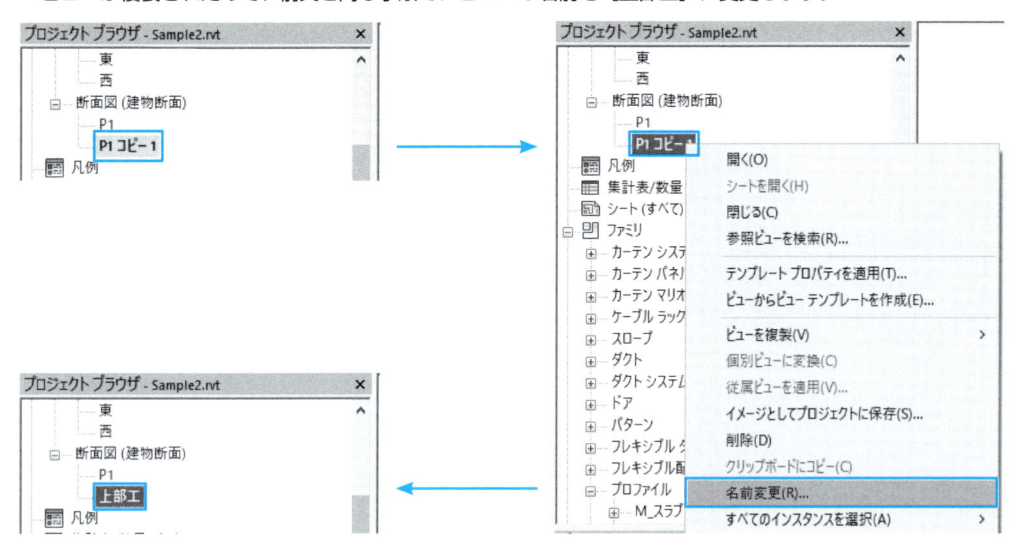

STEP3

上部工以外の要素を非表示に変更します。上部工以外の要素を全て選択し、右クリック -［ビューで非表示］-［要素］を選択します（複数選択は、窓で囲うかCtrlキーを押しながら選択します）。

右のように上部工のみが表示されるように変更します。。

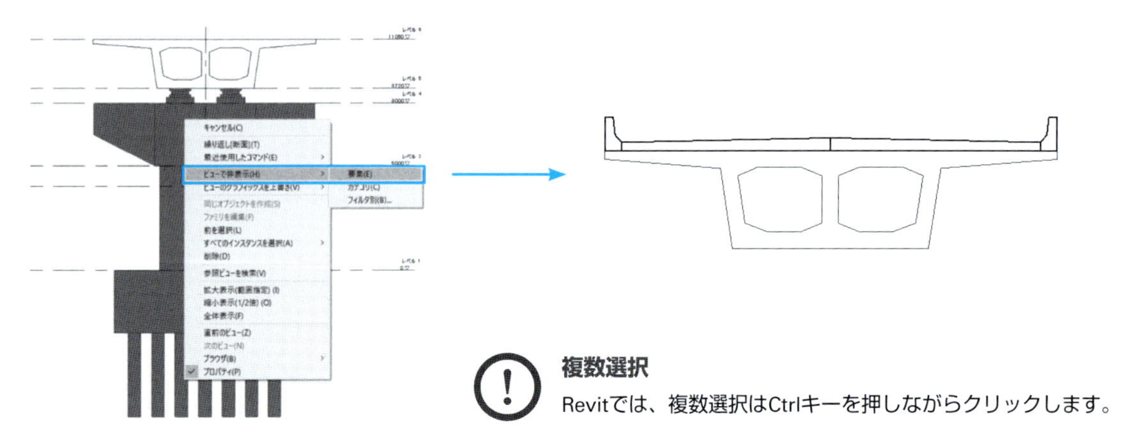

複数選択

Revitでは、複数選択はCtrlキーを押しながらクリックします。

ビューの複製

ビューの複製には3種類あります。各内容は以下の通りですので、目的に応じて使用してください。

複製

モデルのみ複製されます（寸法や2D要素は複製されません）。モデルの変更は連動しているため反映されます。

詳細を含めて複製

モデルに寸法や2D要素を含めて複製されます。変更は、モデルのみ連動しますが、寸法や2D要素は反映されません。

開く(O)
シートを開く(H)
閉じる(C)
参照ビューを検索(R)...
テンプレート プロパティを適用(T)...
ビューからビュー テンプレートを作成(E)...
ビューを複製(V)
個別ビューに変換(C)
従属ビューを適用(V)...
イメージとしてプロジェクトに保存(S)...
複製(L)
詳細を含めて複製(W)
従属として複製(I)

従属として複製

全ての要素が複製されます。変更もモデルだけでなくすべての要素が連動します。

STEP4

寸法を作成します。[注釈] タブ - [寸法] - [長さ寸法] をクリックします。

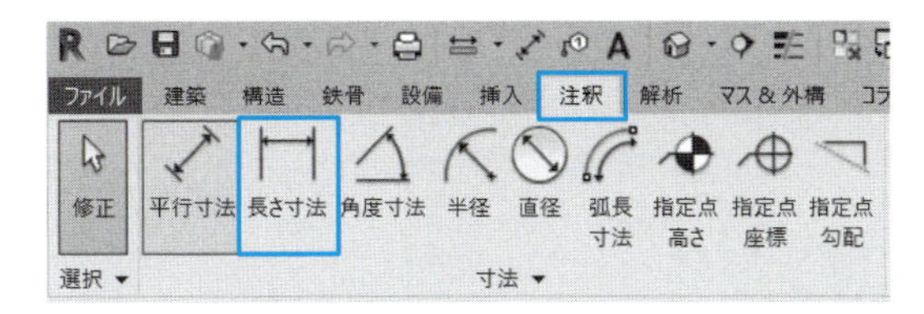

STEP5

各交点をクリックし、最後に寸法を表示したい位置でクリックします。同様に❹と❺、❻と❼に寸法を作成します。

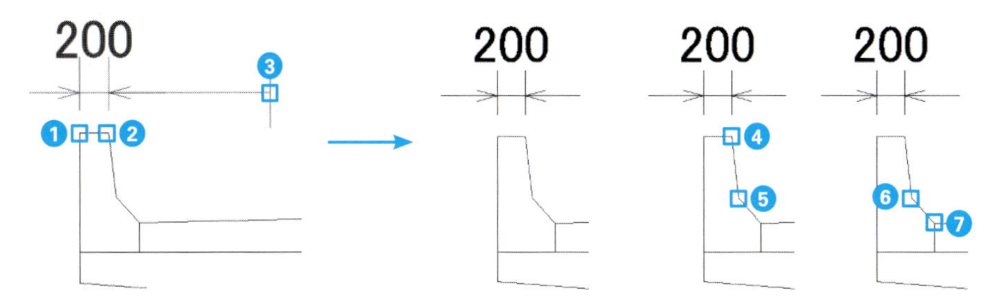

このように寸法線を作成します。寸法の矢印形状など、寸法スタイルは必要に応じて寸法プロパティで変更することができます。

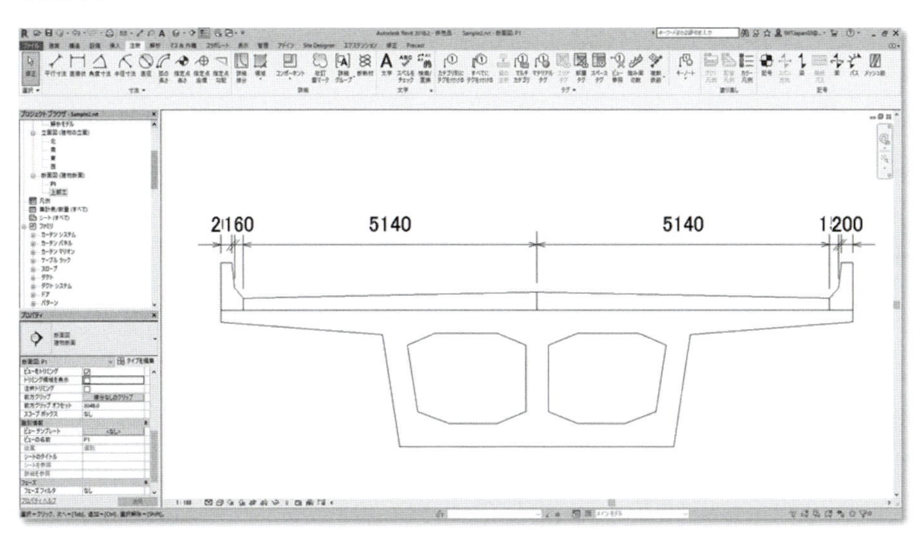

STEP6

寸法の位置を修正するので、寸法線をクリックします。各寸法線の間に［●］が表示されます。移動には、この●を使用します。寸法値下の●を左クリックで選択し、マウスを動かして数値が重ならないように移動させます。

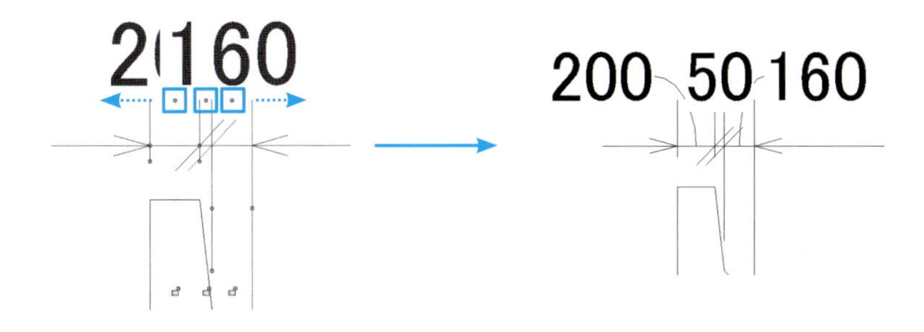

STEP7

寸法補助線が表示されているので、非表示にします。寸法線を選択し、オプションバーの［引出線］のチェックを外すと非表示になります。

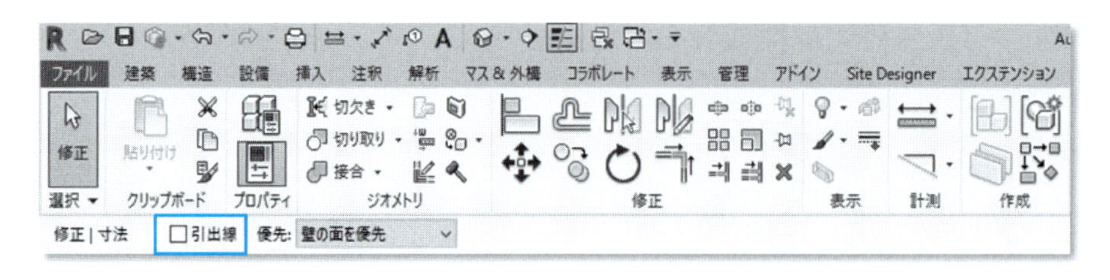

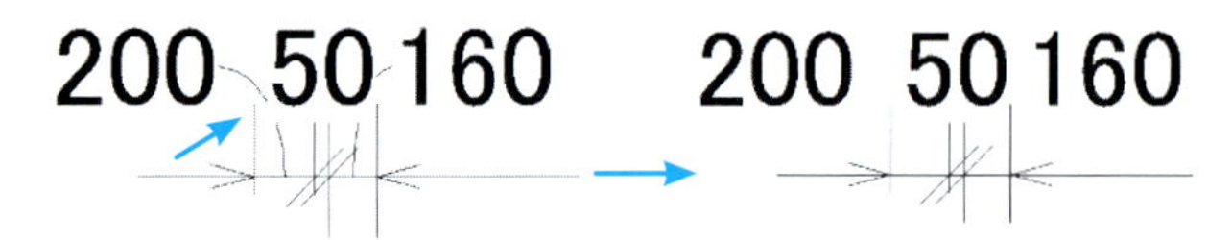

このようになります。

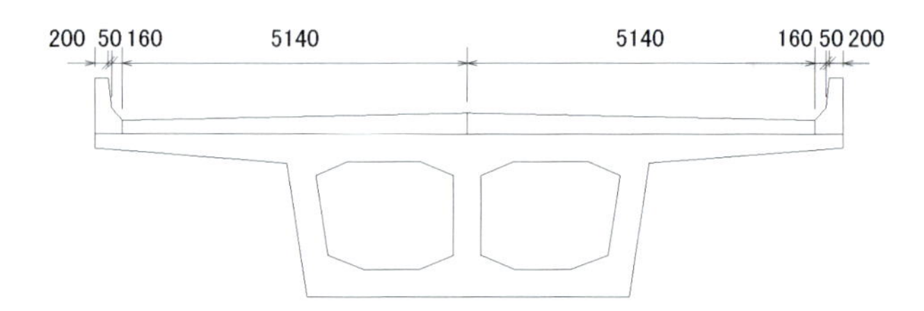

STEP8

［平行寸法］を選択し、下記のように並列に寸法を追加します。

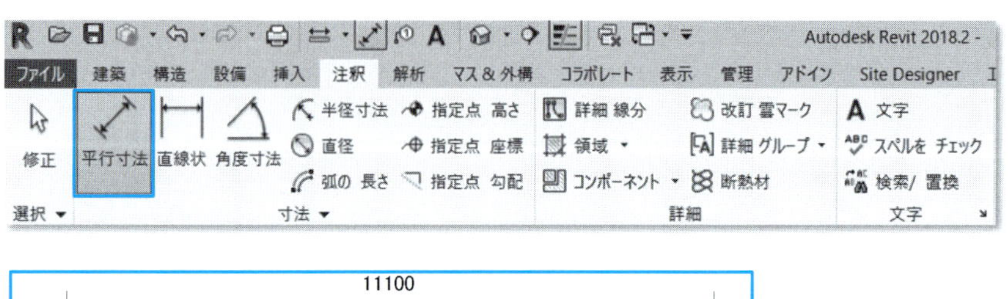

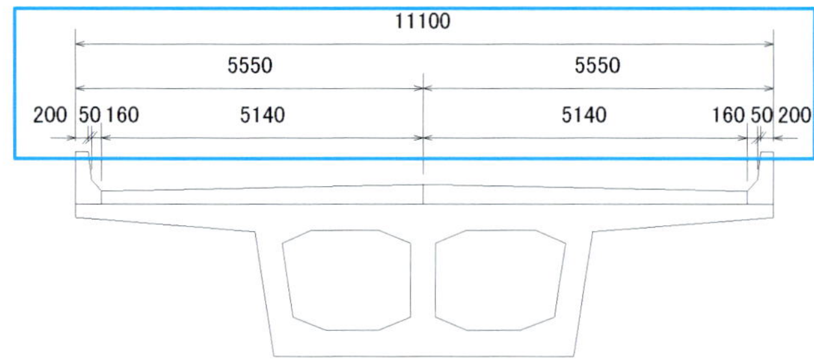

STEP9

他の部分にも下記のように同様に寸法を作成します。何も選択していない状態で断面図：上部工のプロパティから［トリミング領域を表示］にチェックを入れ、上部工と寸法が入るように大きさを調整します。大きさが調整できたらオフにします。

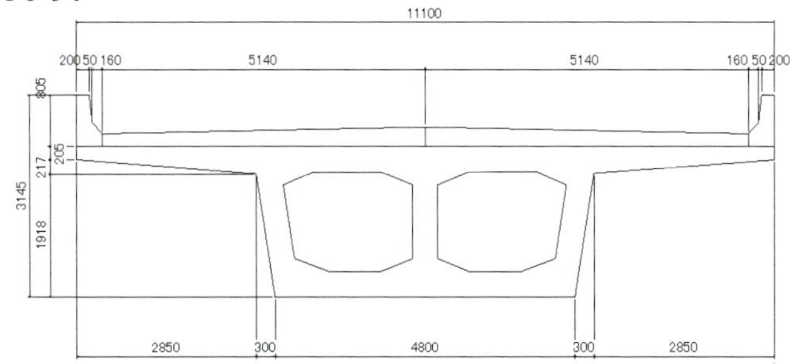

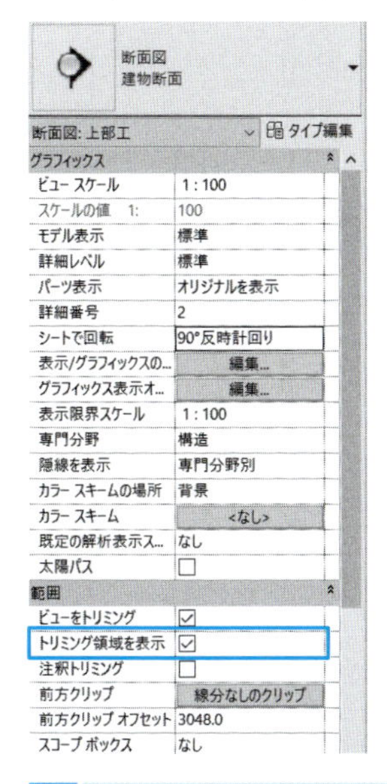

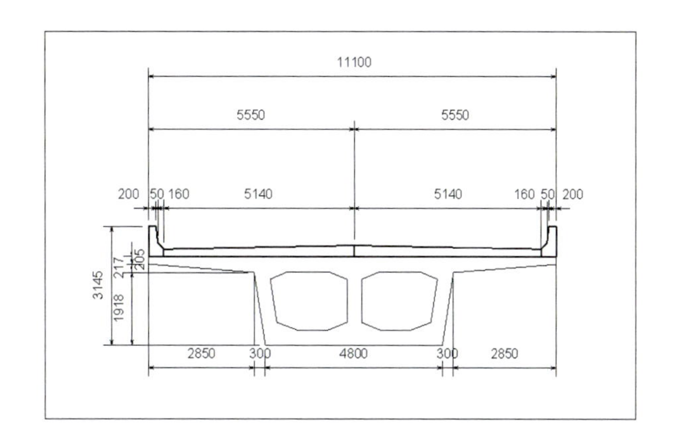

シート作成

印刷用のシートを作成します。

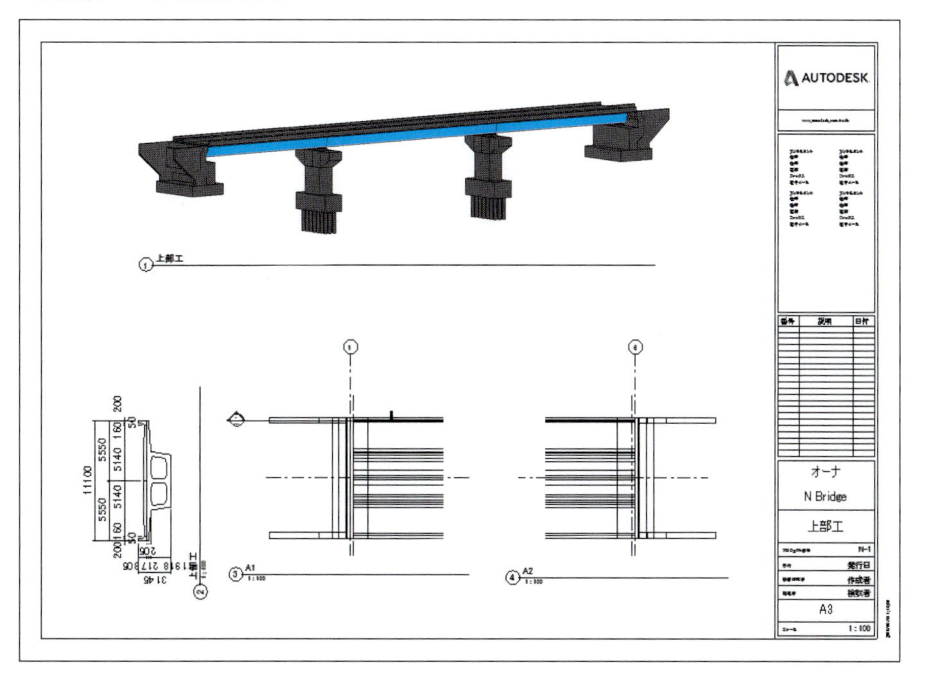

右のように上部工のみを赤く（誌面では青で掲載）表示したビューを作成します。

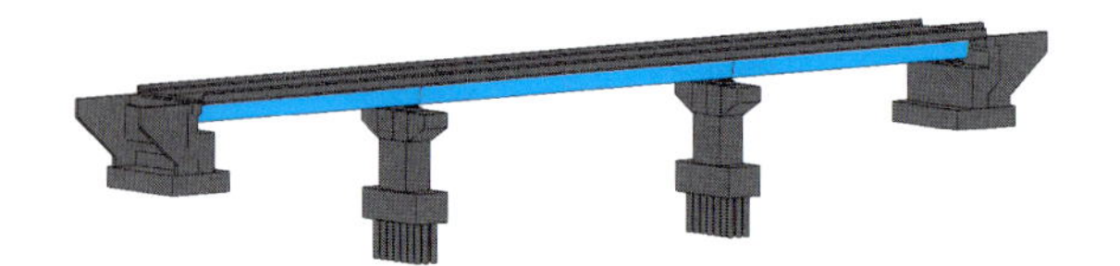

STEP1

［プロジェクトブラウザ］より、［3Dビュー］-｛3D｝を右クリックし、［ビューを複製］-［複製］を選択します。

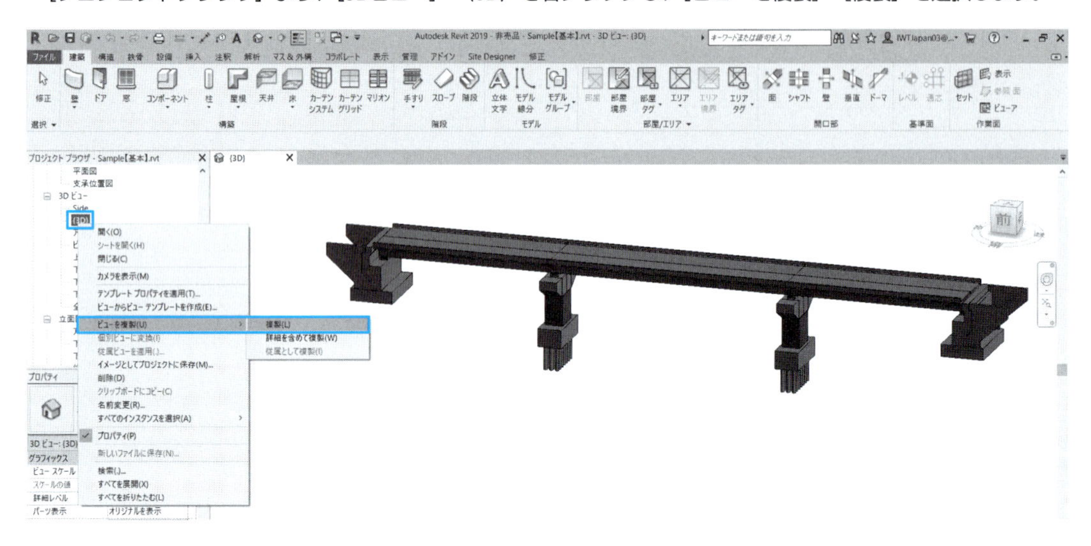

STEP2

このようにビューが複製されます。

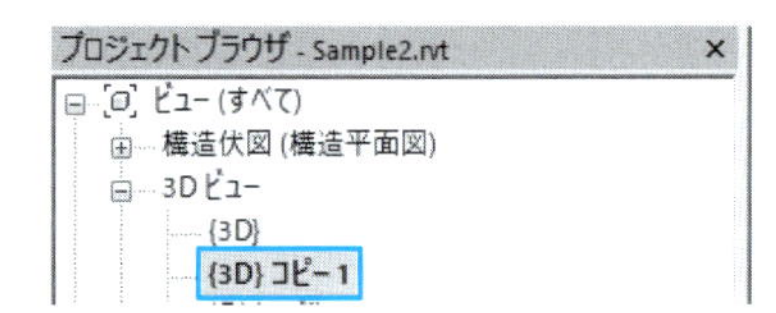

STEP3

複製された［{3D}コピー1］を選択して右クリック、［名前の変更］を選択します。

STEP4

名前を［上部工］に変更します。

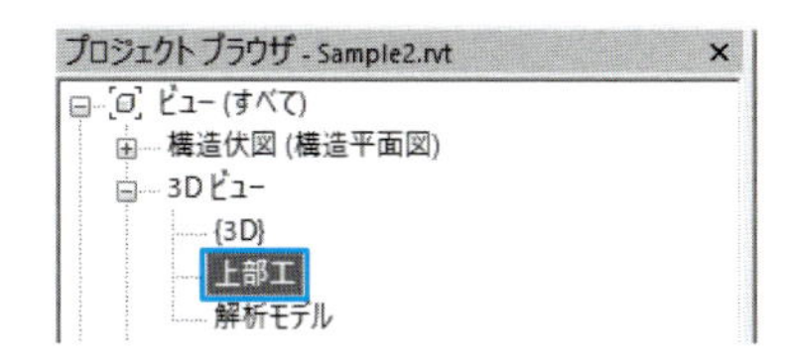

STEP5

［プロジェクトブラウザ］は、［3Dビュー］-［上部工］が選択されていることを確認します。

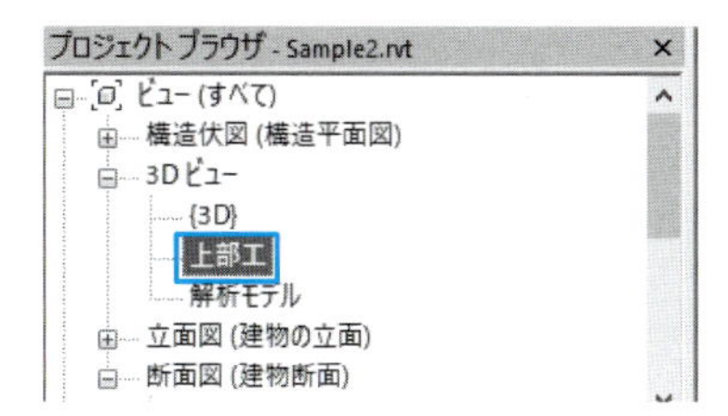

STEP6

［表示］タブ-［フィルタ］をクリックします。

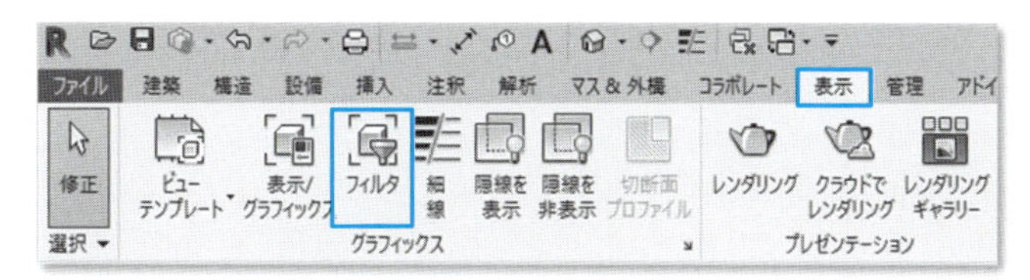

STEP7

［新規作成］をクリックします。

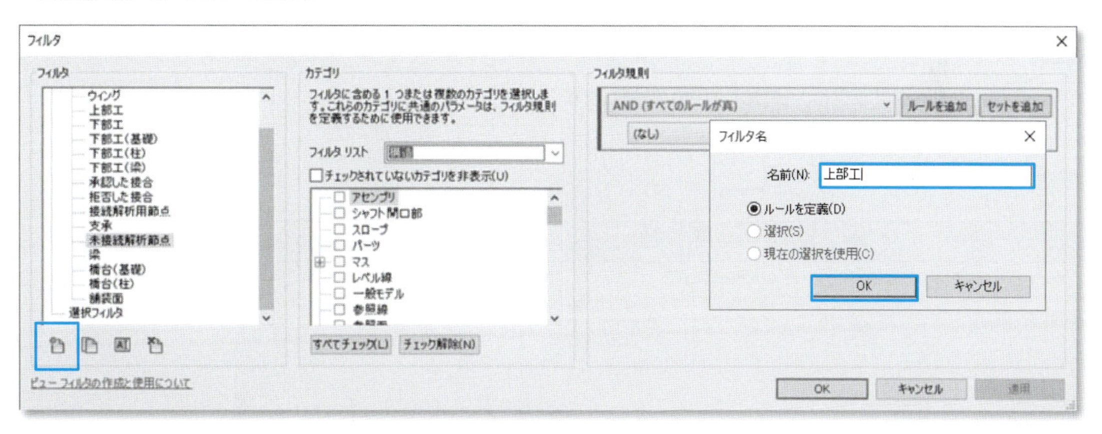

STEP8

［上部工］とフィルタルールの名前を付け、［OK］ボタンを押します。

STEP9

［フィルタリスト］に［構造］、［カテゴリ］に［構造フレーム］、［フィルタ規則］に［AND（すべてのルールが真）］を選択し、［タイプ名］と［含む］を選択したのち、「Girder」とキーボードから入力します。下記のようになっていることを確認し、［OK］ボタンを押します。

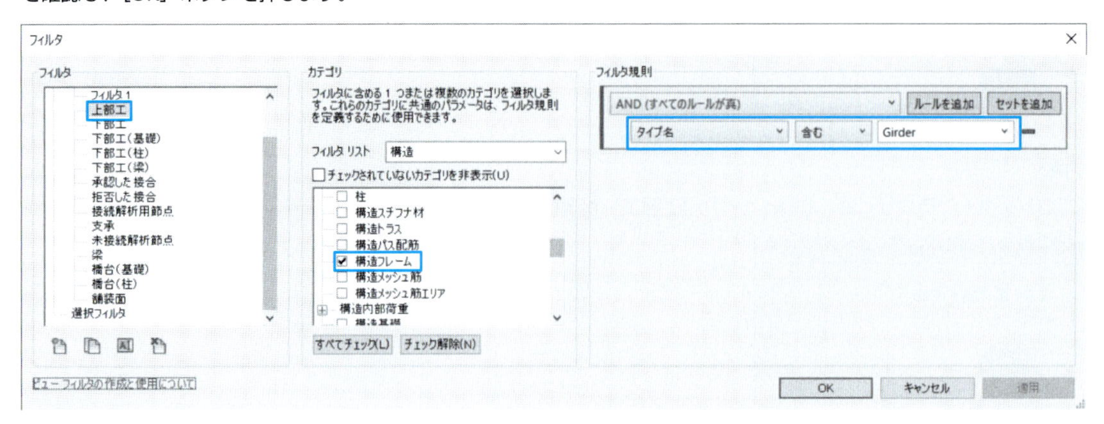

STEP10

プロパティの［表示/グラフィックスの上書き］-［編集］をクリックします。

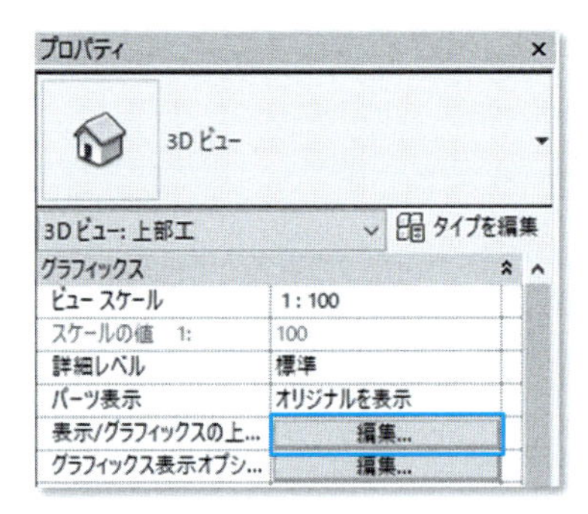

STEP11

［フィルタ］タブをクリックし、［追加］ボタンを押します。

STEP12

作成した［上部工］を選択し、［OK］ボタンを押します。

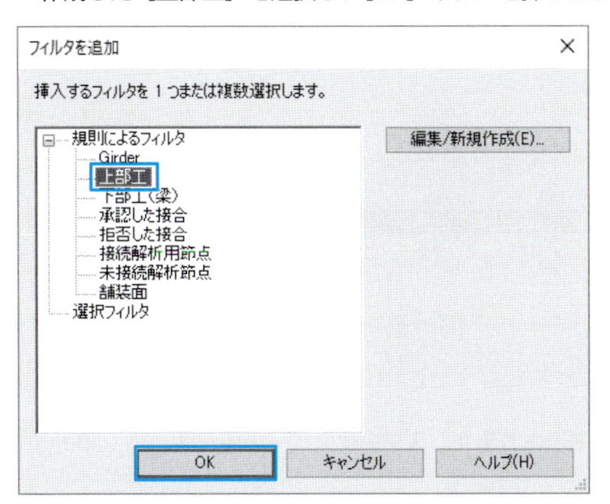

［上部工］フィルタが追加されます。

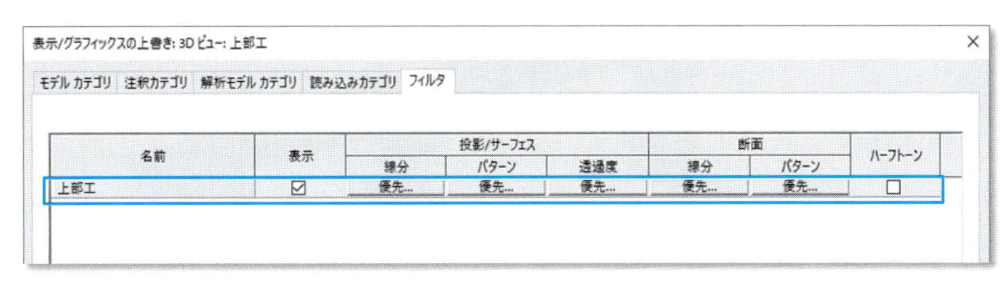

STEP13

［投影／サーフェス］-［パターン］-［優先］をクリックします。

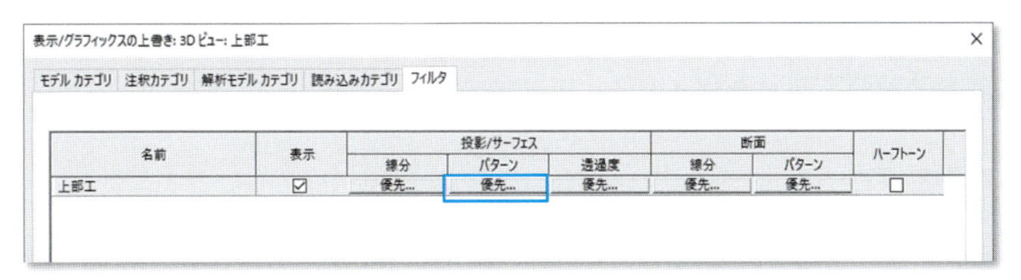

STEP14

［塗りつぶしパターングラフィックス］ダイアログは下記のように設定し、［OK］ボタンを押します

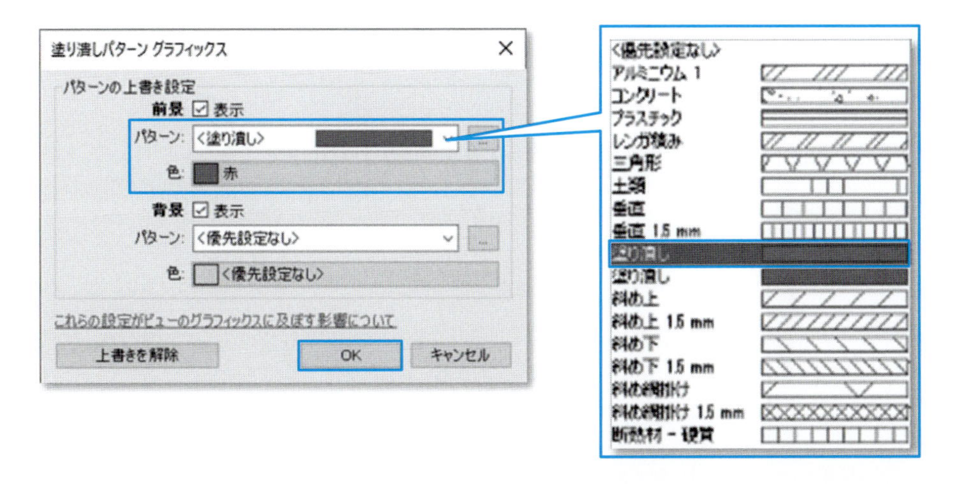

STEP15

このように設定されたので、右下の［OK］ボタンを押します。

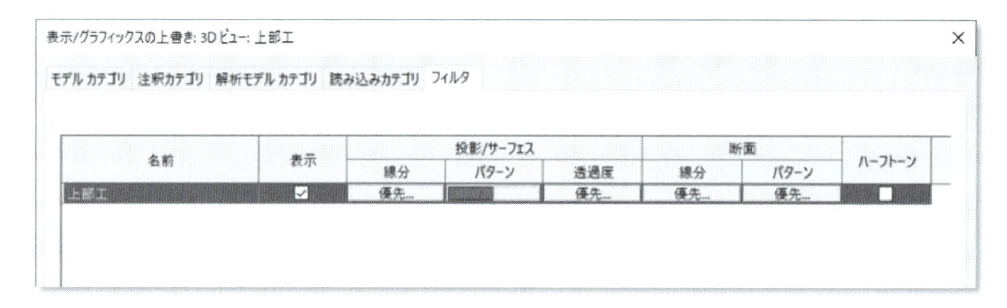

STEP16

表示スタイルを［ベタ塗り］に変更します。上部工のみが赤く表示されます。ステータスバーの縮尺は、［1：200］に設定します。

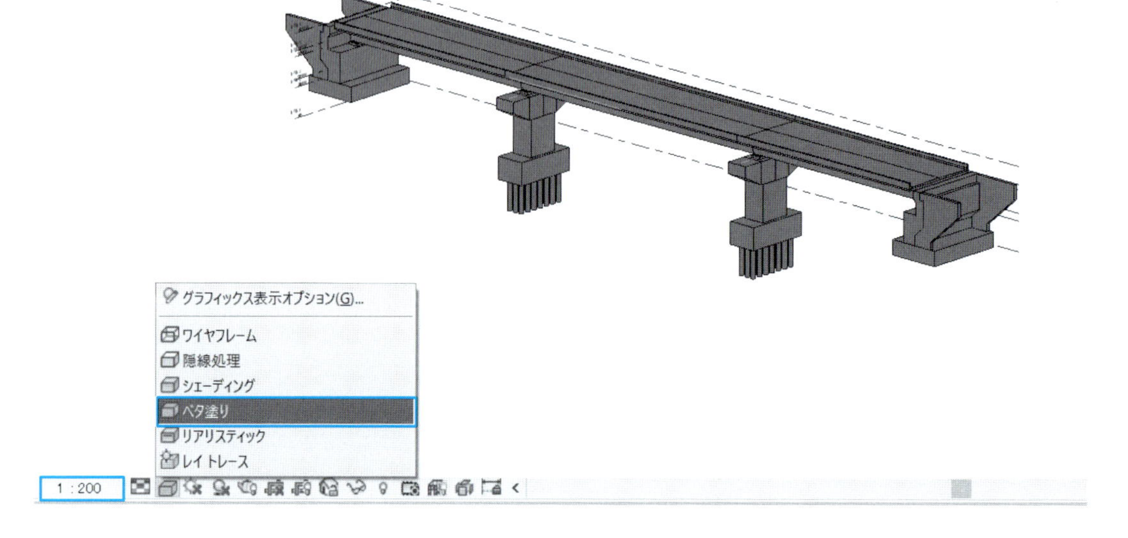

次にA1、A2の平面図を作成します。

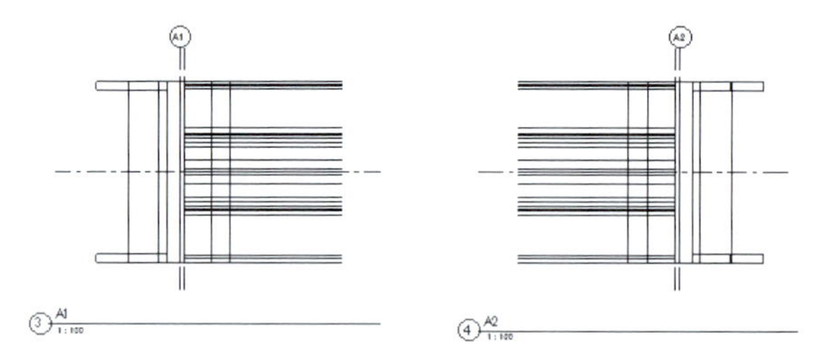

STEP1

［プロジェクトブラウザ］は、［構造伏図（構造平面図）］-［レベル6］をダブルクリックします。

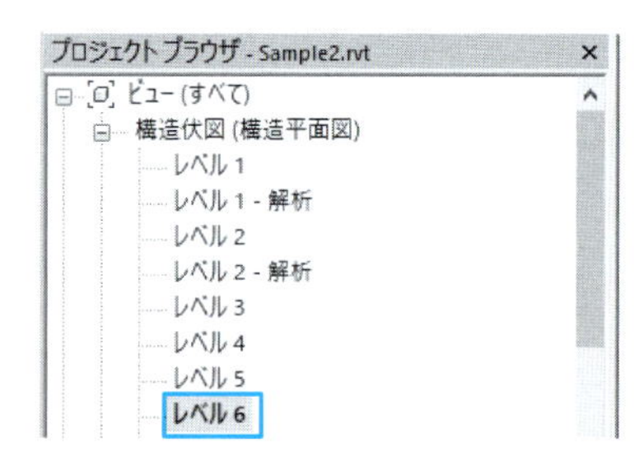

STEP2

ビューを複製します。［レベル6］を選択して右クリック、［ビューを複製］-［複製］を選択します。

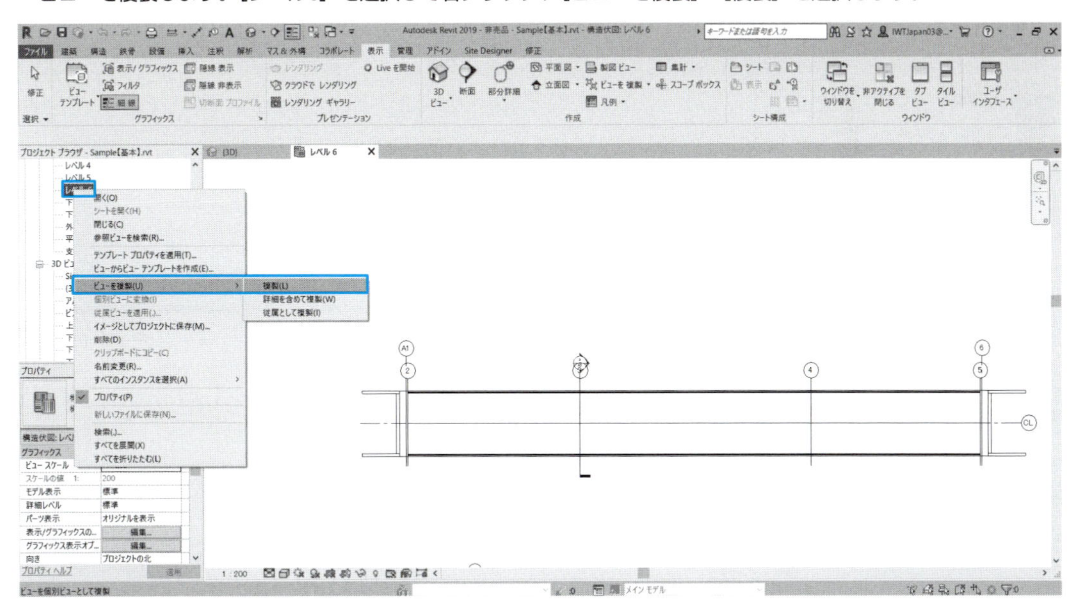

STEP3

STEP2で複製した［レベル6コピー1］を選択して右クリック、［名前変更］を選択します。

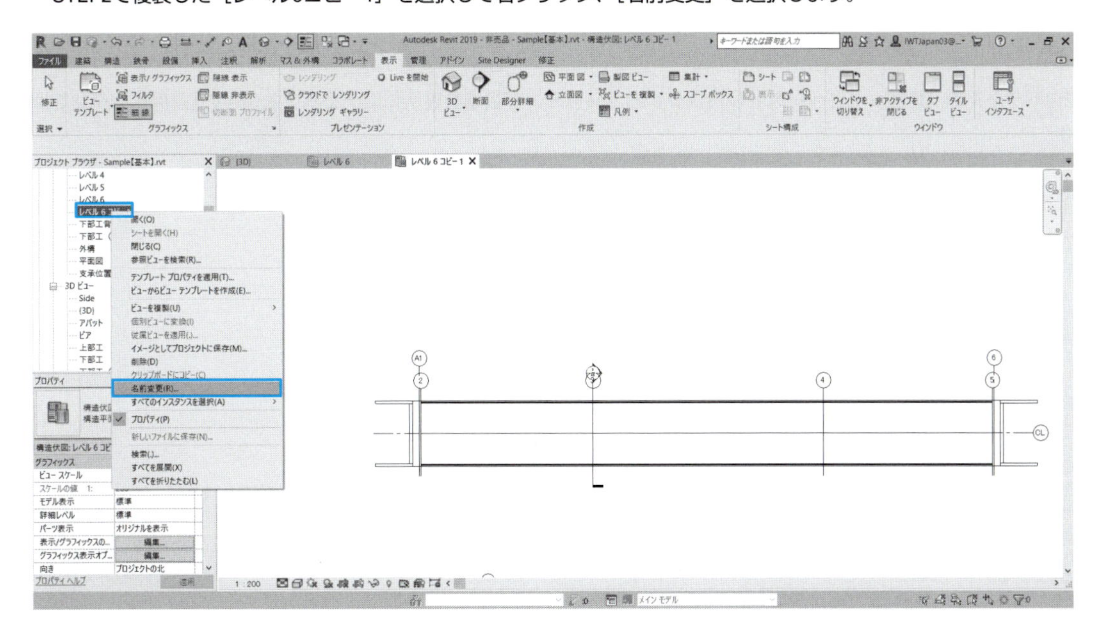

STEP 4

ビューの名前を［A1］に変更します。同様に［A2］も作成します。

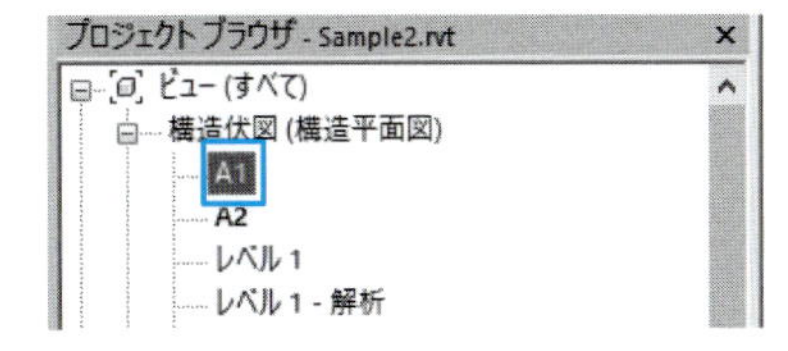

STEP5

［A1］を表示します（［プロジェクトブラウザ］-［構造伏図］-［A1］をダブルクリック）。ステータスバーの縮尺を［1：200］に変更します。

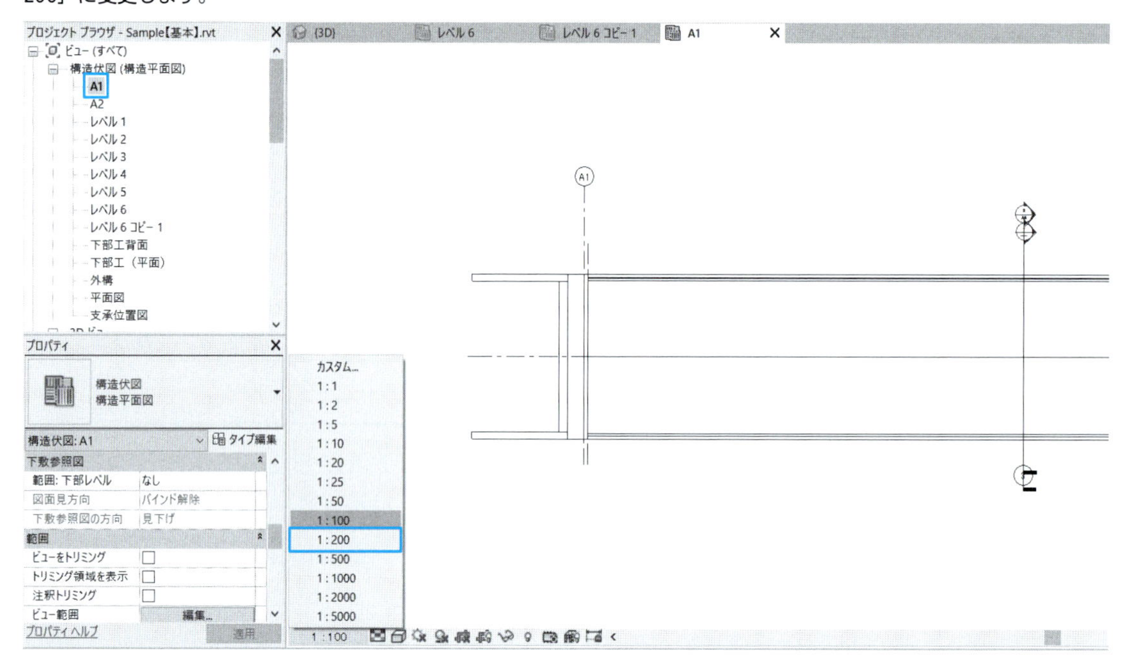

STEP6

［プロパティ］の［範囲］、［ビューをトリミング］と［トリミング領域を表示］にチェックを付け、［適用］ボタンを押します。

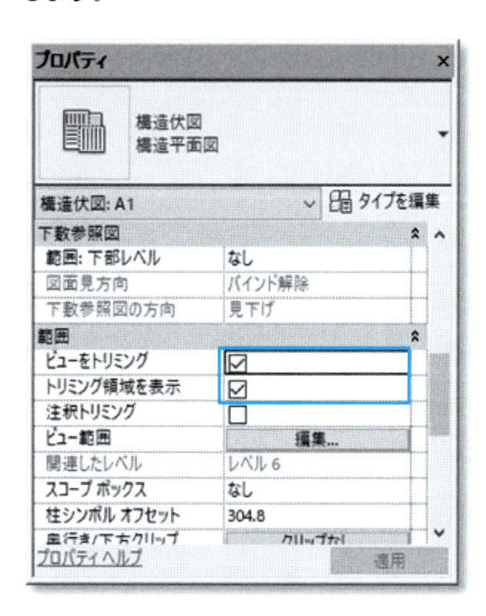

STEP7

ステータスバーの表示スタイルを［ワイヤフレーム］に変更します。

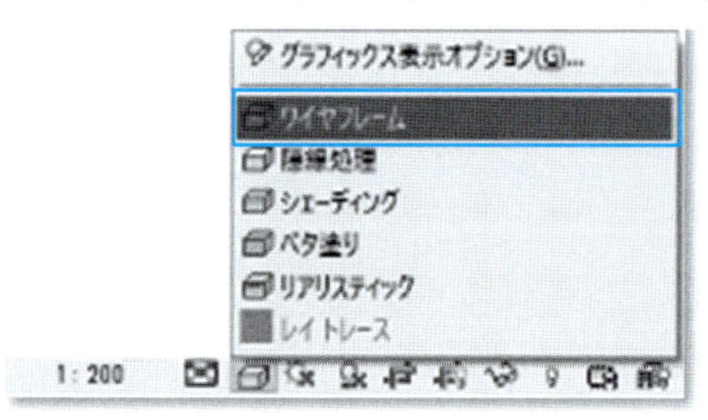

このようにビューが表示されるようになります。

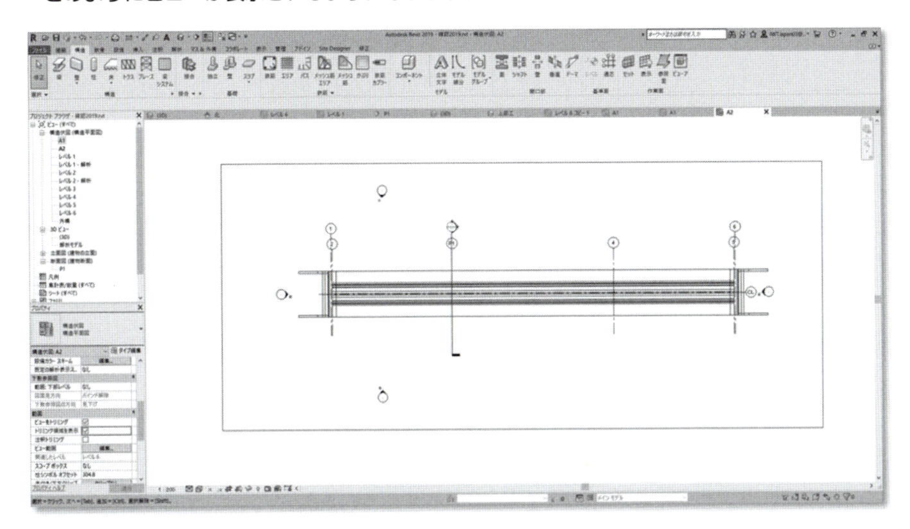

STEP8

ビューの範囲を変更します。ビューをクリックすると、トリミング領域が青く表示されます。各辺の●を動かすと、トリミング領域が変更されるので、下記のように変更します。

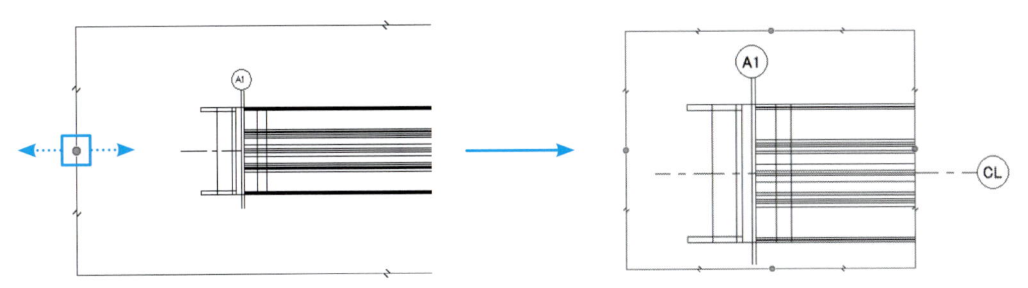

STEP9

［通芯CL］のラベルを非表示にします。［通芯CL］をクリックし、チェックを外します。

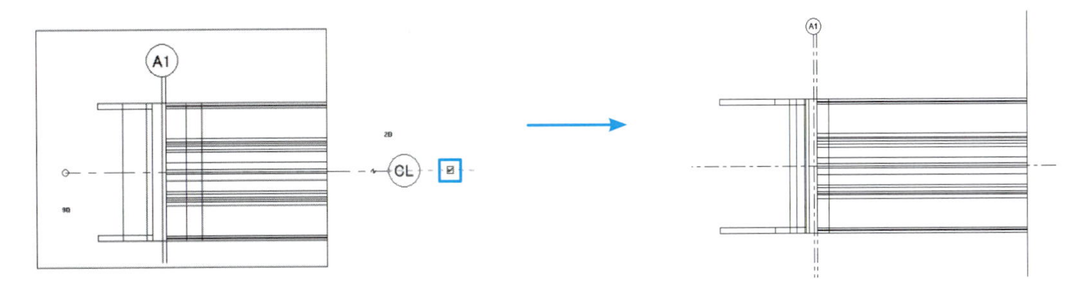

STEP10

［プロパティ］-［範囲］-［トリミング領域を表示］のチェックを外し、［適用］ボタンを押します。

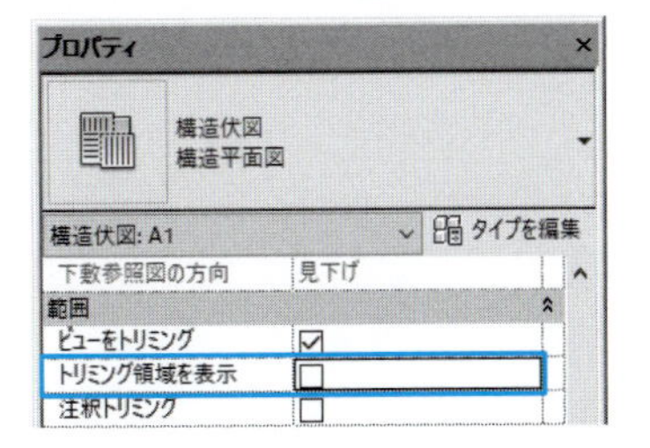

このようになります。［A2］も同様に作成します。

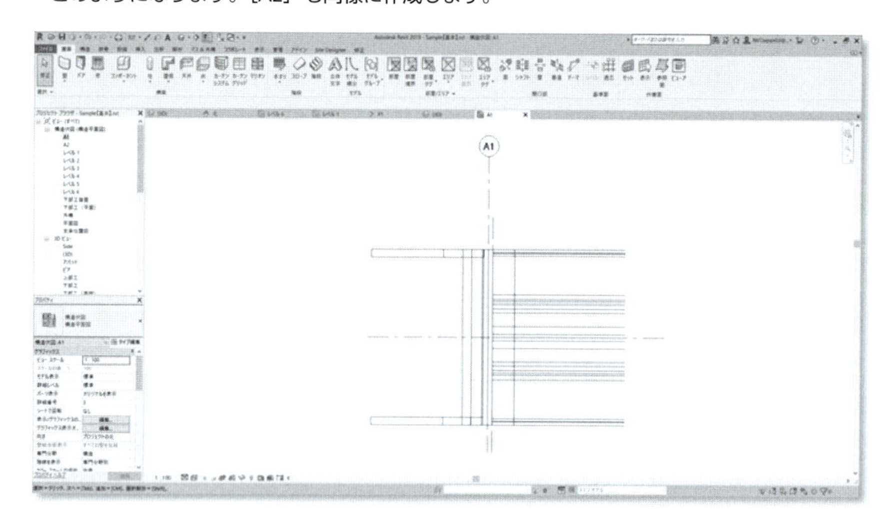

STEP11

シートを作成し、ビューを配置します。［表示］タブ -［作成］-［シート］をクリックします。

STEP12

図面枠を選択します。ここでは、［A1メートル］を選択し、［OK］ボタンを押します。

※オリジナルの図面枠を作成することもできます。それを使用する場合は、［ロード］をクリックします。

［プロジェクトブラウザ］から作成された［シート（すべて）］-［S.1 - 無題］を右クリックし、［名前変更］メニューを選択します。［番号］を［A3］、名前を［上部工］とし［OK］をクリックします。

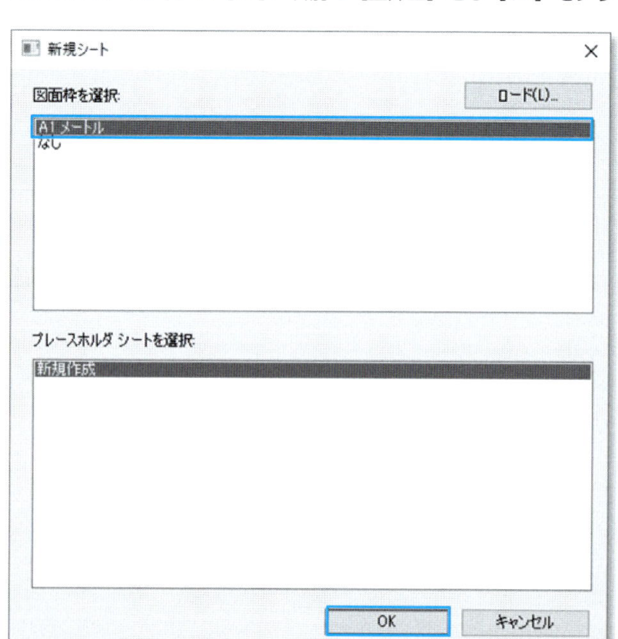

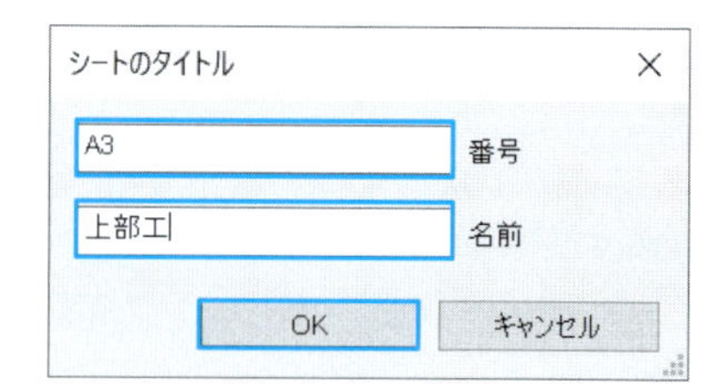

STEP13

このようにシートが作成されます。シート内の情報は［管理］タブの［プロジェクト情報］から確認・変更ができます。

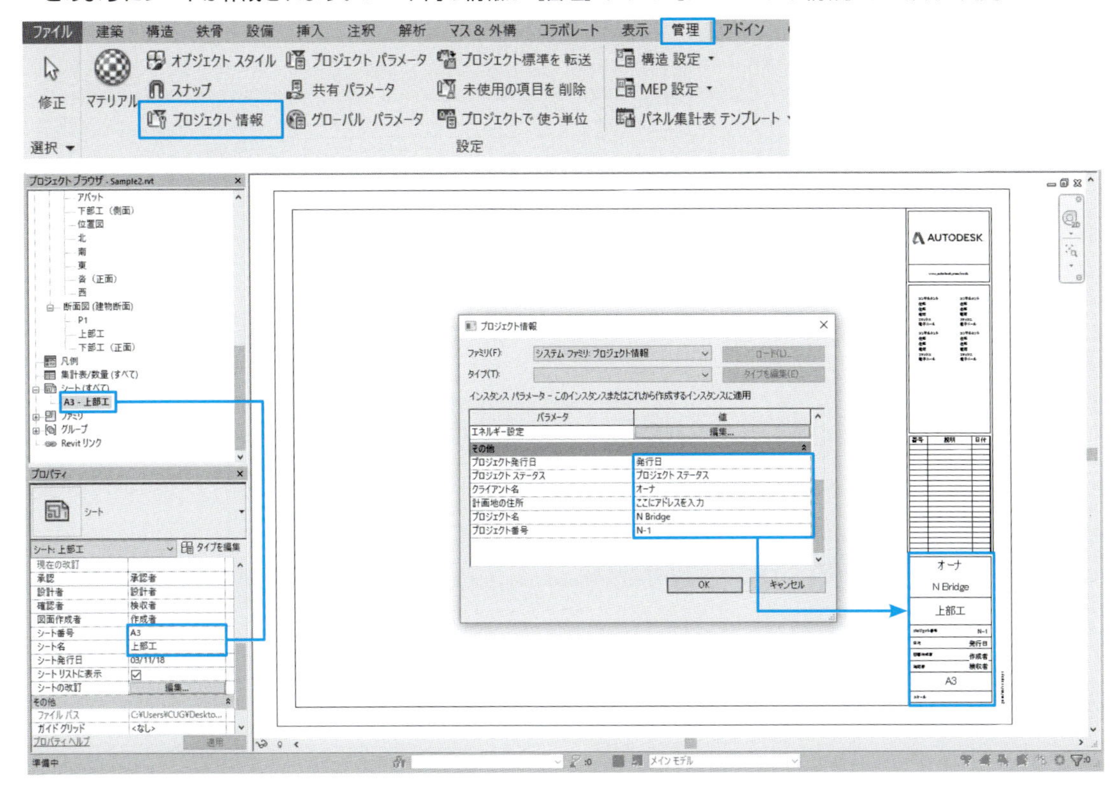

STEP14

［プロジェクトブラウザ］-［3Dビュー］-［上部工］をシートにドラッグして追加します。

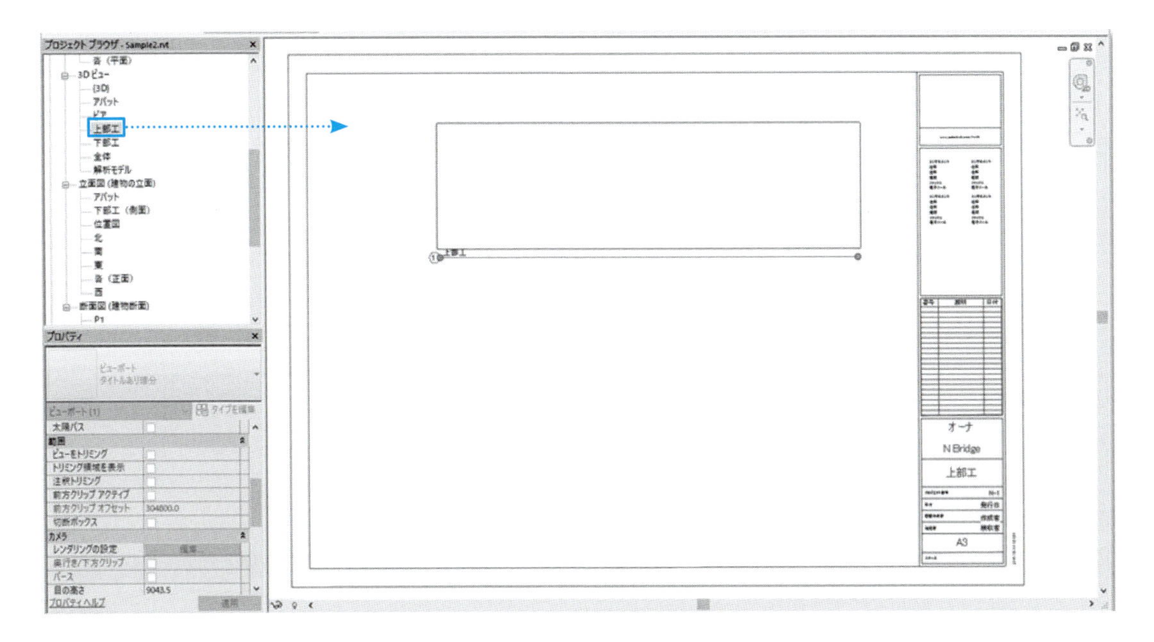

このように、3Dビューが挿入されます。

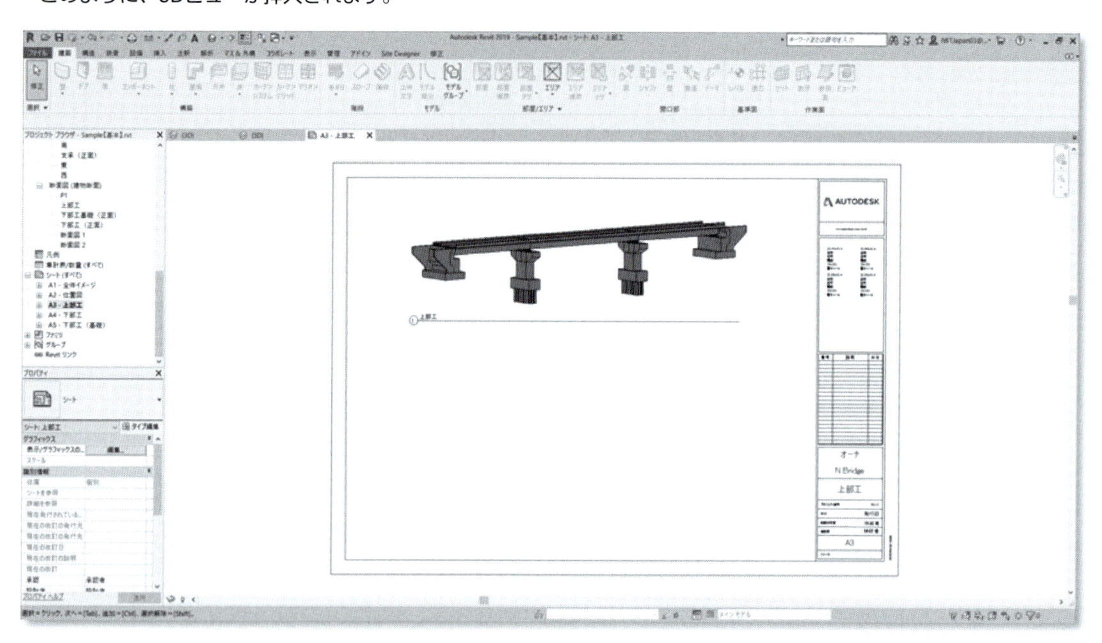

STEP15

［断面図］から［上部工］を挿入します。［プロパティ］-［シートで回転］-［90°反時計回り］を選択し、［適用］ボタンを押します。

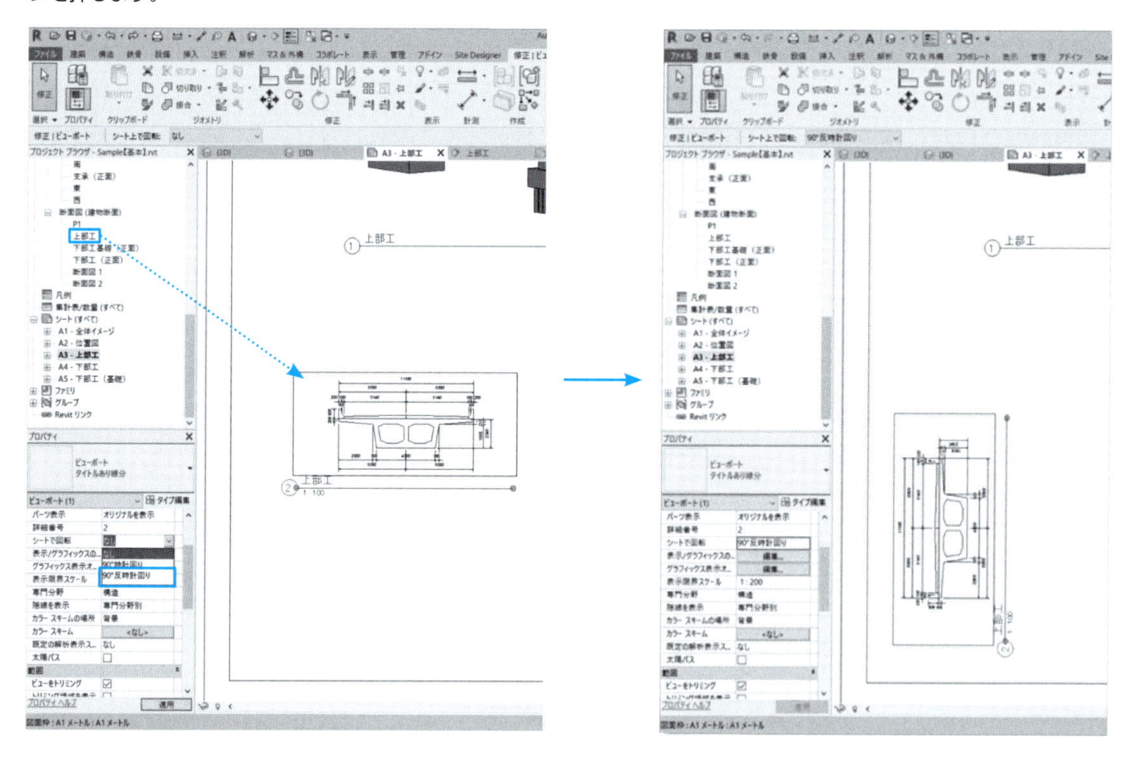

STEP16

［プロジェクトブラウザ］から［構造伏図］-［A1］、［A2］ビューをシートにドラッグします。配置時、水色の補助線が表示されるので、これを指標に配置します。

配置後に、移動ツールで位置を調整することもできます。

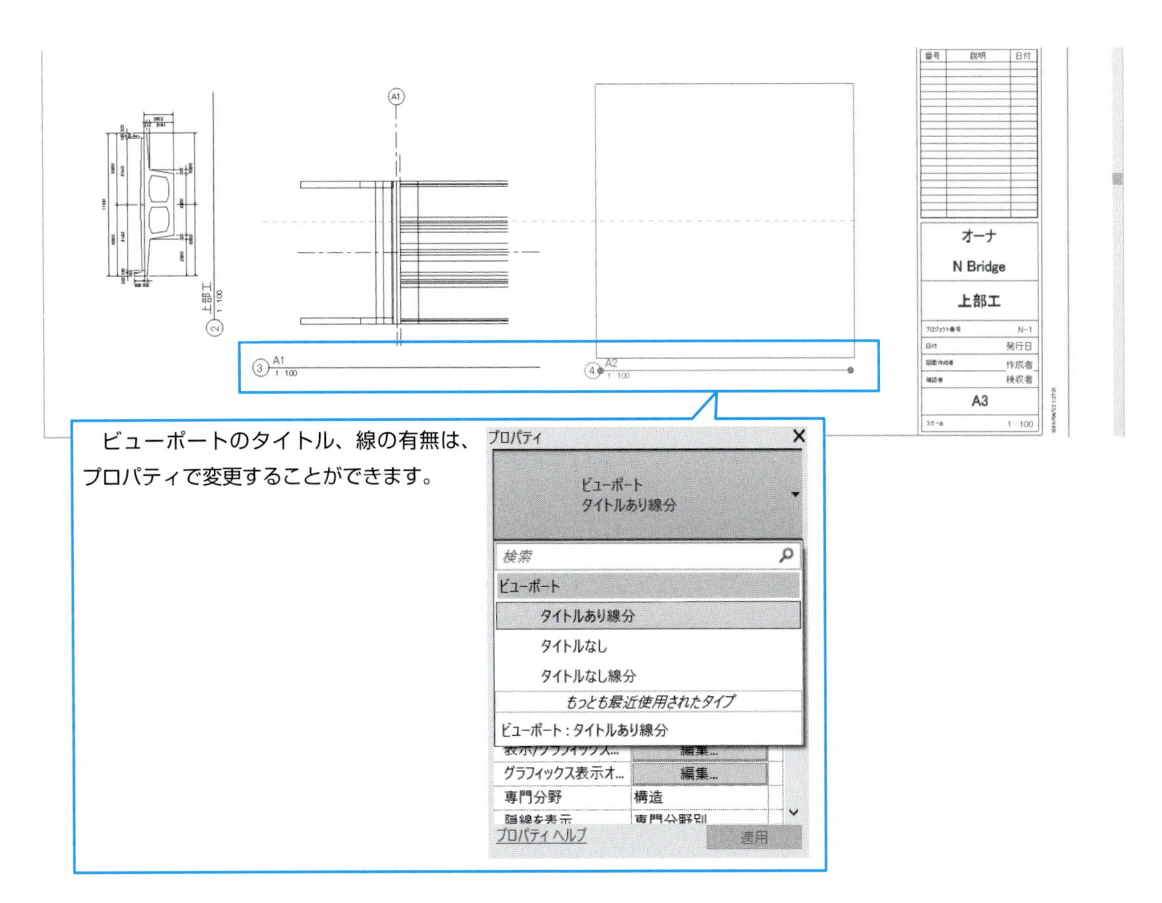

このようにシートが作成されます。

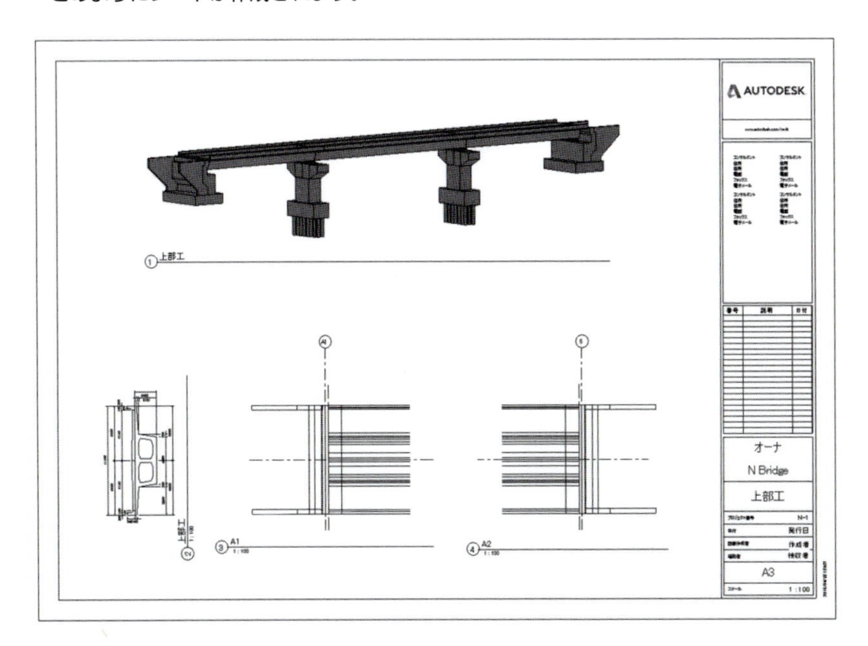

同様の手順でさまざまなシートがモデルから作成することができます。

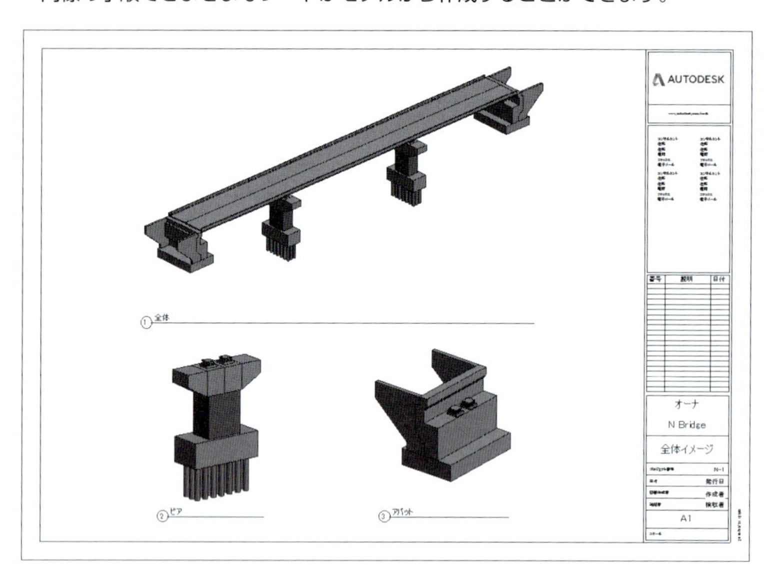

座標は、［注釈］タブ -［寸法］-［指定点座標］で作成できます。

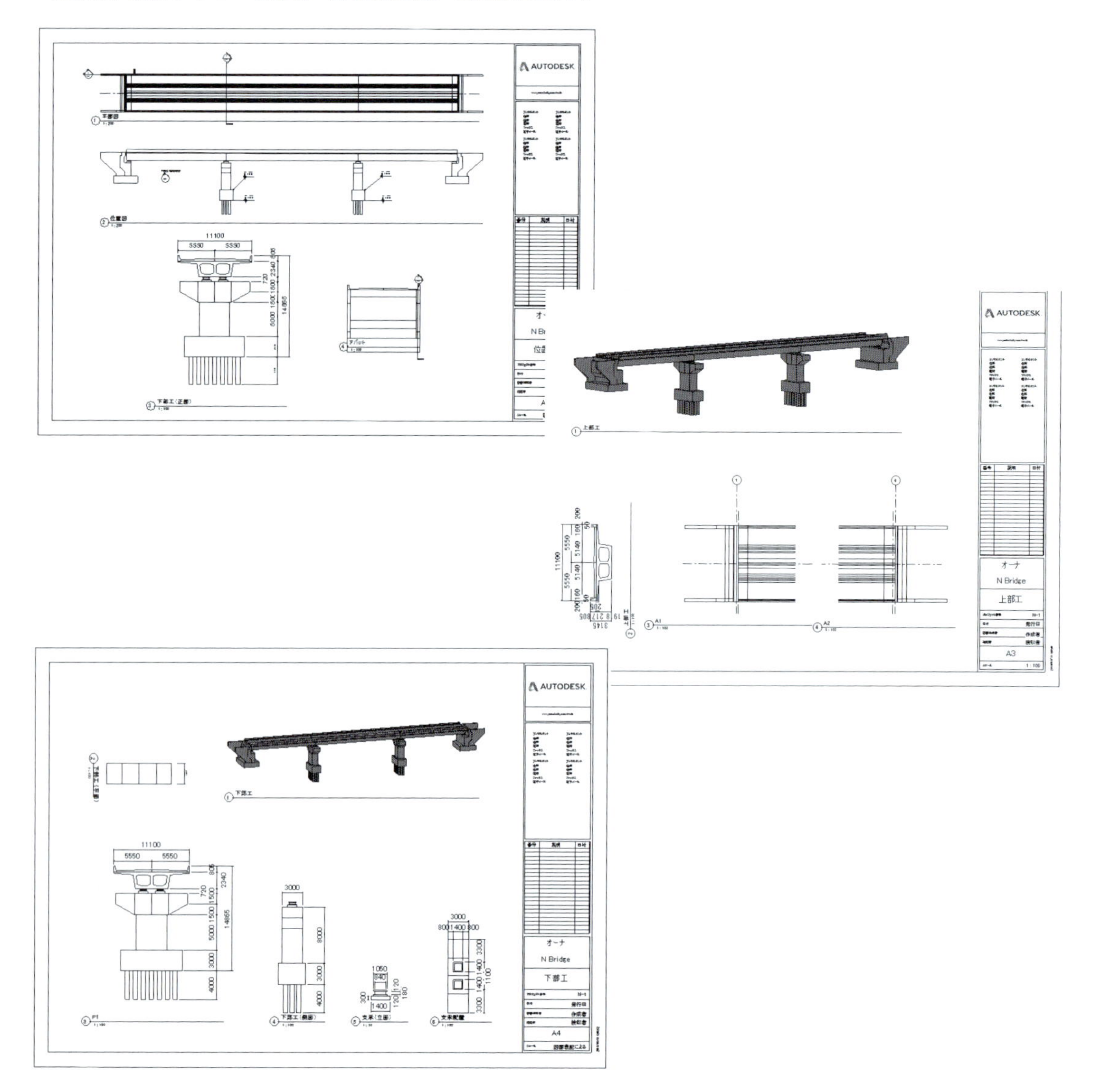

印刷

作成したシートを印刷するには次のように行います。

STEP1

［ファイル］タブ -［出力］-［出力設定］をクリックします。各印刷設定を行い、［OK］ボタンを押します。

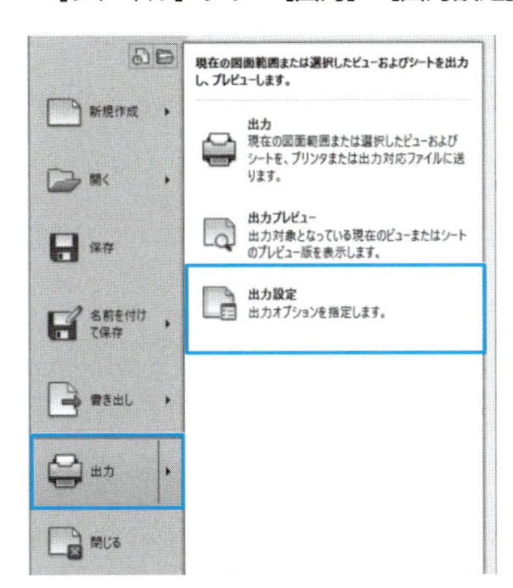

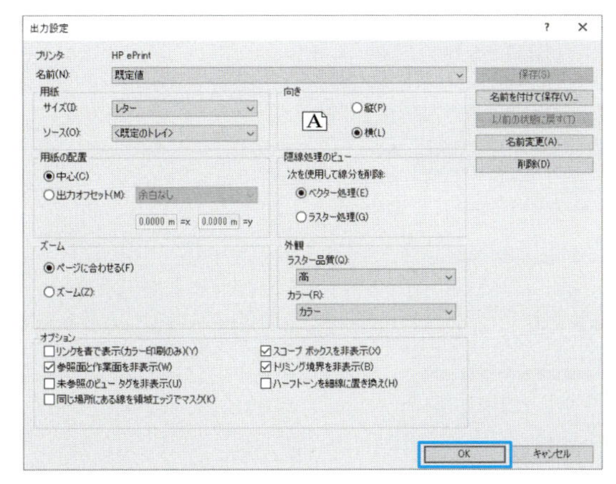

STEP2

［ファイル］タブ -［出力］-［出力プレビュー］をクリックすると、プレビューが表示されます。

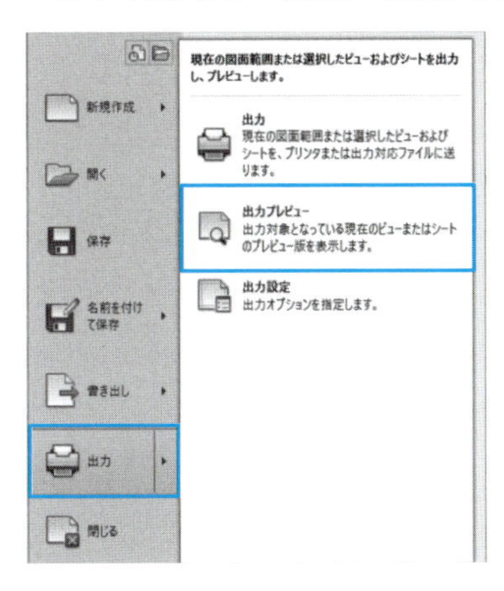

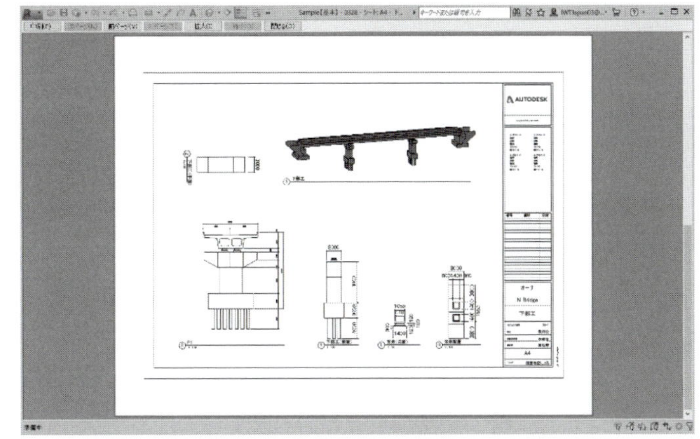

STEP3

［ファイル］タブ -［出力］-［出力］をクリックします。［出力］ダイアログが表示されるので、設定を確認し［OK］ボタンを押します。

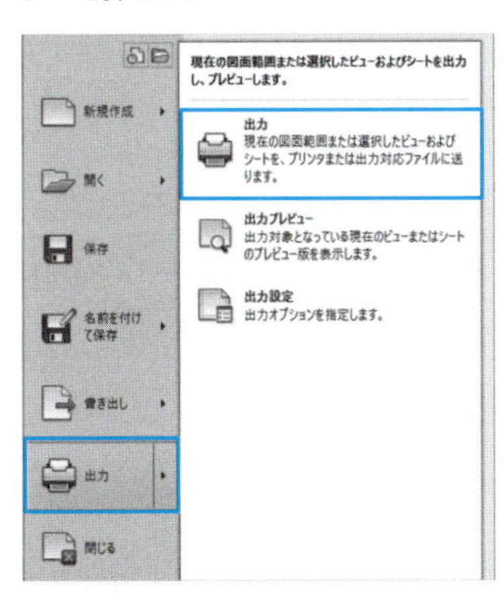

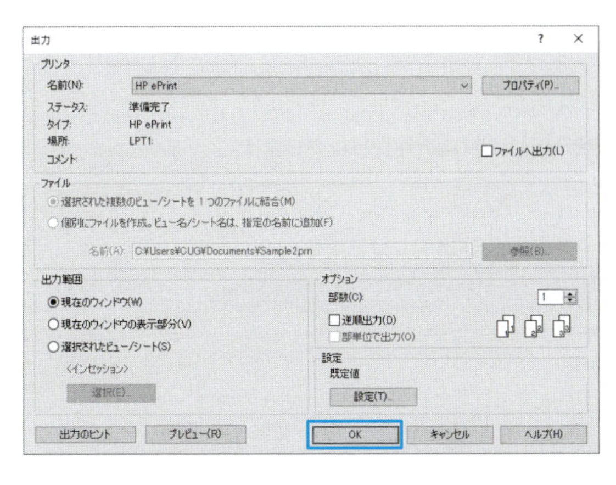

DWG書き出し

Revitで作成したモデルやシートをDWG形式に書き出す手順を説明します。

STEP1

［ファイル］タブ - ［書き出し］- ［CAD形式］- ［DWG］をクリックします。

このように表示されます。❶［書き出し設定を選択］で書き出し設定を行い、❷［書き出し］で書き出すシートやビューを選択します。

STEP2

［書き出し設定を選択（L)］横の ... をクリックします。

STEP3

［DWG/DXF書き出し設定を修正］ダイアログが表示されるので、各項目の設定を行います。設定項目と設定例は以下の通りです。

［線分］

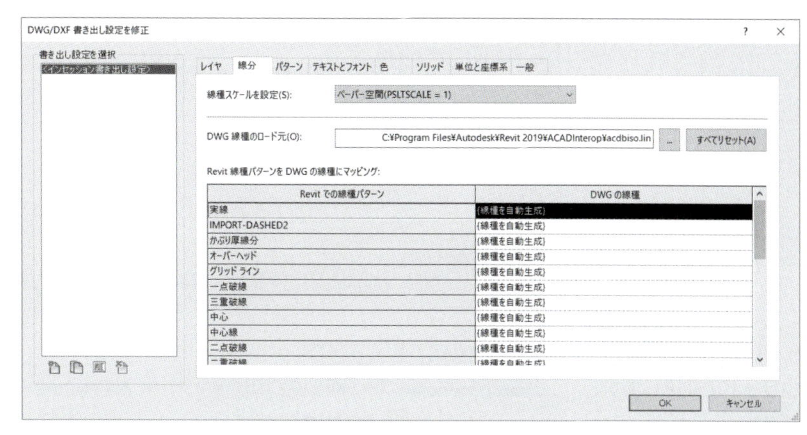

［パターン］

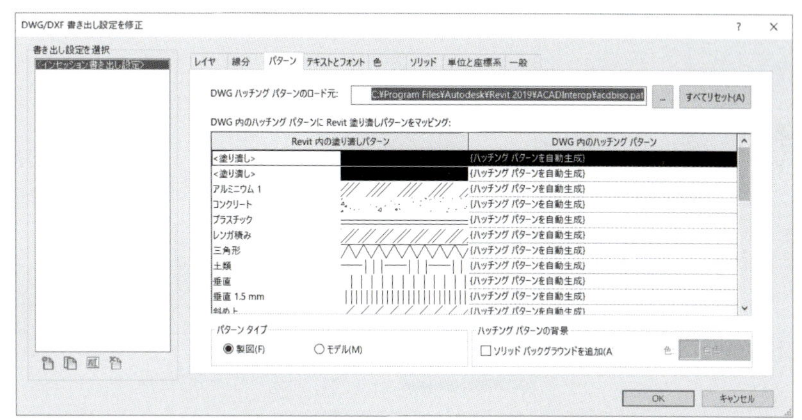

［テキストとフォント］

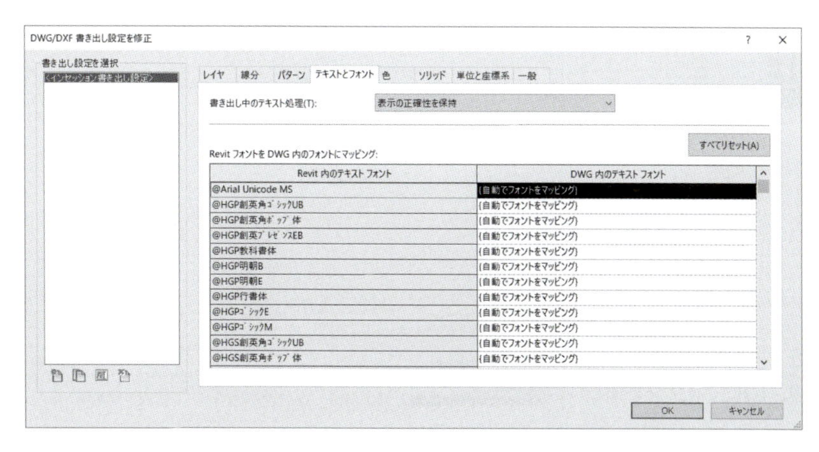

［色］

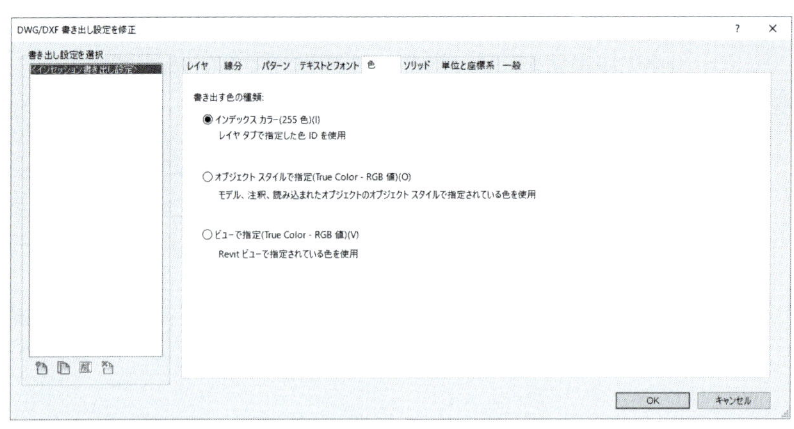

［ソリッド］

ASISソリッドに変更します。

［単位と座標系］

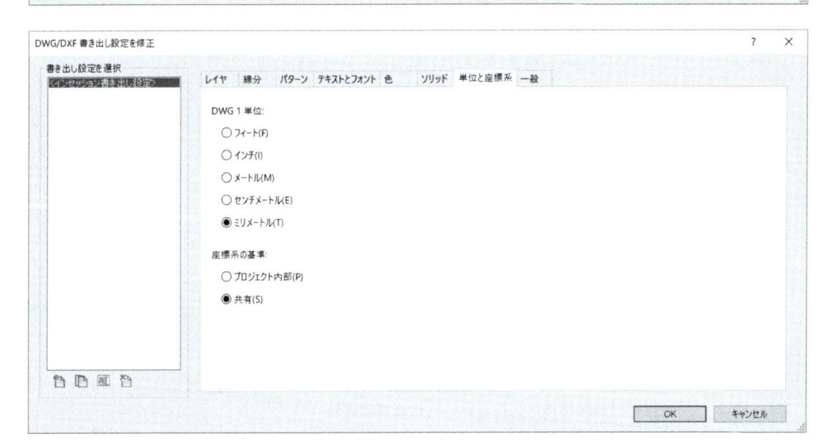

［一般］

設定後、［OK］ボタンを押します。

最初の画面に戻るので、[書き出し] で書き出すシートやビューを選択し、[次へ] をクリックします。

最後に、ファイル名を入力し [OK] で書き出します。

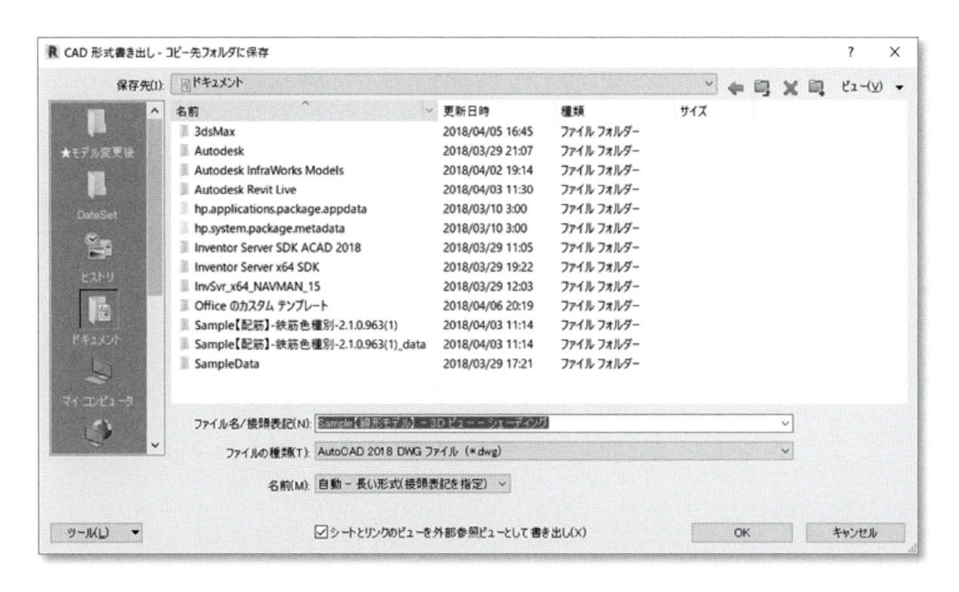

第3章
配筋と集計表の作成

01 配筋

橋台をサンプルに鉄筋を配置します。完成形データは、［DataSet］-［2019］-［3章　配筋の作成］フォルダのSample【配筋】.rvtです。

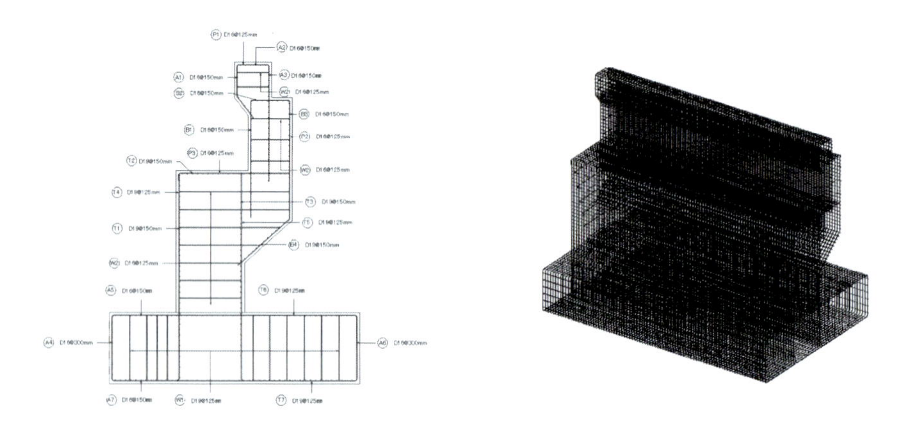

断面作成と表示

STEP1

配筋用の断面を作成します。Revitを起動し、プロジェクトファイル、［DataSet］-［2019］-［3章　配筋の作成］フォルダのSample【配筋】Start.rvtを開きます。［プロジェクトブラウザ］より、［構造伏図（構造平面図）］-［レベル2］をダブルクリックします。左側の［通芯A1］に配置された橋台を対象にするので、この橋台を拡大表示しておきます。

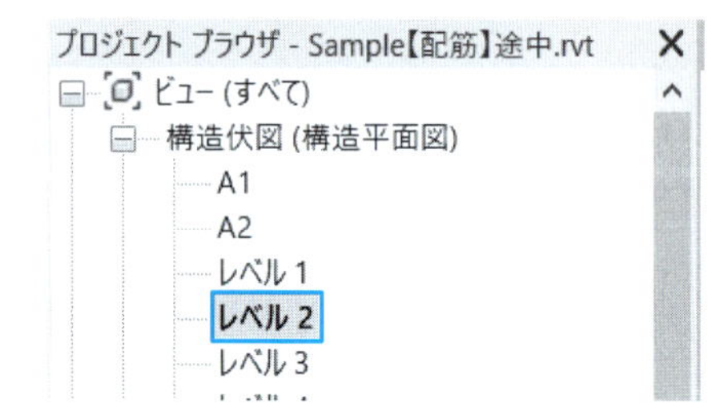

STEP2

［表示］タブ -［作成］-［断面］をクリックします。

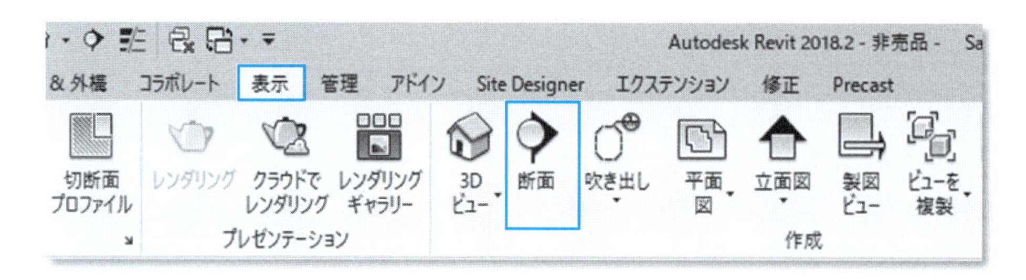

STEP3

❶→❷の順にクリックします。❸断面の方向は［ ⇵ ］をクリックして反転できます。

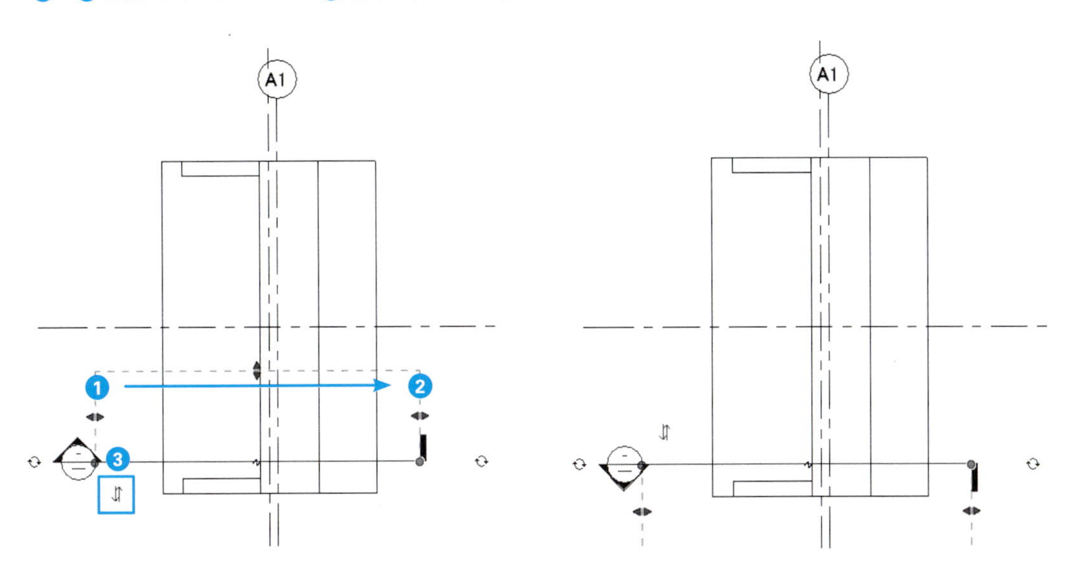

STEP4

プロパティを確認します。作成した［断面図］が選択されています。［識別情報］-［ビューの名前］にわかりやすいよう［配筋用_側面］と名前を付け、［適用］ボタンを押します。

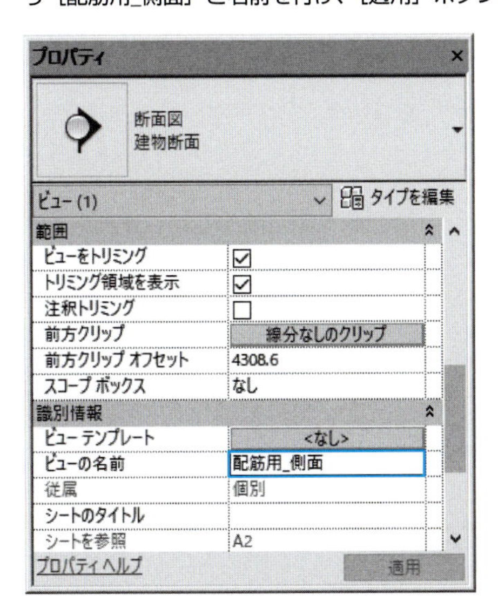

STEP5

同様の手順で垂直方向の断面を作成します。ここでは、[配筋用_正面] としています。

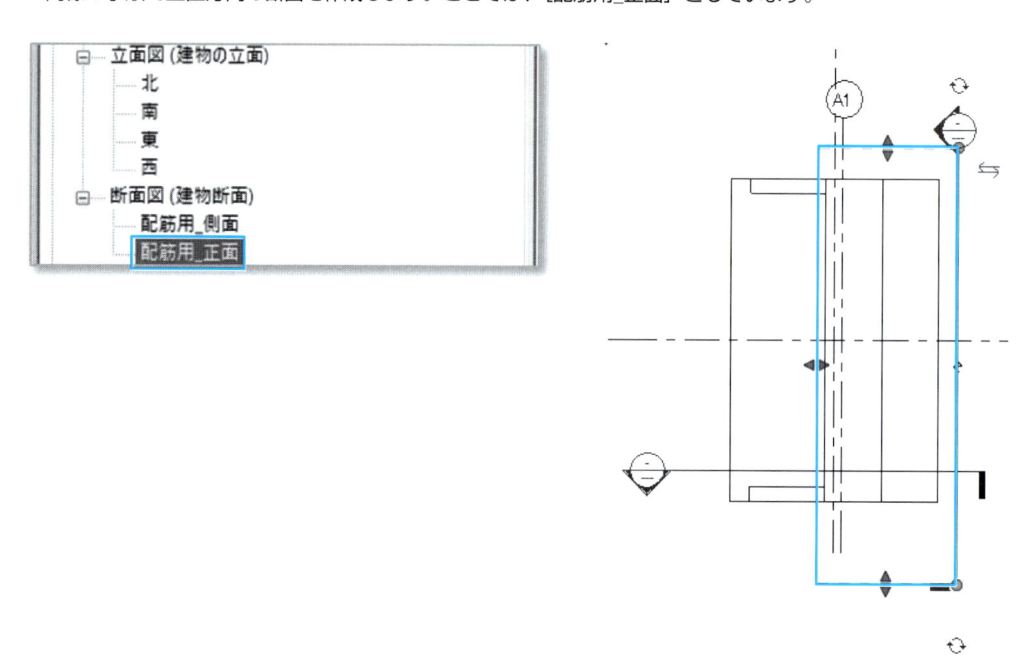

STEP6

鉄筋確認用に３Dビューを複製します。[プロジェクトブラウザ] - [３Dビュー] - [{3D}] を右クリックし、[ビューを複製] - [複製] をクリックします。

新たなビューが作成されるので、名前を [鉄筋] に変更します。

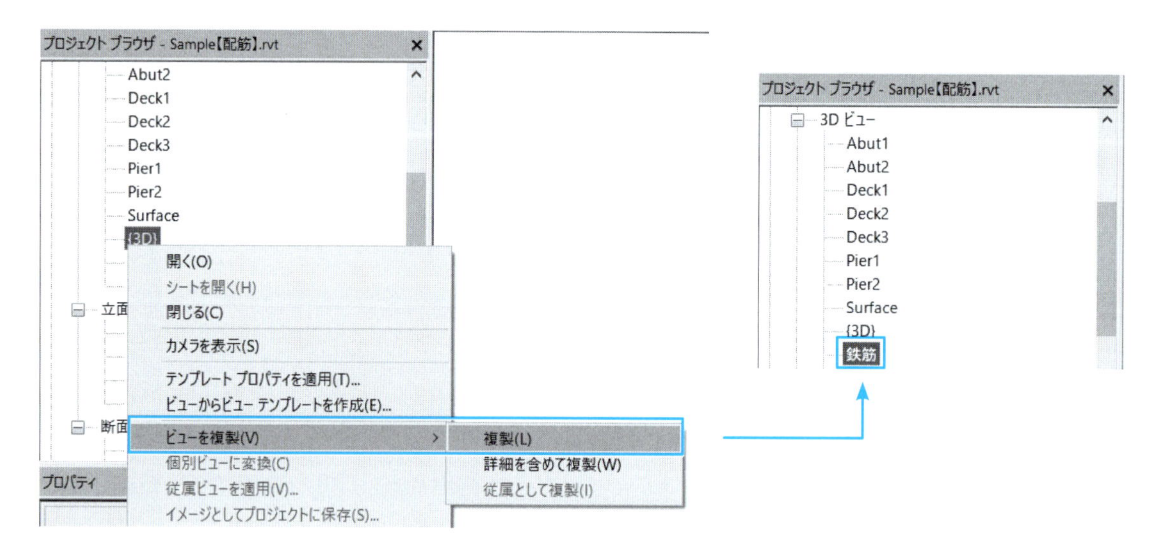

STEP7

［プロジェクトブラウザ］-［断面図］-［配筋用_側面］をクリックします。図のように表示されます。反対に表示される場合は、STEP3 の❸で方向を反転してください。

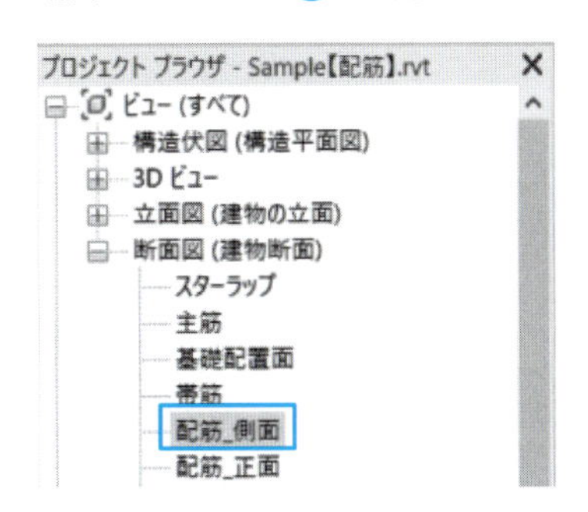

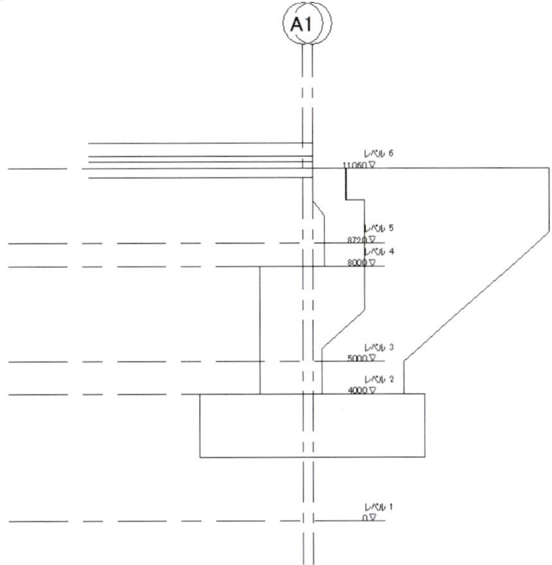

STEP8

配筋に使用しない要素を非表示にします。使用しない要素（ウィング、上部工、通芯、レベル、トリミング領域）を選択し、右クリック、［ビューで非表示］-［要素］を選択します。

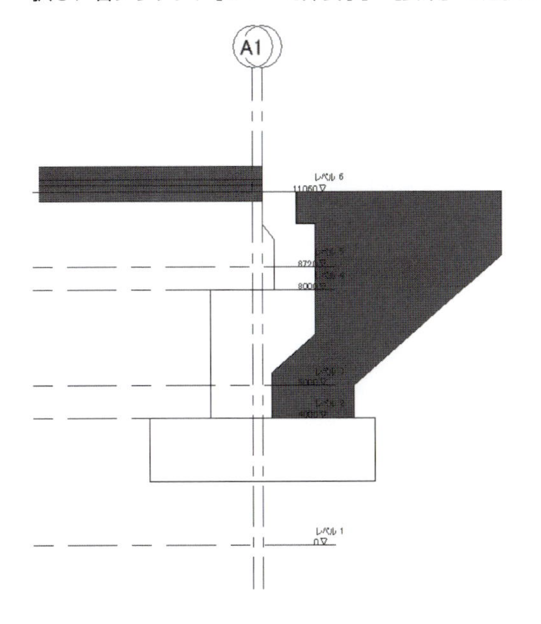

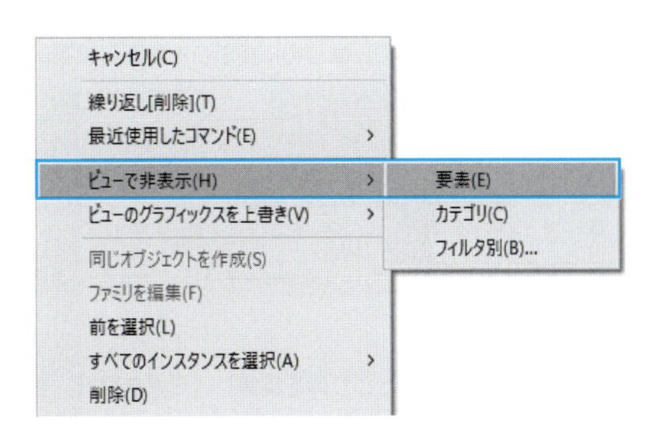

STEP9

このように、配筋時に必要なオブジェクトのみが表示されるようにします。

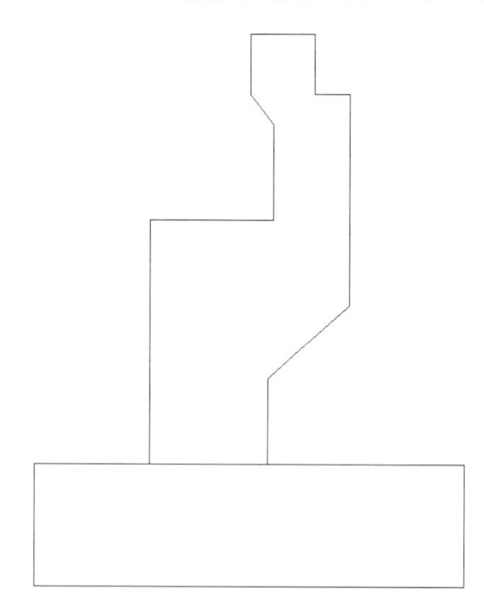

同様に、「断面図」の「配筋用_正面」も橋台だけが表示されるように設定しておきます。

かぶり設定

STEP1

鉄筋を配置するために、はじめにかぶりを設定します。[構造] - [鉄筋] - [かぶり] をクリックします。

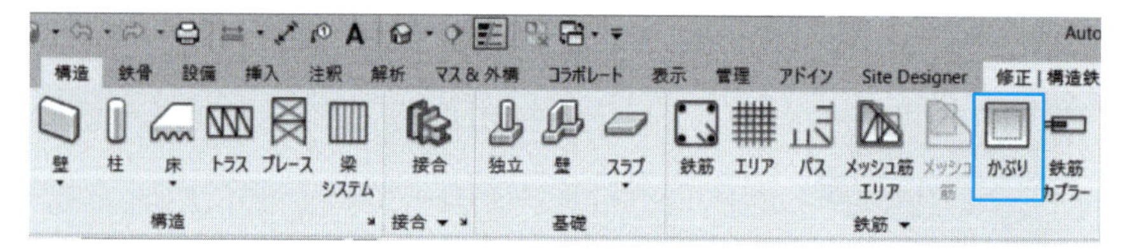

STEP2

オプションバーの [かぶり厚を編集] - [要素を選択] をクリックします。

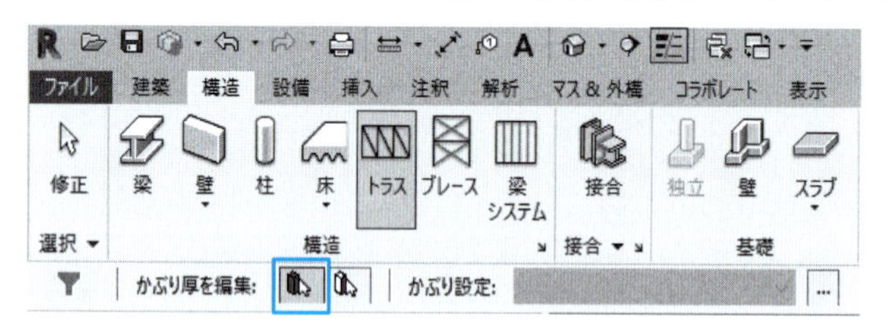

STEP3

かぶり厚を設定する要素、ここでは基礎部分をクリックします。

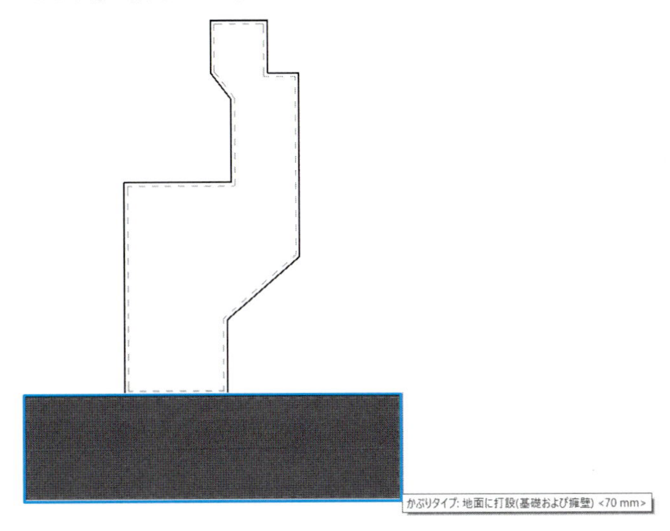

STEP4

［かぶり設定］のプルダウンメニューから［地面に打設（基礎および擁壁）<70mm>］を選択します。

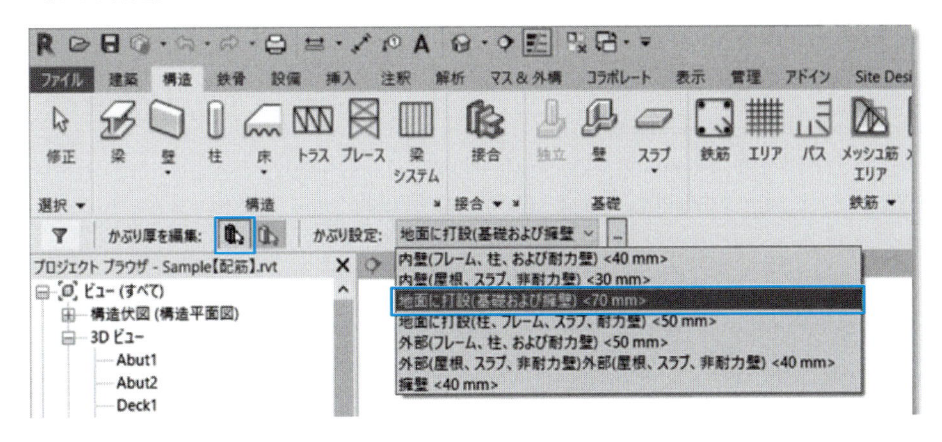

STEP5

同様の手順で［柱］にもかぶり厚を［地面に打設（基礎および擁壁）<70mm>］に設定します。

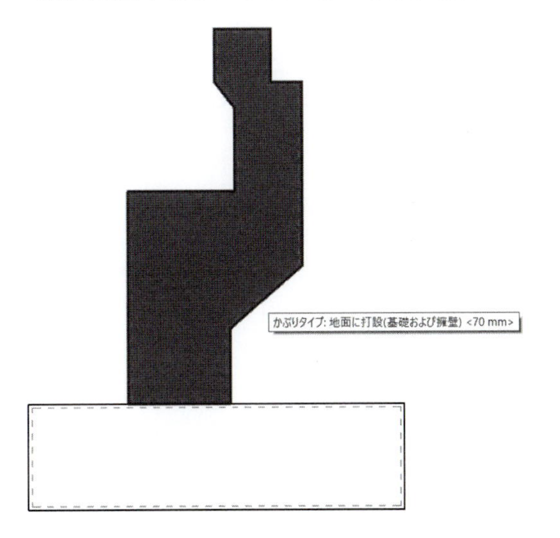

ここまでの完成形は［3章 配筋の作成手順］フォルダのSample【配筋】_かぶり設定.rvtファイルにあります。

主筋

はじめに主鉄筋を作成します。

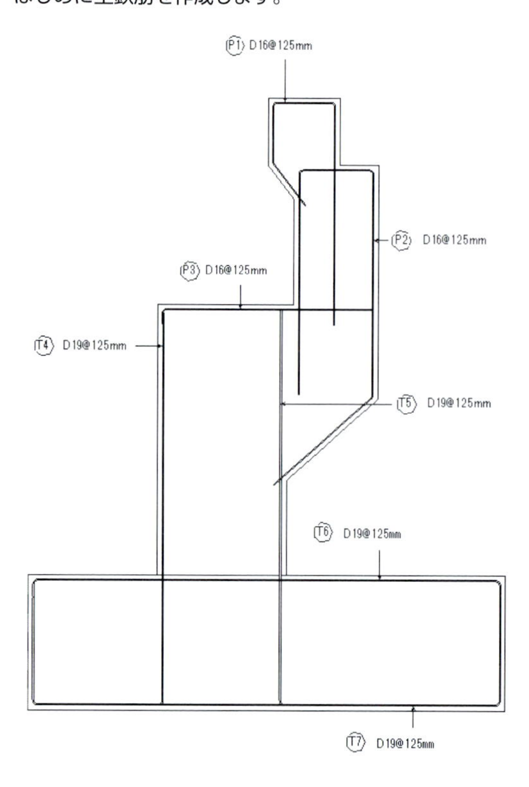

STEP1

［構造］タブ -［鉄筋］-［鉄筋］をクリックします。

STEP2

［OK］ボタンを押します（このダイアログが表示される場合は、同様に［OK］をクリックしてください）。

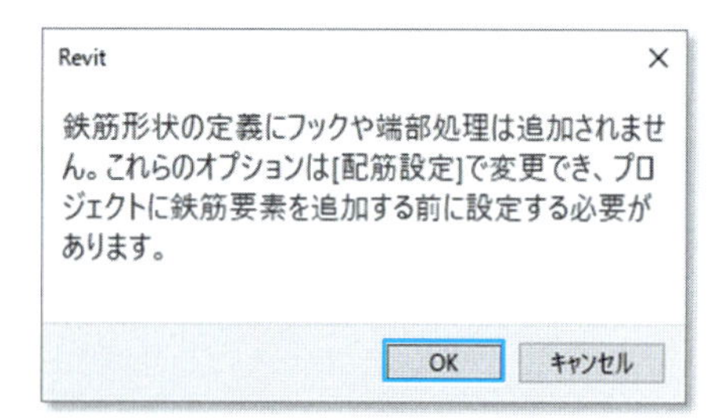

STEP3

鉄筋の配置面と向きは以下のように設定します。

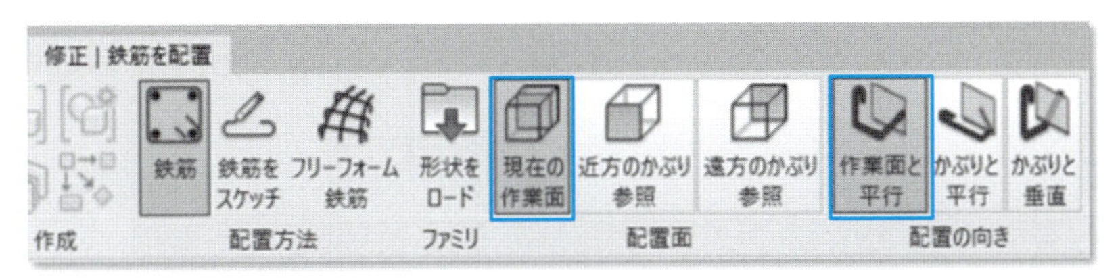

STEP4

鉄筋径を変更するので、プロパティの［鉄］名横の▼をクリックし、プルダウンメニューから［D16］を選択します。

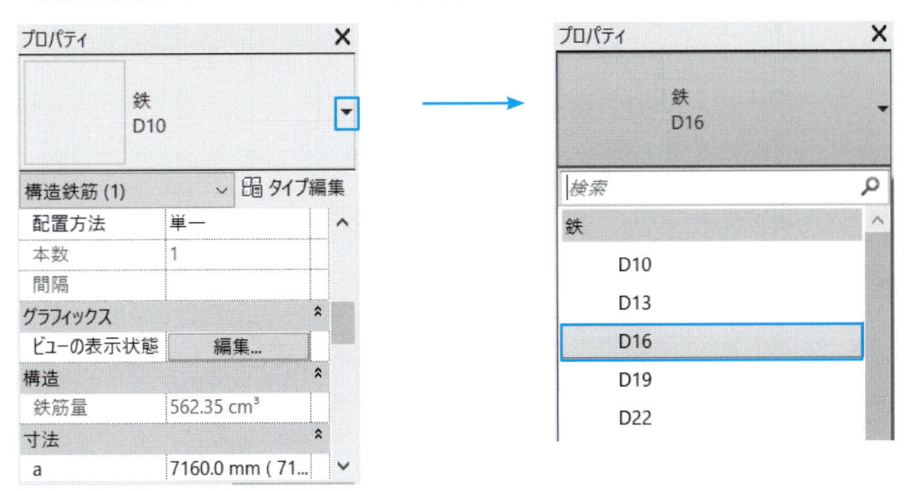

STEP5

［鉄筋形状13］を選択します。マウスの位置によって配置される場所が変わります。下記のように鉄筋が表示されたらクリックします。

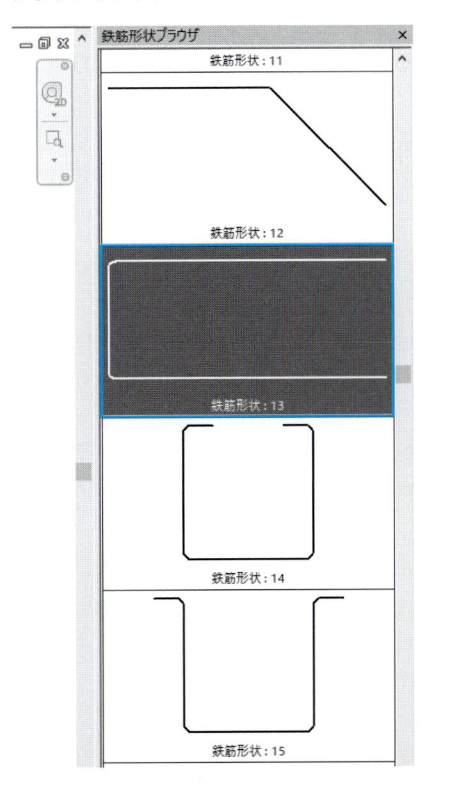

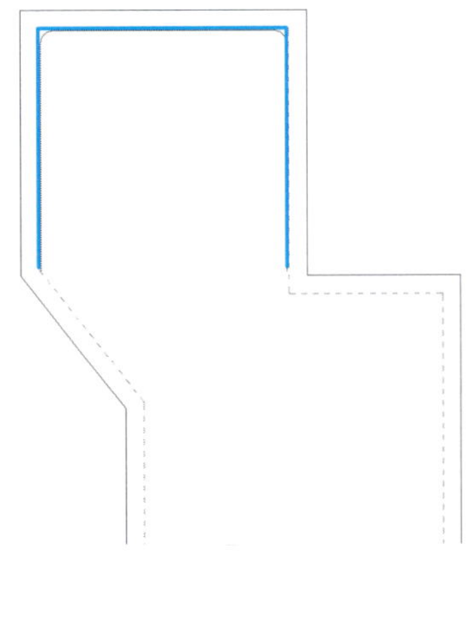

STEP6

配置した鉄筋をクリックすると、プロパティにその要素の情報が表示されます。[集計表マーク] は [P1]、[寸法a] は [3330] に変更し、[適用] ボタンを押します。

右のようになります。

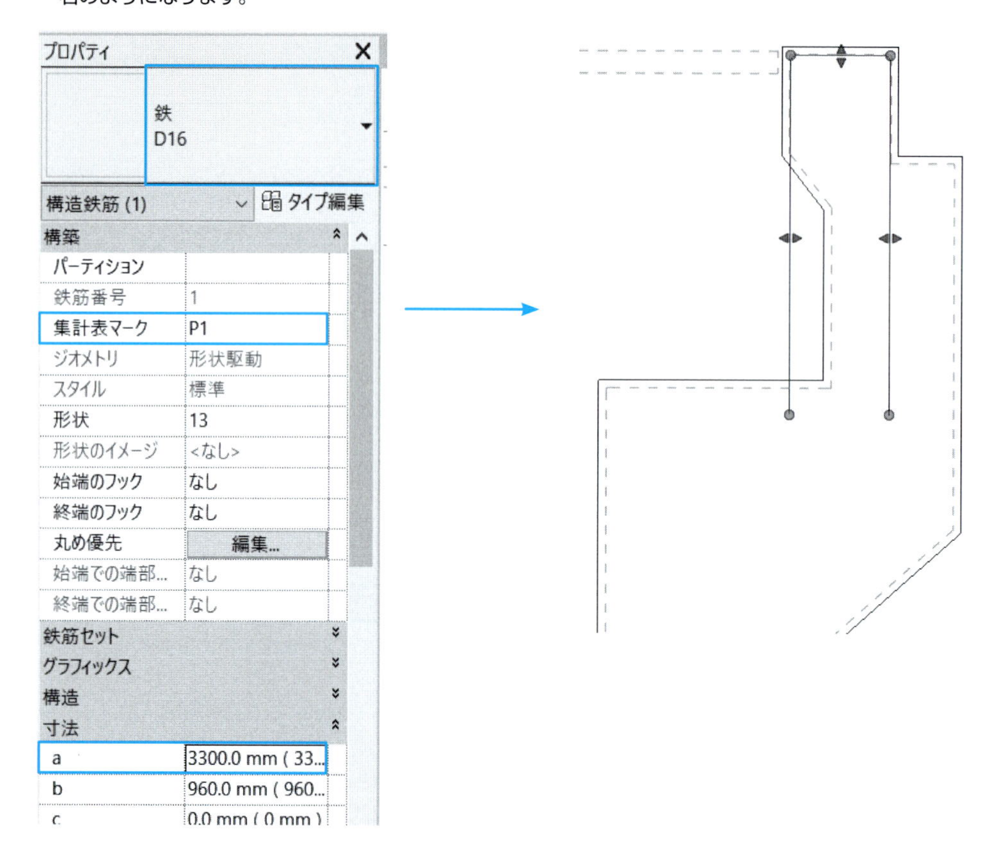

STEP7

鉄筋の片側の形状（下図の青枠部分）を修正します。鉄筋をダブルクリックします。選択された鉄筋が赤く表示され、[修正｜鉄筋のスケッチを編集] タブが表示されます。

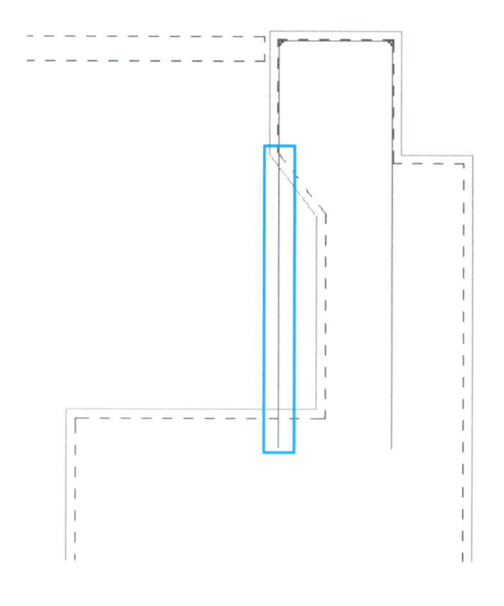

STEP8

［修正｜鉄筋のスケッチを編集］タブ-［描画］-［選択］をクリックします。オプションバーのオフセットは［78］に設定します。

STEP9

斜線をクリックして、下図のようにオフセットします。

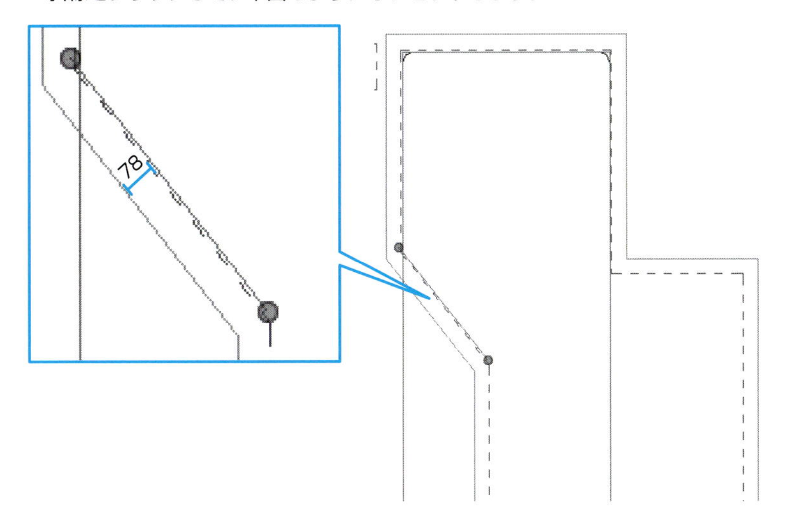

STEP10

端の処理をします。［修正｜鉄筋のスケッチを編集］タブ-［修正］-［コーナーへトリム/延長］をクリックします。

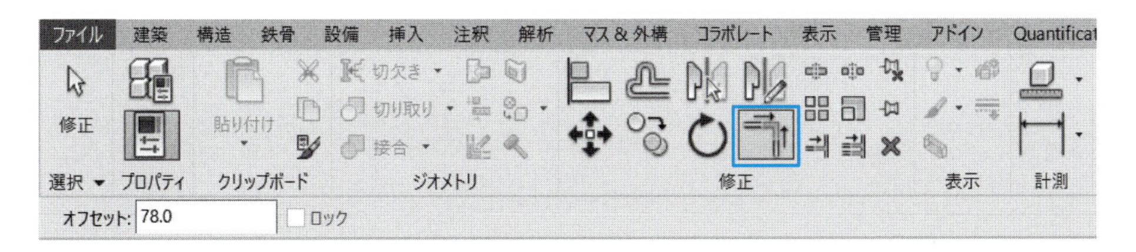

STEP11

❶→❷の順にクリックします。右のようになります。［コーナーへトリム/延長］が終了したらEscキーを押します。

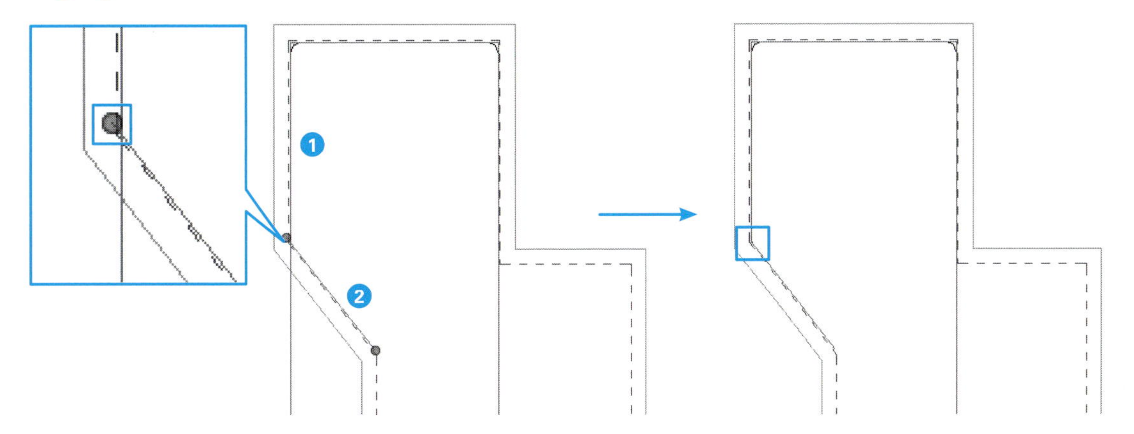

STEP12

長さを変更します。斜線をクリックすると寸法補助線が表示されるので、寸法をクリックして長さを［800］に変更します。

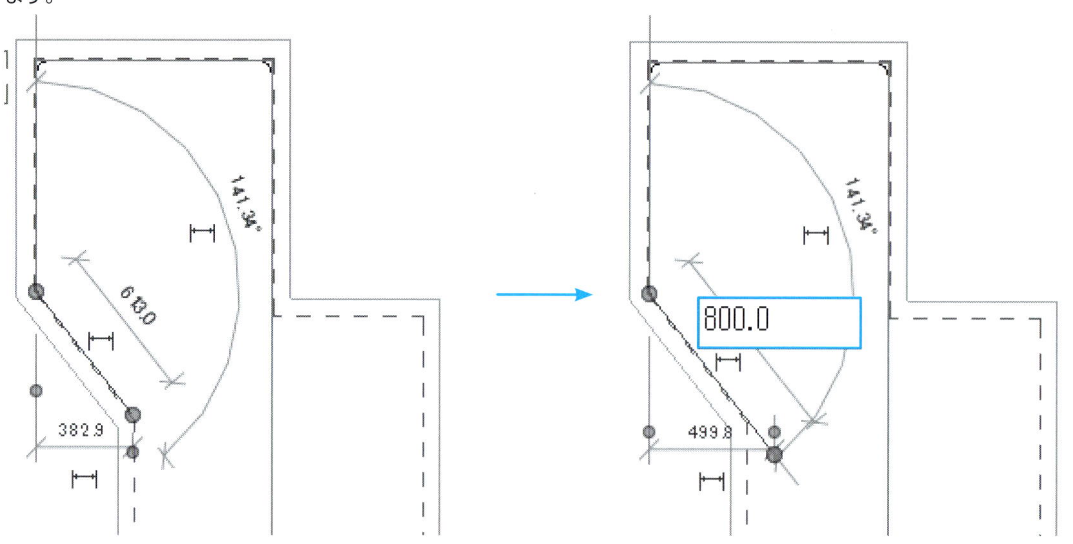

STEP13

［修正｜鉄筋のスケッチを編集］タブ-［モード］-［編集モードを終了］をクリックします。右のようになります。

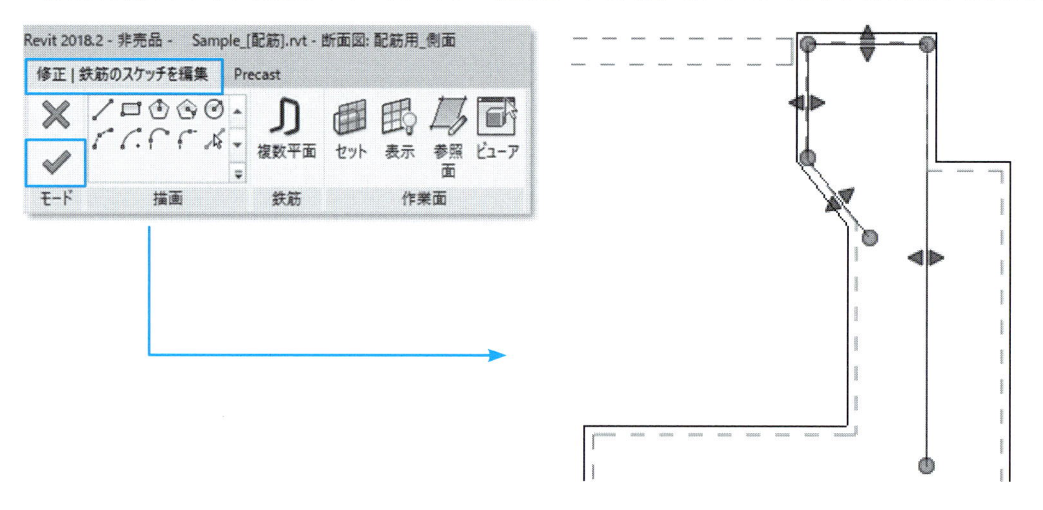

STEP14

プロパティの［鉄筋セット］をこのように設定します。

配置方法：間隔と数
本数　　：88
間隔　　：125mm

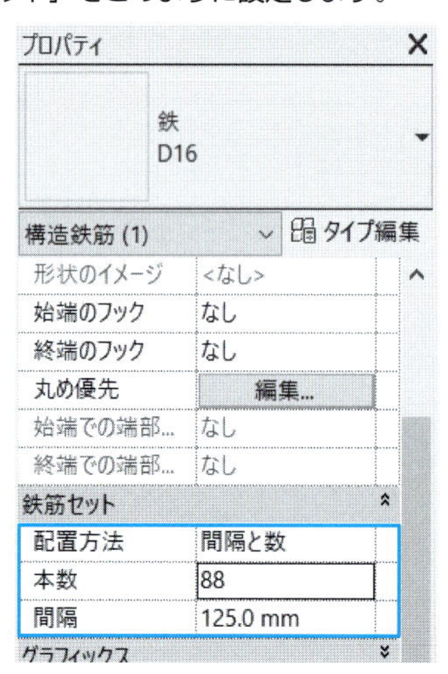

STEP15

鉄筋の表示を変更します。鉄筋を選択した状態で、[プロパティ] の [グラフィックス] - [ビューの表示状態] - [編集] をクリックします。

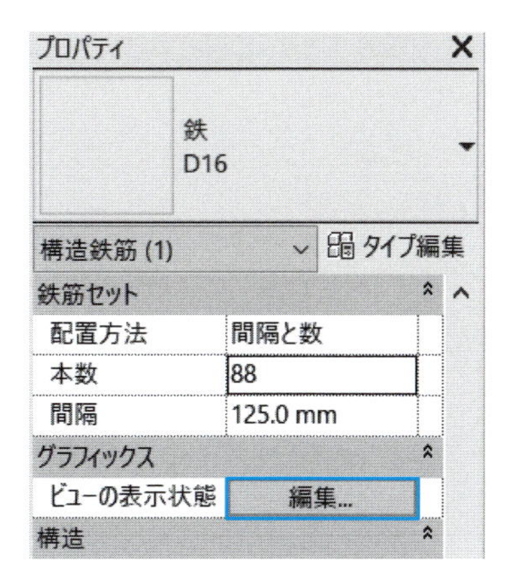

STEP16

[鉄筋要素ビューの表示状態] ダイアログが開きます。[3Dビュー] の [鉄筋] の [前面に表示]、[実径で表示] にチェックを付け、[OK] ボタンを押します。

鉄筋要素ビューの表示状態

3D ビューの前面に、透過またはソリッドとして(あるいはその両方として)鉄筋要素を表示します(細部詳細レベル)。

並び替え順を変更するには列見出しをクリックします。

ビュー タイプ	ビューの名前	前面に表示	実径で表示
3D ビュー	{3D}	☐	☐
3D ビュー	鉄筋	☑	☑
3D ビュー	鉄筋色種別	☑	☑
3D ビュー	Abut1	☐	☐
3D ビュー	Surface	☐	☐
3D ビュー	Pier1	☐	☐

STEP17

[3Dビュー] - [鉄筋] を開き、ステータスバーの [詳細レベル] を [詳細] に変更します。鉄筋が実径で表示されるようになったことが確認できます。

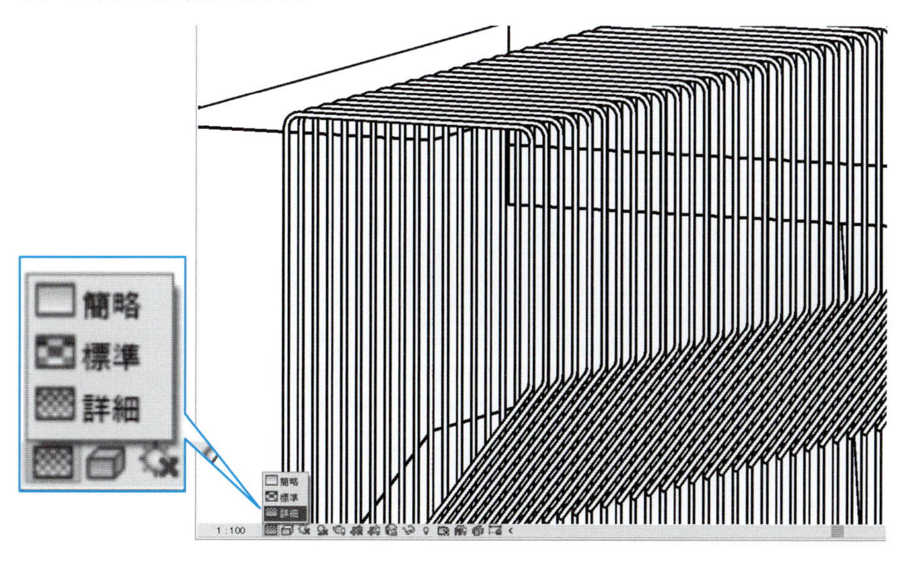

STEP18

[プロジェクトブラウザ] - [断面図] - [配筋用_正面] をダブルクリックします。

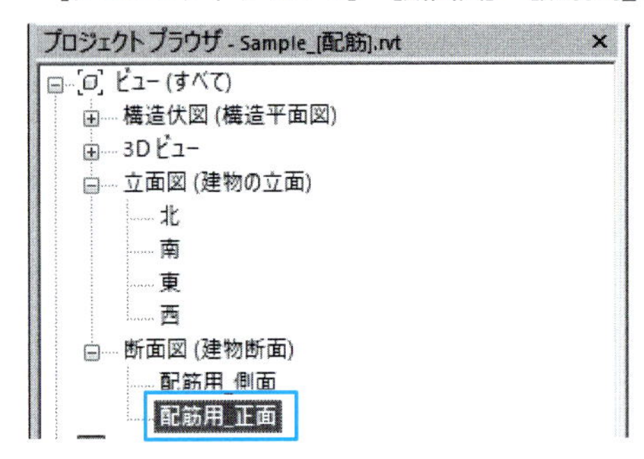

このように表示されます。配筋のスタート位置を修正します。

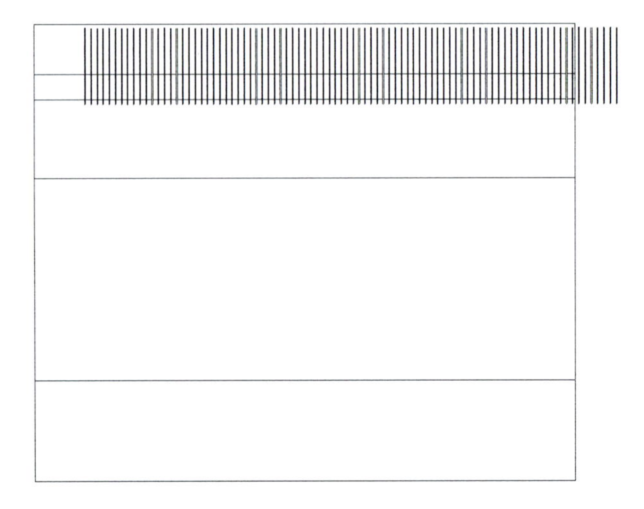

STEP19

鉄筋を選択します。コンテキストメニューがこのように表示されるので、[修正／構造鉄筋] - [鉄筋の拘束] - [拘束を編集] をクリックします。

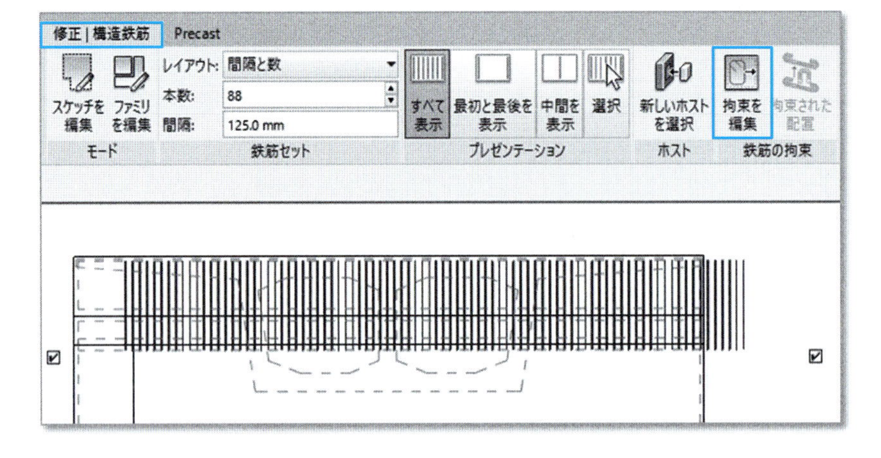

このように表示が変わります。鉄筋の開始位置がわかる［鉄筋ハンドル］が表示されます。

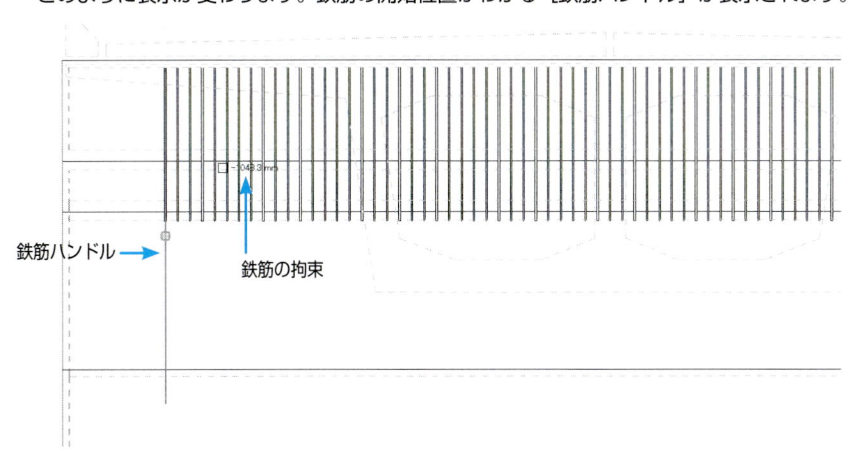

STEP20

［鉄筋の拘束］の値をクリックし、［-78］㎜に変更します。かぶり78㎜分内側から鉄筋が配置されるようになります。

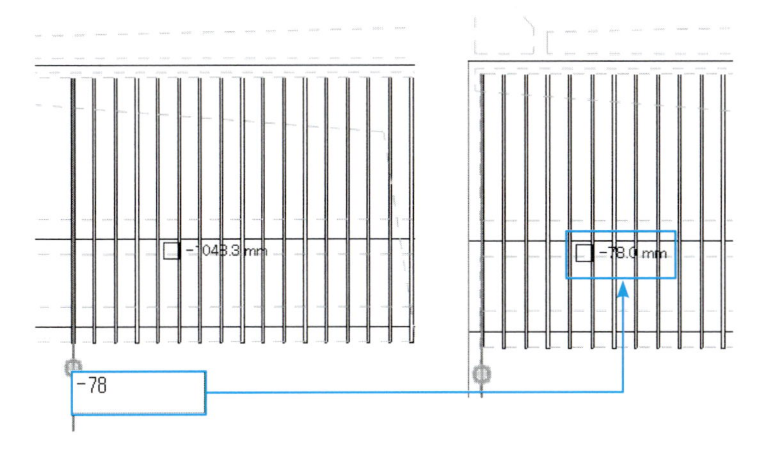

STEP21

［修正／構造鉄筋］-［複数］-［終了］をクリックします。

STEP22

続いて別の鉄筋を配置します。［プロジェクトブラウザ］-［断面図］-［配筋用_側面］をダブルクリックで開きます。［構造］タブから［鉄筋］-［鉄筋］をクリックします。［鉄筋形状13］を選択します。マウスの位置によって配置される場所が変わります。下のように鉄筋が表示されたらクリックします。配置されたら、Escキーを押して終了します。

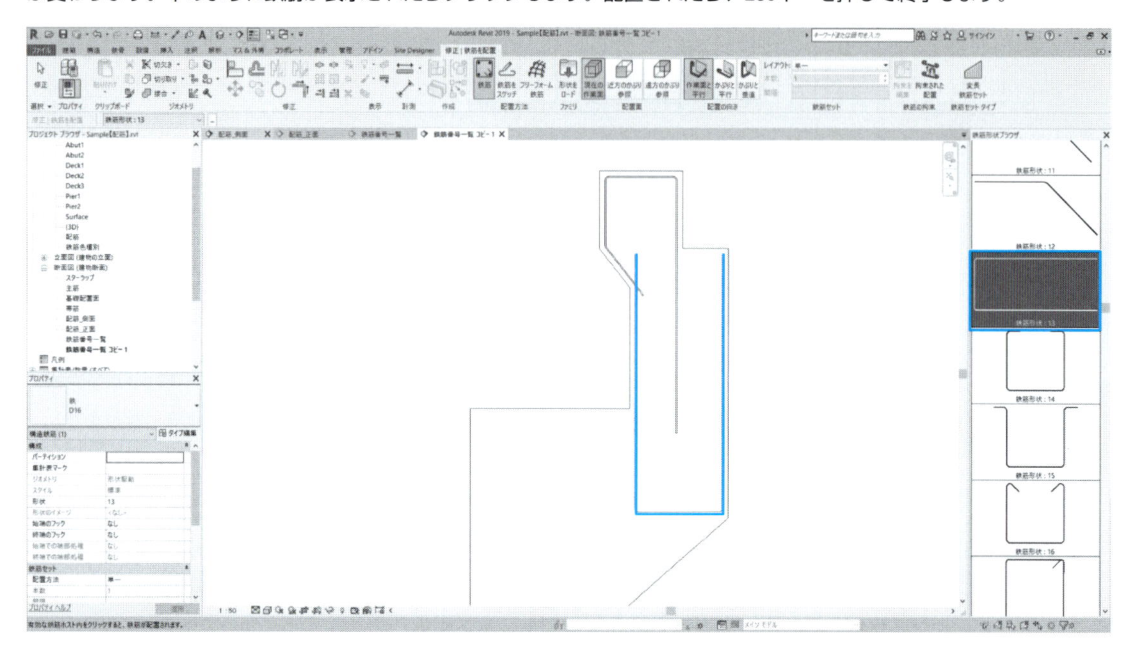

STEP23

作成した鉄筋を選択します。プロパティダイアログで［鉄］を［D16］、［構成］-［集計表マーク］を［P2］と入力し、［適用］ボタンを押します。

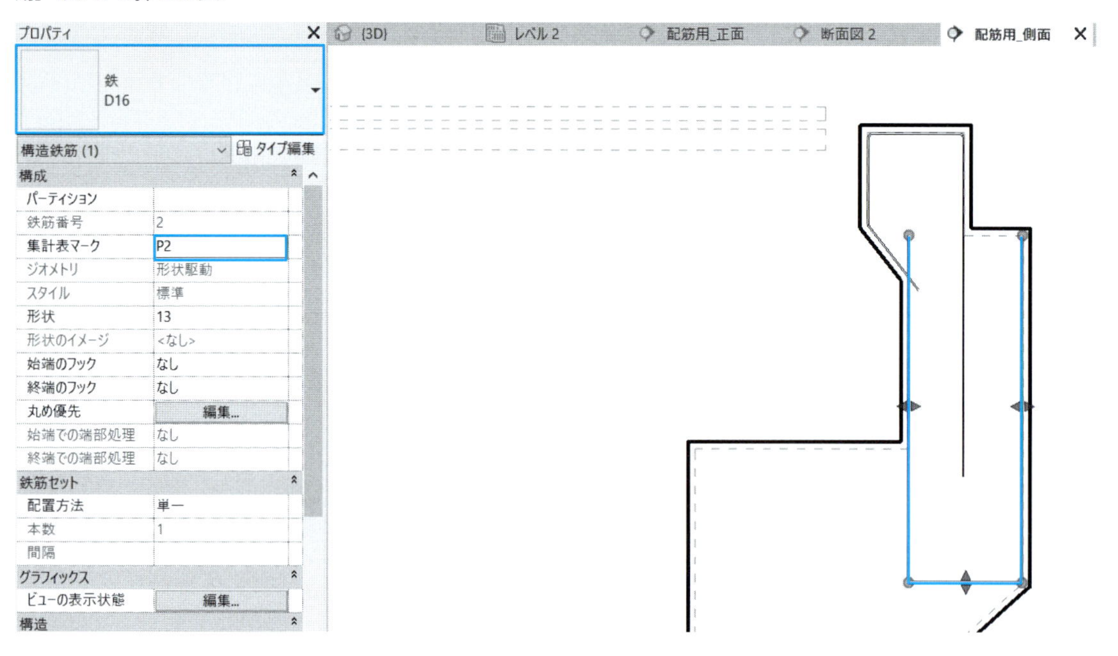

STEP24

作成した鉄筋をダブルクリックします。[修正｜鉄筋のスケッチを編集] タブが表示されます。

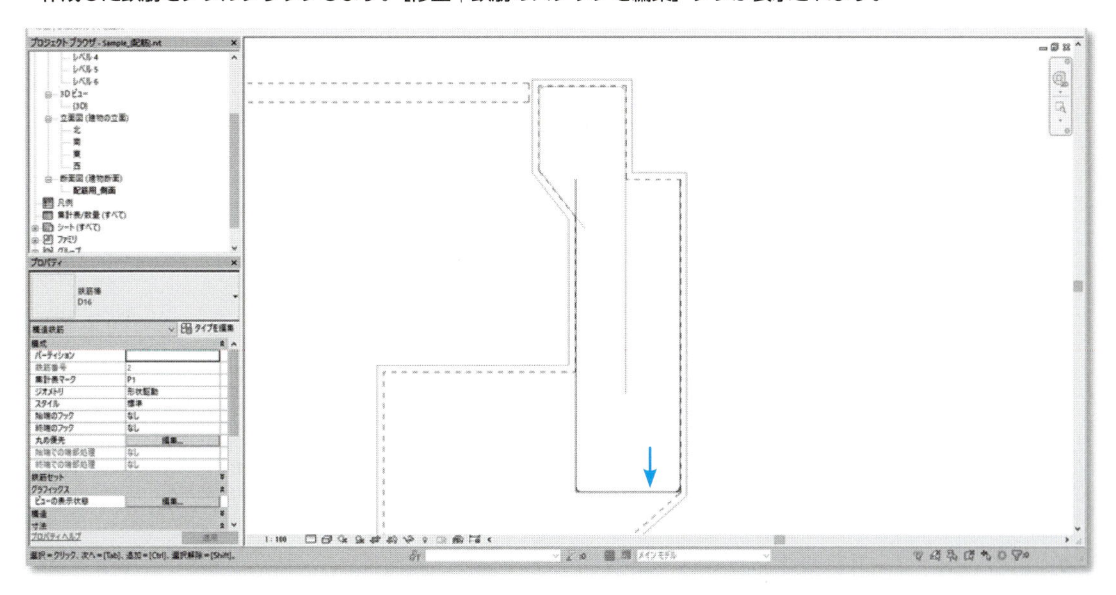

STEP25

[修正｜鉄筋のスケッチを編集] タブ-[修正] - [移動] をクリックします。

STEP26

水平な鉄筋を選択します。右クリックして [選択を終了] を選択します。端点をクリックして上部に移動させます。

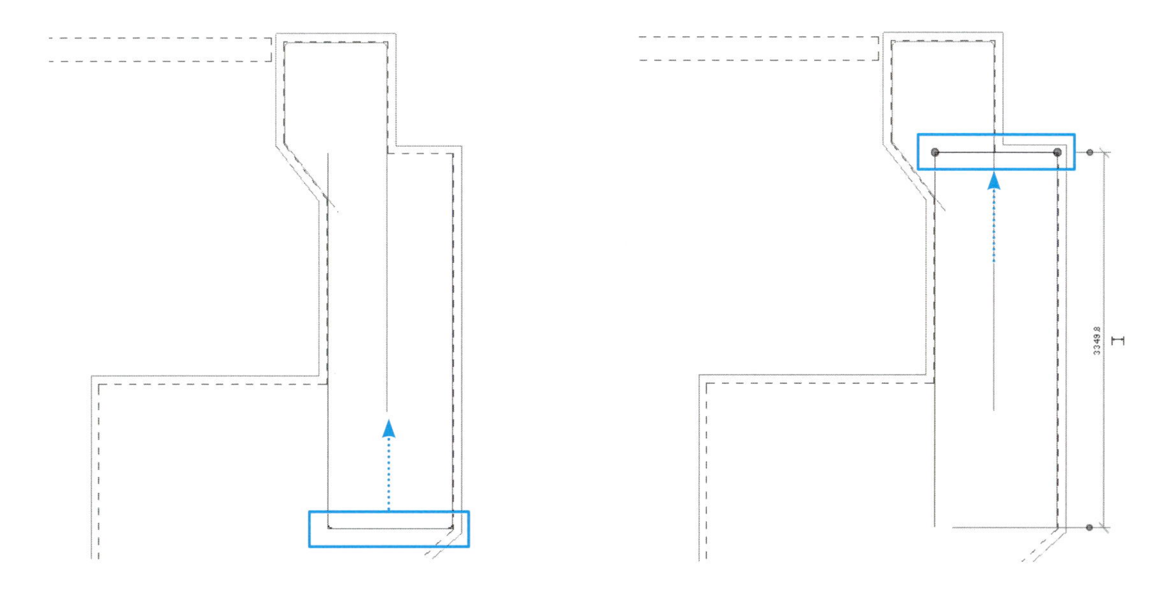

STEP27

斜線部分は、STEP8～STEP12と同様に作成します。ここでのオフセットは［78］mm、斜線の長さは［2000］です。

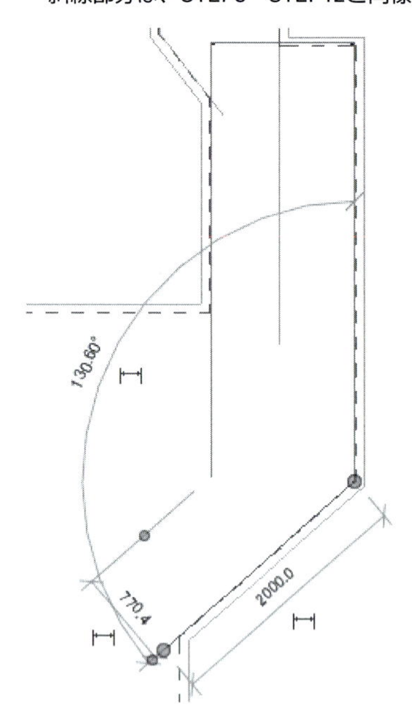

STEP28

［修正｜鉄筋のスケッチを編集］タブ-［モード］-［編集モードを終了］をクリックします。

STEP29

このように表示されます。被りよりも外側に配筋された場合は、鉄筋中央の▲をドラッグして位置を修正できます（被りの位置で動きが変わります）。

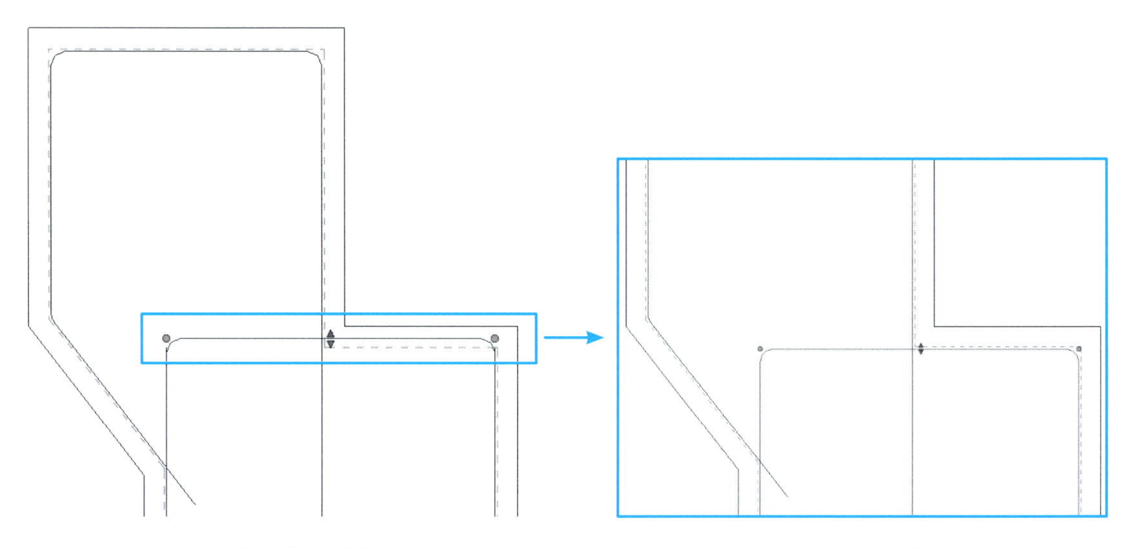

Step14～Step21を参考に、［配置方法］を［間隔と数］、［本数］を［88］、間隔を［125］mmと設定します。
［配筋用_正面]断面図で［鉄筋の開始位置］を［-78］mmに変更します。

STEP30

［断面図］-［配置用_側面］を開き、［構造］タブ -［鉄筋］-［鉄筋］をクリックします。［鉄筋形状ブラウザ］が表示されるので、［鉄筋形状00］を選択し、下記のように配置します。最後にEscキーでツールを終了します。

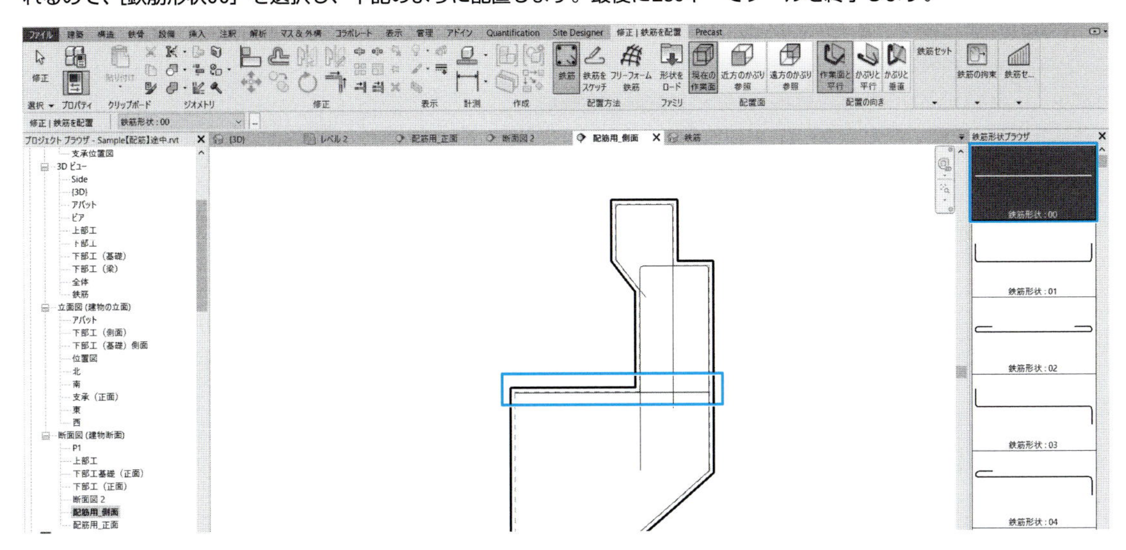

STEP31

作図した鉄筋を選択し、プロパティダイアログで、［鉄］を［D22］、［集計表マーク］を［P3］、始端のフックを［標準フック - 90度］に変更し［適用］ボタンを押します。

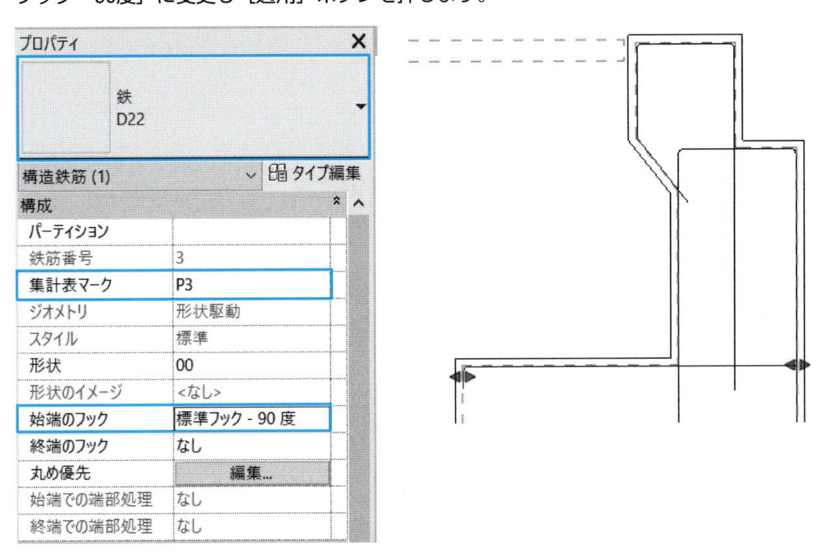

Step14〜Step21を参考に、［配置方法］を［間隔と数］、［本数］を［88］、間隔を［125］㎜と設定します。
［配筋用_正面］断面図で［鉄筋の開始位置］を［-78］mmに変更します。

STEP32

同様の手順で、基礎にも配置します。[鉄筋形状] は [01]、[鉄] を [D19]、[始端、終端のフック] を [標準フック - 90度]、[集計表マーク] は [T6] です。

[配置方法] を [間隔と数]、[本数] を [88]、間隔を [125] mmと設定します。[配筋用_正面]断面図で [鉄筋の開始位置] を [-78] mmに変更します。

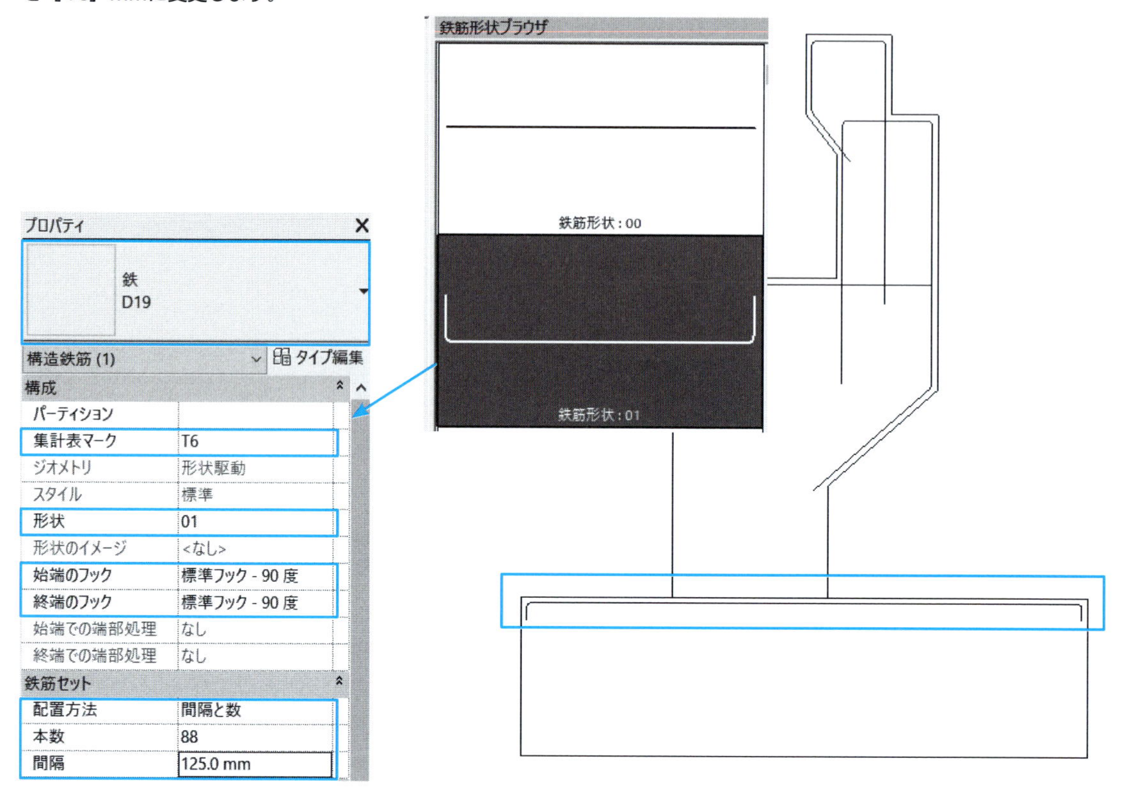

STEP33

下側には、[鉄筋形状13] を配置します。

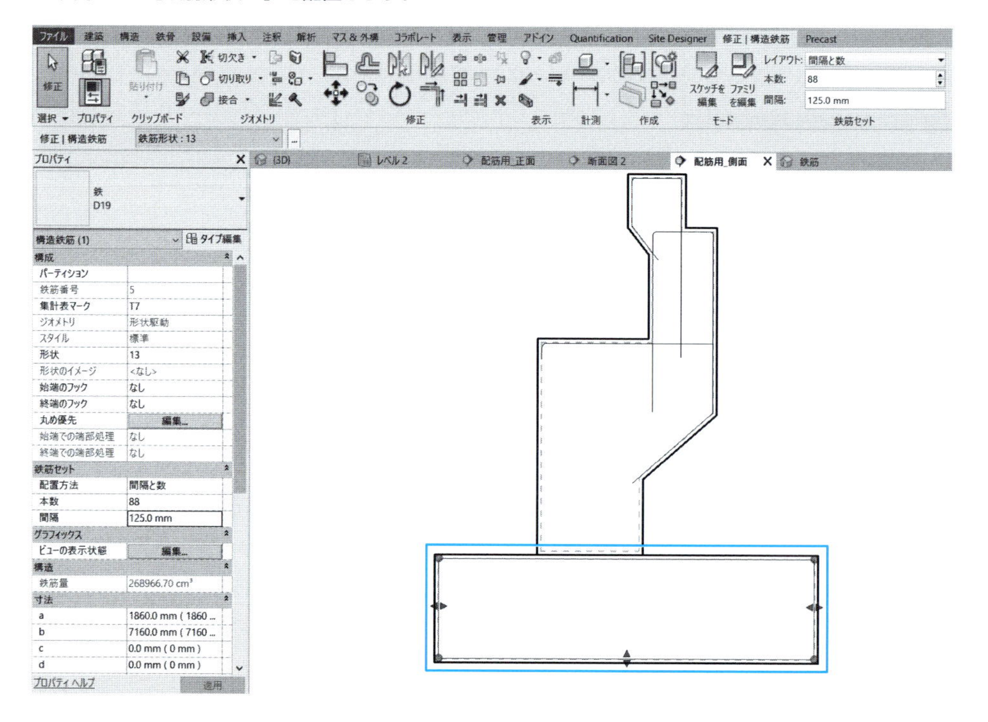

STEP34

プロパティダイアログから、［鉄］を［D19］、［集計表マーク］を［T7］に変更し［配置方法］を［間隔と数］、［本数］を［88］、間隔を［125］㎜と設定して［適用］ボタンを押します。

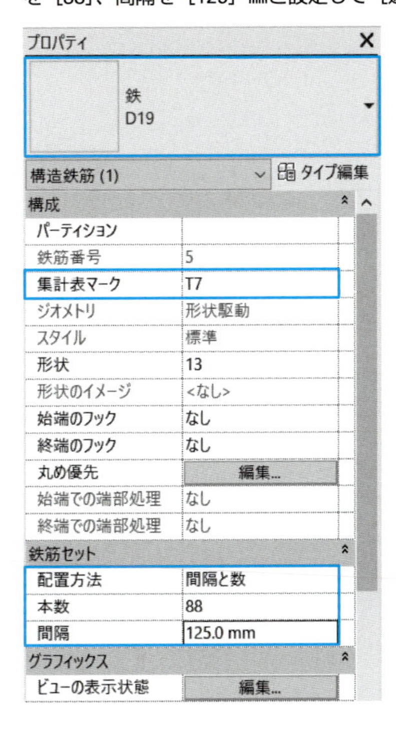

STEP35

両サイドの長さを修正します。鉄筋を選択して、プロパティの［寸法］-［a］の値を［1590］mmと入力して［適用］ボタンを押します。

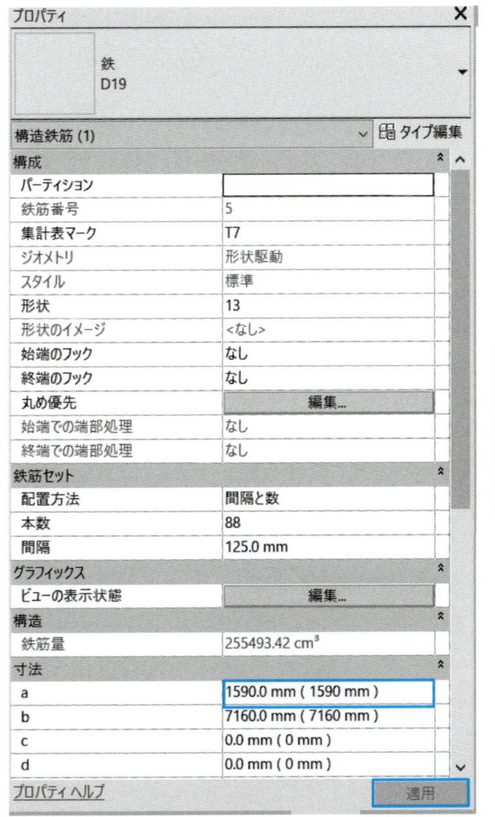

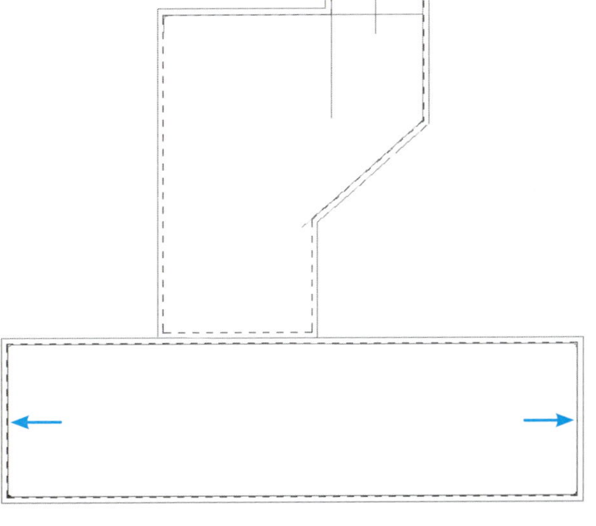

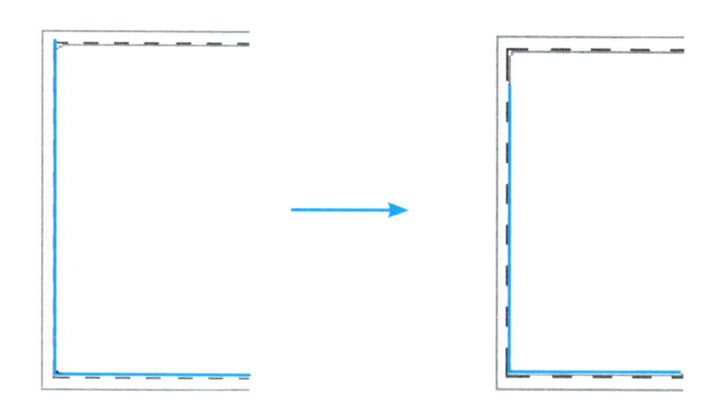

［配筋用_正面］断面図で［鉄筋の開始位置］を［-78］mmに変更します。

STEP36

［鉄筋形状06］を下記に配置します。［集計表マーク］は［T4］、［鉄］は［D19］、［配置方法］を［間隔と数］、［本数］を［88］、間隔を［125］mmと設定します。配置が終了したらEscキーを押します。

［配筋用_正面]断面図で［鉄筋の開始位置］を［-78］mmに変更します。

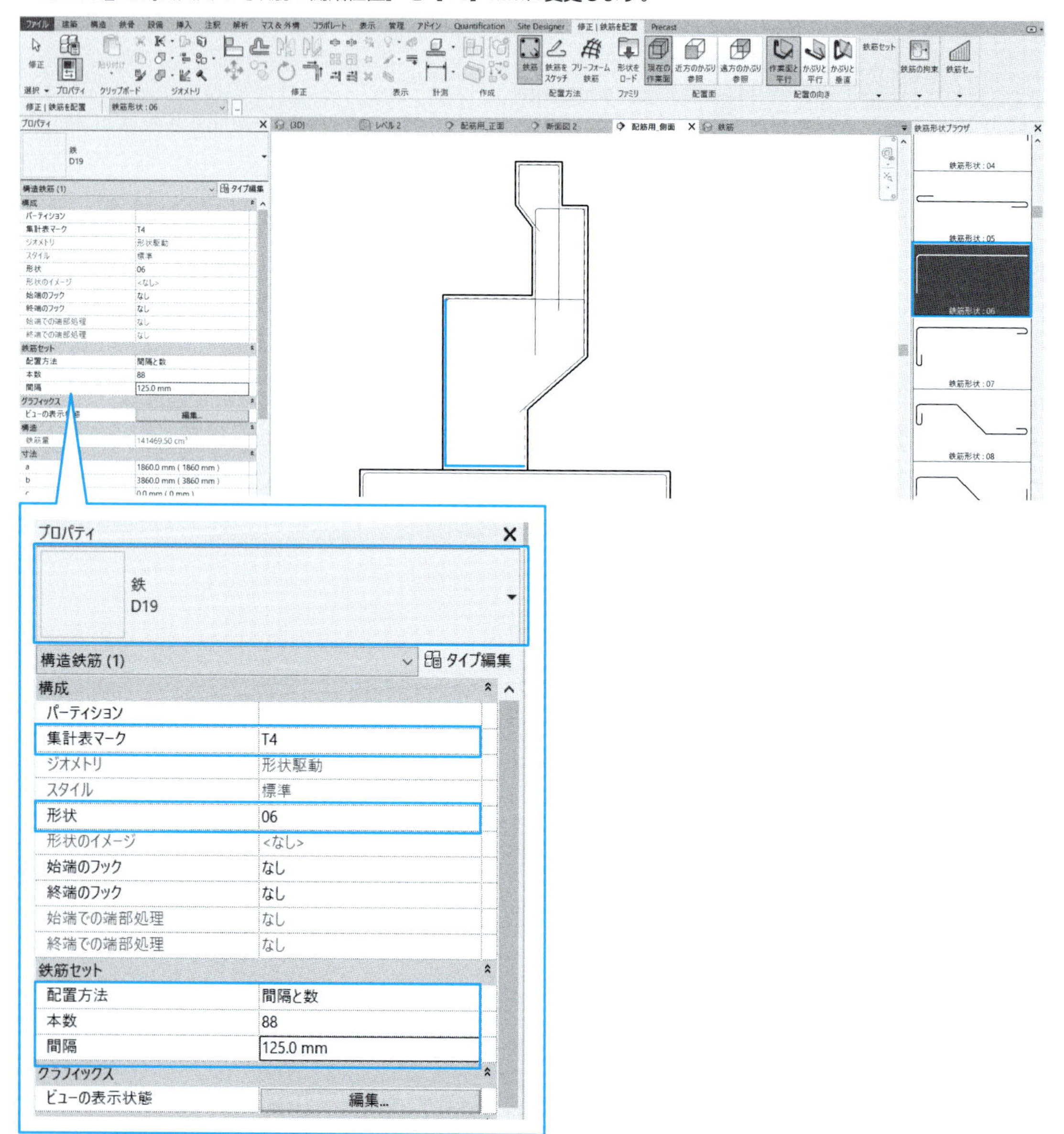

STEP37

鉄筋をダブルクリックし［鉄筋のスケッチを編集］タブを表示します。

STEP38

［修正 | 鉄筋のスケッチを編集］タブ-［描画］-［選択］をクリックします。オプションのオフセットを［0.0］に設定します。

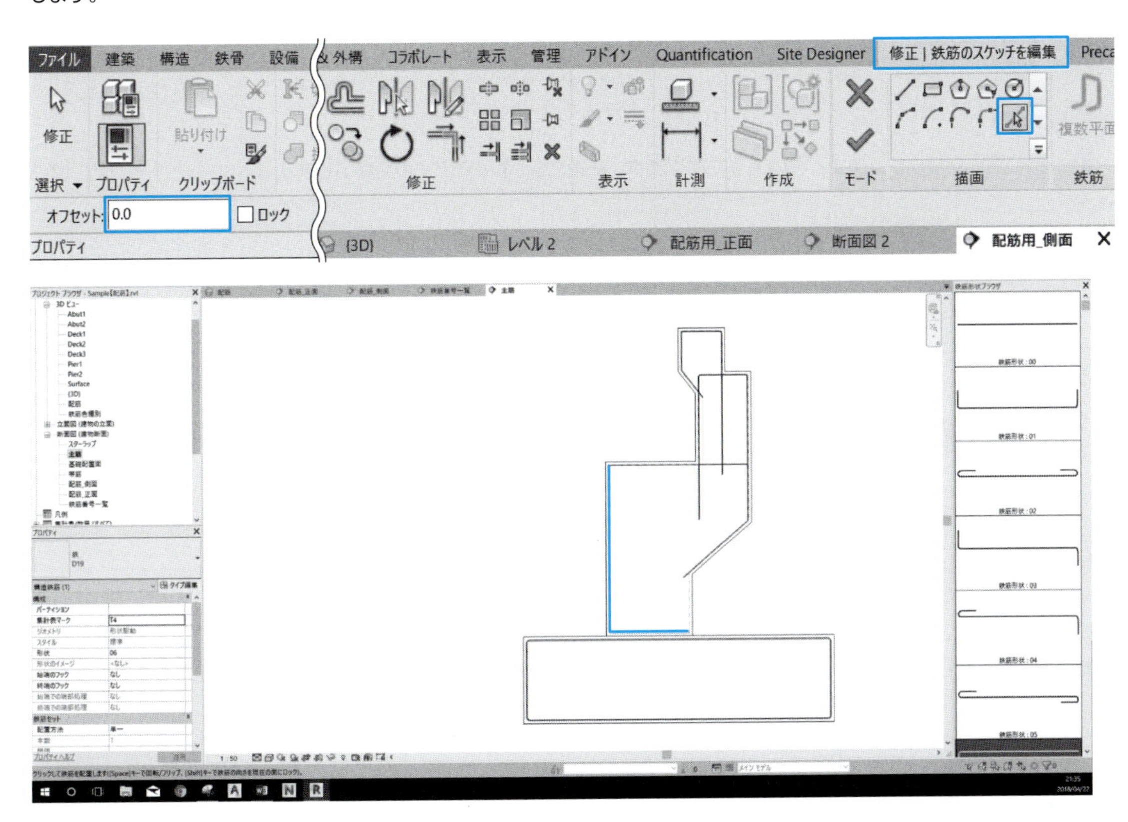

STEP39

下図の緑色の破線（被り）をクリックして、この位置に鉄筋を作成します。

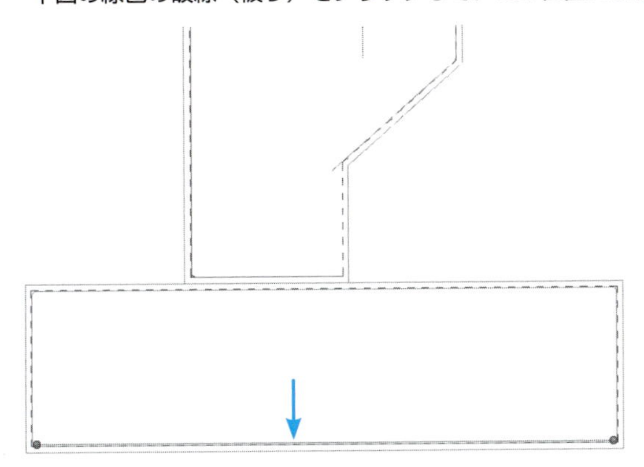

STEP40

［修正｜鉄筋のスケッチを編集］タブ-［修正］-［コーナーへトリム/延長］をクリックします。

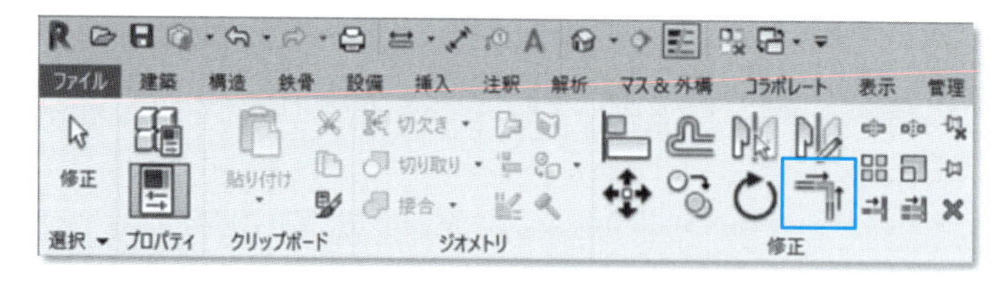

STEP41

❶→❷の順にクリックします。右のようになります。最後にEscキーでツールを終了します。

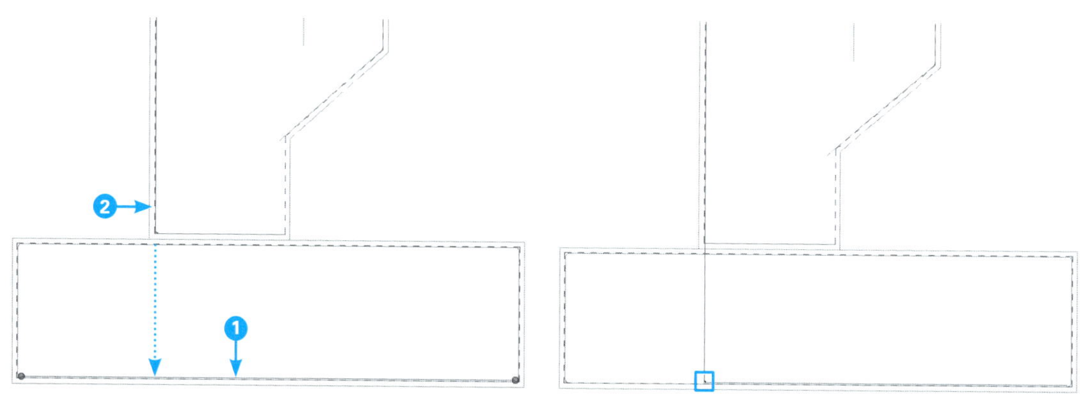

STEP42

鉄筋をクリックし、長さを［1800］に変更します。

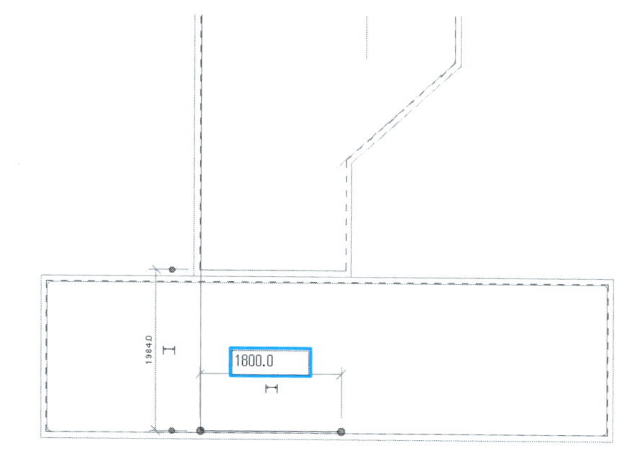

STEP43

元の水平線を選択し、Delキーで消去します。

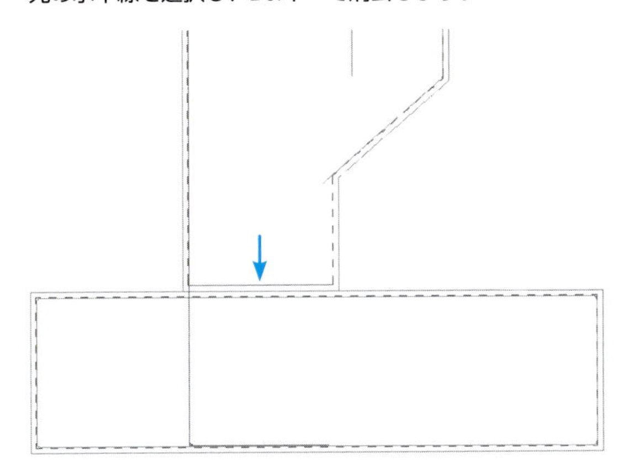

STEP44

続いて下図の鉄筋を反転したところに配置します。下図の部分の鉄筋を選択します。

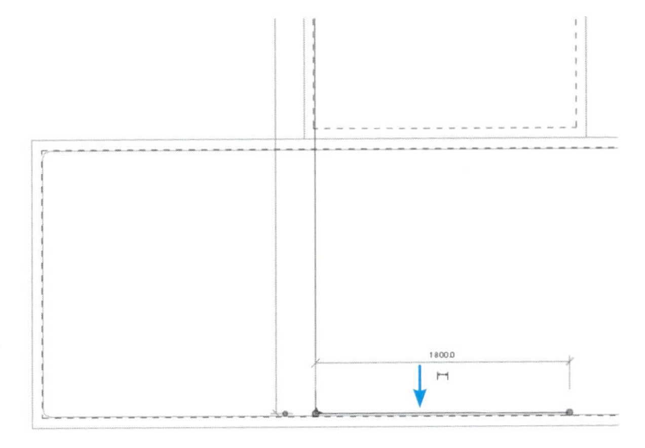

STEP45

［修正｜鉄筋のスケッチを編集］-［修正］-［鏡像化 - 軸を描画］をクリックします。

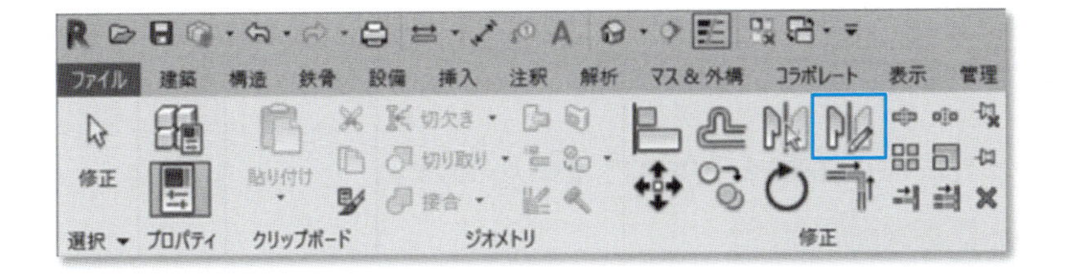

STEP46

❶→❷の順に軸をクリックします。

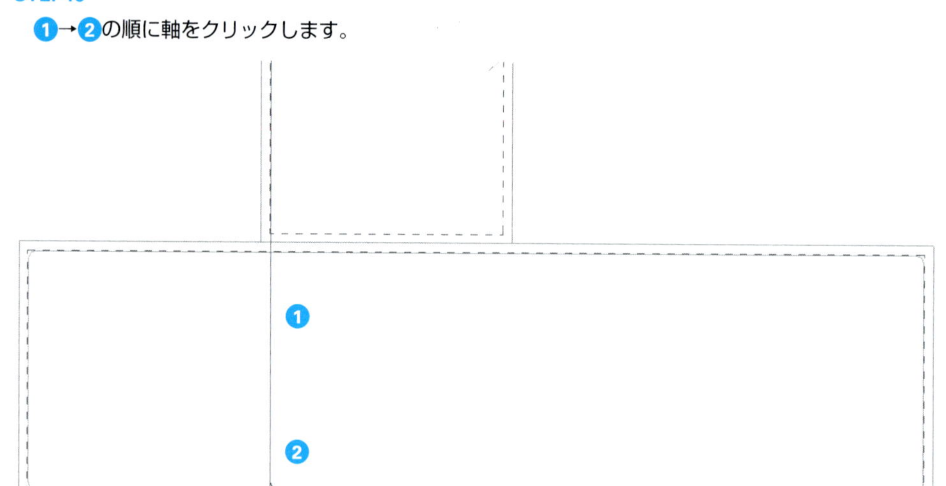

STEP47

図のようになります。元のデータは選択し、Delキーで消去します。

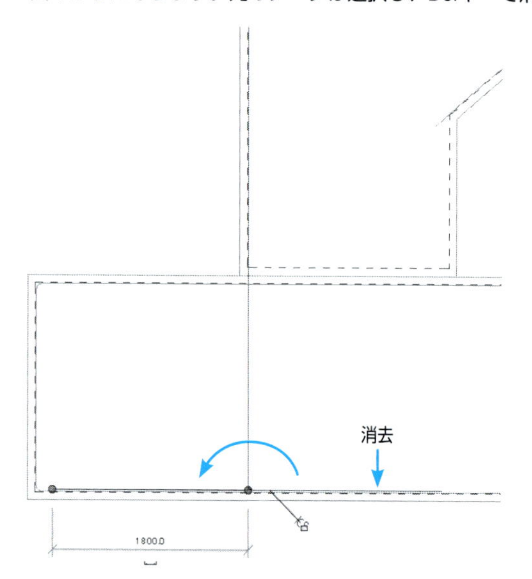

STEP48

［修正｜鉄筋のスケッチを編集］タブ-［モード］-［編集モードを終了］をクリックします。

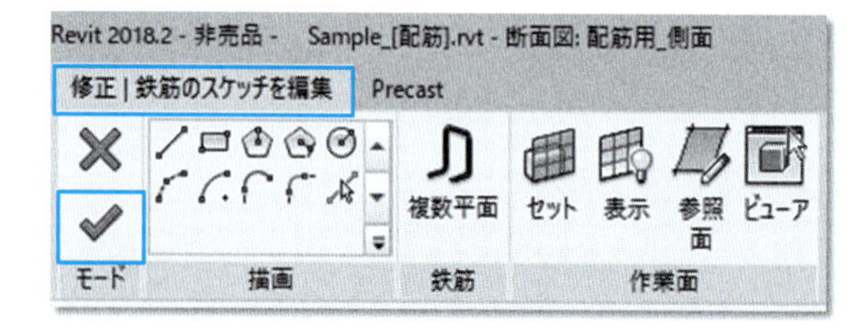

STEP49

続いて、反対側にも鉄筋を作成します。作成した鉄筋を選択します。

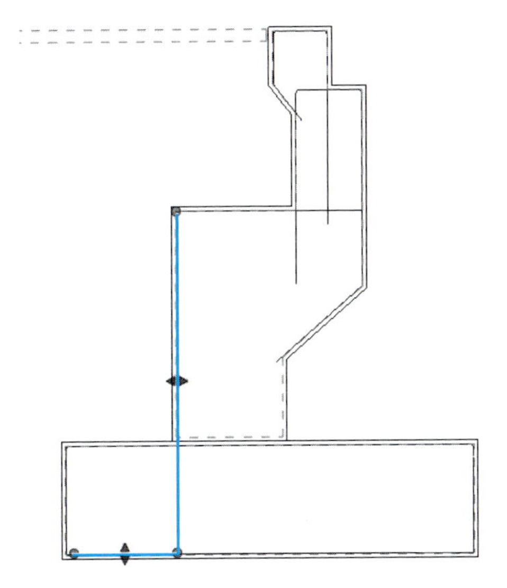

STEP50

［修正｜鉄筋のスケッチを編集］-［修正］-［鏡像化 - 軸を描画］をクリックします。

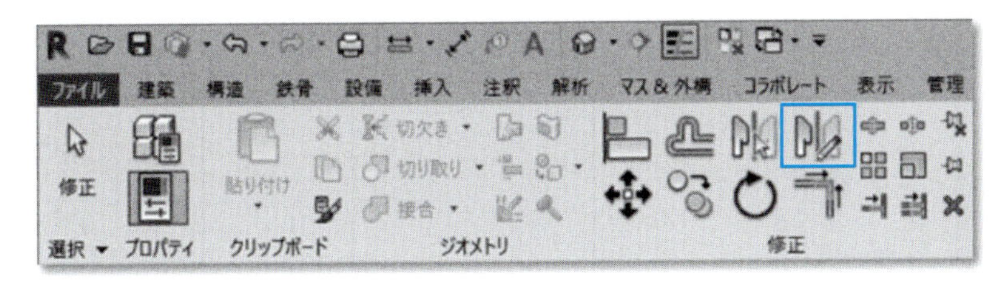

STEP51

マウスを動かすと、下記のように線が表示されるのでこの線上で軸を作成します。

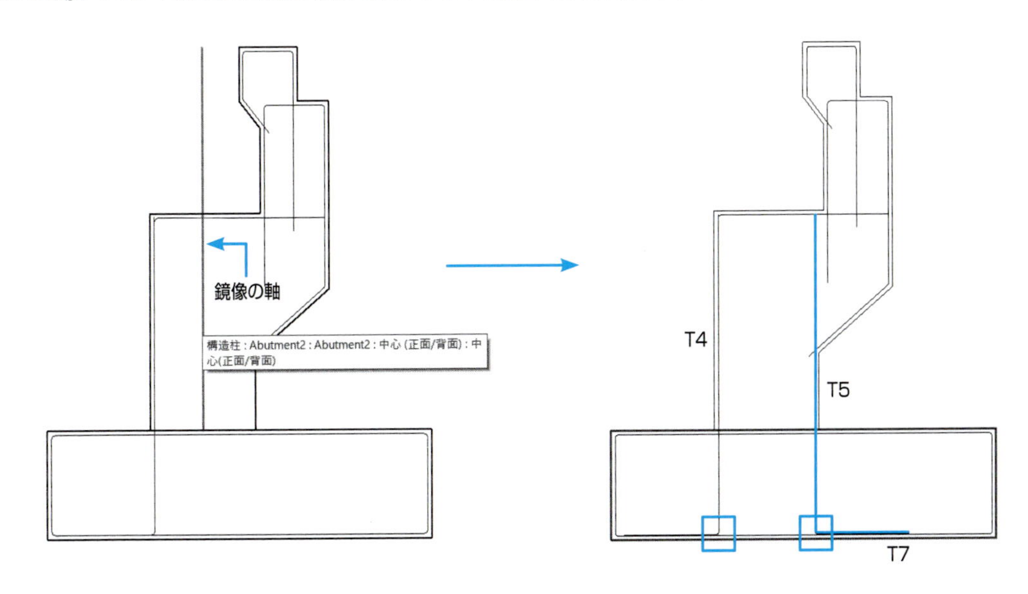

　鏡像化で作成した鉄筋は、[集計表マーク]を[T5]とします。鉄筋T4、T5とT7が重なっているので位置を修正します。T4、T5をCtrlキーを押しながらクリックして選択します。ビューを[断面図(建物用)]-[配筋用_正面]に切り替えます。下記のようにT4、T5が選択されているので、移動ツールで鉄筋T7の鉄筋径分[19㎜]横に移動します。

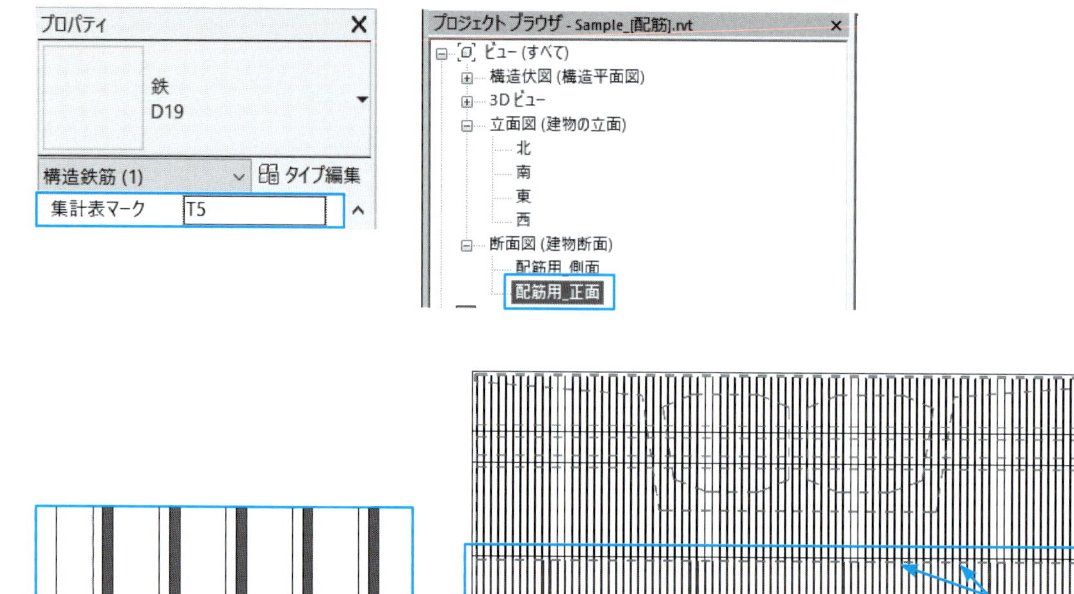

ここまでの完成形は[3章 配筋の作成手順]フォルダのSample【配筋】_主筋.rvtファイルにあります。

帯筋

STEP1

ビューを［配筋用_側面］とし、［構造］-［鉄筋］-［鉄筋］をクリックします。［配置の向き］を［かぶりと垂直］を選択します。

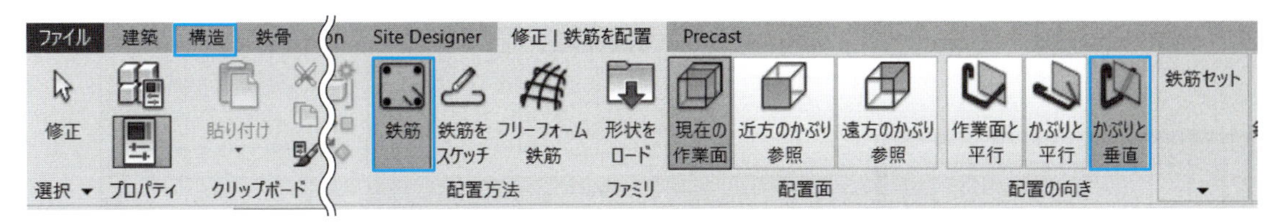

STEP2

鉄筋形状は、［鉄筋形状:00］を選択します。下記の位置に配置します。大まかな位置で配置したのち、寸法補助線の値をクリックして正確な場所に配置しなおします。

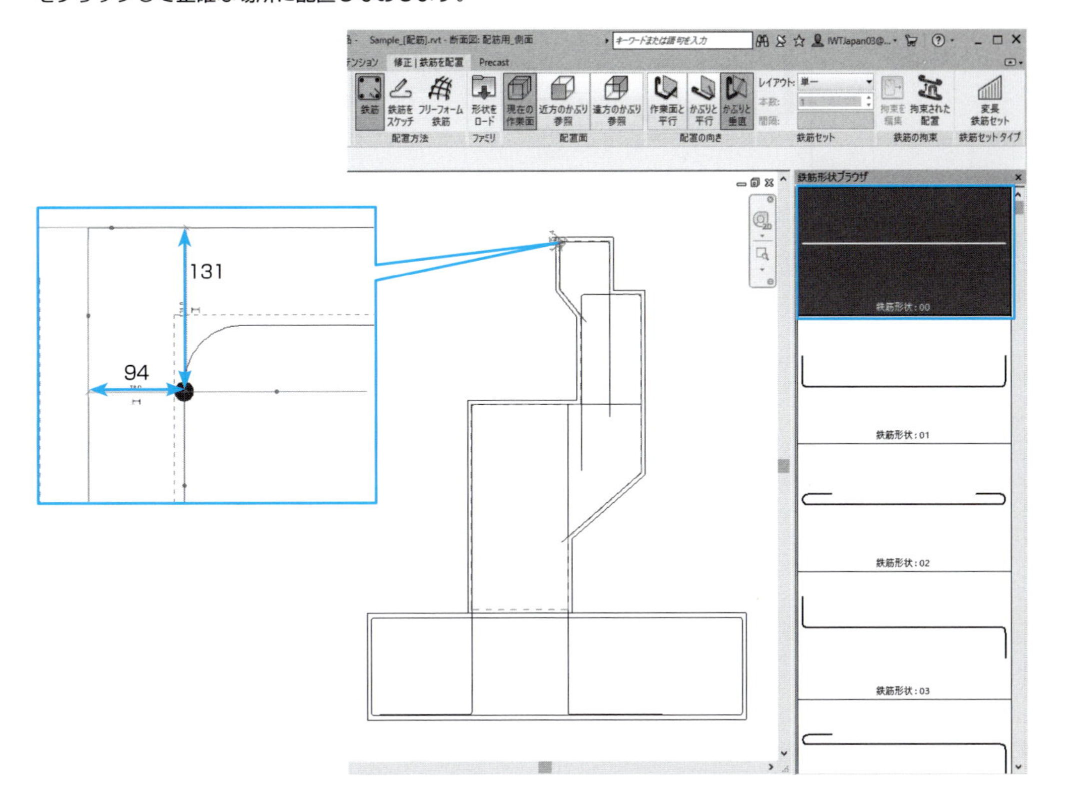

STEP3

［プロパティ］ダイアログで次の項目を設定します。

鉄　D16

集計表マーク　A1

鉄筋セット　配置方法：間隔と数

本数　：6

間隔　：150mm

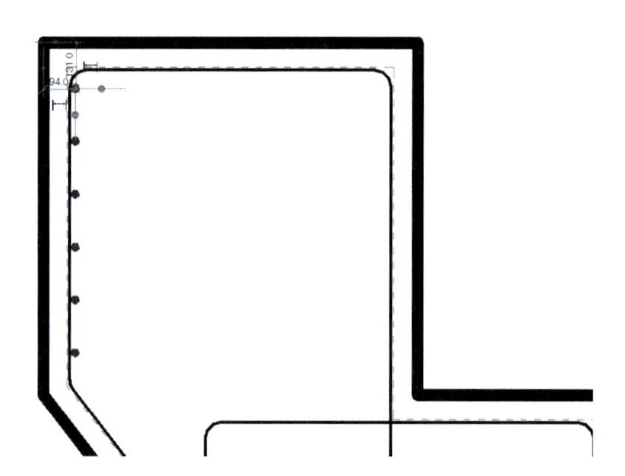

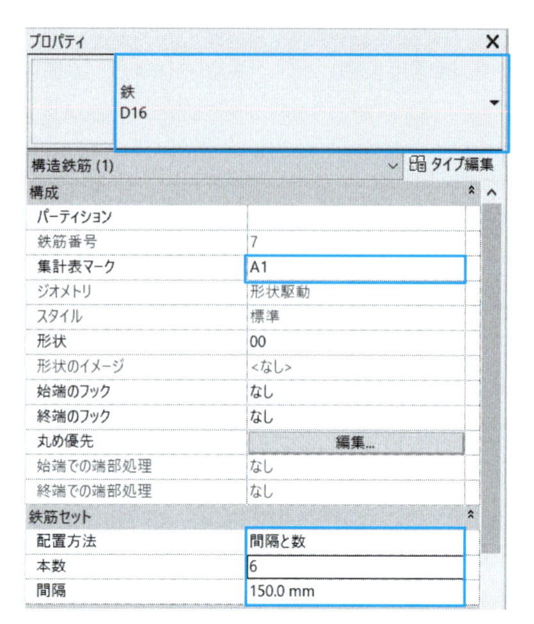

同様に下記のように配筋します。

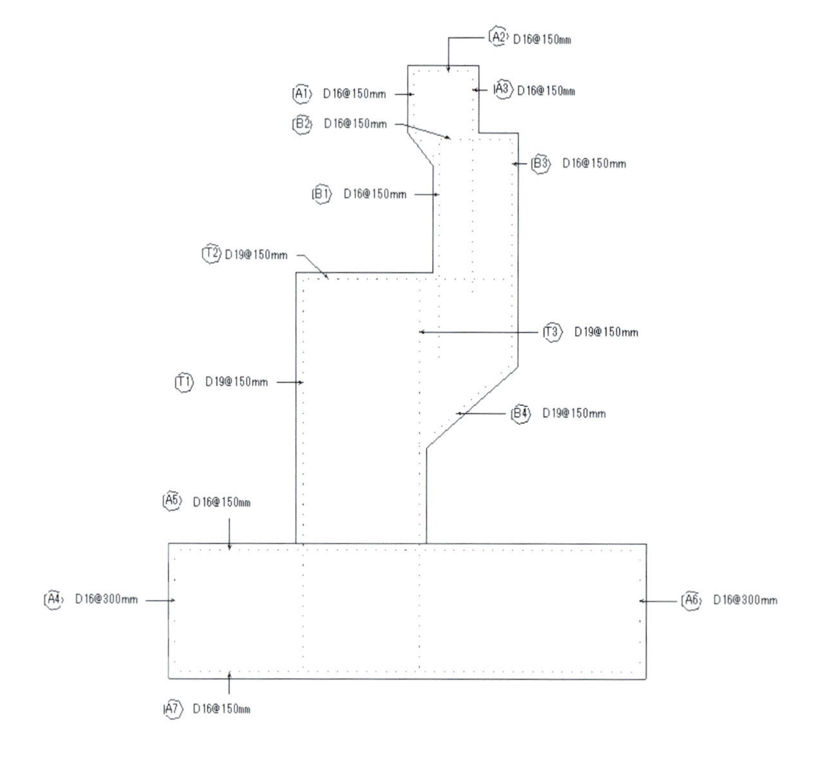

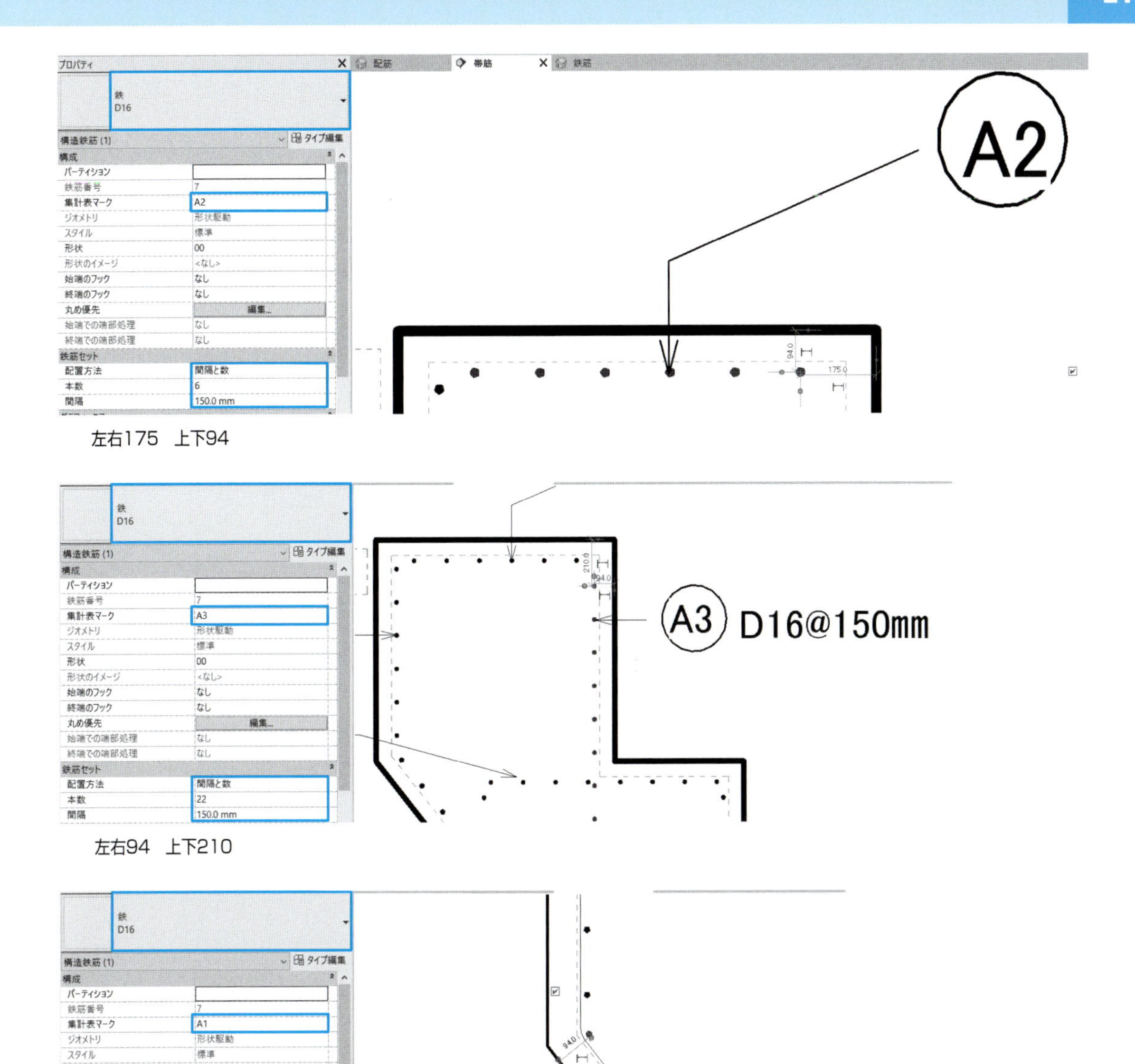

左右175　上下94

左右94　上下210

主筋角付近、幅94

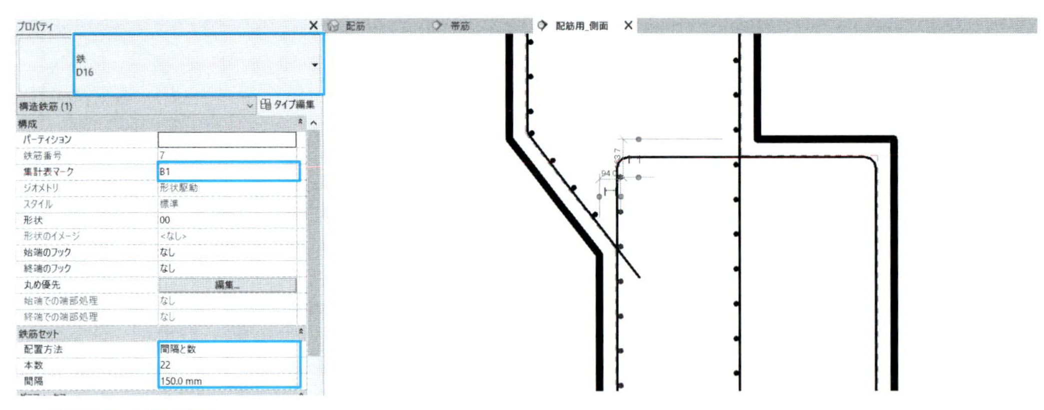

左右94、上下163.7

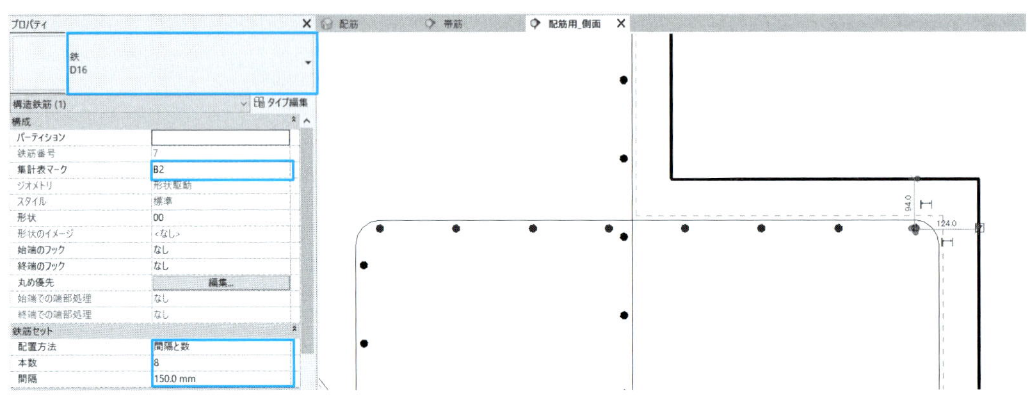

左右124、上下94

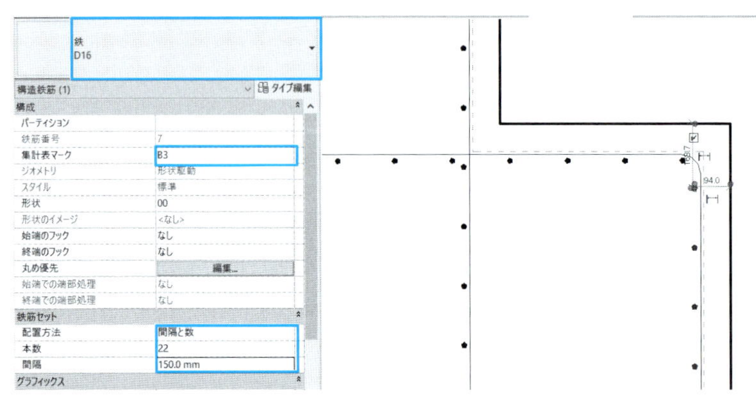

左右94、上下163.7

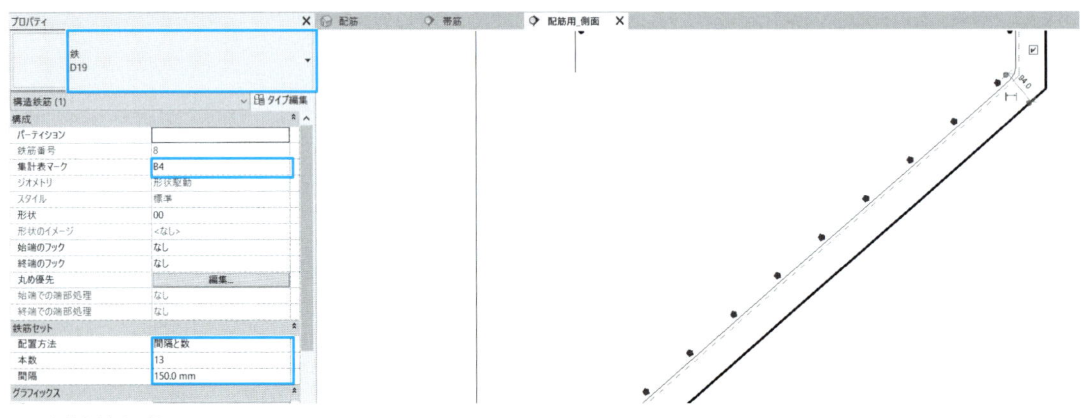

主筋角付近、幅94

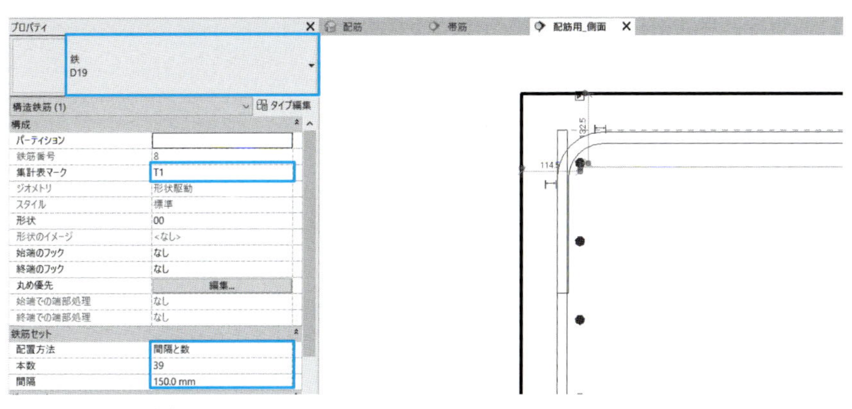

上下132.5、左右114.5

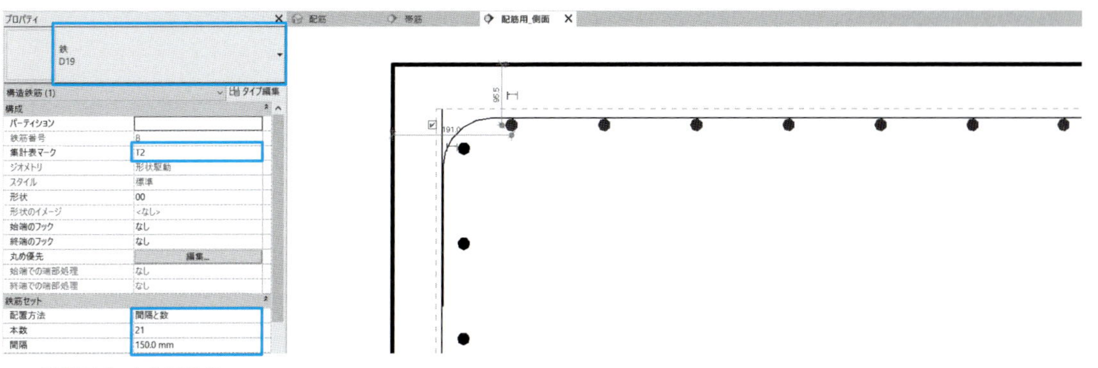

上下95.5、左右191.0

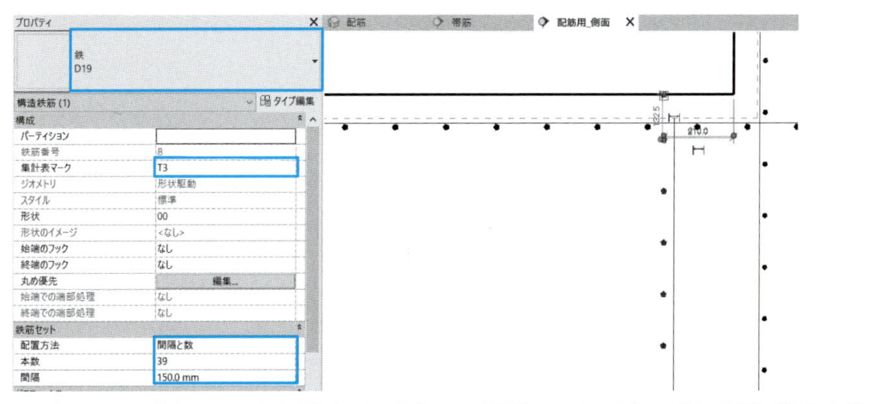

上下132.5、左右210.0（配置が左右になる場合は、一度配置したのちに回転して正しい配置に修正します）

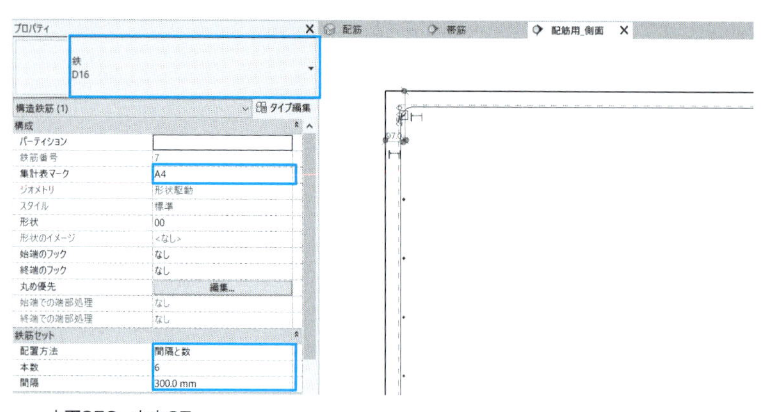

上下250、左右97

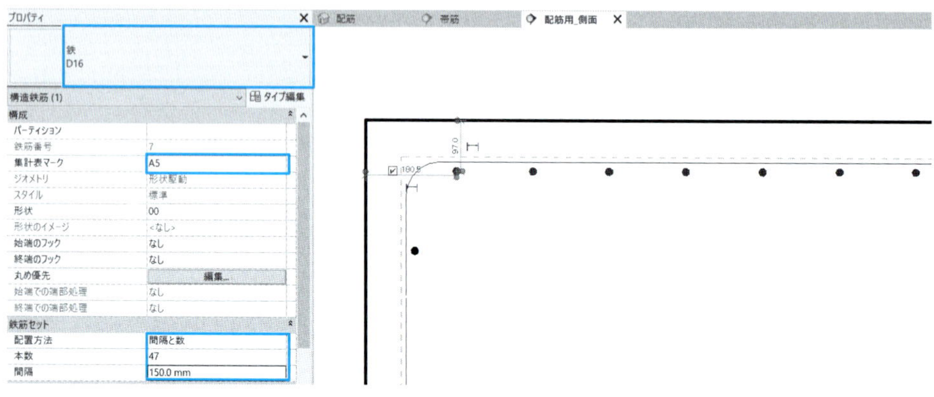

上下97、左右180.5

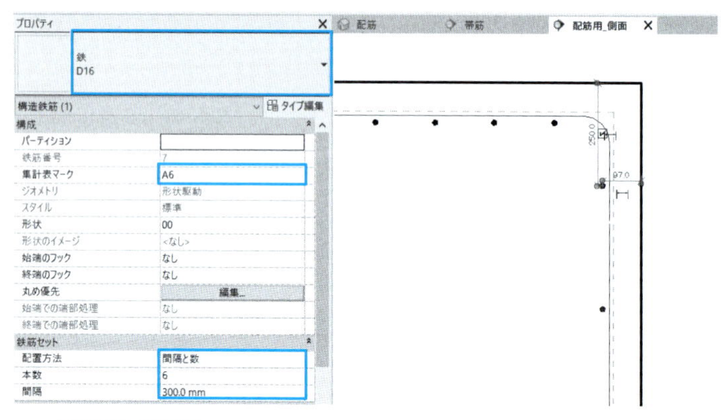

上下250、左右97

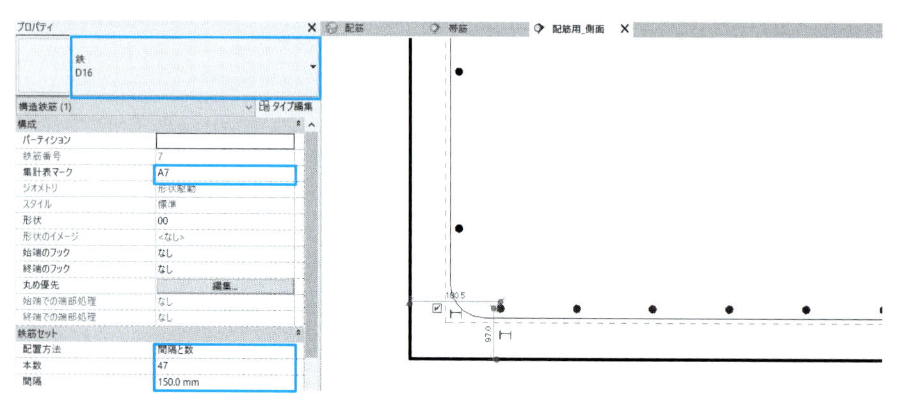

上下97、左右180.5

ここまでの完成形は［3章 配筋の作成手順］フォルダのSample【配筋】_帯筋.rvtファイルにあります。

02 集計表

作成した配筋を基に集計表を作成します。

STEP1

［表示］タブ -［作成］-［集計］をクリックします。

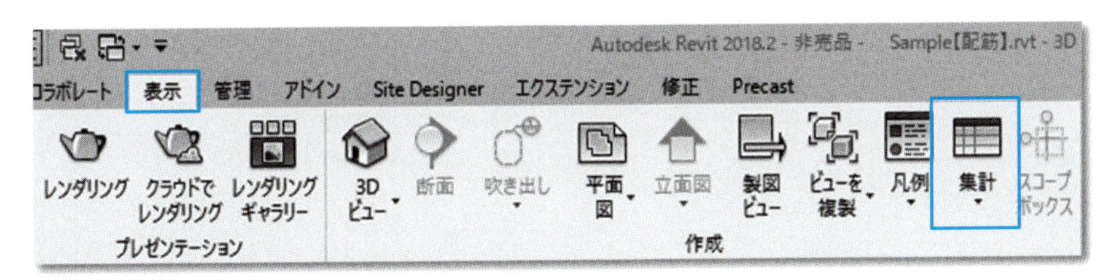

STEP2

プルダウンメニューから［集計表／数量］をクリックします。

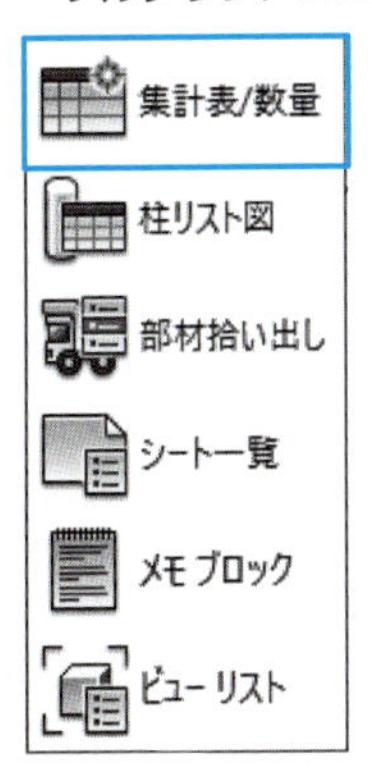

STEP3

下のように設定し［OK］ボタンを押します。

フィルタリスト：構造
カテゴリ　　　：構造鉄筋
名前　　　　　：鉄筋集計表
フェーズ　　　：新しい建設

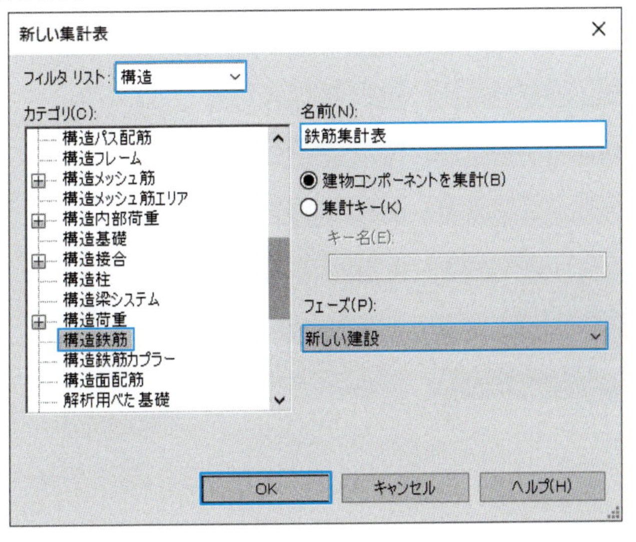

STEP4

［フィールド］タブをクリックします。［使用可能なフィールド］から使用するフィールドを選択します。中央の［ ］をクリックすると［使用予定のフィールド（順）に］追加されます。

追加する項目　集計表マーク
鉄筋径
本数
鉄筋の長さ
鉄筋の合計の長さ

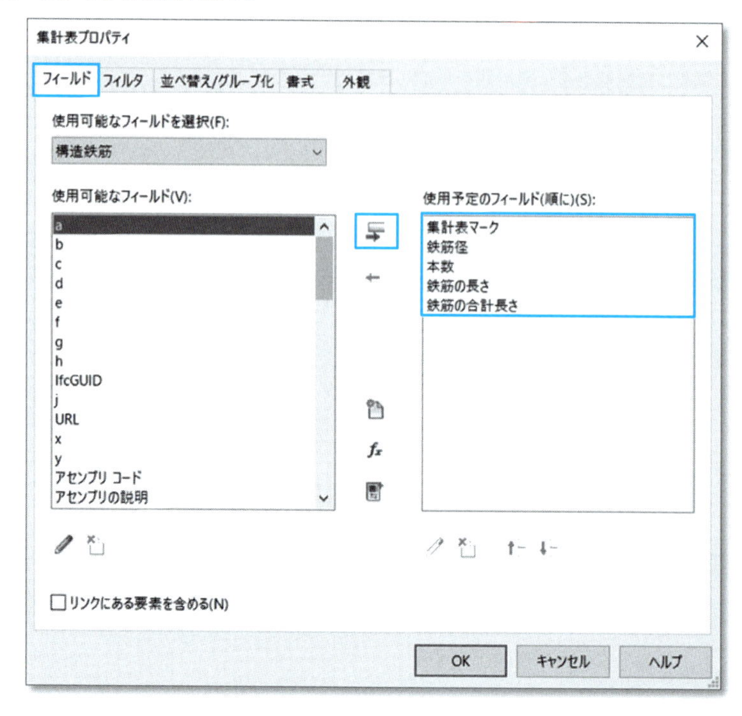

STEP5

［フィルタ］タブをクリックし、下のように設定します。

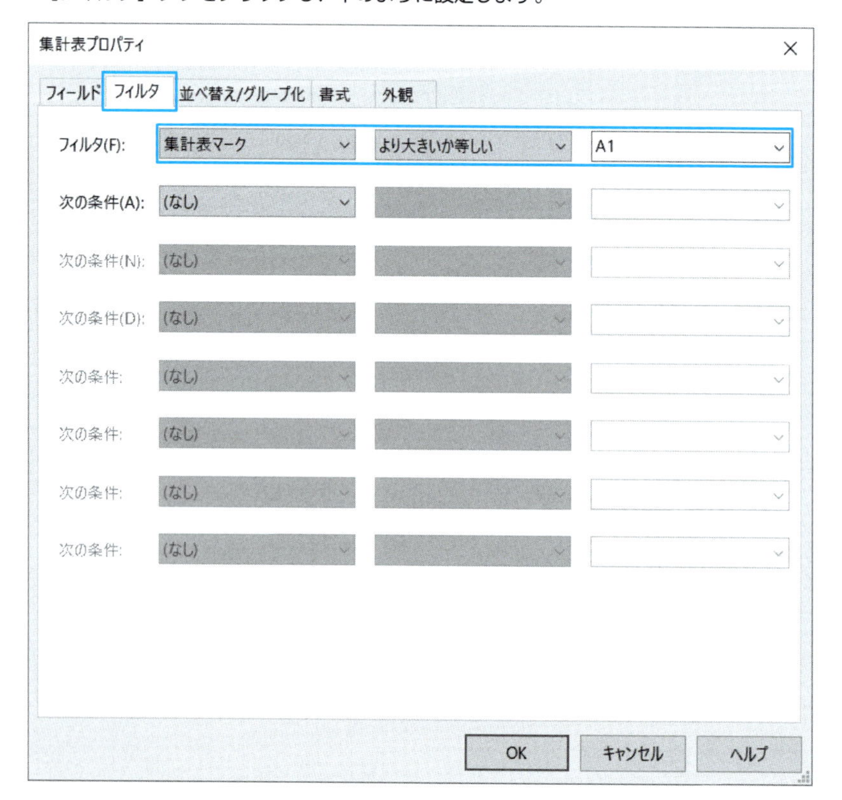

STEP6

［並べ替え／グループ化］タブをクリックし、下のように設定します。

集計表プロパティ
フィールド　フィルタ　並べ替え/グループ化　書式　外観
並べ替え方法(S):　集計表マーク　◉昇順(C)　○降順(D)
☐見出し(H)　☐フッタ(F):　☐空白行(B)
次の並べ替え方法(T):　鉄筋径　◉昇順(N)　○降順(I)
☐見出し(R)　☐フッタ(O):　☐空白行(L)
次の並べ替え方法(E):　(なし)　昇順　降順
見出し　フッタ:　空白行
次の並べ替え方法(Y):　(なし)　昇順　降順
見出し　フッタ:　空白行
☑合計(G):　タイトル、個数、および合計
合計タイトルをカスタマイズ(U):
合計
☐各インスタンスの内訳(Z)
OK　キャンセル　ヘルプ

STEP7

［書式］タブをクリックし、［集計表マーク］を選択して［位置合せ］を［右］に変更します。

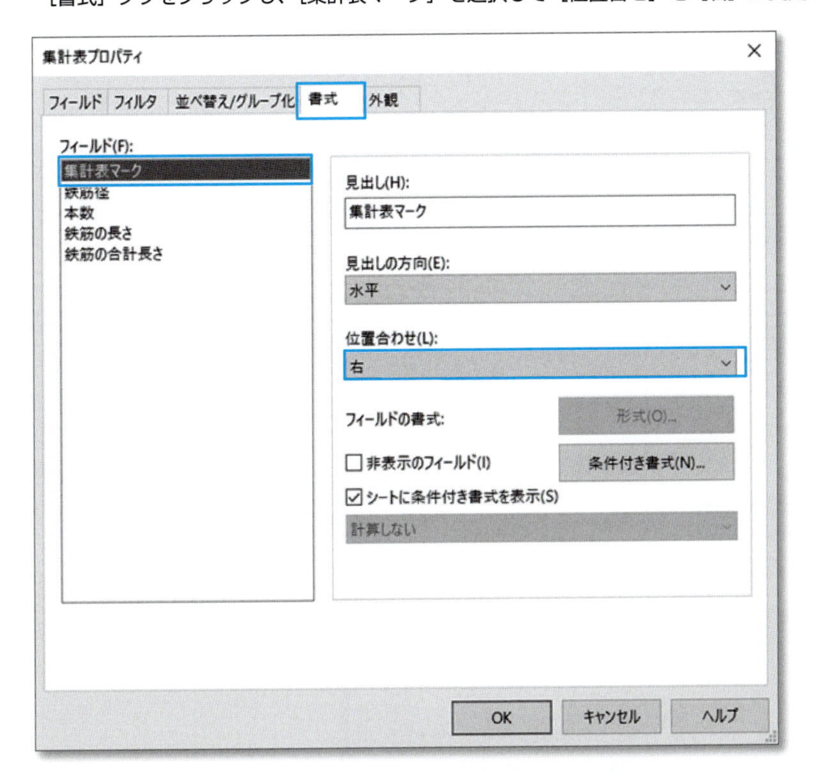

［本数］、［鉄筋の長さ］、［鉄筋の合計の長さ］は、［フィールドの書式］-［シートに条件付き書式を表示］に☑を入れ、［合計を計算］に設定します。

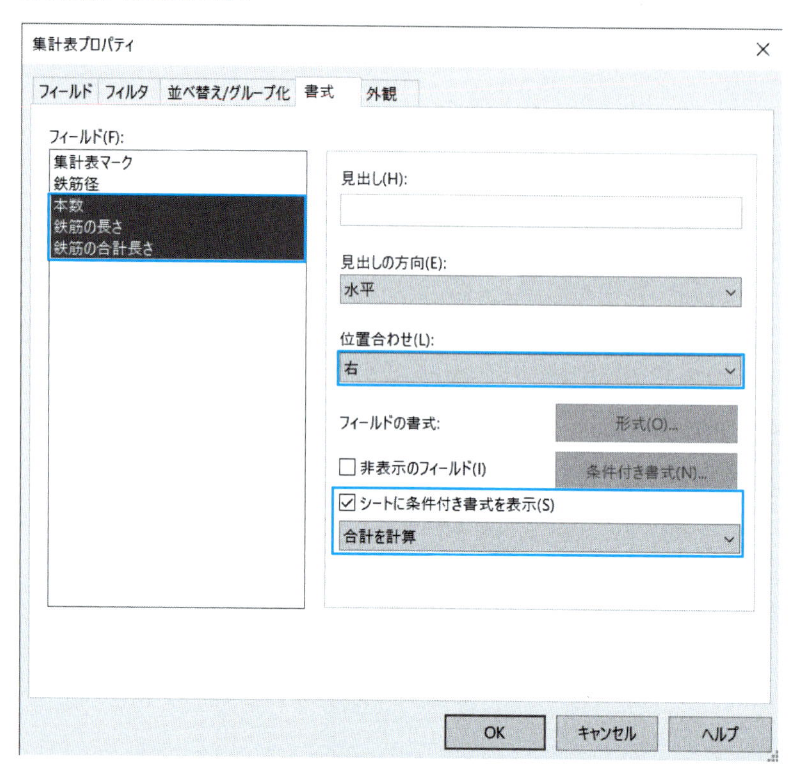

STEP8

［外観］タブをクリックし、下のように設定し［OK］ボタンを押します。

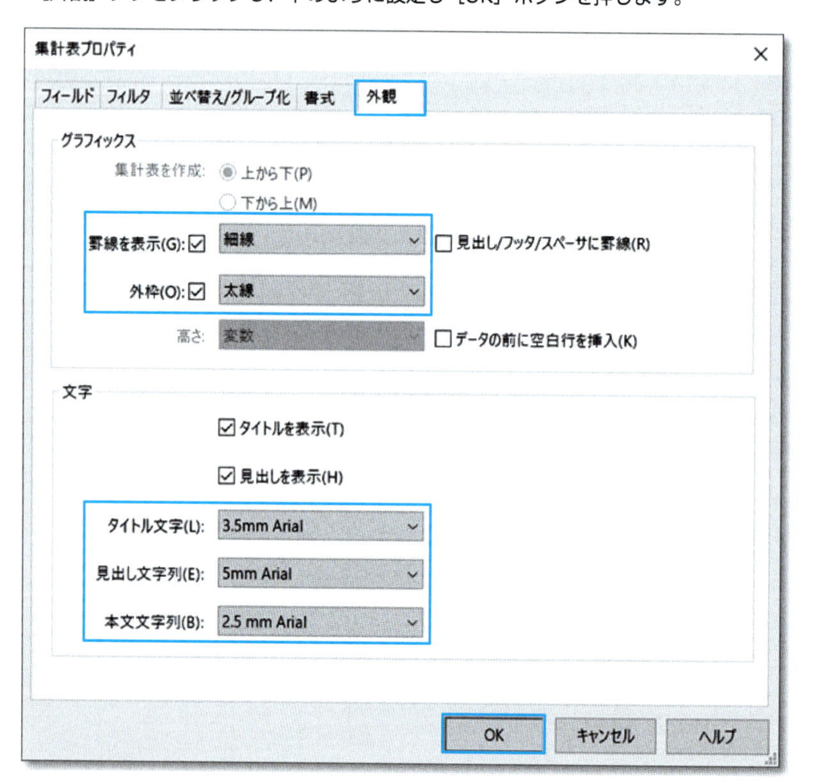

このように集計表が作成されます。

<鉄筋集計表>

A	B	C	D	E
集計表マーク	鉄筋径	本数	鉄筋の長さ	鉄筋の合計長さ
A1	16 mm	10	21920 mm	109600 mm
A2	16 mm	6	10960 mm	65760 mm
A3	16 mm	22	10960 mm	241120 mm
A4	16 mm	6	10960 mm	65760 mm
A5	16 mm	47	10960 mm	515120 mm
A6	16 mm	6	10960 mm	65760 mm
A7	16 mm	47	10960 mm	515120 mm
B1	16 mm	22	10960 mm	241120 mm
B2	16 mm	8	10960 mm	87680 mm
B3	16 mm	22	10960 mm	241120 mm
B4	16 mm	13	10960 mm	142480 mm
P1	16 mm	88	5918 mm	520960 mm
P2	16 mm	88	9788 mm	861520 mm
P3	22 mm	88	3513 mm	308880 mm
T1	19 mm	39	10960 mm	427440 mm
T2	19 mm	21	10960 mm	230160 mm
T3	19 mm	39	10960 mm	427440 mm
T4	19 mm	88	7622 mm	670560 mm
T5	19 mm	88	7622 mm	670560 mm
T6	19 mm	88	7597 mm	668800 mm
T7	19 mm	88	10245 mm	901120 mm
合計: 22		924	216705 mm	7978080 mm

下のようにシートに追加することもできます。

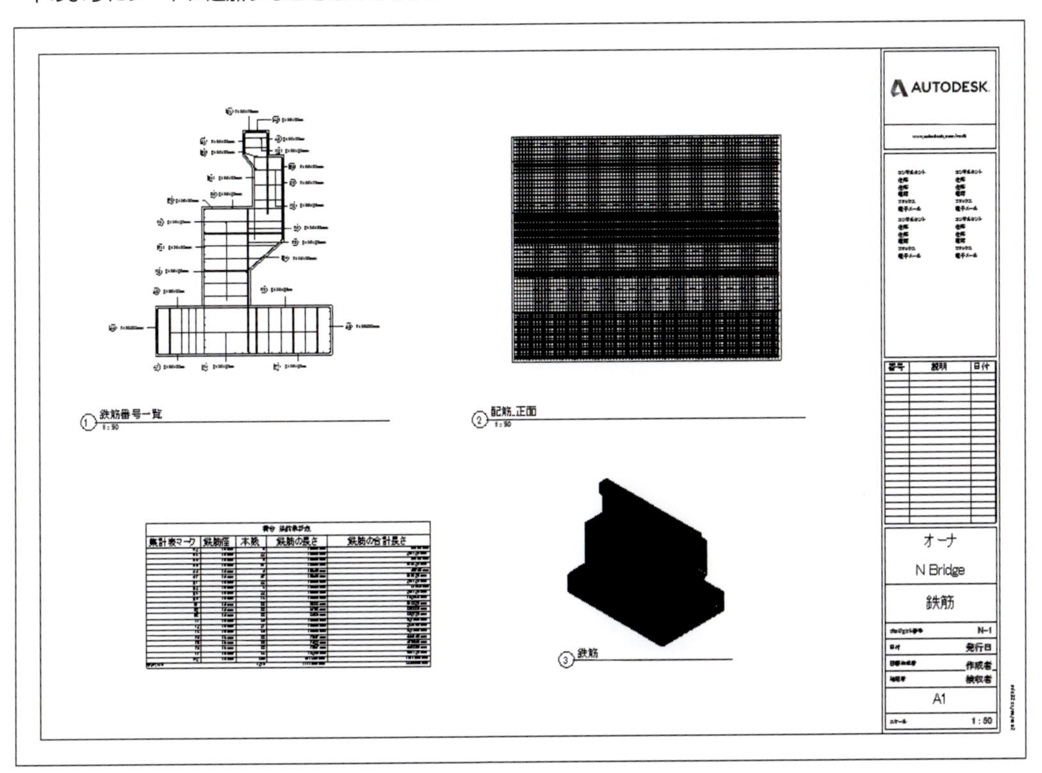

ここまでの完成形は［3章 配筋の作成手順］フォルダのSample【配筋】集計表.rvtファイルにあります。

鉄筋の種類ごとに色分けする

鉄筋の種類によって異なる色を割り当てることができます。
フィルタ利用すると、色別に表示できます。

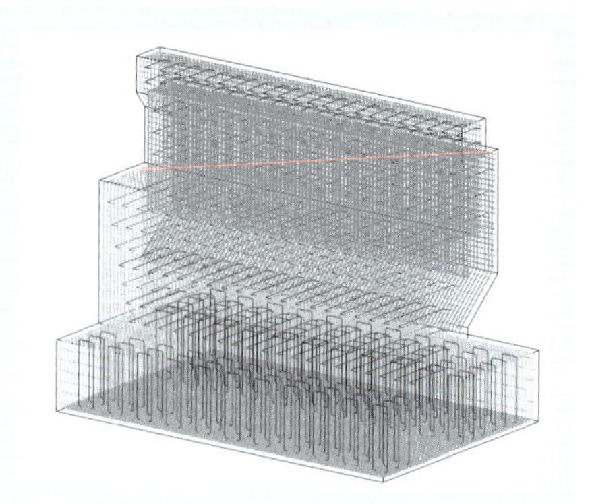

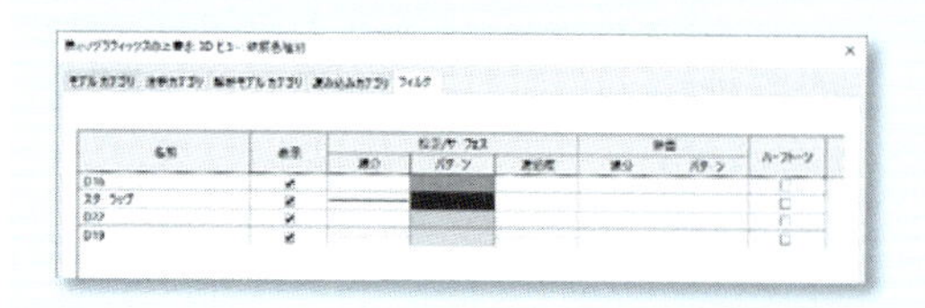

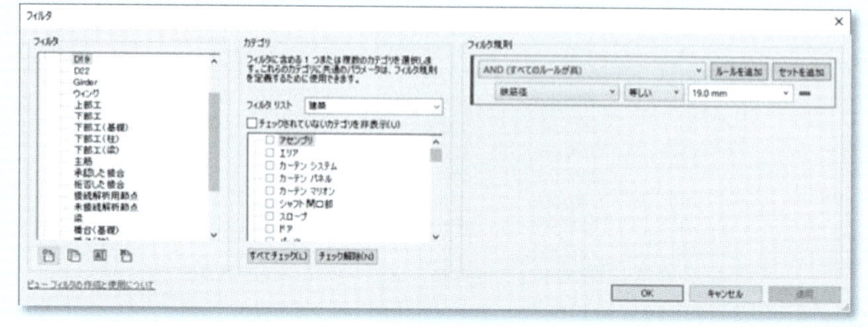

集計表をExcelに取り込む手順

Revitの集計表をダイレクトにExcelに書き出すことは残念ながらできませんが、以下のようにするとRevitの集計表をExcelで取り込むことができます。

STEP1

集計表のビューを開き、［ファイル］-［書き出し］-［レポート］-［集計］をクリックします。

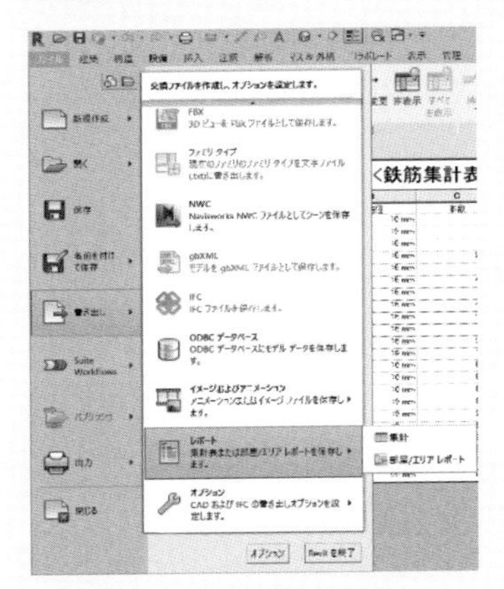

STEP2

テキスト形式txtに書き出します。［集計表を書き出し］ダイアログは、そのまま［OK］ボタンを押します。

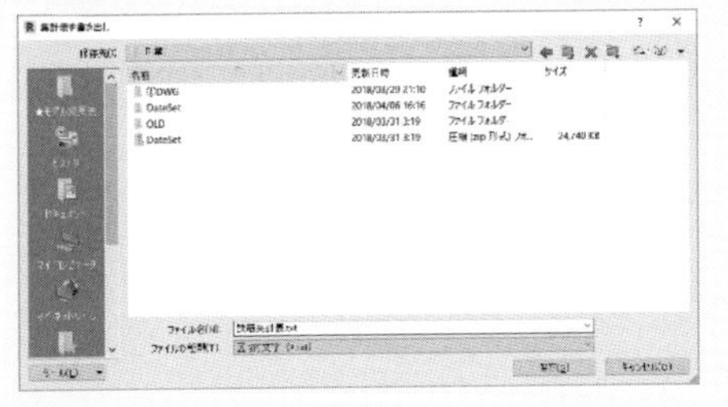

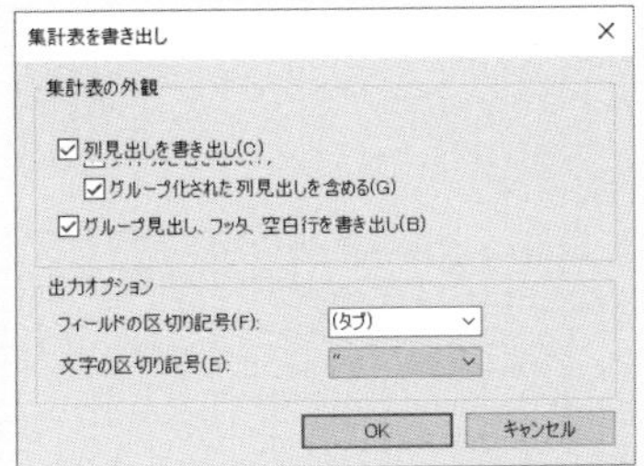

STEP3

Excelを起動し、ファイルを開きます。

手順に従って、テキストファイルを読みます。

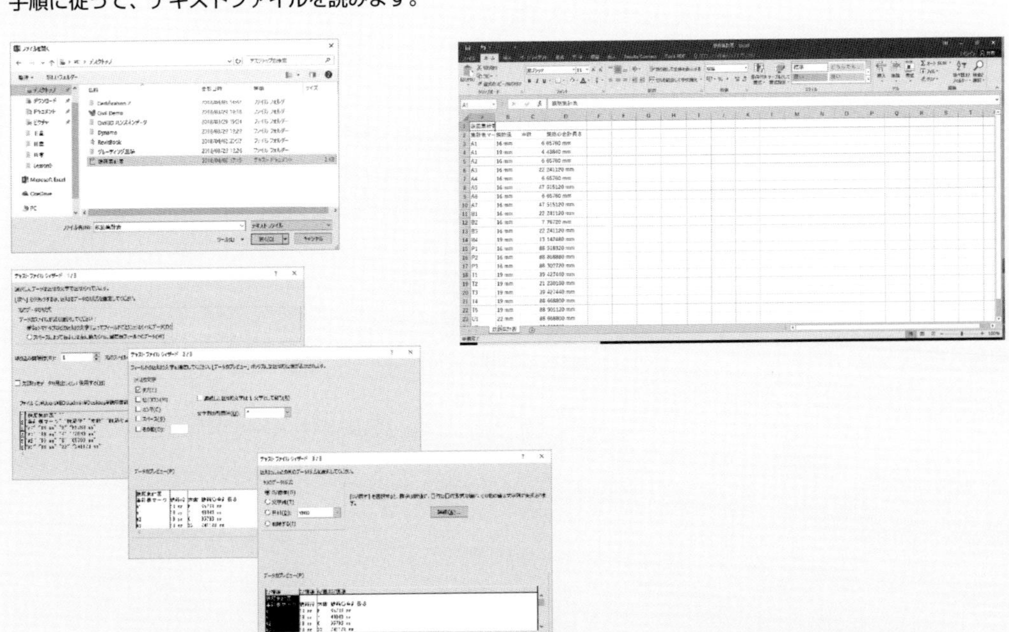

第4章

Autodesk Civil 3D との連携

この章では、Autodesk Civil 3D（以下Civil 3D）で作成した線形をRevitに取り込んで橋梁モデルを作成します。Civil 3Dと連携することにより、従来は難しかった曲線や縦断勾配のある線形構造物をRevitで容易に作成することができるようになります。また、Civil 3Dと連携することにより、Revitで作成したモデルは、測量座標を持つことができるようになります。

この章では、「2章　構造物（橋梁）モデルの作成」で作成したファミリを使用します。

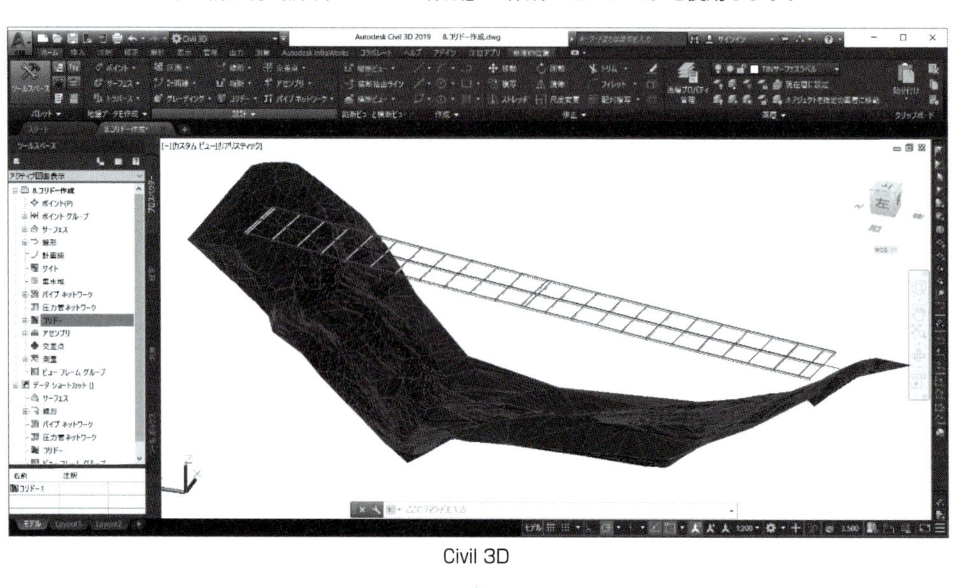

Civil 3D

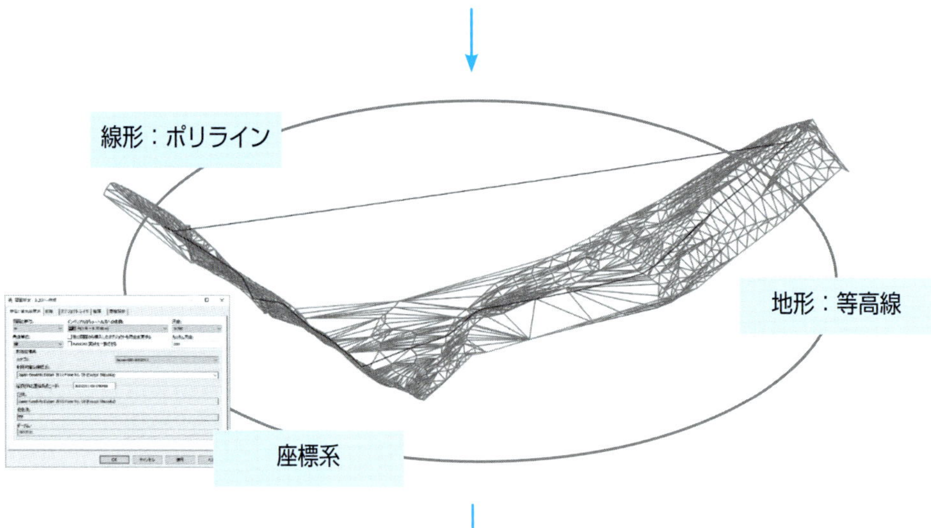

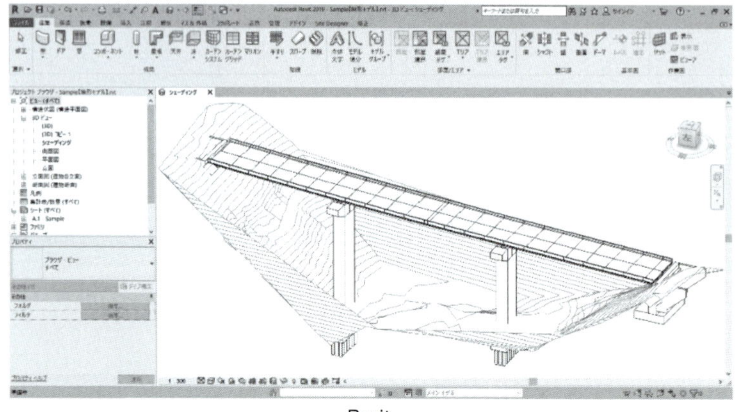

Revit

01 Civil 3Dからの線形書き出し

この章では地形、線形、コリドーがすでにCivil 3Dで作成されているデータを使用します。線形は曲線で、縦断にも勾配があるコリドーモデルです。コリドー作成までのCivil 3Dの操作についての詳細は本書では説明しません。[4章 Autodesk Civil 3Dとの連携] フォルダに収録したサンプルデータであるCivil3Dコリドー.dwgをご利用ください。

この章では、Civil 3Dで作成されている地形、線形、コリドーを3Dポリラインとして抽出して、Revitに読み込みます。

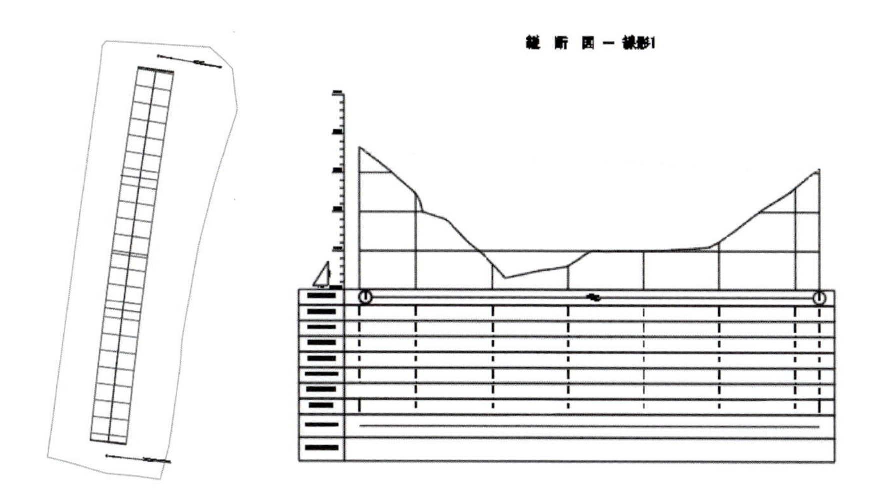

等高線表示　- 地形 -

STEP1

Civil 3D 2019を起動し、[4章 Autodesk Civil 3Dとの連携] フォルダのCivil3Dコリドー.dwgを開きます。
Civil 3Dのサーフェススタイルを等高線表示に変更します。
[現況地形] を選択して右クリックし、[サーフェスプロパティ] を選択します。

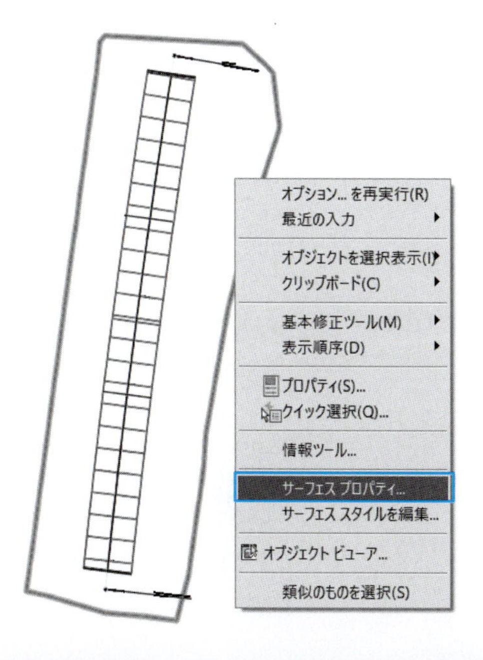

STEP2

［情報］タブ -［サーフェス スタイル］を［MLIT - 等高線@サーフェス］に変更し、［OK］ボタンを押します。

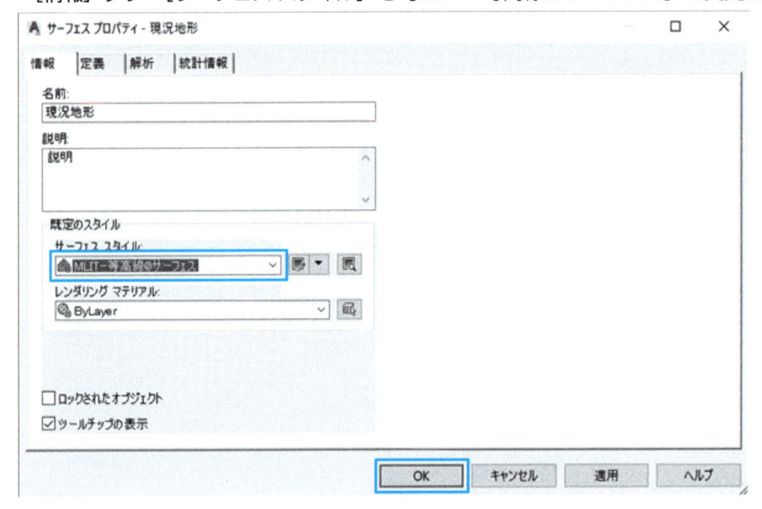

STEP3

等高線を書き出します。表示された等高線を選択するとコンテキストメニューが表示されるので、［TINサーフェス：現況地形］-［サーフェスから抽出］-［オブジェクトを抽出］を選択します。

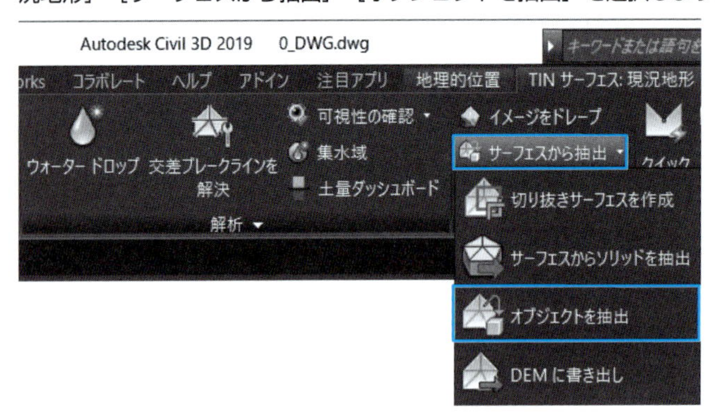

STEP4

オブジェクト抽出で［計曲線］［主曲線］を選び、［OK］ボタンを押します。これで、等高線の計曲線・主曲線がオブジェクトとして、図面上に書き出されました。

サーフェススタイルを元に戻すために、再度［現況地形］サーフェスを選択して、STEP1、STEP2と同じ手順で、［情報］タブ -［サーフェス スタイル］を［MLIT - 境界@サーフェス］に変更し、［OK］ボタンを押します。

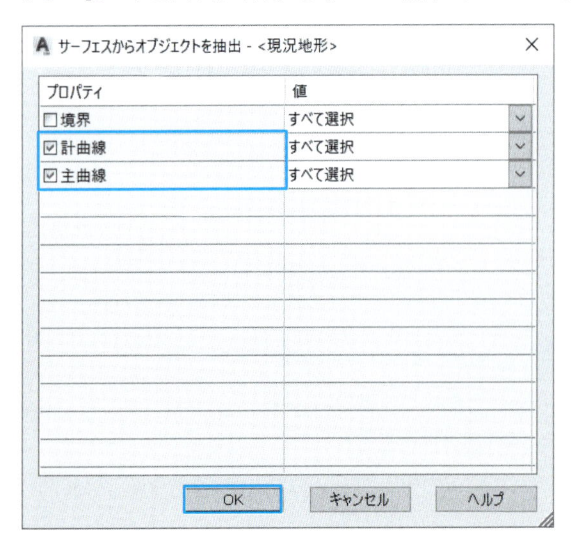

線形書き出し

STEP1

［ホーム］タブ -［設計］パネルの▼をクリックしてパネルを展開し、［コリドーからポリラインを作成］をクリックします。

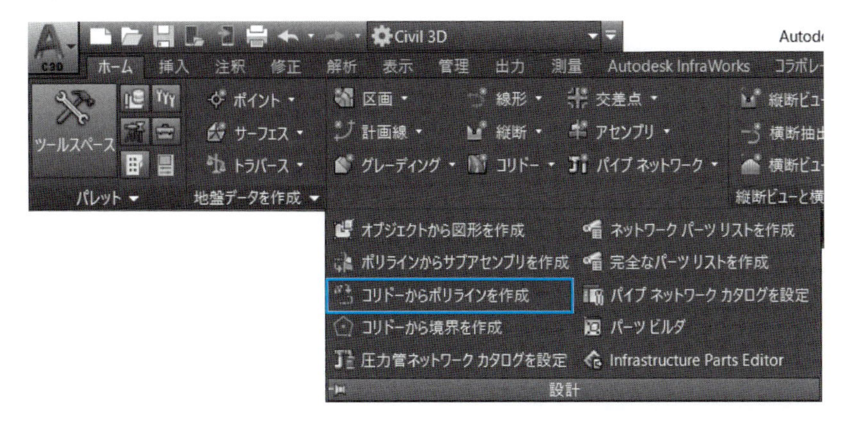

STEP2

［コリドー計画線を選択］でコリドーの中心線をクリックします。［計画線を選択］で［クラウン］（2つ出てきますがどちらか）を選択して［OK］ボタンを押します。

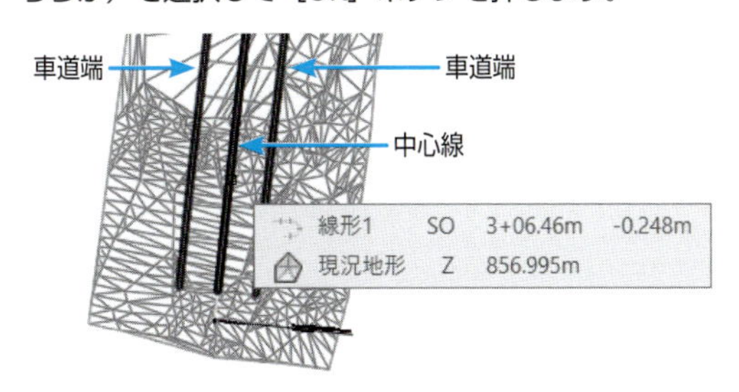

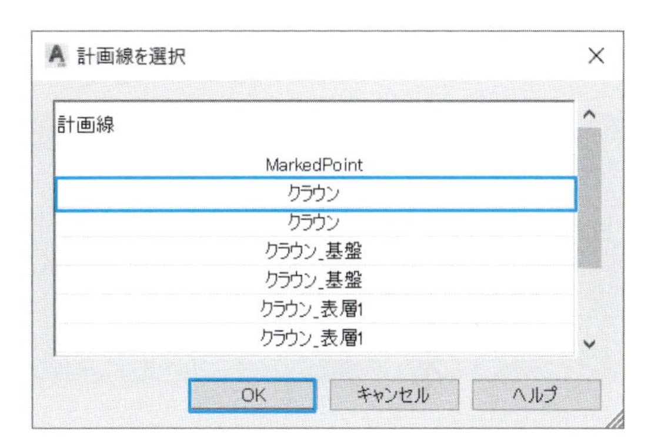

STEP3

同様に右の車道端をそれぞれ選択して［計画線を選択］ダイアログで［車道端］を選び、［OK］ボタンを押します。

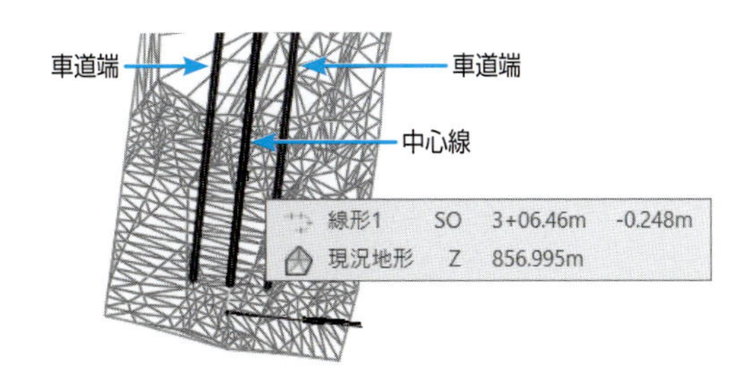

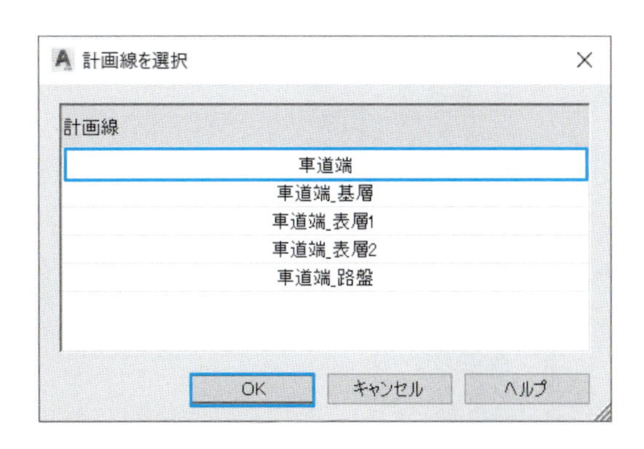

残りの左の車道端を選び、上記を繰り返します。

STEP5

次に書き出した線形オブジェクトのレイヤを変更します。Revitに挿入後、レイヤでオブジェクトの選択を行うことができるようにするためです。

［ホーム］タブ -［画層］-［画層プロパティ管理］を選択します。

STEP6

［画層プロパティ管理］ダイアログ -［新規作成］をクリックします。

STEP7

新規に画層1が作成されるので、［名前］を［0_PolyLine］に変更し、左上の［×］でダイアログを閉じます。

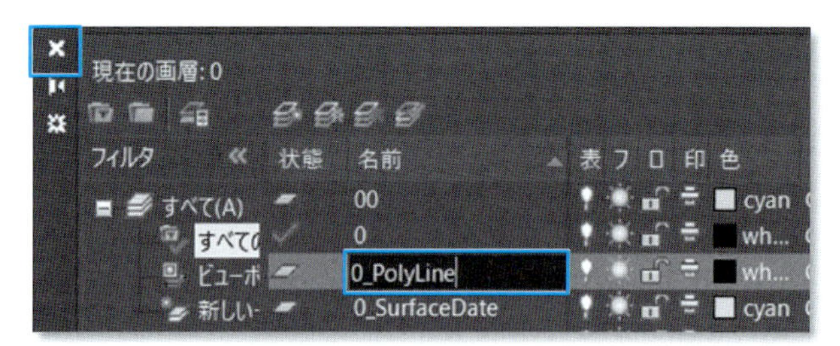

STEP8

STEP2、STEP3で作成したコリドー計画線、左右の車道端の 3 つの3Dポリラインを選択します。

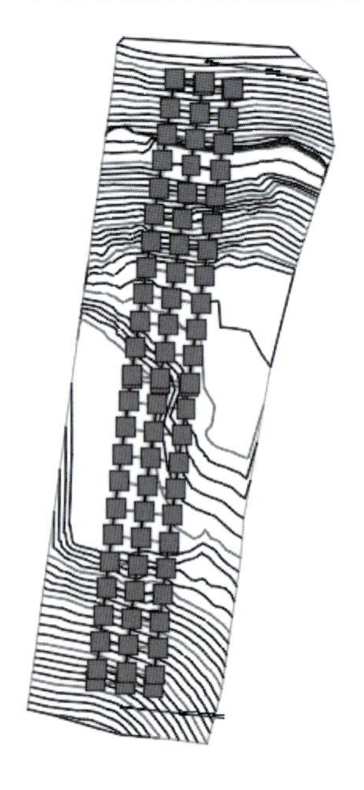

STEP9

［ホーム］タブ -［画層］-［オブジェクトを指定の画層に移動］を選択します。

STEP10

コマンドラインに［LAYMCH対象画層上にあるオブジェクトを選択または、［名前（N)]］と表示されるので、［n］と入力します。

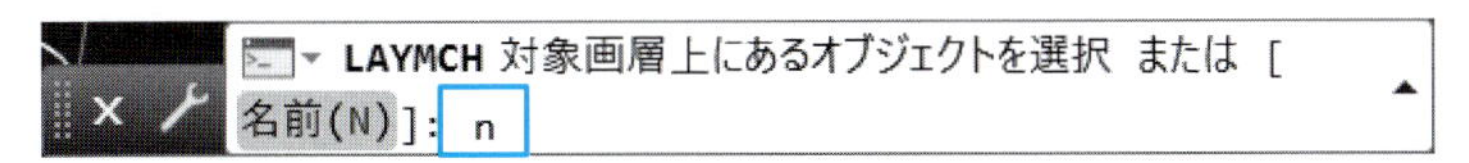

STEP11

［0_PolyLine］を選択し、［OK］ボタンを押します。

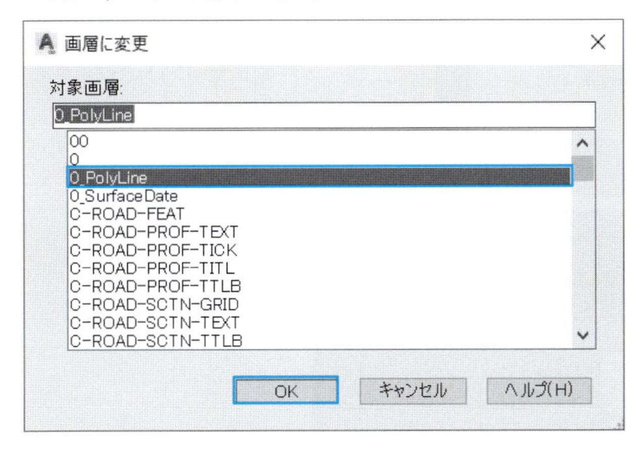

STEP12

以下の手順で、抽出した等高線3Dポリラインと線形オブジェクトのみを残して、それ以外のオブジェクトを非表示にします。

抽出した等高線ポリライン（計曲線、主曲線）と先に抽出したポリライン（道路中心線：クラウン、道路端）をそれぞれ選択し、右クリックして［類似のものを選択］で選択します。右クリックで［オブジェクトを選択表示］-［選択したオブジェクトを選択表示］を選びます。

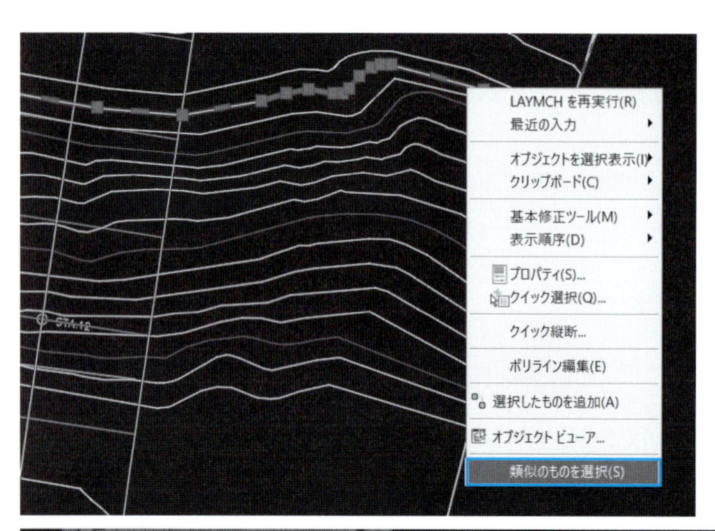

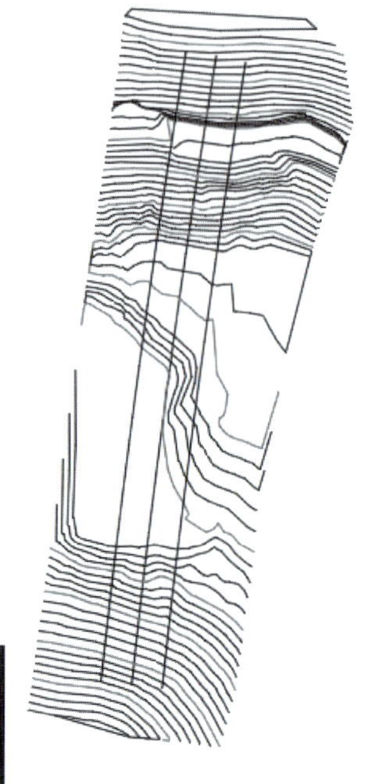

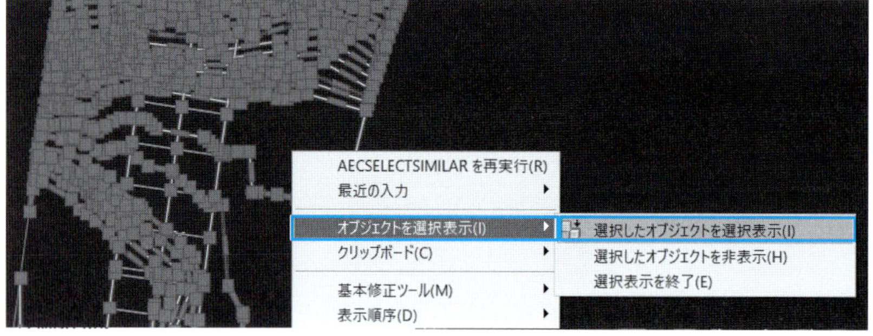

STEP13

コマンドラインから「WBLOCK」と入力します。［ブロック書き出し］ダイアログで作成元の［オブジェクト］をクリックし、続いて、［オブジェクトを選択］をクリックして、表示されている3Dポリラインと等高線をすべて選択します。［書き出し先のファイル名とパス］の「...」をクリックします。

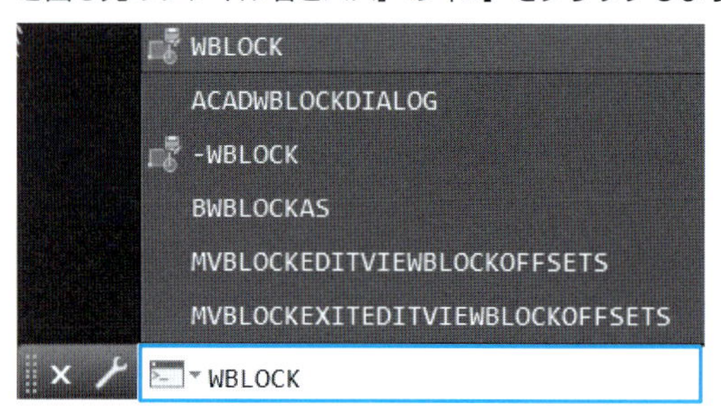

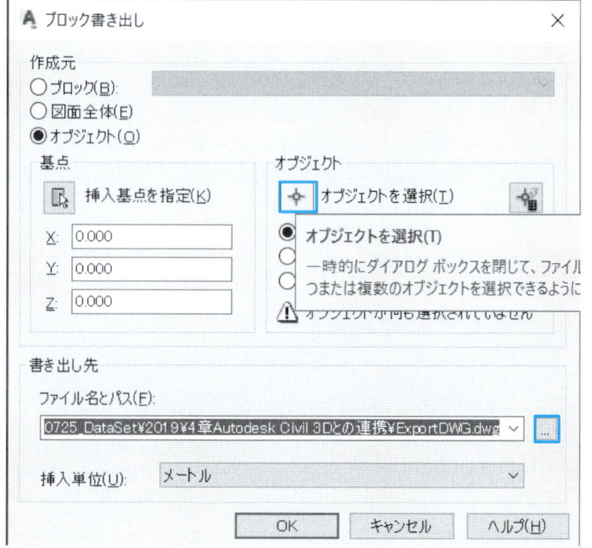

STEP14

ExportDWGと名前を付け、[保存] ボタンを押します。[ブロック書き出し] ダイアログを [OK] を押して閉じます。[AutoCAD Mapデータの書き出しを確認してください] ダイアログで [はい] を押してください。

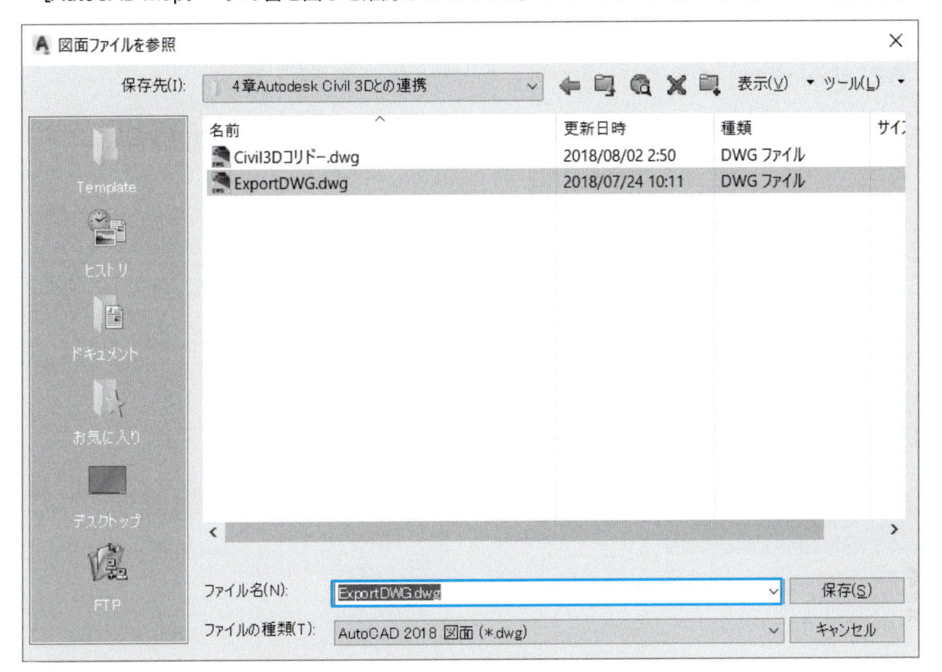

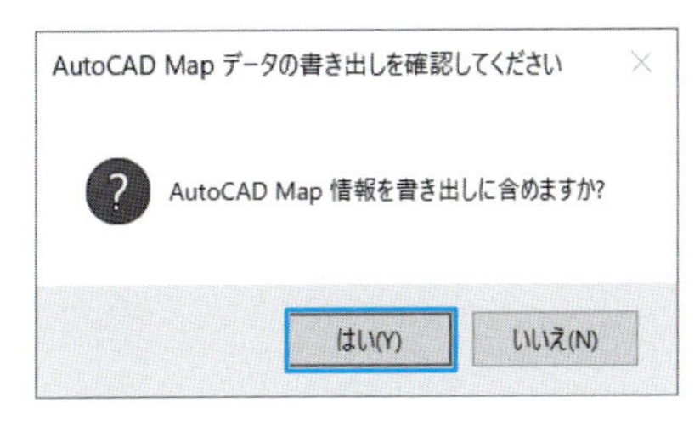

02 Revitでの橋梁モデルの作成

デスクトップにある［Revit2019］のアイコンをクリックして、Revitを起動します。

プロジェクトテンプレートの選択

STEP1

アプリケーションメニューより［新規作成］-［プロジェクト］を選択します。

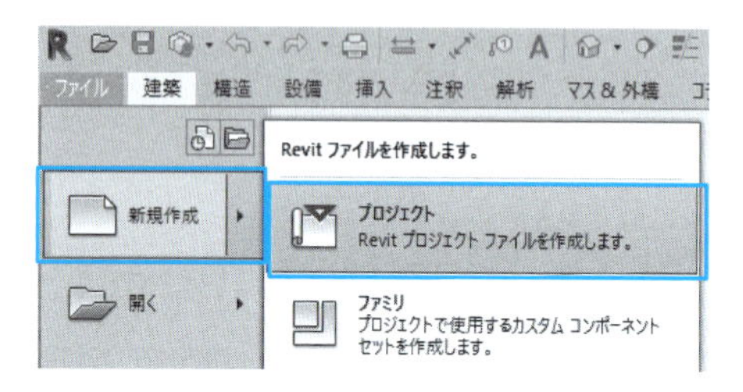

STEP 2

［プロジェクトの新規作成］ダイアログが開きます。［構造テンプレート］を選択し、［OK］ボタンを押します。

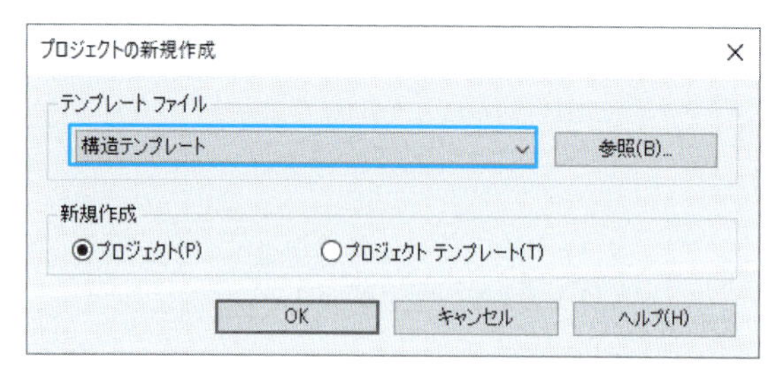

このようなテンプレートが開きます。

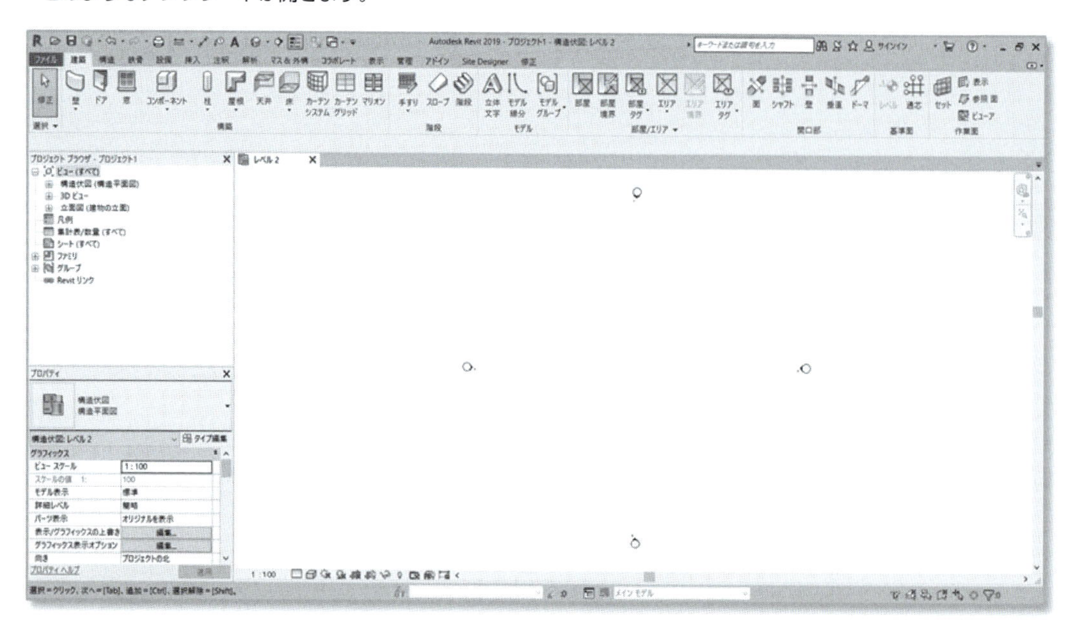

CADリンク

前節でCivil3Dコリドー.dwgから抽出した地形・コリドーをRevitに取り込みます。

STEP1

［プロジェクトブラウザ］より［構造伏図（構造平面図)］-［レベル1］をダブルクリックします。

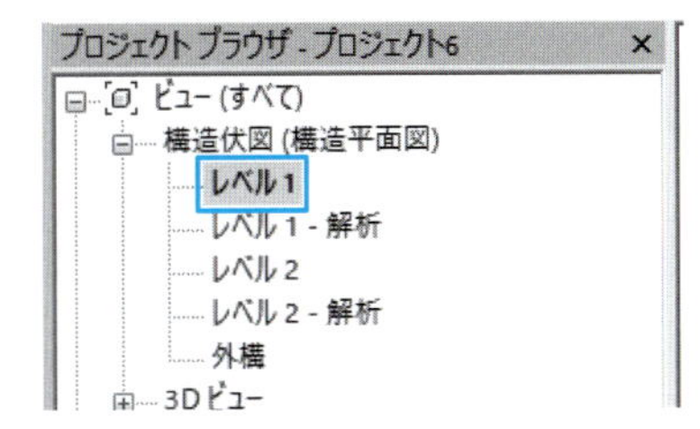

STEP2

［挿入］タブ-［CADリンク］をクリックします。

STEP3

ExportDWG.dwgファイルを選択し、下のように設定し［開く］ボタンを押します。

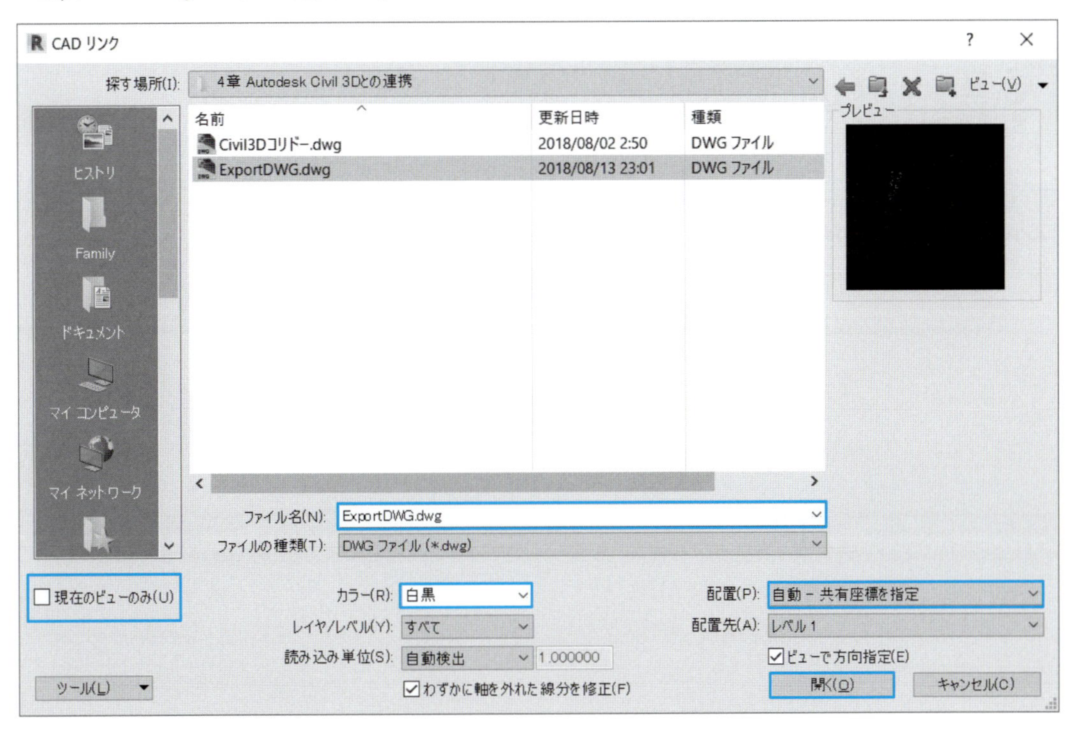

STEP4

［位置合わせ］をクリックします。

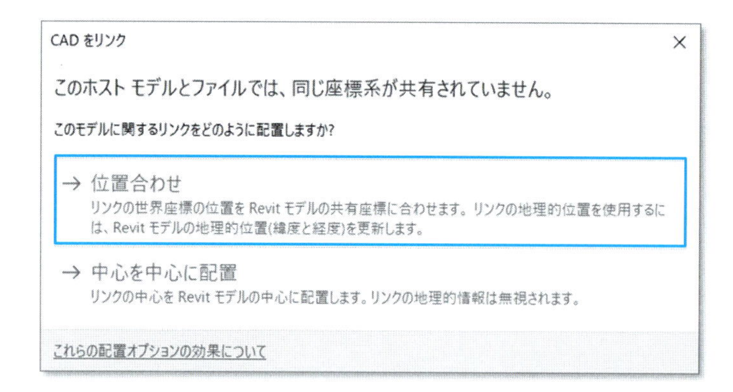

STEP5

下記の警告が表示されますが、そのままにしておきます。

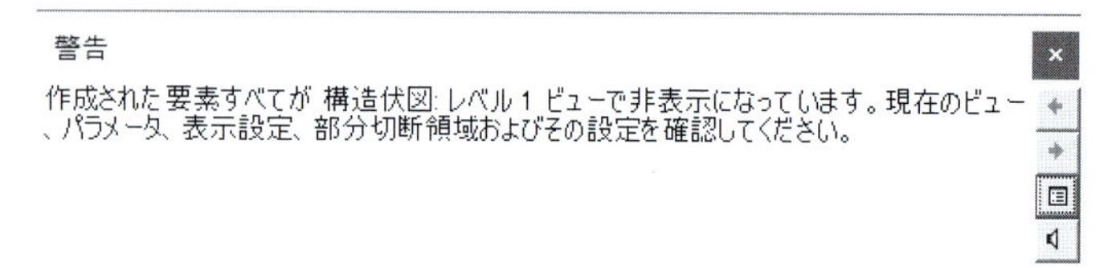

STEP6

3Dビューに表示を切り替え、リンクしたDWGファイルを確認します。クイックアクセスツールバーの［既存の3Dビュー］をクリックします。

STEP7

プロジェクトの基準点から離れているため、右上に小さく表示されます。

上の図の青枠部分にマウスを合わせ、マウスのホイールを回すと、拡大表示することができます。

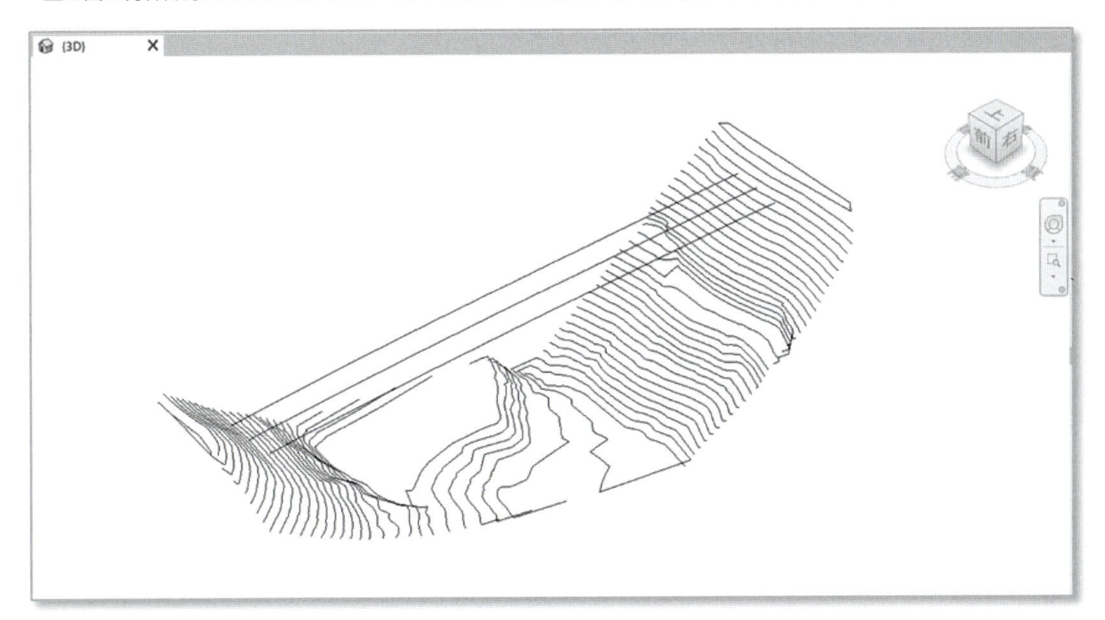

地形作成

STEP1

［マス＆外構］-［外構作成］-［地形］をクリックします。警告が表示されますが、そのままにしておきます。

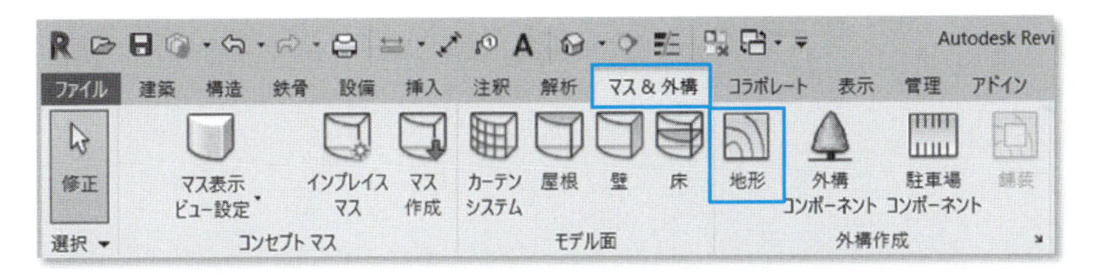

STEP2

［修正｜地盤面を編集］-［ツール］-［読み込みから作成］-［読み込みインスタンスを選択］をクリックします。

STEP3

マウスを地形に近づけると、全体が青く表示されます。そのままクリックします。

STEP4

サーフェスを作成する要素のレイヤを選択します。[D-BGD-HICN]、[D-BGD-LWCN] にチェックを入れ、[OK] ボタンを押します。

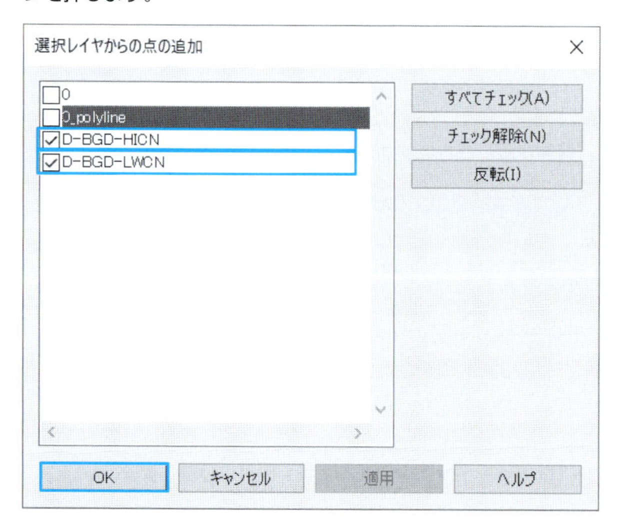

STEP5

[修正｜地盤面を編集] タブ - [サーフェス] - [地盤面作成を終了] をクリックします。

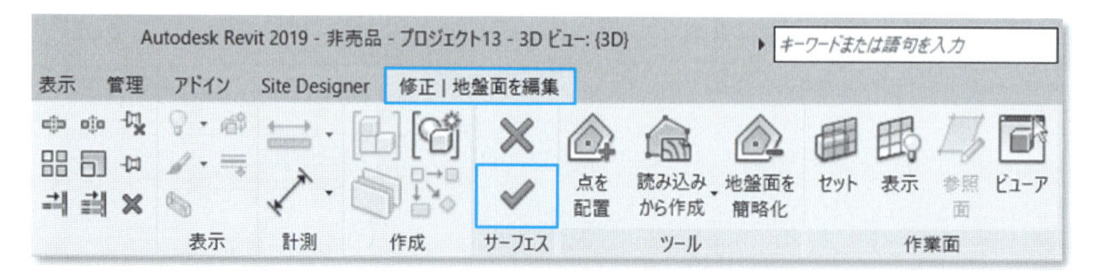

[表示／グラフィックスの上書き] 設定の変更を行っていないため、この状態ではサーフェスは表示されません。

STEP6

等高線データは、これ以降使用しないので以下の手順で非表示に変更します。
CADリンクで取り込んだDWGを選択します。

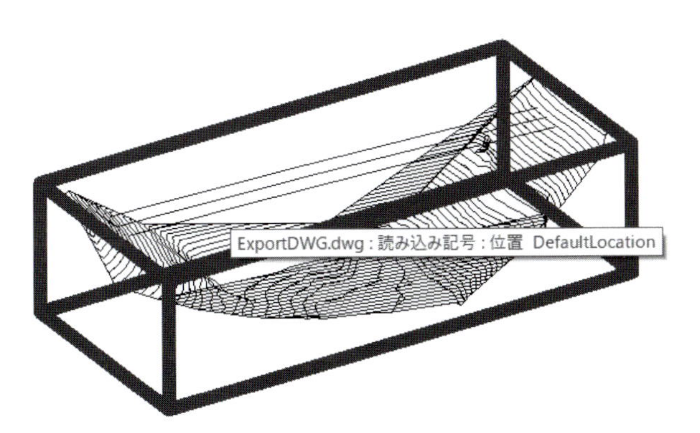

STEP7

[修正｜Export.dwg] - [読み込みインスタンス] - [クエリー] を選択します。

STEP8

等高線をクリックします。

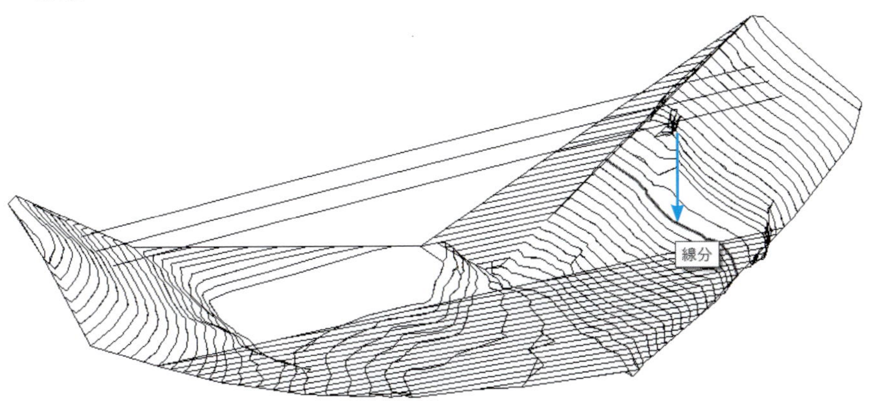

STEP9

[読み込みインスタンスクエリー] が表示されるので、[ビューで非表示] ボタンを押します。

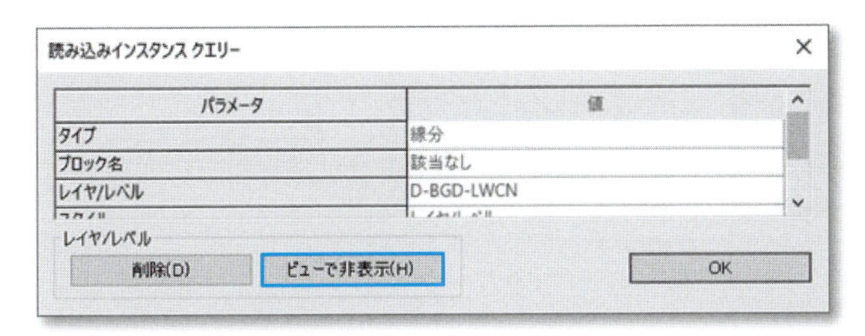

STEP10

このように表示されます。残りの等高線もSTEP8、STEP9の操作で非表示に変更します。

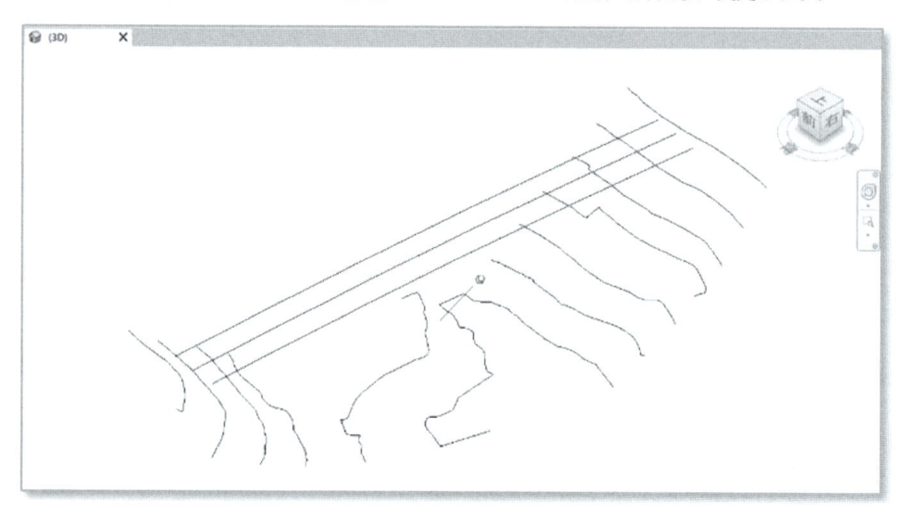

STEP11

このようになります。

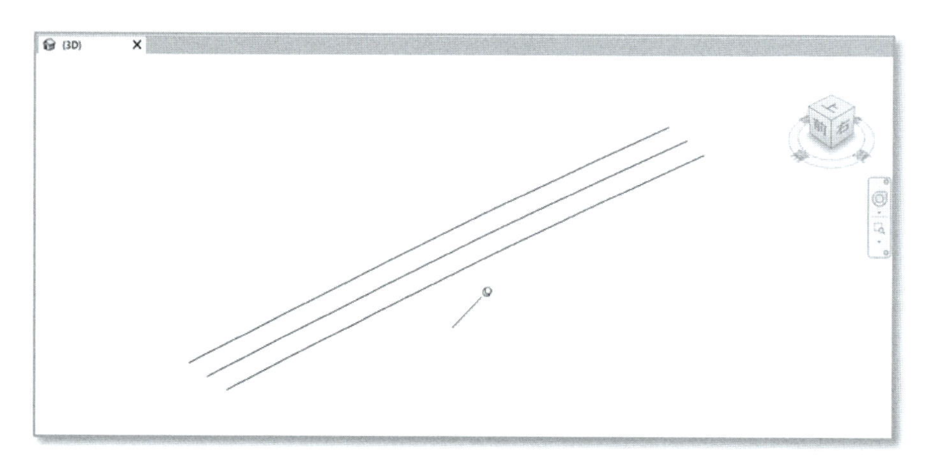

STEP12

作成したサーフェスが表示されるよう設定を変更します。[構造テンプレート] は、[地盤面] が非表示になっているので、設定を変更する必要があります。

[プロジェクトブラウザ] で、[３Dビュー] - {3D}が開いていることを確認します。

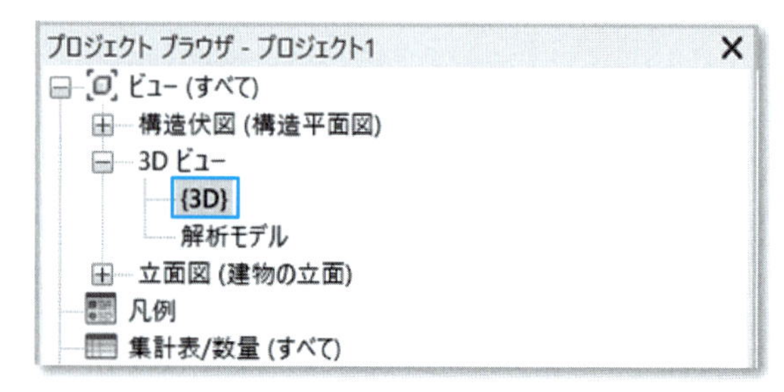

STEP13

プロパティの［表示／グラフィックスの上書き］-［編集］をクリックします。

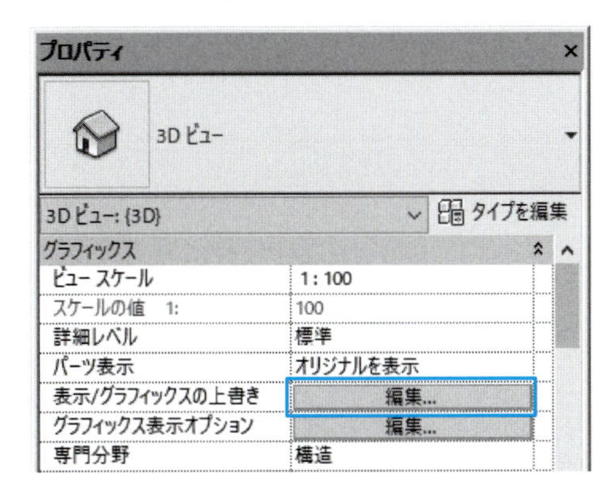

STEP14

［モデルカテゴリ］タブをクリックします。フィルタリストに［建築］のチェックされていることを確認し、［地盤面］にチェックを入れます。

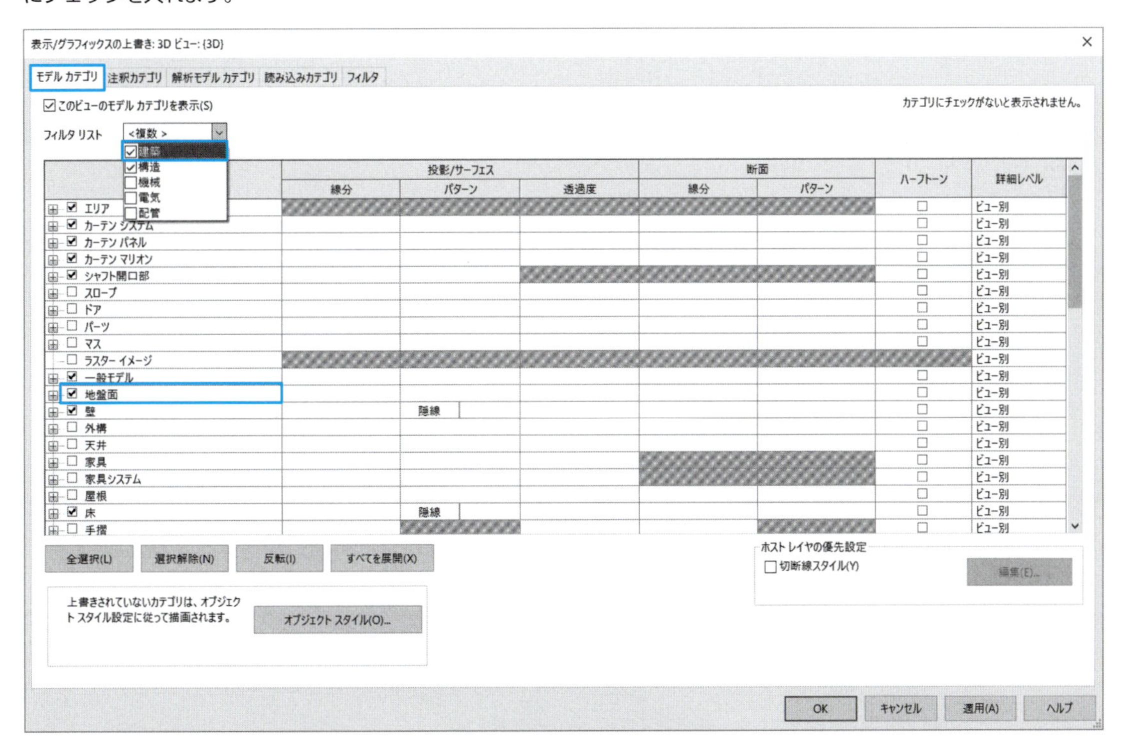

続いて［注釈カテゴリ］タブの［レベル線］のチェックを外して［OK］ボタンを押します。

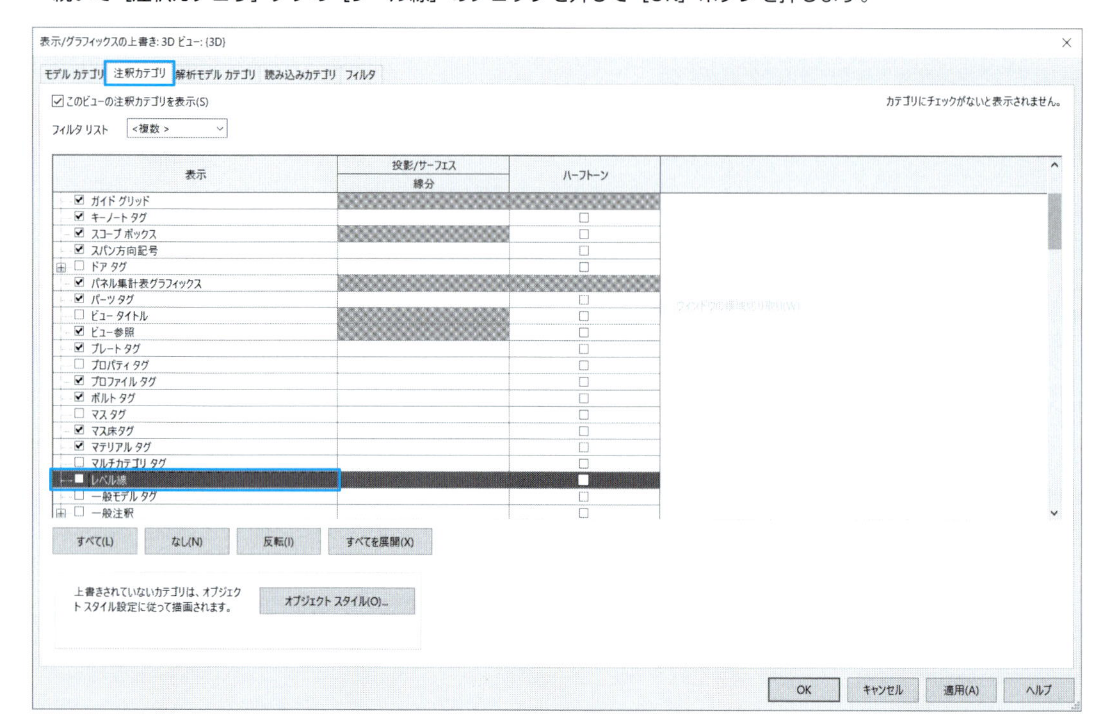

STEP15

このようにサーフェスが表示されます。

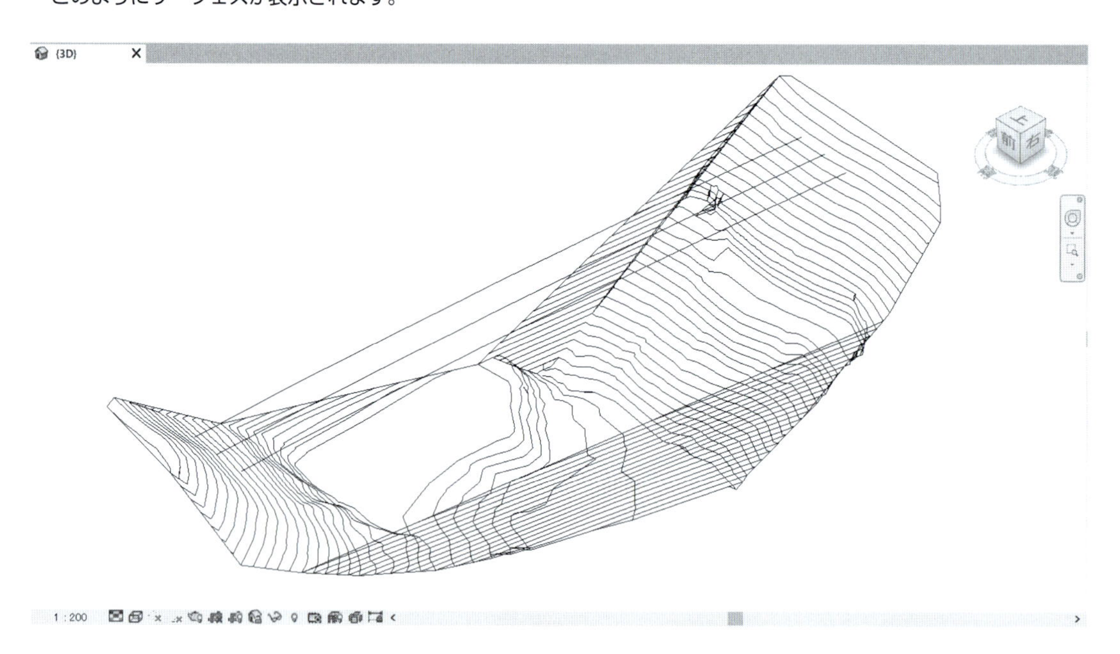

［構造テンプレート］では、［地盤面］は非表示に設定されているので、［地盤面］を表示するには全てのビューに対して同様の設定変更が必要です。

既定のプロジェクトの基準点と測量点の位置

Revitの既定では、プロジェクトの基準点と測量点は、クリップで固定され、原点に設定されています。そのため、重なって表示されます。

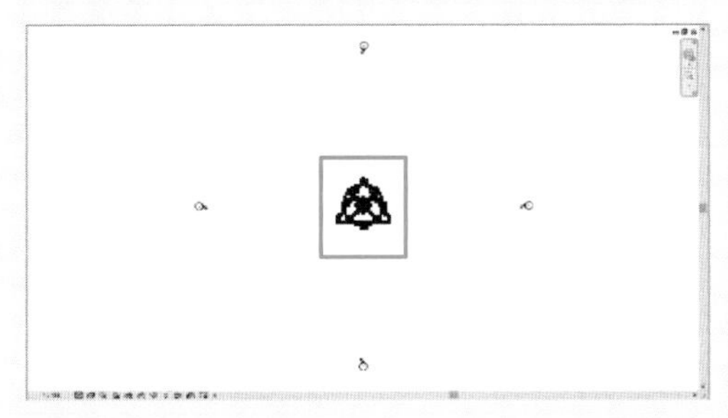

確認するには、[プロジェクトブラウザ] - [構造伏図（構造平面図）] - [外構] をダブルクリックします。

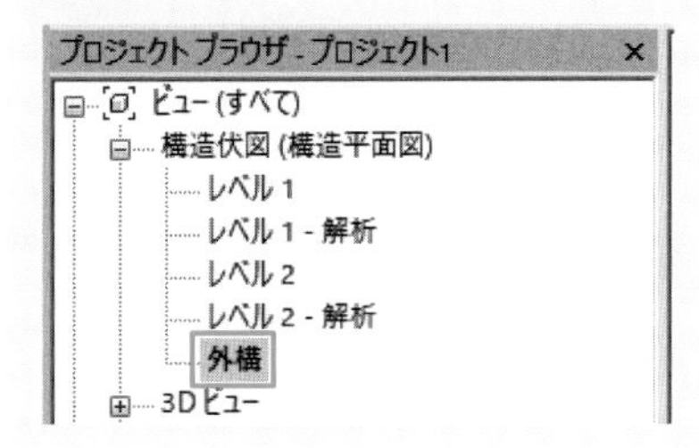

プロジェクトの基準点

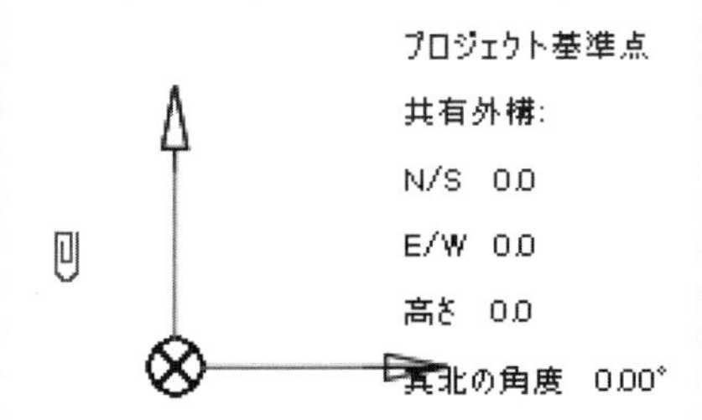

モデル作成時の基準点で、ビュー範囲もこの基準点を中心に設定されています。AutoCADでいう、作図の基準点にあたります。既定では、プロジェクトの基準点は(0.0,0.0,0.0)に、方向は真北に設定されます。Civil 3Dで作成した直角座標系が設定されたDWGをCADリンクでリンクし、[配置] を [自動 - 共有座標を指定] とした場合、DWGを読み込んだ時点で、以下のように測量点に直角座標系原点の緯度経度が設定されます。

測量点

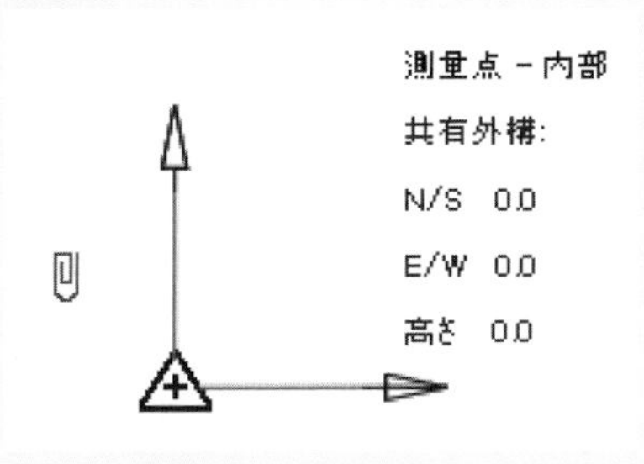

測量点 (1)	タイプ編集
識別情報	
N/S	0.0
E/W	0.0
高さ	0.0
地理的位置	
緯度	36.00°
経度	138.50°

レベル／通芯の作成

右の表を参照しながら、構造物を配置するためのレベルを作成します。

表の数値は、図面、設計計算書から算出しています。レベル作成時、オフセットツールを使用しやすいよう各レベル間の差も算出しています。

レベル名	標高	差
A1_ウィング	875264	
A1_アバット_支承	872214	3050
P1_梁	871032	1182
A2_ウィング	870965	67
P2_梁	869380	1585
A2_アバット_支承	867915	1465
A1_アバット	867214	701
A2_アバット	862915	4299
P2	847129	15786
P1	839732	7397

［構造テンプレート］には、既定で［レベル1、2］が設定されています。［レベル1］には、CADリンクでCivil 3Dからのデータを配置したので、変更せずそのまま使用します。［レベル2］は標高を変更し、［P1］に名前を変更します。

STEP1

［プロジェクトブラウザ］より、［立面図（建物の立面)］-［南］をクリックします。

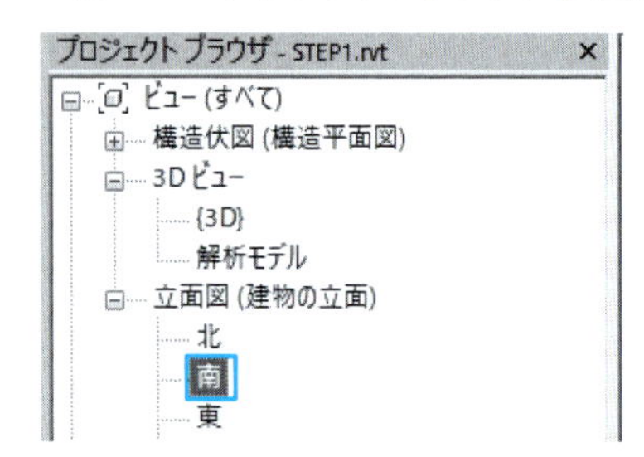

ビューはこのようになります。

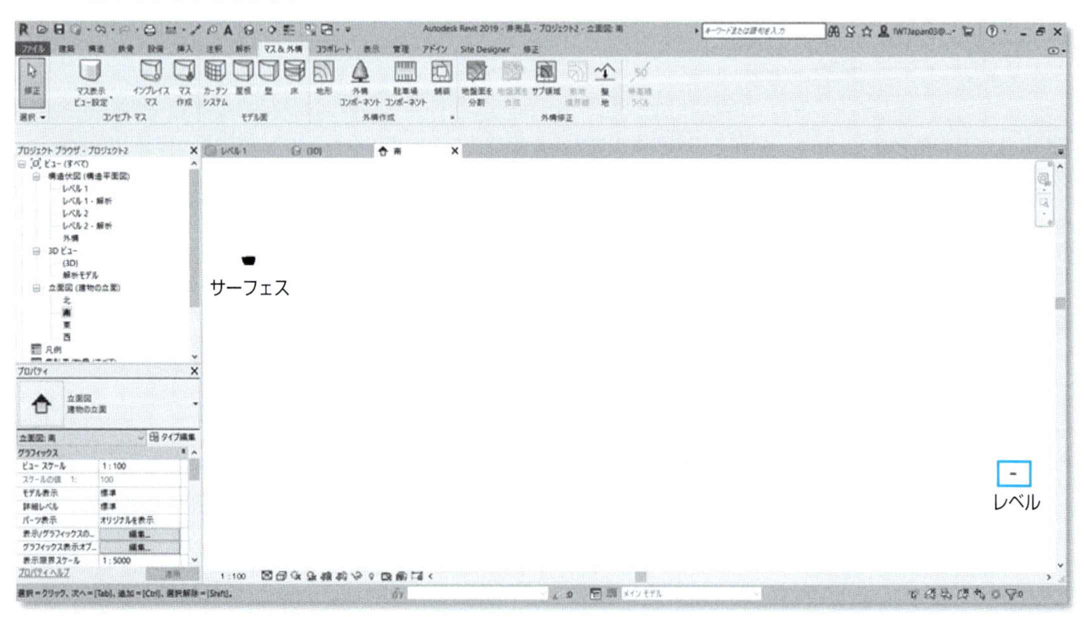

STEP2

レベルを拡大表示します。

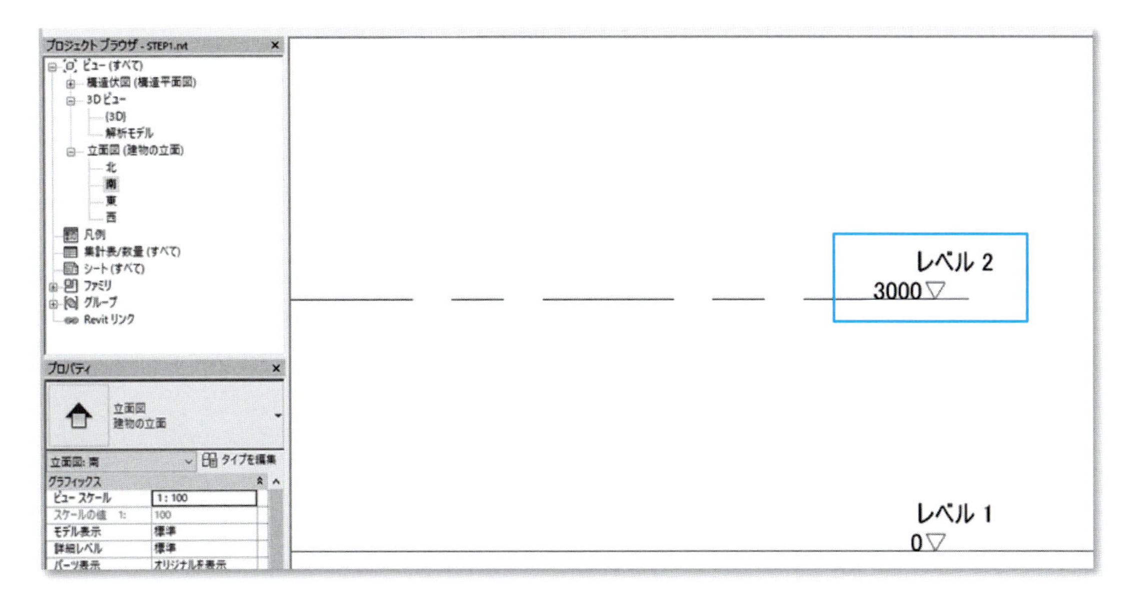

STEP3

［レベル2］の値をダブルクリックし、P1橋脚基礎の配置レベル［839732］に変更します。

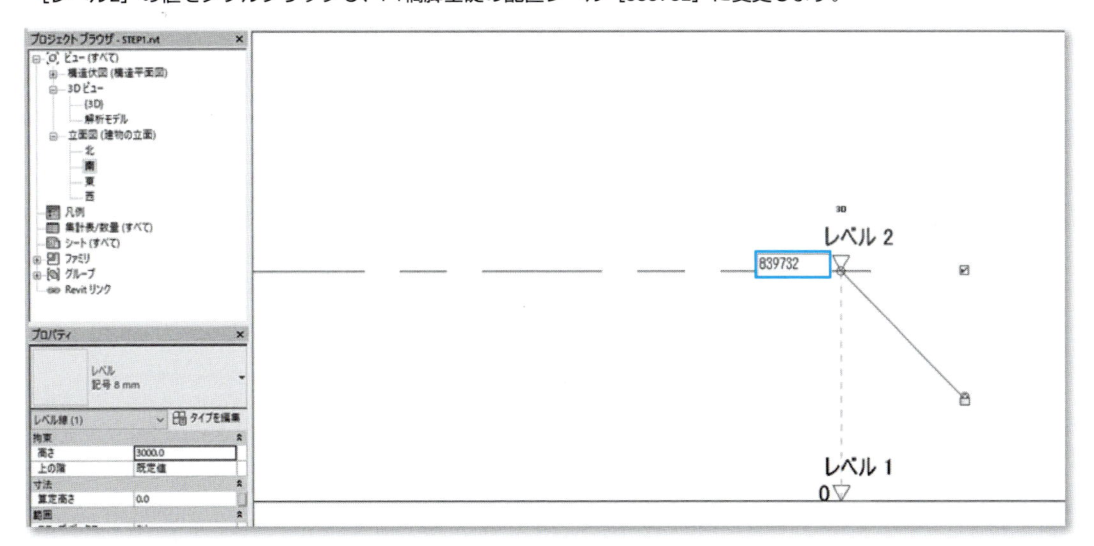

STEP4

レベルの名前もわかりやすいように変更します。［レベル2］をダブルクリックし、［P1］と変更します。

STEP5

[はい] をクリックします。

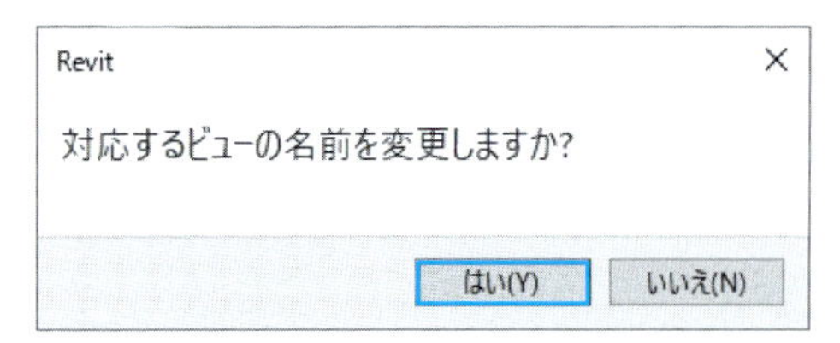

STEP6

P2橋脚基礎配置レベルは新規に作成します。ここでは、[類似オブジェクトを作成] ツールを使用してレベルを作成します。[P1] を選択し、[修正｜レベル線] - [作成] - [類似オブジェクトを作成] をクリックします。

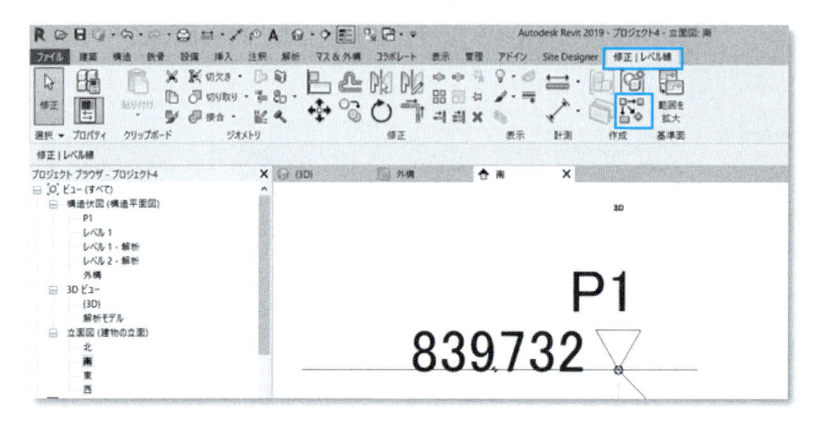

STEP7

[修正｜配置レベル] - [描画] - [選択] をクリックします。オプションバーは、オフセットは [7397] に設定します。

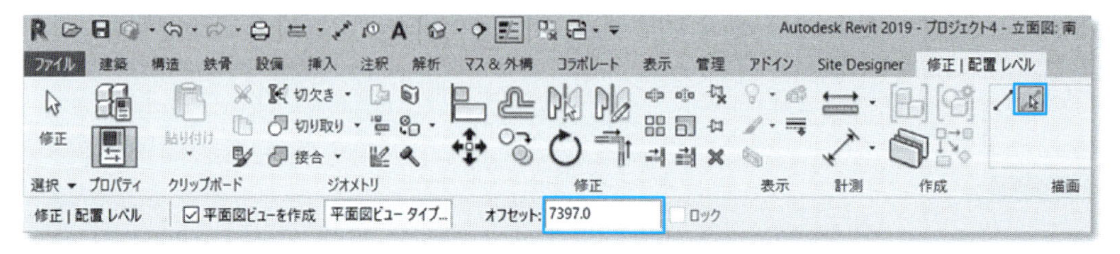

STEP8

[P1] のやや上側をクリックし、レベルを作成します。

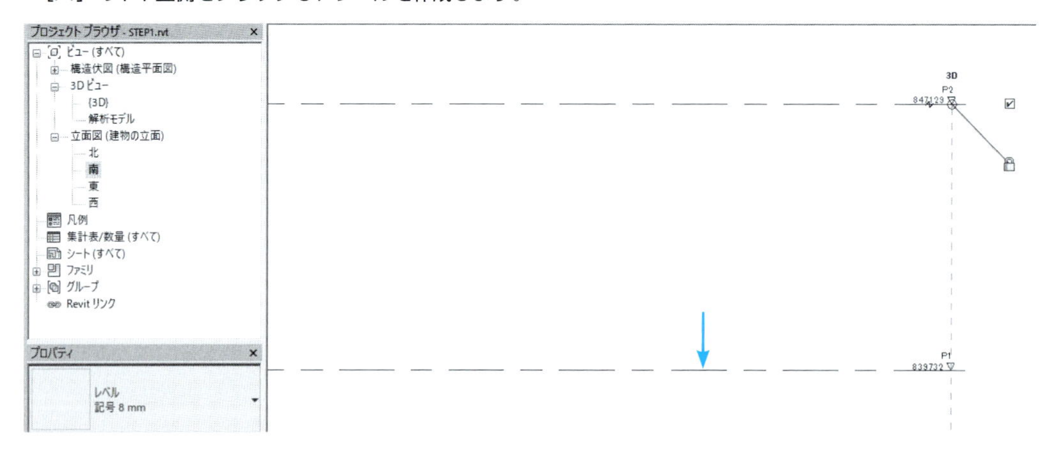

STEP9

同様の手順で全てのレベルを作成します。

レベル名	差	標高
P1		839732
P2	7397	847129
A2_アバット	15786	862915
A1_アバット	4299	867214
A2_アバット_支承	701	867915
P2_梁	1465	869380
A2_ウィング	1585	870965
P1_梁	67	871032
A1_アバット_支承	1182	872214
A1_ウィング	3050	875264

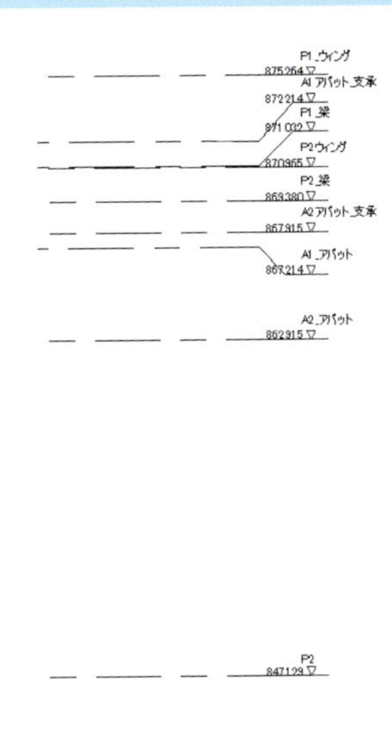

次に各レベルのビューで橋梁のモデルの範囲を表示するための設定を行います。

STEP1

[プロジェクトブラウザ] - [構造伏図（構造平面図)] - [レベル1] をダブルクリックします。

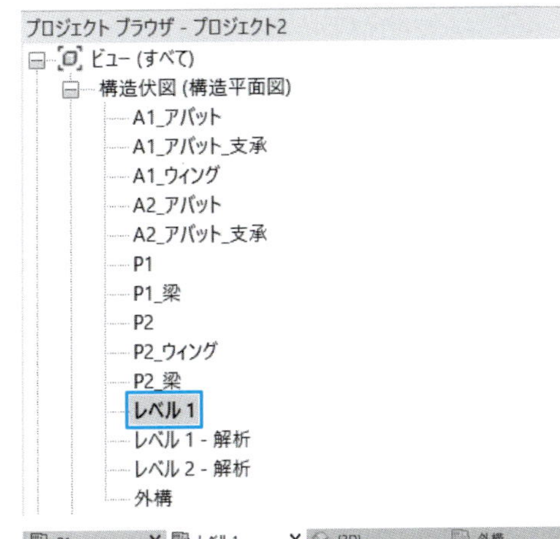

STEP2

［構造伏図（構造平面図）］-［レベル1］のプロパティで、［範囲］-［ビューをトリミング］と［トリミング領域を表示］にチェックを入れます。［範囲］-［ビュー範囲］-［編集..］ボタンをクリックします。［ビュー範囲］ダイアログで［上］、［下］、［レベル］それぞれを［無制限］に設定し、断面作成のオフセットを［-1000］として［OK］ボタンをクリックします。表示スタイルを［ワイヤフレーム］とします。

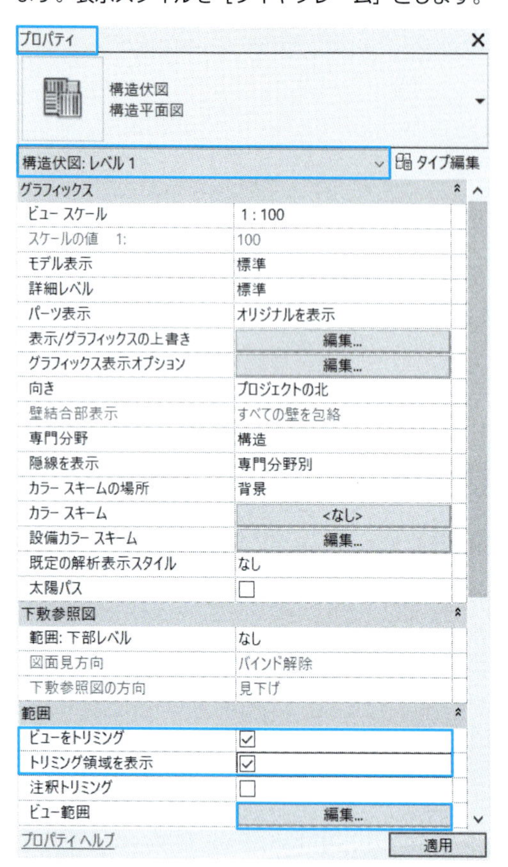

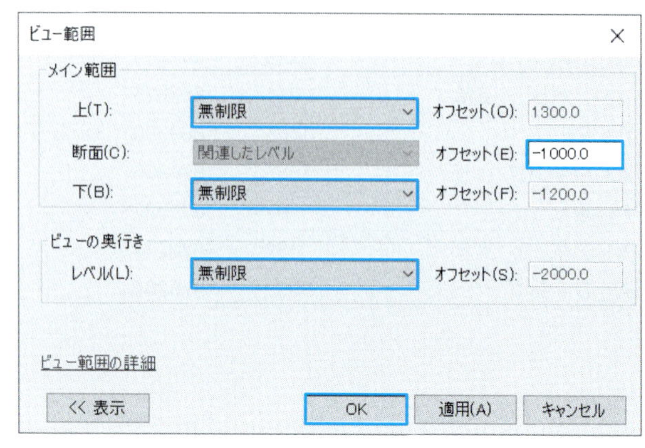

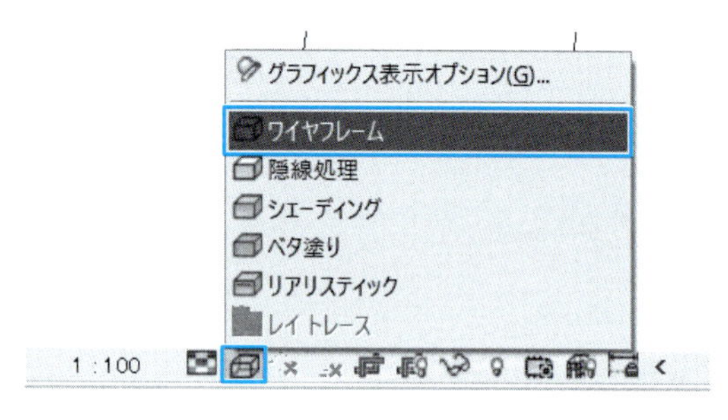

STEP3

［ナビゲーションバー］の［全体表示］をクリックして全体を表示し、［トリミング領域］を選択して、地形の範囲まで大きさを小さくします。

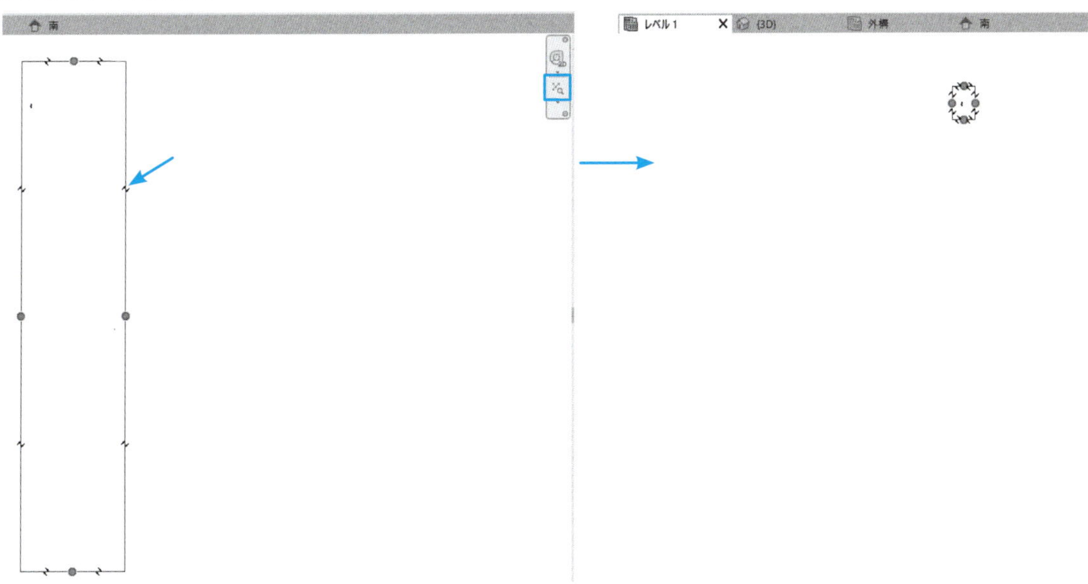

地形付近を拡大し、下図のようにトリミング領域を設定します。

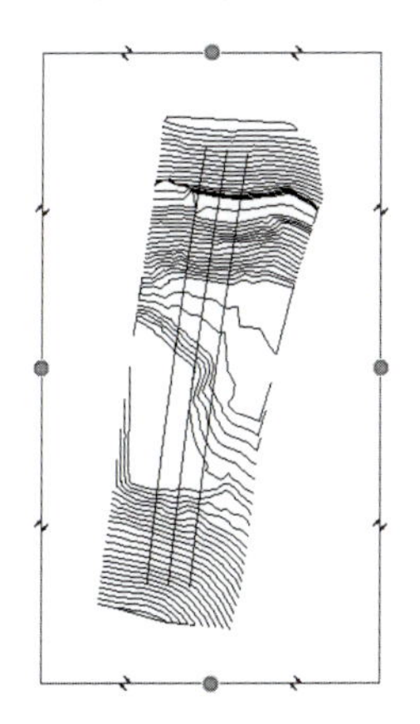

STEP4

構造物配置がしやすいように、等高線を非表示にします。［構造伏図（構造平面図）］-［レベル1］のプロパティで、［表示/グラフィックスの上書き］から［編集..］ボタンをクリックします。

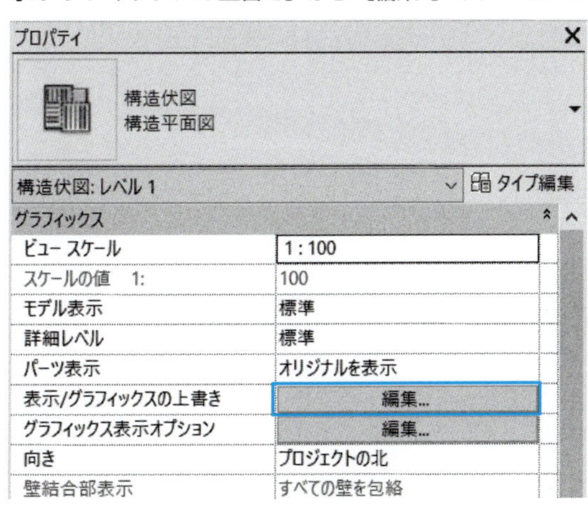

［読み込みカテゴリ］タブを選択し、［0_Polyline］以外の画層のチェックを外し、［OK］ボタンをクリックします。

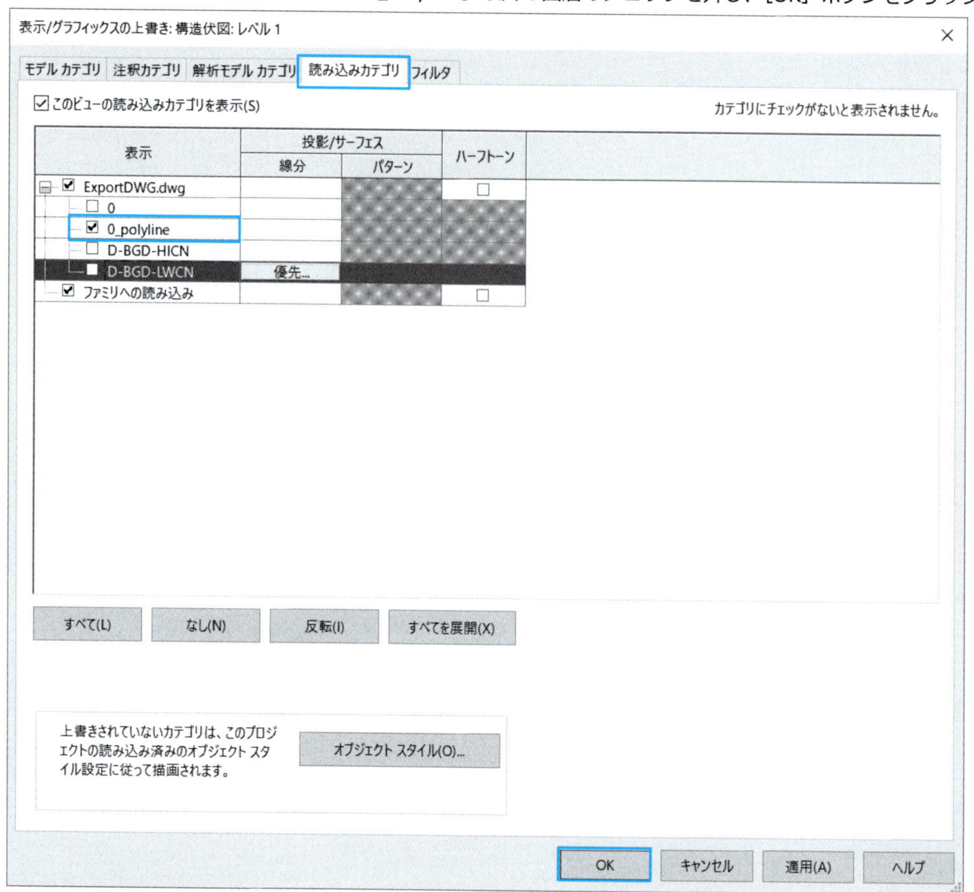

STEP5

［トリミング領域を表示］のチェックを外します。下図のように表示されます。

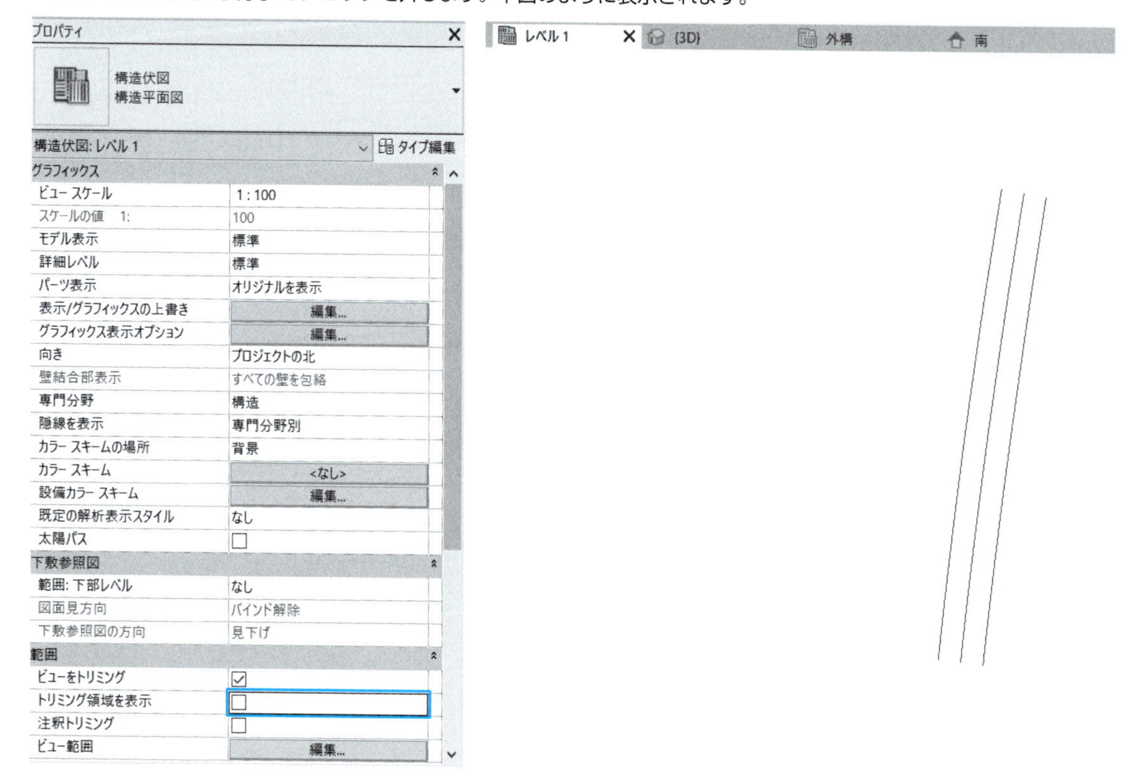

続いて、レベル1の表示設定を他のレベルに適用します。

STEP6

まず今まで設定したレベル1の設定をテンプレートとして保存します。［プロジェクト ブラウザ］から［構造伏図（構造平面図）］-［レベル1］を右クリックし、メニューから［ビューからビューテンプレートを作成］を選択します。［新しいビューテンプレート］ダイアログで［名前］を［橋梁平面］と入力して［OK］ボタンをクリックします。［ビューテンプレート］ダイアログで［OK］ボタンをクリックします。

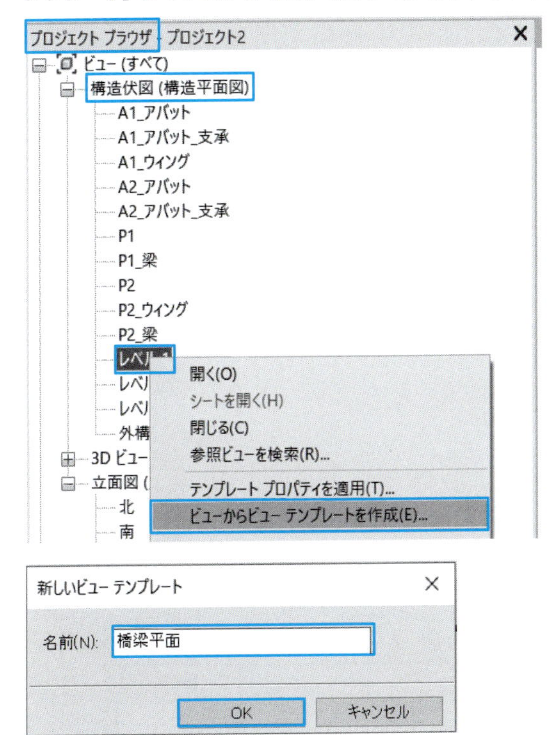

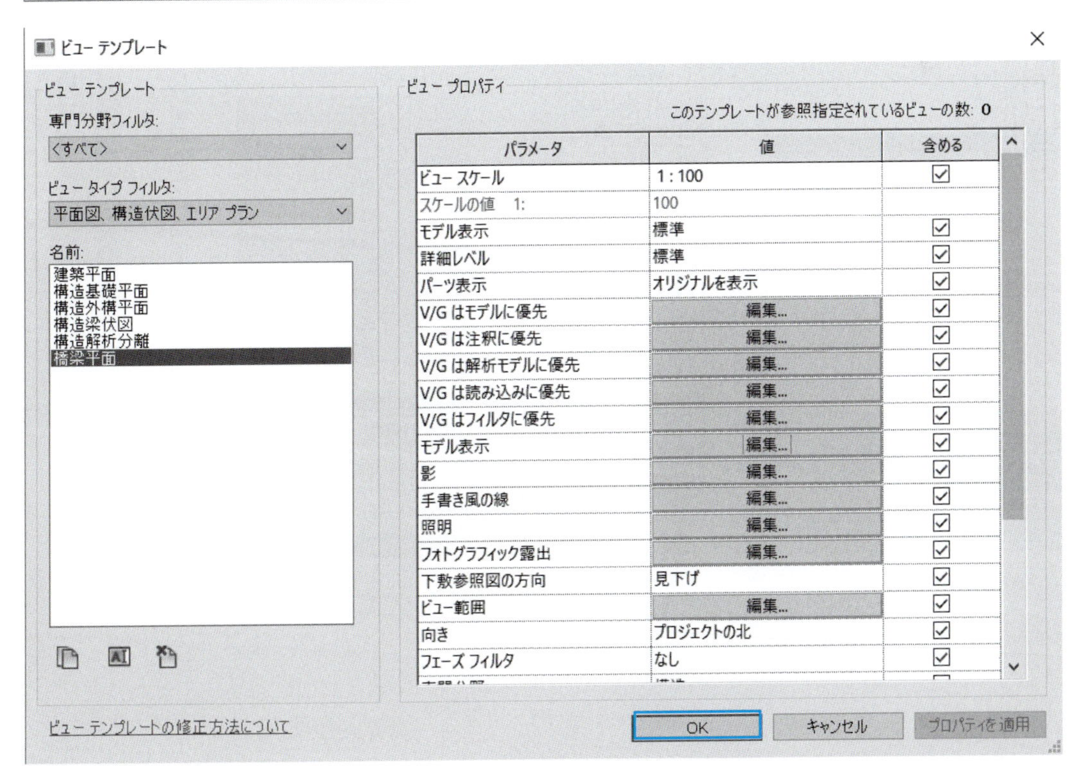

STEP7

続いてテンプレートとして保存した設定を他の平面図に適用します。あらかじめ開いている平面図は閉じておきます。[プロジェクトブラウザ] から [構造伏図（構造平面図）] の下にある先に作成したレベルの平面図をすべて選択し、プロパティから [識別情報] - [ビューテンプレート]の<なし>を選択します。[ビューテンプレートを適用] ダイアログで [橋梁平面] を選択し [OK] ボタンをクリックします。これで他のレベルの平面図にも同じ表示設定が適用されました。

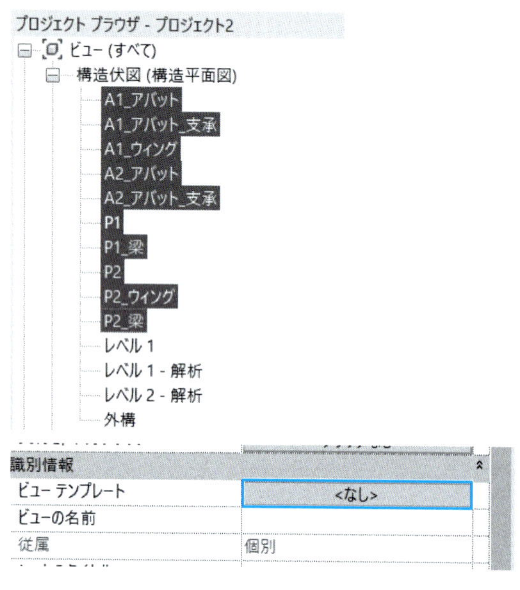

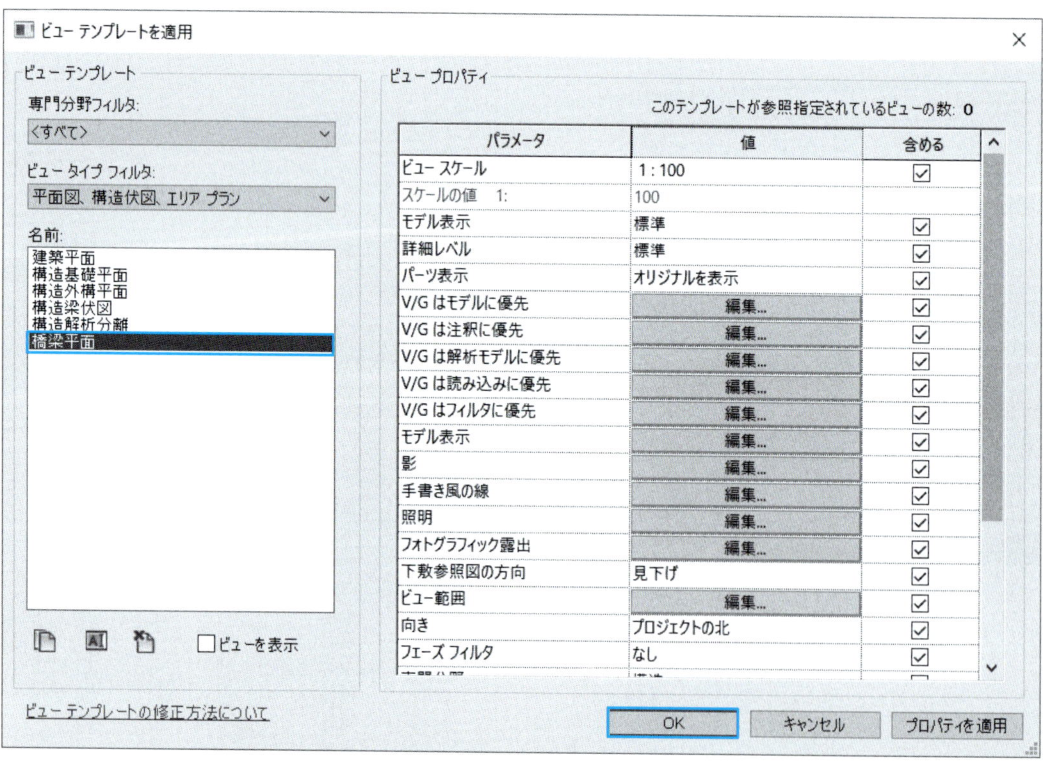

次に通芯を作成します。

STEP1

[プロジェクトブラウザ] - [構造伏図 (構造平面図)] - [レベル1] をダブルクリックします。

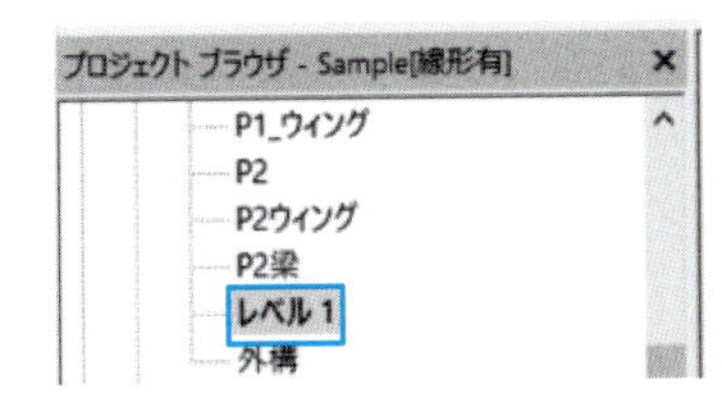

このように表示されます。

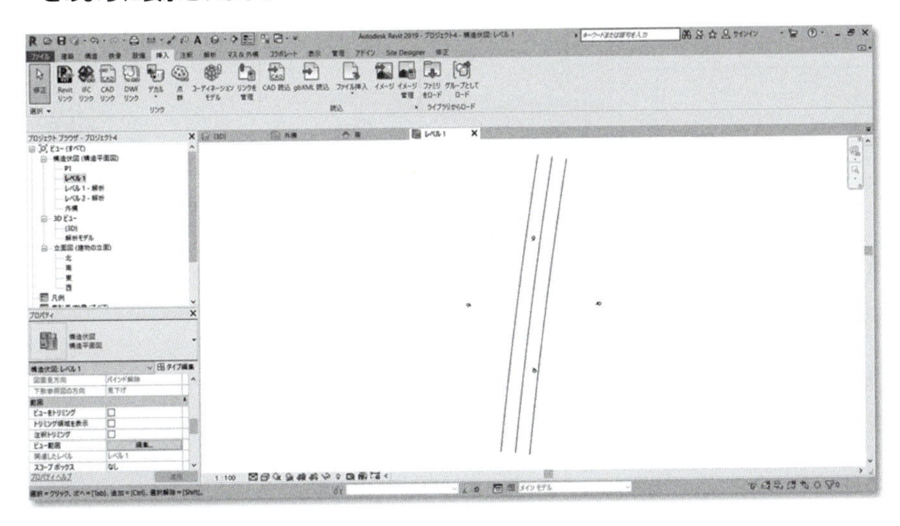

STEP2

[構造] タブ - [基準面] - [通芯] をクリックします。

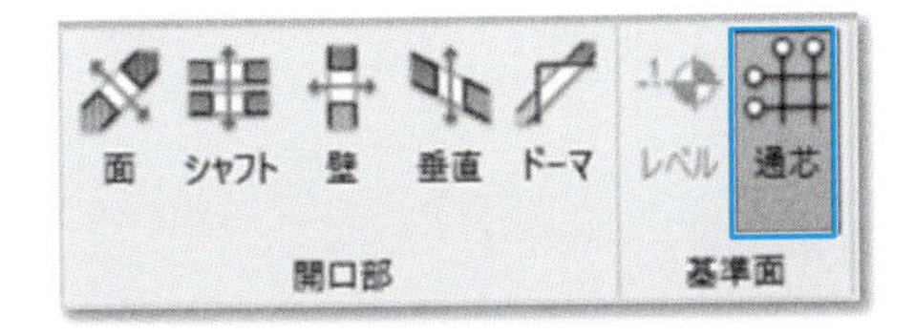

STEP3

[修正 | 配置・通芯] - [描画] - [線] をクリックします。

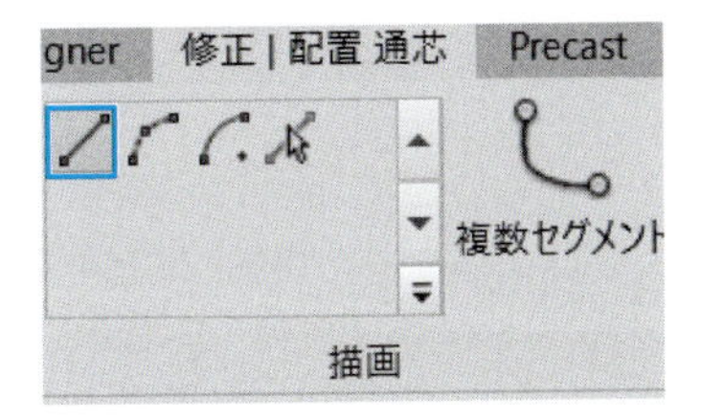

STEP 4

両端を結び、通芯の名前を［A1］、［A2］に変更します。

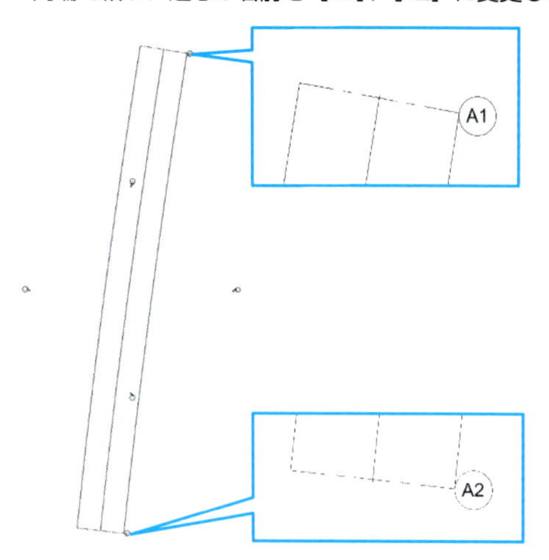

STEP5

通芯P1、P2を作成します。［構造］タブ - ［モデル］ - ［モデル線分］をクリックします。

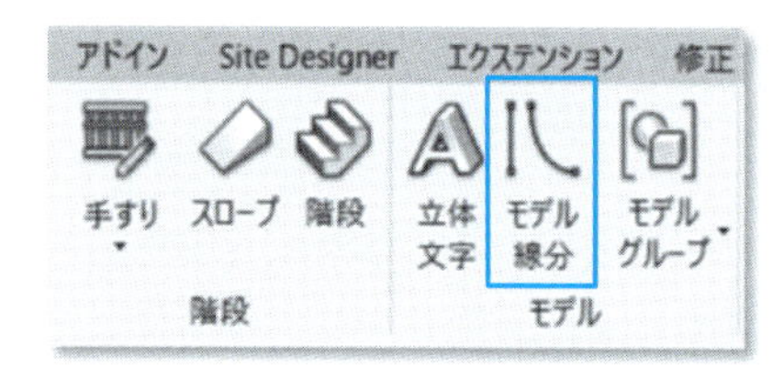

STEP6

［修正｜配置　線分］タブ - ［描画］ - ［円］をクリックします。オプションの半径は、［32250］（A1 - P1の支間）に設定します。

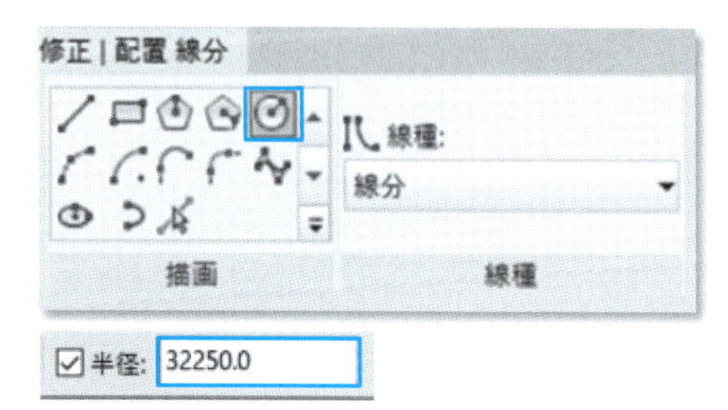

STEP7

［通芯P1］の位置を決めるために、［通芯A1］の線形端を中心とした円を作成し、［通芯P1］を作成します。続いてStep2、Step3を参照して［通芯P1］を作成します。まず道路中心線と円の交点を始点とし、2点目を円の接線（道路中心線の法線方向）に延長した点を指定します。

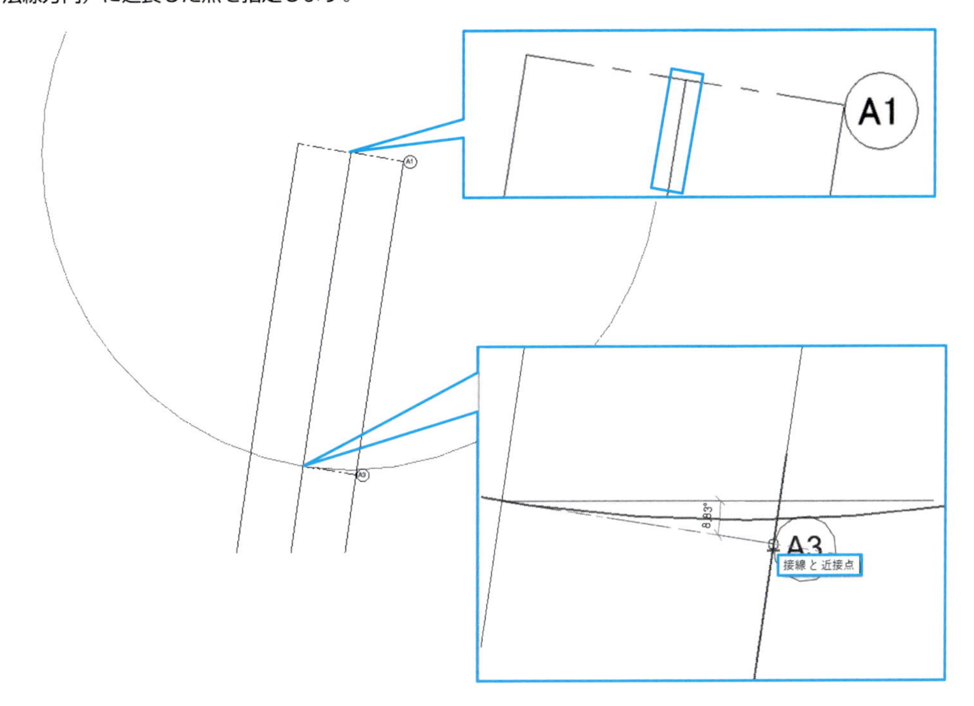

同様に［通芯P2］を作成します。P2 - A2の支間長は［39250］です。通芯作成後、補助線として作成した円は消去し、通芯の長さを調整します。

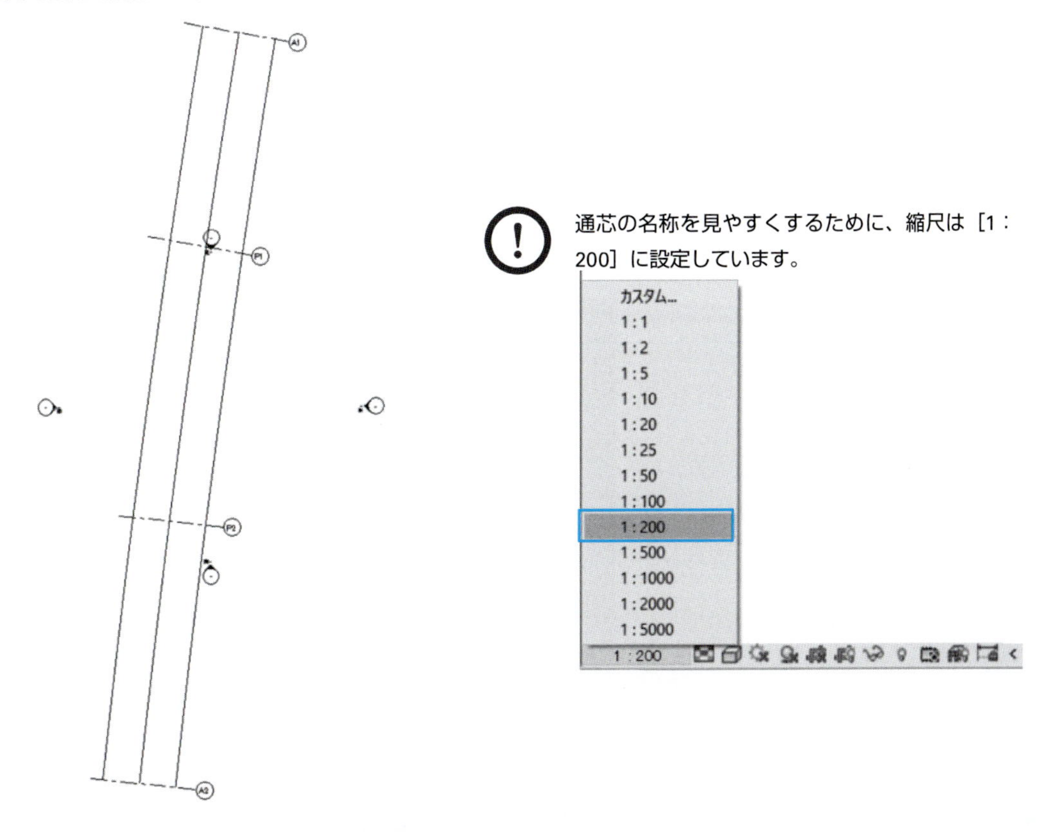

通芯の名称を見やすくするために、縮尺は［1：200］に設定しています。

ファミリロード

「2章　構造物（橋梁）モデルの作成」で作成・利用したファミリをこのプロジェクトで再利用します。

STEP1

［挿入］タブ -［ライブラリからロード］-［ファミリからロード］をクリックします。

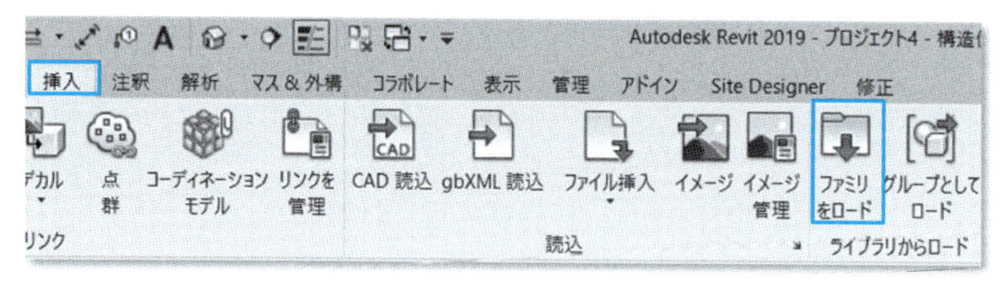

STEP2

プロジェクトファイルに配置するファミリをすべてロードします。ここでは、［DataSet］-［2019］-［Family］フォルダ内のファミリをすべて選択します。Shiftキーを押しながら選択すると、複数ファイルを選択することができます。［開く］ボタンをクリックします。

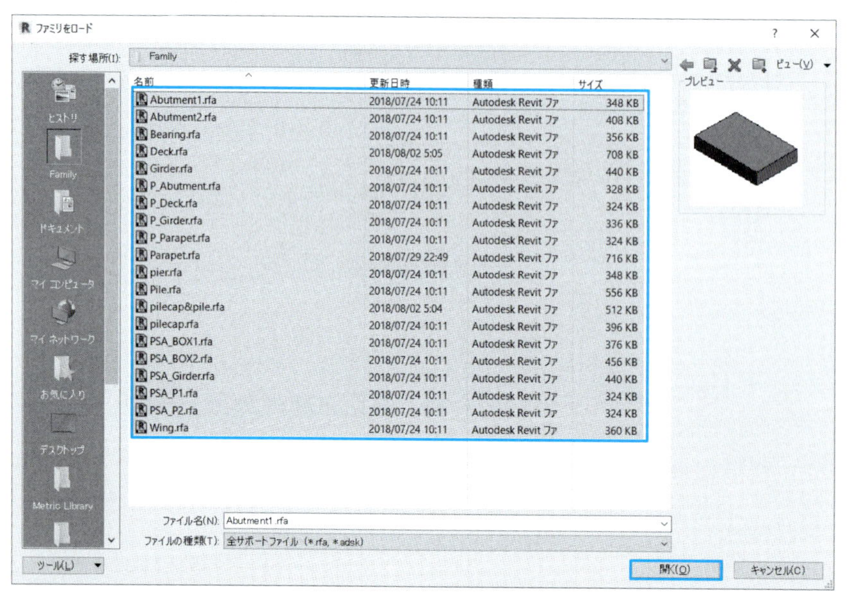

ファミリ配置

この項では、線形を持った橋梁のファミリの配置手順を説明します。

［プロジェクトブラウザ］より、［構造伏図（構造平面図）］-［P1］をダブルクリックします。

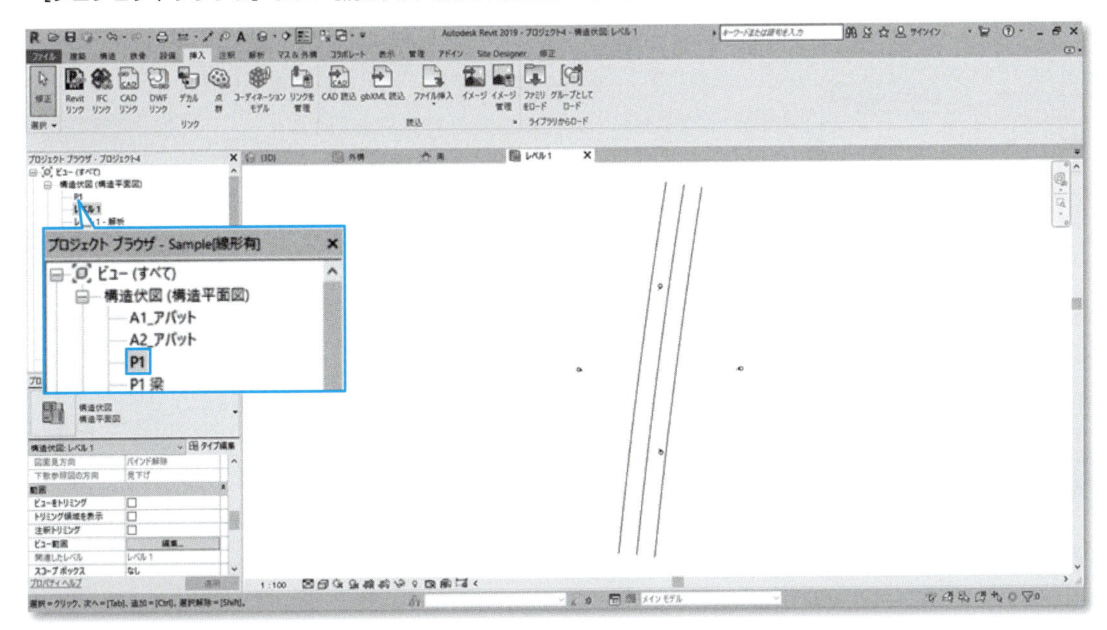

下部工（基礎）の配置

STEP1

［構造］タブ -［基礎］-［独立］をクリックします。

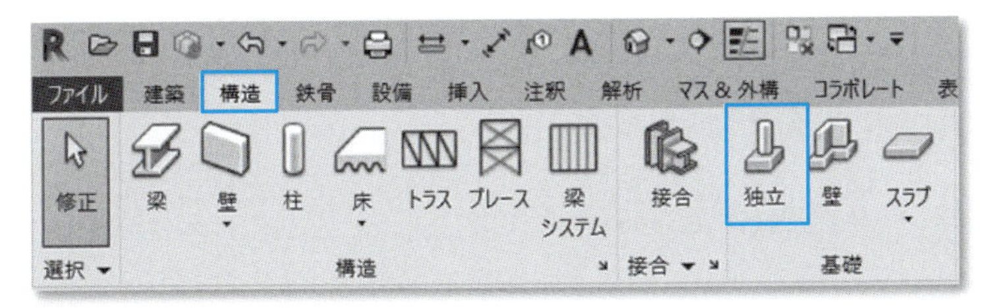

STEP2

ロードされた［構造基礎］カテゴリのファミリがプロパティに表示されます。

［pilecap&pile］を選択します。

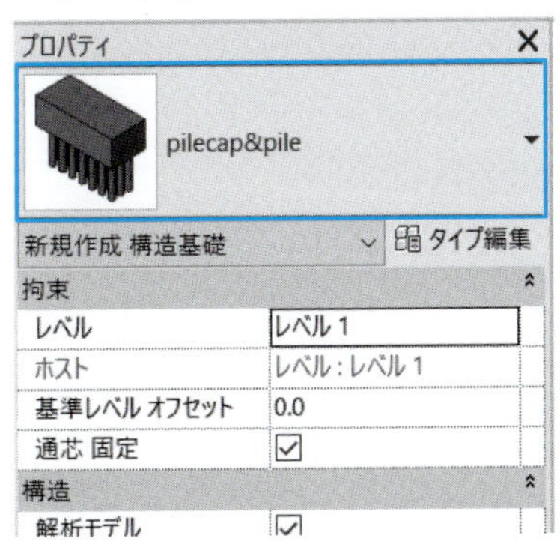

STEP3

オプションバーは、[配置後に回転] にチェックを入れます。P1とソリッドの中心線との交点に配置し、回転させて角度をあわせます。

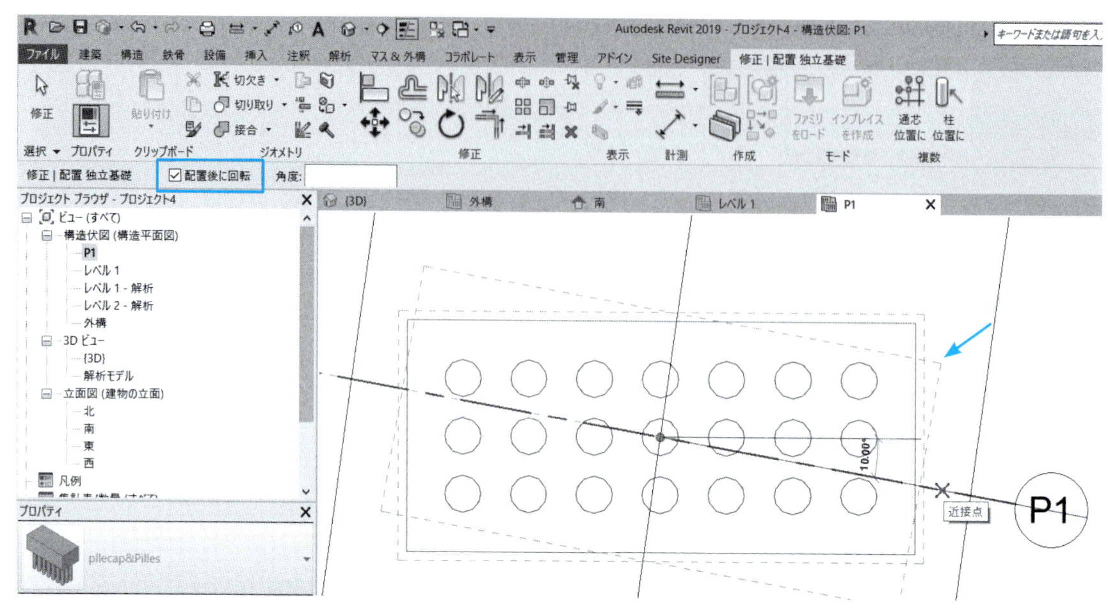

構造伏図（構造平面図）- 　P2　を開き、同様に［pilecap&pile］を配置します。

下部工（柱）の配置

STEP1

続けてP1に下部工（柱）を配置します。構造伏図（構造平面図）からP1を開き、[構造] タブ - [構造] - [柱] をクリックします。

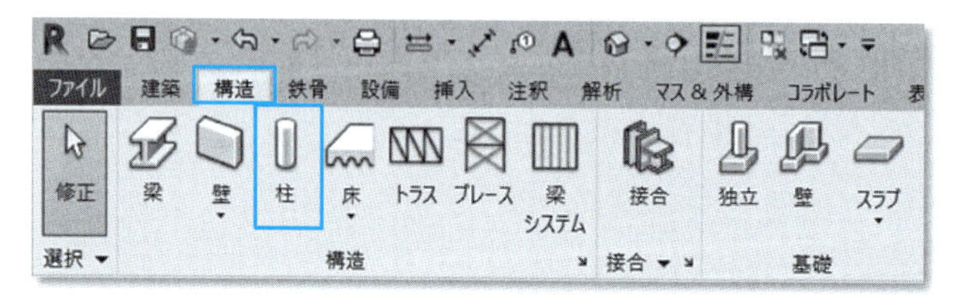

STEP2

ロードした［構造柱］カテゴリのファミリがプロパティに表示されます。[pier] を選択します。

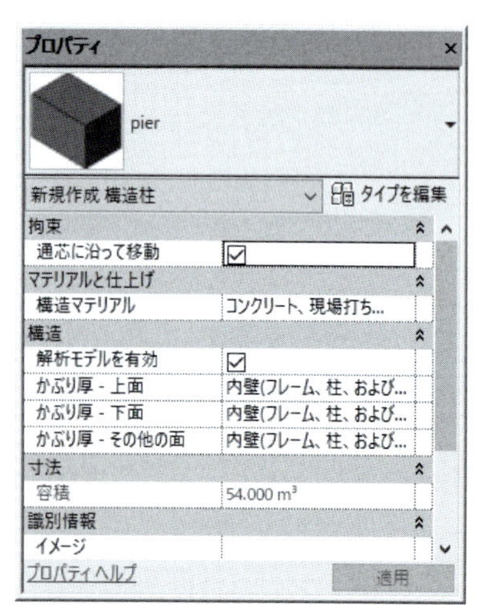

STEP3

［修正｜配置　構造柱］タブ -［配置］-［垂直柱］をクリックします。オプションバーは、［配置後に回転］にチェックを入れ、［上方向］、［指定］、［28300］と設定し、下図のように配置します。

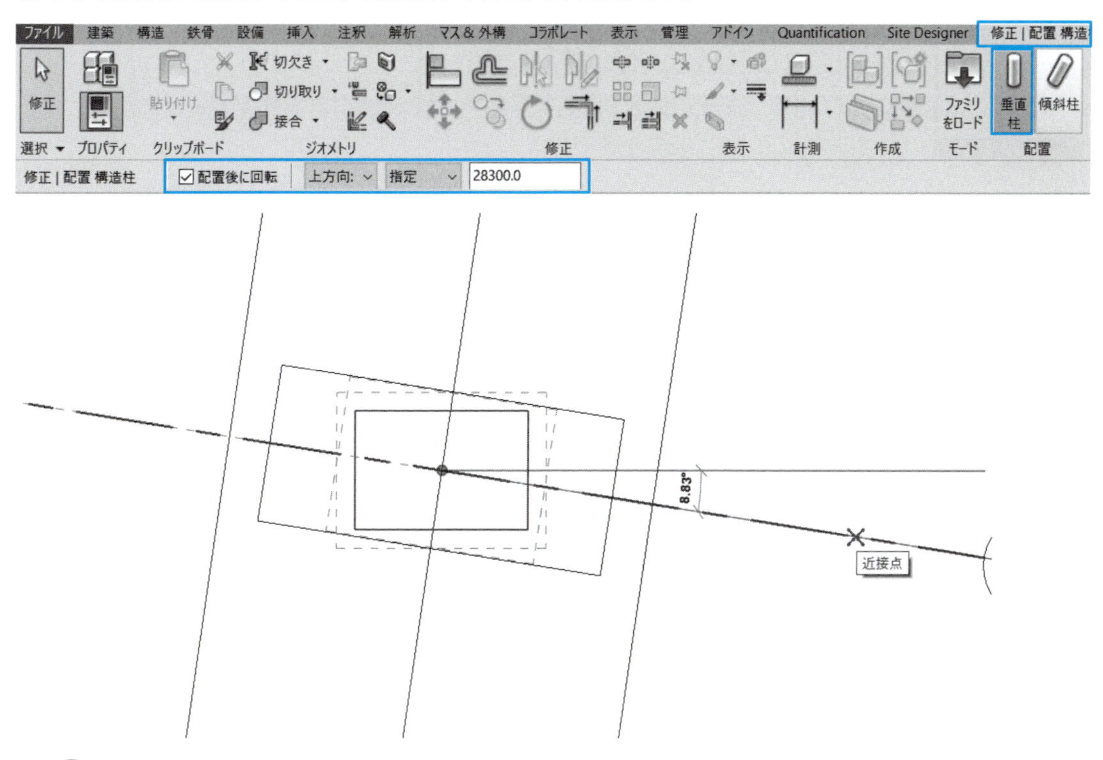

配置面より上側に、28300オフセットします。

STEP4

P2も同様に配置します。ビューを［P2］に変更し、下部工（基礎）、下部工(柱)を順に配置します。オプションバーは、［上方向］、［指定］、［19251］と設定します。

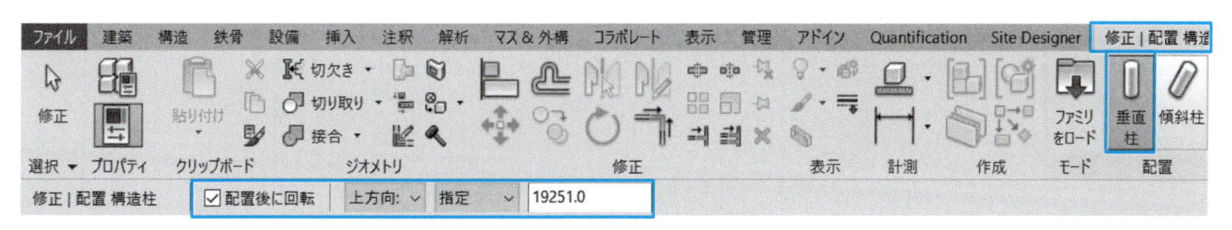

STEP5

3Dビューで確認します。クイックアクセスツールバーの［既存の3Dビュー］をクリックします。以降ファミリ配置後、随時モデルを3Dビューで確認してみてください。

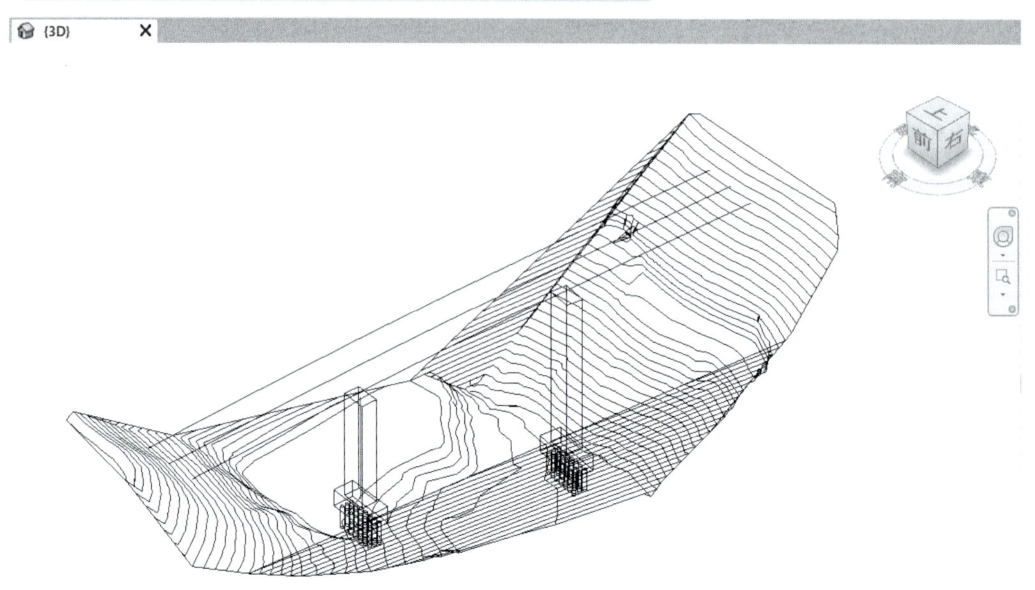

下部工（梁）の配置

STEP1

ビューを変更します。［構造伏図（構造平面図）］-［P1_梁］をダブルクリックします。ビュー領域を調整します。

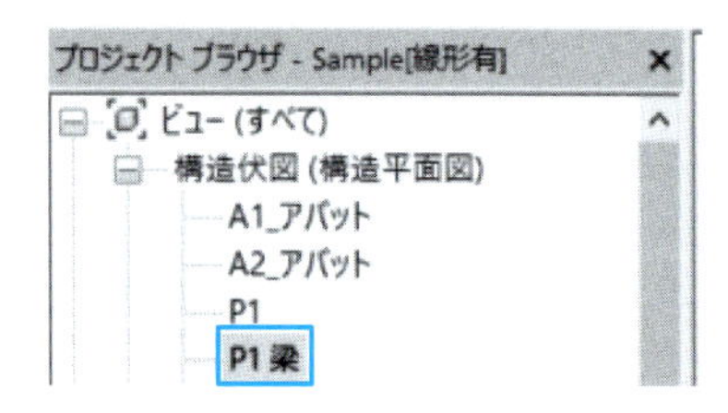

STEP2

下部工（梁）を配置しやすいように、作成前にP1の下部工（基礎）と下部工（柱）を選択して右クリックし、［ビューで非表示］-［要素］で非表示にします。

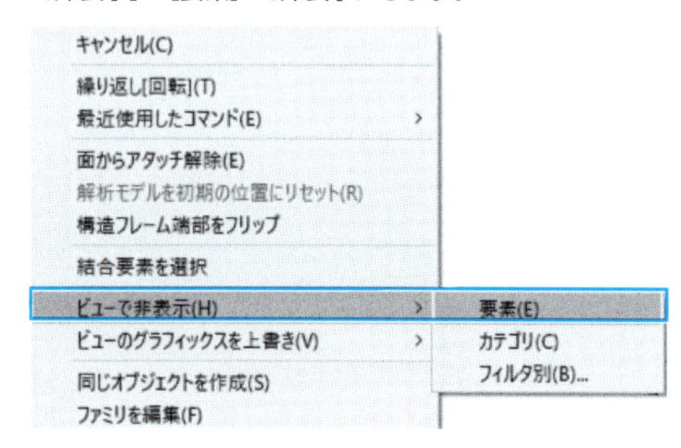

STEP3

［構造］タブ -［構造］-［梁］をクリックします。

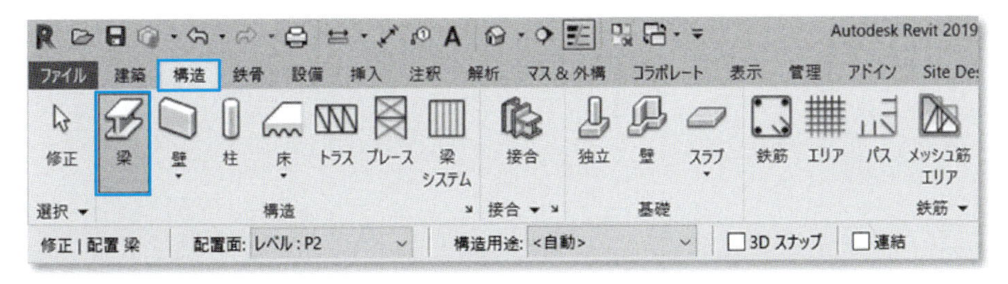

STEP4

プロパティには、［PSA_BOX1］が表示されていることを確認します。

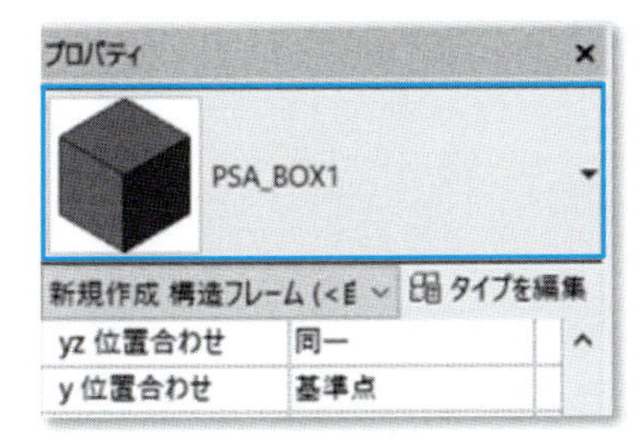

STEP5

［修正|配置　梁］タブ -［描画］-［線］をクリックします。オプションの［3Dスナップ］のチェックは外します。

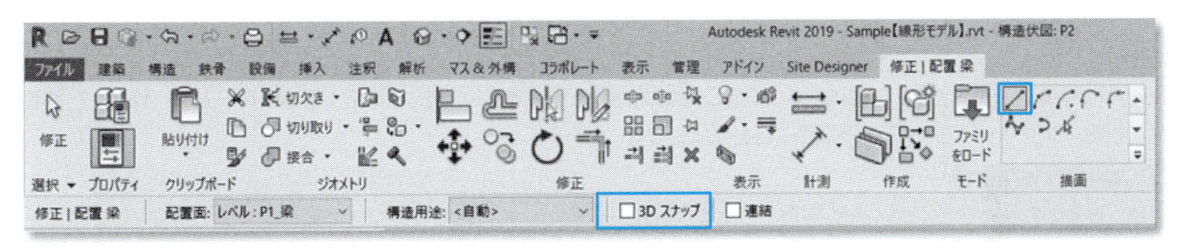

STEP6

梁の始端をクリックし［❶］、マウスを通芯の方向に動かします。梁の長さ［2250］を数値入力し、Enterキーを押します。最後に、Escキーでツールを終わらせます。

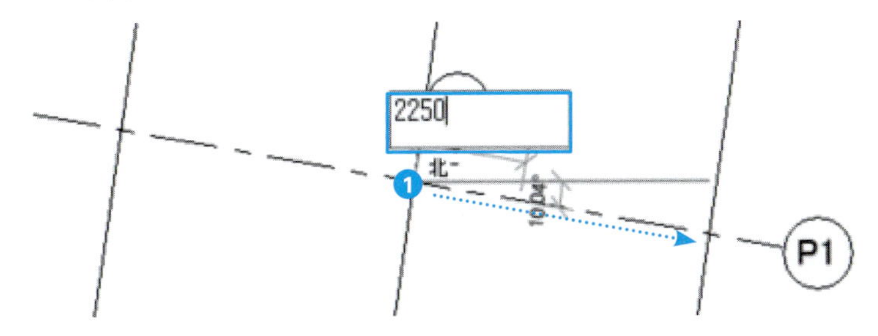

STEP7

プロパティを［PSA-BOX2］に変更します。

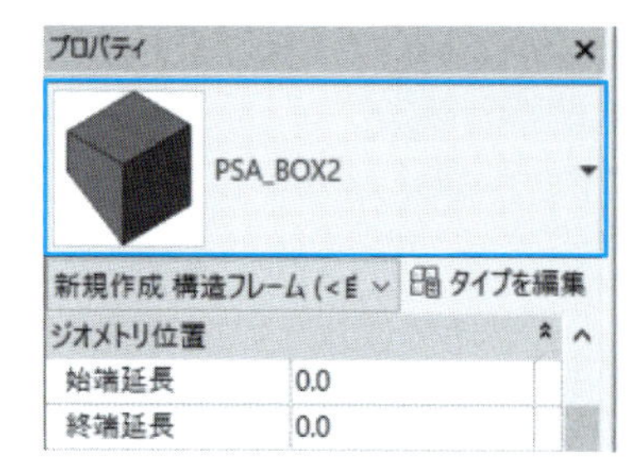

STEP8

梁の始端をクリックし［❶］、マウスを通芯の方向に動かします。梁の長さ［3250］を数値入力し、Enterキーを押します。最後に、Escキーでツールを終わらせます。

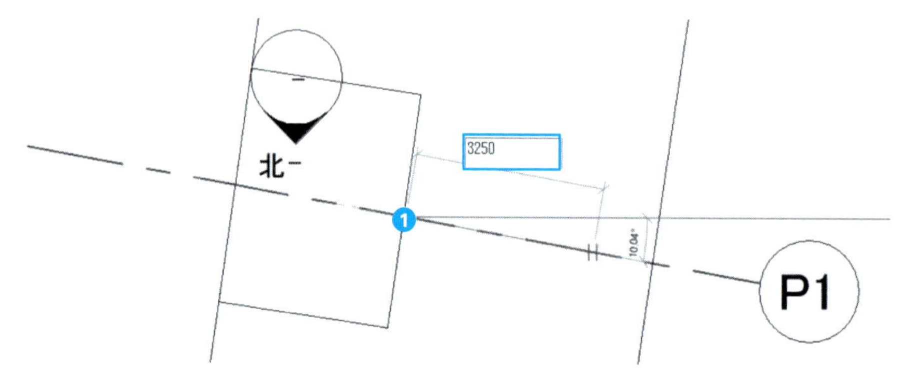

STEP9

反対側は鏡像で作成します。STEP5 - 6で作成したオブジェクトを選択します。［修正｜構造フレーム］-［修正］-［鏡像 - 軸を描画］をクリックし、❶→❷の順に軸を作成します。

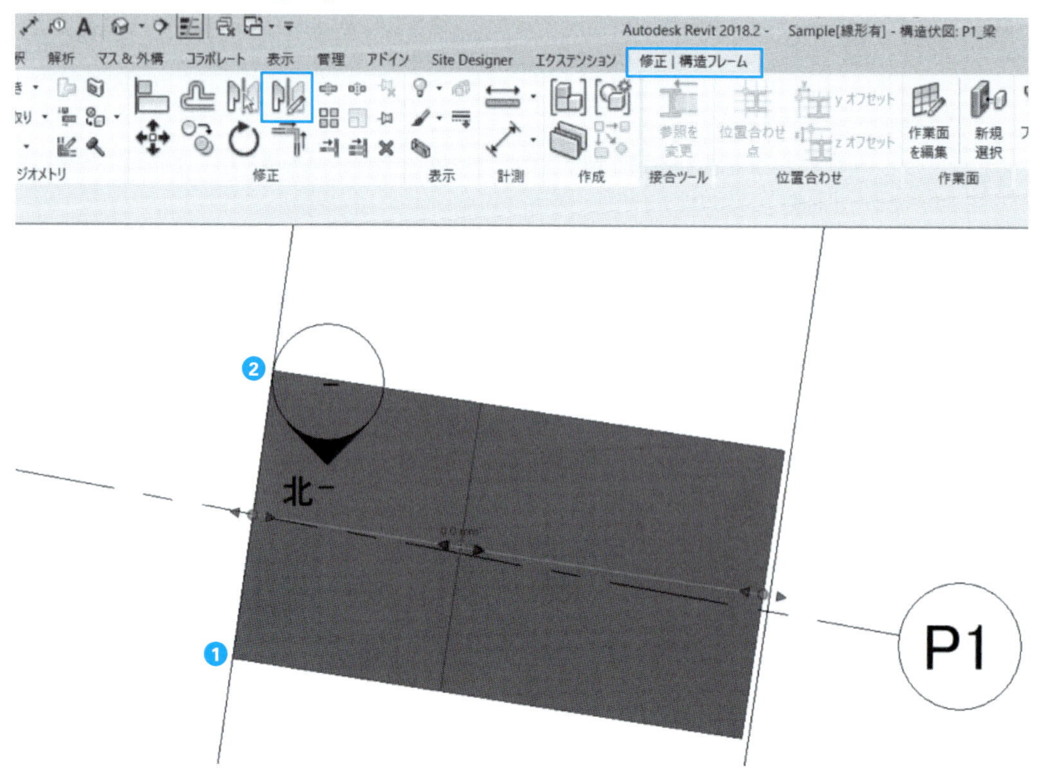

このようになります。

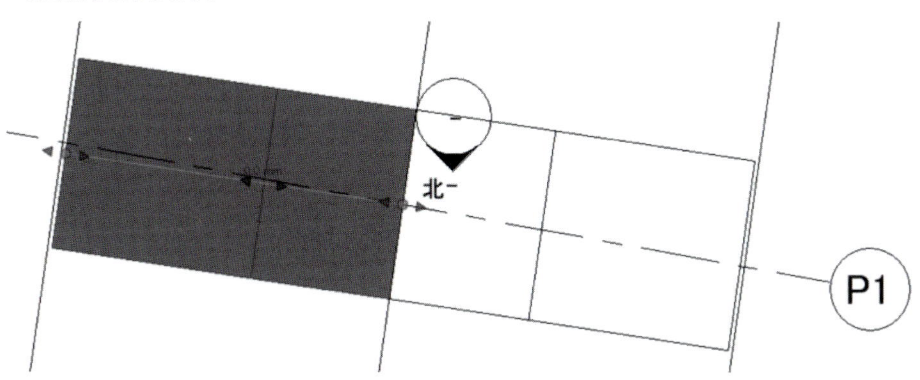

同様に［P2］も作成します。

STEP10

ここまでの状態を３Dビューで確認します。クイックアクセスツールバーの［既存の3Dビュー］をクリックします。

このようになります。表示スタイルは［ワイヤフレーム］を使用しています。

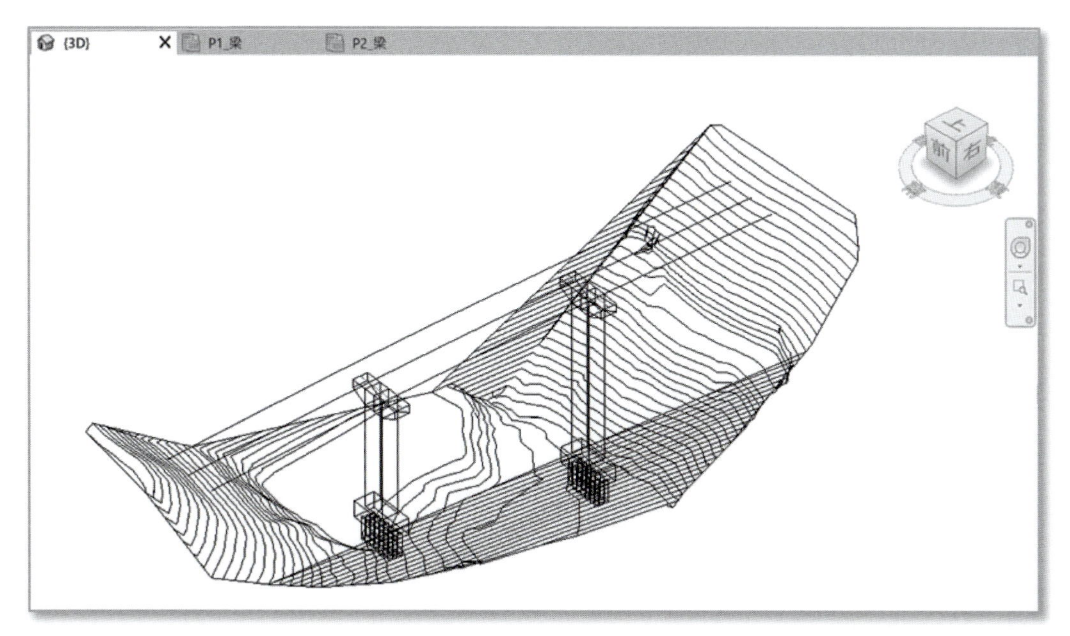

構造柱

構造柱は、構造基礎の上に配置されるようにファミリが作られています。

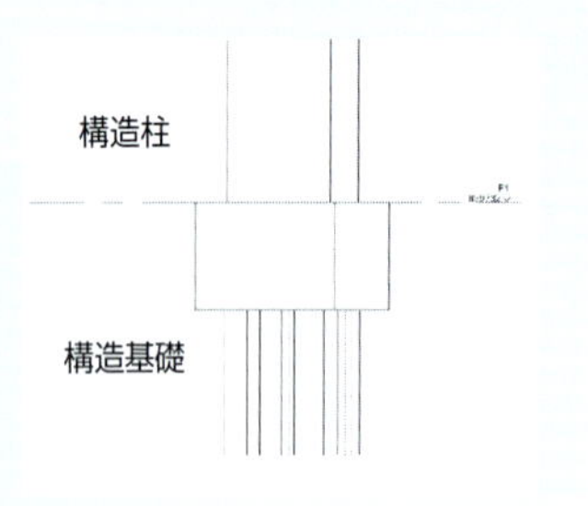

構造柱をクリックすると、右のようなコンテキストタブが表示されます。[アタッチ]を利用すると、柱の長さを設定していなくても、上下の構造物に容易にアタッチさせることができます。

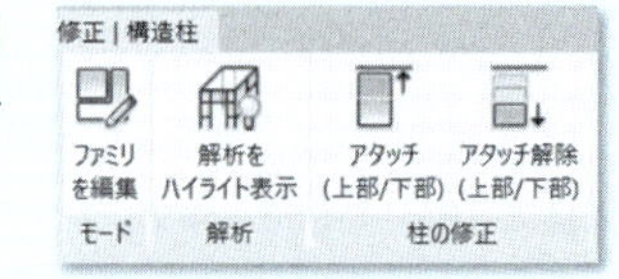

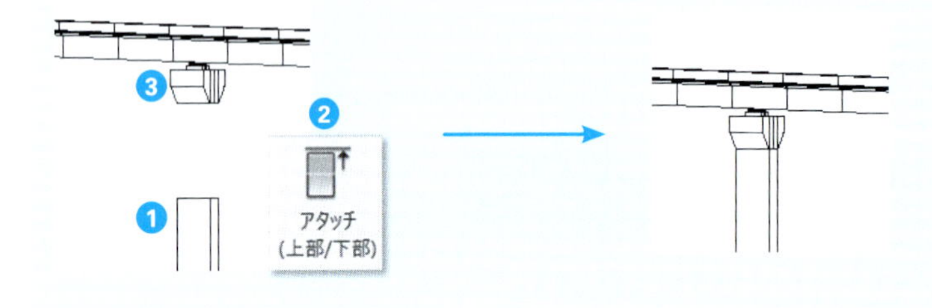

支承の配置

STEP1

構造平面図のP1_梁を開きます。［構造］タブ -［モデル］-［コンポーネント］-［コンポーネントを配置］をクリックします。

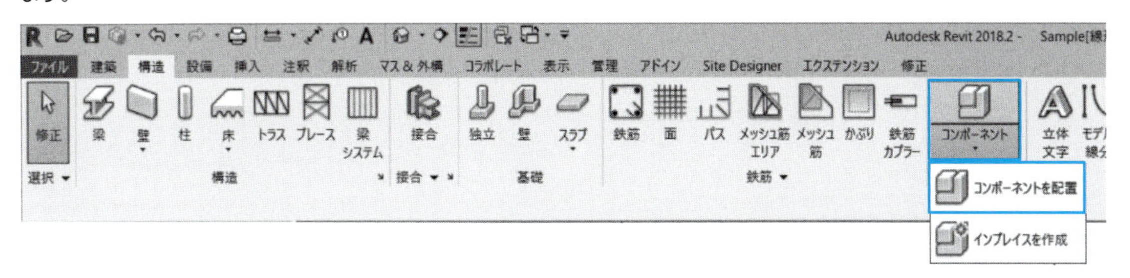

配置する支承が見えるように、［ビューコントロールバー］の［表示スタイル］を［ワイヤフレーム］にします。

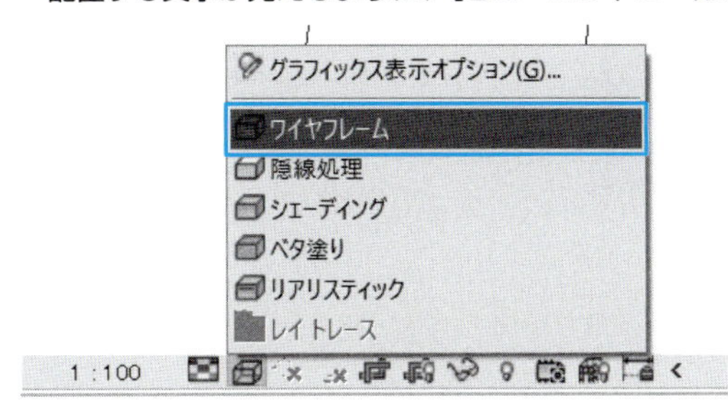

STEP 2

プロパティで［Bearing］を選択します。

STEP 3

［配置後に回転］にチェックを入れ、梁の中点をクリックして配置します。
反対側も同様に作成します。

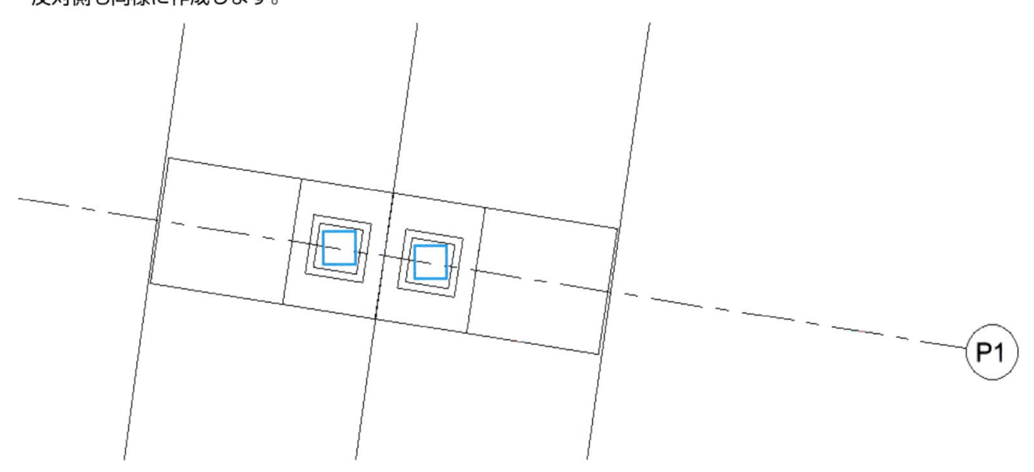

構造平面図の［P2_梁］を開き、P2にも同様に［Bearing］を配置します。

橋台（基礎）の配置

STEP1

［プロジェクトブラウザ］から［構造伏図（構造平面図］-［A1_アバット］をダブルクリックします。

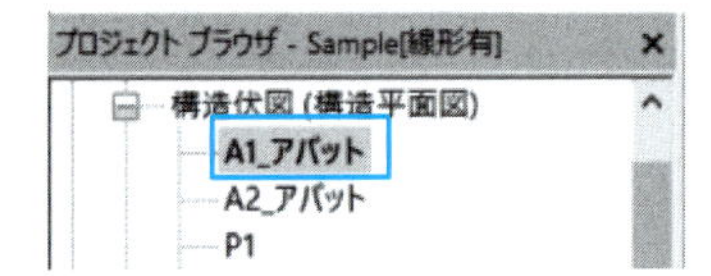

STEP2

［構造］タブ -［基礎］-［独立］をクリックします。

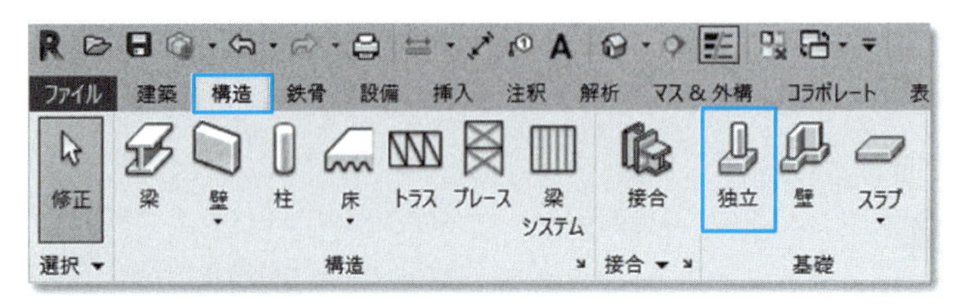

STEP3

プロパティで［Abutment1］を選択します。

STEP4

アバットは［配置後に回転］のオプションを使用せず、配置後［回転］ツールを利用して角度を調整します。詳細は2章を参照してください。

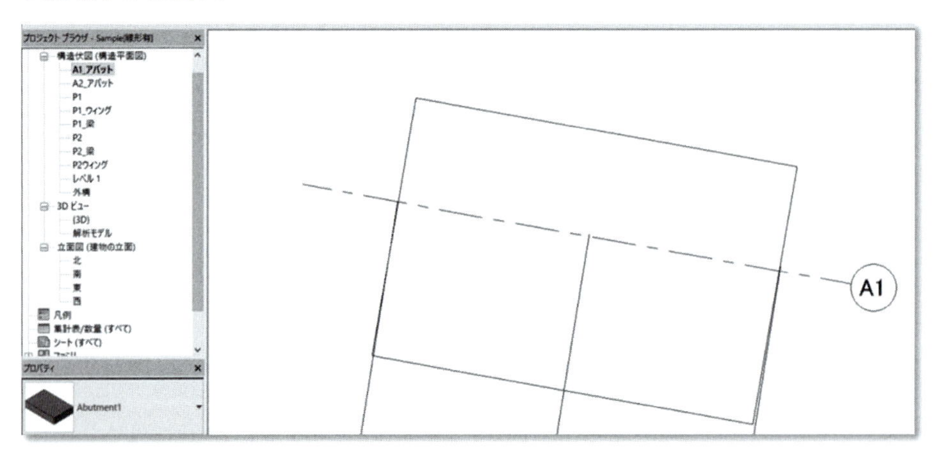

橋台（柱）の配置

STEP1

続けてアバットの柱部分を配置します。ビューは［A1_アバット］のまま変更せずに配置します。

STEP2

プロパティを［Abutment2］に変更します。

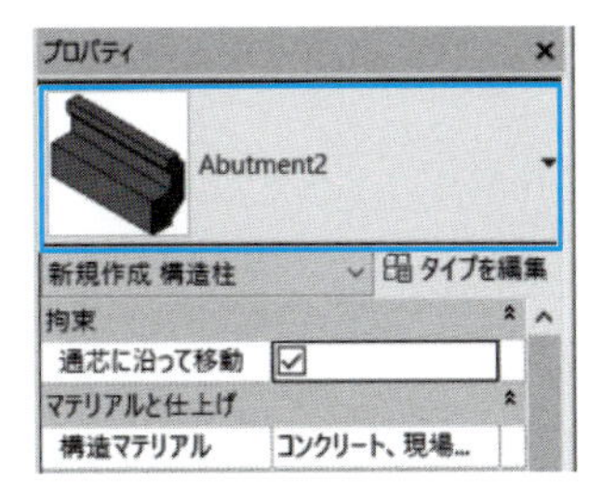

STEP3

オプションは、［上方向、指定5000］に設定します。アバット柱部分も［配置後に回転］のオプションを使用せず、配置後［回転］ツールを利用して角度を調整します。詳細は本書の2章を参照してください。

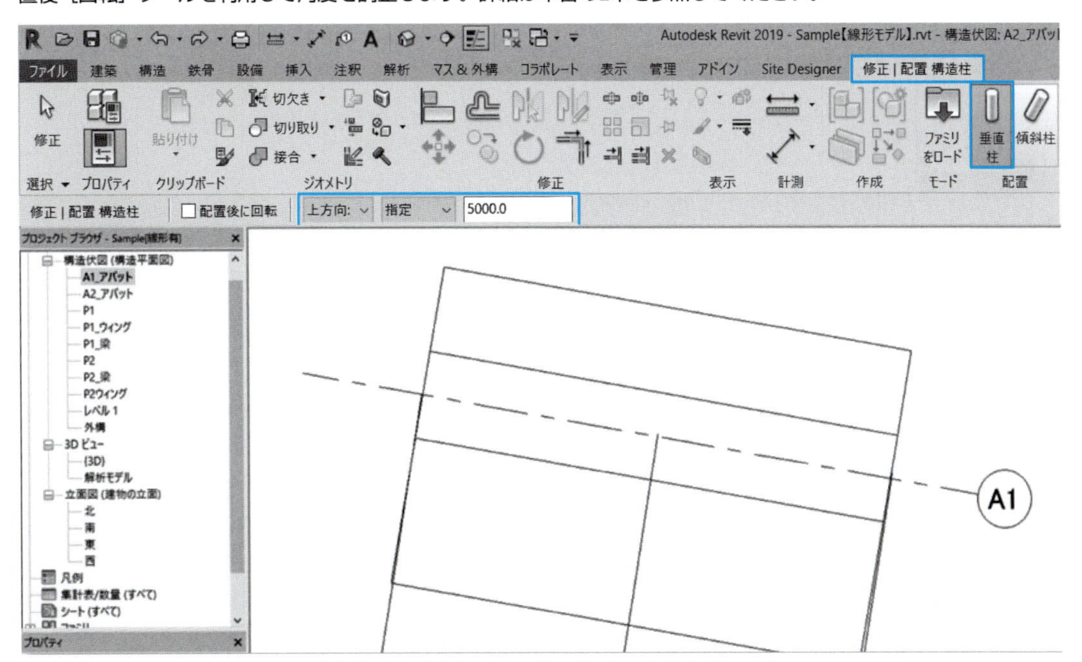

ウィングの配置

STEP1

［プロジェクトブラウザ］から［構造伏図（構造平面図）］-［A1_ウィング］をダブルクリックします。［構造］タブ -［モデル］-［コンポーネント］-［コンポーネントを配置］をクリックします。

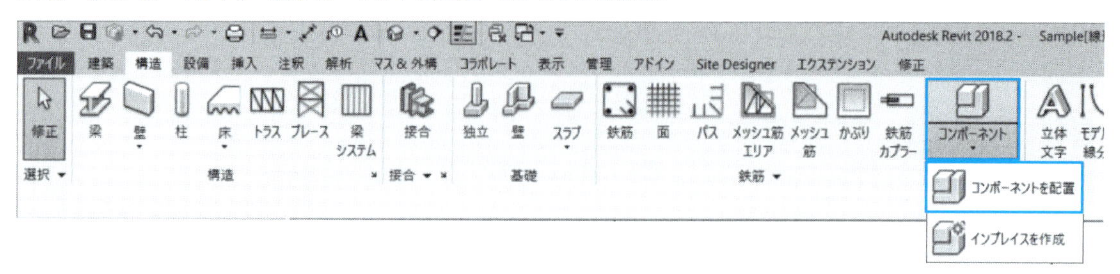

STEP2

プロパティで［Wing］を選択します。

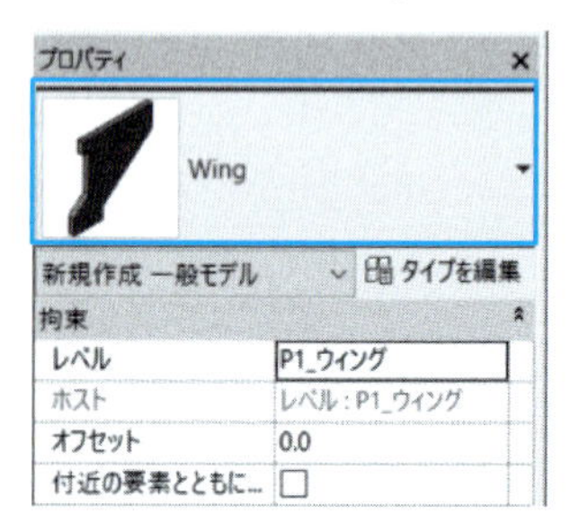

STEP3

ウィングは後（STEP7）で調整するので、だいたいの位置に配置します。

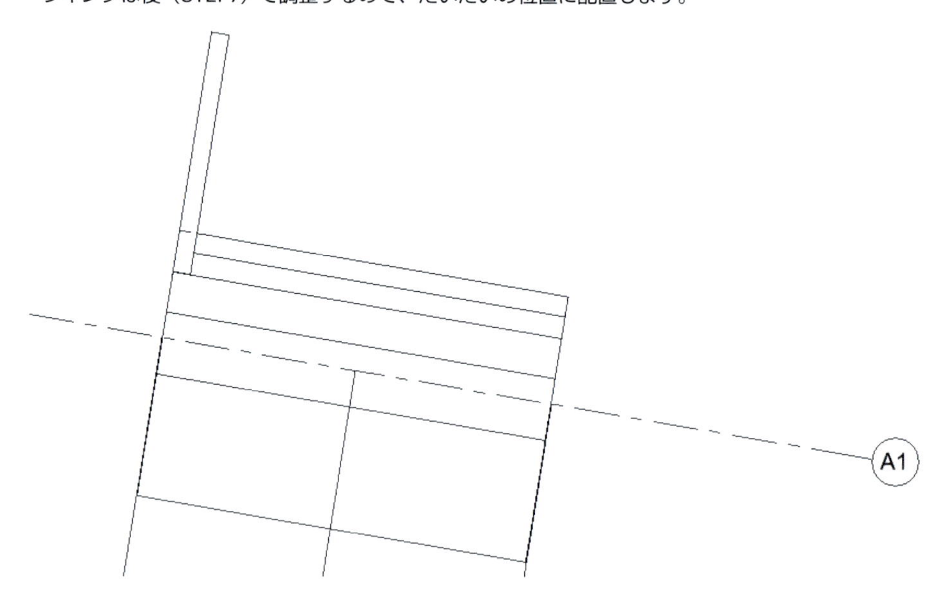

STEP4

断面図を作成します。クイックアクセスツールバーの［断面］をクリックします。

❶→❷の順にクリックして断面を作成します。

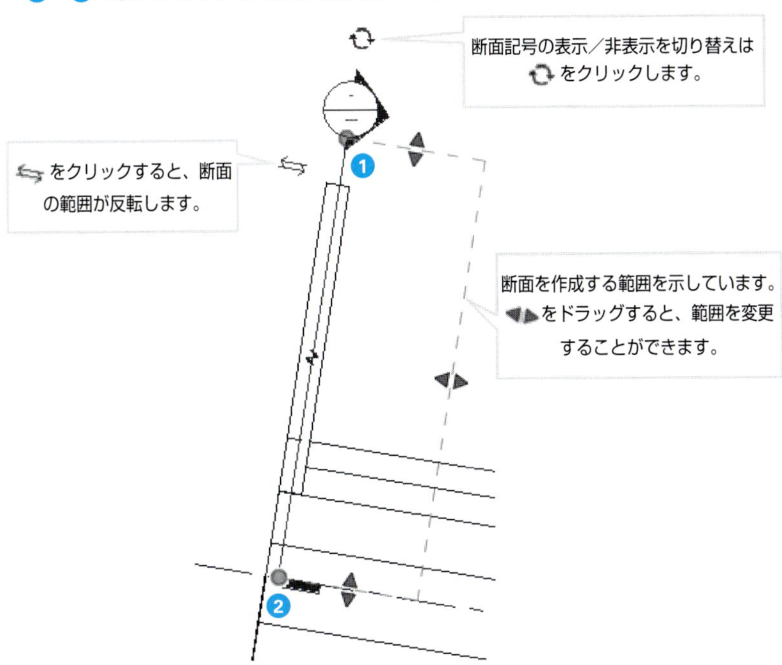

STEP5

断面図を作成すると［プロジェクトブラウザ］の断面図にも追加されます。ここでは、［断面図1］をダブルクリックします。

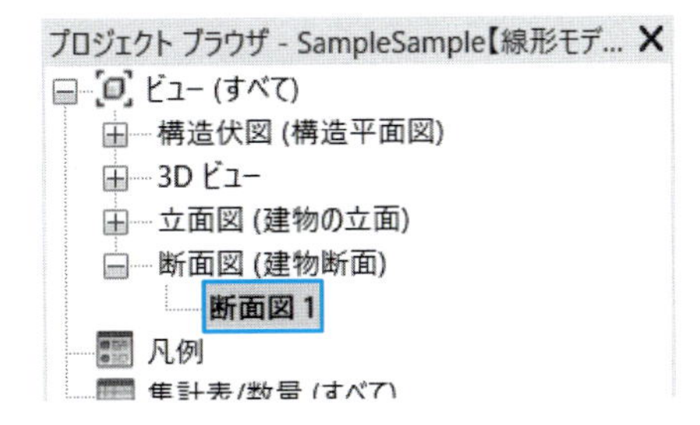

STEP6

レベル間が広いので、このようになります。ビューの範囲を適時修正してください。

STEP7

拡大してウィングの位置を修正します。移動ツールを利用します。

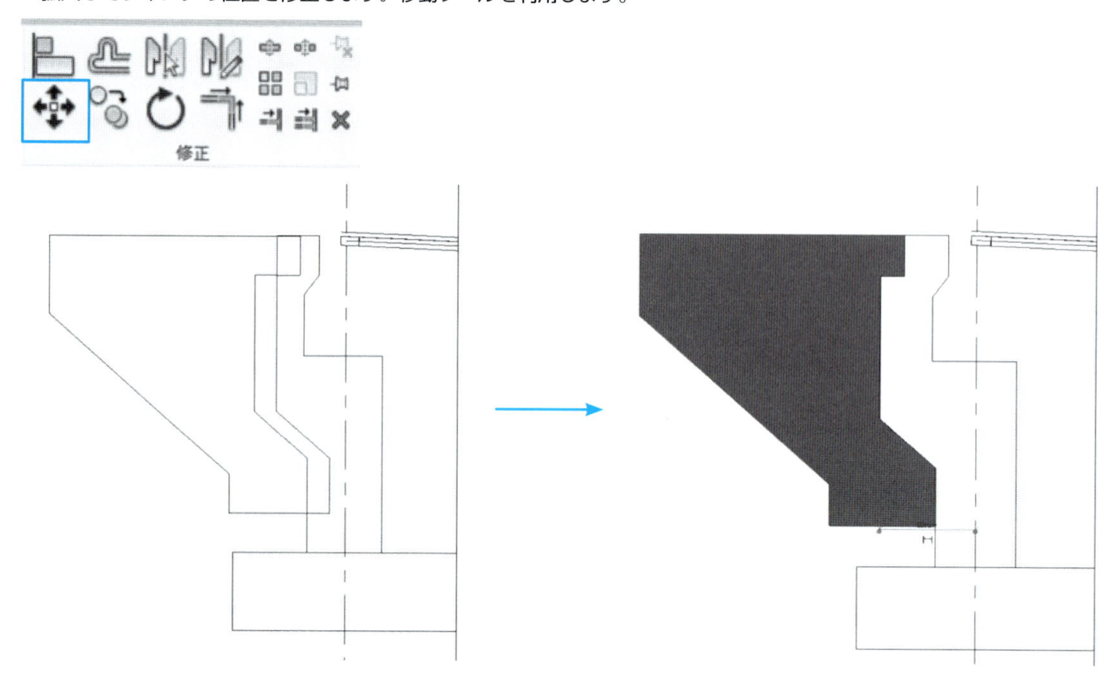

同様に反対側のウィングを、道路中心線を軸として鏡像コマンドを使って配置します。

支承の配置

STEP1

［プロジェクトブラウザ］より、［構造伏図（構造平面図）］-［A1アバット_支承］をダブルクリックします。

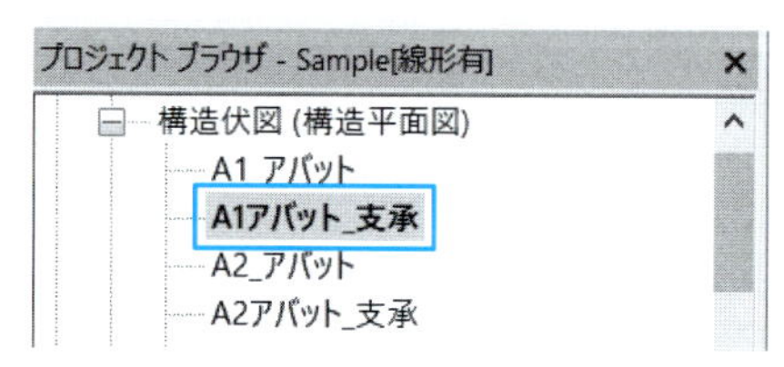

このように表示されます。

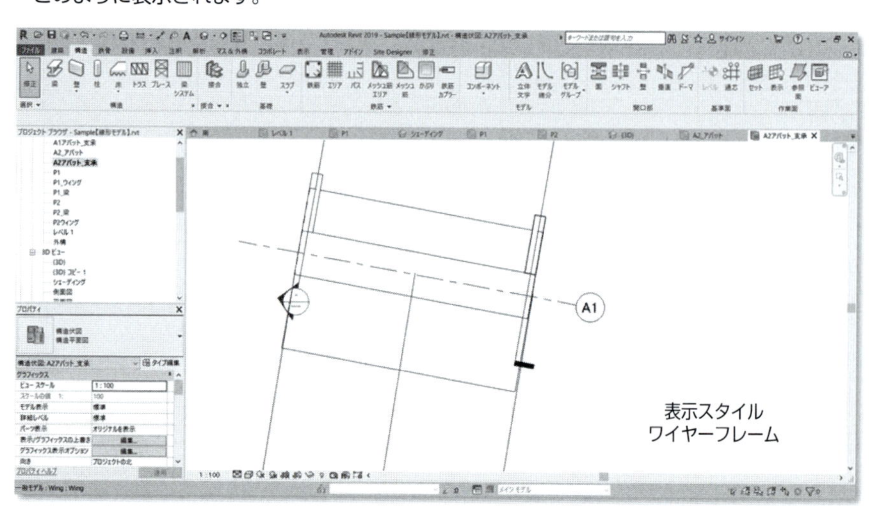

STEP2

［構造］タブ -［モデル］-［コンポーネント］-［コンポーネントを配置］をクリックします。

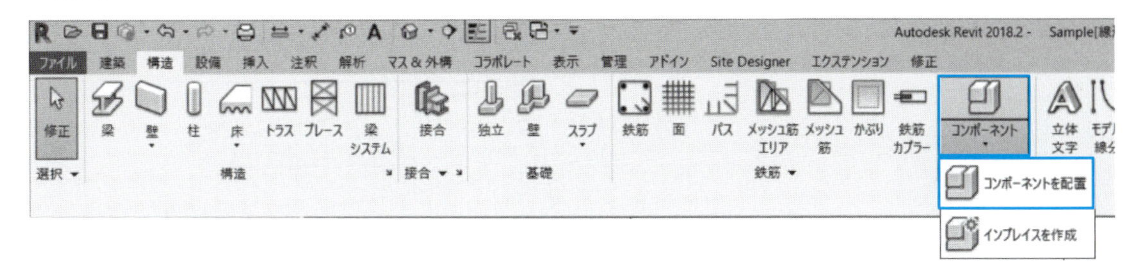

STEP3

プロパティには、［Bearing］が表示されている事を確認します。

STEP4

［配置後に回転］のオプションにチェックを入れ、いったん中央に配置します。

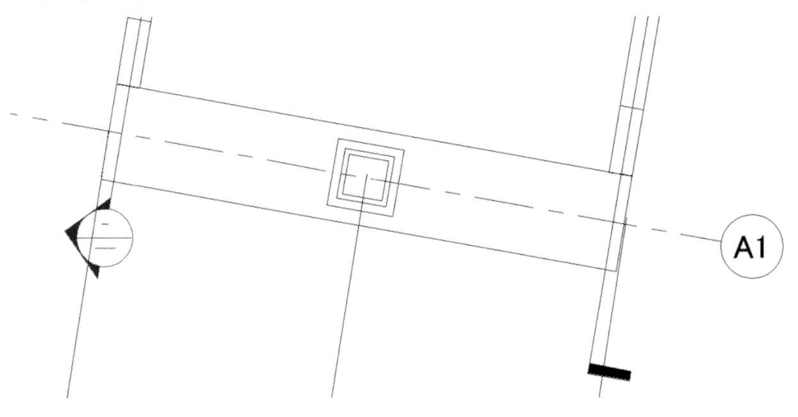

STEP5

ここから右に［1250］移動させます。［修正｜一般モデル］タブ -［修正］-［移動］をクリックします。

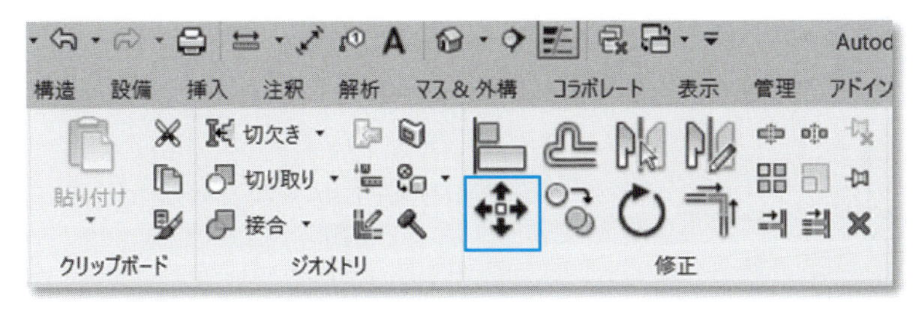

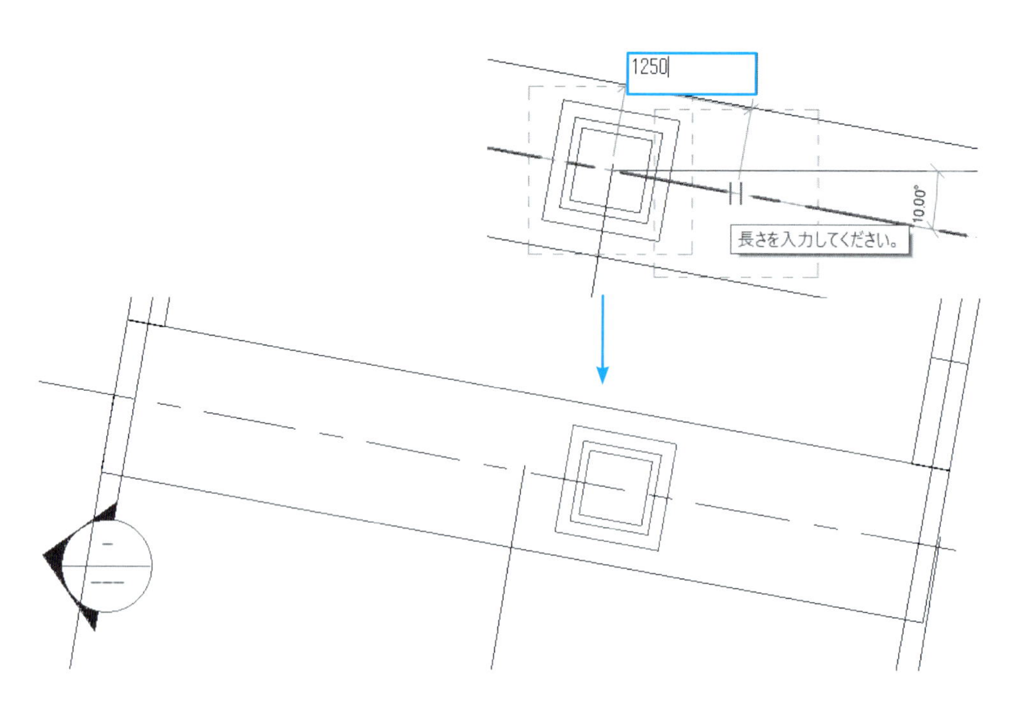

STEP6

もう一方の支承は左側に［2500］の距離でコピーします。［修正｜一般モデル］タブ -［修正］-［コピー］をクリックします。

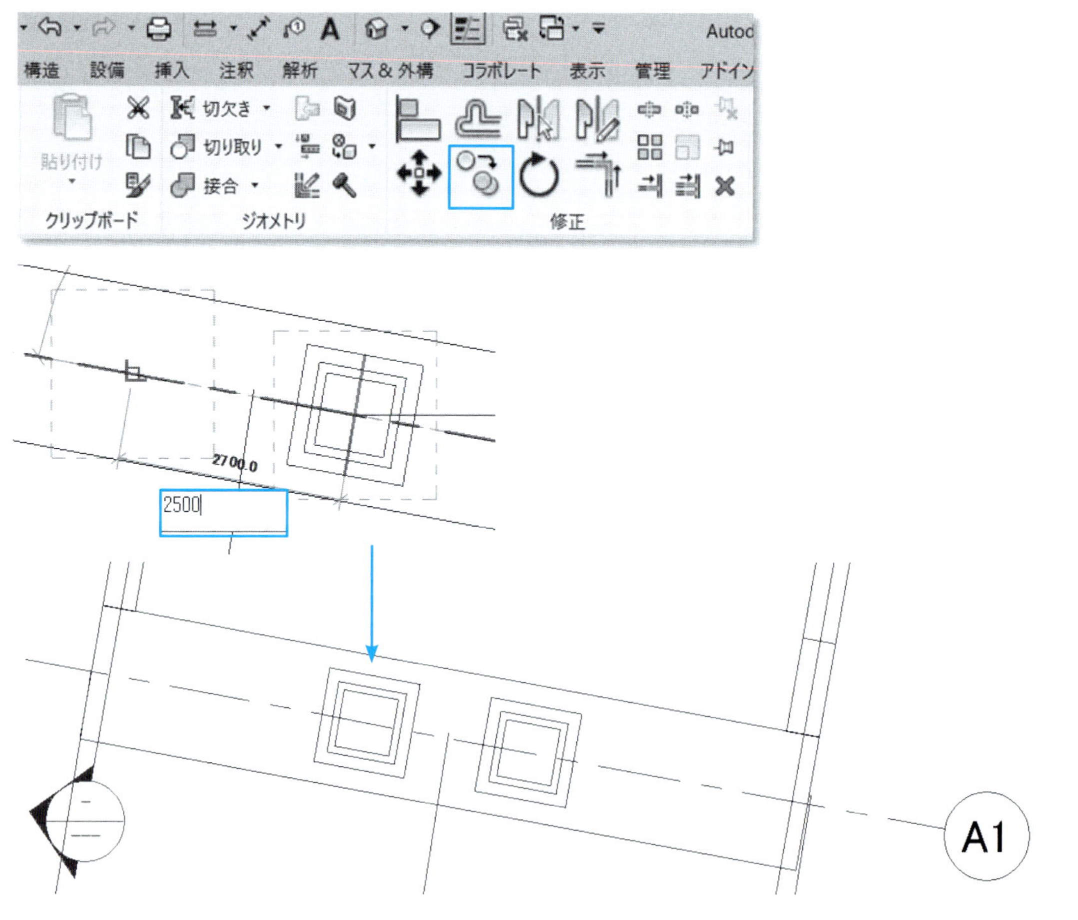

同様にA2にも配置します。

STEP7

ここまでの状態を3Dビューで確認します。クイックアクセスツールバーの［既存の3Dビュー］をクリックします。

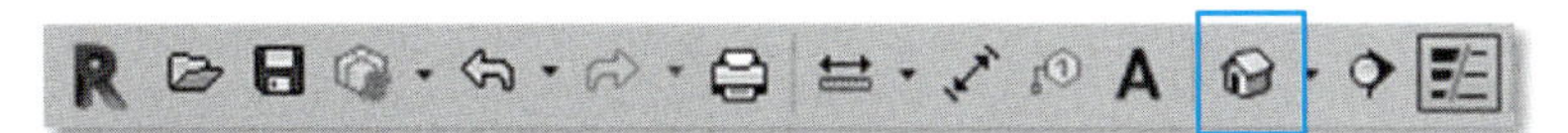

このようになります。表示スタイルは、［ワイヤーフレーム］を選択しています。

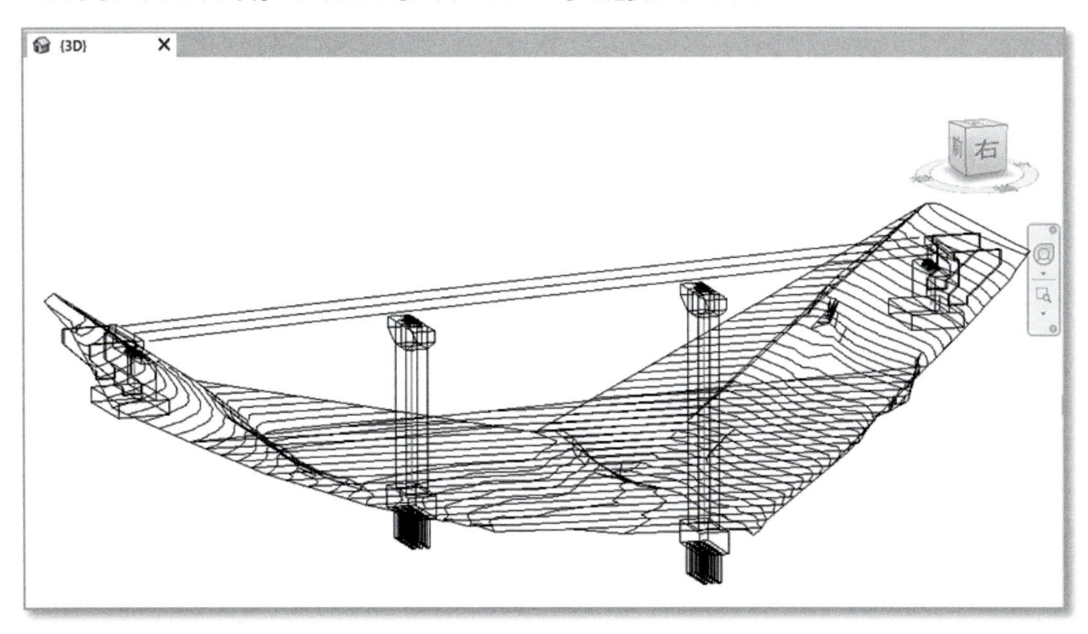

上部工作成

上部工を作成します。ビューは、3Dビューのまま作成します。

STEP1

［構造］タブ -［構造］-［梁］をクリックし、プロパティで［Girder］を選択します。

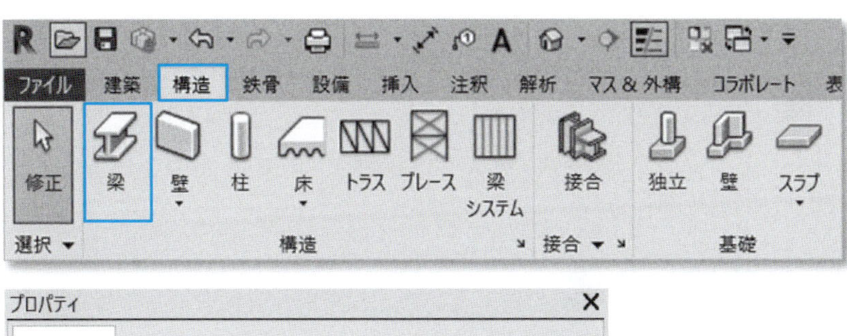

STEP2

オプションバーの［構造用途］は［大梁］、［3Dスナップ］にチェックを入れます。［描画］パネルの［選択］をクリックします。

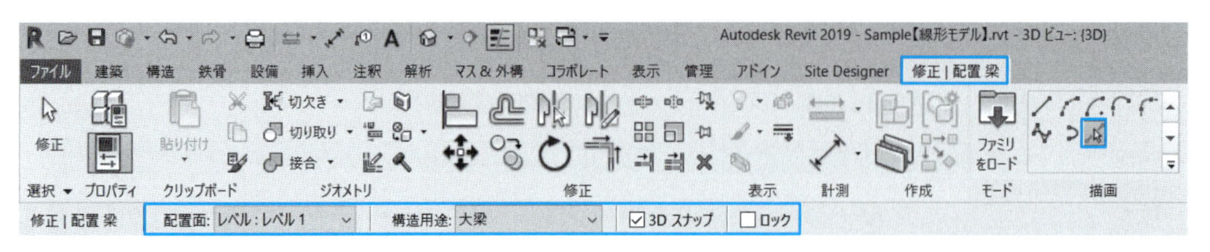

STEP3

CADリンクで取り込んだ中心線形をクリックします。このように上部工が作成されます。残りの部分にも上部工を作成します。

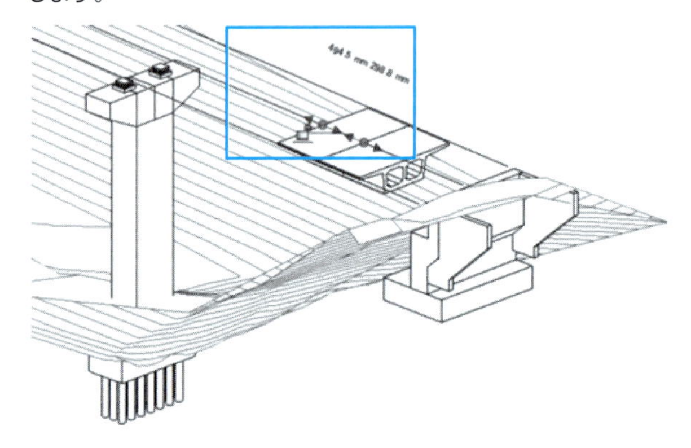

全てに配置するとこのようになります。

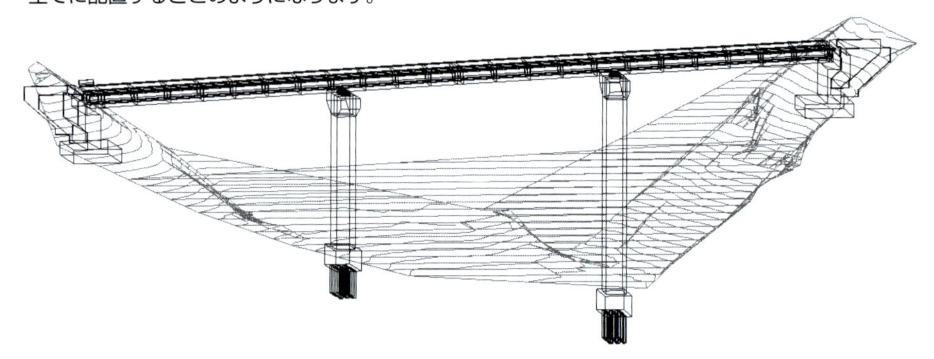

詳細部（舗装面、地覆等）作成

プロジェクトに配置

STEP1

ビューは、［3Dビュー］に変更します。［プロジェクトブラウザ］より、［3Dビュー］-［{3D}］をダブルクリックします。

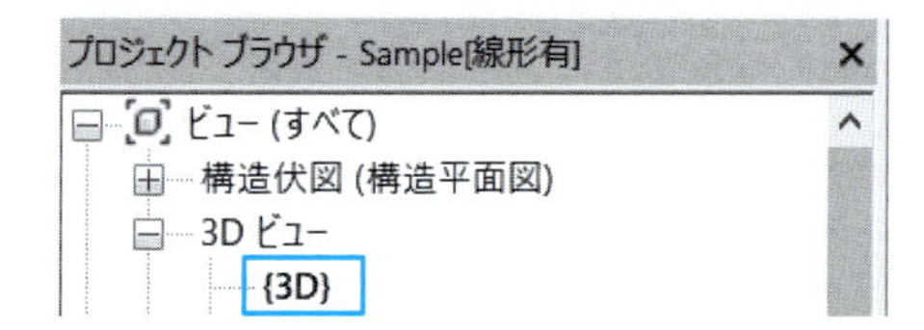

STEP2

パスを選択しやすいように表示スタイルを変更します。ステータスバーにある［表示スタイル］をクリックし、［陰線処理］をクリックします。

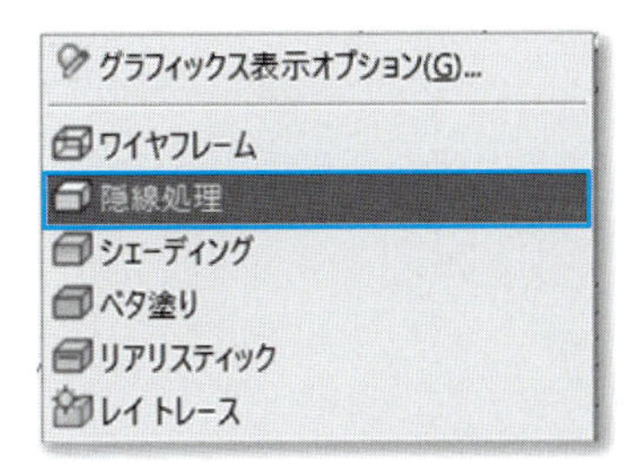

STEP3

［構造］タブ -［構造］-［梁］をクリックします。オプションバーは、［3Dスナップ］にチェックを付けます。

STEP4

プロパティで［Deck］を選択します。［z位置合わせ］を［下］に変更し、［適用］ボタンを押します。

STEP5

［修正｜位置 梁］タブ -［描画］-［選択］をクリックします。

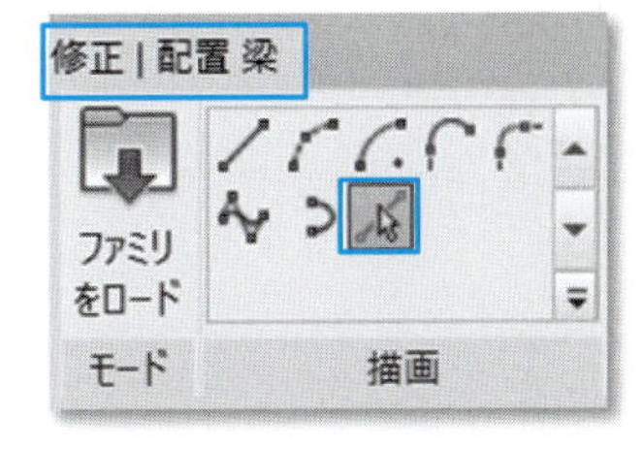

STEP6

上部工の中心をクリックして配置します。

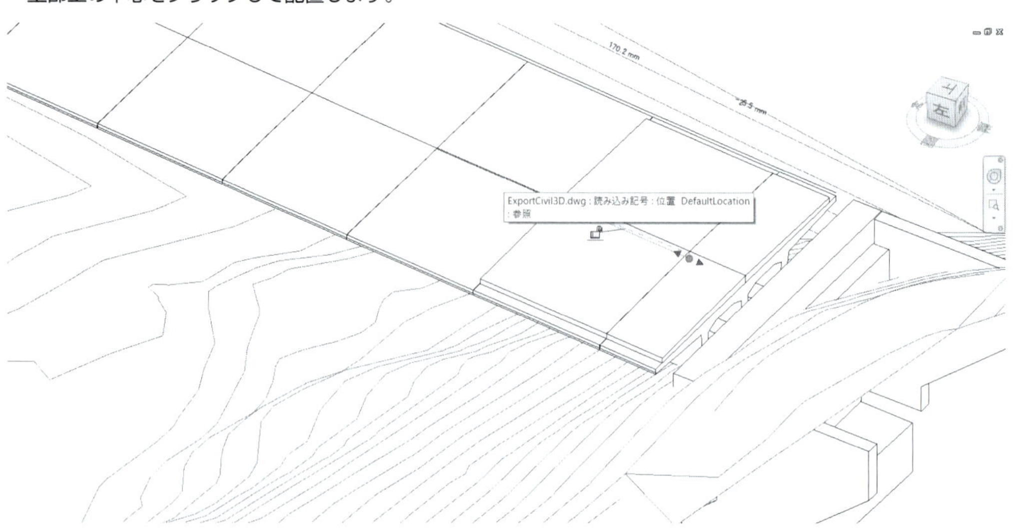

STEP7

舗装面の配置をEscキーを押して終了します。プロパティを［Parapet］に変更します。［z 位置合わせ］を［下］に変更し、［適用］ボタンを押します。

STEP8

上部工上面の端をクリックし、地覆を配置します。向きが異なる場合は、一度そのまま配置したのち、鏡像を使って反転させます。

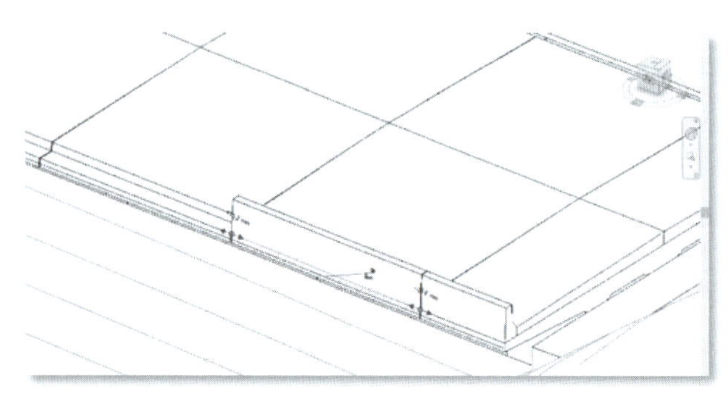

全てに配置するとこのようになります。

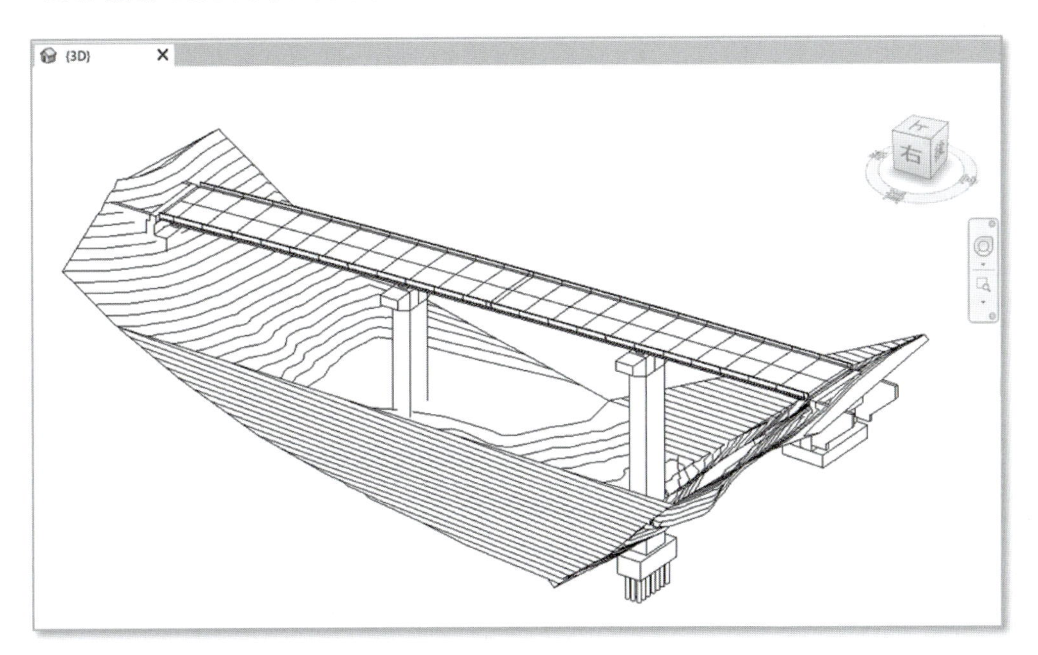

モデル確認

完成したモデルを確認します。３Dビューで３方向から確認すると、このようになります。

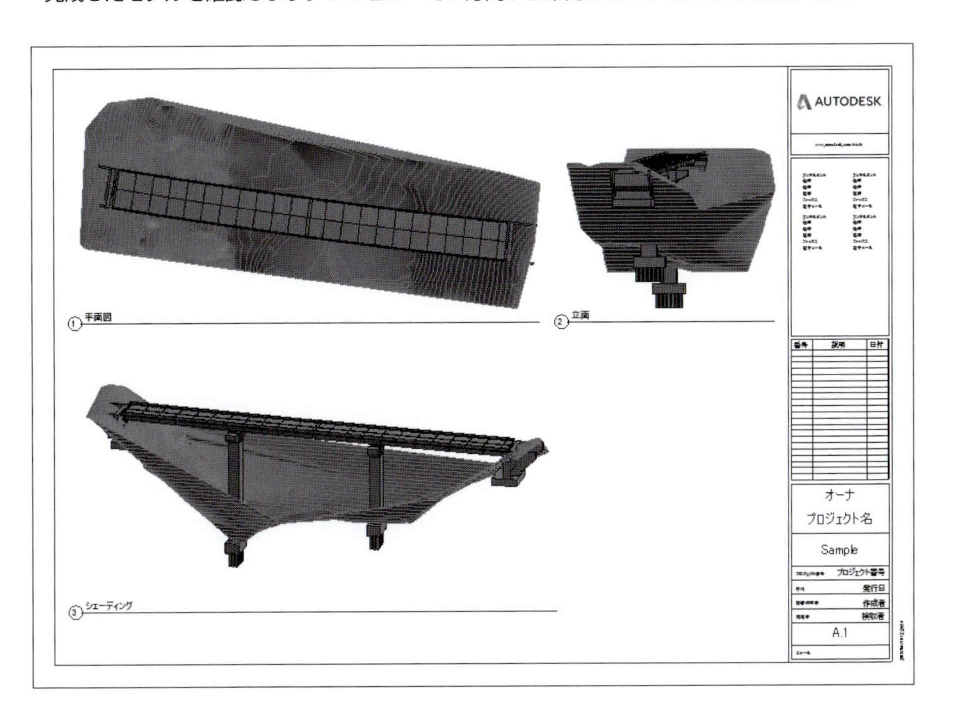

IFC書き出し

STEP 1

作成した橋梁モデルの測量座標を確認します。［管理］タブ -［プロジェクトの位置］-［位置］をクリックします。

STEP2

［位置］タブをクリックします。［共有座標］を割り当てているので、座標が割り当てられています。
ここでは、直角座標系第 8 系の原点が割り当てられています。

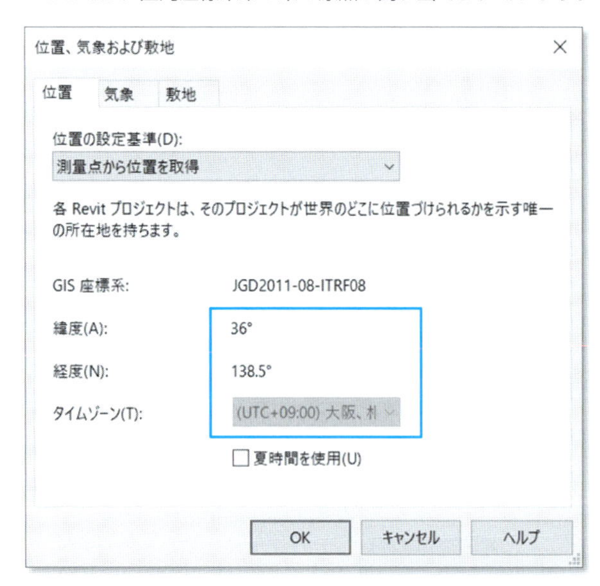

STEP3

［ファイル］タブ -［書き出し］-［IFC］を選択します。

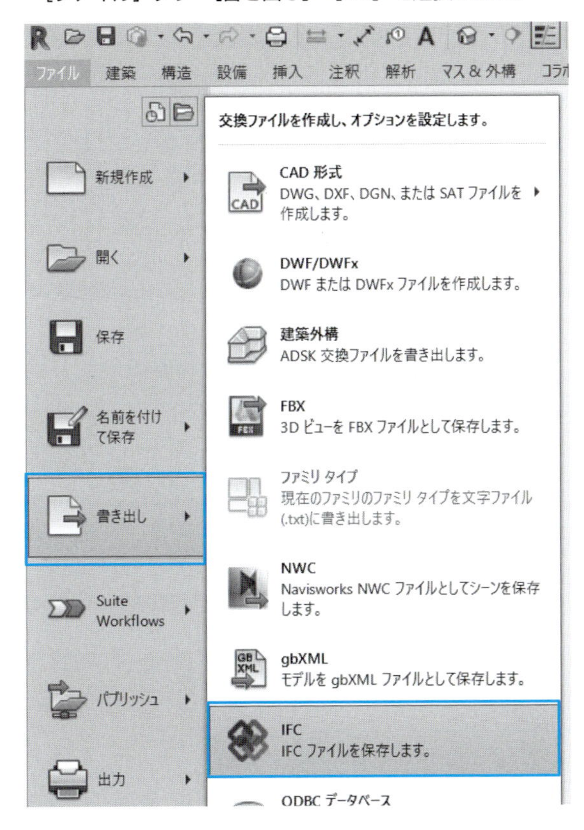

STEP4

IFC書き出しファイル名を入力します（ここでは、［IFC出力サンプル橋梁.ifc］としています）。［現在選択している設定］が［≪インセッション設定≫］になっていることを確認し、［設定を変更］をクリックします。

IFC を書き出し
ファイル名: 更後¥20190409¥DateSet¥3章線形モデル¥IFC出力サンプル橋梁.ifc 参照...
現在選択している設定: <インセッション設定> 設定を変更...
IFC バージョン: IFC 2x3 Coordination View 2.0
書き出すプロジェクト:
Sample【線形モデル】.rvt
書き出し設定の指定方法について
書き出し キャンセル

STEP5

［計画地の住所］をクリックします。

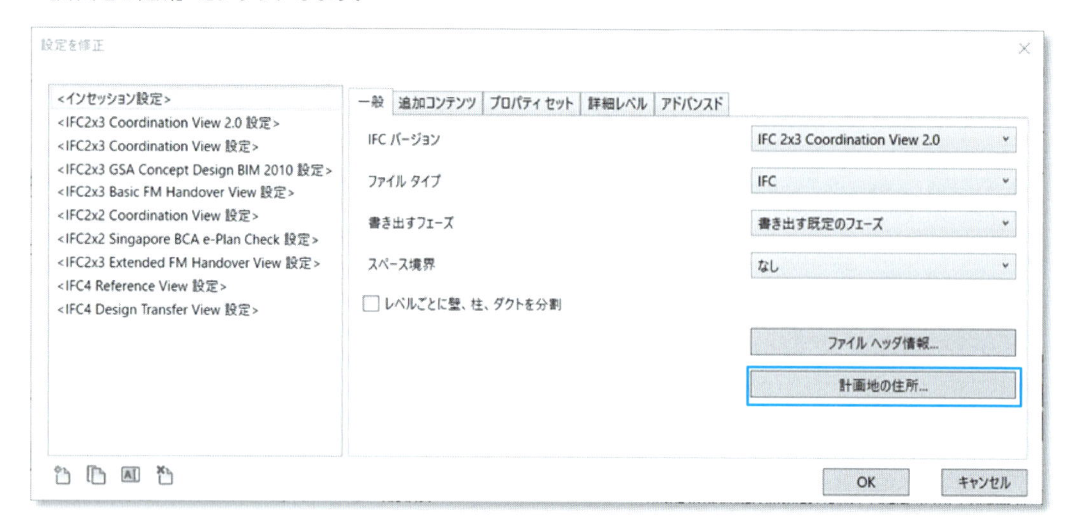

STEP6

［目的］を［ユーザ設定］とし、下記のように入力します。［内部の位置］には、horizontalDatum="JGD2000",verticalDatum="T.P",horizontalCoordinateSystemName="8(X,Y)"］と入力します。

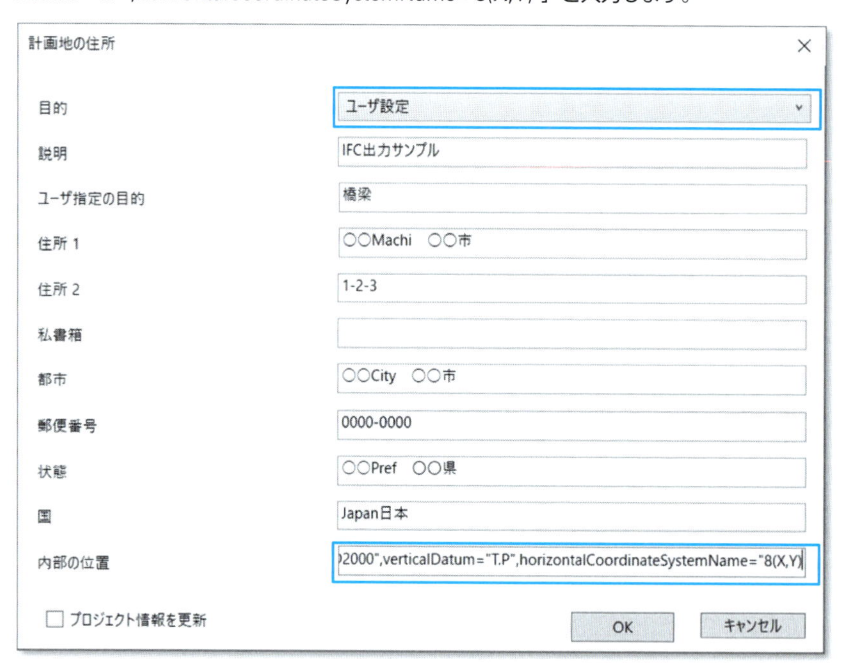

※HorizontalDatum（測地原子）、verticalDatum（鉛直原子）、horizontalCoordinateSystemName（水平座標系）の入力はそれぞれの基準名を用いています。測地原子は日本測定系は［TD］、日本測地系2000は［JGD2000］、日本測地系2011は［JGD2011］となります。鉛直原子には主要河川の基準名（通常は東京湾通常水位の［T.P］）を入力し、水平座標系は直角座標系の［系番号(X,Y)］を入力します。

STEP7

［プロパティセット］タブをクリックし、［Revitプロパティセットを書き出し］、［IFC共通プロパティセットを書き出し］にチェックを入れ、右下の［OK］ボタンを押します。

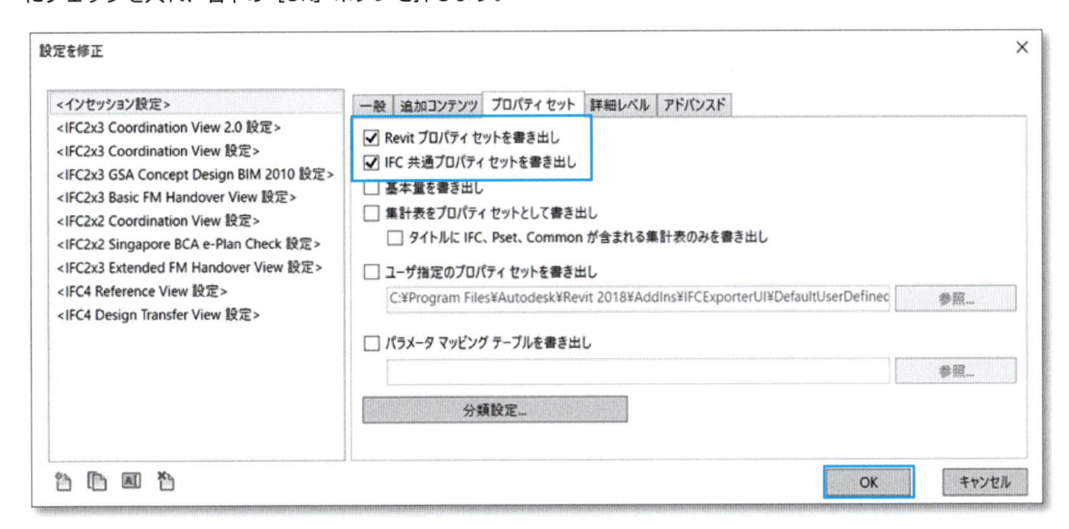

STEP8

［書き出し］ボタンをクリックします

IFC を書き出し
ファイル名: 更後¥20190409¥DateSet¥3章線形モデル¥IFC出力サンプル橋梁.ifc　参照...
現在選択している設定: <インセッション設定>　設定を変更...
IFC バージョン: IFC 2x3 Coordination View 2.0
書き出すプロジェクト:
Sample【線形モデル】.rvt
書き出し設定の指定方法について
書き出し　キャンセル

書き出したIFCファイルを、ブラウザだけで3次元モデルを閲覧できるA360 Viewerで確認することができます。

ブラウザを起動し、URLに https://viewer.autodesk.com/ と入力します。Autodesk IDでサインイン後作成したファイルをアップロードします。下のように形状や属性情報を確認することができます。

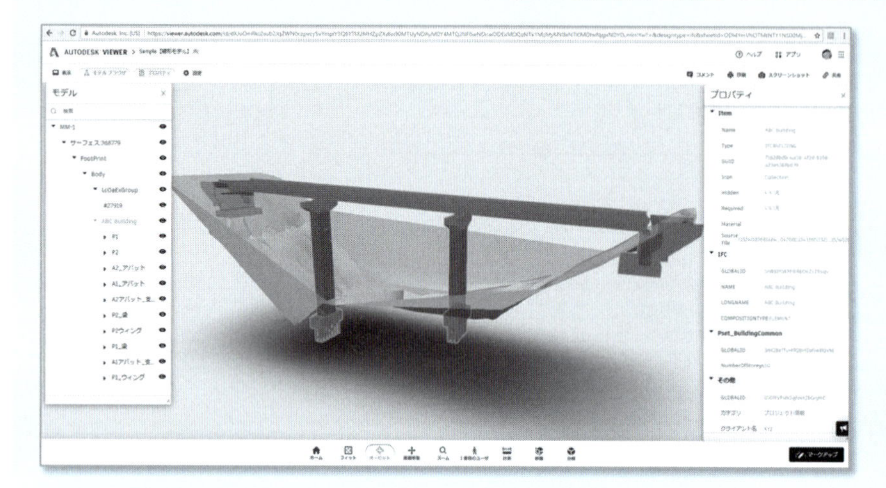

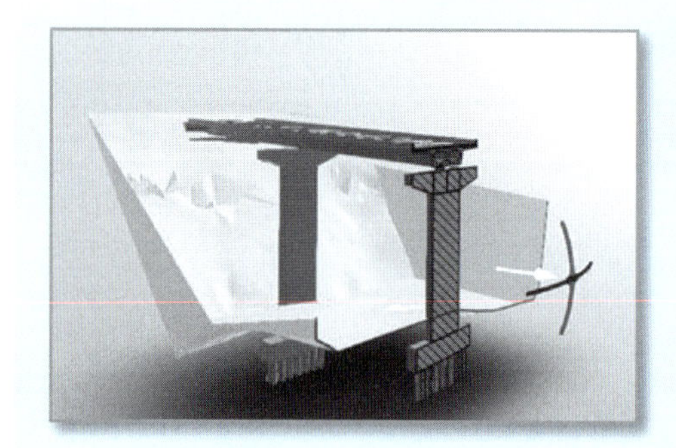

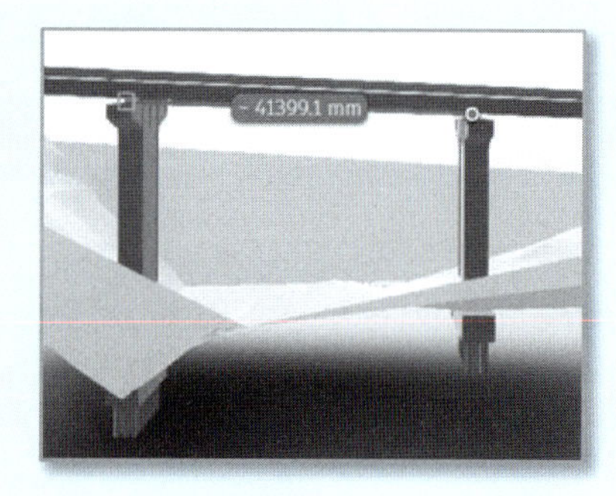

第5章

Autodesk InfraWorks との連携

この章では、Autodesk InfraWorks（以下InfraWorks）で橋梁モデルを作成後、Revitにモデルを送り配筋を行います。

InfraWorksは建設プロジェクトにおける技術者のためのモデル作成、設計検討、プレゼンテーション作成を支援するコンセプトデザインツールです。現況や周辺環境のモデルをさまざまな地図・GISデータや点群などの測量データから構築でき、道路や橋梁、トンネルなどを3次元モデル上でリアルタイムに設計できます。設計データはそのままから3D景観モデルとなり、設計意図をわかりやすく伝えるためのプレゼンデータを作成したり、複数の設計案を同じモデル上で比較検討することができます。

RevitとInfraWorksで連携を行うには、RevitとInfraWorksのバージョンは同じである必要があります。
ここでは、Revit 2019とInfraWorks 2019を使用して連携を行います。

01 InfraWorksからの構造モデルの書き出し

STEP1

デスクトップにあるアイコンをクリックしてAutodesk InfraWorksを起動します。

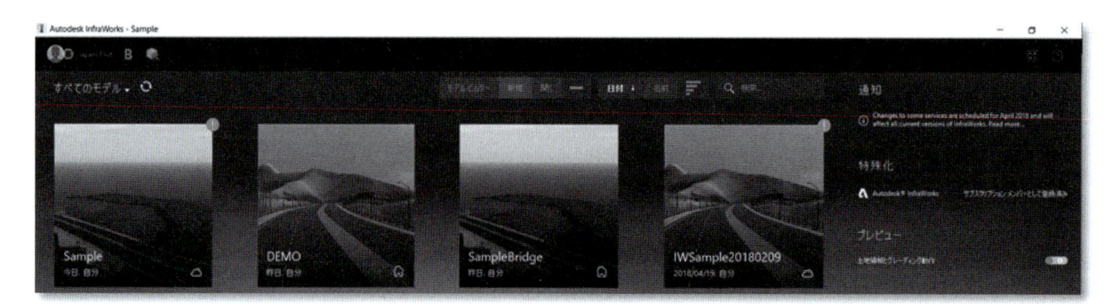

STEP2

サンプルのモデルを開きます。[開く] をクリックします。

STEP3

Datasetの［5章 Autodesk InfraWorksとの連携］フォルダにある、サンプルのモデルSample.sqliteを開きます。

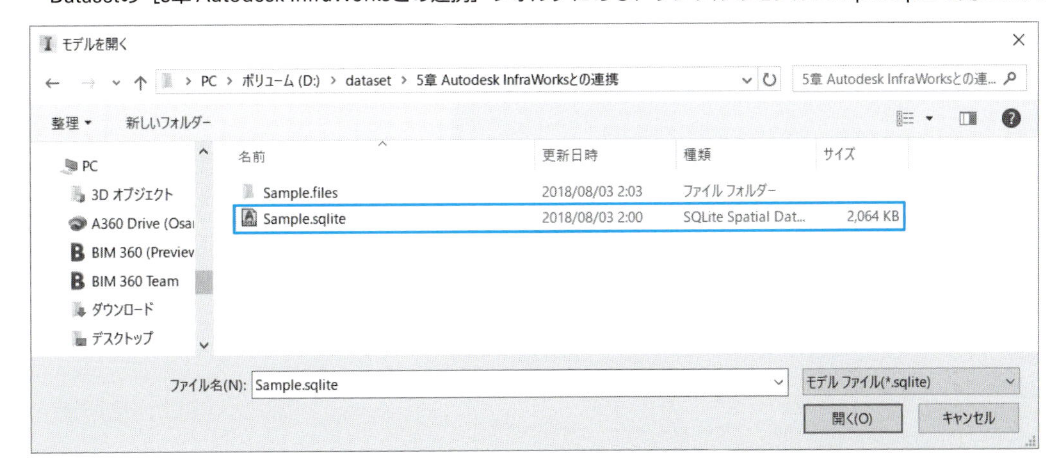

STEP4

このように地形が表示されます。

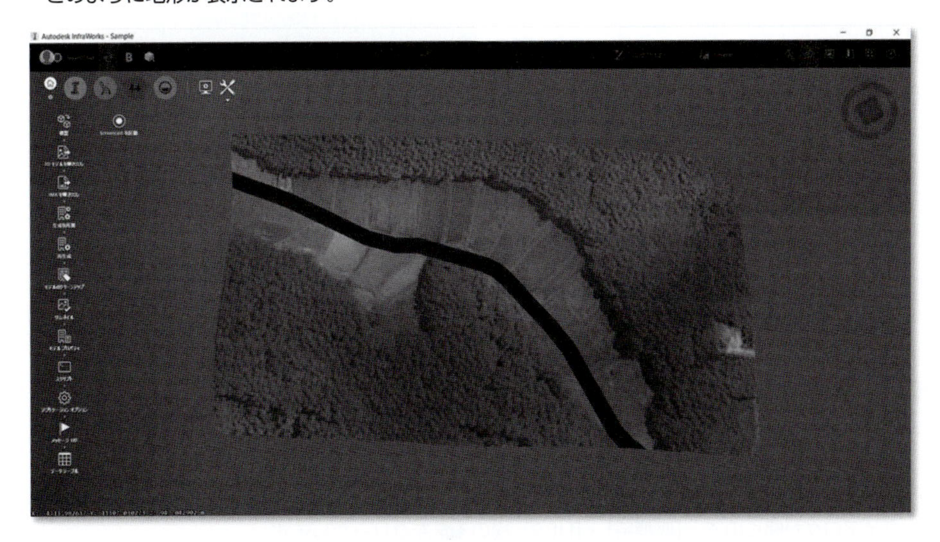

STEP5

マウスの左ボタンを押したまま、マウスを前後に動かして地形の形状を確認します。

STEP6

提案を作成します。右上の［master］をクリックし、［追加］ボタンを押します。

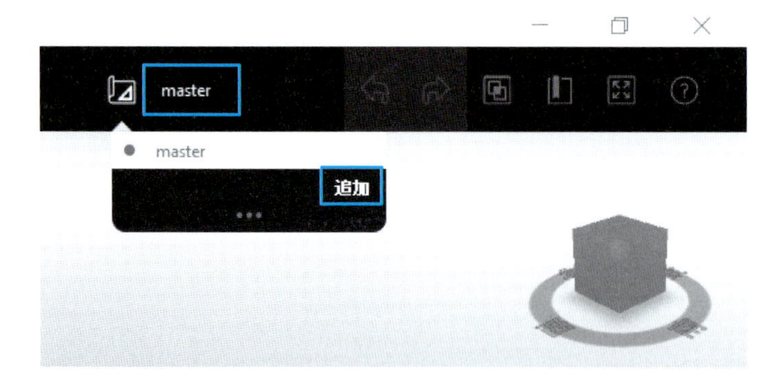

STEP7

新しい提案の名前［Plan1］と入力し、［OK］ボタンを押します。

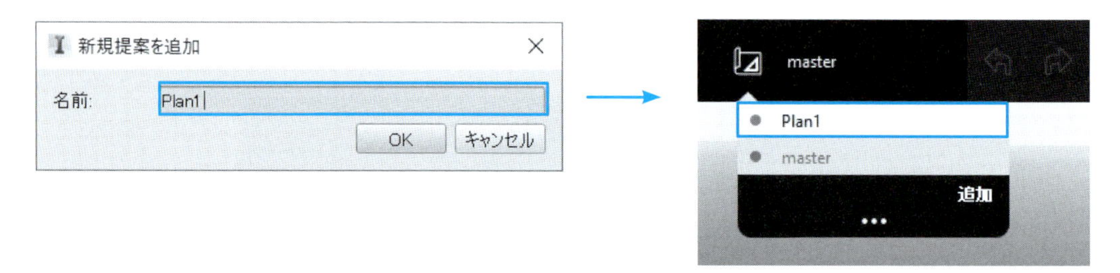

STEP8

モデルに座標系を割り当てます。

［インフラストラクチャモデルを構築、管理、解析］-［モデルを作成して管理］をクリックして をクリックします。

STEP9

［モデルプロパティ］ダイアログが開くので、［座標系］-［UCS］横の をクリックします。

InfraWorksの既定値では、［座標系］-［UCS］は［LL84］に設定されています。

STEP10

座標系を次のように割り当てます。

カテゴリ：Japan - GSI - JGD2011

コード　：JGD2011-08-ITRF08 Japan Geodetic Datum 2011 No.08(Except Shizuoka)

コード［JGD2011-08-ITRF08］をダブルクリックで選択すると、元の画面に戻ります。

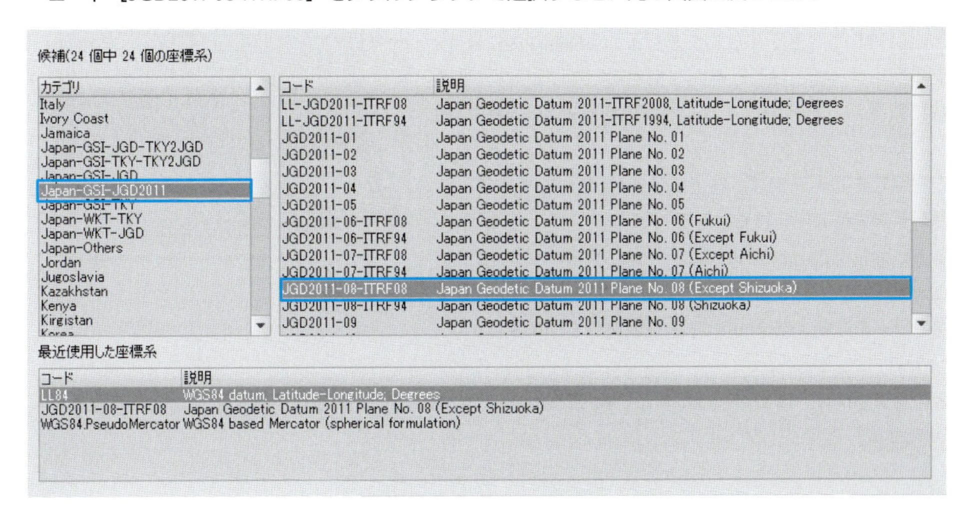

STEP11

このように座標系が設定されたので、下の［OK］ボタンで閉じます。

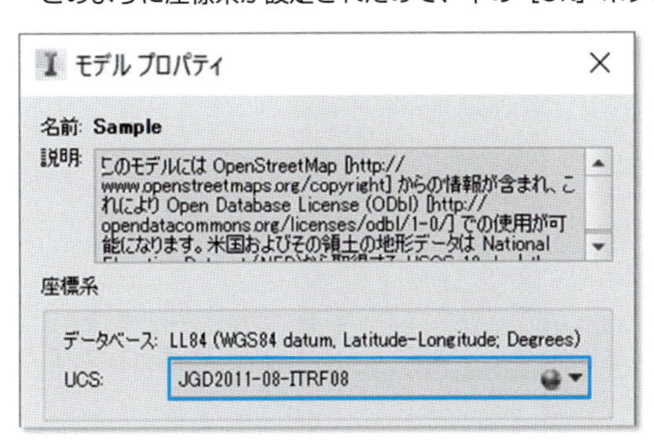

モデルビルダー

Infraworksには「モデルビルダー」という機能があります。モデルビルダーは、住所と範囲を指定するだけで3次元地形と航空写真を一緒に取得し、モデル化することができるとても便利な機能です。

モデルビルダーで利用できるデータは、右上に示す4種類があります。このデータは、次のデータを基に作られています。

地形は、National Elevation Dataset(NED)のデータに基づいて作成され、これにMicrosoft Bing マップのイメージがドレープされています。高速道路、鉄道、建物のデータはOpenStreetMapより取得しています。

モデルビルダーを利用するには、はじめに作成したい範囲を地図上に表示し、モデル名と格納するクラウドの位置を指定して、［モデルを作成］をクリックします。

モデルビルダーで作成したいモデルの範囲を指定します。

下図のようなモデルを作成できます。

対象区域

対象区域には4つの選択方法があります。表示されている地図をそのまま取得することもできますが、一部のみを矩形選択することもできます。

モデル作成は、最大200平方kmまで作成することができます。選択された領域が、これを超えるとモデルを作成することができません。モデルサイズが大きくなるとモデル作成に非常に時間がかかります。ファイルを開くだけでも時間がかかるようになるので、モデルは必要最小限の範囲で作成することをおすすめします。

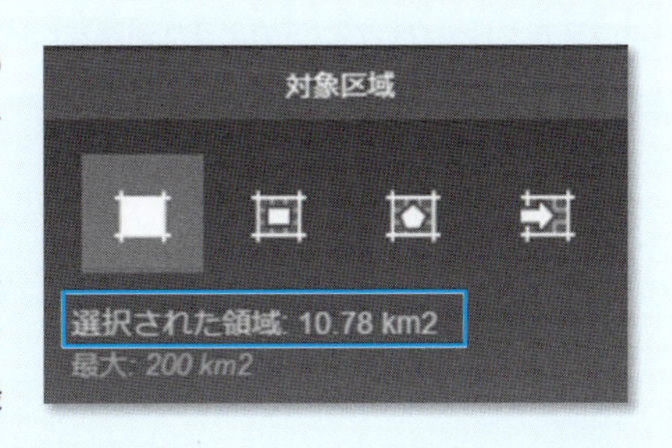

次に道路を作成します。InfraWorksでは道路を作成した後に、橋梁を追加します。

STEP1

［道路を設計、確認、施工］-［道路を設計］-をクリックします。

STEP2

道路のプロパティが表示されるので、作成する道路のスタイルを設定します。

道路に名前を付け、作成方法を［PIに基づいて］に設定します。タイプでは、道路のスタイルを設定します。［アセンブリ］名称をクリックすると［アセンブリを選択］ダイアログが開くので、そこからスタイルを選択します。ここでは、［Four Lane Divided with Sloped Grass Median & Asphalt Shoulder & Decorations］を選択しています。

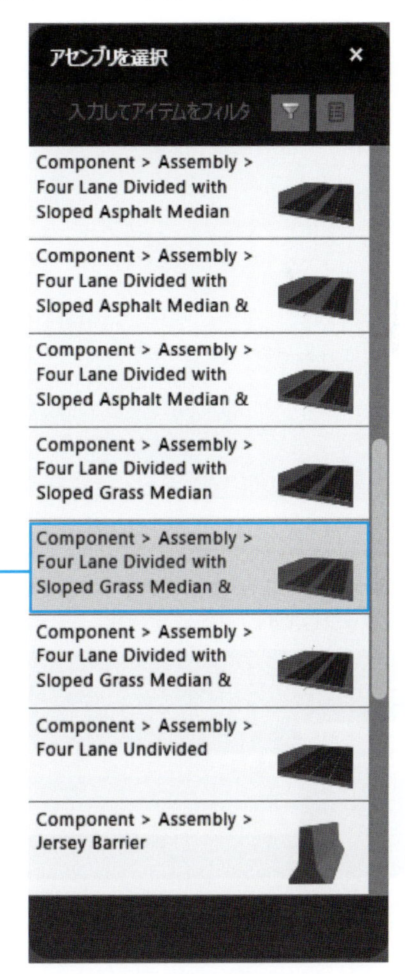

STEP3

マウスでクリックして以下のような道路を作成します。

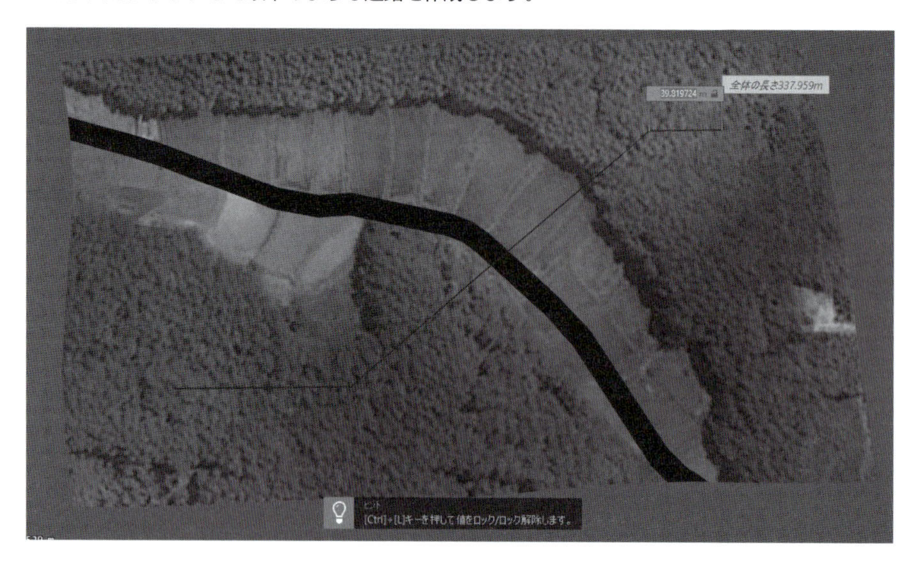

最後は、右クリックで［描画を終了］を選択します。
このように道路が作成されます。

STEP4

道路を選択し、変化点にマウスを重ねます。赤く表示されるので、右クリックで［ジオメトリを変換］-［緩和曲線　曲線　緩和曲線］をクリックします。

このように道路が変わります。

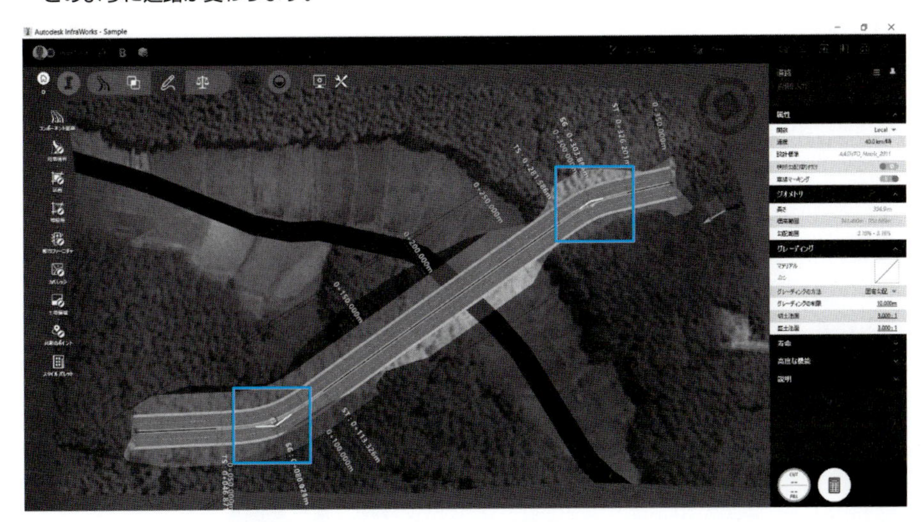

STEP5

形状をさまざまな方向から確認します。

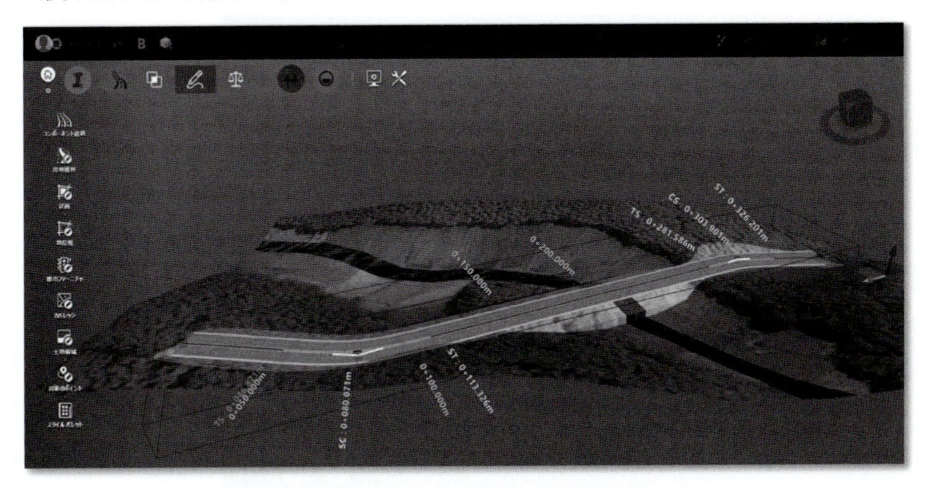

STEP6

道路勾配を確認するため、縦断ビューを表示します。道路を選択して右クリック、［縦断ビューを表示］をクリックします。

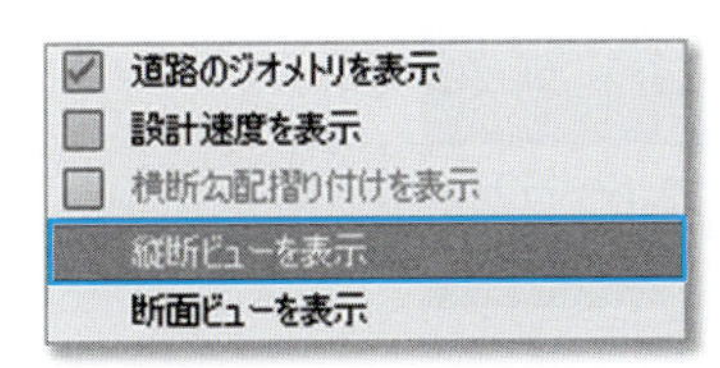

STEP7

［縦断ビュー］が表示されます。

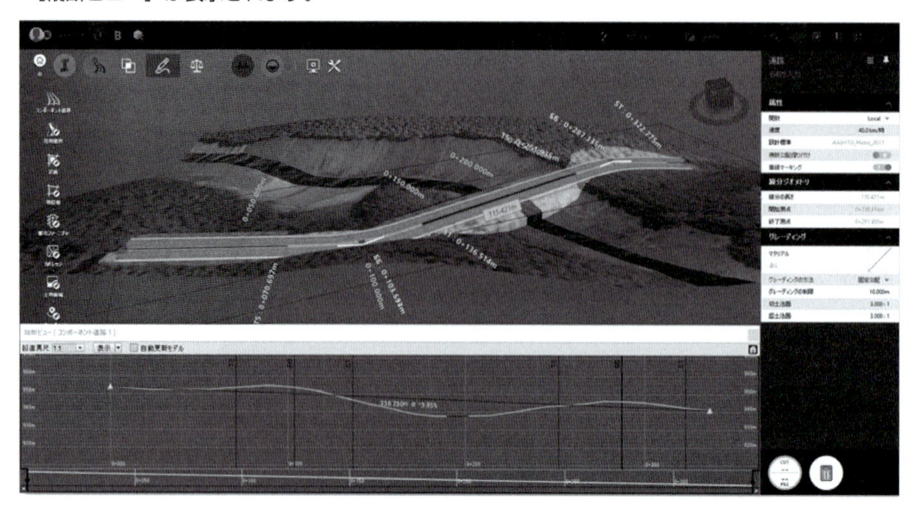

緑色の道路線形上で右クリックし［PVIを追加］で水色の▲［PVI］を追加し、［PVI］の位置をマウスで動かし、下記のように作成します。

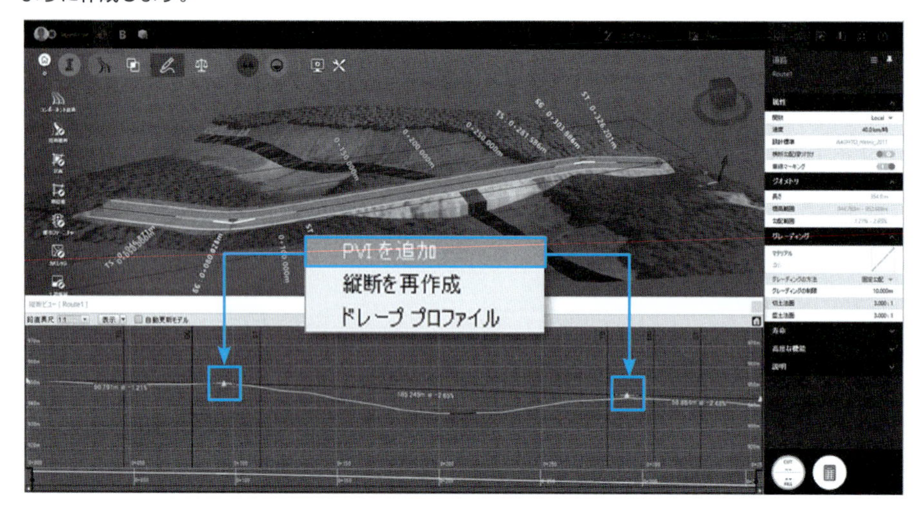

STEP8

橋梁を追加します。道路を選択して右クリック、［構造物を追加］-［橋］を選択します。［スタイルを選択］ダイアログで［Concrete Girder］を選択し、［OK］ボタンを押します。

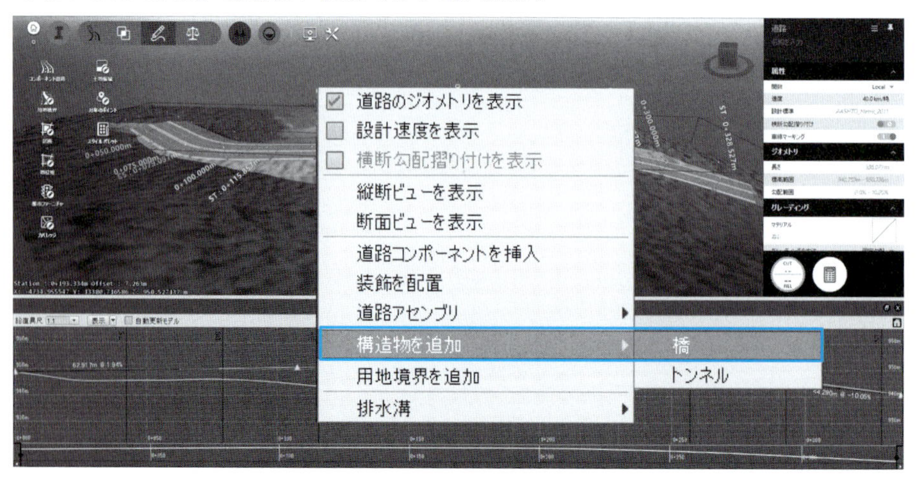

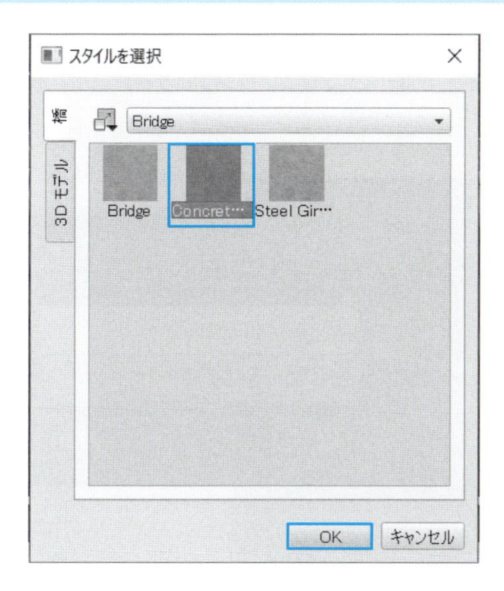

STEP9

橋の始点と終点をマウスでクリックします。

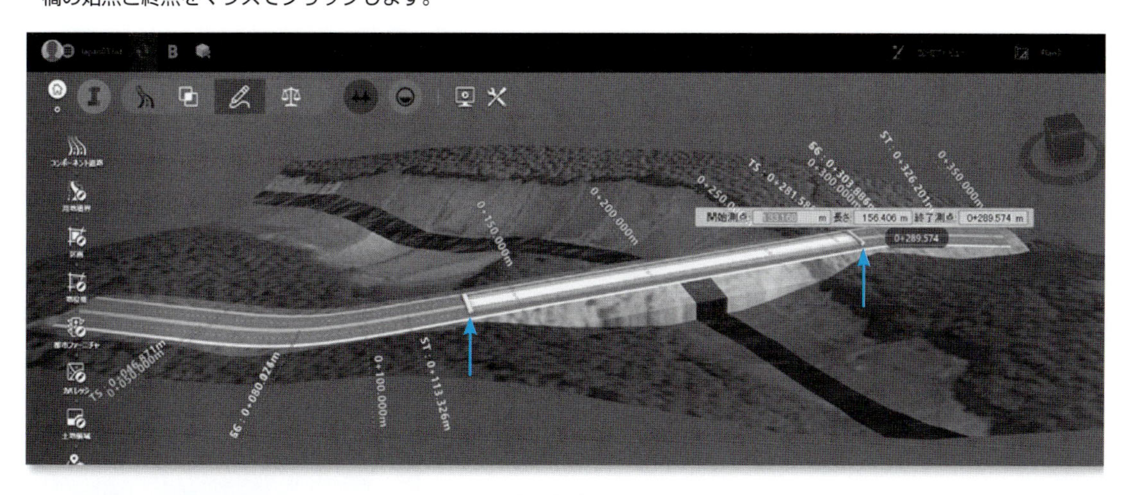

このように橋梁が追加されます。

STEP10

ビューを［コンセプトビュー］から［エンジニアリングビュー］に変更します。［エンジニアリングビュー］では、地下構造物もこのように表示されます。

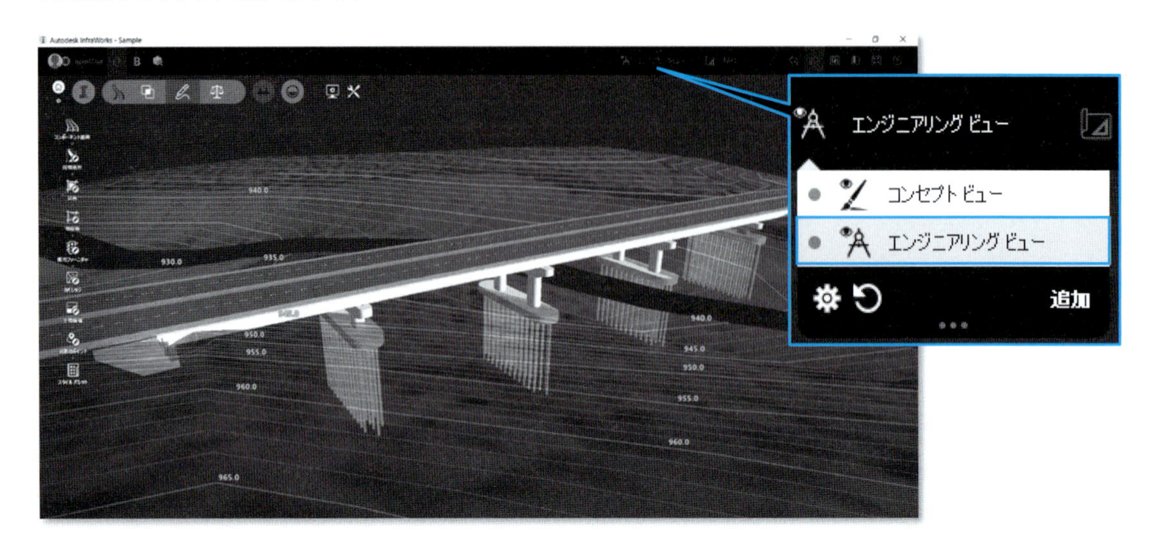

STEP11

橋脚の形状を変更します。

橋脚を選択し、プロパティの値を変更します。

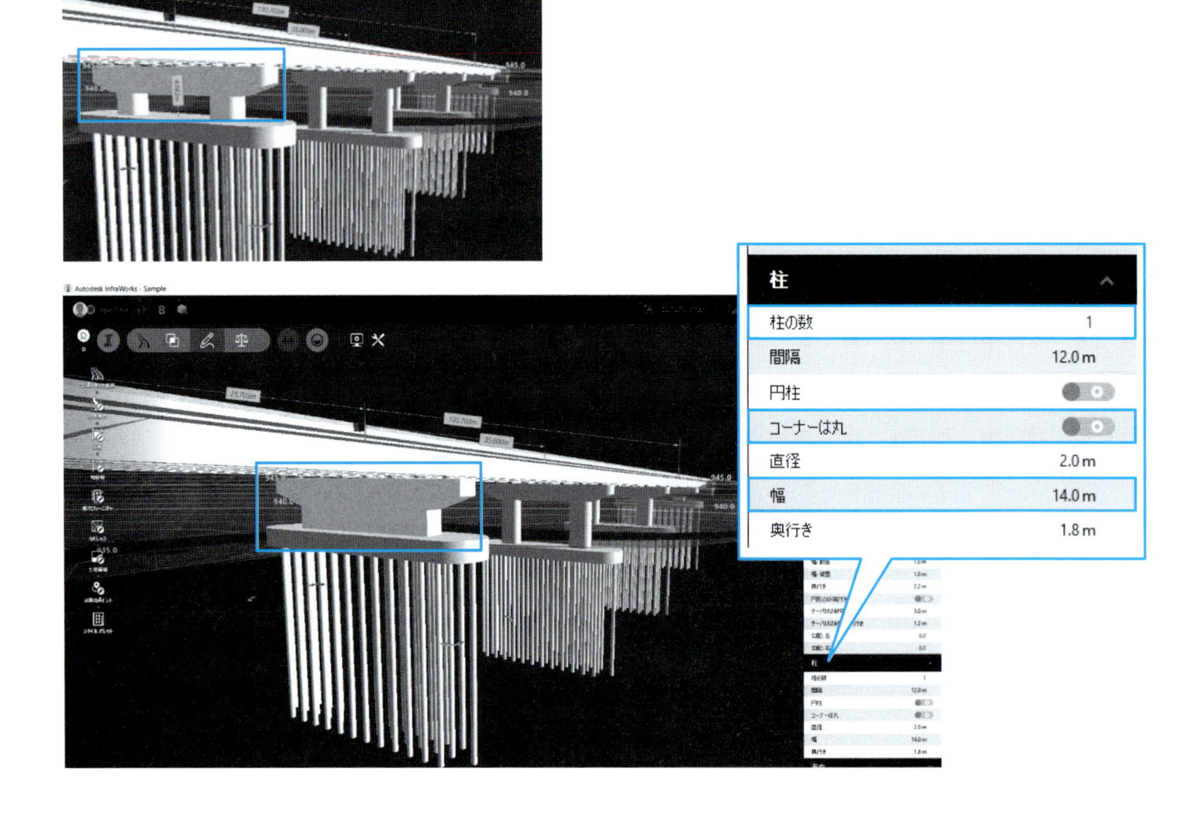

STEP12

他の橋脚にもスタイルを割り当てます。橋脚を選んで右クリックし、[適用先] - [すべての橋脚] をクリックします。

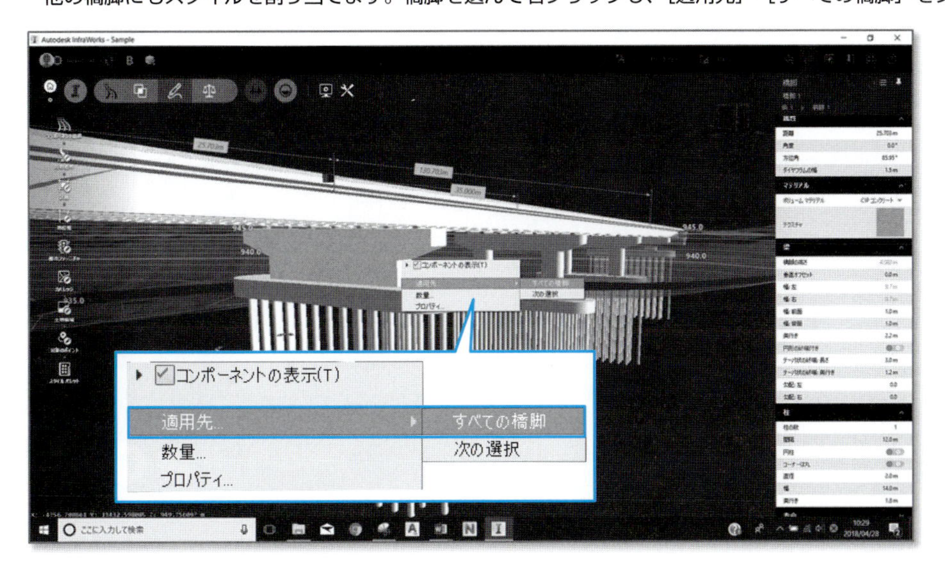

すべての橋脚がこのように変更されます。

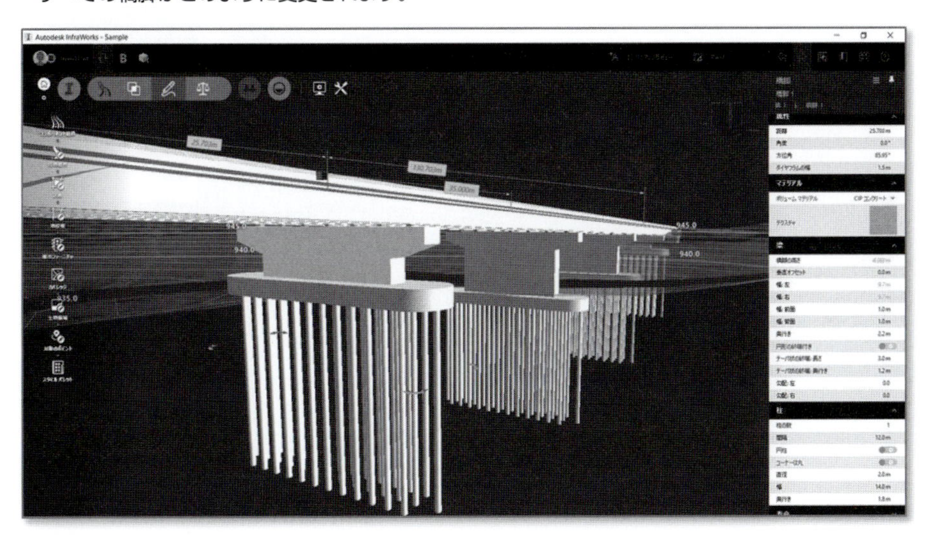

STEP13

橋梁部分のスタイルを変更します。道路を選択して右クリック、[道路アセンブリ] - [アセンブリを置換] をクリックします。

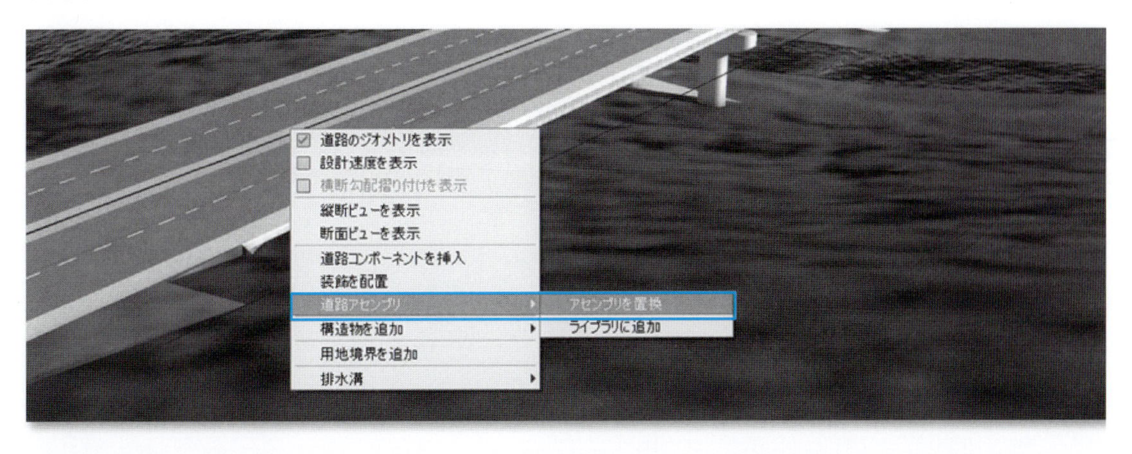

STEP14

［描画スタイルを選択］ダイアログが表示されるので、［Bridge Four Lane Median with Sidewalk］をクリックします。道路上にカーソルを合わせ、スタイルを変更する始点をクリックします。次にグリップを終点まで移動し、最後にダブルクリックします。

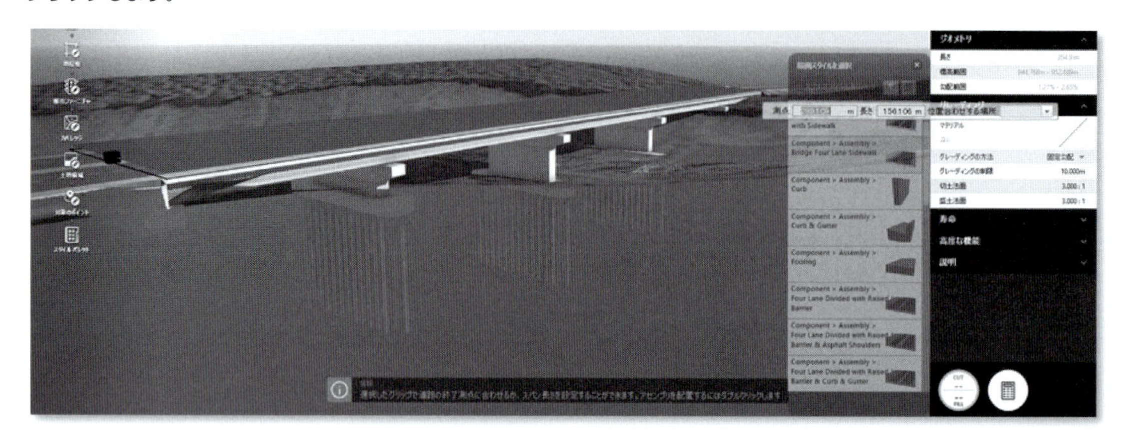

このように、橋梁スタイルが変わります。

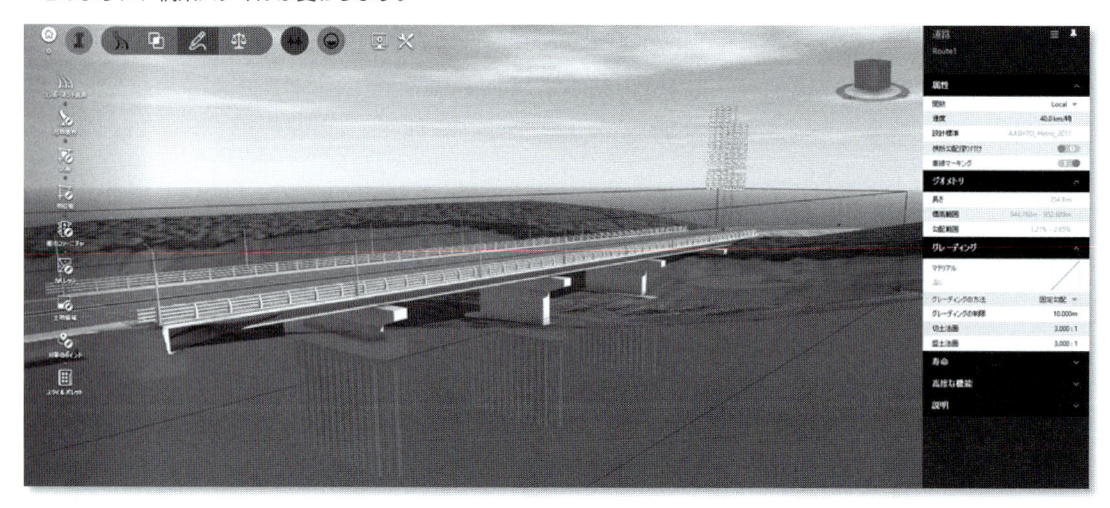

橋梁コンポーネント

InfraWorksには、たくさんの橋梁コンポーネントが用意されています。テキストではパラメータの変更によって橋脚形状を変更しましたが、コンポーネントそのものを作成したり、変更することができます。コンポーネントを利用することによって、自由自在な橋梁形状を作成することができるようになっています。

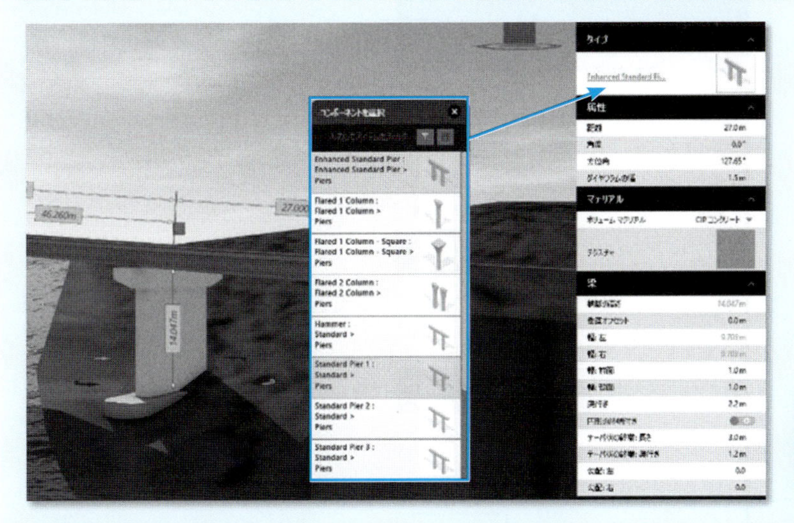

装飾

ガードレールや街路照明など道路や橋梁の付属物などが装飾として多数用意されています。装飾を追加することによって、さまざまなバリエーションの橋梁や道路を作成できます。

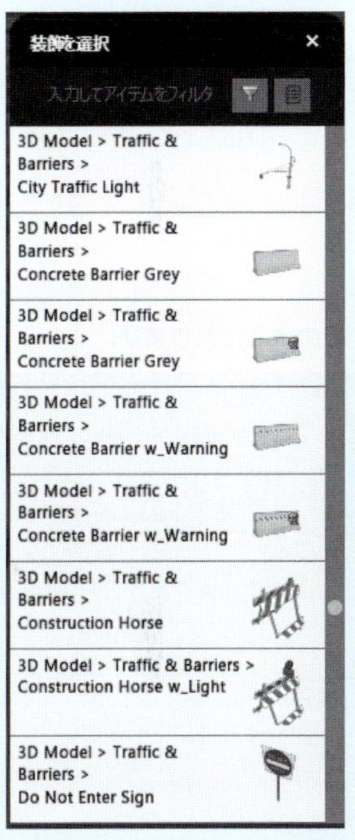

STEP15

道路を選択してグレーディングをグレーディングの値を以下のように設定します。

グレーディングの制限　100m
切土法面　1 : 1
盛土法面　1 : 1

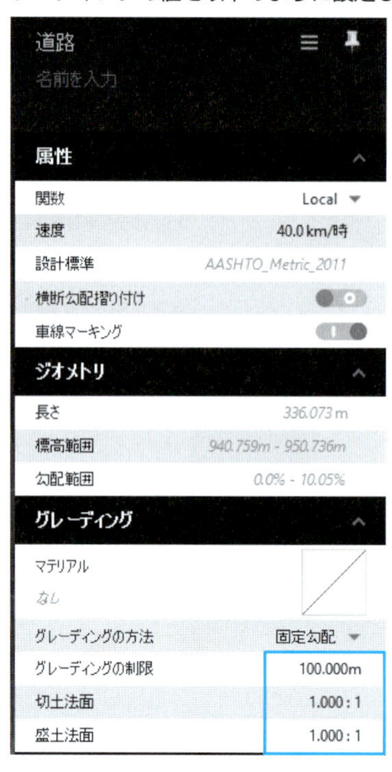

このようになります。

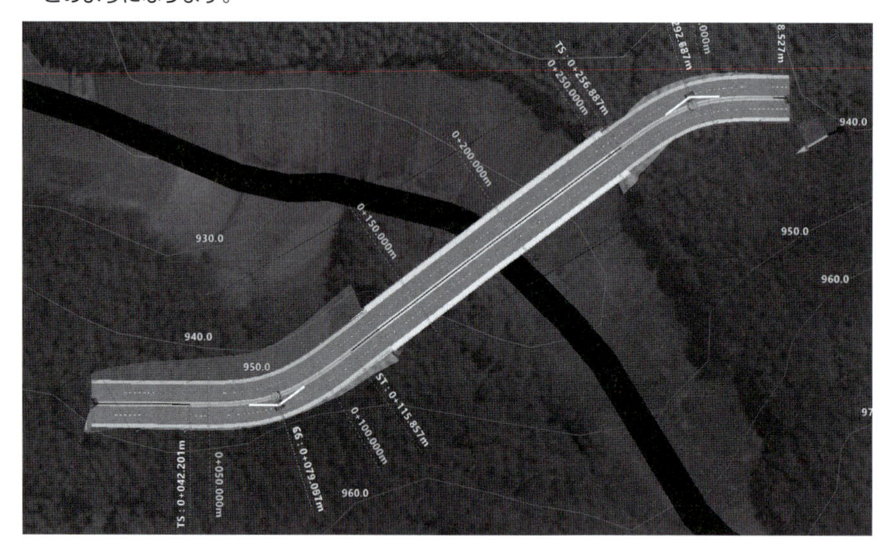

InfraWorksで作成した橋梁をRevitに構造モデルとして送信します。

STEP1

橋梁を選択し、右クリックで［Revitに送信］-［新規作成］を選択します。
※下部工をクリックすると橋を選択できます。

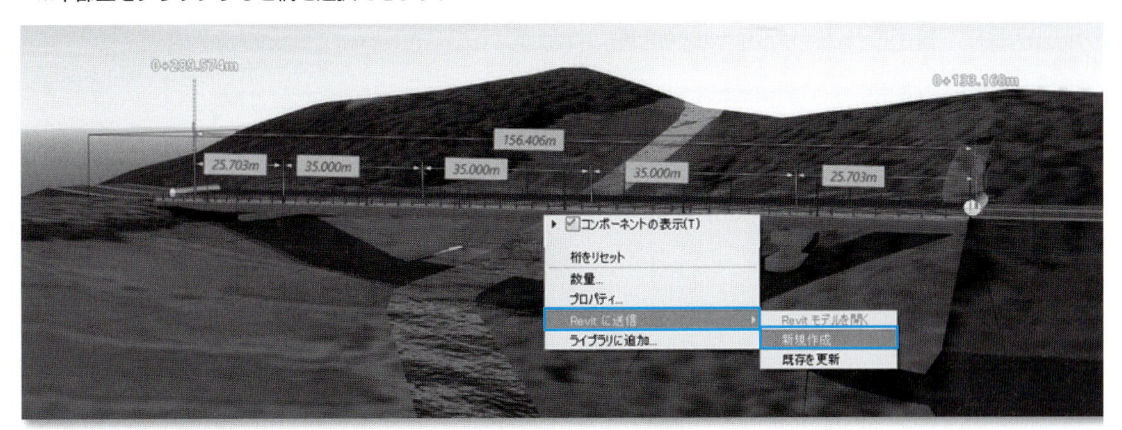

STEP2

ファイルの書き出し先と［Revitのプロジェクトのテンプレート］を選択し、［作成］ボタンを押します。

［Revitのプロジェクトのテンプレート］は5種類用意されています。
一度書き出した橋梁は、InfraWorksで変更をしたのちに再度書き出す際に［Revitモデルを開く］を選択すると、先に書き出したRevitoモデルをアップデートすることができます。

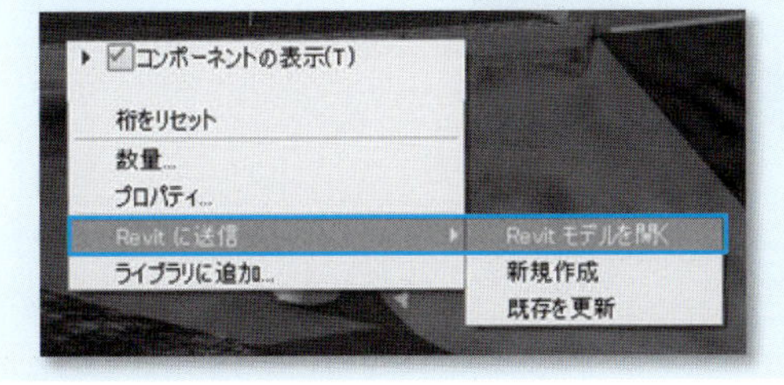

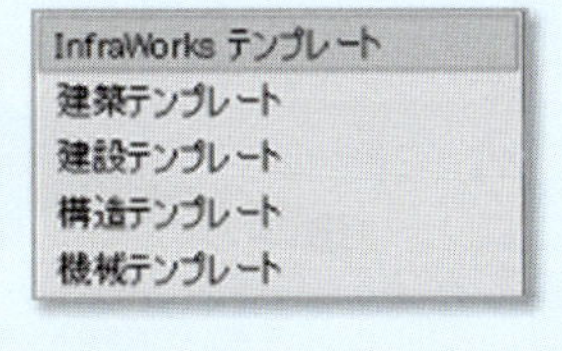

STEP3

画面が暗くなり、書き出しが始まります。

16% 参照 Inventor パーツを書き出しています
キャンセル

02 Revitでの構造モデルの読み込み

Revitが起動し、書き出されたモデルがこのように表示されます。

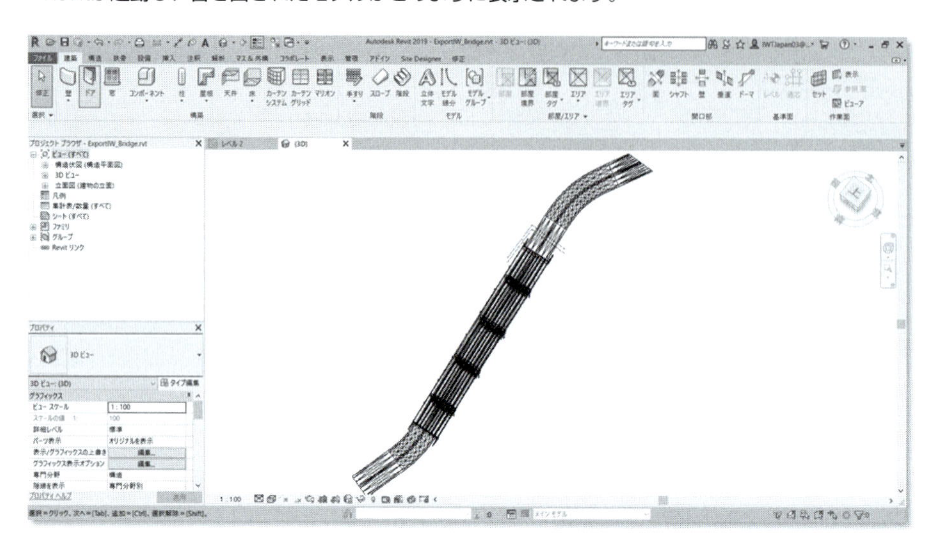

3Dビューにすると、このように表示されます。表示を変更してモデルを確認します。

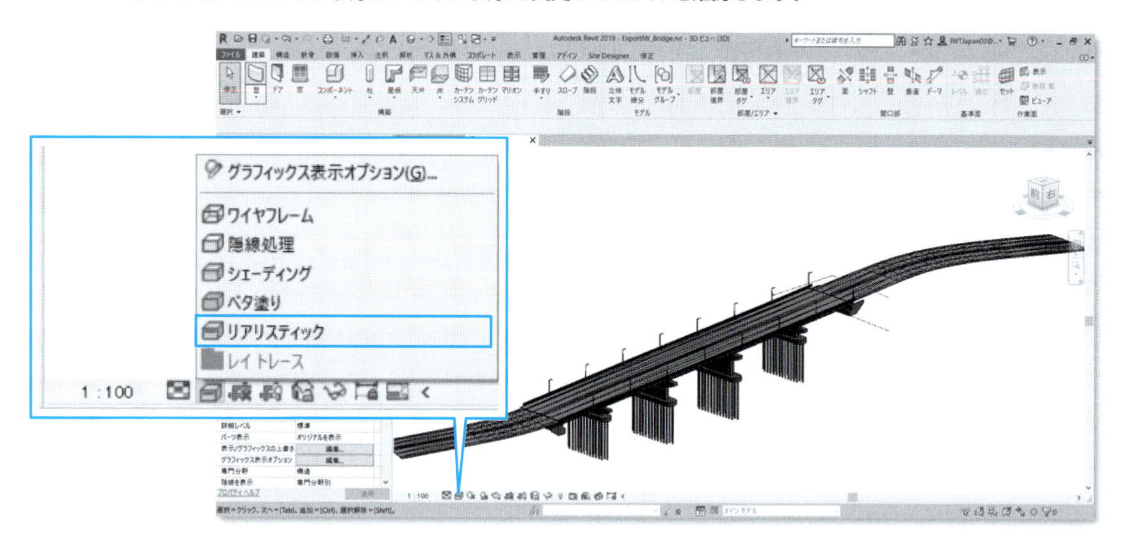

InfraWorksから書き出されたモデルへの配筋

Revitでは、InfraWorksから書き出されたモデルから図面を作成したり、配筋を作成することができます。詳しくは 2 章および 3 章を参照ください。3 章で実習したように、断面を作成して、配筋することもできますが、[フリーフォームの鉄筋を配置] ツールを使用すると3Dビューのまま配筋を行うことができ、可変長の鉄筋もスムーズに配置することができます。たとえば梁の側面2面と上面をホストサーフェスとし、開始・終了サーフェスを左右それぞれの端部の面と設定すると、下記のような配筋が作成できます。

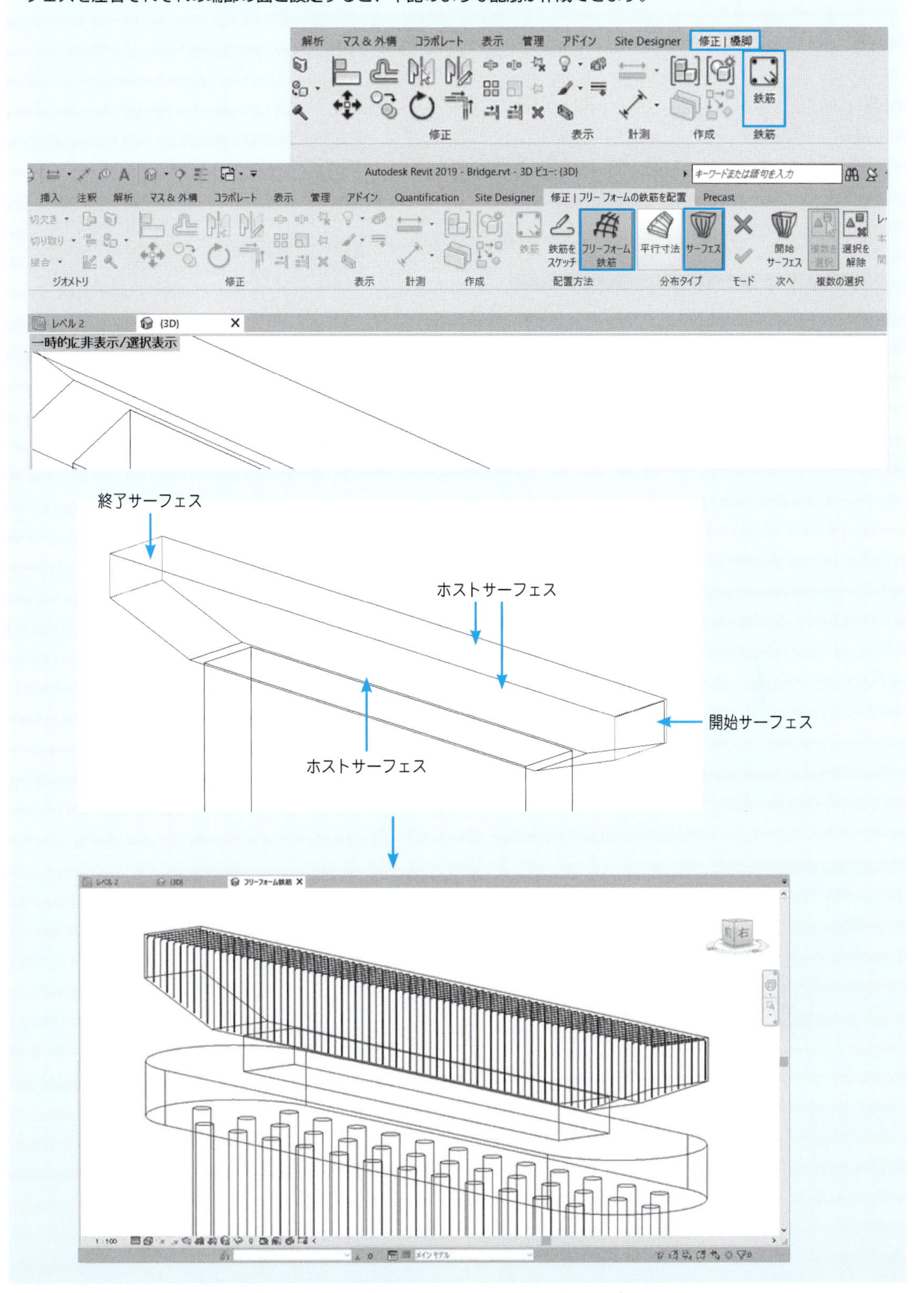

第6章 その他の便利な機能

01 Site Designer

Site Designerは、外構の地形を作成するRevitの拡張機能です。地形を作成し、舗装、駐車場、車道、歩道、擁壁をモデリングすることができます。Site Designerは、英語版のみ提供されています。

この操作には、Revit2019の拡張機能であるSite Designerを別途インストールする必要があります。ダウンロードとインストール手順については、「本書で使用しているソフトと拡張機能」の「ダウンロードとインストール」を参照してください。

Import/Export

LanxXMLデータの読み書きをします。

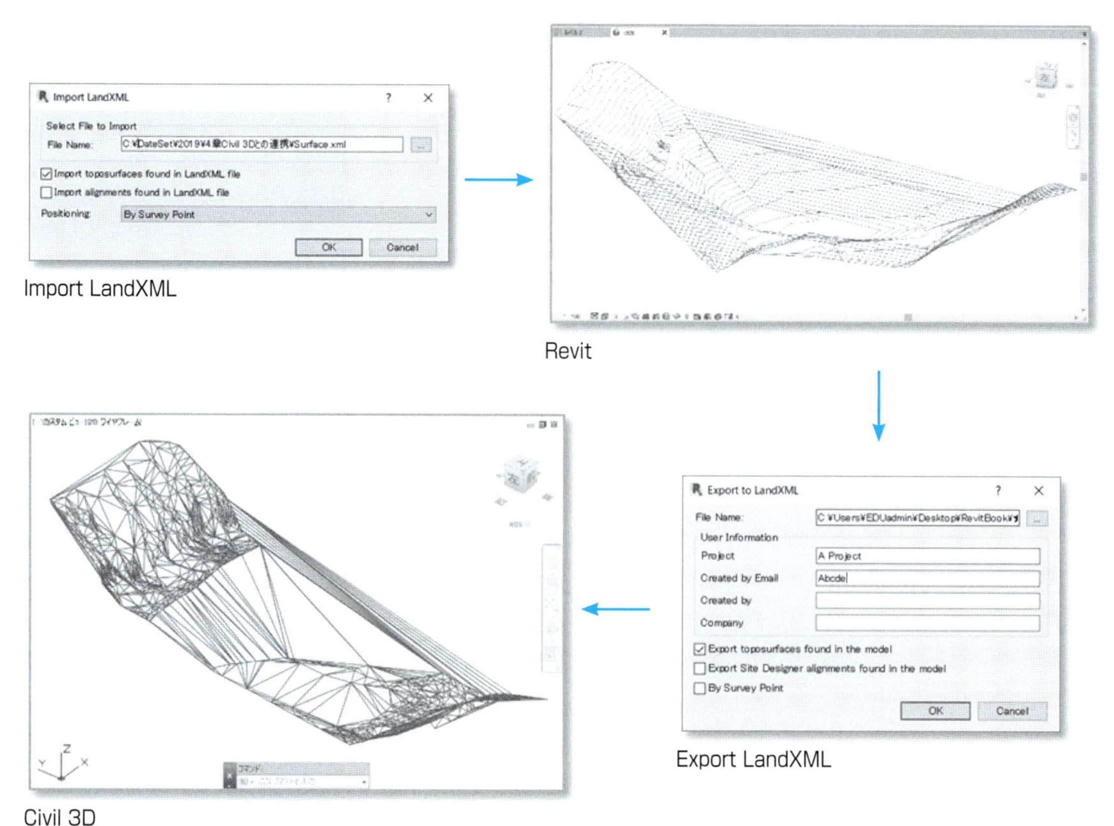

Import LandXML

Revit

Export LandXML

Civil 3D

Convert

Revitで作成した地形を［Site Designer］で使用するには、地形を複製してマスター平面図を作ります。［Set Base Toposurface］で、現況地形を複製し、［Toposurface Conversion］で、マスター平面図を作成します。

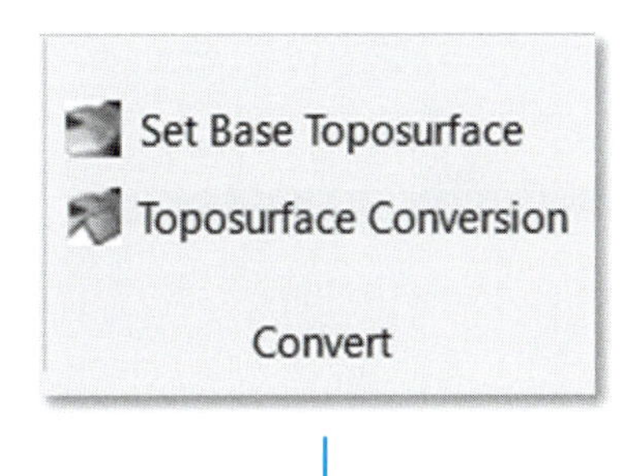

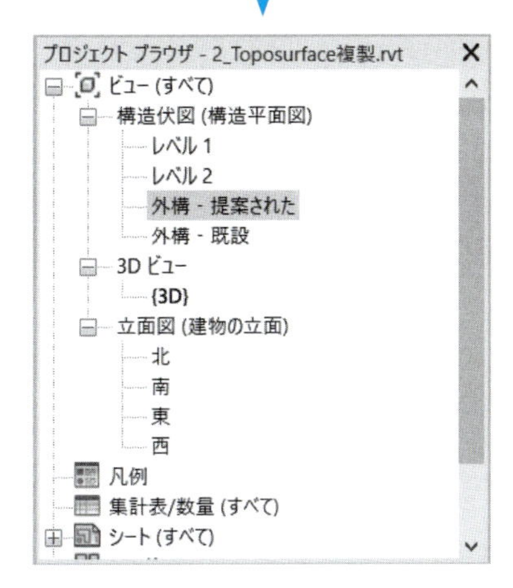

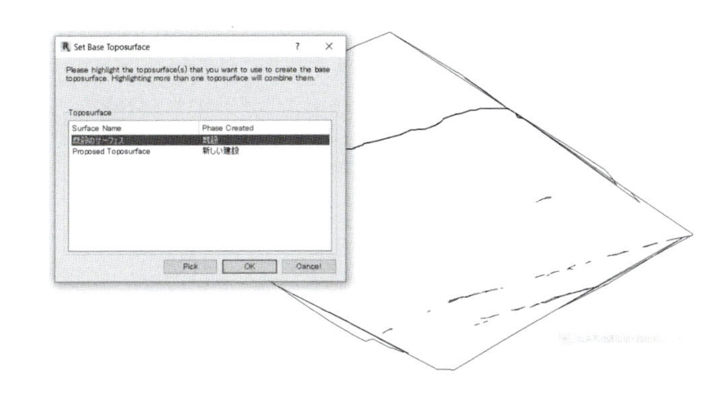

LocateとModify

Site Designer要素は、［Locate］で作成し、［Modify］で作成した要素の変更や修正を行います。

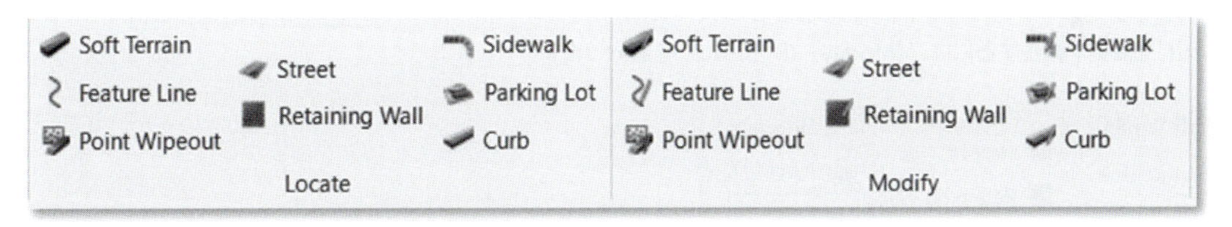

ここでは［Curb］（縁石）を追加する手順を紹介します。
モデル線分で追加したい地形形状を作成し、［Locate］で［Curb］に追加します。

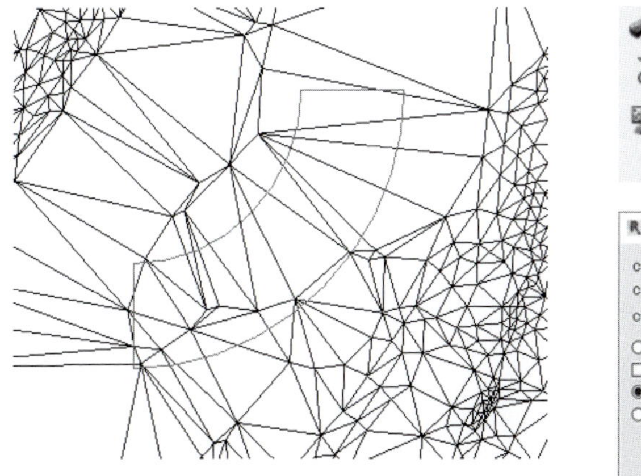

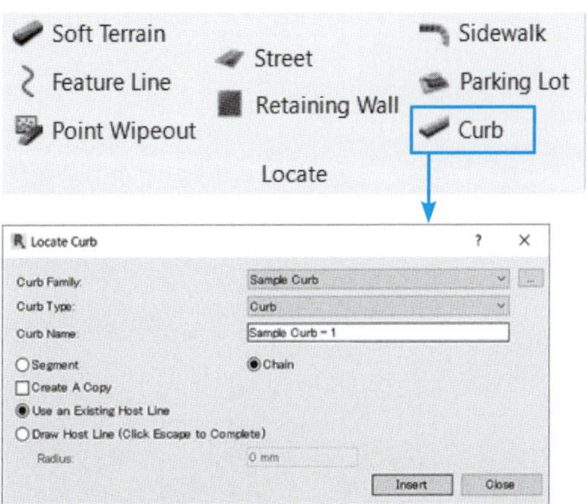

［Curb］を配置するサーフェスを選択します。

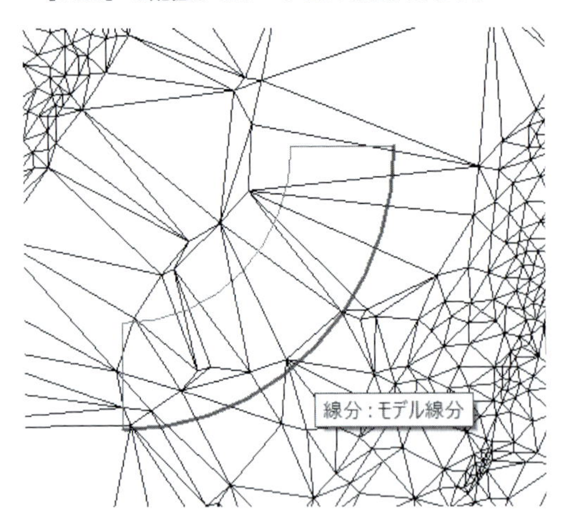

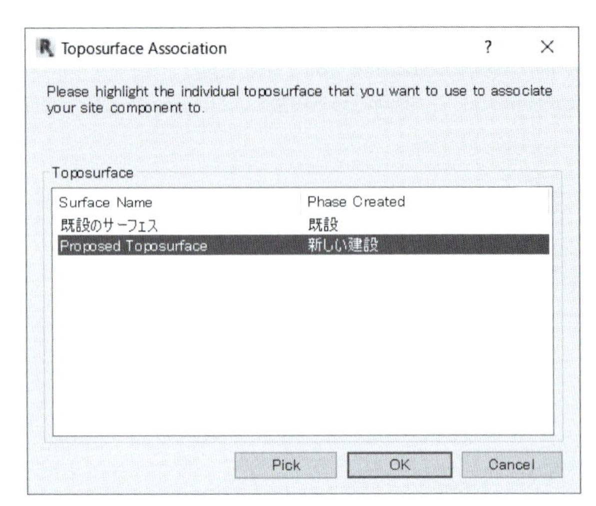

［Proposed Toposurface］に［Curb］が追加されます。

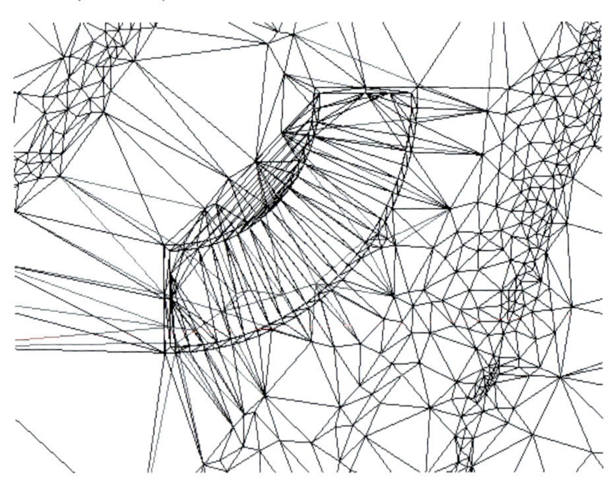

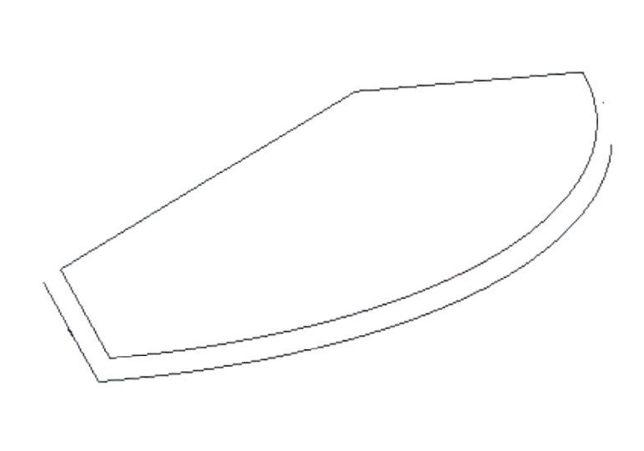

［Curb］を変更や修正するには、［Modify］の［Curb］を選択します。

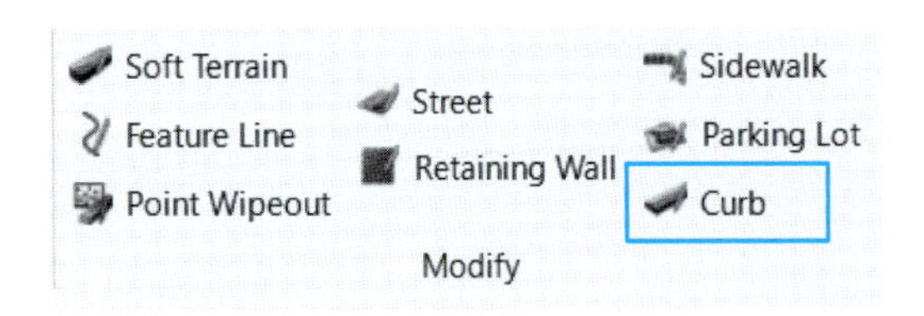

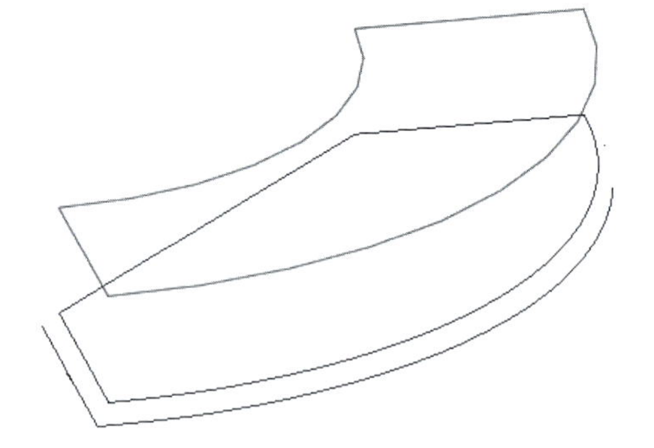

［Modify Curb］ダイアログから編集に使う機能を選択して［Apply］を押します。

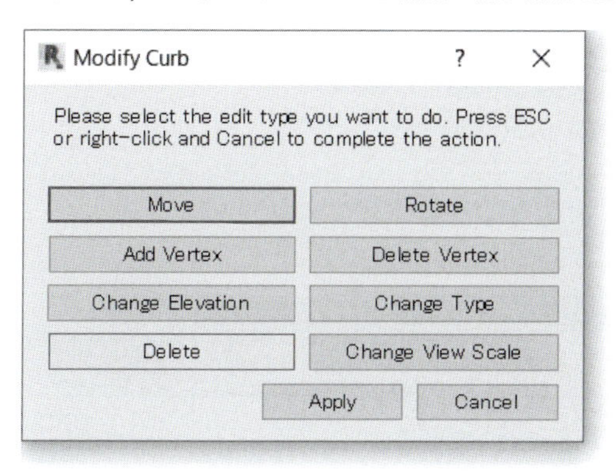

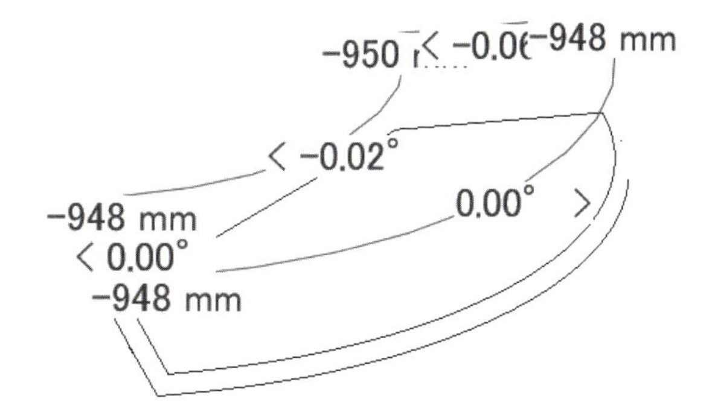

Reports

［Annotate］では、選択した項目を文字列として表示する3Dアノテーションの表示設定を行います。

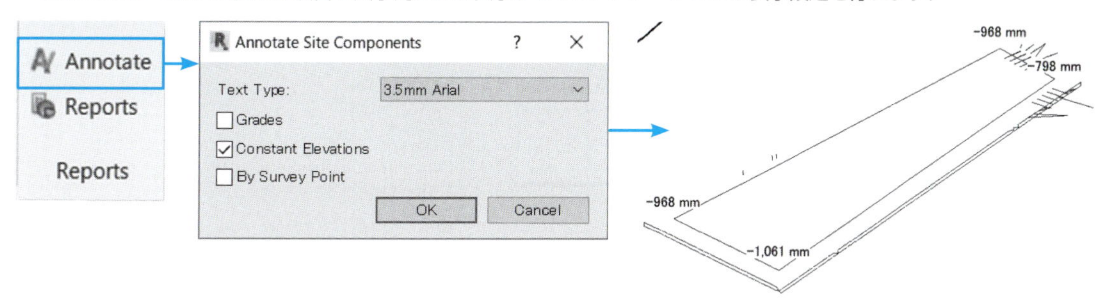

［Reports］では、選択した要素の数量などの情報を書き出します。

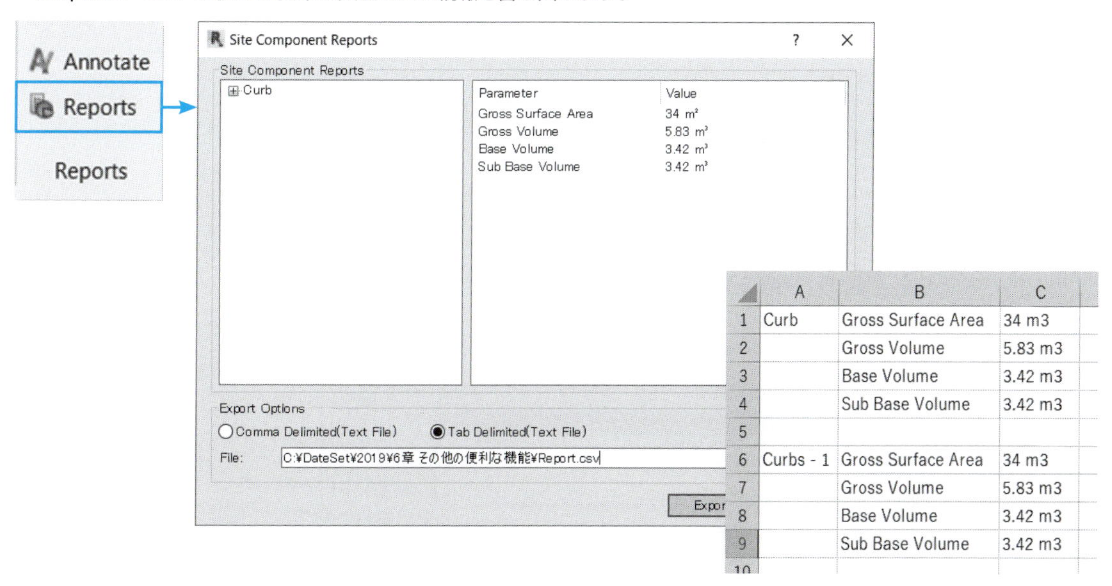

CSV書き出し後、一部文字を修正する必要がある場合があります

Family Managers

SiteDesignerで使うファミリは、あらかじめ［Family Managers］からダウンロードします。

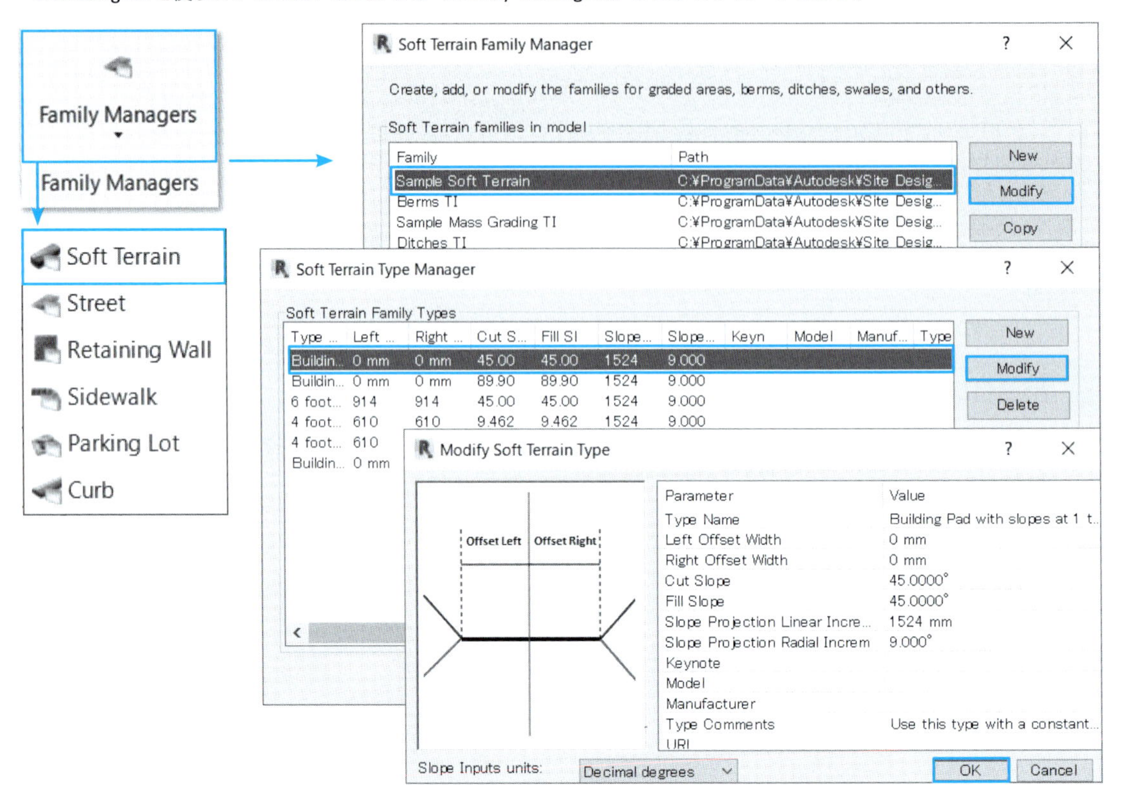

このように、ファミリが選択できるようになります。

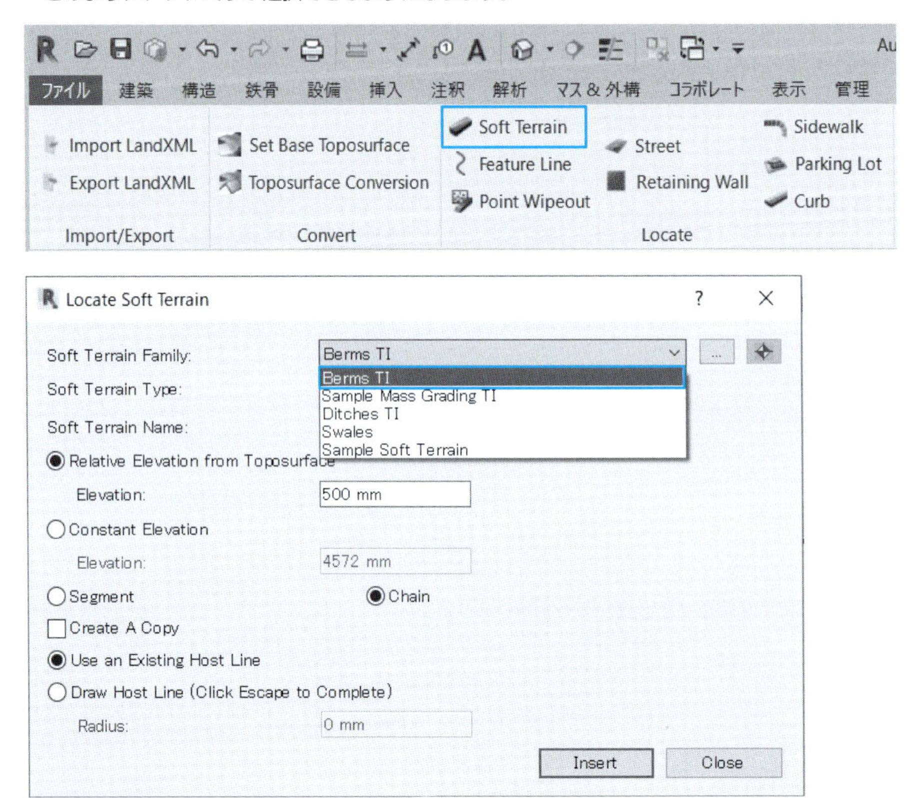

Settings

［Settings］は［SiteDesigner］のさまざまな設定情報を確認、修正します。［About］には［Site Designer］のバージョン情報が記されています。

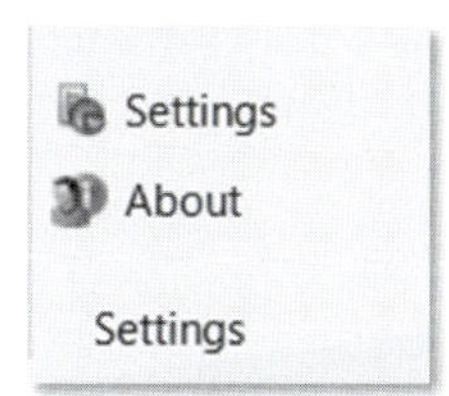

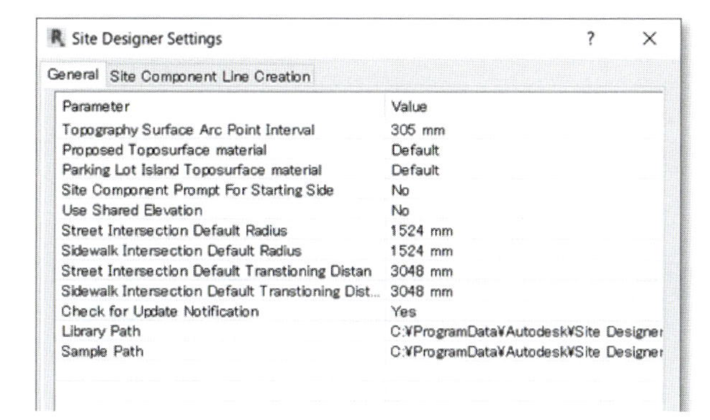

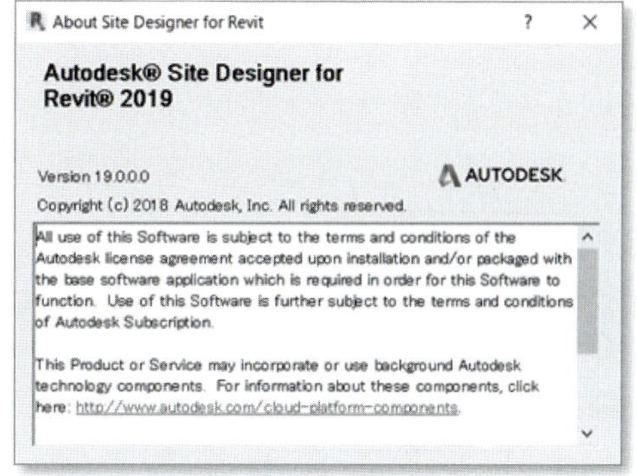

02 フェーズ

フェーズを利用して、プロジェクトのモデルを作業工程や段階に分けて表現したり、フェーズによる分類を集計表作成時に利用することができます。ここでは、工程計画の策定を行います。完成形データは、[DataSet] - [2019] - [6章 その他の便利な機能] - [フェーズ] フォルダのSample[フェーズ]完了.rvtファイルです。

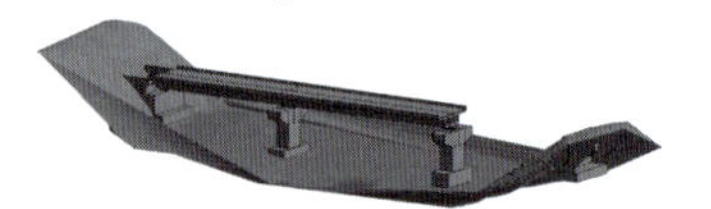
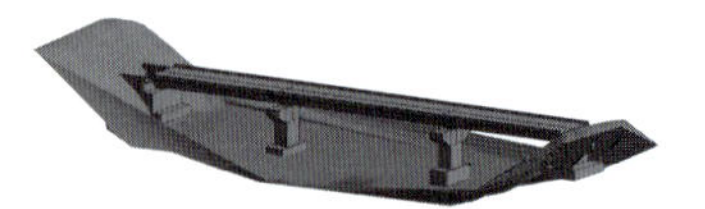

パーツを分割

フェーズ作成時、パーツを分割する必要がある場合は、[パーツを分割] ツールを使用してください。オブジェクトを選択、[修正 | 構造フレーム] タブ - [作成] - [パーツを作成] でオブジェクトを分割することができます。

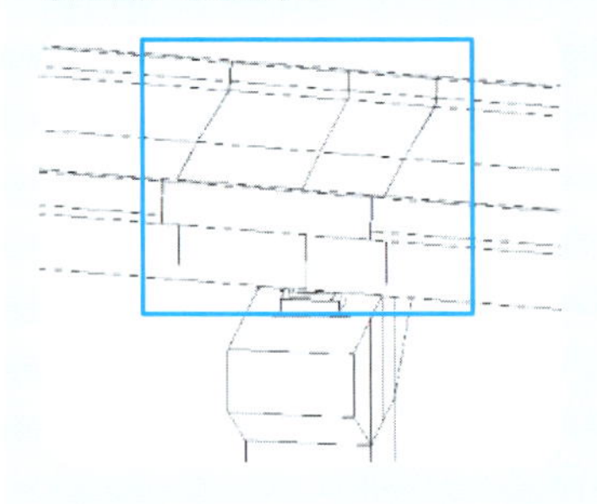

STEP1

[6章 その他の便利な機能] - [フェーズ] フォルダのSample[フェーズ].rvtファイルを開きます。[管理] タブ - [フェーズ] - [フェーズ] をクリックします。

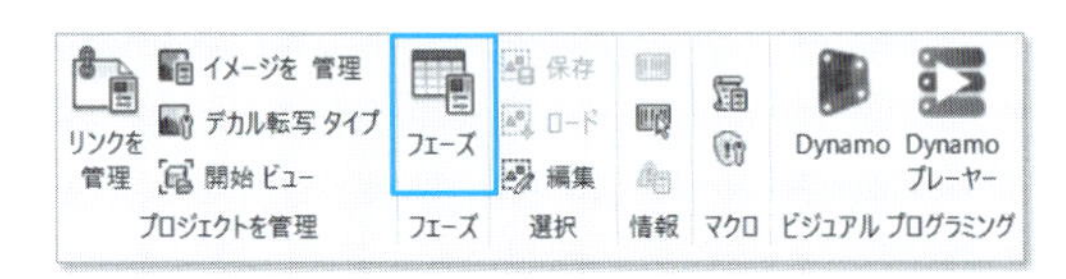

STEP2

読み込んだモデルを、以下のように分類して、Surface→Abut1→Pier1→Pier2→Abut2→Deck1→Deck2→Deck3の順に施工するものとします。

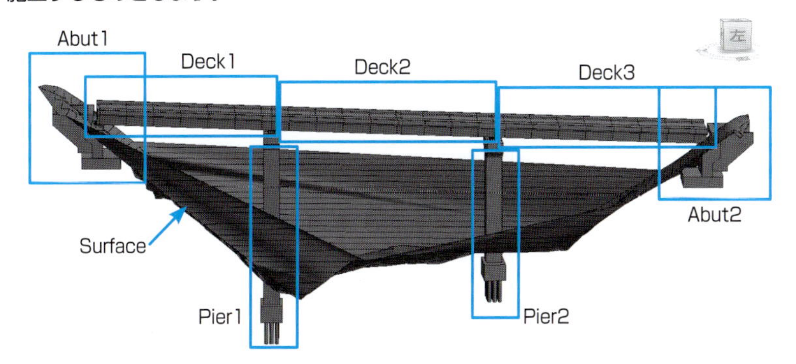

［フェーズ作成］ダイアログが開きます。［後に］のボタンを押して新たに項目を追加❶し、名前を変更します。［フェーズ1］は、［Surface］に名前を変更❷します。続いて下図にあるようにAbut1からDeck3まで挿入します。最後に［OK］ボタンでダイアログを閉じます。

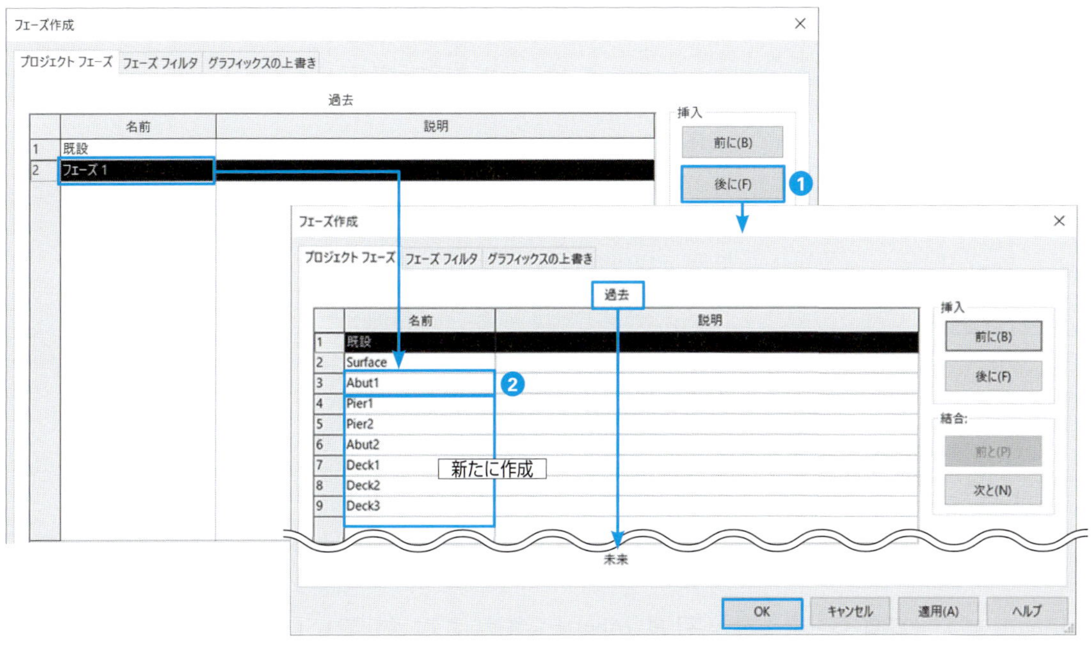

STEP3

ビューを［3Dビュー］に変更します。分類ごとにオブジェクトを選択し、［プロパティ］-［フェーズ］-［構築されたフェーズ］で［フェーズ］を選択します。全てのオブジェクトにフェーズを割り当てます。

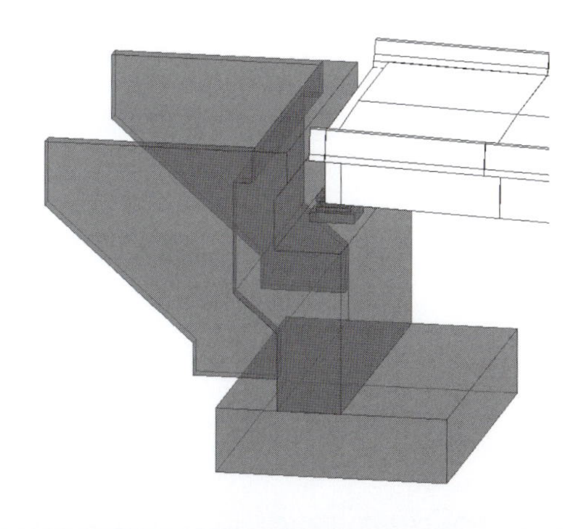

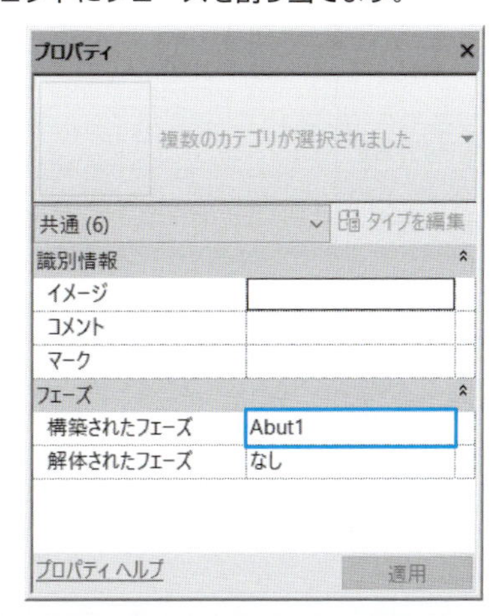

STEP4

［プロジェクトブラウザ］-［3Dビュー］-｛3D｝を右クリックし［ビューを複製］-［複製］をクリックします。8つ（フェーズの数）のビューを複製します。

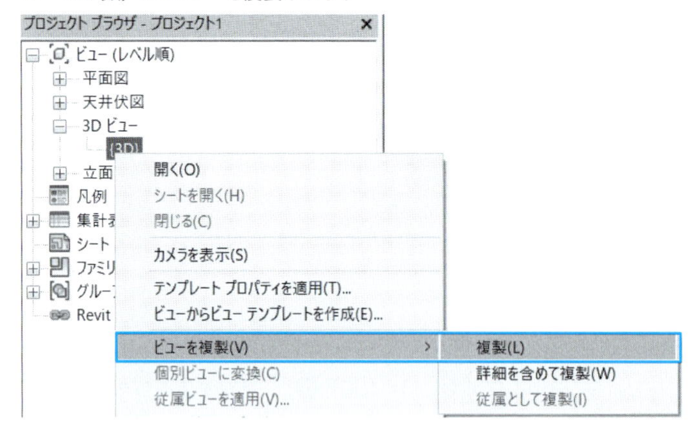

STEP5

複製したビューの名前をSTEP2で設定したフェーズの名前にそれぞれ変更します。

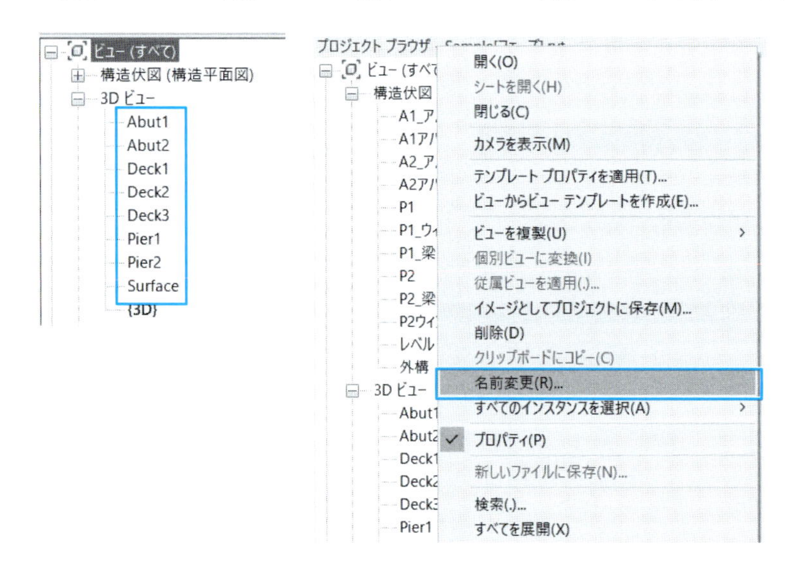

［Abut1］ビューのプロパティで［フェーズ］は［Abut1］に変更します。それぞれ、ビューの名前に合わせてプロパティの［フェーズ］を変更し、［フェーズフィルタ］を［完全表示］に変更します。

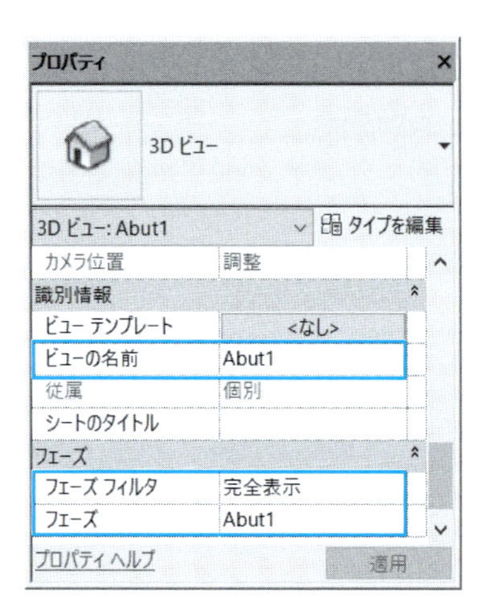

フェーズフィルタ

フェーズフィルタの初期値は［すべて表示］になっています。フェーズフィルタが［すべて表示］の場合、現在のステップは黒で表示されますが、1つ前までのステップは薄いグレーで表示されます。

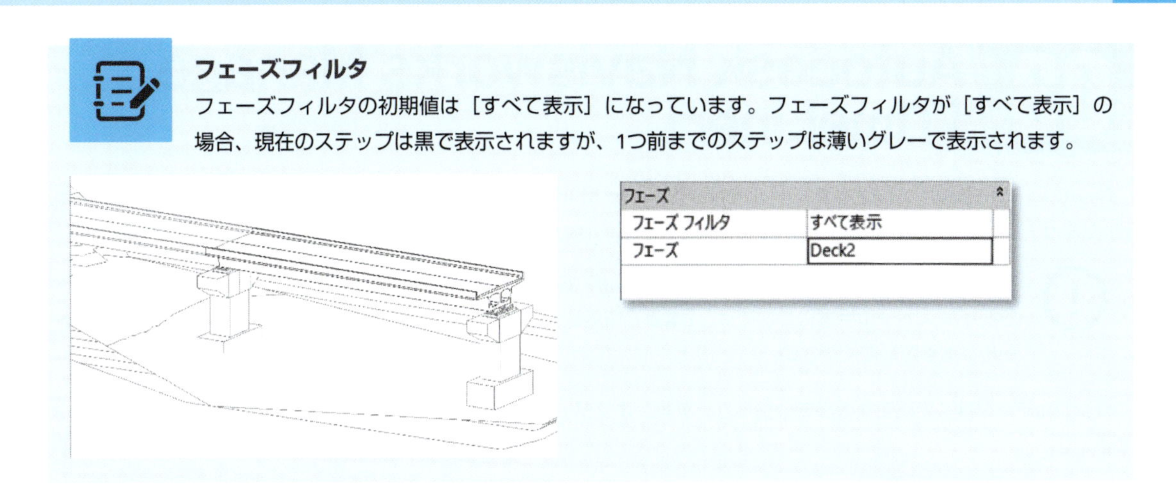

変更後、各ビューを確認するとこのようになります。

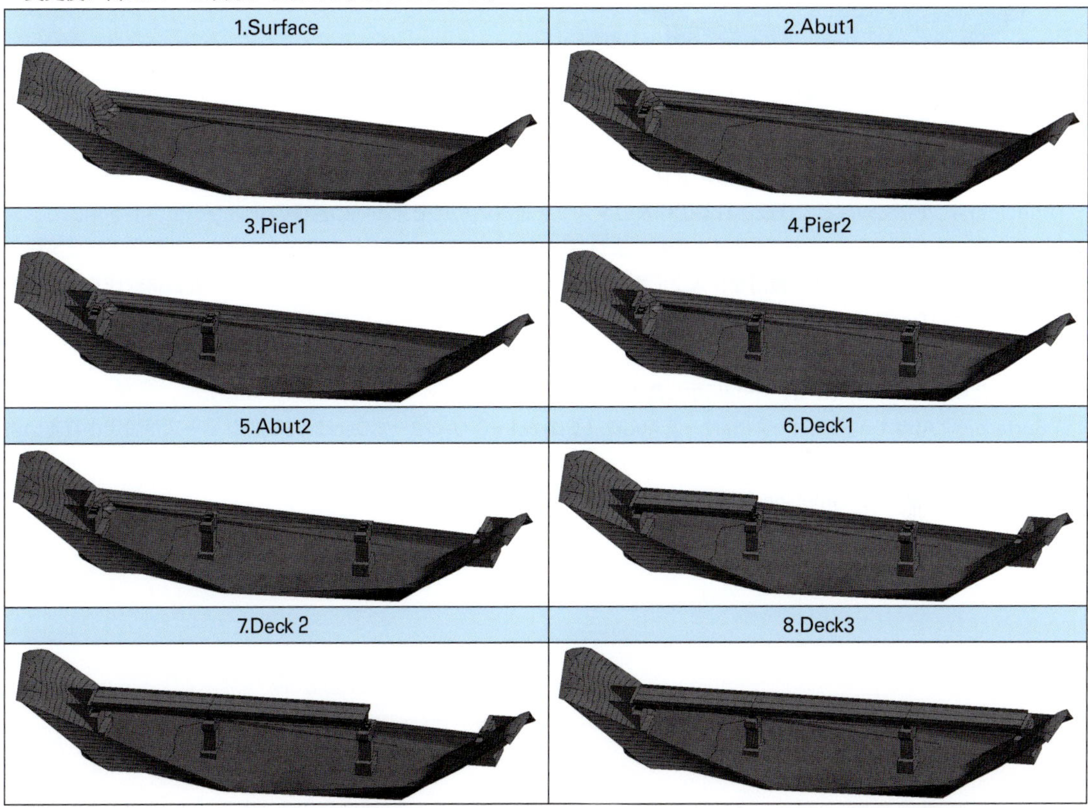

作成したデータを、Navisworksに挿入すると、TimeLinerのデータとして使用することができます。作成方法は、次節の6章の「03　Navisworks Manage【TimeLiner】」で説明しています。

03 Autodesk Navisworks Manage【TimeLiner】

Revitの［フェーズ］を設定したモデルをNavisworks Manageに挿入し、TimeLinerを作成します。サンプルは、［DataSet］-［2019］-［6章 その他の便利な機能］-［Navisworks Manage］フォルダのSample[フェーズ].nwdです。

この操作には、Autodesk Navisworks Manage 2019を別途インストールする必要があります。ダウンロードとインストール手順については、「本書で使用しているソフトと拡張機能」の「ダウンロードとインストール」を参照してください。

サンプルデータは、上部工を橋脚で分割しています。オブジェクトの分割は、Revitの［パーツを分割］で作成しています。

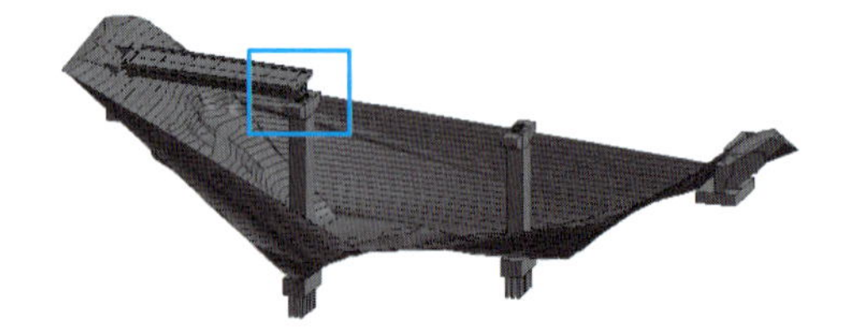

Navisworks Manageは、さまざまな3Dオブジェクトを読み込み、統合して表示できるツールです。

TimeLinerは、別途csvなどで作成される工程表のタスクを読み込んだモデル内の各種の3Dオブジェクトを用いて、シミュレーションを作成することができます。これにより、モデル上で工程の影響を表示することや、計画の工程と実際の工程を比較することができます。費用をタスクに割り当て、工程全体を通じてプロジェクトの費用を追跡管理することもできます。また、TimeLiner では、イメージとアニメーションをシミュレーションの結果に基づいて書き出すこともできます。

読み込んだRevitモデルには、前ページに示したように

①Surface→②Abut1→③Pier1→④Pier2→⑤Abut2→⑥Deck1→⑦Deck2→⑧Deck3の8つのフェーズが設定されています。

このフェーズを用いて、TimeLinerを設定する手順を説明します。

STEP1

Navisworks Manege2019を起動し、挿入時の設定を行います。[アプリケーションボタン] - [オプション] をクリックします。[オプションエディタ] - [ファイルリーダー] - [Revit] - [座標] を [共有] に設定し、[OK] ボタンを押します。

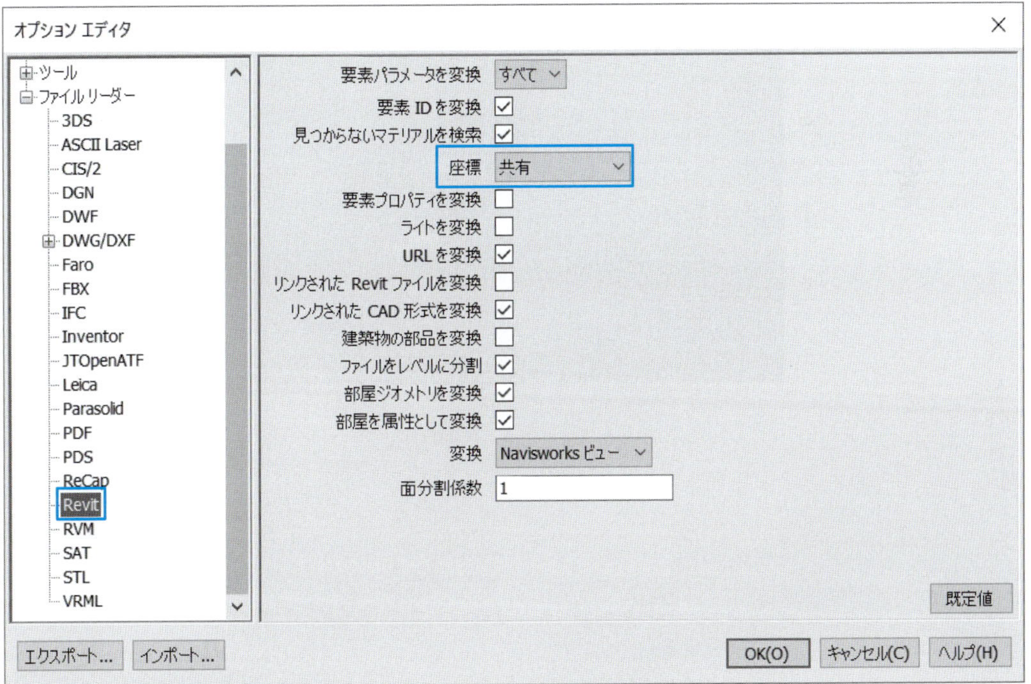

STEP2

［ホーム］タブ - ［プロジェクト］- ［追加］を選択し、［追加］ダイアログで、［ファイルの種類］を［Revit(.rvt,rfa,rte)］とし、［6章 その他の便利な機能］- ［Navisworks【タイムライナー】］フォルダの［Sample[フェーズ]完了.rvt］を選択して［開く］をクリックします。ファイルが追加されます。

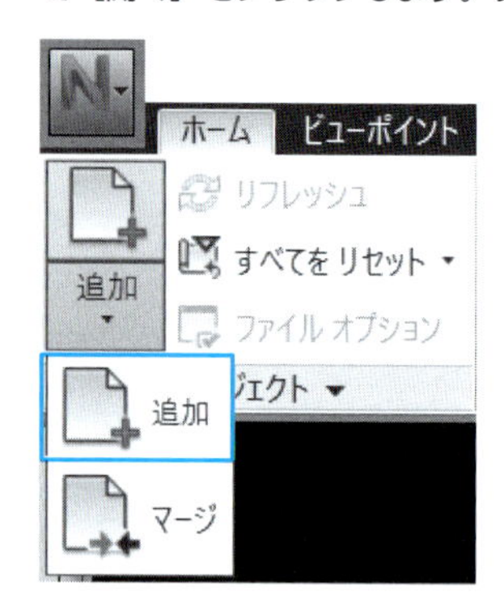

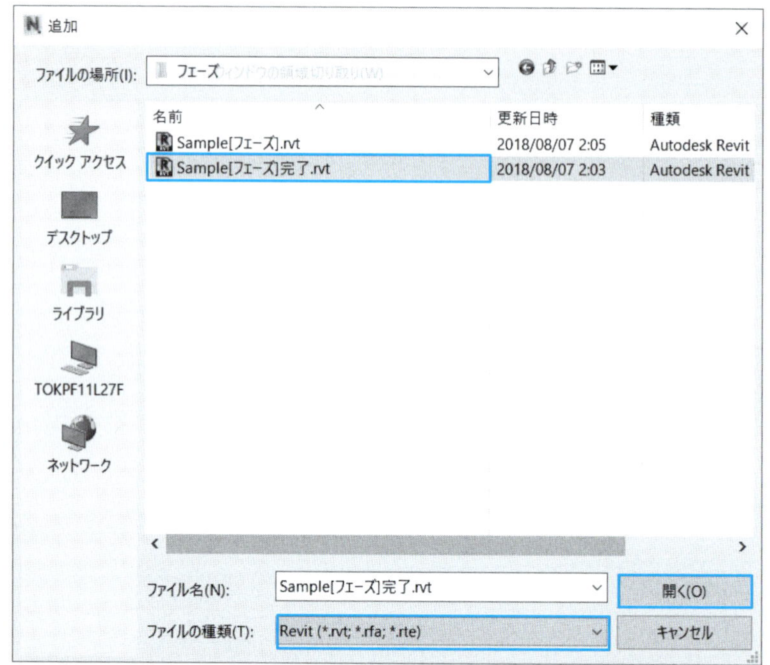

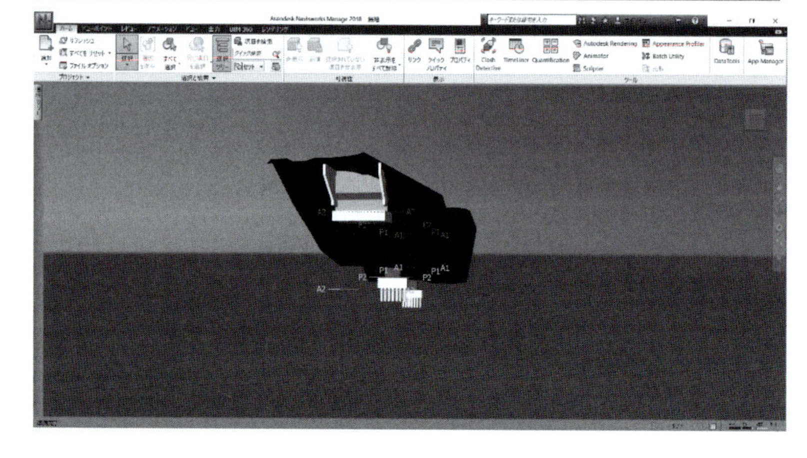

STEP3

［ホーム］タブ -［ツール］-［Timeliner］をクリックします。

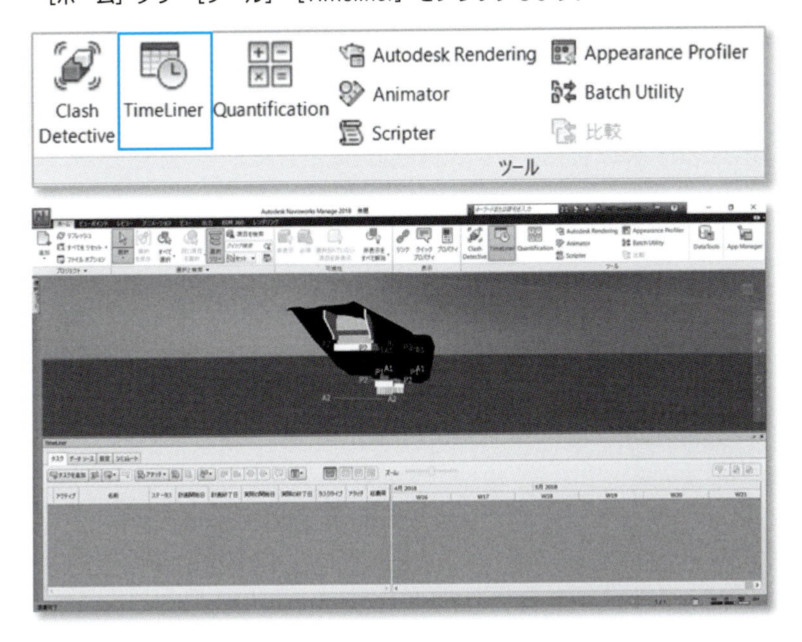

STEP4

CSV形式で事前に作成した工程表を読み込みます。［データソース］のタブをクリックします。［追加］-［CSVインポート］であらかじめ用意しておいた工程表.csvを選択し、［開く］をクリックします。

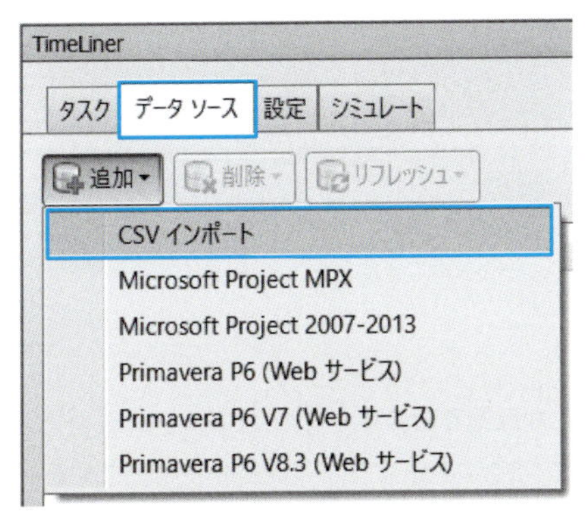

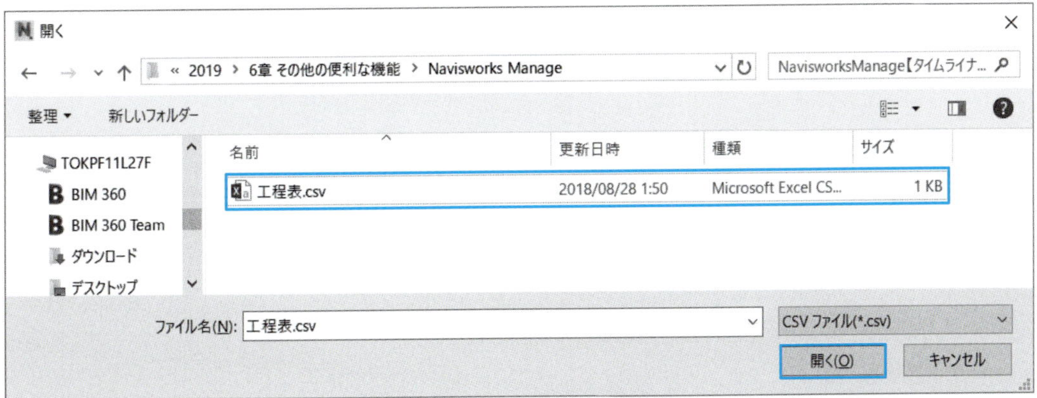

［フィールドの選択］で下図のように選択し［OK］ボタンを押します。

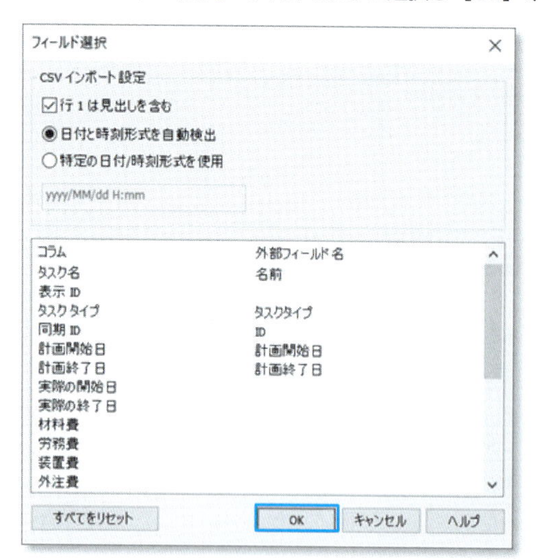

STEP5

［新規データソース］上で右クリック、［タスク階層を再構築］をクリックします。

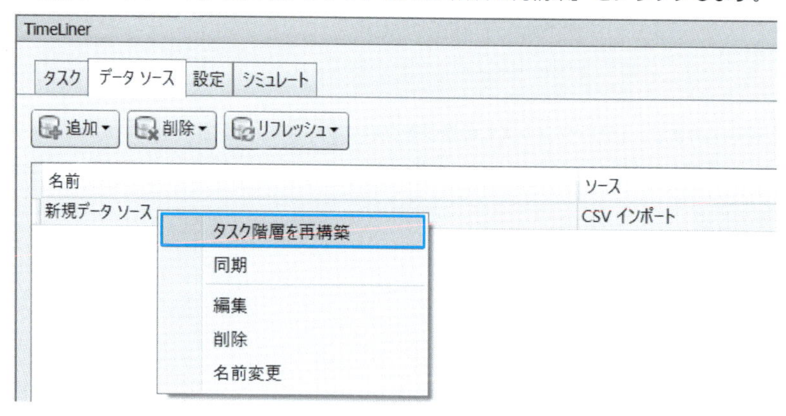

STEP6

タブを［タスク］に切り替えます。このようにタスクが作成されていることが確認できます。

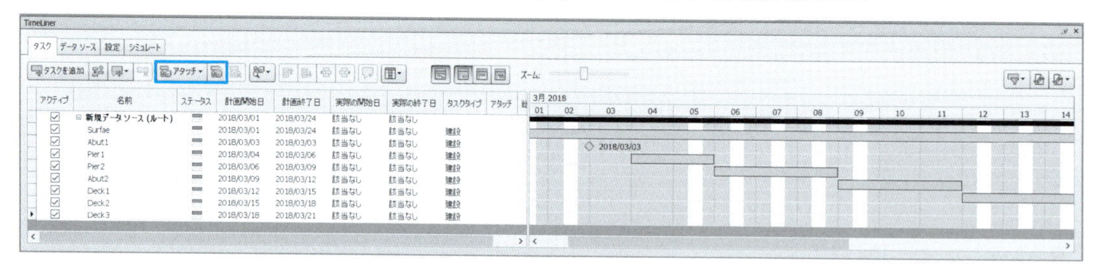

STEP7

［タスク］タブ -［ルールを使用して自動アタッチ］をクリックします。

STEP8

TimeLiner ルールで［新規］をクリックします。

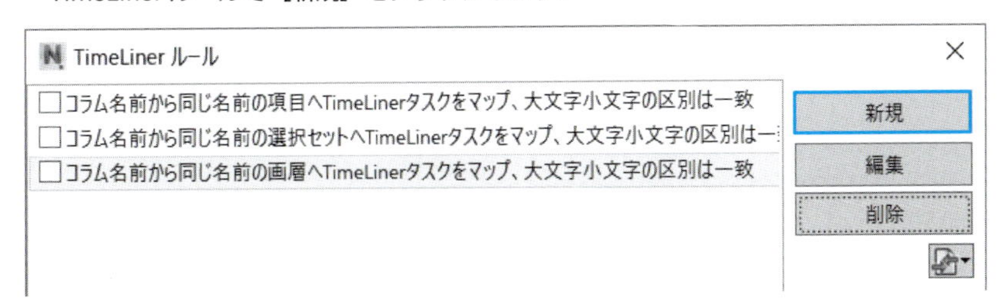

STEP9

［ルールエディタ］で［ルール名］を［Revitフェーズにアタッチ］、［ルールテンプレート］を［カテゴリ/プロパティ別タスクに項目をアタッチ］を選択します。

❶カテゴリ名のあとの’<category>’をクリックしてルールエディタの［値を入力］の をクリックすると選択項目が表示されるので、［構築フェーズ］を選択して［OK］を押します。

❷続いてプロパティ名の後の’<property>’をクリックして、同じようにルールエディタの をクリックして、選択項目から［名前］を選択して［OK］をクリックし、ルールエディタを閉じます。

STEP10

［Revitフェーズにアタッチ］となっているので、右下の［ルールを適用］をクリックします。［TimeLiner］の［アタッチ］列に［明示..］と表示されます。

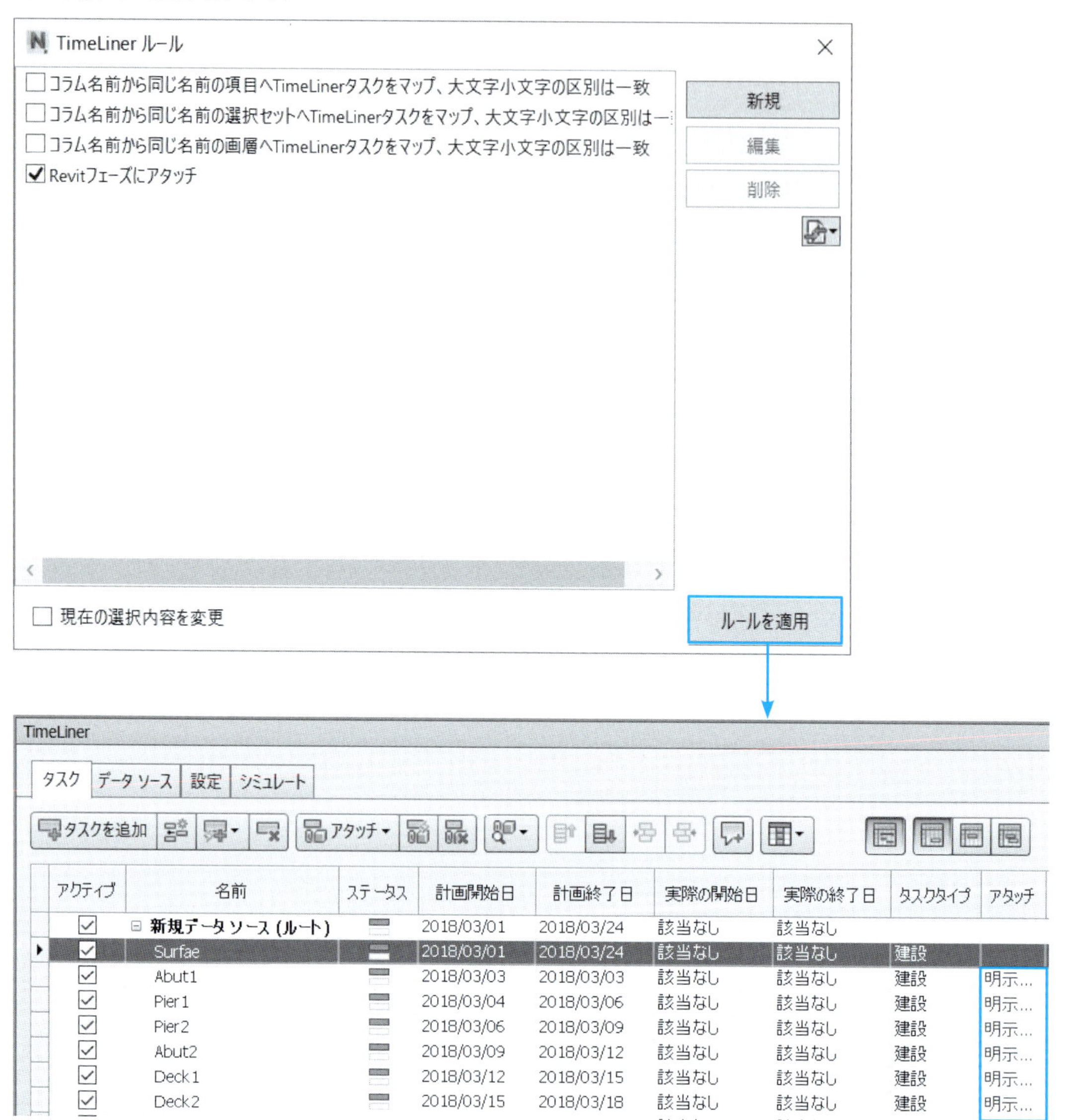

STEP11

工程の名前［Surface］には、手動で地形を選択します。モデルの中の［サーフェス］を選択します。［Surface］行の［アタッチ］欄で右クリック、［現在の選択をアタッチ］をクリックします。

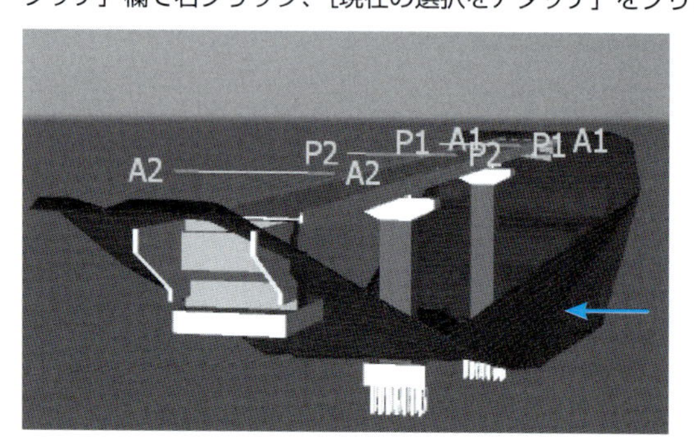

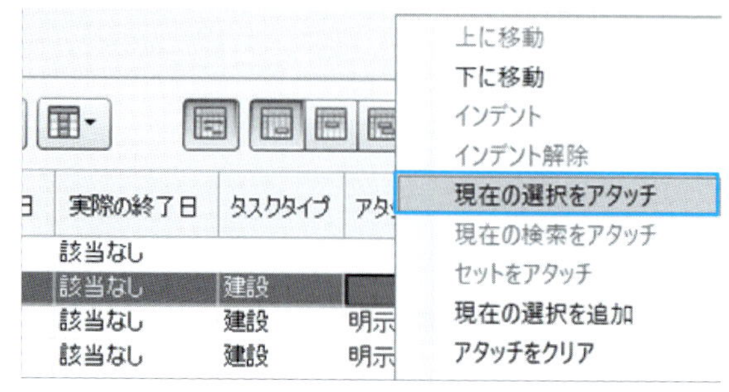

STEP12

［設定］タブをクリックします。［追加］ボタンをクリックして新しいタイプに［地形］を追加し、以下のように変更します。

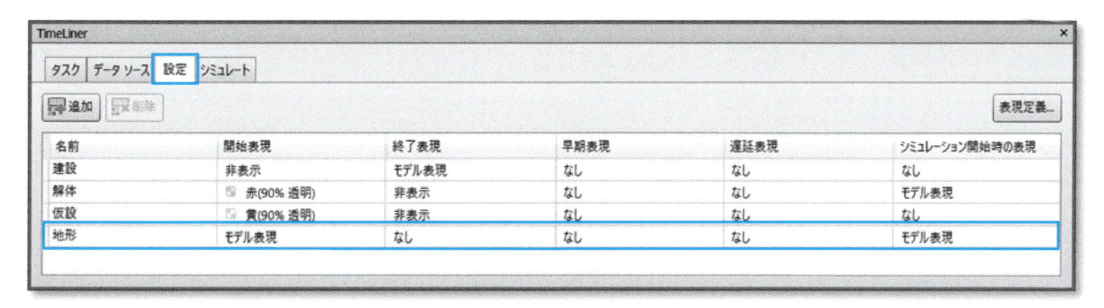

STEP13

［タスク］タブをクリックします。STEP9で作成した［地形］を［Surfae］の［タスクタイプ］に割り当てます。下のようにできあがります。

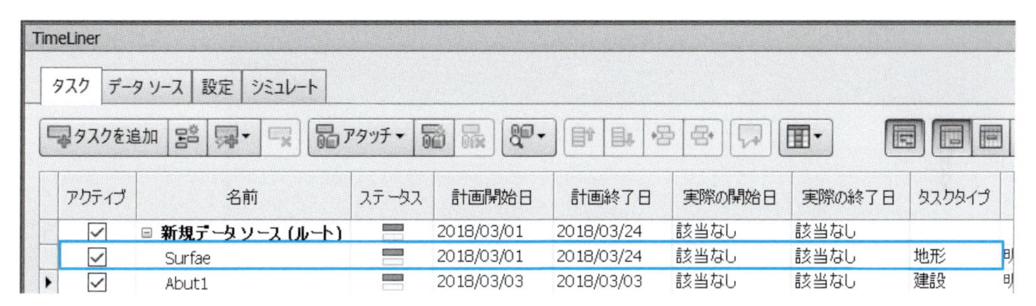

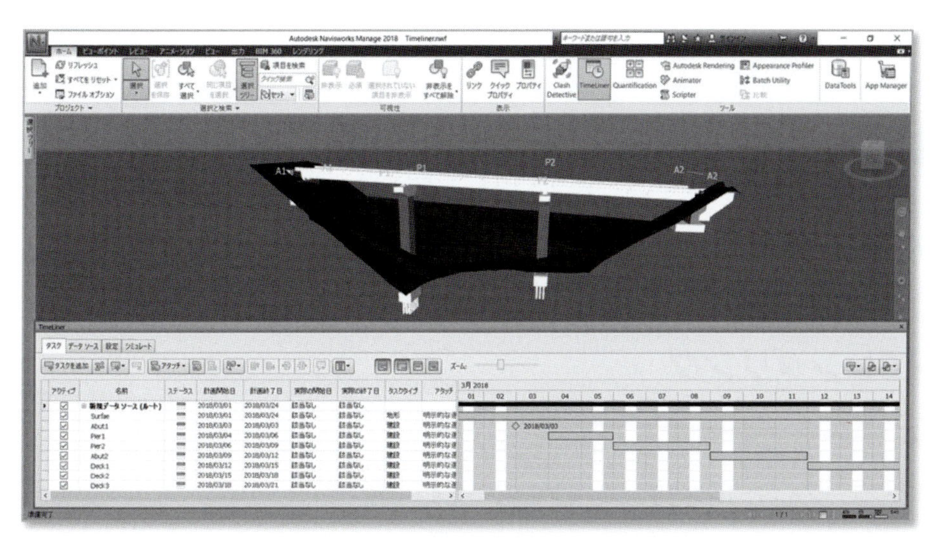

STEP14

［シミュレート］タブをクリックします。［再生］ボタンで確認します。

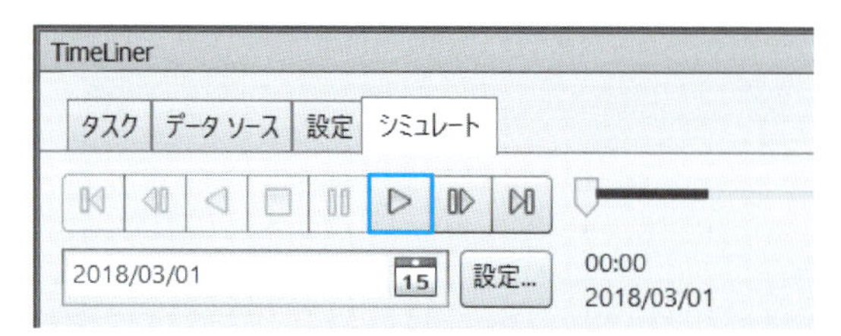

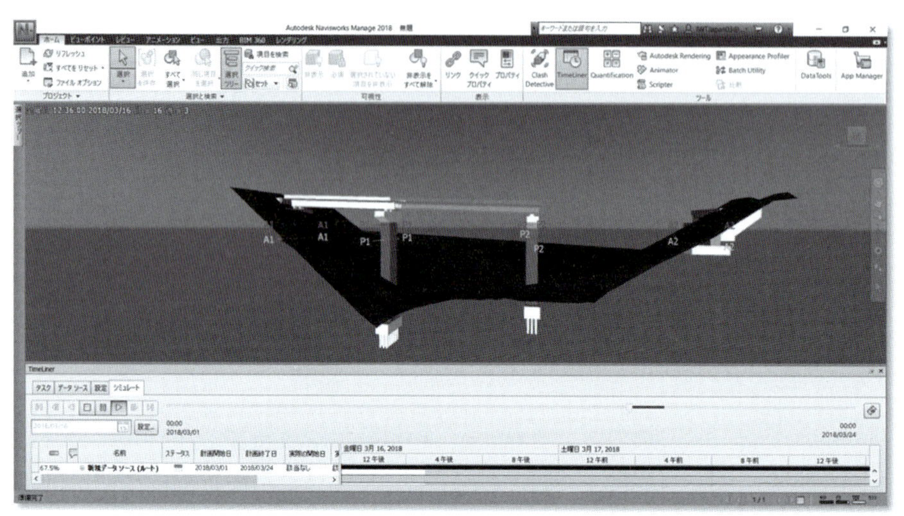

04 レンダリング

レンダリングは、作成した3Dモデルをより写実で気に表現するため照明や露出、背景などを設定して画像処理することです。Revitの中で行う方法と、クラウドで処理する方法があります。

ローカルでレンダリング

ビューを、3D 表示にします。

STEP1

［表示］タブ -［プレゼンテーション］-［レンダリング］をクリックします。

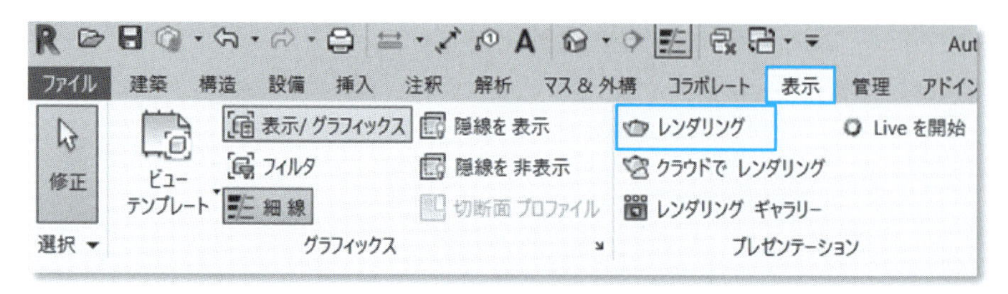

STEP2

レンダリングの設定を行います。

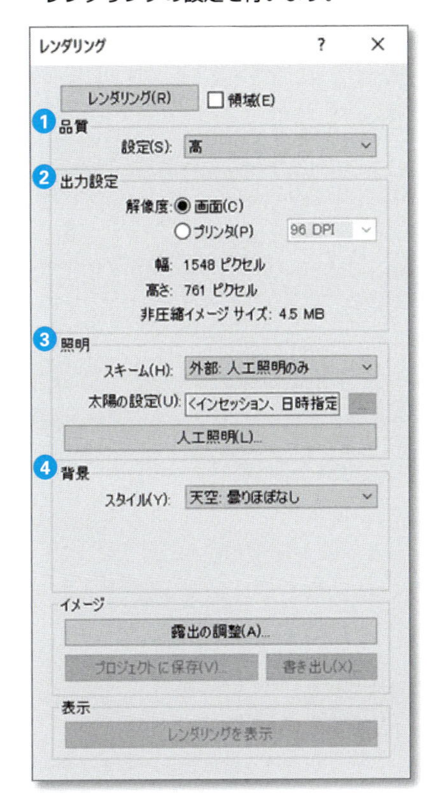

❶品質

レンダリングの品質を設定します。

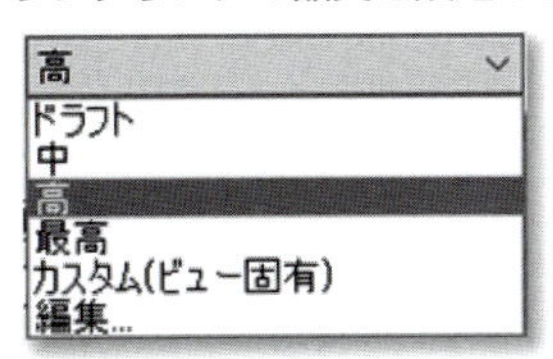

❷照明

スキームを選択します。太陽の設定、人工照明を設定することができます。

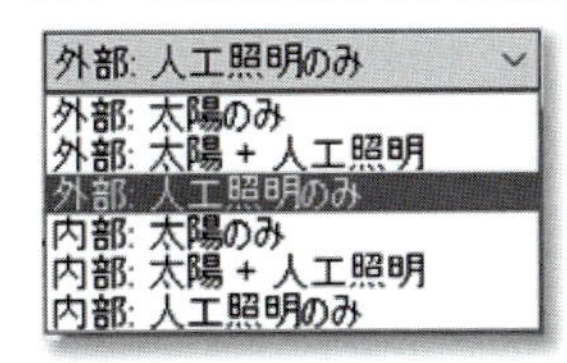

❸背景

背景を選択します。

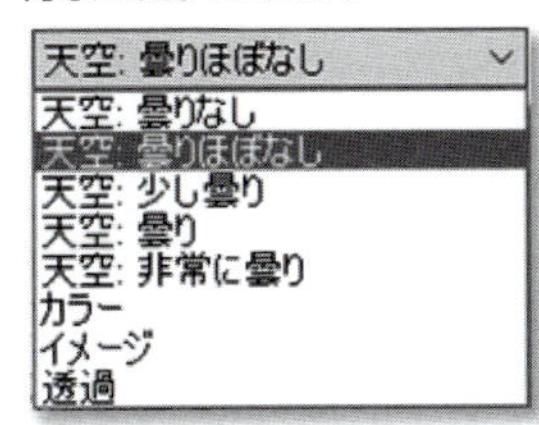

❹イメージ

[露出] の設定をします。

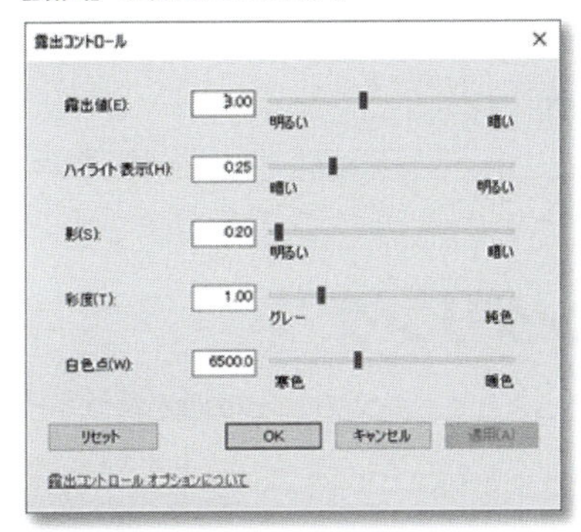

STEP3

[レンダリング] ボタンをクリックしてレンダリングをします。

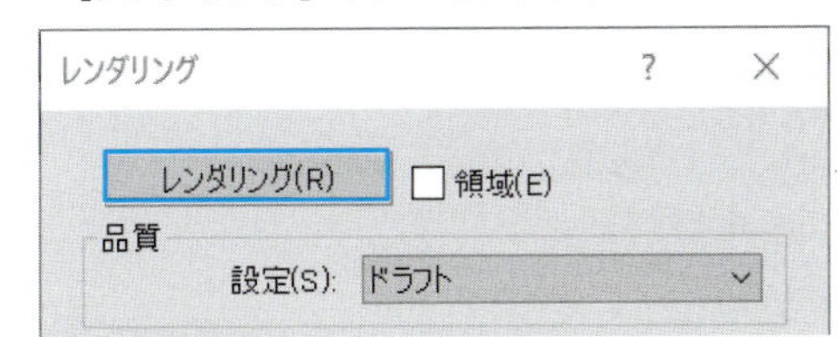

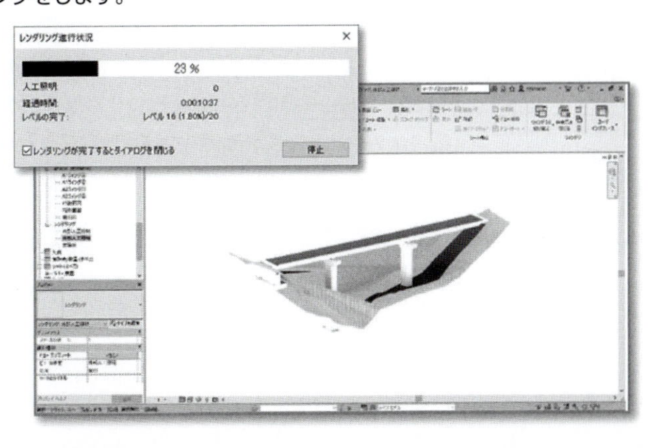

STEP4

レンダリングが終了すると、［プロジェクトに保存］と［書き出し］が選択できるようにます。

プロジェクトに［ビュー］として保存する場合は［プロジェクトに保存］を選択し、外部ファイルとして保存するには、［書き出し］をクリックします。

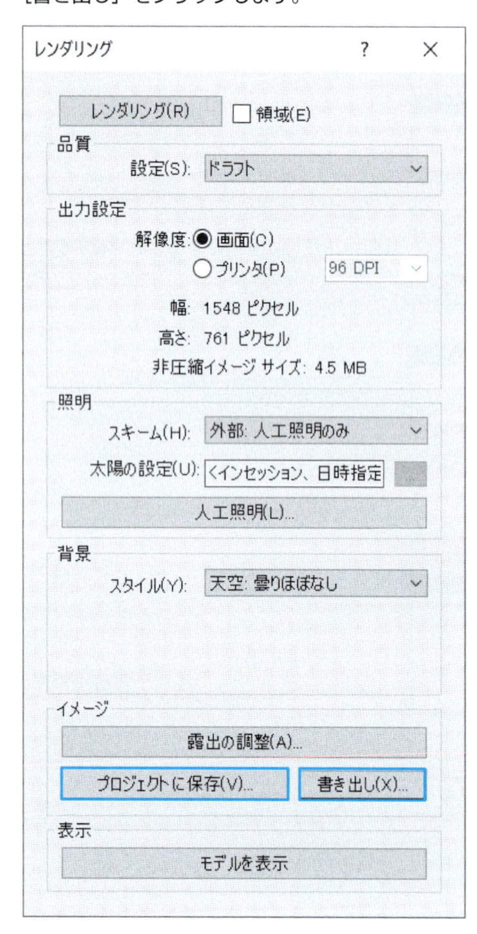

クラウドでレンダリング

クラウドでレンダリングを行うことで、レンダリングの間も待つことなくRevit上で作業が行えます。

STEP1

［表示］タブ -［プレゼンテーション］-［クラウドでレンダリング］をクリックします。

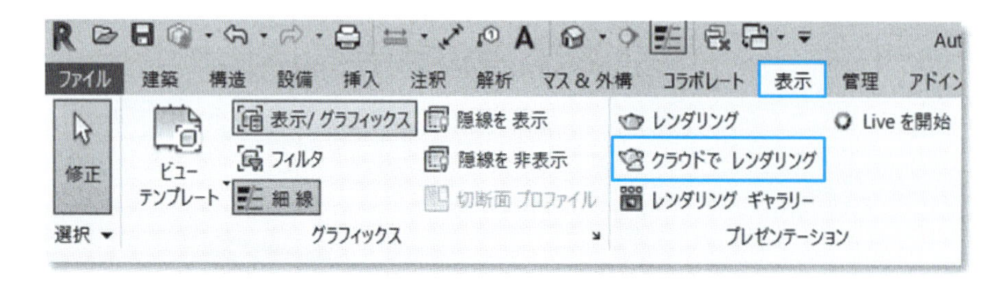

STEP2

［続行］ボタンを押します。

STEP3

レンダリングの設定を行い、［レンダリング］ボタンを押します。

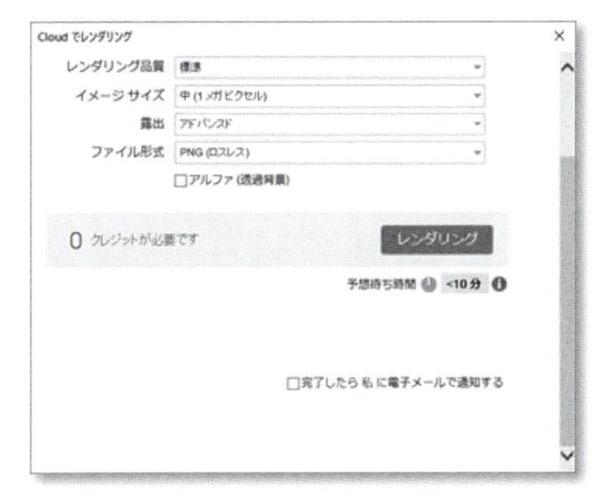

STPE4

レンダリングがアップロードされます。

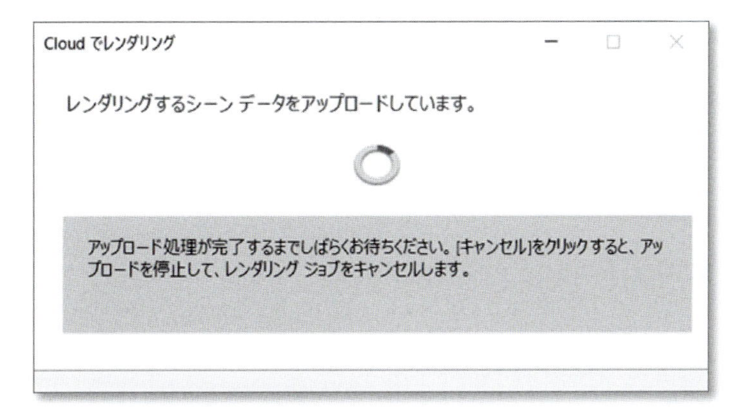

05 図面管理／BIM360 Docs

BIM 360 Docsは、PDFや2次元図面、3次元モデルなどさまざまなプロジェクトのドキュメントを管理することができます。タブレットや携帯端末からも操作できるので、現場と情報を共有することができ、施工管理などに活用することができます。BIM360 Docsは、1プロジェクトのみの無料版と複数プロジェクトを管理できる有償版があります。初めての方は、30日間無償で有償版と同じ機能を利用することができます。

インタフェース

ブラウザを起動し、URLにhttp://bim360docs.autodesk.comと入力すると、BIM360Docsのホーム画面が表示されます。

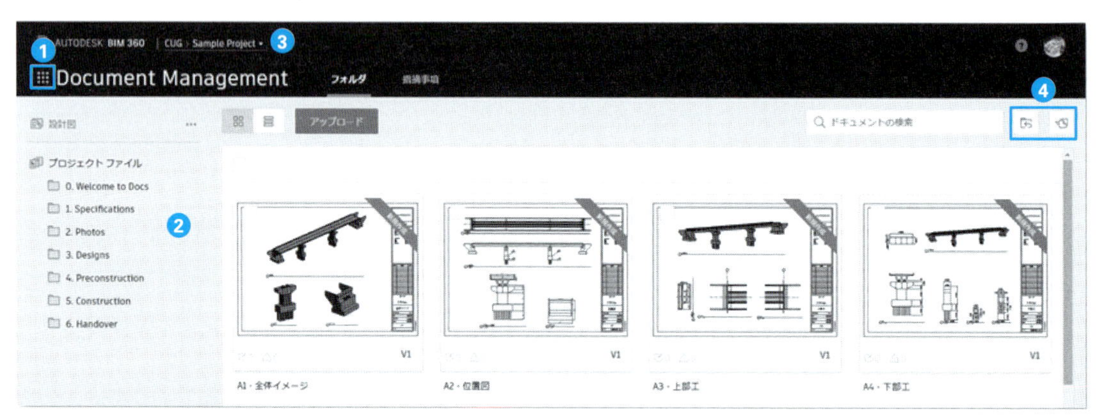

①モジュールセレクタ

［モジュールセレクタ］からは、ドキュメント管理、プロジェクト管理、アカウント管理を行うことができます。プロジェクト管理者は、メンバーを招待したり、フォルダのアクセス権限を設定することができます。

②設計図

プロジェクトのドキュメントをパブリッシュ、レビューすることができます。

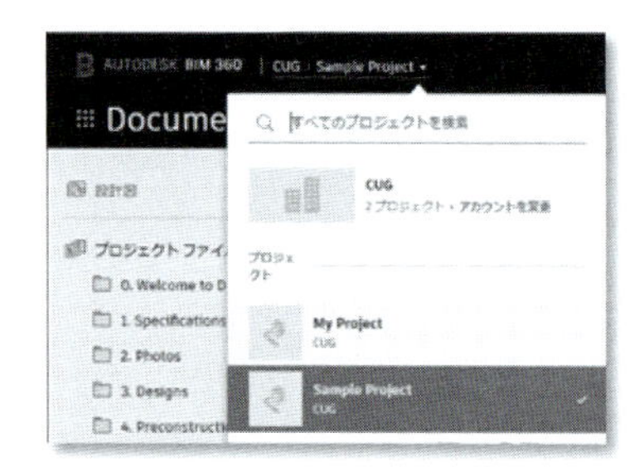

❸プロジェクトの選択

ドロップダウンリストからプロジェクトを選択します。

❹削除された項目／パブリッシュのログ

［ ］削除された項目の確認と復元、［ ］パブリッシュのログとレビューを確認することができます。

モデルを開くとこのように表示されます。

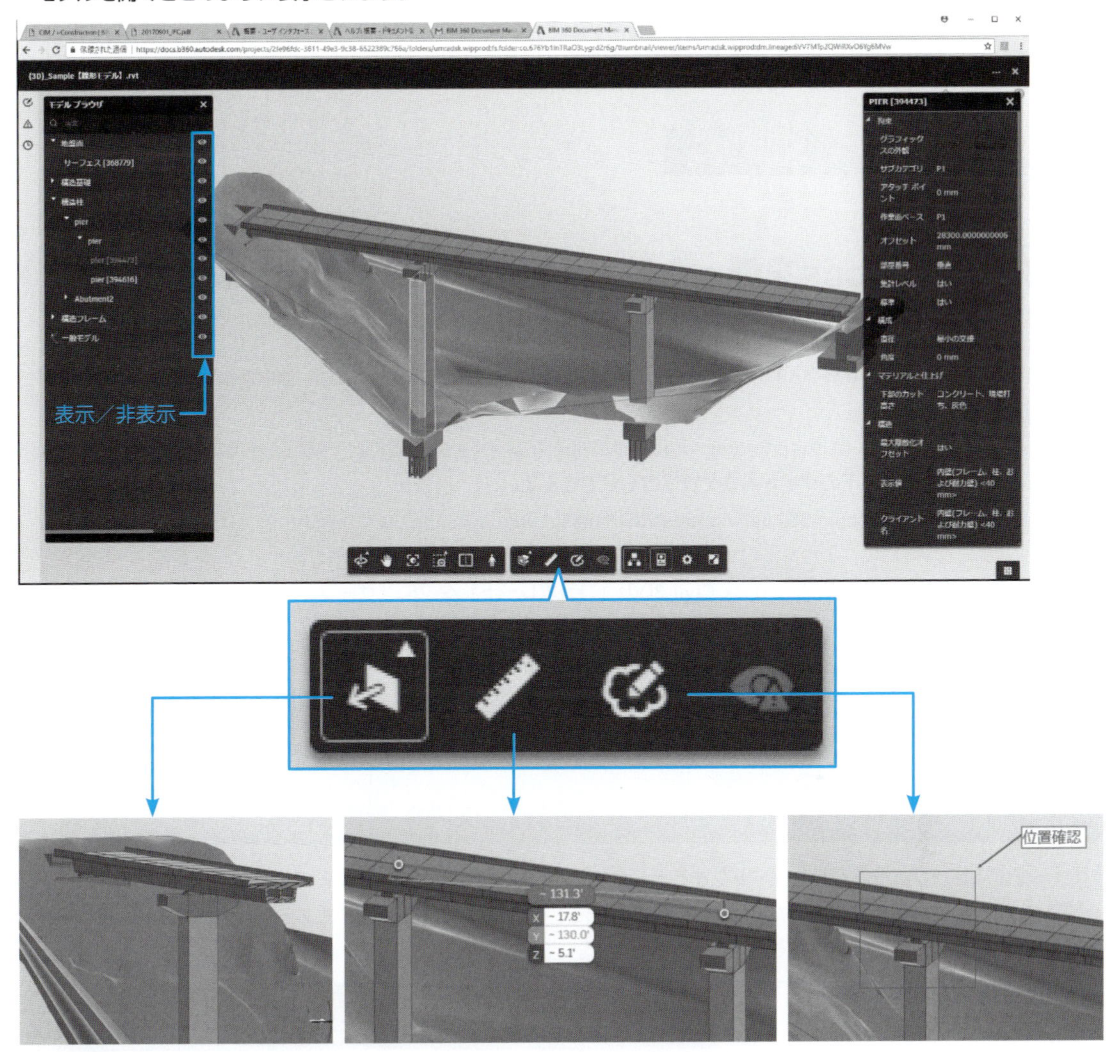

［ 分割ビューモード］を利用すると、平面と3Dモデルを同時に確認することができます。

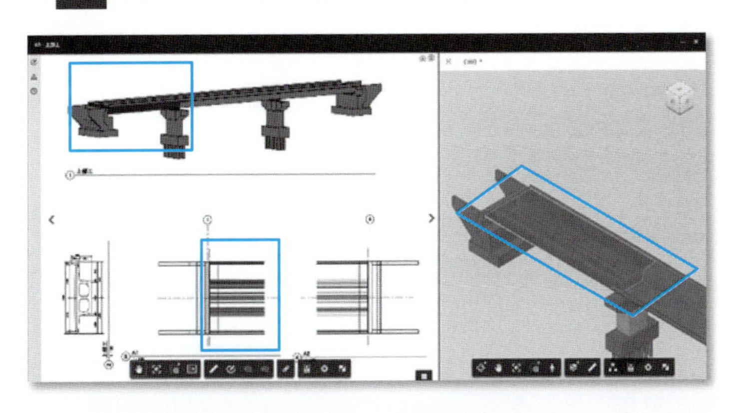

［モデル上に指摘事項］を配置することができ、打ち合わせの記録や、施工管理の情報共有としても利用することができます。

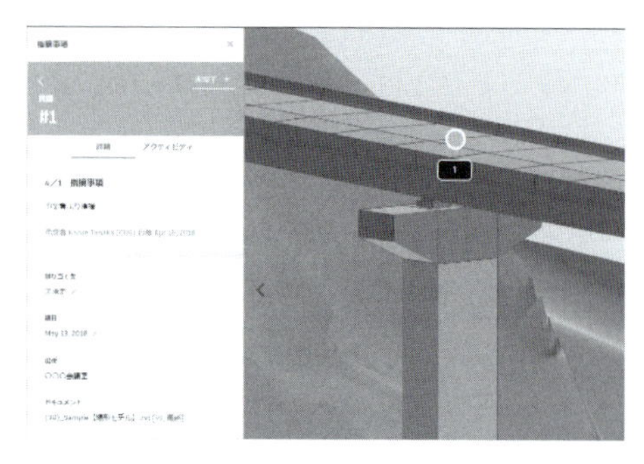

BIM360Docsを使った地形データの共有（Autodesk Civil 3DおよびAutodesk Revit 2019.1）

2018年8月に公開されたRevit 2019のUpdate1とAutodesk Civil 3D 2019 Update1では、BIM360Docsを使って地形データの共有が可能になります。

この共有機能はAutodesk Desktop Connector for BIM360をインストールすることで利用できます。Autodesk Desktop Connector for BIM360は以下のサイトよりダウンロードできます。

https://vignettes.autodeskplm360.net/vignettes/CDXToast/Languages/jpn/CDXToast.html （2018年8月現在）

Civil 3D 2019 Update1では、Autodesk Civil 3Dの［コラボレート］タブに［サーフェスをパブリッシュ］が追加されました。

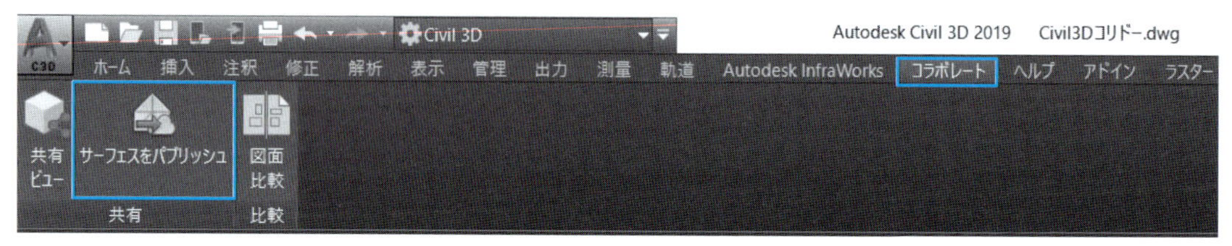

［サーフェスをパブリッシュ］をクリックすると、［サーフェスをパブリッシュ］ダイアログが表示され、［パブリッシュするサーフェスを指定］で共有したいサーフェスを選択し、［出力ファイルを指定］であらかじめBIM360Docsで設定されているフォルダにサーフェスを書き出すことができます。

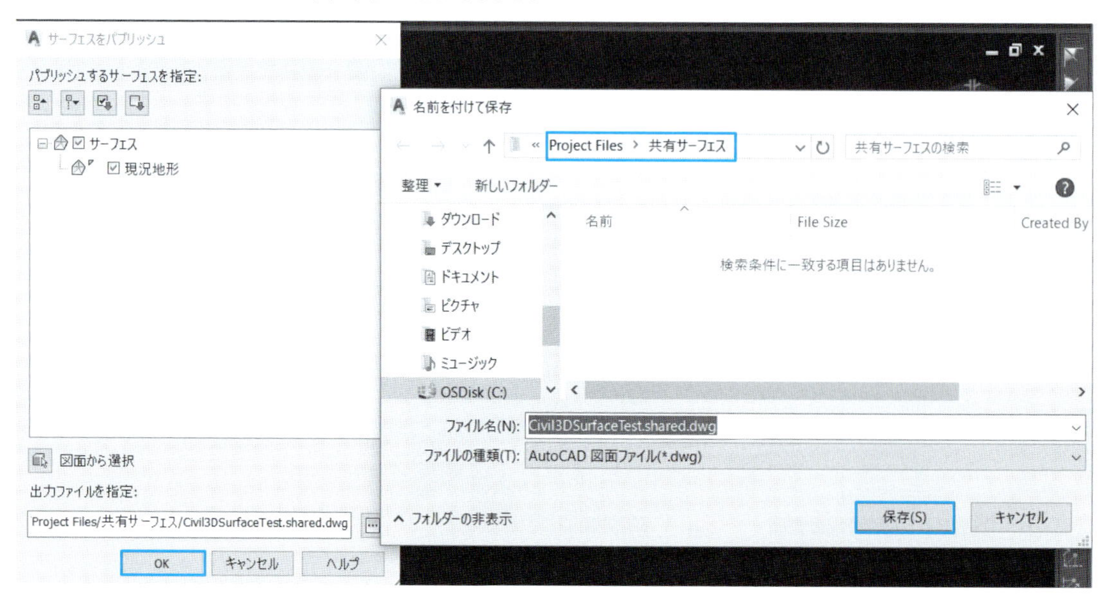

［サーフェススタイル表示］で他のアプリケーションで正しく表示されるように、［更新されたスタイルでサーフェスをパブリッシュします］を選択してBIM360Docsに共有ファイルを書き出します（注：ファイル名に日本語文字は使用できません）。

サーフェスをパブリッシュ - サーフェス スタイル表示

パブリッシュされているサーフェスは、他のアプリケーションで不正確な結果になるスタイルを使用しています。どのように処理しますか?

パブリッシュされたサーフェスが他のアプリケーションで正しく表示されるように、サーフェス スタイルが自動的に更新されます。

→ 更新されたスタイルでサーフェスをパブリッシュします
現在の図面内のスタイルは変更されません

→ パブリッシュ操作をキャンセル

☐ 常に更新されたスタイルでサーフェスをパブリッシュ

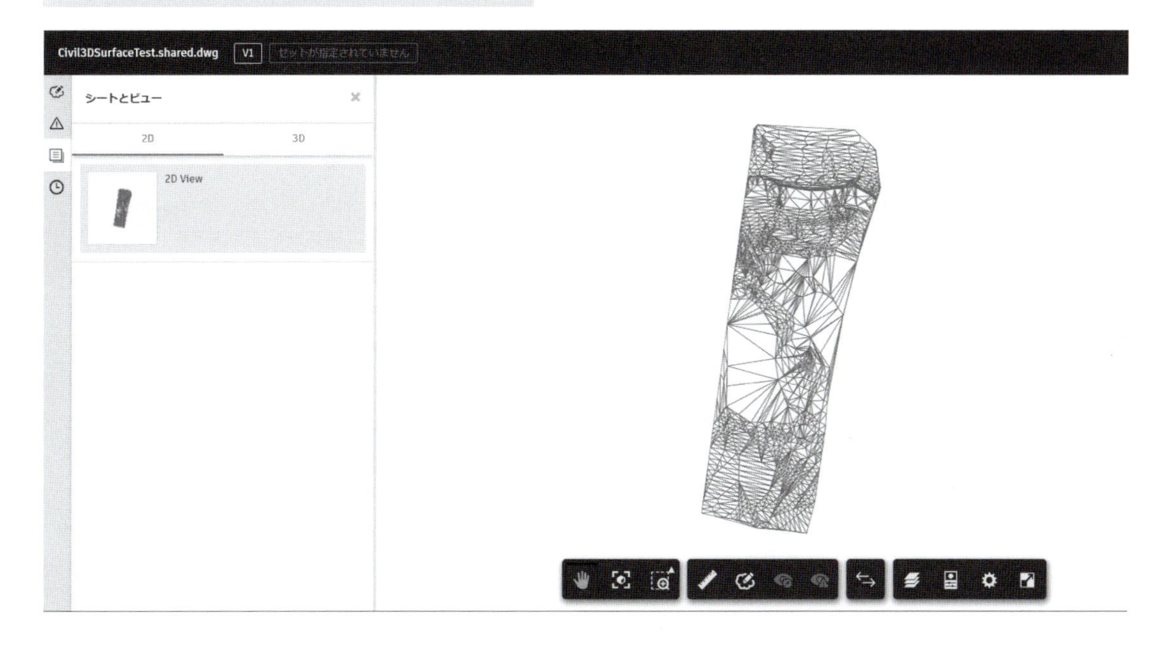

Revit 2019 Update1で追加された［挿入］-［地形をリンク］を選択すると、［地盤面をリンク］ダイアログが表示され、書き出されたCivil 3Dのサーフェスをリンクすることができます。

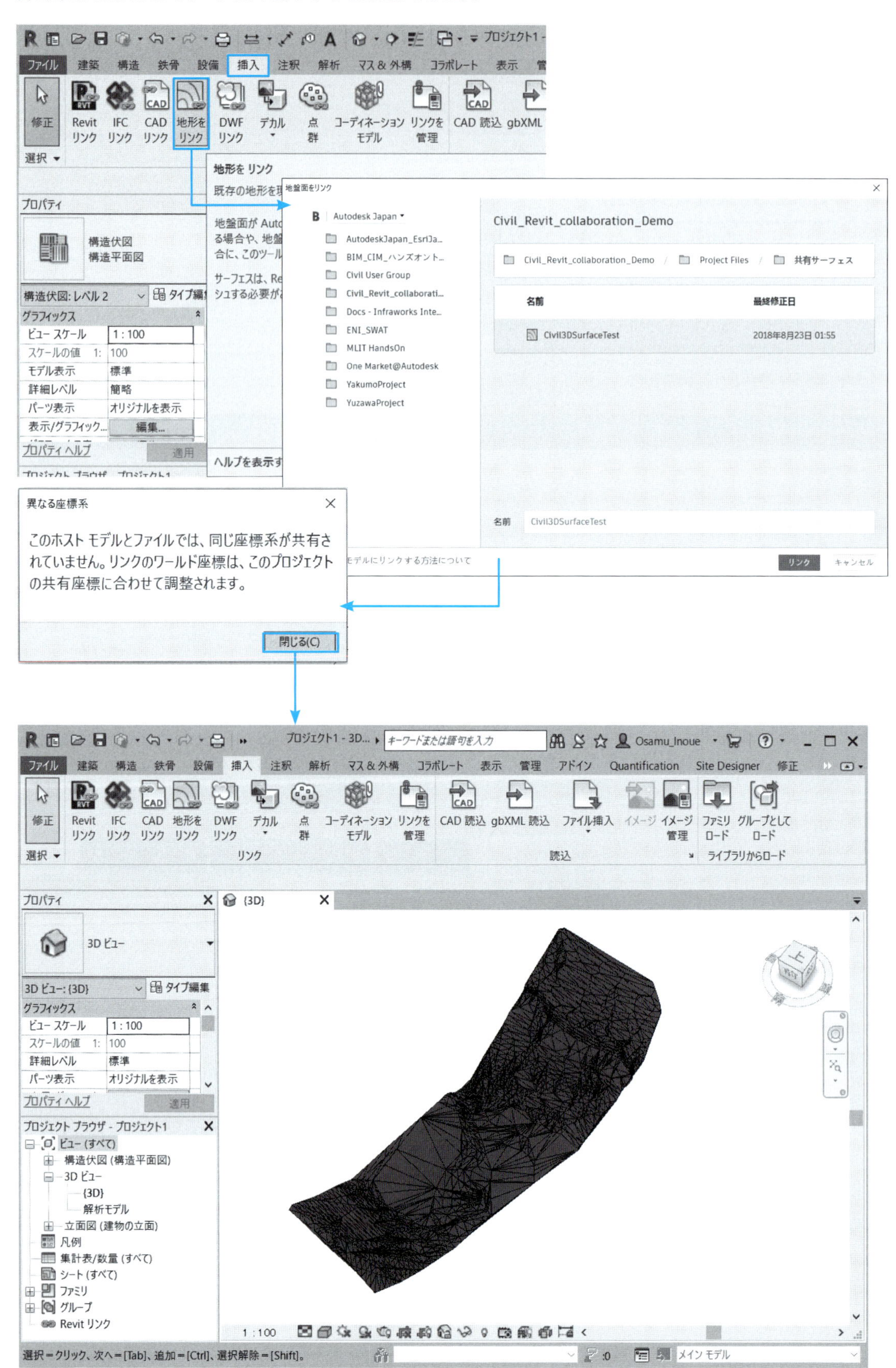

Revitの基本コマンドリファレンス

第7章

01　プロジェクトテンプレート（構造）
02　位置合わせ
03　オフセット
04　移動
05　複写
06　回転
07　トリム／延長
08　配列複写
09　鏡像化
10　計測
11　寸法
12　作業面
13　マテリアル
14　マスの作成方法

01 プロジェクトテンプレート（構造）

プロジェクトには、専門分野ごとに4つのテンプレートファイルが用意されています。それぞれ設定内容が異なるので、目的に合わせたテンプレートを選択します。

ここでは、解析モデルや配筋用の設定が組み込まれている［構造テンプレート］を参考に、テンプレートの定義内容を確認します。

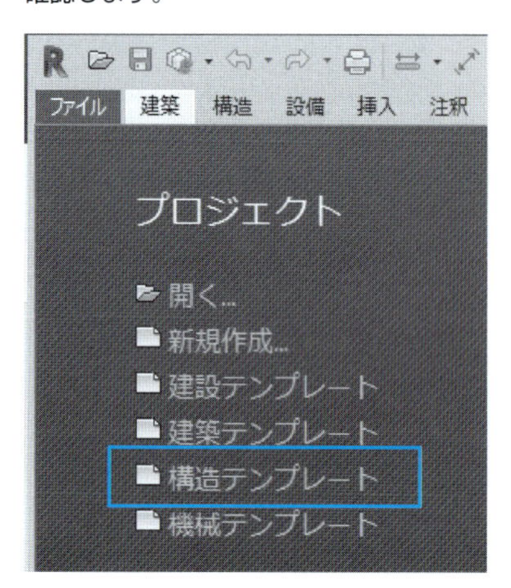

プロジェクト情報

プロジェクト名、プロジェクト番号などを登録しておくことができます。

STEP1

［管理］タブ -［設定］パネル -［プロジェクト情報］をクリックします。

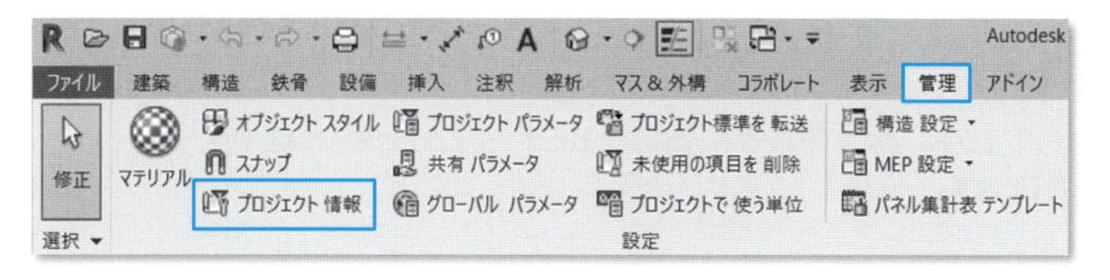

STEP2

［プロジェクト情報］ダイアログが開くので、必要な情報を入力し［OK］を押します。

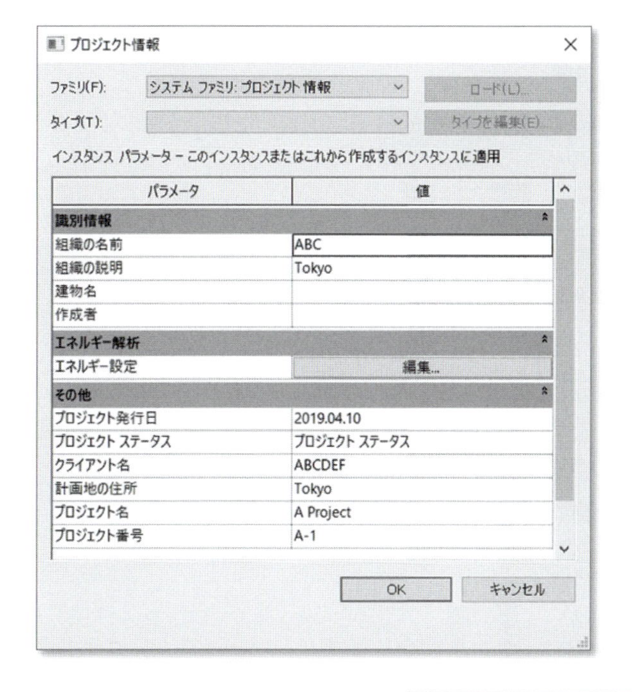

図面枠でも使用可能

入力した［プロジェクト情報］は、シートの図面枠にも使用することができます。

プロジェクト設定

プロジェクト設定では、以下のさまざまな項目を登録することができます。ここでは、よく使われるいくつかの項目を説明します。

オブジェクトスタイル

プロジェクト内のモデルオブジェクト、注釈オブジェクト、読み込まれたオブジェクトの線分の太さや色、線種パターン、マテリアルを指定することができます。

構造設定

プロジェクトに合わせた構造および接合に関する設定を変更できます。

STEP1

［管理］タブ -［設定］パネル -［構造設定］をクリックします。

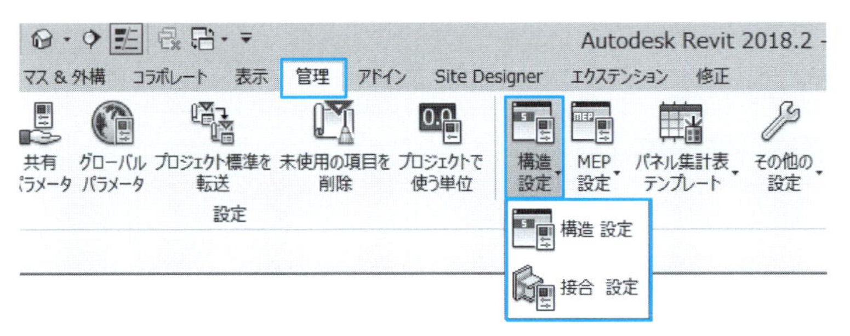

STEP2

［構造設定］、［接合設定］ともに必要な設定項目を設定し登録します。

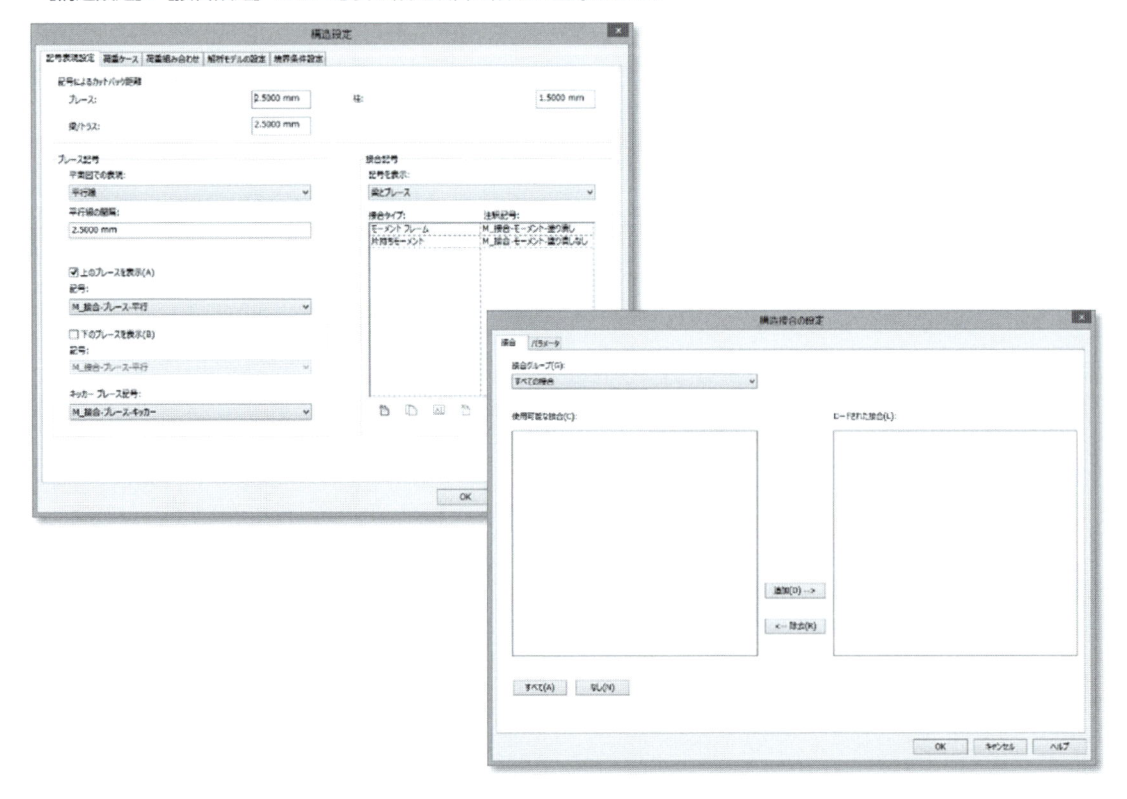

スナップ

プロジェクトにあったスナップの設定を登録します。

STEP1

［管理］タブ -［設定］パネル -［スナップ］をクリックします。

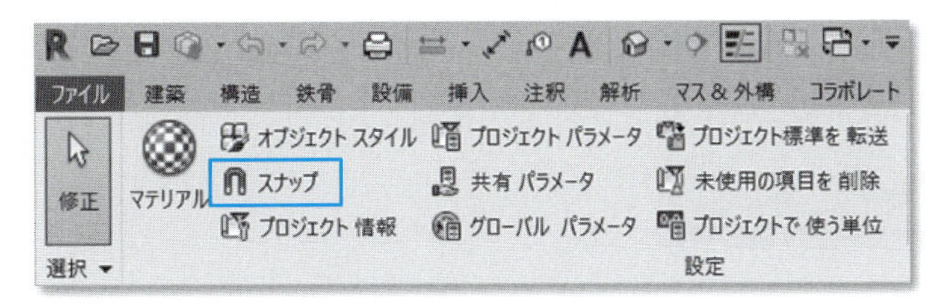

STEP2

［スナップ］ダイアログが開くので、ここでスナップの設定を変更します。

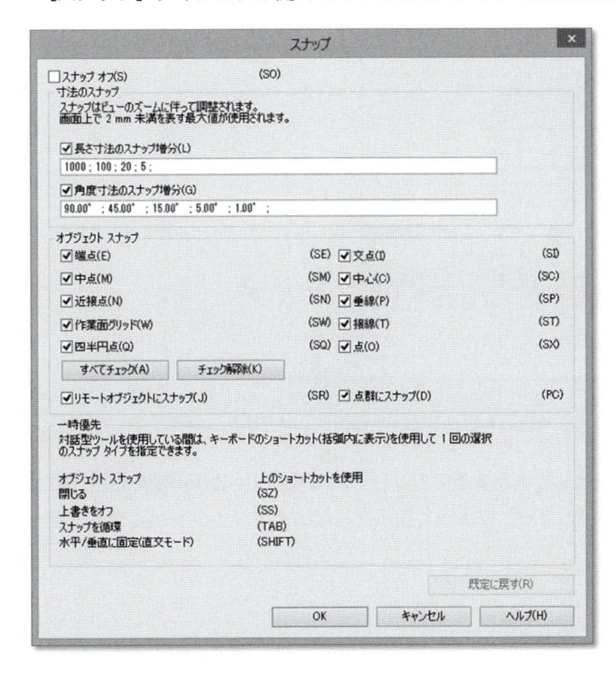

ビューテンプレート

［ビューテンプレート］とは、ビュースケール、専門分野、詳細レベル、表示設定などが定義されたテンプレートで、プロジェクトの整合性を維持します。設計図書作成時にも利用することができます。

ビュー範囲変更

フロアごとにモデリングすることが基本のRevitでは、［ビュー範囲］はレベルごとに設定されています。

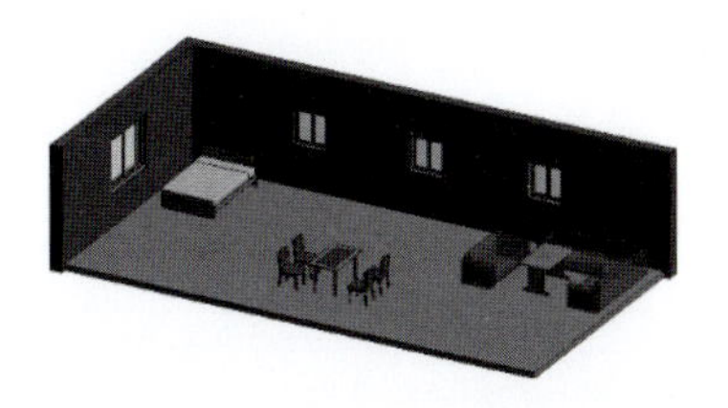

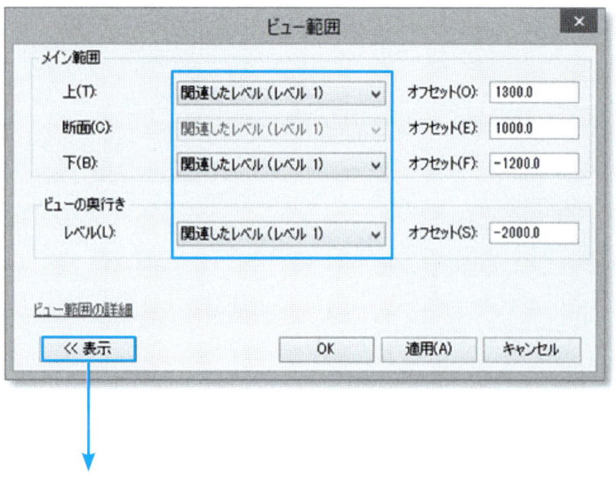

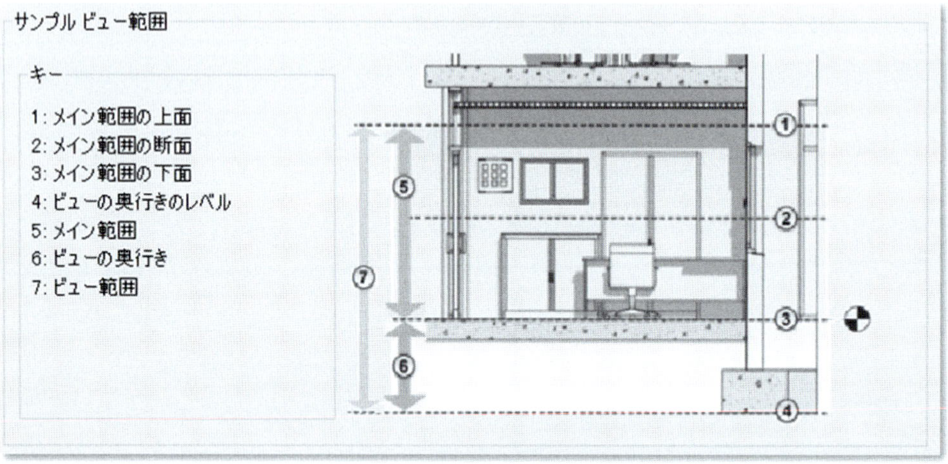

土木構造物では、レベルはファミリ（部材）の配置基準として利用するので、[ビュー範囲]（=表示可能な範囲）設定を変更する必要があります。設定を変更しなかった場合、[ビュー] によって表示されないオブジェクトができる可能性があります。

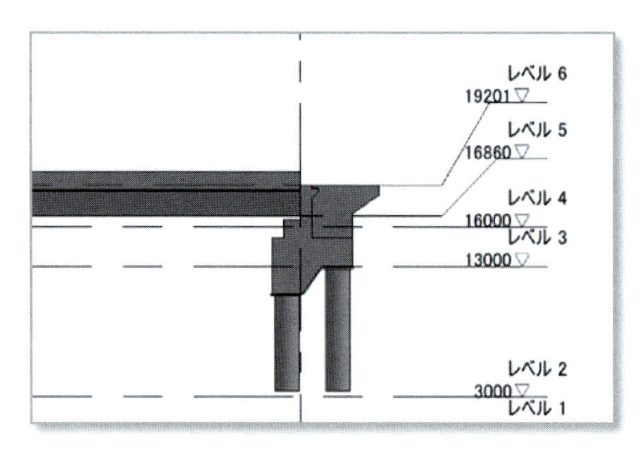

［ビュー範囲］の変更は、次の手順で行います。

STEP1

［プロジェクトブラウザ］から［構造平面図］-［レベル1］をクリックします。

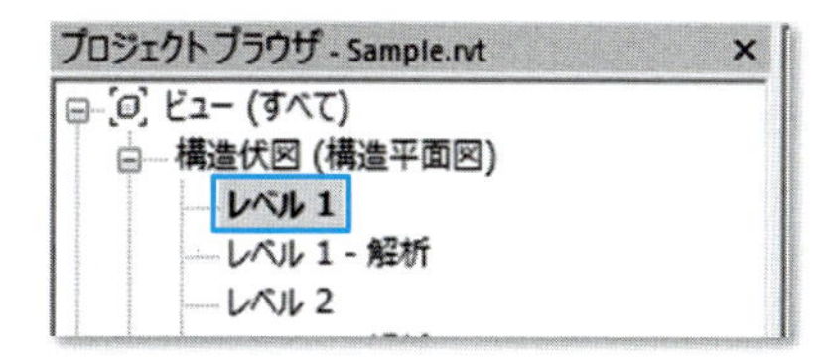

STEP2

［プロパティ］-［範囲］-［ビュー範囲］の［編集］をクリックします。

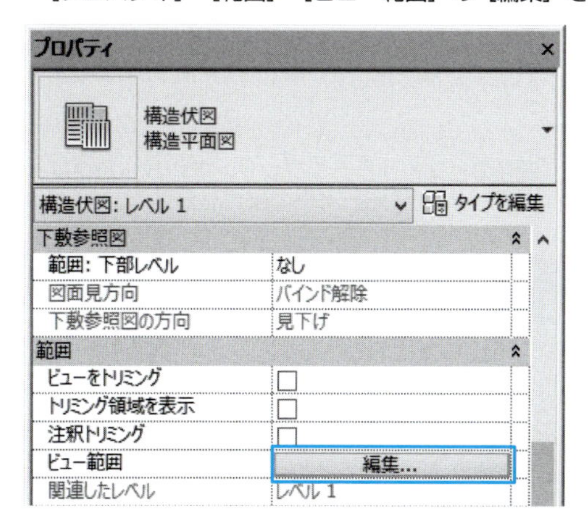

STEP3

［ビュー範囲］ダイアログが表示されるので、［上］、［下］、［レベル］の範囲を［無制限］に変更し、［OK］を押します。

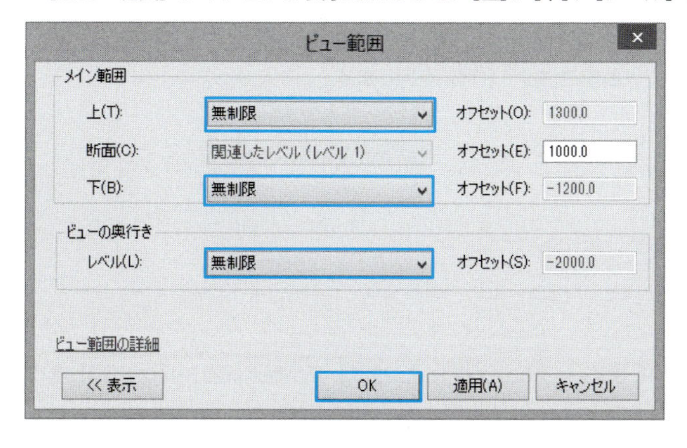

※ここでは、［レベル1］の変更手順を示していますが、この変更は全てのレベルに必要です。他のビューにも変更を適応する場合は、次の手順で変更するとスムーズに変更することができます。

テンプレート変更内容を他のテンプレートにも適用する

ここでは、前項の「ビュー範囲変更」で変更した［ビュー範囲］の変更をレベル2に適用する手順で説明します。

STEP1

はじめに、「ビュー範囲変更」の変更内容をテンプレートに保存します。［プロジェクトブラウザ］の［構造伏図］-［レベル1］が選択されていることを確認します。

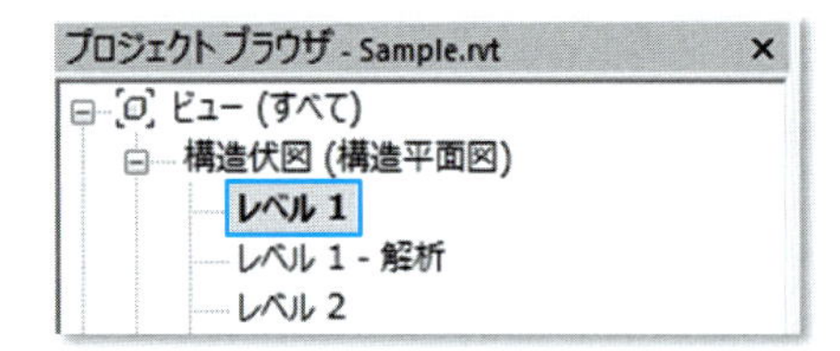

STEP2

［表示］タブ -［グラフィックス］パネル -［ビューテンプレート］-［現在のビューからテンプレートを作成］をクリックします。

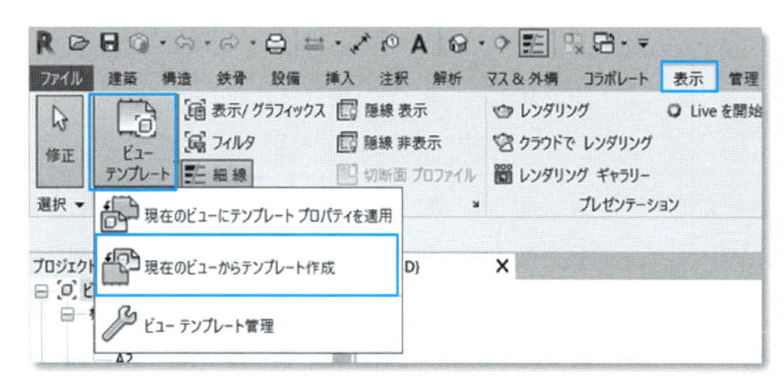

STEP3

［新しいビューテンプレート］ダイアログが開くので、名前を付け、［OK］を押します。

STEP4

［レベル2］にビューテンプレートの変更内容を適用します。［プロジェクトブラウザ］で［構造伏図］-［レベル2］をクリックします。

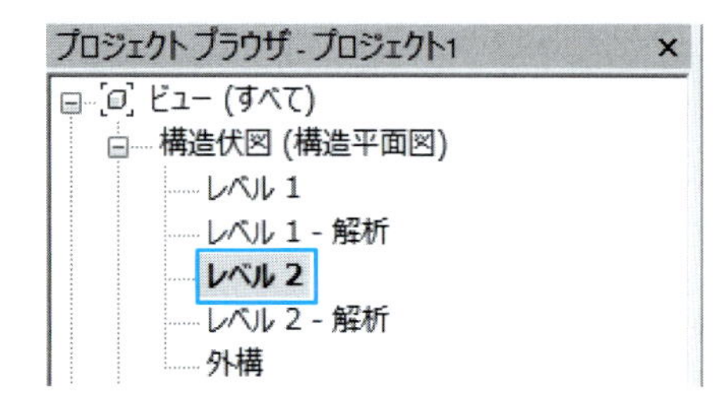

STEP5

［表示］タブ - ［グラフィックス］パネル - ［ビューテンプレート］- ［現在のビューにテンプレートプロパティを適用］をクリックします。

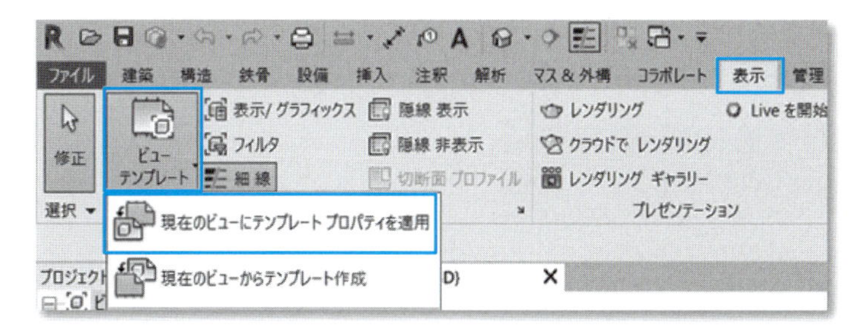

STEP6

［ビューテンプレート］ダイアログが開くので、［名前］欄で、先ほど新たに登録した［ビューテンプレート名］を選択して［OK］を押します。

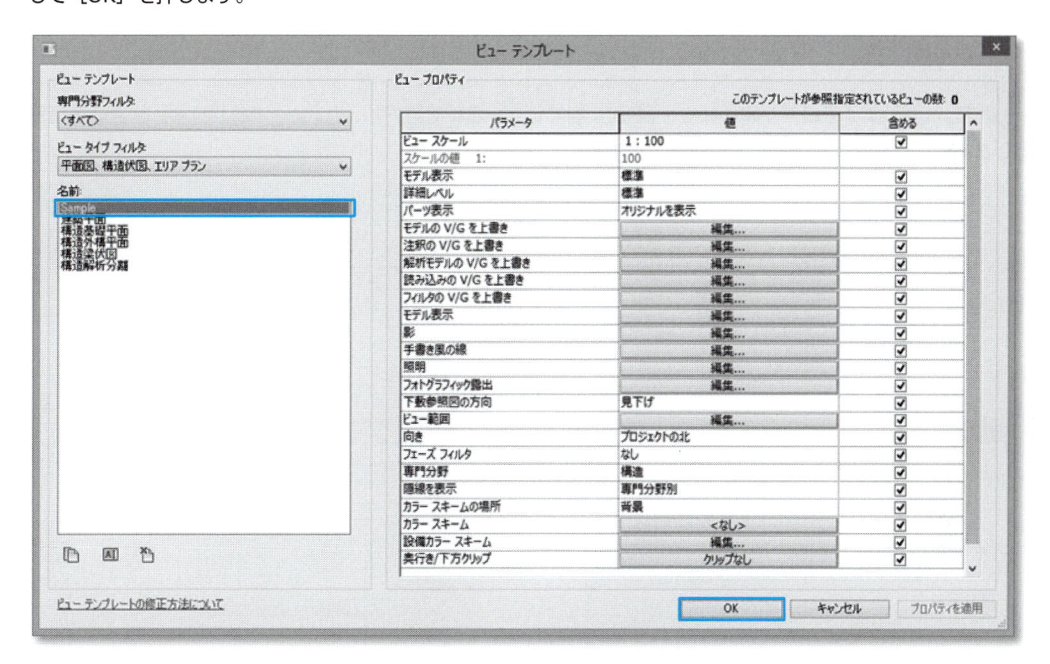

プロジェクトブラウザからテンプレートを変更する

入力した［プロジェクト情報］は、シートの図面枠にも使用することができます。［ビューテンプレート］の適用と作成は、［プロジェクトブラウザ］上でレベルを選択して右クリックのコンテキストメニューからも行うことができます。

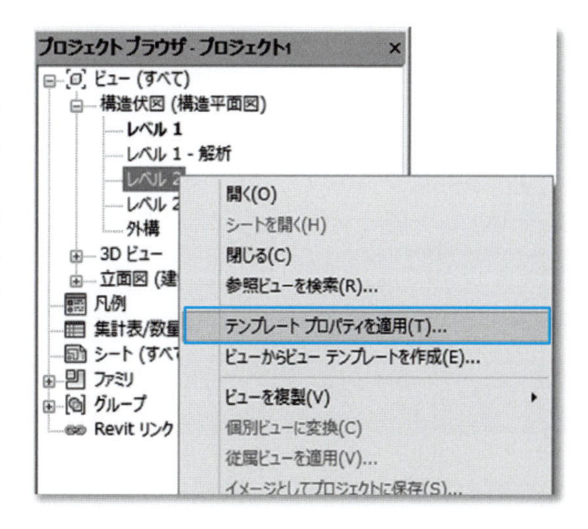

ビューテンプレート管理

各ビューのテンプレート設定を確認するには、以下のようにします。

STEP1

［表示］タブ -［グラフィックス］パネル -［ビューテンプレート］-［ビューテンプレート管理］をクリックします。

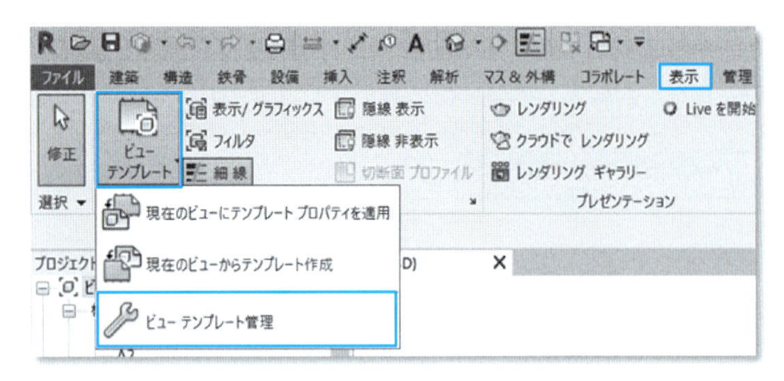

STEP2

［ビューテンプレート］ダイアログが開くので、［名前］欄でビュー名称を選択し、［ビュープロパティ］側より各項目内容を確認します。

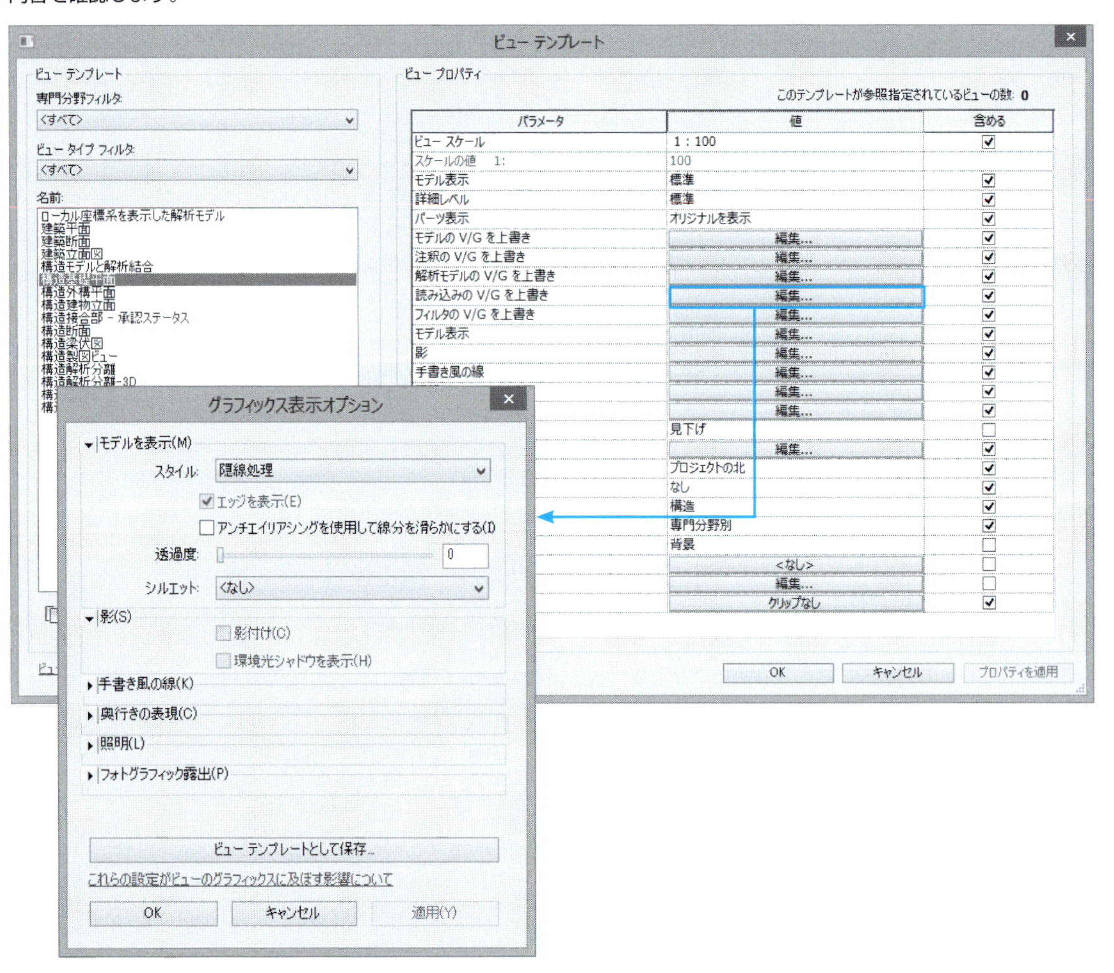

ファミリ

システムファミリとロードされたファミリが含まれます。プロジェクトテンプレートに既存でロードされているファミリが異なるので、必要に応じてファミリをロード、修正、または複製します。

よく利用するファミリ、カスタムファミリ、図面枠などは登録しておくと便利です。

プロジェクトビュー

プロジェクトに合わせて平面図、断面図、立面図、3Dビューや吹き出しなどの設定を登録することができます。作成は、［表示］タブ -［作成］パネルより行います。

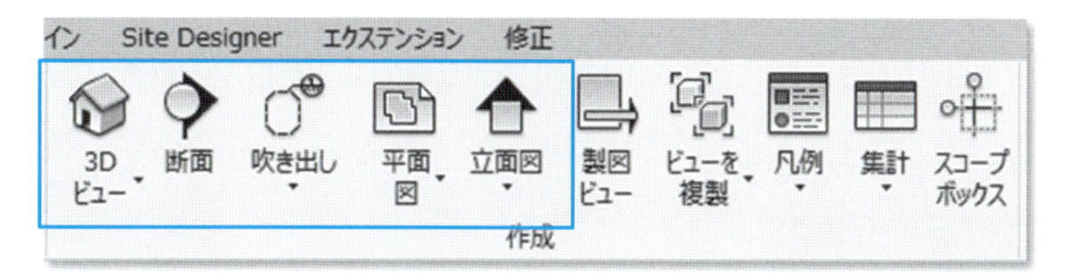

表示グラフィックス設定

モデルオブジェクト、基準面オブジェクトやビューごとの固定オブジェクトの表示設定は、ビューごとに設定されているので、プロジェクトに合わせて変更することができます。

地形の表示

［構造テンプレート］の［表示グラフィックス］の設定では、［地盤面］、［外構］要素が規定値では非表示に設定されています。設定変更手順は、次頁を参照してください。

地形を表示させるには、［表示グラフィックス］の設定を変更する必要があります。また、この設定変更は、「テンプレート変更内容を他のテンプレートにも適用する」の手順で他のビューに適用することができます。

ここでは、[地盤面、外構] をサンプルに [表示グラフィックス] の変更手順を説明します。

STEP1

[表示] タブ - [グラフィックス] パネル - [表示／グラフィックス] をクリックします。

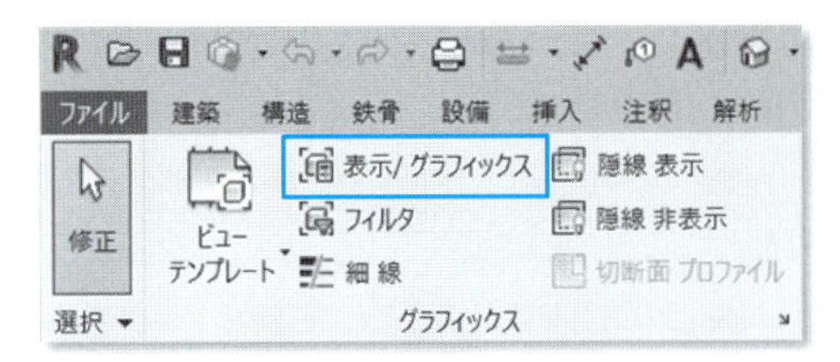

STEP2

[表示／グラフィックスの上書き] ダイアログが開きます。[フィルタリスト] をクリックし、[建築] と [構造] にチェックを付けます。

※ [地盤面] と [外構] は、[建築] リストに含まれています。

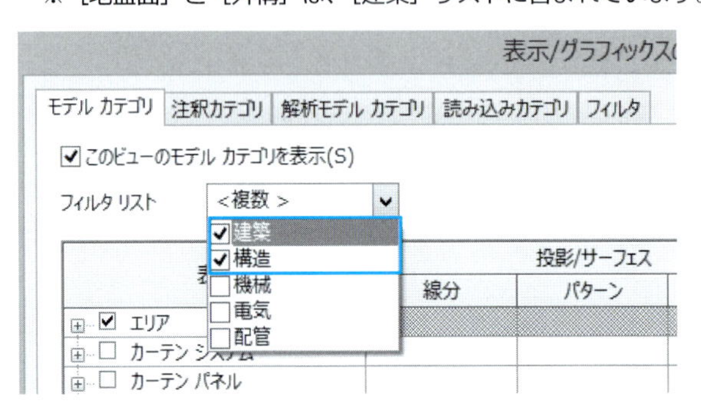

STEP3

このように表示されます。

[表示] 欄でカテゴリ名称の前にチェックの付いているカテゴリのみ表示されます。

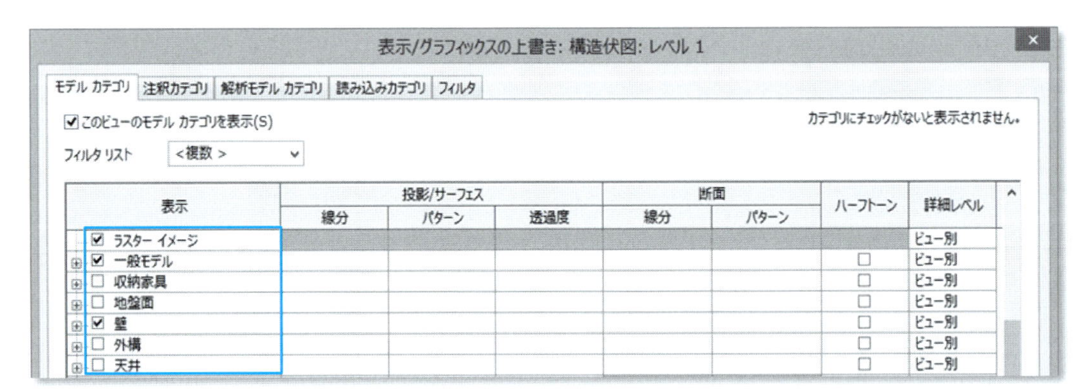

STEP4

[地盤面]、[外構] にチェックを付け、表示に変更します。

出力設定

印刷設定を登録しておくことができます。

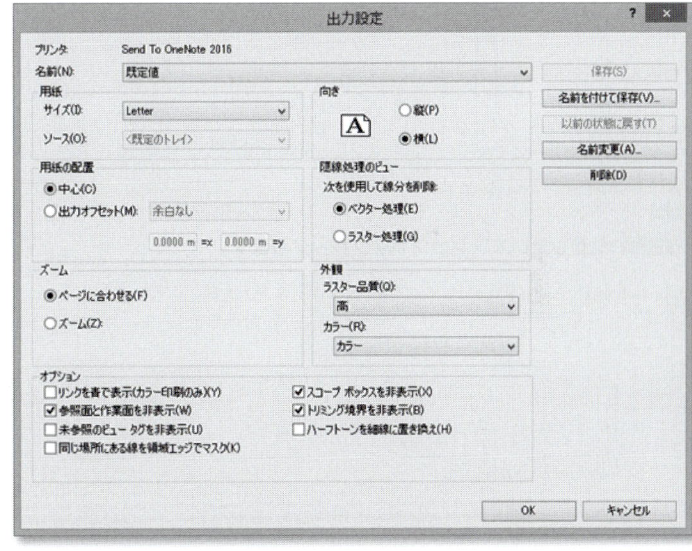

02 位置合わせ

オブジェクト間の位置合わせだけでなく、［参照線］との拘束やロックをかける時にも利用できます。

STEP1

［修正］-［位置合わせ］をクリックします。

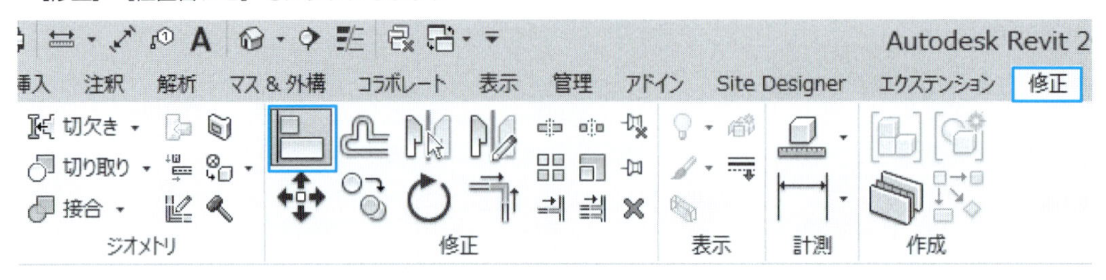

STEP2

位置合わせ場所をクリックします。

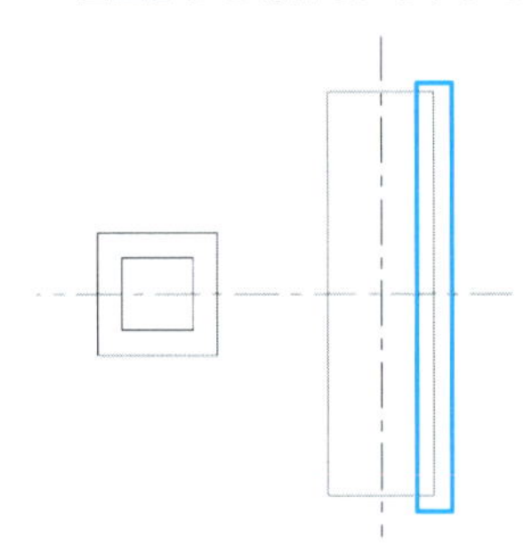

STEP3

位置合わせをしたいオブジェクトをクリックします。

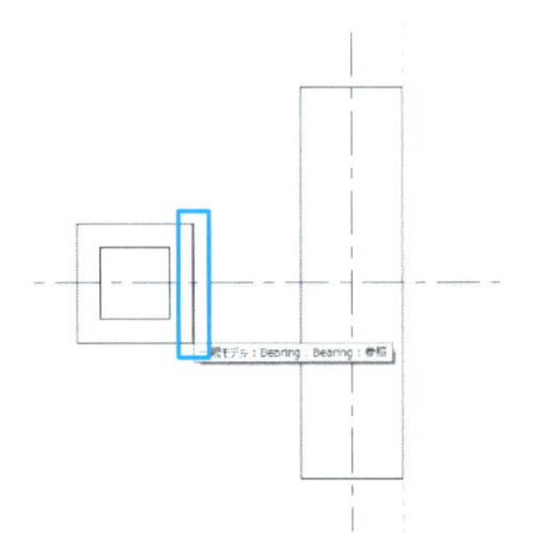

STEP 4

このように位置合わせができます。クリックで鍵を［ロック］すると、位置が固定されます。

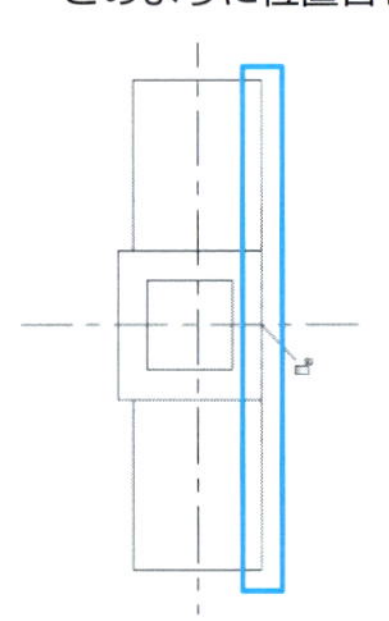

Option

［オプションバー］にこのようにオプションが表示されます。複数要素の位置合わせをする場合は、［複数の位置合わせ］にチェックを付けます。

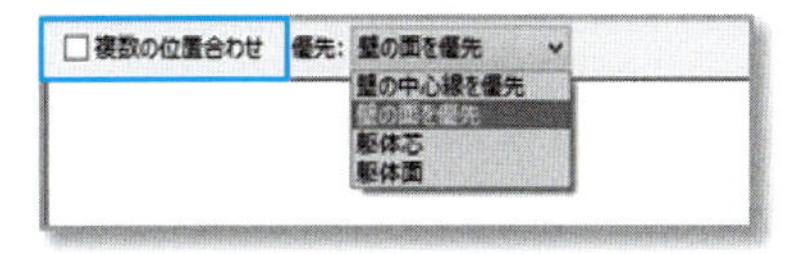

03 オフセット

選択したモデル線分、詳細線分、壁、または梁を、指定した距離だけ長さに対して垂直に移動します。

STEP1

［修正］-［オフセット］をクリックします。

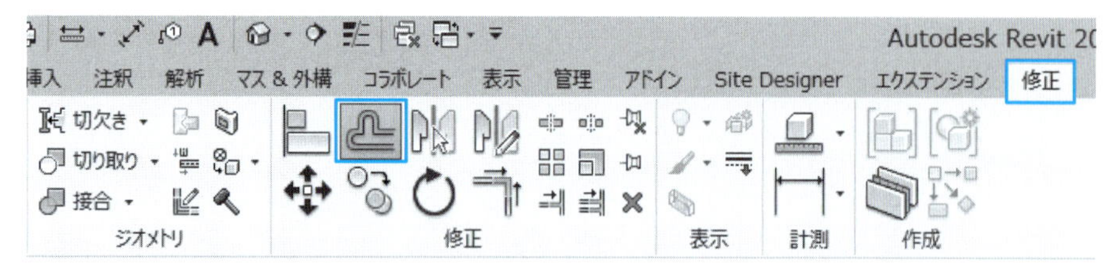

STEP2

［オプションバー］が表示されるので、オフセット距離を数値入力します。

※［コピーオフセット］（基のオブジェクトを残す）をしたい場合は、［コピー］にチェックを入れます。

グラフィックス　数値　オフセット：1000.0　コピー

STEP3

オフセットするオブジェクトにマウスを近づけると水色の補助線が表示されます。オフセット方向にマウスを動かし、右クリックで確定します。

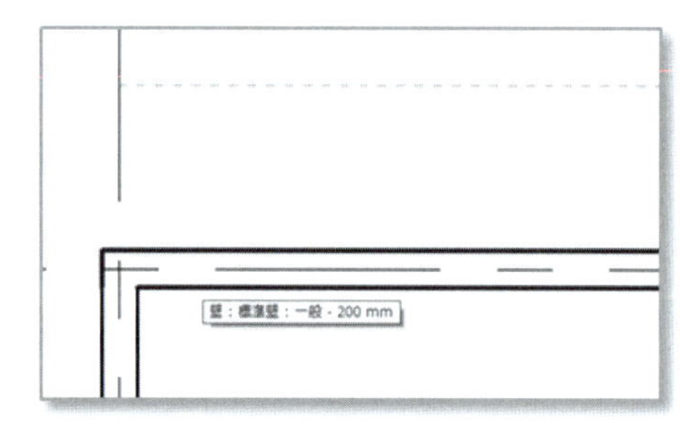

STEP4

このようにオフセットされます。

Option

Tabキーを押しながら、マウスを近づけると、一連の要素が選択できるようになります。

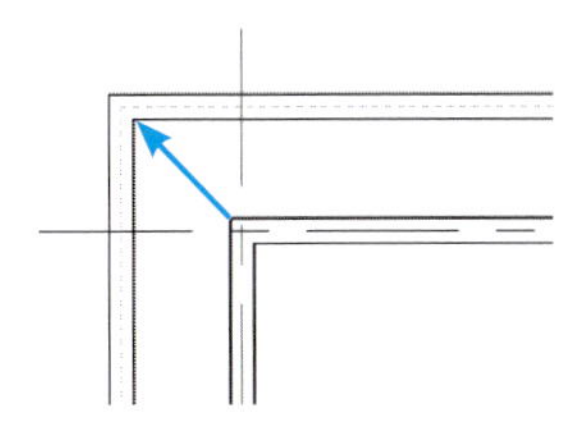

Option

任意の場所にオフセットしたい場合は、［オプションバー］で［グラフィックス］を使用します。

STEP1

［オプションバー］-［グラフィックス］にチェックを入れます。

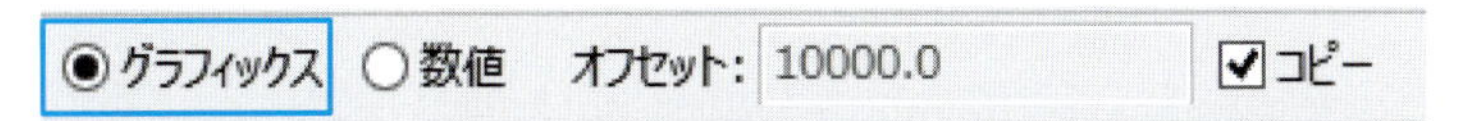

STEP2

オフセットしたいオブジェクトを選択します。

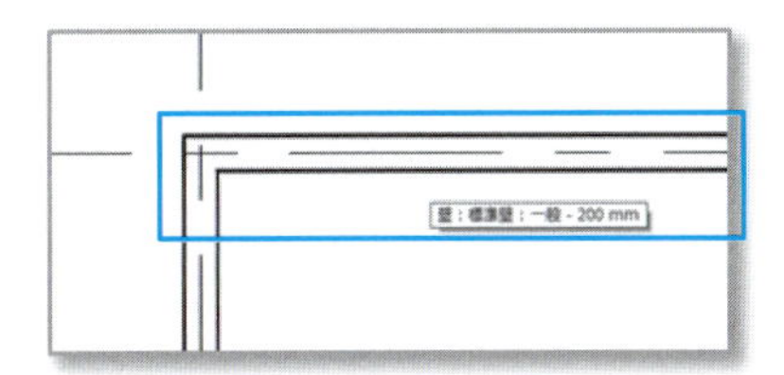

STEP3

オフセットの基点をクリックします。

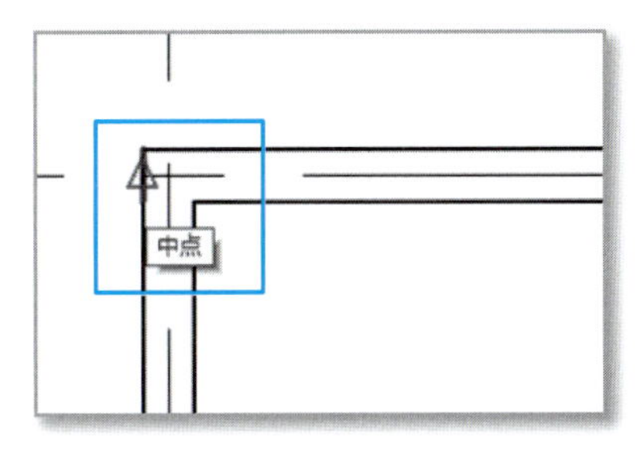

STEP4

オフセット先をマウスでクリックします。

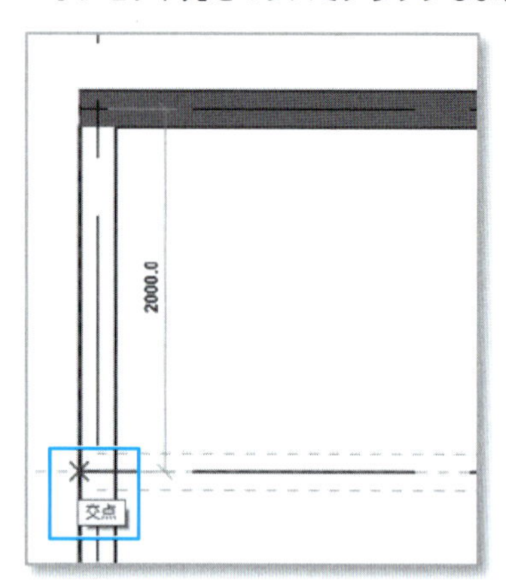

STEP5

このように作成されます。

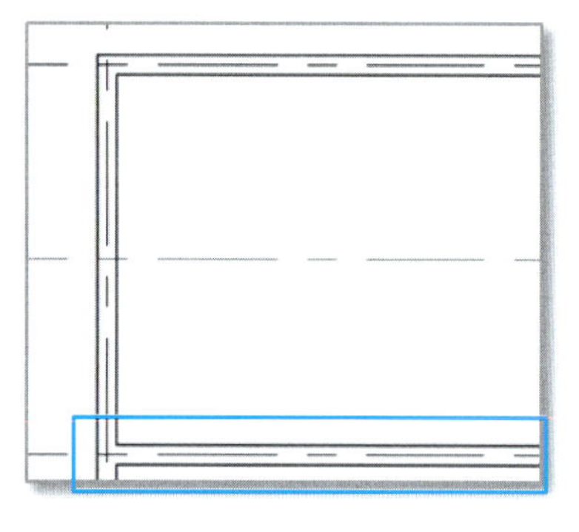

04 移動

オブジェクトを移動します。

STEP1

移動したいオブジェクトを選択します。

STEP2

コンテキストタブ［修正｜一般モデル］が表示されるので、［修正］-［移動］をクリックします。

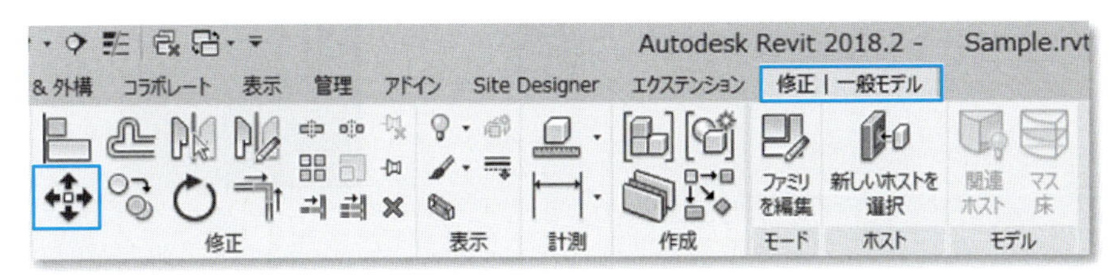

STEP3

選択したオブジェクト周囲には水色の破線が表示され、［ステータスバー］には、［移動の始点を入力するにはクリックしてください］と表示されます。

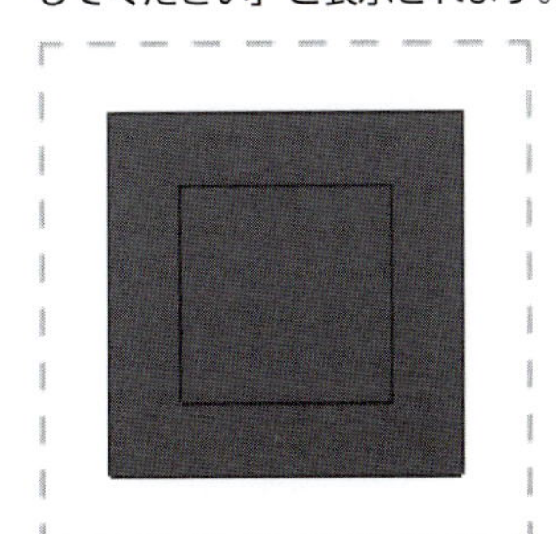

移動の始端を入力するにはクリックしてください。

STEP4

移動の始点をマウスでクリックします。

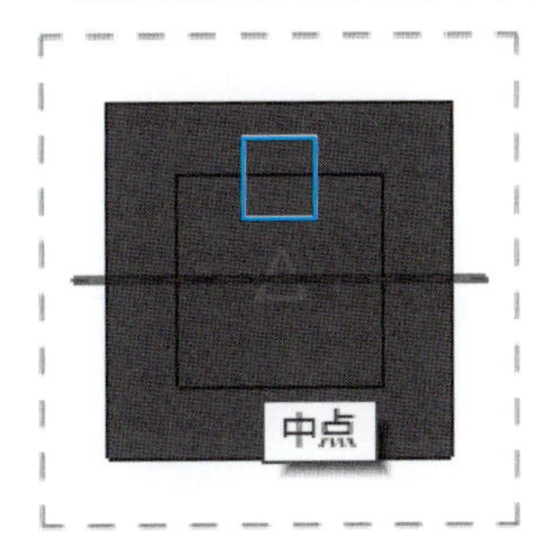

STEP5

移動先をマウスでクリックします。

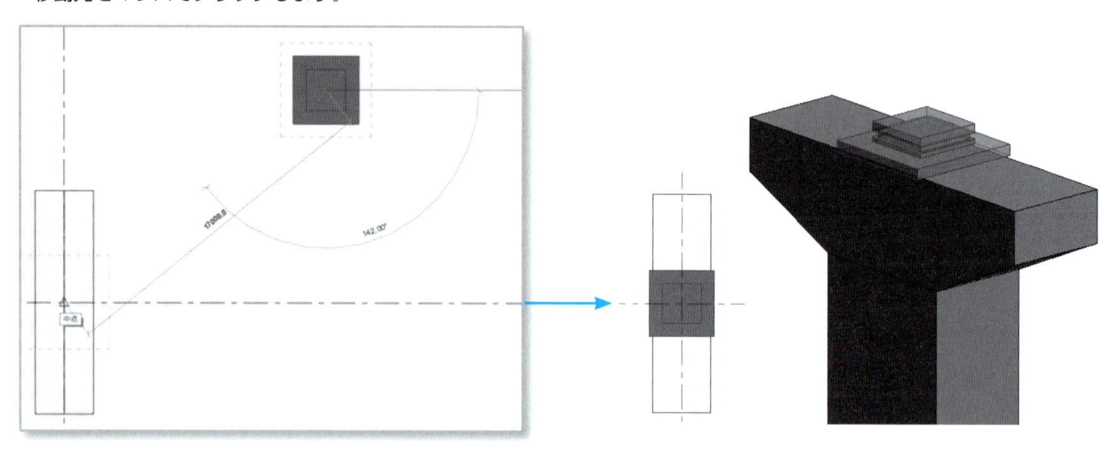

05 複写

P1で作成した［沓］をP2、P3に複写するケースをサンプルに［複写］の手順を説明します。

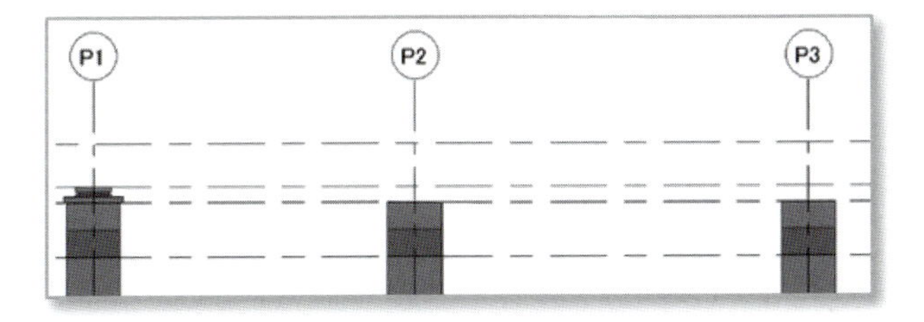

STEP1

複写したいオブジェクト（P1の［沓］）をクリックします。

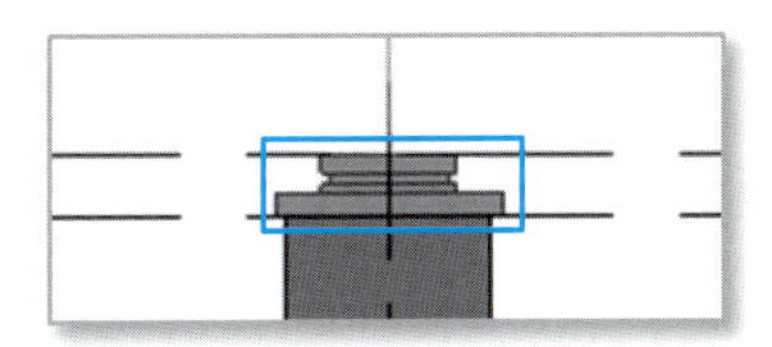

STEP3

コンテキストタブ［修正｜一般モデル］が表示されるので、［修正］-［複写］をクリックします。

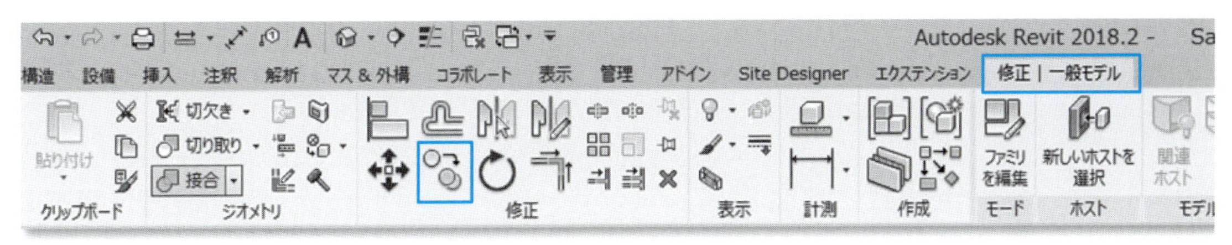

STEP4

P2、P3の2か所に複製するので、［オプションバー］複製にチェックを入れます。

STEP4

複写の基点をクリックします。

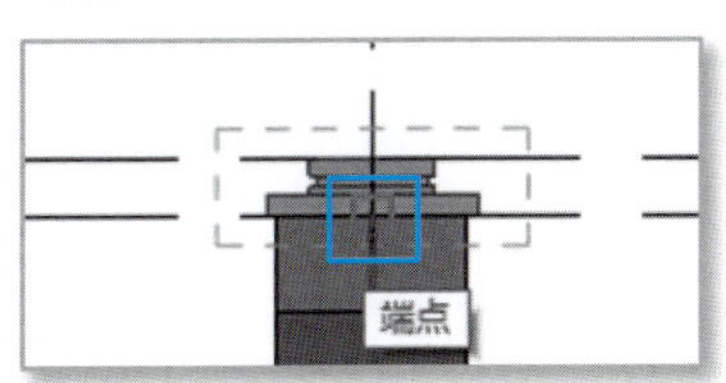

STEP5

コピー先をクリックします。

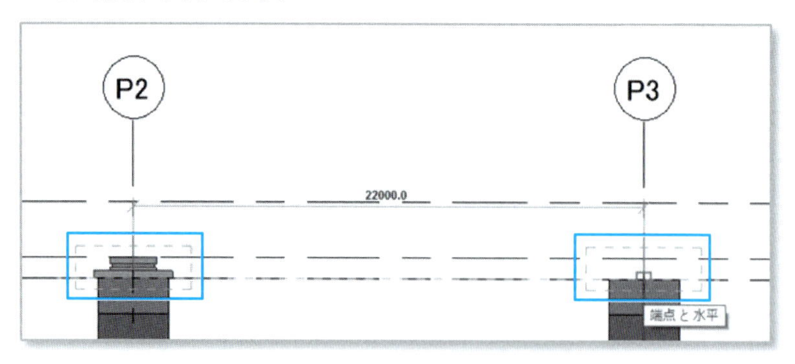

Option

［ファミリーホスト］との関連がある場合に、［拘束］、［分離］のオプションを使用します。

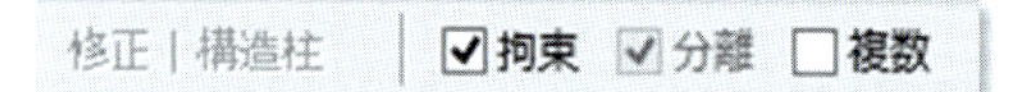

06 回転

ファミリーロード後のインスタンスを回転したい場合をサンプルとして［回転］手順を説明します。

STEP1

回転したいオブジェクトを選択します。

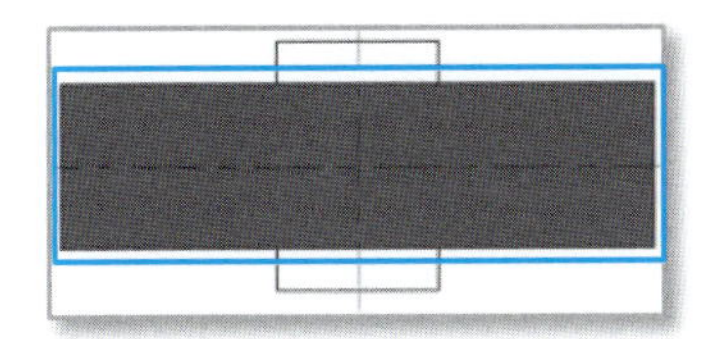

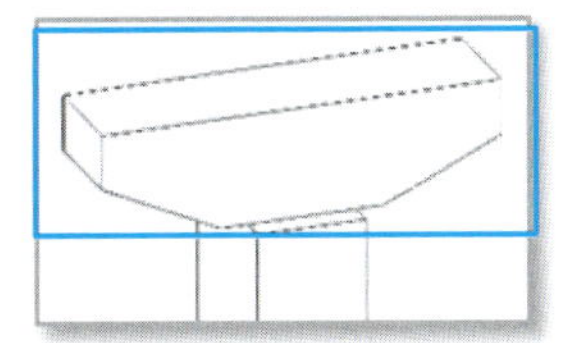

STEP2

コンテキストタブ［修正｜構造フレーム］が表示されるので、［修正］-［回転］をクリックします。

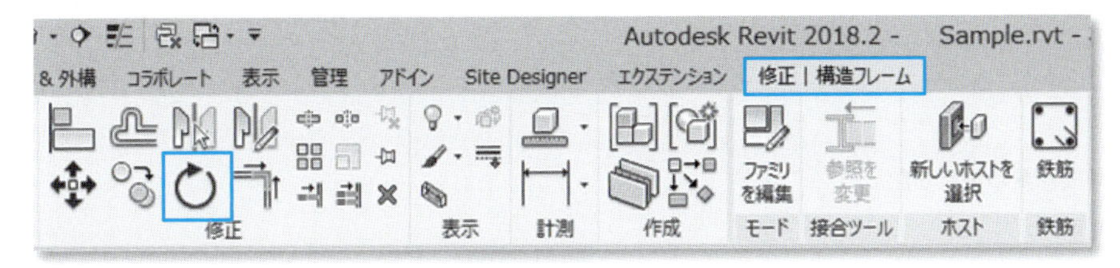

STEP3

回転時の中心を指定するので、［オプションバー］-［配置］をクリックします。

修正｜構造フレーム　□分離　□コピー　角度:　回転中心:［配置］［既定値］

STEP4

回転中心にしたい位置をクリックします。クリックした位置に［回転コントロール］が移動します。

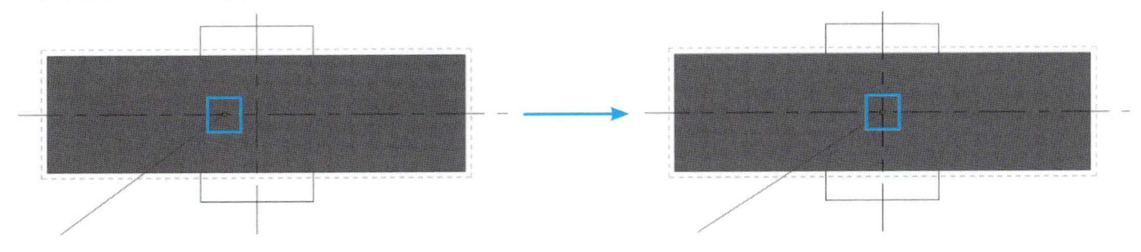

STEP5

回転開始位置でマウスをクリックします。

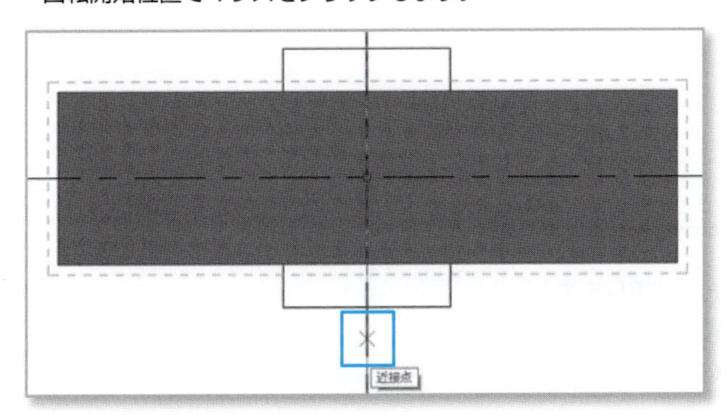

STEP6

回転角度を指定します。画面上をクリックして回転角度を指定することもできますが、下記のように数値入力することもできます。

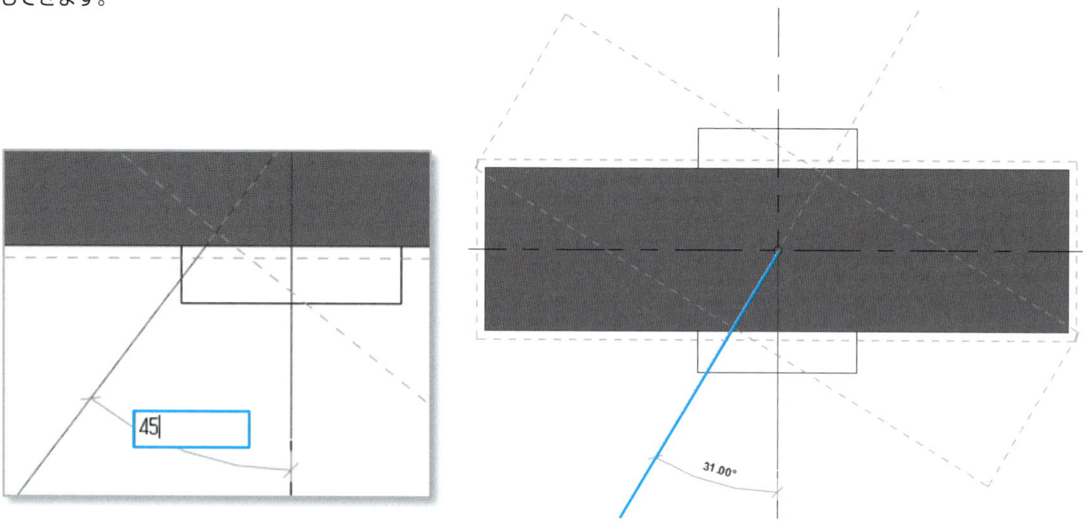

STEP7

このようにファミリの角度が変わりました。

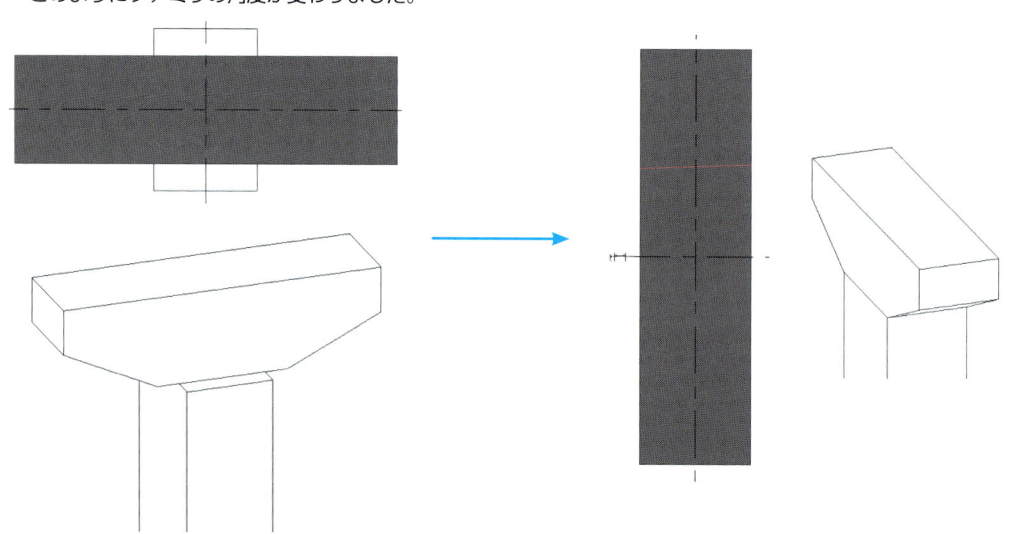

Option

［回転］ツールのオプションを説明します。

修正｜構造フレーム　□分離　□コピー　角度：　回転中心：配置　既定値

- 分離：結合している要素を分離して回転させたい場合に使用します。
- コピー：元の要素を残したまま回転をしたいときに使用します。
- 角度：回転角度を入力しEnterキーを押すと、他のステップを行わずにダイレクトに回転させることができます。

07 トリム／延長

Revitには、[トリム／延長] に関するツールは3つ用意されており、[修正] タブ - [修正] パネルから表示することができます。

※ [トリム／延長] ツールは、ツール実行時、オブジェクト選択には、[リボンのコンテキストタブ] の [修正] パネルから表示されます。ここでは、[ファミリ] 作成画面にツールの使用方法を説明しているので、[コンテキストタブ] よりツールを表示しています。

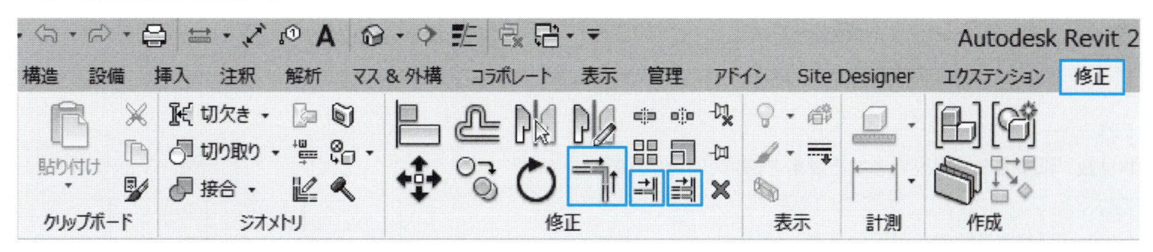

単一要素をトリム／延長

コンテキストタブ [修正 | 作成押し出し] タブ - [修正] - [単一要素をトリム／延長] をクリックします。

※コンテキストタブが表示されていない場合は、[修正] タブ - [修正] パネルよりツールを表示します。

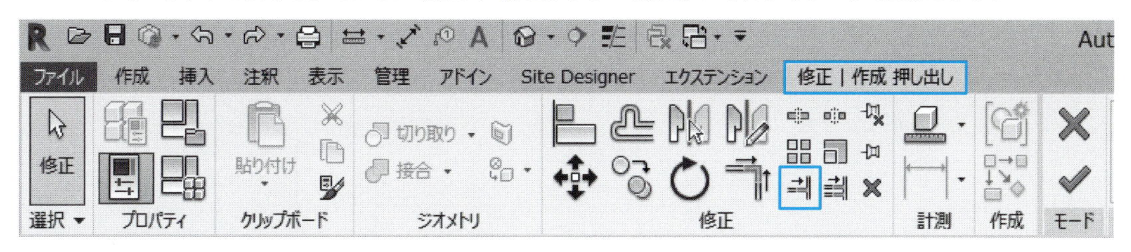

STEP1

トリム／延長のターゲットとなる要素を選択します [1]。

STEP2

トリム／延長する要素を選択します [2]。

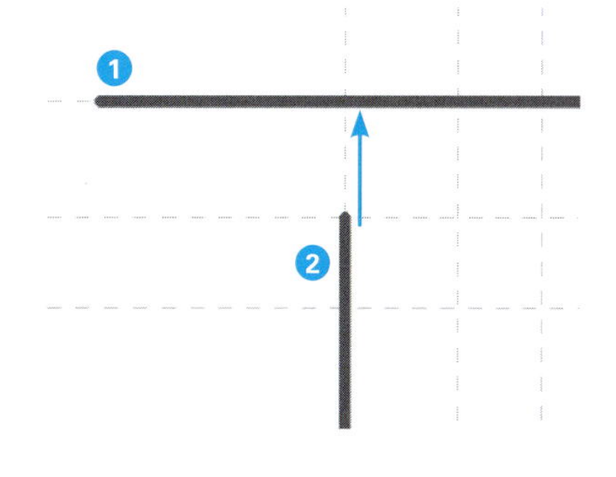

STEP3

このように延長されます。

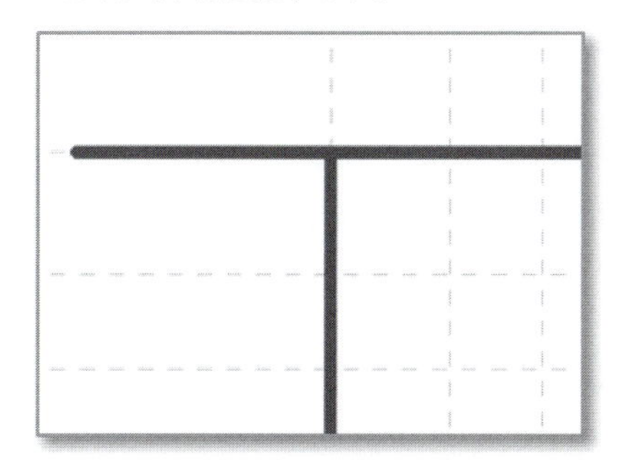

複数要素をトリム／延長

ここでは、コンテキストタブ［修正｜作成押し出し］が表示されているので、［修正］-［複数要素をトリム／延長］をクリックします。

※コンテキストタブが表示されていない場合は、［修正］タブ -［修正］パネルよりツールを表示します。

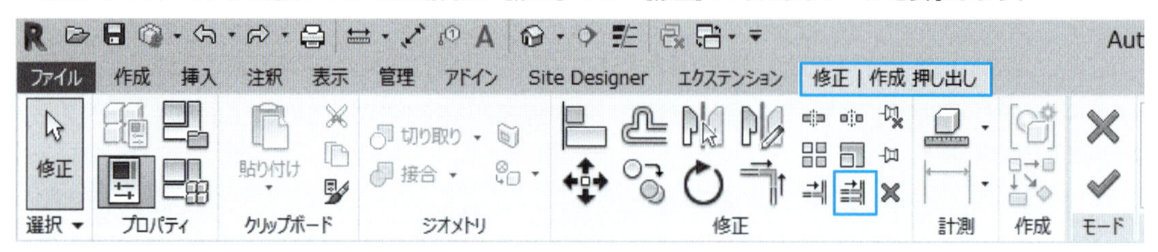

STEP1

トリム／延長のターゲットとなる要素を選択します。［❶］

STEP2

トリム／延長する要素を選択します。［❷］

Revitのトリムでは、クリックした側が残ります。

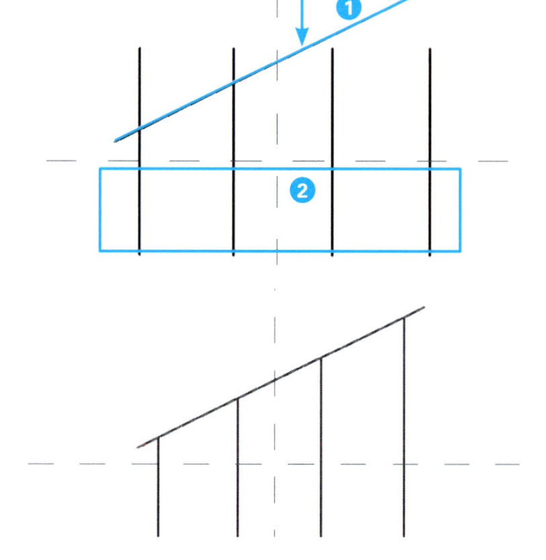

STEP3

このようにトリムされます。

コーナーへトリム／延長

ここでは、コンテキストタブ［修正｜作成押し出し］が表示されているので、［修正］-［コーナーへトリム／延長］をクリックします。

※コンテキストタブが表示されていない場合は、［修正］タブ -［修正］パネルよりツールを表示します。

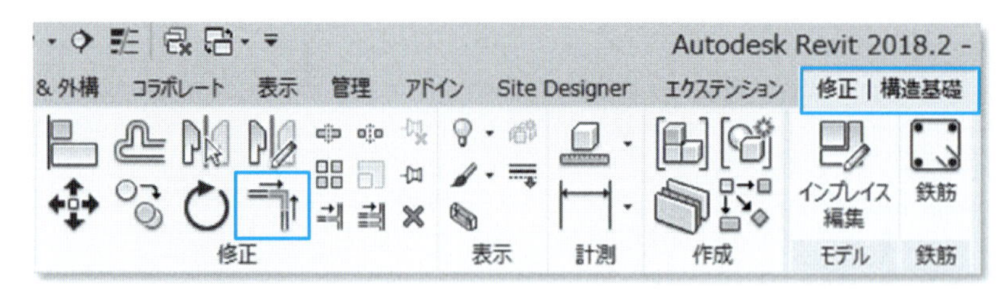

コーナー要素を順番にクリックします。［トリム］の場合は、残したい側［→］でクリックします。すると、このようコーナーが完成します。

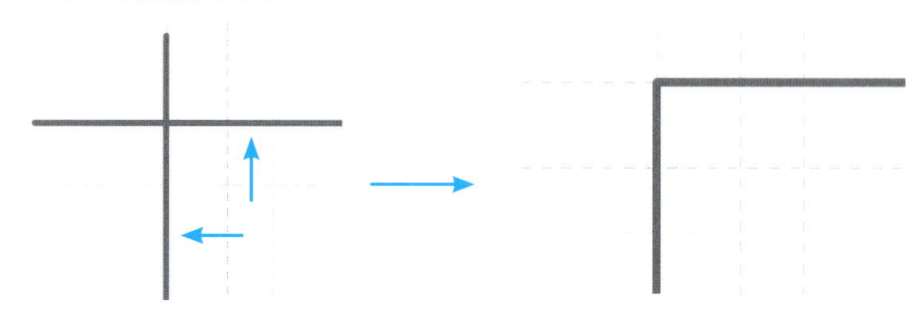

08 配列複写

杭を配置する例で［配列複写］の手順を説明します。

STEP1

配列要素［杭］を選択します。

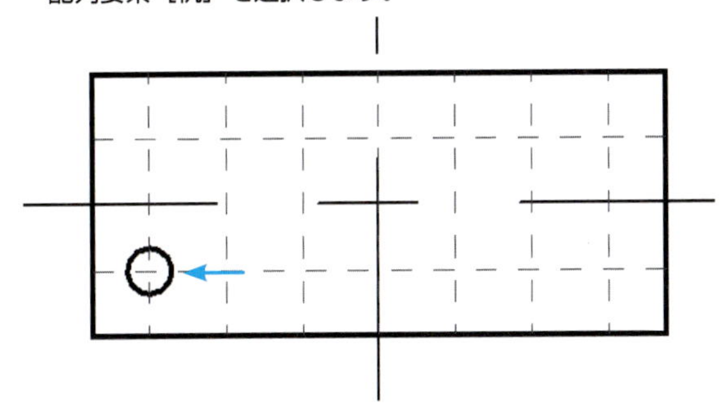

STEP2

コンテキストタブ［修正｜構造基礎］が表示されるので、［修正］-［配列複写］をクリックします。

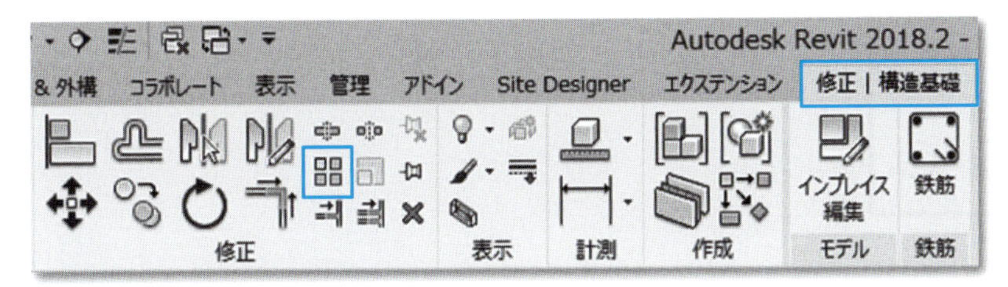

STEP3

［オプションバー］が表示されるので、ここでは［直線状配列］を選択します。

修正｜モデル グループ　グループ化と関連付け　項目数: 2　指定: 2 点間　終端間

STEP4

［直線状配列］の始点をクリックします。

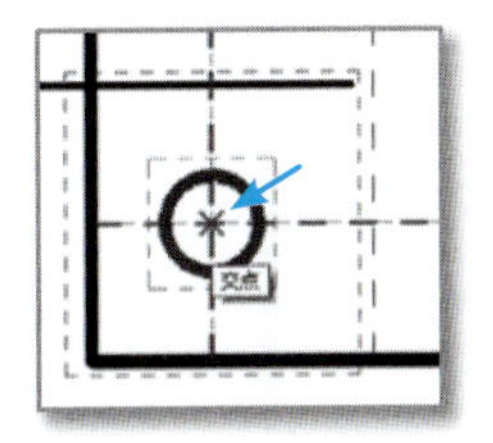

STEP5

［直線状配列］の終点をクリックします。

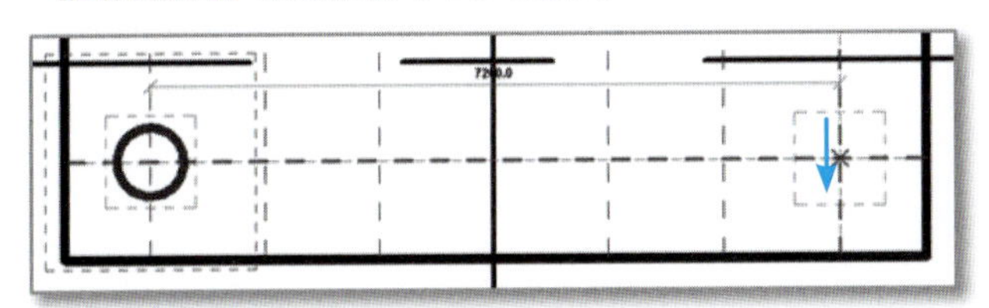

STEP6

複写する数を入力します。

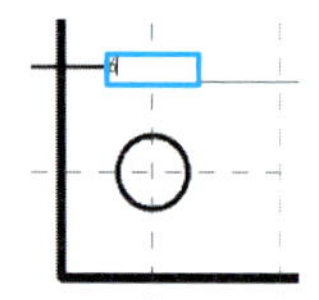

STEP7

このように配列複写されます。

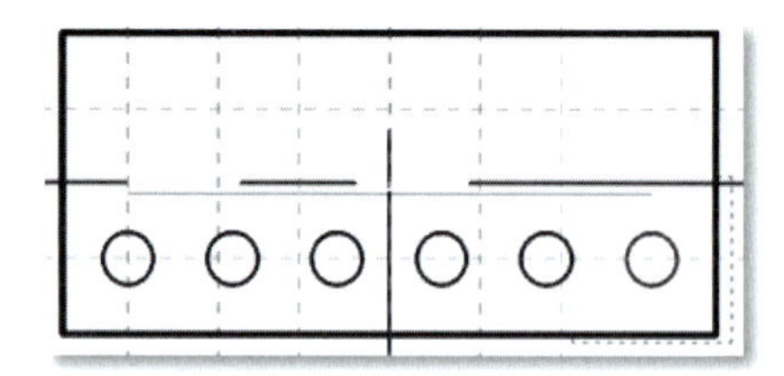

STEP8

同様の手順で、STEP7で作成した杭6本を縦方向にも配列複写します。

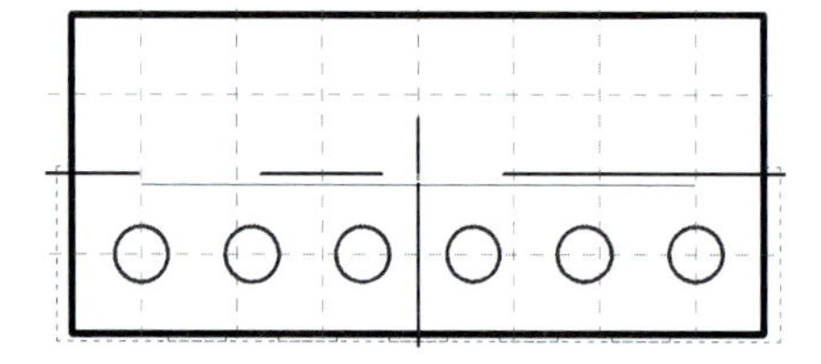

STEP9

杭6本を配列複写要素として選択します。

複写回数を指定します。

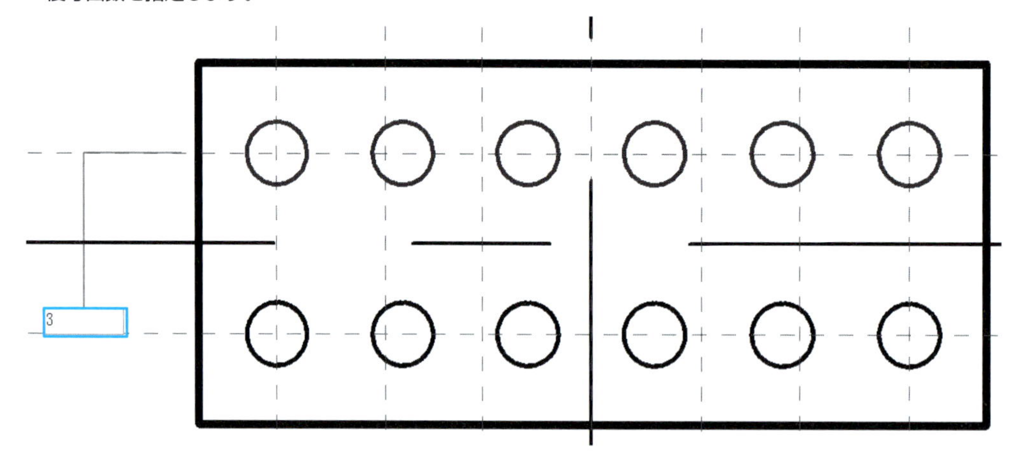

STEP10

このように複写されます。

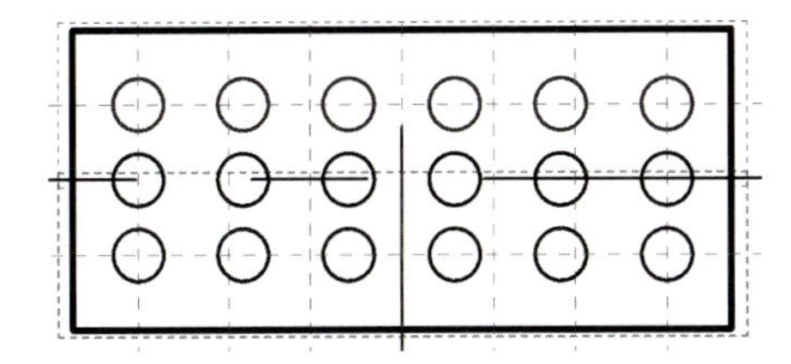

Option

［配列複写］ツールのオプションを説明します。

修正 | モデル グループ ☑グループ化と関連付け 項目数: 2 指定: ○2 点間 ◉終端間 □拘束 寸法をオンにする

：円形状配列複写

- グループ化と関連付け：配列複写した要素をグループ化している場合

  2点間：複写要素間の距離を指定する場合に使用します。

  終端間：複写全体のスパンを指定する場合に使用します。

- 拘束：選択した要素と垂直／同一直線上にあるベクトルに沿った配列複写部材移動を制限します。

09 鏡像化

Revitの鏡像化には2つの方法があります。

鏡像化 - 軸を選択

STEP1

鏡像化する要素を選択します。ここでは、アバット全体を選択しています。

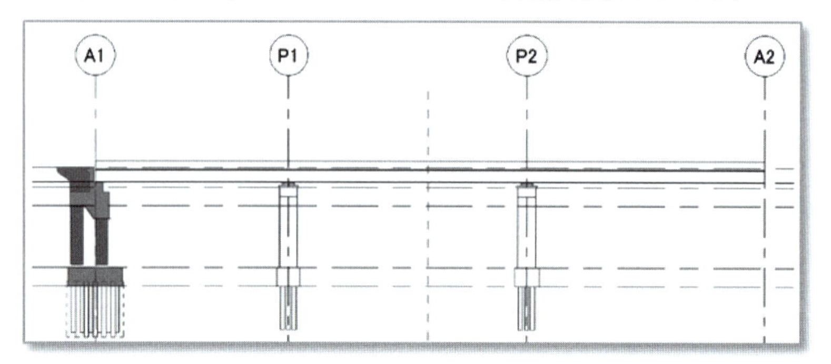

STEP2

コンテキストタブ［修正｜一般モデル］-［修正］-［鏡像化 - 軸を選択］をクリックします。

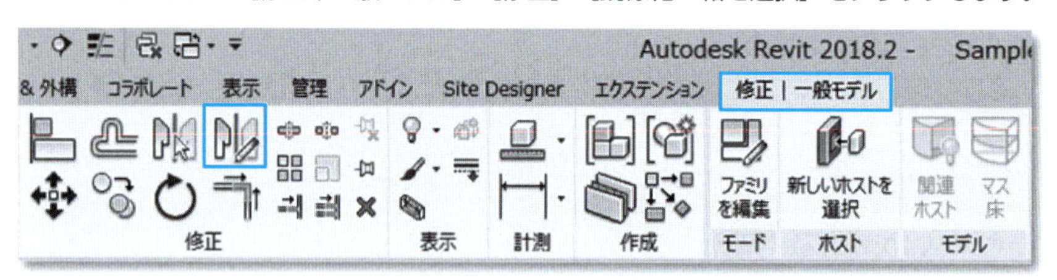

STEP3

鏡像化する時の軸をクリックします。ここでは、あらかじめ真ん中に［参照面］を作成しています。

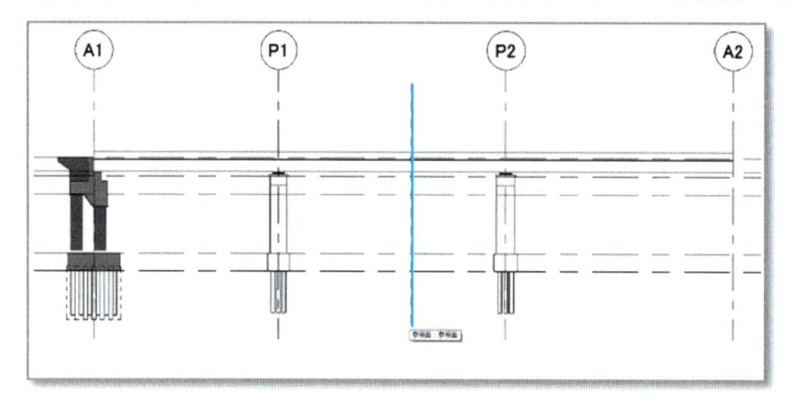

STEP4

このように鏡像化されます。

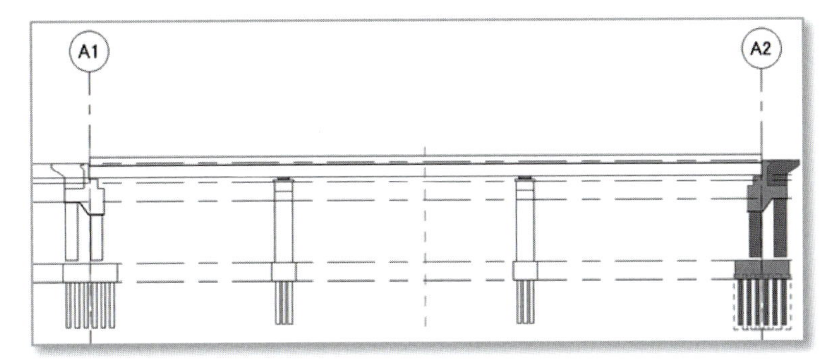

鏡像化 - 軸を描画

STEP1

鏡像化する要素を選択します。ここでは、アバット全体を選択しています。

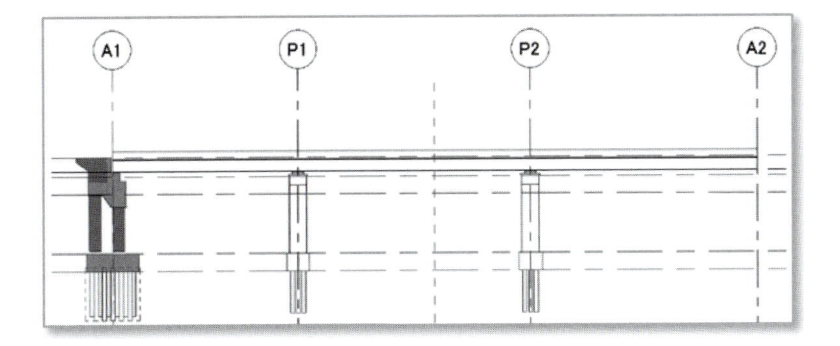

STEP2

コンテキストタブ［修正｜一般モデル］-［修正］-［鏡像化 - 軸を描画］をクリックします。

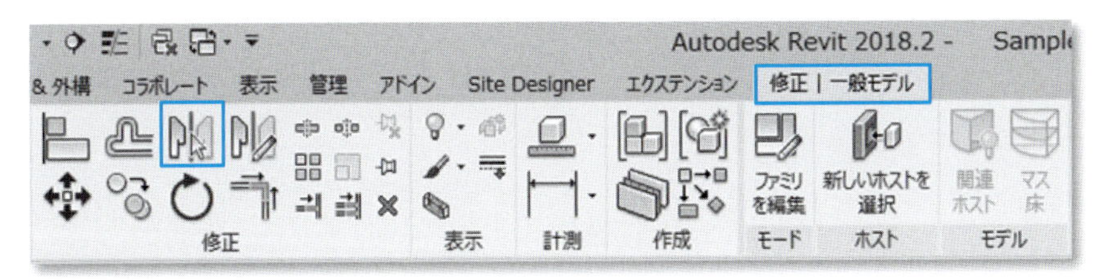

STEP3

軸を描画します。

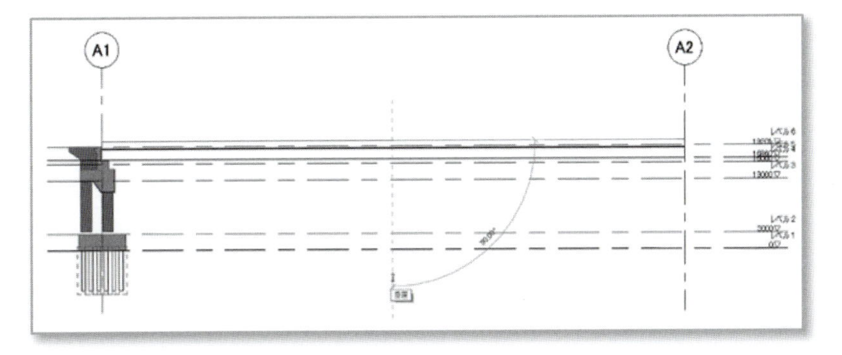

STEP4

このように鏡像化されます。

10 計測

2点間を計測

STEP1

［修正］タブ -［計測］-［2 点間を計測］をクリックします。

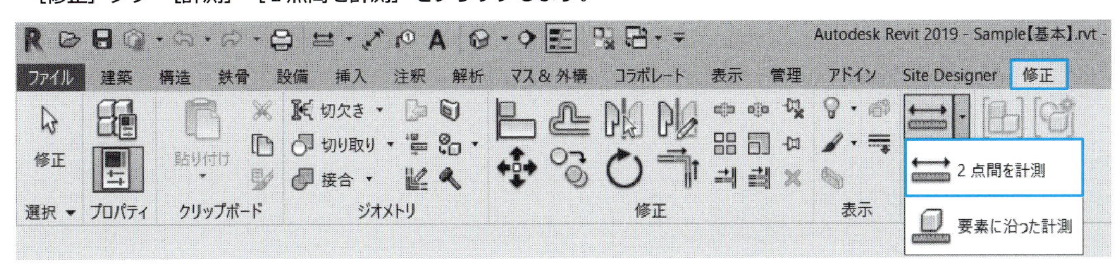

STEP2

計測開始位置をクリックします。

STEP3

計測終了位置をクリックします。

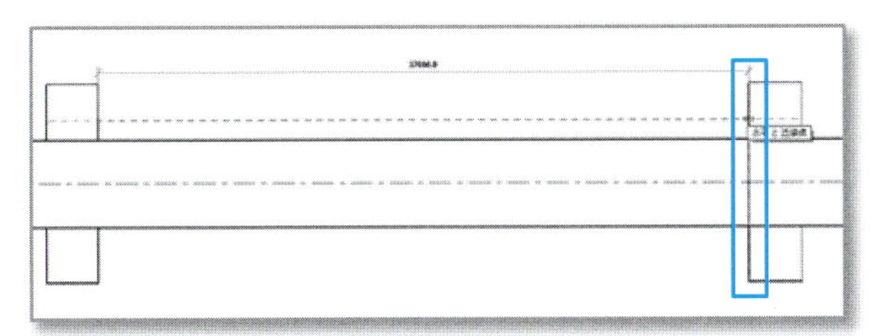

STEP4

このように長さが表示されます。

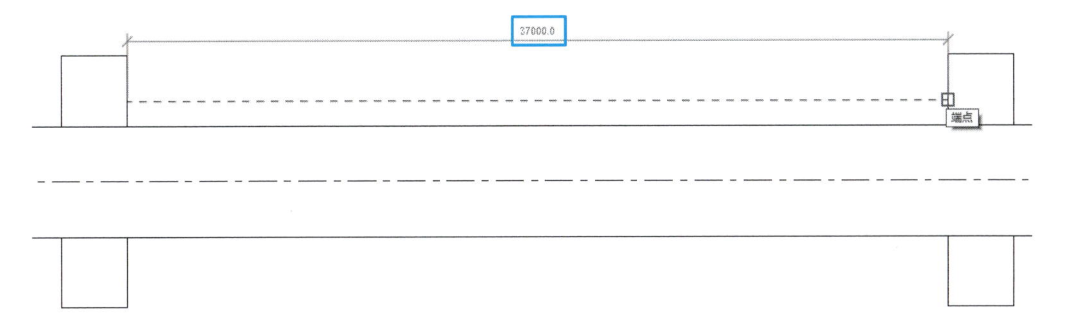

要素に沿った計測

STEP1

［修正］タブ -［計測］-［要素に沿った計測］をクリックします。

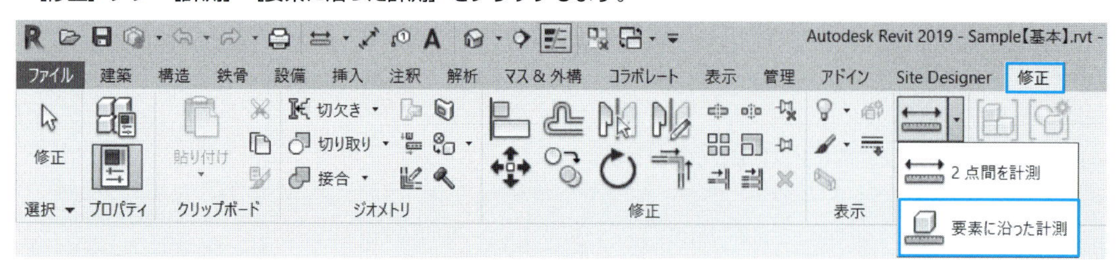

STEP2

計測したい要素をクリックします。

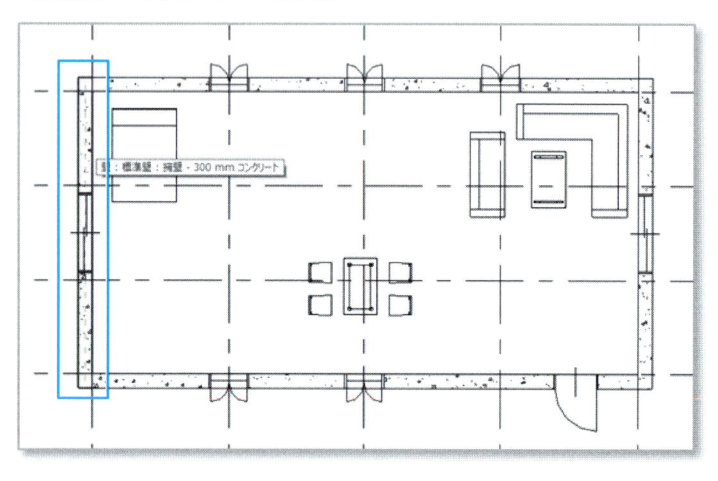

STEP3

壁の角度と長さが表示されます。［オプションバー］にも長さが表示されます。

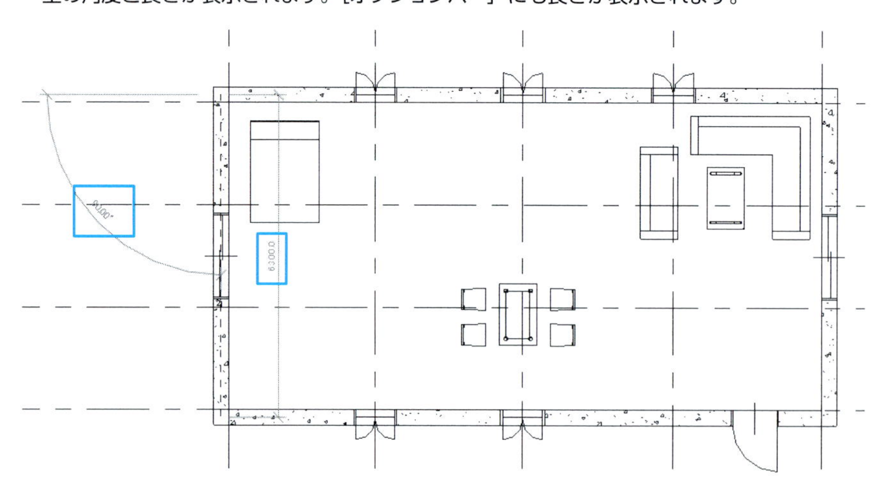

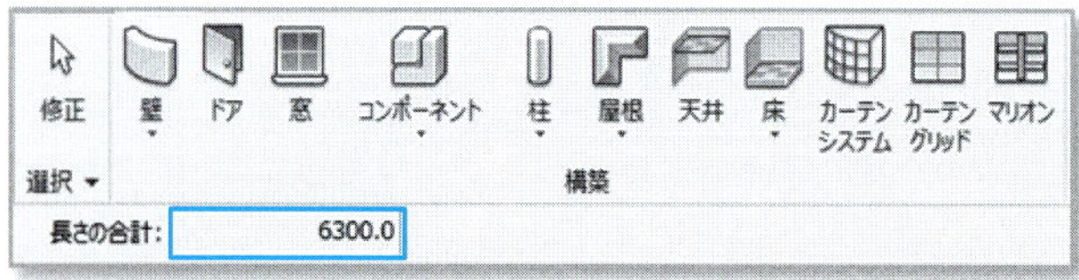

11 寸法

STEP1

［修正］タブ -［計測］-［長さ寸法］をクリックします。

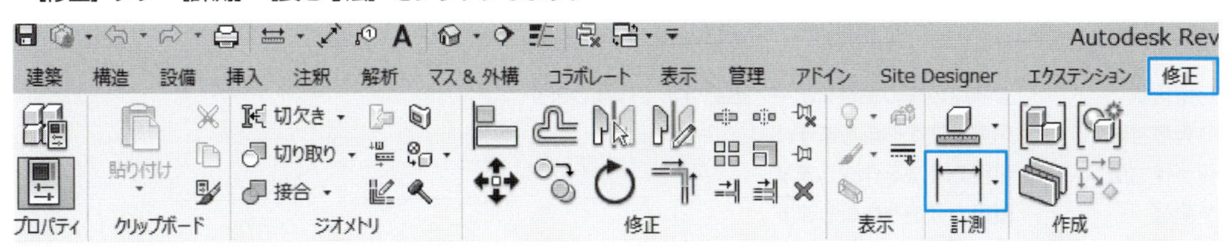

コンテキストタブ［修正｜寸法を配置］-［寸法］パネルが表示されるので、目的にあった寸法を選択します。ここでは、［平行寸法］を選択します。

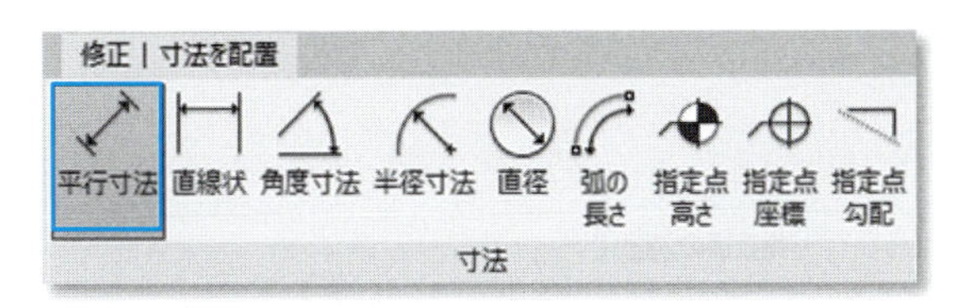

STEP2

寸法を引きたい要素を順番にクリックします。

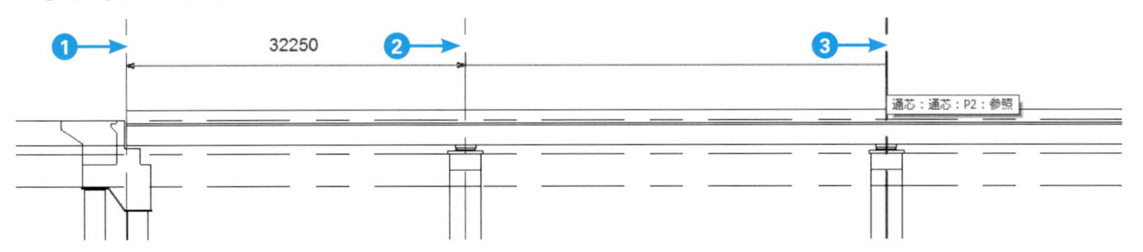

STEP3

寸法線を表示したい位置でクリックすると、寸法線が作成されます。

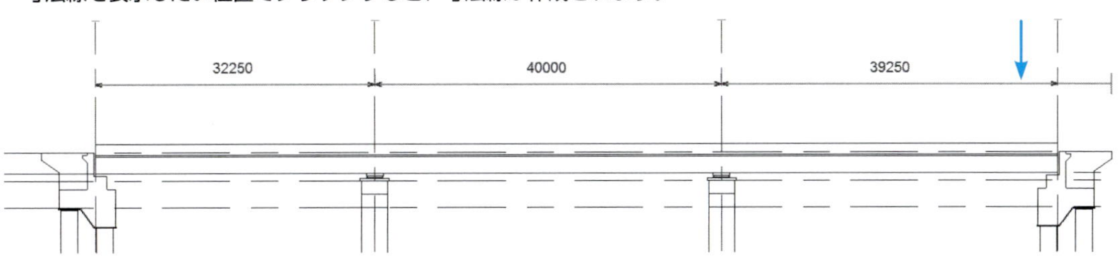

鍵が表示されるので、その位置で固定したい場合は、鍵をロックします。

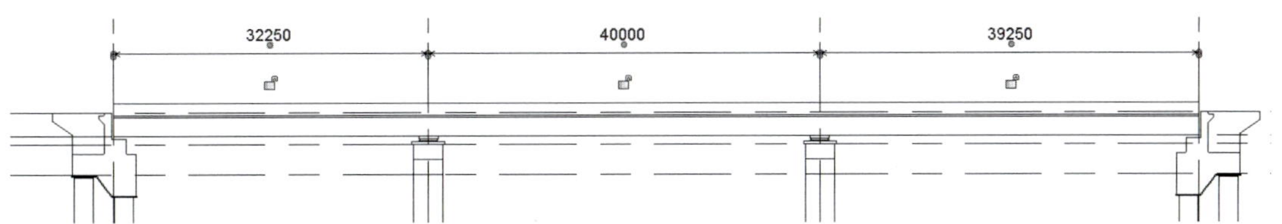

Other

Revitでは、ほかにもさまざまなタイプの寸法線を作成することができます。

- 直線状　参照点の間の距離を水平／垂直寸法で作成します。
- 角度寸法　角度寸法を作成します。
- 半径寸法　半径の寸法を作成します。
- 直径　直径の寸法を作成します。
- 指定点の高さ　クリックした位置の高さを表示します。
- 指定点の座標　クリックした位置の座標を表示します。
- 指定点の勾配　勾配をもった要素をクリックすると勾配を表示します。

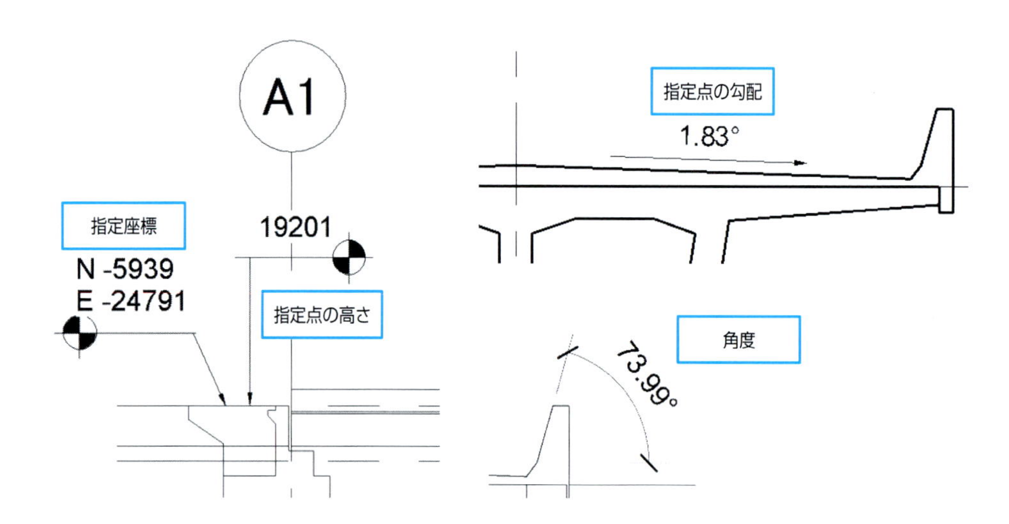

12 作業面

Revitでは、モデリング時に作業面を設定する必要があります。

作業面

作業面とは、要素をスケッチするための基準として使用される仮想の2次元サーフェスで、各ビューは作業面に関連付けられています。たとえば、平面図はレベルに関連付けられており（水平な作業面）、立面図ビューは垂直の作業面に関連付けられています。
Revitでは、指定されたレベルや作業面で要素をスケッチします。ファミリの配置も同様に指定されたレベルや作業面に配置されます。

作業面は次の目的で使用されます。

- ビューの基準点として
- 要素をスケッチするため
- 特定のビューでツールを有効にするため
- 作業面ベースのファミリを配置するため

平面図ビュー、3Dビュー、ファミリエディタには作業面が自動的に設定されますが、立面図や断面図ビューには作業面を手動で設定する必要があります。

右は、［上部工］の天端に［作業面］が設定されており、高欄と舗装面はこの作業面の上で作成されています。

壁面に書かれた［TypeA］という文字は、［壁］が［作業面］に設定されています。

このように、Revitでは、指定した［作業面］上でモデリングが行われます。

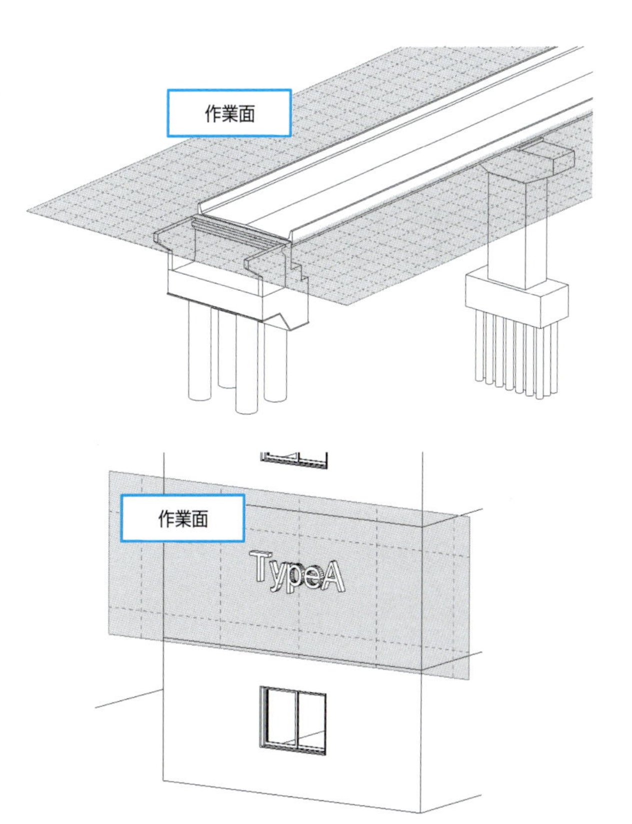

作業面の設定手順

図のような斜めの斜面に看板をつける場合は、以下のように作業面を設定します。

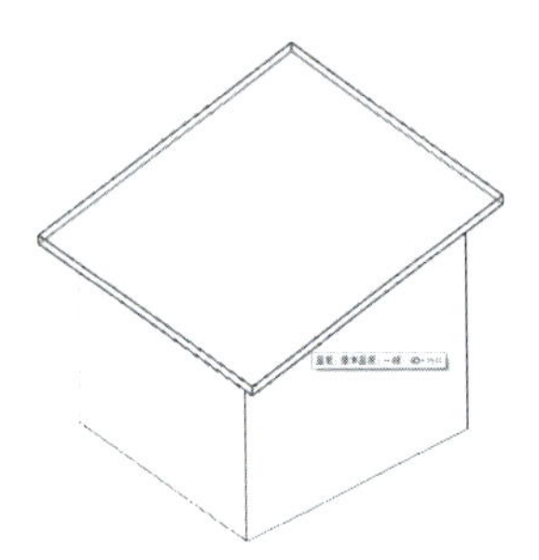

STEP1

［建築］タブ -［作業面］パネル -［セット］をクリックします。

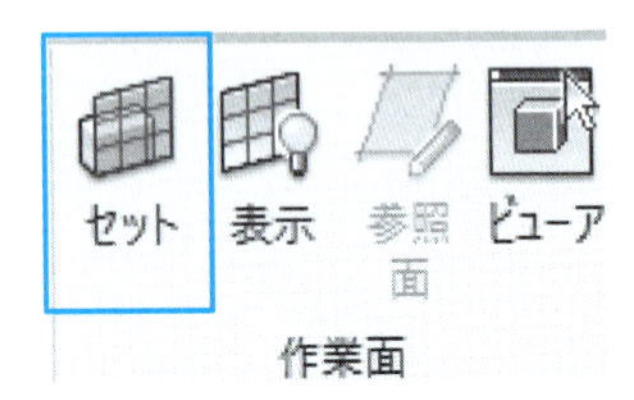

STEP2

［作業面］ダイアログが表示されるので、［面を選択］を選択し、［OK］ボタンを押します。

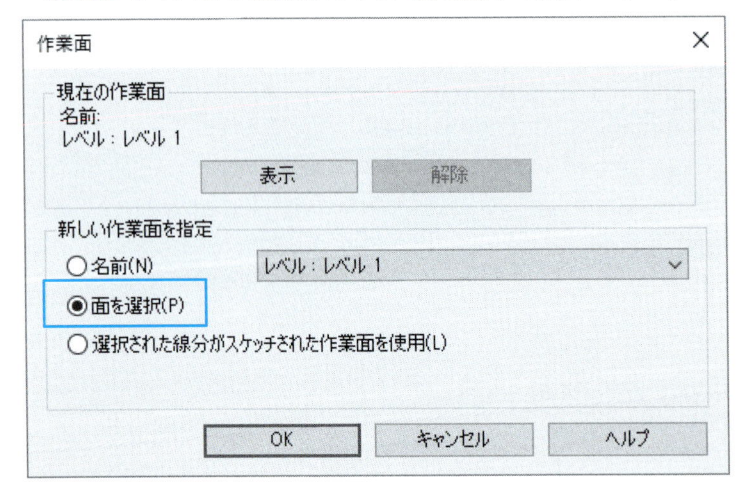

STEP3

斜面をクリックします。

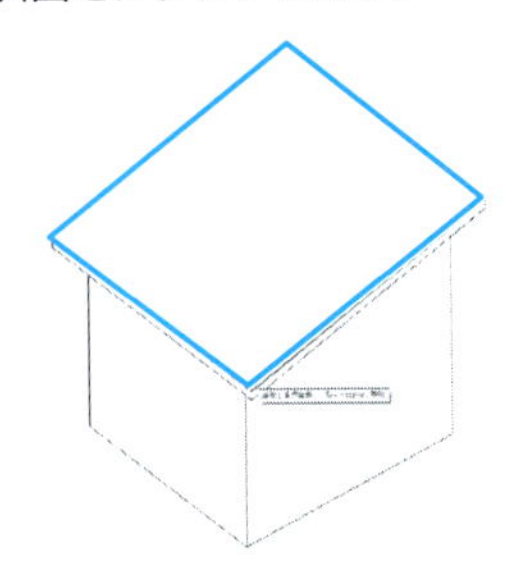

STEP4

確認のために［建築］タブ -［作業面］パネル -［表示］をクリックします。

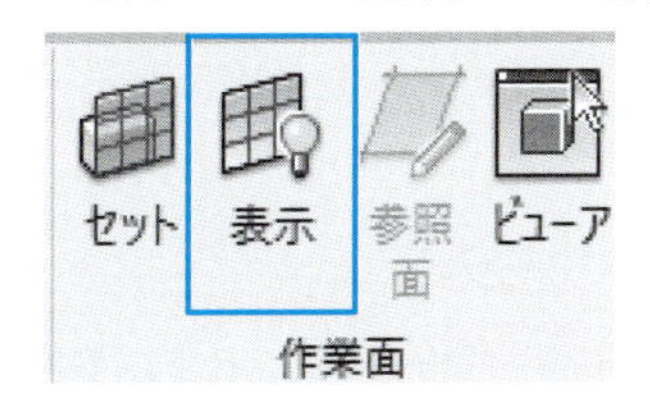

STEP5

図のように水色で［作業面］が表示されます。

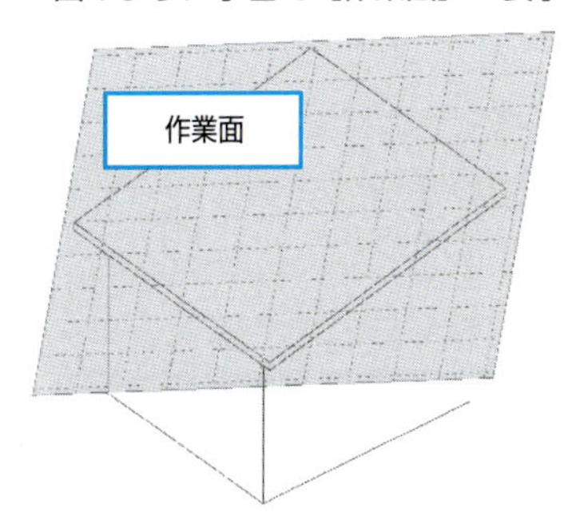

STEP6

このように斜面に文字が作成できるようになります。

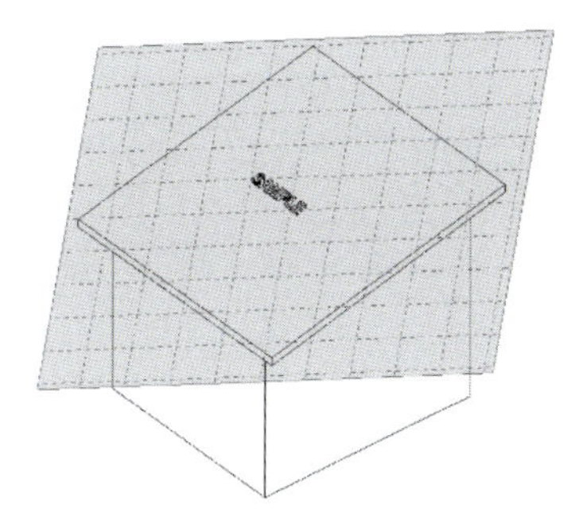

13 マテリアル

ファミリに［マテリアル］を割り当てるには以下の手順で行います。

STEP1

ファミリエディタを開き、マテリアルを割り当てたいファミリを選択します。［プロパティ］-［マテリアル／仕上］-［マテリアル］-［<カテゴリ別>］横をクリックすると、［...］が表示されるのでクリックします。［ファミリパラメータの関連付け］ダイアログで［構造マテリアル］を選択し、［OK］ボタンを押します。

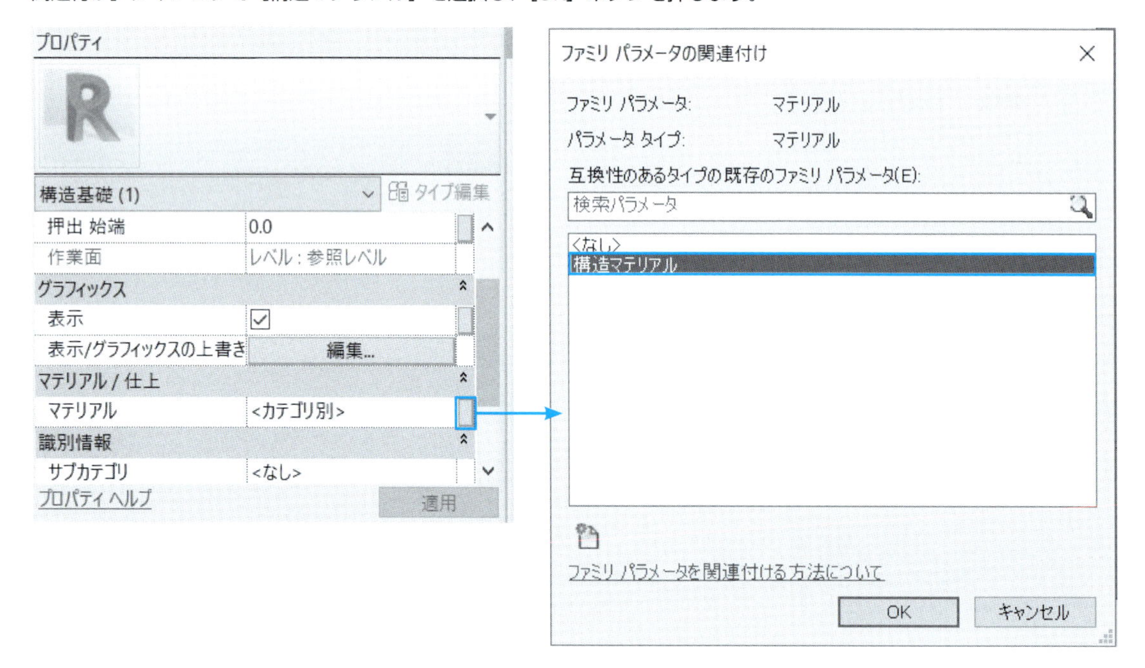

STEP2

［作成］タブ -［プロパティ］-［ファミリタイプ］をクリックします。

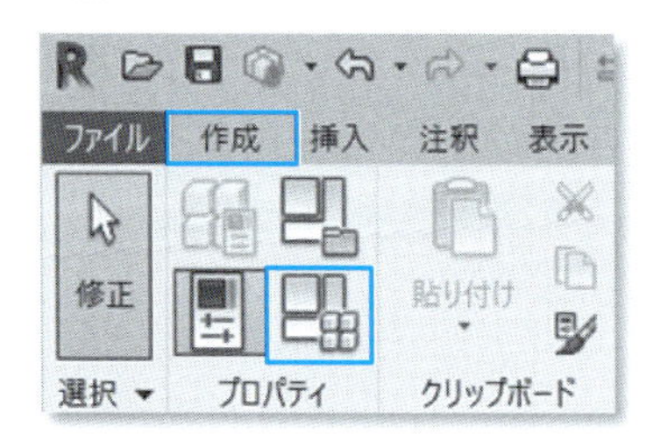

STEP3

［構造マテリアル（既定値）］の値をクリックすると、［...］が表示されるのでクリックします。

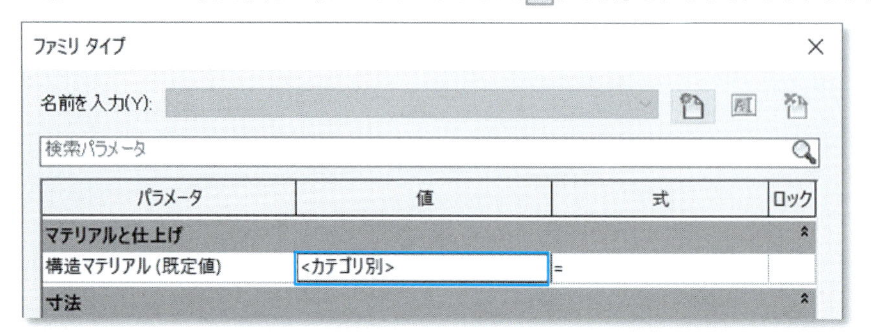

STEP4

マテリアルブラウザが開きます。❶、❷をクリックし、右のように表示を変更します。

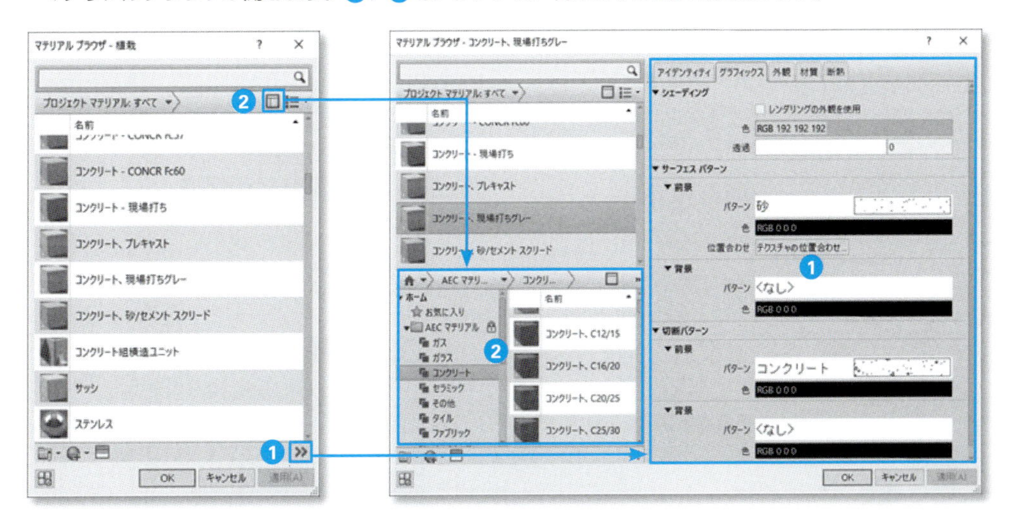

STEP5

［コンクリート、現場打ち、灰色］をクリックし、［⬆］を押します。

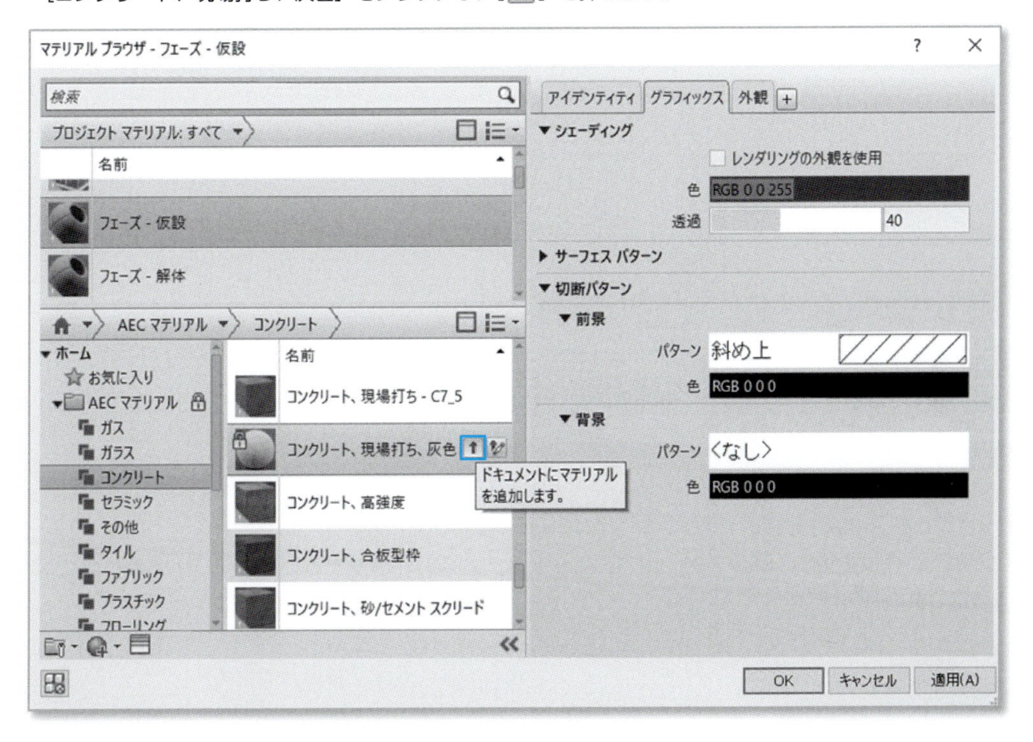

STEP6

プロジェクトマテリアルに［コンクリート、現場打、灰色］が追加されたので、選択して［OK］ボタンを押します。

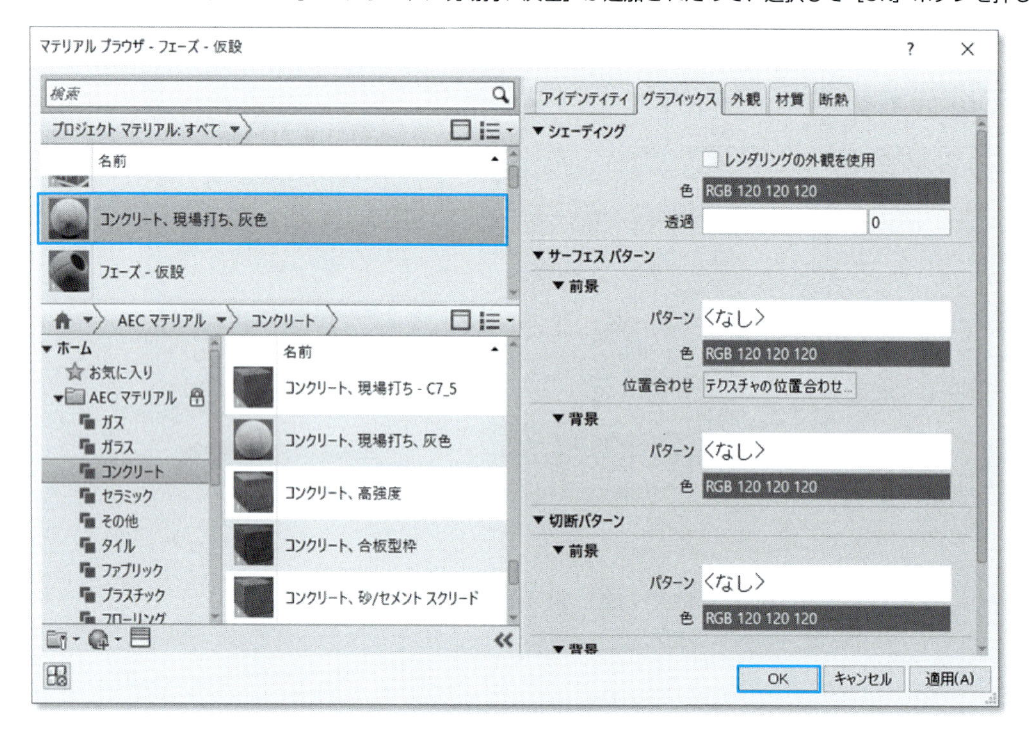

STEP7

このようにマテリアルが割り当てられます。

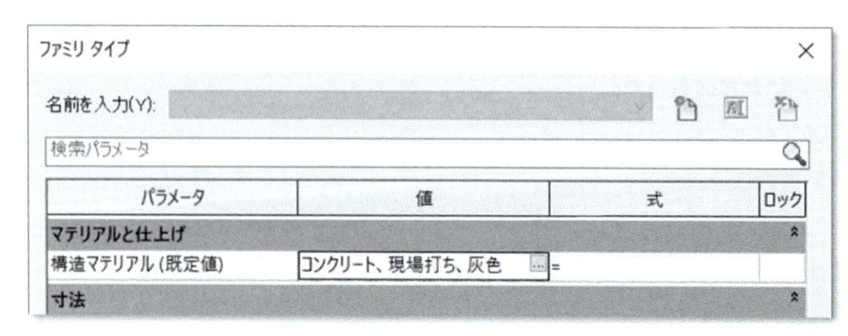

STEP8

ビューを［3Dビュー］に変更し、［表示スタイル］を［リアリスティック］に変更すると、マテリアルが割り当てられていることを確認します。

断面作成時の切断パターンや、サーフェスのパターンも同時に設定することができます。マテリアルをオリジナルで設定する場合は、マテリアルを複製して設定します。

14 マスの作成方法

［インプレイスマス］を使って曲線を作成します。

STEP1

自由な曲面を持つオブジェクトを作成します。［マス&外構］タブ -［コンセプトマス］-［インプレイスマス］をクリックします。

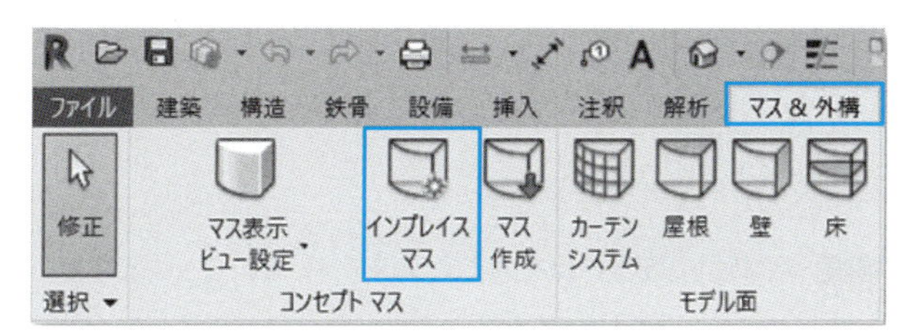

図のようなダイアログが表示される場合は、そのまま［閉じる］のボタンをクリックしてダイアログを閉じてください。

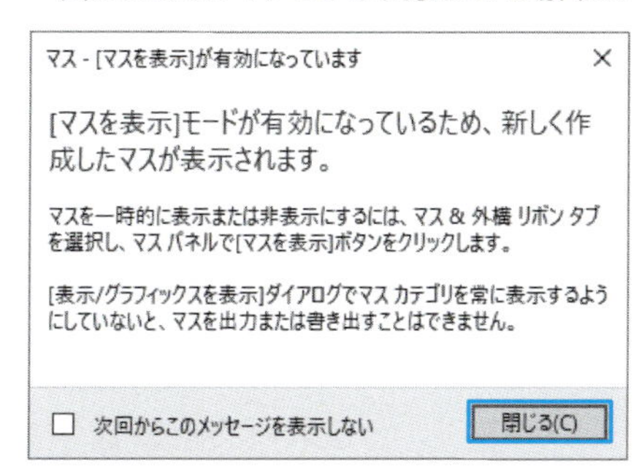

STEP2

マスに名前を付け、［OK］ボタンを押します。

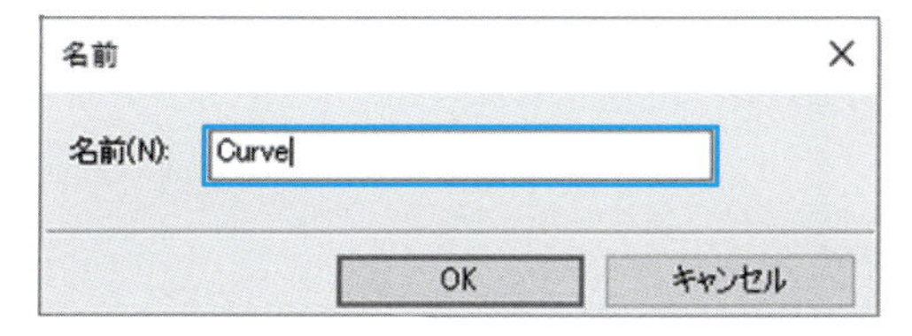

STEP3

ビューを選択します。［プロジェクトブラウザ］-［構造伏図］-［レベル1］をクリックします。

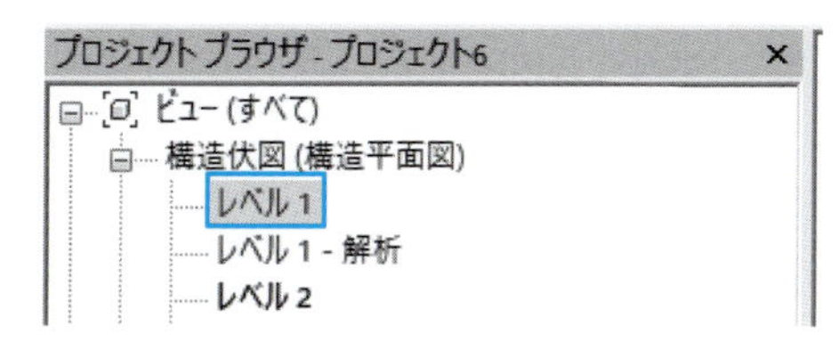

STEP4

パスを作成します。［作成］タブ -［描画］パネル -［点要素］をクリックします。

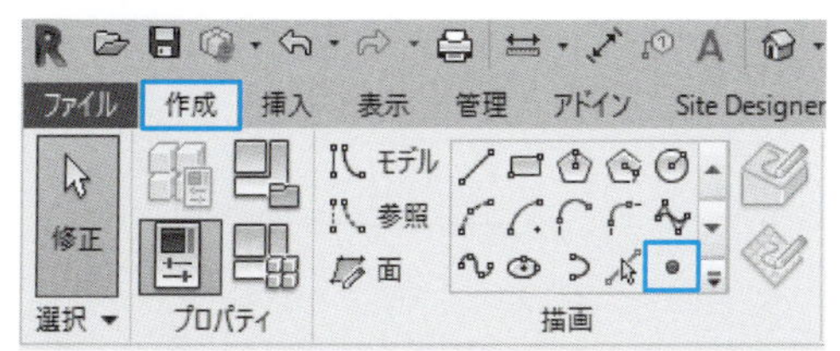

STEP5

マウスをクリックして、パスが通る4つの参照点を作成します。

STEP6

STEP5で作成した参照点を選択して、［作成］タブ -［描画］パネル -［複数の点を通るスプライン］をクリックします。

このようにスプラインが作成されますが、参照点の位置によっては、思うようにスプラインが作成されない場合があります。その場合は、［ スプライン］ツールを使用して4点を結ぶように作成してください。

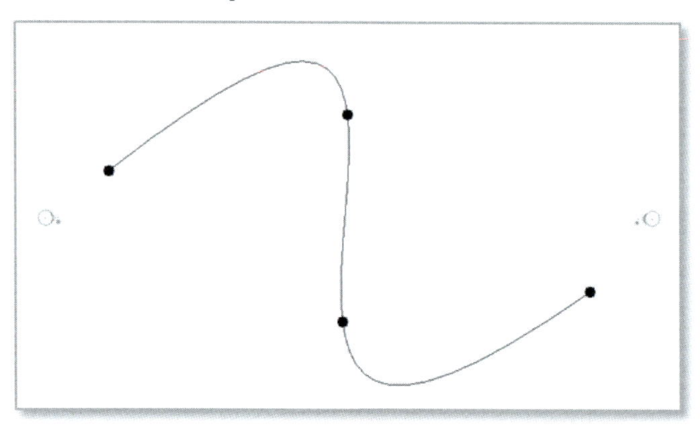

STEP7

スプラインをパスとして使用するので、[参照線] に変更します。[参照線] が選択されていることを確認し、[プロパティ] - [識別情報] の [参照線] にチェックを入れます。

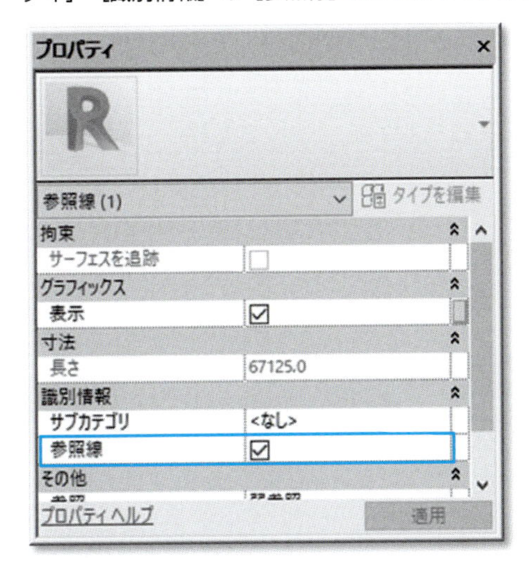

STEP8

3Dビューに変更するので、[クイックアクセスツールバー] - [既定の3Dビュー] をクリックします。

STEP9

参照点を選択すると座標が表示されます。座標の矢印をドラッグして、パスの形状を変更します

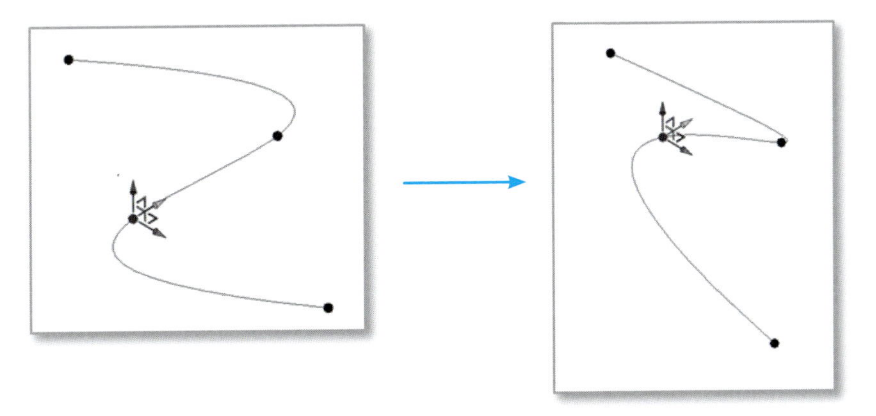

STEP10

断面の形状を作成するので、[作業面] を設定します。参照点を選択して、[修正｜参照点] パネル - [作業面] - [セット] をクリックし、参照点をクリックします。

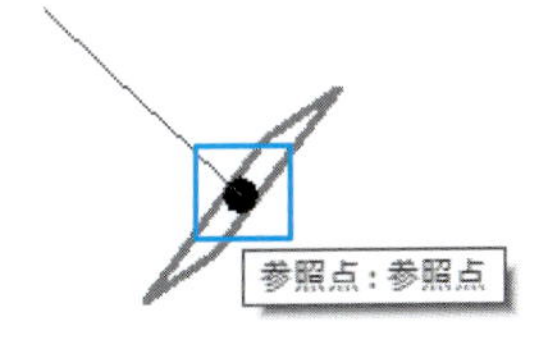

［修正｜参照点］パネル -［作業面］-［表示］をクリックして［作業面］を表示させると、このように［作業面］を確認することができます。

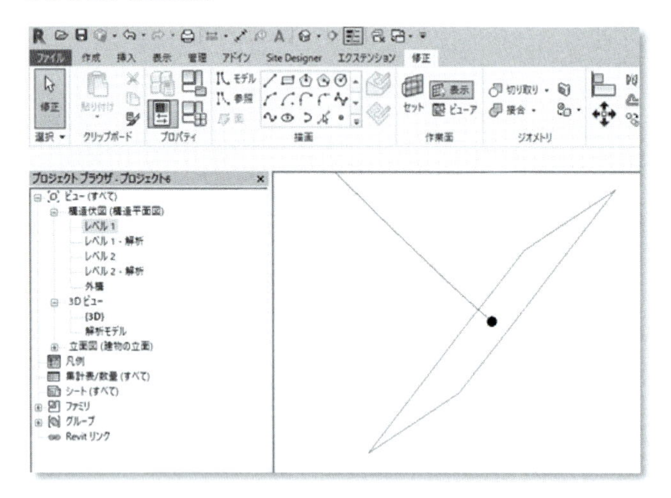

STEP11

断面の円を作成します。［修正｜参照点］パネル -［描画］-［円］を選択します。参照点をクリックして円を作成します。

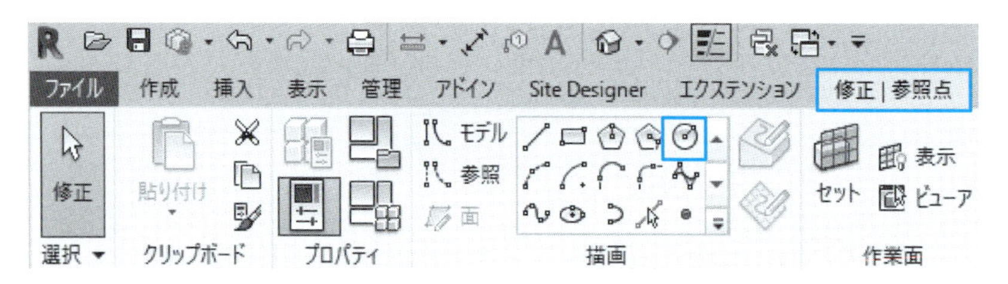

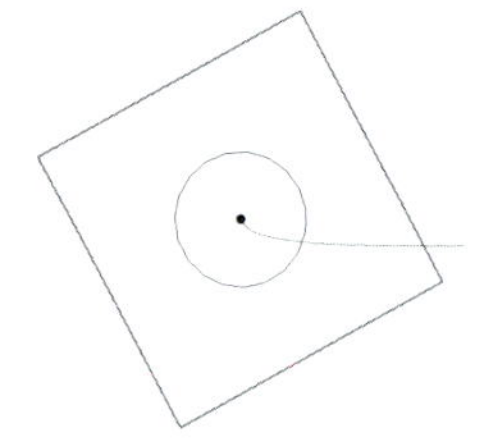

同様に残り3つの参照点にも円を作成し、Escキーを押して［円］ツールを終了します。

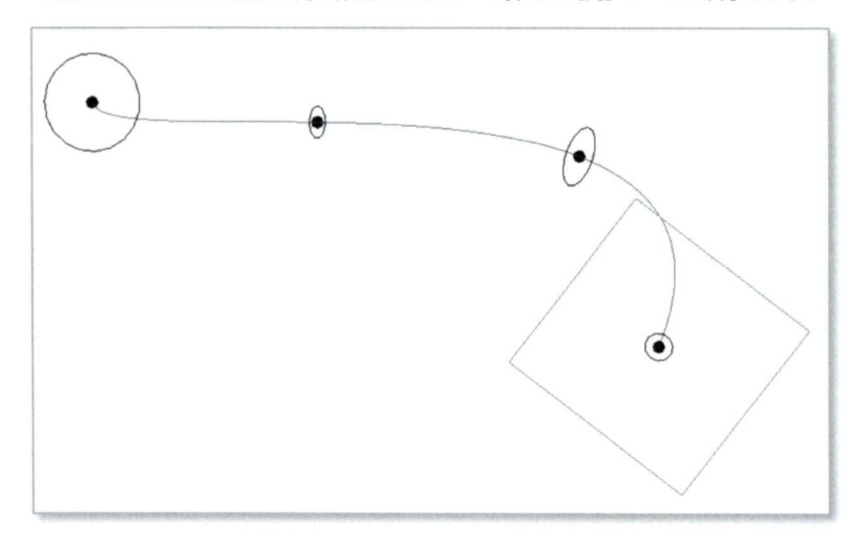

STEP12

［フォーム］を作成するので、円とパスを選択します。１つ目の要素選択後は、Ctrlキーを押しながら残りの要素も選択します。

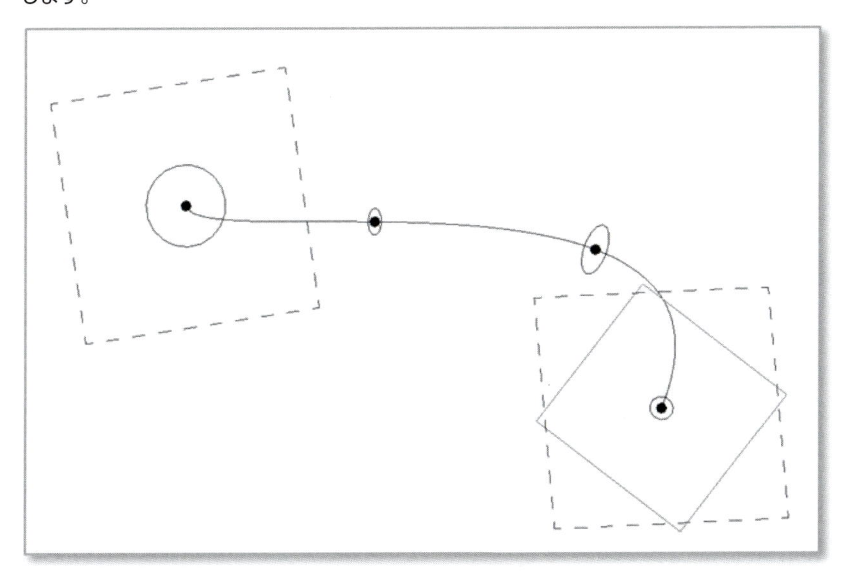

STEP13

［修正｜複数選択］パネル -［フォーム］-［フォームを作成］を選択します。

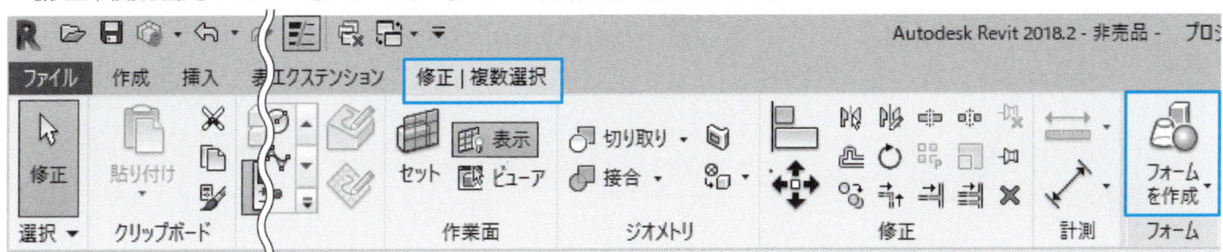

このようにマスが作成されます。

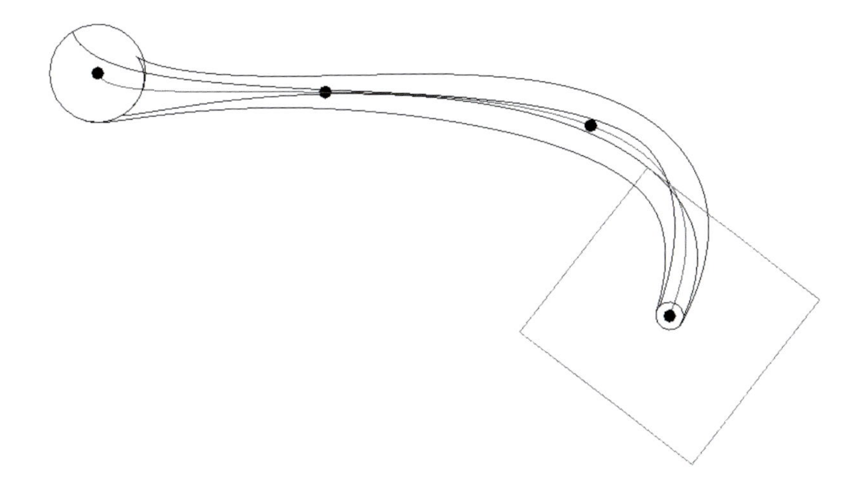

STEP14

［修正｜参照点］パネル -［インプレイスエディタ］-［マスを終了］をクリックし、［インプレイスエディタ］を終了します。

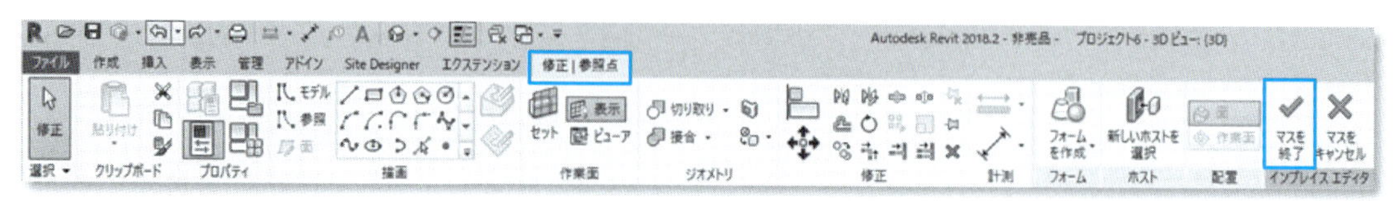

［表示スタイル］を変更すると、このように形状を確認することができます。

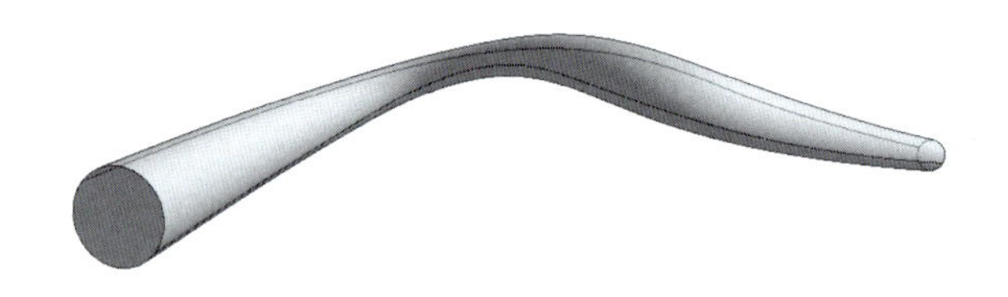

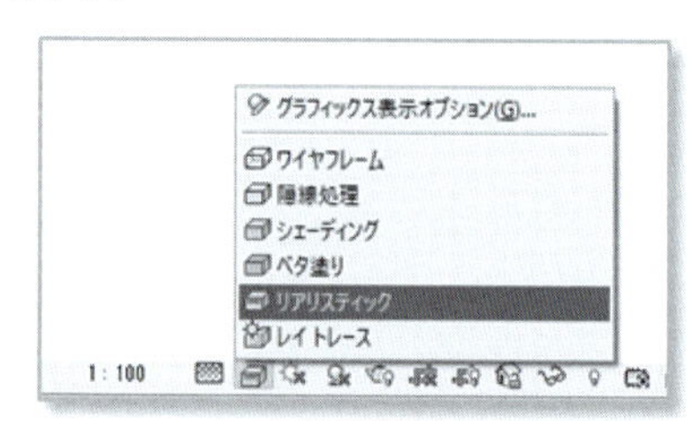

完成後も形状変化は自由自在

完成したインプレイスマスはダブルクリックで編集エディタを開くことができるので、パスや断面形状を後からでも変更することができます。

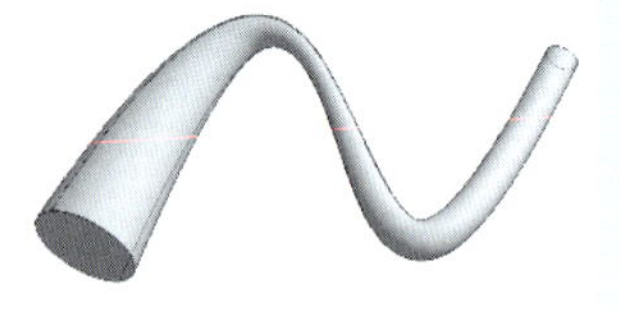

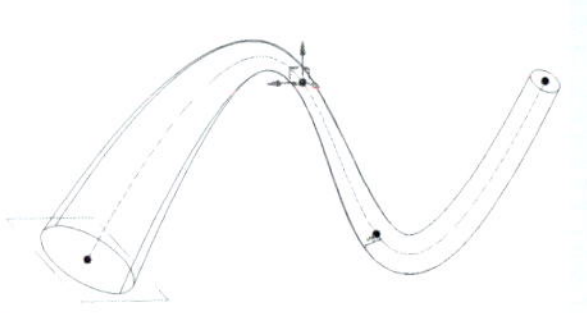

数字

英字

あ行

か行

さ行

た行

は行

ま行

ら行

●著者紹介

一般社団法人 Civil ユーザ会（いっぱんしゃだんほうじんしびるゆーざかい）
2012 年に、設計者・施工者をはじめとした土木技術者の集まりとして Civil User Group（略称：CUG）が設立。CUG は、現在登録ユーザ数が 2000 名を超え、BIM/CIM を推進する団体として成長している。東京、大阪、札幌、広島、新潟に分会があり、国土交通省の i-Construction/BIM/CIM 活動へ対応するべく、3D 部品の公開や CIM インストラクターの認定など、人材育成と環境整備に活動している。この CUG を支援するために 2015 年 4 月に設立されたのが一般社団法人 Civil ユーザ会で、CUG と表裏一体となって BIM/CIM の進展を支えている。

●本書についての最新情報、訂正、重要なお知らせについては下記Web ページを開き、書名もしくはISBN で検索してください。ISBNで検索する際は-（ハイフン）を抜いて入力してください。

https://bookplus.nikkei.com/catalog/

●本書に掲載した内容についてのお問い合わせは、下記Web ページのお問い合わせフォームからお送りください。電話およびファクシミリによるご質問には一切応じておりません。なお、本書の範囲を超えるご質問にはお答えできませんので、あらかじめご了承ください。ご質問の内容によっては、回答に日数を要する場合があります。

https://nkbp.jp/booksQA

土木技術者のためのRevit入門

2018年 9 月25日　初版第1刷発行
2022年 9 月 5 日　初版第3刷発行

著　　者　一般社団法人Civilユーザ会
発 行 者　村上 広樹
編　　集　田部井 久
発　　行　日経BP
　　　　　東京都港区虎ノ門4-3-12　〒105-8308
発　　売　日経BPマーケティング
　　　　　東京都港区虎ノ門4-3-12　〒105-8308
装丁・デザイン　コミュニケーション アーツ株式会社
DTP制作　株式会社マザーフッド ライフスタイル
印　　刷　図書印刷株式会社

ISBN978-4-8222-9673-5　Printed in Japan